TABELLENBUCH BAUPHYIK

AF639482

TABELLENBUCH BAUPHYIK

von
Prof. Dr.-Ing. Thomas Ackermann

unter Mitarbeit von
Dipl.-Ing. Torsten Schoch

2. überarbeitete und aktualisierte Auflage

Reguvis

Bibliografische Information der Deutschen Nationalbibliothek

Die Deutsche Nationalbibliothek verzeichnet diese Publikation in der Deutschen Nationalbibliografie; detaillierte bibliografische Daten sind im Internet über

http://dnb.d-nb.de abrufbar.

Reguvis Fachmedien GmbH
Amsterdamer Straße 192
50735 Köln

www.reguvis.de

Beratung und Bestellung:
Tel.: +49 (0) 221 97668-306
Fax: +49 (0) 221 97668-237
E-Mail: bau-immobilien@reguvis.de

ISBN (Print): 978-3-8462-1284-4
ISBN (E-Book): 978-3-8462-1285-1

© 2022 Reguvis Fachmedien GmbH, Köln
Alle Rechte vorbehalten. Das Werk einschließlich seiner Teile ist urheberrechtlich geschützt. Jede Verwertung außerhalb der Grenzen des Urheberrechtsgesetzes bedarf der vorherigen Zustimmung des Verlags. Dies gilt auch für die fotomechanische Vervielfältigung (Fotokopie/Mikrokopie) und die Einspeicherung und Verarbeitung in elektronischen Systemen. Hinsichtlich der in diesem Werk ggf. enthaltenen Texte von Normen weisen wir darauf hin, dass rechtsverbindlich allein die amtlich verkündeten Texte sind. Zahlenangaben ohne Gewähr.

Herstellung: Günter Fabritius
Lektorat: Bettina Kronier
Satz: MainTypo, Reutlingen
Druck und buchbinderische Verarbeitung: Appel & Klinger Druck und Medien GmbH, Schneckenlohe

Printed in Germany

Vorwort

Das Tabellenbuch Bauphysik soll Bauschaffenden, d. h. Architekten, Bauingenieuren, Projektmanagern und Sachverständigen im Bauwesen, Mitarbeitern in Baubehörden, aber auch Handwerkern und Studierenden der Baustudiengänge, ein Werkzeug an die Hand geben, in dem die wichtigsten Anforderungen, Nachweisverfahren sowie Kenngrößen aus dem Bereich der Bauphysik zusammengefasst sind. Dabei werden in jedem Kapitel zunächst die thematisch zugehörigen Symbole und Formelzeichen, dann die wichtigsten Grundgleichungen und – falls möglich – Basisdaten wie z. B. Wärmeübergangswiderstände R_s zu den verschiedenen Themen angegeben.

Das Tabellenbuch Bauphysik gliedert sich in folgende Teile:

- Teil A: Wärmeschutz
- Teil B: Klimabedingter Feuchteschutz
- Teil C: Baustoffkennwerte und *U*-Werte von Bauteilen
- Teil D: Bauakustik
- Teil E: Raumakustik
- Anhang: Schallschutz im Hochbau nach DIN 4109:1989-11

In Teil A „Wärmeschutz" wird vertiefend auf die Belange des hygienischen Wärmeschutzes, des energiesparenden Wärmeschutzes und des sommerlichen Wärmeschutzes eingegangen. Die Ausarbeitungen zum Gebäudeenergiegesetz (GEG) 2020 in Teil A Kapitel 3.5 erfolgten durch Herrn Torsten Schoch.

Teil B „Klimabedingter Feuchteschutz" beinhaltet Anforderungen und Nachweise zur Vermeidung kritischer Feuchten auf Bauteiloberflächen, zum Tauwasserausfall in Bauteilen, zur Luftdichtheit von Bauteilen sowie zum Schlagregenschutz von Wänden.

In Teil C „Baustoffkennwerte und *U*-Werte von Bauteilen" sind wärme- und feuchteschutztechnische Kennwerte von Baustoffen und wärmetechnische Angaben von Bauteilen zusammengefasst.

Teil D „Bauakustik" enthält Angaben zu Anforderungen und Nachweisen des Luft- und Trittschallschutzes in und an Gebäuden nach DIN 4109:2018-01.

Teil E „Raumakustik" bezieht sich auf die akustische Ausgestaltung von Räumen und enthält Angaben zu Schallabsorptionsgraden und Schallabsorptionsflächen.

Im Anhang sind die Nachweise an den Schallschutz im Hochbau nach Beiblatt 1 zu DIN 4109:1989-11 zu finden.

Da die Anwendung der Inhalte des Tabellenbuchs Bauphysik häufig im Zusammenhang mit Nachweisen bauverwaltungsrechtlicher Anforderungen steht, stellt sich die Frage, welchen Stellenwert die in Bezug genommenen technischen Regeln dabei haben. Die Verbindung zwischen dem im Bauwesen vorgegebenen gesetzlichen Rahmen und den für die Nachweisführung zu verwendenden technischen Regeln ergibt sich aus den Landesbauordnungen (LBO) bzw. übergreifend aus der Musterbauordnung (MBO). In der Musterbauordnung (MBO) in der Fassung vom November 2002, zuletzt geändert durch Beschluss der Bauminister-konferenz vom 22. Februar 2019, werden in § 3 Satz 1 die allgemeinen Anforderungen wie folgt definiert:

„Anlagen sind so anzuordnen, zu errichten, zu ändern und instand zu halten, dass die öffentliche Sicherheit und Ordnung, insbesondere Leben, Gesundheit und die natürlichen Lebensgrundlagen, nicht gefährdet werden."

Zur Umsetzung dieser allgemeinen Anforderungen enthält die MBO in § 85a folgende Festlegungen:

- Absatz 1: „Die Anforderungen nach § 3 können durch Technische Baubestimmungen konkretisiert werden. Die Technischen Baubestimmungen sind zu beachten."
- Absatz 5: „Das Deutsche Institut für Bautechnik macht nach Anhörung der beteiligten Kreise im Einvernehmen mit der obersten Bauaufsichtsbehörde zur Durchführung dieses Gesetzes und der auf Grund dieses Gesetzes erlassenen Rechtsverordnungen die Technischen Baubestimmungen nach Abs. 1 als Verwaltungsvorschrift bekannt. Die nach Satz 1 bekannt gemachte Verwaltungsvorschrift gilt als Verwaltungsvorschrift des Landes, soweit die oberste Bauaufsichtsbehörde keine abweichende Verwaltungsvorschrift erlässt."

Die aktuelle Fasssung der vom Deutschen Institut für Bautechnik veröffentlichten Technischen Baubestimmungen kann als Musterverwaltungsvorschrift Technische Baubestimmungen (MVV TB) über folgenden Link abgerufen werden:

https://www.dibt.de/de/wir-bieten/technische-baubestimmungen

Eine Übersicht zum Stand der Umsetzung der Muster-Verwaltungsvorschrift Technische Baubestimmungen in den Ländern ist folgendem Link zu entnehmen:

https://www.dibt.de/fileadmin/dibt-website/Dokumente/Referat/P5/Technische_Bestimmungen/Stand_Umsetzung_MVVTB.pdf

Um den Zusammenhang zwischen baurechtlichen Anforderungen und den für die Nachweise erforderlichen Technischen Baubestimmungen wiederzugeben, wird am Anfang der einzelnen Kapitel im Tabllenbuch Bauphysik – falls möglich – jeweils auf die Festlegungen in der Musterverwaltungsvorschrift Technische Baubestimmungen (MVV TB) 2020/1 vom 19. Januar 2021 hingewiesen.

Darüber hinaus enthält das Tabellenbuch Bauphysik neben einer kompakten Auflistung bauphysikalischer Belange auch Hinweise auf Klärungsbedarf zu verschiedenen Normen zur Bauphysik. Bei offenen Fragen zur Anwendung solcher Normen (z.B. DIN 4108-2 oder DIN 4108-3) nennt der Autor Empfehlungen, die es den Anwendern ermöglichen, erforderliche bauphysikalische Berechnungen durchzuführen.

Neben der Zusammenstellung von Informationen geht das Tabellenbuch Bauphysik auch auf aktuelle Veränderungen in den maßgeblichen Normen des Wärme- und Feuchteschutzes, der Bau- und Raumakustik sowie von Baustoffkennwerten ein und gibt so den derzeitigen Stand der Normung im Bereich der Bauphysik wieder.

Änderungen gegenüber der ersten Auflage

In Bezug auf die erste Auflage wurde Folgendes geändert:

- Die Symbole und Formelzeichen wurden in den Teilen A und B an DIN EN ISO 6946:2018-03 angepasst.
- Das Kapitel zur Energieeinsparverordnung (EnEV) im Teil A, Kapitel 3.5 wurde auf das Gebäudeenergiegesetz (GEG) umgeschrieben.
- Fehler im Teil D der ersten Auflage zum Schallschutz wurden korrigiert.
- Fehler in Gleichungen zum Schallschutz im Teil D, die auch in DIN 4109 enthalten sind, wurden verbessert. Diese Korrekturen wurden an den entsprechenden Stellen gekennzeichnet.
- Festlegungen in Bezug auf die MVV TB wurden ergänzt.

Minden, im Oktober 2022

Thomas Ackermann

Autorenporträt

Prof. Dr.-Ing. Thomas Ackermann studierte an der Universität Fredericiana (TH) Karlsruhe Bauingenieurwesen und war anschließend in einem Ingenieurbüro für Bauphysik als beratender Ingenieur tätig. Es folgte die Mitarbeit bei der Landesstelle für Bautechnik des Landes Baden-Württemberg, wobei sich der Schwerpunkt der Tätigkeit auf Fragen des hygienischen und energiesparenden Wärmeschutzes bezog. Daneben war er als Lehrbeauftragter für Wärmeschutz im Studiengang Bauphysik an der Hochschule für Technik in Stuttgart tätig. 1996 erfolgte der Ruf als Professor für Bauphysik und Baukonstruktion an die Fachhochschule Bielefeld. Die Promotion im Fachbereich Bauingenieurwesen an der Universität Rostock wurde 2011 abgeschlossen.

Neben seiner Tätigkeit in der Lehre führte er zahlreiche Untersuchungen zum hygienischen Wärmeschutz und zum Klima in Gebäuden durch. Außerdem ist er als Mitarbeiter in vier nationalen Normenausschüssen zum Wärmeschutz im Hochbau, zum Wärmetransport, zur Feuchte und zur Luftdichtheit tätig. Im Normenausschuss „Meteorologische Daten" fungiert er als Obmann.

Inhaltsverzeichnis

Teil A Wärmeschutz

Hinsichtlich des baulichen Wärmeschutzes sind folgende Problembereiche zu unterscheiden:

- Hygienischer Wärmeschutz (gesundheitlicher Mindestwärmeschutz)
  - Ziel: Vermeidung der Bildung von Schimmelpilzen und Tauwasserausfall auf Bauteil-Innenoberflächen
  - Grundlagen: DIN 4108-2, DIN EN ISO 13788, DIN EN ISO 10077
- Energiesparender Wärmeschutz
  - Ziel: Verringerung des Energieaufwandes zur Beheizung, Kühlung, Belüftung, Beleuchtung von Gebäuden und der Bereitstellung von Trinkwarmwasser
  - Grundlagen: Energieeinsparverordnung (EnEV) unter Verwendung von DIN 4108-6, DIN V 4701-10, DIN V 4701-12 und DIN V 18599
- Sommerlicher Wärmeschutz
  - Ziel: Vermeidung der Überhitzung in Aufenthaltsräumen von Gebäuden
  - Grundlage: DIN 4108-2

1 Wärmetransport

1.1 Symbole und Formelzeichen

Tabelle 1: Symbole und Formelzeichen

Größe	Symbol	Einheit
spezifische Wärmekapazität	c	J/(kg · K)
Dicke	d	m
Wärmeübergangskoeffizient	h	W/(m² · K)
Wärmestromdichte	q	W/m²
Fläche	A	m² bzw. mm²
Wärmedurchlasswiderstand	R	m² · K/W
Wärmeübergangswiderstand	R_s	m² · K/W
Wärmedurchgangswiderstand	R_{tot}	m² · K/W
Wärmedurchgangskoeffizient	U	W/(m² · K)
Bemessungs-Wärmeleitfähigkeit	λ	W/(m · K)
Celsius-Temperatur	ϑ, θ	°C
Wärmedurchlasskoeffizient	Λ	W/(m² · K)
Wärmestrom	Φ	W

Tabelle 2: Indizes

Größe	Symbol
Innen	i
Außen	e
Oberfläche	s
innere Oberfläche	si
äußere Oberfläche	se

1.2 Grundgleichungen

$$\Phi = q \cdot A \qquad (1)$$

$$q = U \cdot (\theta_i - \theta_e) \qquad (2)$$

$$U = \frac{1}{R_{tot}} \qquad (3)$$

$$R_{tot} = R_{si} + \sum_{j=1}^{N} R_j + R_{se} \qquad (4)$$

$$R = \frac{d}{\lambda} \text{ bzw. } R = \sum_{j=1}^{N} R_j \qquad (5)$$

1.3 Wärmetransport durch Bauteile

Trennt ein Bauteil Bereiche oder Räume mit unterschiedlichen Temperaturen, dann grenzt es auch verschiedene Wärmemengen gegeneinander ab. Da Potenzial- oder Konzentrationsunterschiede das Bestreben haben, sich auszugleichen, kommt es zu einem Wärmestrom Φ durch das Trennbauteil hindurch in Richtung des Temperaturgefälles. Je größer die Temperaturdifferenz $\Delta\theta$ zwischen den betrachteten Bereichen ist, umso größer ist der daraus resultierende Wärmestrom.

Betrachtet man bei der Wärmeübertragung nicht das Bauteil in seiner gesamten Ausdehnung, sondern normiert den Vorgang auf einen Quadratmeter Übertragungsfläche, dann spricht man von der Wärmestromdichte q. Analog zum elektrischen Strom wird auch der Wärmestrom durch einen Widerstand R vermindert.

Wird einem System keine zusätzliche Wärme zugeführt (z. B. aus Hydratationswärme beim Abbinden mineralischer Baustoffe) und liegen zeitlich konstante, d. h. stationäre Temperaturrandbedingungen vor, dann ist die Wärmestromdichte q durch alle Schichten eines Bauteils gleich.

Der Wärmetransport durch Bauteile erfolgt dabei auf drei Arten:

- Wärmeleitung: Energietransport durch Prozesse oder Gitterschwingungen in Stoffen
- Wärmekonvektion: Energietransport durch Strömungen in Flüssigkeiten und Gasen
- Wärmestrahlung: Energietransport durch elektromagnetische Strahlung durch Stoffe und im Vakuum.

Da bei der Betrachtung der im Bauwesen anstehenden Probleme üblicherweise von stationären Temperaturrandbedingungen ausgegangen wird ($\Delta\theta$ = konstant), kann man den Wärmestrom Φ, der durch ein Bauteil hindurchfließt, bzw. die Wärmestromdichte q in Abhängigkeit von den Widerständen R ausdrücken. Zahlenmäßige Angaben zum Wärmetransport aus Konvektion und Strahlung sind in den Wärmeübergangswiderständen R_{si} und R_{se} enthalten, Angaben zum Wärmetransport aus Wärmeleitung im Wärmedurchlasswiderstand R. Zur Beschreibung der wärmedämmtechnischen Qualität eines Bauteils werden die Wärmeübergangswiderstände an den Oberflächen und der Wärmedurchlasswiderstand der Bauteilschichten im Wärmedurchgangswiderstand R_{tot} zusammengefasst. Der Kehrwert des Wärmedurchgangswiderstandes wird als Wärmedurchgangskoeffizient U bezeichnet.

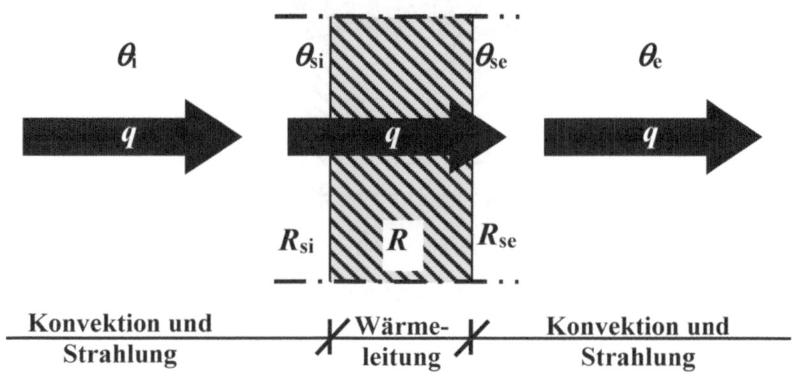

Bild 1: Wärmetransport

1.4 Wärmedurchlasswiderstand *R*, Wärmedurchgangswiderstand R_{tot} und Wärmedurchgangskoeffizient *U*

Die in DIN EN ISO 6946 dargestellten Verfahren zur Berechnung des Wärmedurchlasswiderstandes R und des Wärmedurchgangskoeffizienten U von Bauteilen gelten nicht für Türen, Fenster und andere verglaste Einheiten sowie für Bauteile, die an das Erdreich grenzen, und ebenfalls nicht für Lüftungselemente.

Zur Bestimmung der wärmedämmtechnischen Kennwerte sind die jeweiligen Bemessungswerte der Wärmeleitfähigkeit nach Teil C oder bei ruhenden Luftschichten die Wärmedurchlasswiderstände nach Teil A Kapitel 3.4.3.1 zu verwenden.

Achtung

Das Modell zu Berechnung von Bauteilen aus thermisch homogenen und thermisch inhomogenen Schichten stellt ein Näherungsverfahren dar und gilt nicht für Dämmschichten, die eine Wärmebrücke aus Metall enthalten. In diesem Fall ist die Berechnung nach DIN EN ISO 10211 durchzuführen.

1.4.1 Bauteile aus thermisch homogenen Schichten

Eine Bauteilschicht gilt dann als thermisch homogen, wenn sie eine konstante Dicke aufweist und aus einem Material besteht, dessen Eigenschaften als thermisch einheitlich anzusehen sind; d. h., bei Schnitten durch eine Schicht quer zur Richtung des Wärmestroms wird immer der gleiche Wärmedurchlasswiderstand *R* bestimmt.

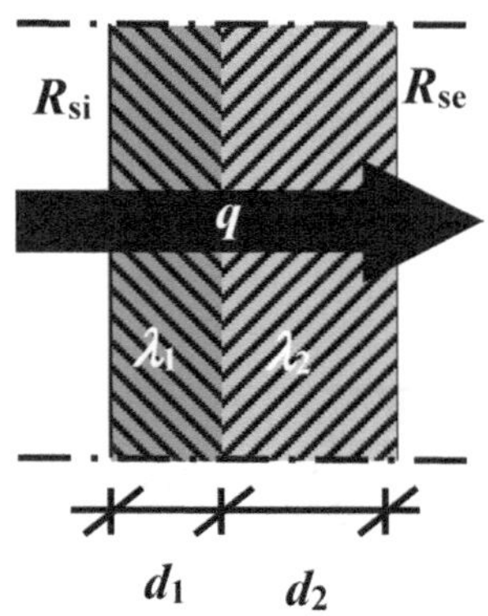

Bild 2: Bauteil aus thermisch homogenen Schichten

1.4.1.1 Wärmedurchlasswiderstand *R*

Bei ebenen, plattenförmigen Schichten mit planparallelen Oberflächen kann der Wärmedurchlasswiderstand *R* aus dem Quotienten der Schichtdicke *d* und dem Bemessungswert der Wärmeleitfähigkeit λ wie folgt berechnet werden:

$$R = \frac{d}{\lambda} \tag{6}$$

Bei Bauteilen aus einer Anzahl von N Schichten, die in Richtung des Wärmestroms hintereinander liegen, ergibt sich der Wärmedurchlasswiderstand *R* aus der Summe der Quotienten der einzelnen Schichten:

$$R = \sum_{j=1}^{N} \frac{d_j}{\lambda_j} = \sum_{j=1}^{N} R_j \tag{7}$$

Werte von Wärmedurchlasswiderständen müssen in Zwischenrechnungen auf mindestens drei Dezimalstellen berechnet werden.

1.4.1.2 Wärmeübergangswiderstand R_s

Die Wärmeübergangswiderstände R_s kennzeichnen den Widerstand beim Transport der Wärme aus dem Raum zur Bauteiloberfläche bzw. von der Bauteiloberfläche in einen Raum oder nach außen.

Angaben zu den Wärmeübergangswiderständen innen R_{si} und außen R_{se} sind – entsprechend der jeweiligen Problemstellung – folgenden Tabellen zu entnehmen:

- Hygienischer Wärmeschutz: Tabelle 5
- Energiesparender Wärmeschutz: Tabelle 10
- Kritische Luftfeuchte auf Bauteiloberflächen: Tabelle 25
- Tauwasserausfall im Inneren von Bauteilen: Tabelle 29

Die in diesen Tabellen aufgeführten Werte der Wärmeübergangswiderstände R_s gelten für ebene Oberflächen, wenn keine besonderen Angaben über Randbedingungen vorliegen. Die Werte für horizontal beziehen sich auf **Richtungen des Wärmestromes** von ± 30° zur Horizontalen. Werden Werte des Wärmedurchgangskoeffizienten U von Bauteilen gefordert, die unabhängig von der Richtung des Wärmestroms sind, wird empfohlen, die Werte für einen horizontalen Wärmestrom anzusetzen.

Bei nichtebenen Oberflächen (z. B. Gefälledämmschichten) oder bei speziellen Randbedingungen sind besondere Verfahren nach DIN EN ISO 6946 anzuwenden.

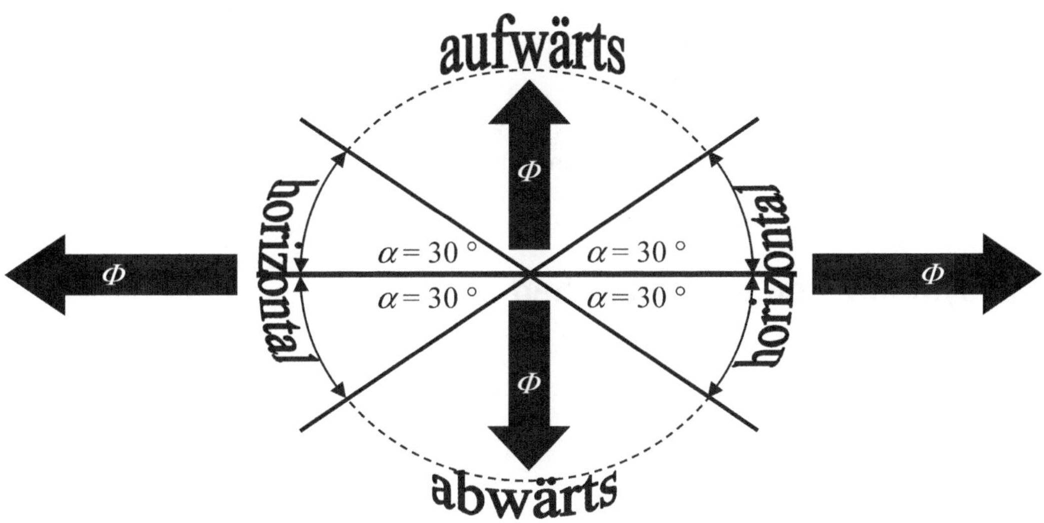

Bild 3: Einteilung der Wärmestromrichtung

1.4.1.3 Wärmedurchgangswiderstand R_{tot}

Der Wärmedurchgangswiderstand R_{tot} eines ebenen Bauteils aus N thermisch homogenen Schichten errechnet sich aus der Summe der Wärmeübergangswiderstände innen und außen sowie den Wärmedurchlasswiderständen:

$$R_{tot} = R_{si} + R_1 + R_2 + \ldots + R_N + R_{se} \tag{8}$$

1.4.1.4 Wärmedurchgangskoeffizient *U*

Aus dem Kehrwert des Wärmedurchgangswiderstandes R_{tot} erhält man den Wärmedurchgangskoeffizienten U des betrachteten Bauteils:

$$U = \frac{1}{R_{tot}} \tag{9}$$

Wird der Wärmedurchgangskoeffizient U als Endergebnis angegeben, ist er auf zwei Dezimalstellen zu runden und es sind Angaben über die für die Berechnung verwendeten Eingangsdaten zu machen.

2 Hygienischer Wärmeschutz

2.1 Festlegungen zum hygienischen Wärmeschutz gemäß MVV TB 2020/1

In MVV TB 2020/1 ist hinsichtlich der technischen Anforderungen bei der Planung, Bemessung und Ausführung zum Wärmeschutz in Gebäuden festgelegt:

- Abschnitt A 6.2.1: Als technische Regel für die Mindestanforderungen an den Wärmeschutz gilt DIN 4108-2:2013-02.
- Anlage A 6.2/1: Zu DIN 4108-2:2013-02 Abschnitt 5.2.2: Die aufgeführten Ausnahmen sind nur für einlagig hergestellte Dämmstoffplatten anzuwenden (siehe Teil A Kapitel 2.8.2.3).

2.2 Symbole und Formelzeichen

Tabelle 3: Symbole und Formelzeichen

Größe	Symbol	Einheit
Dicke	d	m
Temperaturfaktor an der Innenseite	f_{Rsi}	–
flächenbezogene Masse	m'	kg/m²
Wärmestromdichte	q	W/m²
Fläche	A	m² bzw. mm²
Wärmedurchlasswiderstand	R	m² · K/W
Wärmeübergangswiderstand	R_s	m² · K/W

Tabelle 3: Symbole und Formelzeichen (Fortsetzung)

Größe	**Symbol**	**Einheit**
Wärmedurchgangswiderstand	R_{tot}	$m^2 \cdot K/W$
Wärmedurchgangskoeffizient	U	$W/(m^2 \cdot K)$
Wärmeleitfähigkeit	λ	$W/(m \cdot K)$
Celsius-Temperatur	ϑ, θ	°C
Wärmedurchlasskoeffizient	Λ	$W/(m^2 \cdot K)$

Tabelle 4: Indices

Größe	**Symbol**
Innen	i
Außen	e
Oberfläche	s
innere Oberfläche	si
äußere Oberfläche	se

2.3 Grundgleichungen

$$q = U \cdot (\theta_i - \theta_e) \tag{10}$$

$$U = \frac{1}{R_{tot}} \tag{11}$$

$$R_{tot} = R_{si} + \sum_{j=1}^{N} R_j + R_{se} \tag{12}$$

$$R = \frac{d}{\lambda} \tag{13}$$

$$\theta_{si} = \theta_i - q \cdot R_{si} \tag{14}$$

$$\theta_{(N-1)N} = \theta_{(N-2)(N-1)} - q \cdot R_{(N-1)} \tag{15}$$

$$\theta_{se} = \theta_{(N-1)N} - q \cdot R_{se} \text{ oder } \theta_{se} = \theta_e + q \cdot R_{se} \tag{16}$$

2.4 Wärmeübergangswiderstände R_s

Tabelle 5: Wärmeübergangswiderstände R_{si} und R_{se} beim hygienischen Wärmeschutz

Bauteil	Wärmeübergangswiderstand [m² · K/W]	An die Oberfläche angrenzender Bereich	Richtung des Wärmestroms Φ		
			Aufwärts 	Horizontal 	Abwärts 
nichttransparente Bauteile	**innen** R_{si}	Normal beheizter Raum	0,25	0,25	0,25
	außen R_{se}	Niedrig beheizter Raum	0,17[1)]	0,17[1)]	0,17[1)]
		Außenluft	0,04	0,04	0,04
		Außenluft stark belüftet	0,04[1)]	0,04[1)]	0,04[1)]
		Erdreich	0,04[2)]	0,04[2)]	0,04[2)]
Fenster	**innen** R_{si}	Normal beheizter Raum	0,10	0,13	0,17
	außen R_{se}	Außenluft	0,04	0,04	0,04

1) Die Werte sind normativ nicht geregelt; die Angaben sind Empfehlungen des Autors.
2) Es handelt sich um einen Wärmestrom über das Erdreich an die Außenluft. Der Wärmeübergangswiderstand R_{se} wird daher nicht beim Übergang des Bauteils an das Erdreich, sondern beim Übergang des Erdreichs an die Außenluft angesetzt.

2.5 Bestimmung der Temperaturverteilung in einem Bauteil aus thermisch homogenen Schichten

Unter der Annahme, dass alle Bauteilschichten planparallele Oberflächen aufweisen und stationäre Innen- und Außenlufttemperaturen (θ_i und θ_e) anliegen, kann die Temperatur an den Grenzflächen der Schichten bzw. an den Oberflächen eines Bauteils aus thermisch homogenen Schichten wie folgt berechnet werden:

$$q = U \cdot (\theta_i - \theta_e) \tag{17}$$

$$U = \frac{1}{R_{tot}} \tag{18}$$

$$R_{tot} = R_{si} + \sum_{j=1}^{N} R_j + R_{se} \tag{19}$$

$$R_1 = \frac{d_1}{\lambda_1};\ R_2 = \frac{d_2}{\lambda_2};\ \ldots;\ R_N = \frac{d_N}{\lambda_N} \tag{20}$$

$$\theta_{si} = \theta_i - q \cdot R_{si} \tag{21}$$

$$\theta_{12} = \theta_{si} - q \cdot R_1;\ \theta_{23} = \theta_{12} - q \cdot R_2;\ \ldots;\ \theta_{(N-1)N} = \theta_{(N-2)(N-1)} - q \cdot R_{(N-1)} \tag{22}$$

$$\theta_{se} = \theta_{(N-1)N} - q \cdot R_{se} \text{ oder } \theta_{se} = \theta_e + q \cdot R_{se} \tag{23}$$

Für das in Bild 4 dargestellte Bauteil bedeutet dies:

$q_{si} = U \cdot (\theta_i - \theta_e)$

$U = \dfrac{1}{R_{tot}}$

$R_{tot} = R_{si} + R_1 + R_2 + R_3 + R_4 + R_{se}$

$R_1 = \dfrac{d_1}{\lambda_1};\ R_2 = \dfrac{d_2}{\lambda_2};\ R_3 = \dfrac{d_3}{\lambda_3};\ R_4 = \dfrac{d_4}{\lambda_4}$

$\theta_{si} = \theta_i - q \cdot R_{si}$

$\theta_{12} = \theta_{si} - q \cdot R_1$

$\theta_{23} = \theta_{12} - q \cdot R_2$

$\theta_{34} = \theta_{23} - q \cdot R_3$

$\theta_{se} = \theta_{34} - q \cdot R_4$

bzw.

$\theta_{se} = \theta_e + q \cdot R_{se}$

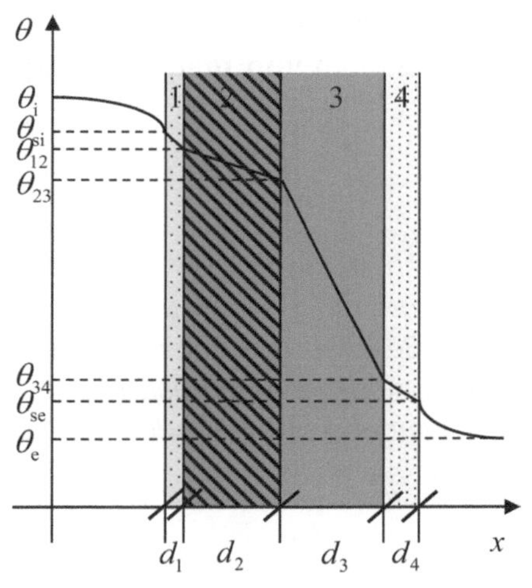

Bild 4: Temperaturverteilung

2.6 Mindestwärmeschutz nach DIN 4108-2

Mit den Anforderungen an den Mindestwärmeschutz von flächigen Bauteilen und an Bauteile im Bereich von Wärmebrücken nach DIN 4108-2, DIN 4108-3 und DIN EN ISO 13788 soll erreicht werden, dass sich auf den raumseitigen Oberflächen in Aufenthaltsräumen keine Schimmelpilze bilden (hygienischer Wärmeschutz) und dass die Begrenzungsbauteile nicht durch Tauwasser geschädigt werden.

Voraussetzung hierfür ist jedoch, dass

- eine übliche Nutzung (Wohnungen oder Aufenthaltsräume mit wohnähnlichen Verhältnissen und Büroräume)
- eine ausreichende Beheizung und Belüftung
- aus Gründen der Hygiene und zur Begrenzung der Raumluftfeuchte sowie zur eventuellen Zufuhr von Verbrennungsluft entsprechend bauaufsichtlichen Vorschriften (z. B. Feuerungsanlagenverordnung) ein ausreichender Luftwechsel

gegeben ist.

2.7 Mindestwärmeschutz von Bauteilen

Zur Gewährleistung des hygienischen Wärmeschutzes muss bei **flächigen Bauteilen sowie an Kanten und Ecken** jeweils an der ungünstigsten Stelle der zulässige Temperaturfaktor $f_{R,si} \geq 0{,}7$ nach Gleichung (24) oder die kritische Oberflächentemperatur $\theta_{si} \geq 12{,}6\,°C$ nachgewiesen werden.

Bezogen werden diese Anforderungen auf Räume mit üblicher Nutzung. Gemäß den Festlegungen in DIN 4108-2 bedeutet dies, dass bei der Nachweisführung als Randbedingungen eine Innenraumtemperatur von $\theta_i = 20\,°C$ und eine relative Feuchte im Raum von $\phi_i = 50\,\%$ sowie eine Außentemperatur von $\theta_e = -5\,°C$ anzusetzen sind. Weiterhin wird vorausgesetzt, dass bei einer Schimmelpilzbildung in dem zu untersuchenden Raum die relative Feuchte an der Bauteiloberfläche über einen Zeitraum **von mehreren Tagen** den Wert $\phi_{si} = 0{,}8$ überschreitet.

Achtung

Die Maßgaben an den Mindestwärmeschutz nach DIN 4108-2 Tabelle 3 gelten für Gebäude mit üblichen Innentemperaturen ($\theta_i \geq 19\,°C$) und für Gebäude mit niedrigen Innentemperaturen ($19\,°C > \theta_i \geq 12\,°C$). Belüftete Nebenräume, die durch angrenzende Aufenthaltsräume indirekt beheizt werden, sind wie Aufenthaltsräume zu behandeln. An Räume mit einer Innentemperatur $\theta_i < 12\,°C$ werden keine Anforderungen an den Mindestwärmeschutz gestellt.

2.8 Mindestwärmeschutz flächiger Bauteile

2.8.1 Anforderungen an flächige Bauteile nach DIN 4108-2

Der Mindestwärmeschutz muss an jeder Stelle vorhanden sein. Hierzu gehören bei Wänden u. a. auch Nischen unter Fenstern, Brüstungen von Fensterbauteilen, Fensterstürze, Wandbereiche auf der Außenseite von Heizkörpern und Rohrkanälen, insbesondere für ausnahmsweise in Außenwänden angeordnete wasserführende Leitungen.

2.8.1.1 Anforderungen an Bauteile aus thermisch homogenen Schichten

2.8.1.1.1 Bauteile mit einer flächenbezogenen Masse $m' \geq 100$ kg/m²

Die Anforderungen an den Mindestwärmeschutz ein- und mehrschaliger Bauteile mit einer flächenbezogenen Masse von $m' \geq 100$ kg/m² gelten für Räume, die ihrer Bestimmung nach auf übliche Innentemperaturen ($\theta_i \geq 19$ °C) oder auf niedrige Innentemperaturen (12 °C $\leq \theta_i < 19$ °C) beheizt werden, bzw. für solche Räume, die über Raumverbund durch die vorgenannten Räume beheizt werden. **Die Mindestwerte der Wärmedurchlasswiderstände *R* sind Tabelle 6 zu entnehmen.**

Tabelle 6: Mindestwerte des Wärmedurchlasswiderstandes R (DIN 4108-2)

Spalte	1	2
Zeile	**Bauteile**	**Wärmedurchlasswiderstand *R* [(m² · K)/W]**
	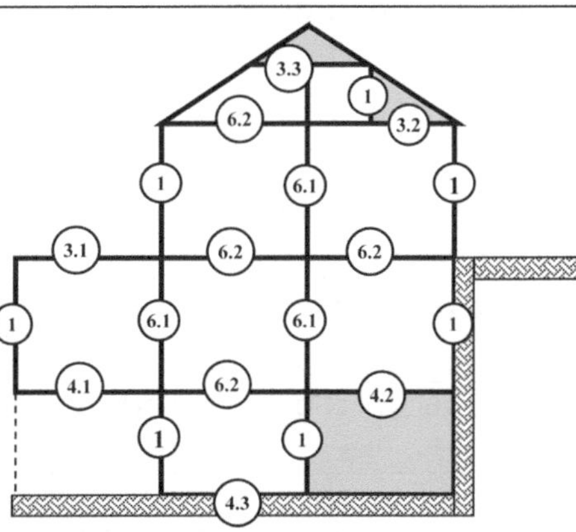	
1	**Wände beheizter Räume**	
1.1	bei normal beheizten Räumen ($\theta_i \geq 19$ °C) gegen die Außenluft, das Erdreich, Tiefgaragen, nicht beheizte Räume (auch nicht beheizte Dachräume oder nicht beheizte Kellerräume außerhalb der wärmeübertragenden Umfassungsfläche)	1,2
1.2	bei niedrig beheizten Räumen (12 °C < θ_i < 19 °C) gegen Bereiche nach Zeile 1.1	0,55

Tabelle 6: Mindestwerte des Wärmedurchlasswiderstandes R (DIN 4108-2) (Fortsetzung)

Spalte	**1**	**2**
Zeile	**Bauteile**	**Wärme-durchlass-widerstand *R* [(m² · K)/W]**
	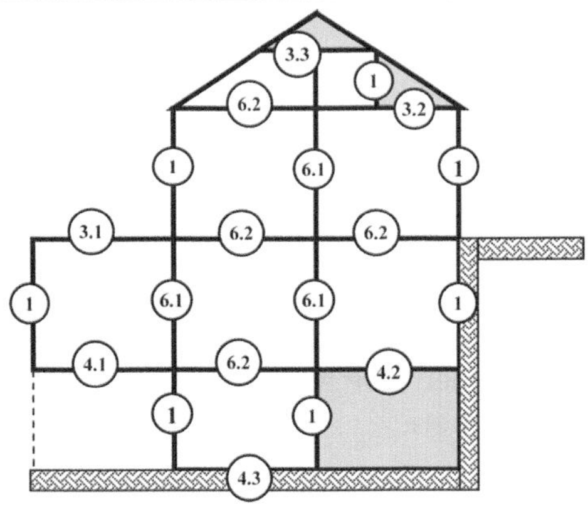	
2	**Dachschrägen beheizter Räume**	
2.1	gegen die Außenluft	1,2
3	**Decken beheizter Räume nach oben und Flachdächer**[1)]	
3.1	gegen die Außenluft	1,2
3.2	zu belüfteten Räumen zwischen Dachschrägen und Abseitenwänden bei ausgebauten Dachräumen	0,90
3.3	zu nicht beheizten Räumen, zu bekriechbaren oder noch niedrigeren Räumen	
3.4	zu Räumen zwischen gedämmten Dachschrägen und Abseitenwänden bei ausgebauten Dachräumen	0,35
4	**Decken beheizter Räume nach unten**	
4.1	gegen Außenluft, gegen Tiefgarage, gegen Garagen (auch beheizte), Durchfahrten (auch verschließbare) und belüftete Kriechkeller	1,75[2)]
4.2	gegen nicht beheizten Kellerraum	0,90
4.3	unterer Abschluss (z. B. Sohlplatte) von Aufenthaltsräumen unmittelbar an das Erdreich grenzend bis zu einer Raumtiefe von 5 m	
4.4	über einem nicht belüfteten Hohlraum, z. B. Kriechkeller, an das Erdreich grenzend	

Tabelle 6: Mindestwerte des Wärmedurchlasswiderstandes R (DIN 4108-2) (Fortsetzung)

Spalte	**1**	**2**
Zeile	**Bauteile**	**Wärmedurchlasswiderstand *R*** **[(m² · K)/W]**
	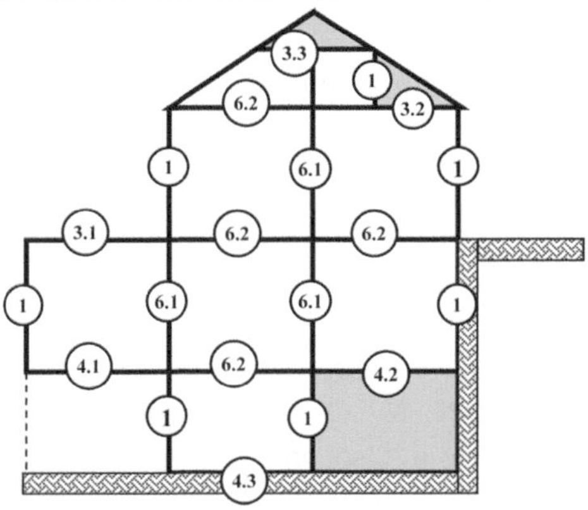	
5	**Bauteile an Treppenräumen**	
5.1	Wände zwischen beheiztem Raum und direkt beheiztem Treppenraum, Wände zwischen beheiztem Raum und indirekt beheiztem Treppenraum, sofern die anderen Bauteile des Treppenraums die Anforderungen der Tabelle 6 erfüllen	0,07
5.2	Wände zwischen beheiztem Raum und indirekt beheiztem Treppenraum, wenn **nicht** alle anderen Bauteile des Treppenraums die Anforderungen der Tabelle 6 erfüllen	0,25
5.3	oberer und unterer Abschluss eines beheizten oder indirekt beheizten Treppenraums	wie Bauteile beheizter Räume
6	**Bauteile zwischen beheizten Räumen**	
6.1	Wohnungs- und Gebäudetrennwände zwischen beheizten Räumen	0,07
6.2	Wohnungstrenndecken, Decken zwischen Räumen unterschiedlicher Nutzung	0,35

[1] Bei Umkehrdächern ist in die Berechnung des Wärmedurchgangskoeffizienten U nach DIN EN ISO 6946 der Korrekturwert ΔU gemäß Tabelle 18 einzubeziehen

[2] Erhöhter Wärmedurchlasswiderstand wegen Fußkälte

2.8.1.1.2 Bauteile mit einer flächenbezogenen Masse $m' < 100$ kg/m²

Der Wärmedurchlasswiderstand ein- und mehrschaliger Bauteile mit einer flächenbezogenen Masse von $m' < 100$ kg/m² muss mindestens $R = 1{,}75$ m² · K/W betragen.

2.8.1.2 Anforderungen an nichttransparente Bauteile aus thermisch homogenen und thermisch inhomogenen Schichten

Bei **flächigen Bauteilen aus thermisch homogenen und thermisch inhomogenen Schichten**, wie sie beispielsweise bei Skelett-, Rahmen- oder Holzständerbauweisen, aber auch bei Fassaden als Pfosten-Riegel-Konstruktionen vorkommen, ist im Bereich des Gefachs ein Wärmedurchlasswiderstand $R_G \geq 1{,}75\ m^2 \cdot K/W$ einzuhalten. Zusätzlich gilt für das gesamte Bauteil im Mittel ein Anforderungswert $R_m \geq 1{,}0\ m^2 \cdot K/W$.

2.8.1.3 Anforderungen an transparente und teiltransparente Bauteile

Opake (nichttransparente) Ausfachungen von transparenten und teiltransparenten Bauteilen (z. B. Paneele in Vorhangfassaden oder Pfosten-Riegel-Konstruktionen, Glasdächern, Fenstern, Fenstertüren und Fensterwänden) der wärmeübetragenden Umfassungsflächen beheizter und niedrig beheizter Räume müssen einen Wärmedurchlasswiderstand von $R \geq 1{,}2\ m^2 \cdot K/W$ (bzw. $U_p \leq 0{,}73\ W/(m^2 \cdot K)$) aufweisen. Bei den Rahmen transparenter oder teiltransparenter Bauteile der wärmeübetragenden Hülle von beheizten und niedrig beheizten Räumen ist ein Wert von $U_f \leq 2{,}9\ W/(m^2 \cdot K)$ nach DIN EN ISO 10077-1 einzuhalten. Transparente Teile der thermischen Hüllfläche sind mindestens mit Isolierglas oder zwei Glasscheiben (z. B. Verbundfenster, Kastenfenster) auszuführen.

Achtung

***Die Tauwasserbildung an Fenstern und Pfosten-Riegel-Konstruktionen ist vorübergehend sowie in kleinen Megen zulässig**, falls die betroffene Oberfläche die Feuchtigkeit nicht absorbiert und entsprechende Vorkehrungen zur Vermeidung eines Kontaktes mit angrenzenden empfindlichen Materialien getroffen werden.*

Gemäß DIN EN ISO 13788 beträgt die höchste zulässige relative Luftfeuchte an der Rahmenoberfläche $\phi_{si} = 1$. Unter Zugrundelegung der Randbedingungen aus Teil A Kapitel 2.6 liegt die Anforderung an Rahmen- und Verglasungsoberflächen bei einem Temperaturfaktor f_{Rsi} von $\geq 0{,}57$ bzw. bei einer kritischen Oberflächentemperatur von $\theta_{si} \geq 9{,}3\ °C$.

Achtung

*Die Schnittstellen zwischen einem Fenster bzw. einem **Fensterelement und dem angrenzenden Baukörper** werden in DIN 4108-2 als linienförmige oder punktförmige Wärmebrücken eingestuft. Die Anforderungen hierfür sind Teil A Kapitel 2.8.1.1 bzw. 2.8.1.2 zu entnehmen.*

2.8.1.4 Anforderungen an Rollladenkästen

Auch bei **Rollladenkästen** gilt für das gesamte Bauteil ein Wärmedurchlasswiderstand von im Mittel $R_m \geq 1{,}0\ m^2 \cdot K/W$. Im Bereich des Deckels muss darüber hinaus ein Wärmedurchlasswiderstand von mindestens $R = 0{,}55\ m^2 \cdot K/W$ vorhanden sein.

Angaben dazu, wann die oben aufgeführten Anforderungen an Rollladenkästen erfüllt sind und wie der Nachweis dabei geführt werden muss, sind in der Richtlinie über Rollladenkästen (RokR) 2019-11, veröffentlicht in der Anlage 13 der Muster-Verwaltungsvorschrift Technische Baubestimmungen (MVV TB) Ausgabe 2020/1, aufgeführt (https://www.dibt.de/fileadmin/dibt-website/Dokumente/Referat/P5/Technische_Bestimmungen/MVVTB_2020-1.pdf).

Danach gelten die Anforderungen an Rollladenkästen nach DIN 4108-2 als erfüllt, wenn der nach Abschnitt 2.2 RokR berechnete oder der nach Abschnitt 2.3 RokR gemessene U-Wert des Rollladenkastens $U_{sb} \leq 0{,}85$ W/(m² · K) und der nach Abschnitt 2.2 RokR berechnete Temperaturfaktor $f_{Rsi} \geq 0{,}70$ beträgt.

2.8.2 Nachweise bei flächigen Bauteilen nach DIN 4108-2

Für flächige Bauteile ist der Nachweis des hygienischen Wärmeschutzes nach DIN 4108-2 erbracht, wenn der Wärmedurchlasswiderstand R des vorhandenen Bauteils größer oder gleich dem Mindestwert des Wärmedurchlasswiderstandes R nach DIN 4108-2 Tabelle 3 (siehe auch Tabelle 6) ist.

Für folgende Konstruktionen ist kein gesonderter Nachweis des hygienischen Wärmeschutzes notwendig:

- Kanten (zweidimensionale Wärmebrücken) von Außenbauteilen mit gleichartigem Aufbau, deren Einzelkomponenten die Anforderungen nach DIN 4108-2 Tabelle 3 (siehe Tabelle 6) einhalten und bei denen die Dämmebene durchgängig geführt wird;
- alle konstruktiven, formbedingten und stoffbedingten Wärmebrücken, die beispielhaft in DIN 4108 Beiblatt 2 aufgeführt sind oder deren Gleichwertigkeit zu DIN 4108 Beiblatt 2 gegeben ist.

Achtung

Bei allen davon abweichenden Konstruktionen ist zur Gewährleistung des hygienischen Wärmeschutzes an der ungünstigsten Stelle entweder der zulässige Temperaturfaktor f_{Rsi} oder die kritische Oberflächentemperatur $\theta_{si,min}$ nachzuweisen (Anforderungen hierzu siehe Teil A Kapitel 2.8.1).

2.8.2.1 Bestimmung des Wärmedurchlasswiderstandes *R*, des Wärmedurchgangswiderstandes R_{tot} und des Wärmedurchgangskoeffizienten *U*

Berechnungen des Wärmedurchlasswiderstands *R*, des Wärmedurchgangswiderstands R_{tot} bzw. des Wärmedurchgangskoeffizienten *U* von **flächigen Bauteilen aus thermisch homogenen Schichten** erfolgen nach DIN EN ISO 6946.

Achtung

Das in DIN EN ISO 6946 beschriebene Verfahren zur Berechnung des Wärmedurchgangswiderstandes R_{tot} bzw. des Wärmedurchgangskoeffizienten U von Bauteilen aus thermisch homogenen und thermisch inhomogenen Schichten ist nicht für die Ermittlung von Oberflächentemperaturen zur Bewertung des Tauwasser- oder Schimmelpilzrisikos geeignet.

Achtung

Bauteile aus thermisch homogenen und thermisch inhomogenen Schichten gelten im Rahmen des hygienischen Wärmeschutzes als Wärmebrücken. Die Nachweisführung erfolgt nach Teil A Kapitel 2.8.2.

2.8.2.2 Luftschichten in Bauteilen

Entsprechend DIN EN ISO 6946 muss zwischen ruhenden, schwach belüfteten und stark belüfteten Luftschichten unterschieden werden. Da sich die Festlegungen in DIN EN ISO 6946 jedoch auf den energiesparenden Wärmeschutz beziehen (siehe dazu auch Teil A Kapitel 3), können die Angaben aus dieser Norm nicht unmittelbar auf Berechnungen zum hygienischen Wärmeschutz übertragen werden. Im Rahmen des hygienischen Wärmeschutzes gelten für Luftschichten in Bauteilen folgende Festlegungen bzw. Empfehlungen:

- Bei ruhenden Luftschichten ist der Wärmedurchlasswiderstand *R* einer Luftschicht DIN EN ISO 6946 Tabelle 10 (siehe Tabelle 13) zu entnehmen. Als Wärmeübergangswiderstand wird auf der Bauteilinnenoberfläche R_{si} = 0,25 m² · K/W und auf der Bauteilaußenoberfläche R_{se} = 0,04 m² · K/W angesetzt.
- Für schwach belüftete Luftschichten oder für Luftschichten, die als schwach belüftet einzustufen sind, enthält DIN EN ISO 6946 keine Angabe zum Wärmedurchlasswiderstand *R* einer Luftschicht, sondern nur ein Verfahren zur Ermittlung eines mittleren Wärmedurchgangswiderstandes R_{tot}. Außerdem fehlen Angaben zum äußeren Wärmeübergangswiderstand. Diese Angaben beziehen sich jedoch auf den energiesparenden Wärmeschutz und können nicht auf den hygienischen Wärmeschutz übertragen werden.

  Bei Untersuchungen zum hygienischen Wärmeschutz empfiehlt der Autor daher folgende Vorgehensweise: Bei schwach belüfteten Luftschichten werden die Luftschicht und alle Bauteilschichten zwischen der Luftschicht und der Außenumgebung vernachlässigt. Als Wärmeübergangswiderstand wird auf der Bauteilinnenoberfläche R_{si} = 0,25 m² · K/W und auf der Bauteilaußenoberfläche R_{se} = 0,04 m² · K/W angesetzt.

- Hinsichtlich stark belüfteter Luftschichten legt DIN EN ISO 6946 zum äußeren Wärmeübergangswiderstand R_{se} fest, dass Folgendes gilt: $R_{se} = R_{si}$. Diese Angabe bezieht sich jedoch auf den energiesparenden Wärmeschutz und kann nicht auf den hygienischen Wärmeschutz übertragen werden.

  Bei Untersuchungen zum hygienischen Wärmeschutz empfiehlt der Autor daher folgende Vorgehensweise: Bei stark belüfteten Luftschichten werden die Luftschicht und alle Bauteilschichten zwischen der Luftschicht und der Außenumgebung vernachlässigt. Als Wärmeübergangswiderstand wird auf der Bauteilinnenoberfläche $R_{si} = 0{,}25\ m^2 \cdot K/W$ und auf der Bauteilaußenseite $R_{se} = 0{,}04\ m^2 \cdot K/W$ angesetzt.

2.8.2.3 Bauteile mit Abdichtungen

Gemäß DIN 4108-2 dürfen bei der Berechnung des Wärmedurchlasswiderstandes R nur Bauteilschichten raumseitig der Bauwerksabdichtung bzw. der Dachabdichtung berücksichtigt werden. Ausgenommen davon sind

- Wärmedämmsysteme als Umkehrdach unter Verwendung von Dämmstoffplatten aus extrudergeschäumtem Polystyrolschaumstoff nach DIN EN 13164 in Verbindung mit DIN 4108-10, die mit einer Kiesschicht oder mit einem Betonplattenbelag (z. B. Gehwegplatten) in Kiesbettung oder auf Abstandhaltern abgedeckt sind. Die Dämmplatten sind einlagig auf ausreichend ebenem Untergrund zu verlegen. Die Dachentwässerung ist so auszubilden, dass ein langfristiges Überstauen der Wärmedämmplatten ausgeschlossen ist. Ein kurzfristiges Überstauen (während intensiver Niederschläge) kann als unbedenklich angesehen werden. Bei der Berechnung des Wärmedurchgangskoeffizienten eines Umkehrdaches ist der errechnete Wärmedurchgangskoeffizient U um einen Betrag ΔU in Abhängigkeit vom prozentualen Anteil des Wärmedurchlasswiderstandes unterhalb der Abdichtung am Gesamtwärmedurchlasswiderstand nach Tabelle 18 zu erhöhen. **Bei leichter Unterkonstruktion mit einer flächenbezogenen Masse unter 250 kg/m² muss der Wärmedurchlasswiderstand unterhalb der Abdichtung mindestens 0,15 $m^2 \cdot K/W$ betragen.**
- Wärmedämmsysteme als Perimeterdämmung (außen liegende Wärmedämmung erdberührender Gebäudeflächen, außer unter Gebäudegründungen) unter Verwendung von Dämmstoffplatten aus extrudergeschäumtem Polystyrolschaumstoff nach DIN EN 13164 und Schaumglas nach DIN EN 13167, in Verbindung mit DIN 4108-10, wenn die Perimeterdämmung nicht ständig im Grundwasser liegt. Langanhaltendes Stauwasser oder drückendes Wasser ist im Bereich der Dämmschicht zu vermeiden. Die Dämmplatten müssen dicht gestoßen im Verband verlegt werden und eben auf dem Untergrund aufliegen. Die Platten aus Schaumglas sind miteinander vollfugig und an den Bauteilflächen großflächig mit einem Bitumenkleber zu verkleben. Die Oberfläche der verlegten, unbeschichteten Schaumglasplatten ist vollflächig mit einer bituminösen, frostbeständigen Deckbeschichtung zu versehen. Diese entfällt bei werkseitig beschichteten Platten, wenn es sich um eine mit Bitumen aufgebrachte Beschichtung handelt.

2.8.2.4 Oberste Geschossdecken

Bei Gebäuden mit nicht ausgebauten Dachräumen, z. B. nicht gedämmte Dachschrägen im Bereich von Spitzböden, bei denen die oberste Geschossdecke die Anforderungen nach Tabelle 6 einhält, ist zur Erfüllung der Mindestanforderungen an den baulichen Wärmeschutz ein Nachweis der oberhalb der Decke liegenden Dächer nicht erforderlich.

2.8.2.5 Rollladenkästen

Der Nachweis der flächigen Anforderungen an Rollladenkästen ist gemäß der Richtlinie über Rollladenkästen (RokR) 2019-11, veröffentlicht in der Anlage 13 der Muster-Verwaltungsvorschrift Technische Baubestimmungen (MVV TB) Ausgabe 2020/1, zu führen.

2.8.2.6 Wärmedämmtechnische Eigenschaften von Baustoffen und Bauteilen

Angaben zu Bemessungswerten wärmedämmtechnischer Eigenschaften von Baustoffen bzw. zu Wärmedurchgangskoeffizienten von Bauteilen sind DIN 4108-4, DIN EN ISO 10456 (Tabelle 39) oder bauaufsichtlichen Regelungen zu entnehmen.

2.9 Mindestwärmeschutz im Bereich von Wärmebrücken

2.9.1 Anforderungen nach DIN 4108-2

An der ungünstigsten Stelle ist bei stationärer Berechnung – unter Verwendung der Randbedingungen nach Teil A Kapitel 2.6 – mindestens ein Temperaturfaktor von f_{Rsi} = 0,70 bzw. eine Oberflächentemperatur von θ_{si} = 12,6 °C einzuhalten.

2.9.1.1 Kanten als linienförmige Wärmebrücken

An der ungünstigsten Stelle ist bei stationärer Berechnung unter den Randbedingungen nach Teil A Kapitel 2.6 mindestens ein Temperaturfaktor von f_{Rsi} = 0,70 bzw. eine Oberflächentemperatur von θ_{si} = 12,6 °C einzuhalten.

2.9.1.2 Ecken als punktförmige Wärmebrücken

An der ungünstigsten Stelle ist bei stationärer Berechnung unter den Randbedingungen nach Teil A Kapitel 2.6 mindestens ein Temperaturfaktor von f_{Rsi} = 0,70 bzw. eine Oberflächentemperatur von θ_{si} = 12,6 °C einzuhalten.

2.9.1.3 Auskragende Bauteile

Ohne zusätzliche Wärmedämm-Maßnahmen sind auskragende Balkonplatten, Attiken, freistehende Stützen sowie Wände aus Materialien mit $\lambda > 0,5$ W/(m · K), die in den ungedämmten Dachraum oder ins Freie ragen, unzulässig. (Als freistehende Stützen gelten – in Verbindung mit den Mindestanforderungen nach Tabelle 6 Zeile 4.1 – auch Stützen in Tiefgaragen. Wände, die in den ungedämmten Dachraum ragen, sind häufig bei Reihen- oder Doppelhäusern mit nicht ausgebauten Dachräumen anzutreffen. Diese Wände sind dann auch auf der dem unbeheizten Raum zugewandten Seite zu dämmen. Diese Anforderung gilt in gleicher Weise für Räume, die „zum Ausbau vorbereitet sind".)

2.9.1.4 Fenster und Türen

Nach DIN 4108-2 ist an den Schnittstellen zwischen einem Fenster bzw. Fensterelement oder einer Tür und dem Baukörper der Temperaturfaktor $f_{Rsi} \geq 0{,}70$ einzuhalten.

2.9.1.5 Rollladenkästen

- Für Einbau- und Aufsatzkästen gilt: An den Schnittstellen zwischen dem Rollladenkasten (unabhängig vom Material) und dem Baukörper (oben und seitlich am Rollladenkasten) ist der Temperaturfaktor $f_{Rsi} \geq 0{,}70$ einzuhalten. Diese Anforderung gilt auch am Übergang des Rollladenkastens und an das untere Fensterprofil.
- Bei Vorsatzkästen und Miniaufsatzkästen ist zu beachten: An den Schnittstellen zwischen Fensterelement einschließlich Vorsatzkasten bzw. Miniaufsatzkästen und Baukörper ist der Temperaturfaktor $f_{Rsi} \geq 0{,}70$ einzuhalten.

2.9.2 Nachweise nach DIN 4108-2

Für flächige Bauteile und Bauteile im Bereich zweidimensionaler Wärmebrücken, die die Maßgaben nach Tabelle 6 nicht einhalten, bzw. für Konstruktionen, die nicht den in DIN 4108 Beiblatt 2 beispielhaft aufgeführten Wärmebrücken entsprechen, ist der kritische Temperaturfaktor f_{Rsi} oder die minimale Oberflächentemperatur $\theta_{si,min}$ zu berechnen.

Achtung

Soll zum Nachweis des hygienischen Wärmeschutzes die minimale Oberflächentemperatur $\theta_{si,min}$ berechnet werden, dann dürfen die erforderlichen Wärmedurchlasswiderstände R und Wärmedurchgangskoeffizienten U nur bei Bauteilen aus thermisch homogenen Schichten nach DIN EN ISO 6946 ermittelt werden. Bei Bauteilen aus thermisch homogenen und thermisch inhomogenen Schichten erfolgt die Bestimmung der minimalen Oberflächentemperatur nach DIN EN ISO 10211 mit Hilfe von Wärmebrückenprogrammen.

Achtung

Für übliche Verbindungsmittel, wie Nägel, Schrauben, Drahtanker, sowie bei Verbindungsmitteln zum Anschluss von Fenstern an angrenzende Bauteile und für Mörtelfugen von Mauerwerk nach DIN 1053-1 braucht kein Nachweis zur Einhaltung der Mindestinnenoberflächentemperatur geführt zu werden.

2.9.2.1 Nachweisführung

Der Temperaturfaktor f_{Rsi} wird wie folgt berechnet:

$$f_{Rsi} = \frac{\theta_{si} - \theta_e}{\theta_i - \theta_e} \tag{24}$$

Dabei bedeuten:

θ_{si}: die Temperatur auf der raumseitigen Oberfläche

θ_i: die Temperatur der Raumluft

θ_e: die Temperatur der Außenluft

Der Berechnung von f_{Rsi} bzw. $\theta_{si,min}$ sind folgende, in DIN 4108-2 festgelegte Randbedingungen zugrunde zu legen:

Innen

Raumlufttemperatur: θ_i = 20 °C

relative Raumluftfeuchte: ϕ_i = 50 %

relative Feuchte auf der Bauteil-Innenoberfläche nach DIN EN ISO 13788:

ϕ_{si} = 80 %

Wärmeübergangswiderstand innen: R_{si} = 0,25 m² · K/W bei beheizten Räumen

Außen

Außenlufttemperatur: θ_e = –5 °C

Wärmeübergangswiderstand außen: R_{se} = 0,04 m² · K/W

Bei der Untersuchung zum hygienischen Wärmeschutz nach DIN EN ISO 10211 von Bauteilen, die an das Erdreich grenzen, ist beim Übergang des Erdreichs an die Außenluft ein Wärmeübergangswiderstand R_{se} = 0,04 m² · K/W anzusetzen.

Achtung

In DIN 4108-2 fehlt eine Angabe zum Wärmeübergangswiderstand R_{se}, der bei Trennbauteilen zwischen beheizten Räumen und unbeheizten Räumen auf der Oberfläche im unbeheizten Raum anzusetzen ist. **Folgender Wert wird empfohlen:**

Wärmeübergangswiderstand auf der dem beheizten Raum abgewandten Oberfläche:

R_{se} = 0,17 m² · K/W

Andere Temperaturbereiche

Bei Wärmebrücken von Bauteilen, die beheizte Räume gegen unbeheizte Kellerräume, Pufferräume, Dachräume oder das Erdreich abgrenzen, sind auf der dem normal beheizten Raum abgewandten Seite Temperaturen nach Tabelle 7 anzusetzen.

Tabelle 7: Temperaturrandbedingungen für unbeheizte Räume und das Erdreich (DIN 4108-2)

Gebäudeteile bzw. Umgebung	**Temperatur $\theta_{\text{unbeheizt}}$ bzw. θ_{Erdreich} [°C]**
Keller	10
Unbeheizter Pufferraum	10
Unbeheizter Dachraum	–5
Erdreich	10

Weitere Angaben zu Randbedingungen bei der Berechnung des Temperaturfaktors f_{Rsi} bzw. der Oberflächentemperatur θ_{si} – insbesondere bei erdberührten Bauteilen – sind DIN 4108 Beiblatt 2 Abschnitt 7 zu entnehmen.

2.9.2.2 Kanten

Für Kanten gilt: Kanten, die aus Bauteilen gebildet werden, die der Tabelle 6 entsprechen und bei denen die Dämmebene durchgängig geführt wird, bedürfen keines Nachweises. Alle linienförmigen Wärmebrücken, die beispielhaft in DIN 4108 Beiblatt 2 aufgeführt sind oder deren Gleichwertigkeit zu Beiblatt 2 gegeben ist, bedürfen ebenfalls keines Nachweises.

2.9.2.3 Rollladenkästen

Gemäß RokR Abschnitt 2.2, veröffentlicht in der Muster-Verwaltungsvorschrift Technische Baubestimmungen 2020/1 Anlage 13, ist der Temperaturfaktor f_{Rsi} des Rollladenkastens zweidimensional nach DIN EN ISO 10211 in Verbindung mit DIN EN ISO 10077-2 zu berechnen und auf zwei Wert anzeigende Ziffern zu runden. Die Berechnung ist mit einem Blendrahmen mit 60 mm Bautiefe aus Holz der Wärmeleitfähigkeit λ = 0,13 W/(m · K) unter den Randbedingungen aus DIN 4108-2 durchzuführen. Für die Übergangswiderstände sind die Randbedingungen nach Beiblatt 2 zu DIN 4108 anzusetzen. Der obere Baukörperanschluss wird für die Zwecke der Rollladenkastenrichtlinie als adiabat betrachtet.

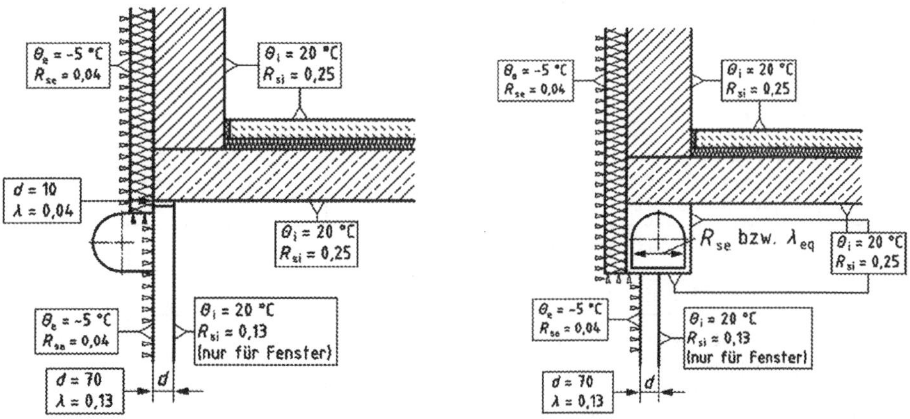

Bild 5: Randbedingungen zur Berechnung von f_{Rsi} bei Fenstern mit Vorsatzrollladenkästen und Einbaurollladenkästen nach DIN 4108 Beiblatt 2

3 Energiesparender Wärmeschutz

3.1 Symbole und Formelzeichen

Tabelle 8: Symbole und Formelzeichen

Größe	Symbol	Einheit
Fugendurchlasskoeffizient	a	$m^3/(m \cdot h \cdot Pa^{2/3})$
spezifische Wärmekapazität	c	$J/(kg \cdot K)$
Dicke	d	m
Flächenanteil	f	–
Temperaturfaktor für raumseitige Oberfläche	f_{Rsi}	–
Gesamtenergiedurchlassgrad	g	–
Gesamtenergiedurchlassgrad einschließlich Sonnen-schutz	g_{tot}	–
Wärmeübergangskoeffizient	h	$W/(m^2 \cdot K)$
Masse	m	kg
flächenbezogene Masse	m'	kg/m^2
Luftwechselrate	n	h^{-1}
Wärmestromdichte	q	W/m^2
Zeit	t	s
Fläche	A	m^2 bzw. mm^2
Nettofläche der Lüftungsöffnungen	A_{ve}	m^2 bzw. mm^2
Nettogrundfläche	A_G	m^2
Wärmespeicherkapazität	C	J/K
Wärmemenge	Q	J oder W · s
Wärmedurchlasswiderstand	R	$m^2 \cdot K/W$
Wärmeübergangswiderstand	R_s	$m^2 \cdot K/W$
Wärmedurchgangswiderstand	R_{tot}	$m^2 \cdot K/W$
Wärmedurchgangswiderstand, oberer Grenzwert	$R_{tot,upper}$	$m^2 \cdot K/W$
Wärmedurchgangswiderstand, unterer Grenzwert	$R_{tot,lower}$	$m^2 \cdot K/W$
Wärmedurchgangswiderstand eines Bauteils mit einer ruhenden Luftschicht	$R_{tot;nve}$	$m^2 \cdot K/W$
Wärmedurchgangswiderstand eines Bauteils mit einer stark belüfteten Luftschicht	$R_{tot;ve}$	$m^2 \cdot K/W$

Größe	Symbol	Einheit
Sonneneintragskennwert	S	–
Thermodynamische Temperatur	T	K
Wärmedurchgangskoeffizient	U	$W/(m^2 \cdot K)$
Volumen	V	m^3
Wärmeleitfähigkeit	λ	$W/(m \cdot K)$
Dichte	ρ	kg/m^3
Celsius-Temperatur	ϑ, θ	°C
Wärmedurchlasskoeffizient	Λ	$W/(m^2 \cdot K)$
Wärmestrom	Φ	W

Tabelle 9: Indices

Größe	Symbol
Innen	i
Außen	e
Oberfläche	s
innere Oberfläche	si
äußere Oberfläche	se

3.2 Grundgleichungen

$$\Phi = q \cdot A \tag{25}$$

$$q = U \cdot (\theta_i - \theta_e) \tag{26}$$

$$U = \frac{1}{R_{tot}} \tag{27}$$

$$R_{tot} = R_{si} + \sum_{j=1}^{N} R_j + R_{se} \tag{28}$$

$$R = \frac{d}{\lambda} \text{ bzw. } R = \sum_{j=1}^{N} R_j \tag{29}$$

$$\frac{1}{R_{tot;upper}} = \frac{f_a}{R_{tot;a}} + \frac{f_b}{R_{tot;b}} + \frac{f_c}{R_{tot;c}} + \ldots + \frac{f_z}{R_{tot;z}} \tag{30}$$

$$\frac{1}{R_{\mathrm{j}}} = \frac{f_{\mathrm{a}}}{R_{\mathrm{a,j}}} + \frac{f_{\mathrm{b}}}{R_{\mathrm{b,j}}} + \frac{f_{\mathrm{c}}}{R_{\mathrm{c,j}}} + \ldots + \frac{f_{\mathrm{z}}}{R_{\mathrm{z,j}}} \tag{31}$$

$$R_{\mathrm{tot,lower}} = R_{\mathrm{si}} + R_1 + R_2 + R_3 + \ldots + R_{\mathrm{N}} + R_{\mathrm{se}} \tag{32}$$

$$R_{\mathrm{tot}} = R_{\mathrm{si}} + \sum_{\mathrm{j}=1}^{\mathrm{N}} R_{\mathrm{j}} + R_{\mathrm{u}} + R_{\mathrm{si}} \tag{33}$$

3.3 Wärmeübergangswiderstände R_s

Tabelle 10: Wärmeübergangswiderstände R_{si} und R_{se} beim energiesparenden Wärmeschutz

Bauteil	Wärmeübergangswiderstand [m² · K/W]	An die Oberfläche angrenzender Bereich	Richtung des Wärmestroms Φ		
			Aufwärts	Horizontal	Abwärts

nichttransparente Bauteile	**innen** R_{si}	Normal beheizter Raum	0,10	0,13	0,17
		Niedrig beheizter Raum	0,10	0,13	0,17
	außen R_{se}	Niedrig beheizter Raum[1)]	0,10	0,13	0,17
		Außenluft	0,04	0,04	0,04
		Außenluft stark belüftet	0,10	0,13	0,17
		Erdreich	0,0	0,0	0,0
Fenster	**innen** R_{si}	Normal beheizter Raum	0,10	0,13	0,17
	außen R_{se}	Außenluft	0,04	0,04	0,04

[1)] Die Werte gelten auch für Wärmeübergangswiderstände R_{se} in Räumen mit wesentlich niedrigeren Innentemperaturen.

Achtung

Liegen keine besonderen Angaben über die Randbedingungen vor, dann sind die in Tabelle 10 angegebenen Wärmeübergangswiderstände in den meisten Fällen ausreichend genau. Für Oberflächen mit geringem Emissionsgrad, für besondere Windgeschwindigkeiten und für nicht ebene Oberflächen enthält DIN EN ISO 6946 Anhang C detaillierte Verfahren zur Bestimmung von R_s.

Weisen ebene Oberflächen Vorsprünge auf, z. B. an Pfeilern, dann sind diese bei der Berechnung des Wärmedurchgangskoeffizienten U vernachlässigbar, wenn sie aus einem Material mit einer Wärmeleitfähigkeit $\lambda \leq 2{,}5$ W/(m · K) bestehen. Bei Vorsprüngen aus einem Material mit $\lambda > 2{,}5$ W/(m · K), die außerdem nicht wärmegedämmt sind, bleiben Vorsprünge bei der Bestimmung des U-Werts unberücksichtigt. Dabei wird der auf die Projektionsfläche A_p bezogene Wärmeübergangswiderstand R_{sp} bestimmt, indem der Wärmeübergangswiderstand R_s der ebenen Oberfläche mit dem Verhältnis aus der Projektionsfläche A_p und der abgewickelten Oberfläche A des herausragenden Bauteils multipliziert wird. Es gilt:

$$R_{sp} = R_s \cdot \frac{A_p}{A} \quad (34)$$

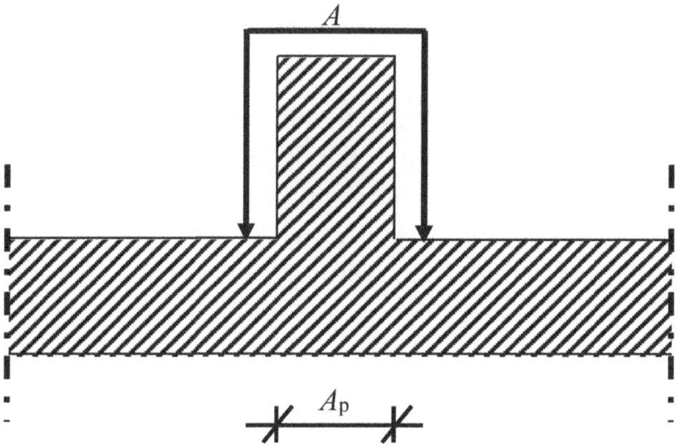

Bild 6: Ebene Oberfläche A_p *und abgewickelte Oberfläche A eines Vorsprungs zur Berechnung von* R_s *(DIN EN ISO 6946)*

3.4 Wärmedurchlasswiderstand *R*, Wärmedurchgangswiderstand R_{tot} und Wärmedurchgangskoeffizient *U*

Die in DIN EN ISO 6946 dargestellten Verfahren zur Berechnung des Wärmedurchlasswiderstandes R und des Wärmedurchgangskoeffizienten U von Bauteilen gelten nicht für Türen, Fenster und andere verglaste Einheiten sowie für Bauteile die an das Erdreich grenzen und ebenfalls nicht für Lüftungselemente.

Zur Bestimmung der wärmedämmtechnischen Kennwerte sind die jeweiligen Bemessungswerte der Wärmeleitfähigkeit nach Teil C oder bei ruhenden Luftschichten die Wärmedurchlasswiderstände nach Teil A Kapitel 3.4.3.1 zu verwenden.

Achtung

Der im Folgenden beschriebene Berechnungsmodus für Bauteile aus thermisch homogenen und thermisch inhomogenen Schichten stellt ein Näherungsverfahren dar und gilt nicht für Dämmschichten, die eine Wärmebrücke aus Metall enthalten. In diesem Fall ist die Berechnung nach DIN EN ISO 10211 durchzuführen.

3.4.1 Bauteile aus thermisch homogenen Schichten

Die Berechnung des Wärmedurchlasswiderstandes R_{tot} und des Wärmedurchgangskoeffizienten U von Bauteilen aus thermisch homogenen Schichten erfolgt nach Teil A Kapitel 1.4.1 (mit Gleichung (8) und (9)). Die Wärmeübergangswiderstände sind beim energiesparenden Wärmeschutz Tabelle 10 zu entnehmen.

3.4.2 Bauteile aus thermisch homogenen und thermisch inhomogenen Schichten

Der im Folgenden beschriebene Berechnungsmodus für Bauteile aus thermisch homogenen und thermisch inhomogenen Schichten stellt ein Näherungsverfahren dar.

Liegen senkrecht zum Wärmestrom Bauteile mit verschiedenen Wärmedurchgangswiderständen nebeneinander, dann fließen durch die Bereiche unterschiedliche Wärmeströme. Da es darüber hinaus aus den Bereichen mit höheren Wärmedurchlasswiderständen Wärmeströme in Bereiche mit niedrigeren Wärmedurchlasswiderständen gibt, würde eine rein flächengewichtete Mittelwertbildung der Wärmedurchgangswiderstände zu einem falschen Ergebnis führen.

Achtung

Die nach diesem Verfahren ermittelten Wärmedurchgangskoeffizienten U dürfen nicht zur Berechnung von Oberflächentemperaturen θ_{si} verwendet werden, mit denen der Nachweis der Tauwasser- oder Schimmelpilzfreiheit geführt wird.

Achtung

Die U-Werte von Bauteilen aus thermisch homogenen und thermisch inhomogenen Schichten dürfen nur bei der Berechnung des Energieverbrauchs angesetzt werden.

Achtung

Das im Folgenden beschriebene Verfahren gilt nicht für Fälle, bei denen das Verhältnis des oberen Grenzwertes $R_{tot,upper}$ zum unteren Grenzwert $R_{tot,lower}$ des Wärmedurchgangswiderstandes mehr als 1,5 beträgt. *Wird dieser Grenzwert überschritten, liegt eine Wärmebrücke vor und es sind Berechnungen nach DIN EN ISO 10211 durchzuführen.*

Achtung

Das Verfahren gilt nicht für Dämmschichten, die eine Wärmebrücke aus Metall enthalten.

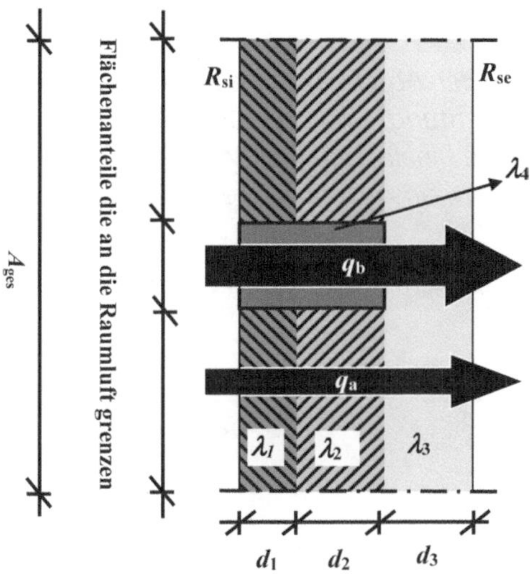

Bild 7: Beispiel für ein Bauteil aus thermisch homogenen und thermisch inhomogenen Schichten

3.4.2.1 Wärmedurchgangswiderstand R_{tot}

Der Wärmedurchgangswiderstand R_{tot} eines Bauteils aus thermisch homogenen und thermisch inhomogenen Schichten parallel zur Oberfläche wird aus dem arithmetischen Mittel des oberen Grenzwertes $R_{tot,upper}$ und des unteren Grenzwertes $R_{tot,lower}$ des Wärmedurchgangswiderstandes berechnet:

$$R_{tot} = \frac{R_{tot,upper} + R_{tot,lower}}{2} \tag{35}$$

Dabei wird der obere Grenzwert des Wärmedurchgangswiderstandes $R_{tot,upper}$ nach Gleichung (38), der untere Grenzwert $R_{tot,lower}$ nach Gleichung (40) bestimmt. Die Wärmeübergangswiderstände R_{si} und R_{se} sind beim energiesparenden Wärmeschutz Tabelle 10 zu entnehmen.

3.4.2.2 Oberer Grenzwert des Wärmedurchgangswiderstandes $R_{tot,upper}$

Der obere Grenzwert des Wärmedurchgangswiderstandes $R_{tot,upper}$ wird unter der Annahme eines eindimensionalen Wärmestroms senkrecht zu den Oberflächen der Bauteilkomponente bestimmt (adiabatische Verhältnisse, d. h. nebeneinander liegende Bereiche weisen die gleichen Temperaturen auf, sodass es zu keinen Querwärmeströmen kommt). Zu diesem Zweck wird **die an die Raumluft grenzende Oberfläche** in Abschnitte (a, b, c, ..., z) mit den Wärmedurchgangswiderständen $R_{tot;a}$, $R_{tot;b}$, $R_{tot;c}$, ..., $R_{tot;z}$ eingeteilt. Die gesamte Innenoberfläche des Bauteils setzt sich aus der Summe der Teilflächen zusammen:

$$A_{ges} = A_a + A_b + A_c + \ldots + A_z \tag{36}$$

Achtung

Die Flächen A_a, A_b, A_c, ..., A_z der Abschnitte, die an die Raumluft grenzen, werden aus der Breite b eines Abschnitts (y-Richtung) und der zugehörigen Länge (z-Richtung, d. h. aus der Blattebene heraus oder in diese hinein) gebildet. Wenn die Länge in z-Richtung nicht bekannt ist, wird sie mit 1,0 m angesetzt, ansonsten ist die tatsächliche Länge zu verwenden.

Der Flächenanteil f_a, f_b, f_c, ..., f_z errechnet sich aus dem Quotienten der Teilfläche und der Gesamtfläche:

$$f_a = \frac{A_a}{A_{ges}}; \; f_b = \frac{A_b}{A_{ges}}; \; f_c = \frac{A_c}{A_{ges}}; \; \ldots; \; f_z = \frac{A_z}{A_{ges}} \tag{37}$$

Es gilt: $f_a + f_b + f_c + \ldots + f_z = 1$.

Den oberen Grenzwert des Wärmedurchgangswiderstandes $R_{tot,upper}$ erhält man damit wie folgt:

$$\frac{1}{R_{tot,upper}} = \frac{f_a}{R_{tot,a}} + \frac{f_b}{R_{tot,b}} + \frac{f_c}{R_{tot,c}} + \ldots + \frac{f_z}{R_{tot,z}} \tag{38}$$

Mit $R_{tot;a}$, $R_{tot;b}$, $R_{tot;c}$, ..., $R_{tot;z}$ als Wärmedurchgangswiderstand im betreffenden Abschnitt.

3.4.2.3 Unterer Grenzwert des Wärmedurchgangswiderstandes $R_{tot,lower}$

Der untere Grenzwert des Wärmedurchgangswiderstandes $R_{tot,lower}$ wird unter der Annahme bestimmt, dass alle Ebenen parallel zu den Oberflächen der Bauteilkomponenten isotherm sind, d. h. dass Linien gleicher Temperatur – Isothermen – parallel zur Bauteiloberfläche verlaufen. Mit diesem Ansatz wandelt man den Wärmedurchlasswiderstand R thermisch inhomogener Schichten, also von Schichten, in deren Verlauf Baustoffe mit unterschiedlichen Bemessungswerten der Wärmeleitfähigkeit oder Wärmedurchlasswiderstände auftreten, in „quasi homogene" Schichten mit einem mittleren Wärmedurchlasswiderstand um. Zur Gewichtung der einzelnen Wärmedurchlasswiderstände wird der Flächenanteil des jeweiligen

Abschnitts verwendet. Da es sich um die Mittelwertbildung in einer Schicht handelt, bleibt die Dicke *d* für jede thermisch inhomogene Schicht gleich, nur die Wärmeleitfähigkeit ändert sich entsprechend dem Material im jeweiligen Abschnitt.

Der Wärmedurchlasswiderstand *R* jeder thermisch inhomogenen Schicht j wird wie folgt berechnet:

$$\frac{1}{R_j} = \frac{f_a}{R_{a,j}} + \frac{f_b}{R_{b,j}} + \frac{f_c}{R_{c,j}} + \ldots + \frac{f_z}{R_{z,j}} \tag{39}$$

Mit den so bestimmten Wärmedurchlasswiderständen der nun „quasi homogenen" Schichten j erhält man den unteren Grenzwert des Wärmedurchgangswiderstandes $R_{tot,lower}$ analog der Berechnung bei einem Bauteil aus thermisch homogenen Schichten:

$$R_{tot,lower} = R_{si} + R_1 + R_2 + R_3 + \ldots + R_N + R_{se} \tag{40}$$

Grenzt bei der Berechnung des unteren Grenzwertes eine nicht ebene Fläche an die Außenluft, sollte die Berechnung so durchgeführt werden, als wäre sie eben, wobei die schmaleren Abschnitte erweitert anzusehen sind (jedoch ohne Änderung des Wärmedurchlasswiderstandes *R* der zu vergrößernden Bauteilschicht):

oder die überstehenden Abschnitte zu entfernen sind (wodurch der Wärmedurchlasswiderstand *R* der zu verkleinernden Bauteilschicht vermindert wird):

3.4.2.4 Wärmedurchgangskoeffizient *U*

Aus dem Kehrwert des Wärmedurchgangswiderstandes R_{tot} erhält man den Wärmedurchgangskoeffizienten *U* des betrachteten Bauteils:

$$U = \frac{1}{R_{tot}} \tag{41}$$

Wird der Wärmedurchgangskoeffizient *U* als Endergebnis angegeben, ist er auf zwei Dezimalstellen zu runden und es sind Angaben über die für die Berechnung verwendeten Eingangsdaten zu machen.

3.4.3 Wärmedurchlasswiderstände R von ruhenden Luftschichten und Wärmedurchgangswiderstände R_{tot} von Bauteilen mit schwach oder stark belüfteten Luftschichten

Für Luftschichten, die

- von zwei Flächen begrenzt werden, welche parallel zueinander und senkrecht zur Richtung des Wärmestroms verlaufen sowie einen Emissionsgrad von mindestens 0,8 aufweisen,
- eine Dicke (in Wärmestromrichtung gemessen) von weniger als 0,3 m besitzen und
- keinen Luftaustausch mit dem Innenraum aufweisen,

kann die wärmetechnische Kenngröße nach DIN EN ISO 6946 bestimmt werden. Die Einteilung der Strömungsverhältnisse im Spalt, als ruhende Luftschicht, schwach belüftete Luftschicht oder stark belüftete Luftschicht, erfolgt in Abhängigkeit von der Größe A_V der vorhandenen Zu- und Abluftöffnungen.

Achtung

Die Differenzierung der verschiedenen Arten von Luftschichten ist abhängig von der Größe der nach den Regeln der Technik zur Gewährleistung einer Be- oder Hinterlüftung erforderlichen Zu- und Abluftöffnungen (z. B. Fachregeln des Dachdeckerhandwerks, DIN 1053-1 o. Ä.). Aufgrund dieser Festlegungen folgt aus DIN EN ISO 6946, um welche Art von Luftschicht es sich handelt.

Achtung

Im Rahmen der harmonisierten europäischen Normung wurde DIN 1053-1 durch DIN EN 1996 (Eurocode 6 – EC 6) abgelöst. Sowohl in DIN EN 1996 (EC 6) als auch in den zugehörigen nationalen Anhängen sind keine Angaben mehr zu erforderlichen Lüftungsöffnungen bei zweischaligem Mauerwerk enthalten. In DIN EN 1996-2/NA Abschnitt NA.D.2 Ziffer 1 Buchstabe c) wird dazu nur ausgeführt: „Die Außenschale darf oberhalb von Abdichtungen mit Entwässerungsöffnungen oder Lüftungsöffnungen (z. B. offene Stoßfugen) versehen werden." Da die derzeit eingeführten Normen zum Mauerwerksbau keine Festlegungen zu Entwässerungs- oder Lüftungsquerschnitten enthalten, wird im Folgenden weiterhin auf die Maßgaben in DIN 1053-1 Bezug genommen.

Achtung

Für Bauteile mit einer Luftschicht, die dicker als 0,3 m ist, sollte kein einzelner Wärmedurchgangskoeffizient berechnet werden. Vielmehr sollten Wärmeströme mittels einer Wärmebilanz nach DIN EN ISO 13789 berechnet werden.

Tabelle 11: Klassifizierung von Luftschichten gemäß DIN EN ISO 6949

	Summe der Be- und Entlüftungsöffnungen A_{ve} [mm²]	
	je m Länge der vertikalen Luftschicht	**je m² Oberfläche für horizontale Luftschichten**
Ruhende Luftschicht	$A_{ve} \leq 500$	$A_{ve} \leq 500$
Schwach belüftete Luftschicht	$500 < A_{ve} \leq 1\,500$	$500 < A_{ve} \leq 1\,500$
Stark belüftete Luftschicht	$A_{ve} > 1\,500$	$A_{ve} > 1\,500$

Tabelle 12: Erforderliche Lüftungsquerschnitte gemäß den Regeln der Technik

Bauteil	**Allgemein anerkannte Regel der Technik**	**Summe der Öffnungsflächen A_{ve}**	**Klassifizierung der Luftschicht nach DIN EN ISO 6946**
Zweischaliges Mauerwerk mit Luftschicht	DIN 1053-1	7 500 mm² oben und unten pro 20 m² Wandfläche	stark belüftet
Zweischaliges Mauerwerk mit Wärmedämmung und Luftschicht	DIN 1053-1	7 500 mm² oben und unten pro 20 m² Wandfläche	stark belüftet
Zweischaliges Mauerwerk mit Kerndämmung	DIN 1053-1	5 000 mm² pro 20 m² Wandfläche im Fußpunktbereich	ruhend
Hinterlüftete Außenwand	DIN 18516-1	5 000 mm² oben und unten je laufendem Meter Wandlänge	stark belüftet
Dächer	DIN 4108-3	Der freie Lüftungsquerschnitt an den Traufen bzw. an Traufe und Pultdachabschluss muss mindestens 2 ‰ der zugehörigen geneigten Dachfläche betragen, mindestens jedoch 20 000 mm²/m	stark belüftet
Dächer	DIN 4108-3	Bei Satteldächern sind an First und Grat Mindestlüftungsquerschnitte von 0,5 ‰ der zugehörigen geneigten Dachfläche erforderlich, mindestens jedoch 5 000 mm²/m	stark belüftet

3.4.3.1 Ruhende Luftschichten

Eine Luftschicht gilt dann als ruhend, wenn der Luftraum von der Umgebung abgeschlossen ist. Die Bemessungswerte des Wärmedurchlasswiderstandes der Luftschicht sind Tabelle 13 zu entnehmen. Die Werte für horizontal gelten für Richtungen des Wärmestroms von ± 30° zur horizontalen Ebene (siehe Bild 3).

Tabelle 13: Wärmedurchlasswiderstand ruhender Luftschichten

Dicke der Luftschicht [mm]	**Wärmedurchlasswiderstand der Luftschicht *R* [m² · K/W]**		
	Richtung des Wärmestroms		
	Aufwärts	**Horizontal**	**Abwärts**

0	0,00	0,00	0,00
5	0,11	0,11	0,11
7	0,13	0,13	0,13
10	0,15	0,15	0,15
15	0,16	0,17	0,17
25	0,16	0,18	0,19
50	0,16	0,18	0,21
100	0,16	0,18	0,22
300	0,16	0,18	0,23
Anmerkung: Zwischenwerte können durch lineare Interpolation ermittelt werden.			

Eine Luftschicht mit kleinen Öffnungen zur Außenumgebung, die keine Dämmschicht zwischen sich und der Außenumgebung besitzt, ist als ruhende Luftschicht zu betrachten, wenn diese Öffnungen so angeordnet sind, dass ein Luftstrom durch die Schicht nicht möglich ist und die Öffnungen

- 500 mm² je m Länge (in horizontaler Richtung) für vertikale Luftschichten bzw.
- 500 mm² je m² Oberfläche für horizontale Luftschichten

nicht überschreiten.

Achtung

Entwässerungsöffnungen (Dränageöffnungen) in Form von offenen vertikalen Fugen in der Außenschale eines zweischaligen Mauerwerks werden nicht als Lüftungsöffnungen angesehen. Die damit in Verbindung stehenden Luftschichten gelten als ruhend.

3.4.3.2 Schwach belüftete Luftschichten

Schwach belüftet ist eine Luftschicht, wenn die Summe der Zu- und Abluftöffnungen, die mit der Außenumgebung in Verbindung stehen, folgende Maße nicht überschreitet:

- 500 mm² bis 1 500 mm² je m Länge (in horizontaler Richtung) für vertikale Luftschichten bzw.
- 500 mm² bis 1 500 mm² je m² Oberfläche für horizontale Luftschichten.

Achtung

Bei schwach belüfteten Luftschichten wird nicht der Wärmedurchlasswiderstand R der Luftschicht, sondern der Wärmedurchgangswiderstand R_{tot} des Bauteils einschließlich der Luftschicht bestimmt.

$$R_{tot} = \frac{1500 - A_{ve}}{1000} \cdot R_{tot;nve} + \frac{A_{ve} - 500}{1000} \cdot R_{tot;ve} \qquad (42)$$

Dabei ist:

A_{ve} Summe der Nettofläche aller Lüftungsöffnungen in mm².

$R_{tot;nve}$ Wärmedurchgangswiderstand des Bauteils oder der Baukonstruktion unter der Annahme, dass es sich bei der Luftschicht um eine ruhende Luftschicht nach Teil A Kapitel 3.4.3.1 handelt.

$R_{tot;ve}$ Wärmedurchgangswiderstand des Bauteils oder der Baukonstruktion unter der Annahme, dass es sich bei der Luftschicht um eine stark belüftete Luftschicht nach Teil A Kapitel 3.4.3.3 handelt.

3.4.3.3 Stark belüftete Luftschichten

Eine Luftschicht gilt als stark belüftet, wenn die Öffnungen zwischen Luftschicht und Außenluft

- 1 500 mm² je m² Länge (in horizontaler Richtung) für vertikale Luftschichten bzw.
- 1 500 mm² je m² Oberfläche für horizontale Luftschichten

überschreiten.

Man berechnet den Wärmedurchgangswiderstand R_{tot} eines Bauteils, dessen Luftschicht aufgrund eines Vergleichs der nach den Regeln der Technik erforderlichen Lüftungsquerschnitte mit den Werten nach Tabelle 11 als stark belüftet eingestuft werden muss, indem der Wärmedurchlasswiderstand der Luftschicht und aller weiteren Schichten zwischen Luftschicht und Außenumgebung vernachlässigt wird. Abweichend von den bisherigen Festlegungen wird bei diesen Bauteilen ein äußerer Wärmeübergangswiderstand angesetzt, der gleich dem Wert des inneren nach Tabelle 10 ist. Für diese Bauteile gilt somit: $R_{se} = R_{si}$.

3.4.3.4 Wärmedurchlasswiderstand unbeheizter Räume

Für Wärmeströme von innen nach außen, die nicht nur durch Trennbauteile und gegebenenfalls darin enthaltene Luftschichten, sondern auch durch unbeheizte Räume mit mehr oder weniger stehenden Luftschichten fließen, enthält DIN EN ISO 6946 auch Angaben, wie der Wärmedurchlasswiderstand R_u einfacher, ungedämmter und unbeheizter Räume zu ermitteln ist. Voraussetzung für die Anwendung dieses Ansatzes ist, dass die äußeren Umfassungsflächen des unbeheizten Raumes nicht gedämmt sind. Ansonsten gilt DIN EN ISO 13789.

In diesem Fall wird der Wärmedurchgangswiderstand R_{tot} der Konstruktion, abweichend von Gleichung (8) bzw. Gleichung (28), wie folgt ermittelt:

$$R_{tot} = R_{si} + \sum_{j=1}^{N} R_j + R_u + R_{se} \tag{43}$$

3.4.3.4.1 Dachräume

Für den Luftraum im Bereich des Spitzbodens von Dächern mit einer ebenen gedämmten Decke zwischen dem beheizten Inneren und den ungedämmten Flächen des Schrägdaches, also beispielsweise bei Kehlbalkendächern, können für ungedämmte Dachkonstruktionen folgende Wärmedurchlasswiderstände angesetzt werden:

Tabelle 14: Wärmedurchlasswiderstand unbeheizter Dachräume ohne Wärmedämmung

	Beschreibung des Daches			**R_u [(m² · K)/W]**
	nach DIN EN ISO 6946	**nach DIN 4108-3**	**ergänzende Hinweise**	
1	Dach mit Ziegeleindeckung ohne Unterdach, Schalung oder Ähnlichem	Belüftete Dachdeckung: Dachdeckung auf linienförmiger Unterlage, z. B. Lattung und Konterlattung	Dach mit offener Deckunterlage, z. B. Unterdeckbahn	0,06
2	Plattendach oder Dach mit Ziegeleindeckung, mit Unterdach oder Schalung oder Ähnlichem	Belüftete Dachdeckung: Dachdeckung auf linienförmiger Unterlage, z. B. Lattung und Konterlattung	Dach mit geschlossener Deckunterlage, z. B. Unterdach oder Unterdeckbahn mit verklebten Nähten und Stößen	0,2
3	Wie Zeile 2, aber mit einer Metallschicht, einer Metallfolie oder einer anderen Oberfläche mit einem geringen Emissionsgrad an der Unterseite der Deckunterlage	Belüftete Dachdeckung: Dachdeckung auf linienförmiger Unterlage, z. B. Lattung und Konterlattung	Dach mit geschlossener Deckunterlage, z. B. Unterdach oder Unterdeckbahn mit verklebten Nähten und Stößen	0,3

Tabelle 14: Wärmedurchlasswiderstand unbeheizter Dachräume ohne Wärmedämmung (Fortsetzung)

	Beschreibung des Daches			**R_u [(m² · K)/W]**
	nach DIN EN ISO 6946	**nach DIN 4108-3**	**ergänzende Hinweise**	
4	Dach mit Schalung und Unterdach	Nicht belüftete Dachdeckung: Dachdeckung auf flächiger Unterlage, z. B. Schalung		0,3
Anmerkung: Die Werte für R_u in dieser Tabelle enthalten sowohl den Wärmedurchlasswiderstand des belüfteten Raums als auch der (Schräg-)Dachkonstruktion. Sie enthalten nicht den äußeren Wärmeübergangswiderstand R_{se}.				

Für genauere Ergebnisse, insbesondere bei gedämmten Konstruktionen, ist R_u nach DIN EN ISO 13789 zu berechnen.

3.4.3.4.2 Andere Räume

Wenn bei einem Gebäude in Richtung des Wärmestroms zwischen dem beheizten Innenraum und der Außenluft ein Raum liegt, der zwar unbeheizt, aber mit dem üblich beheizten Bereich verbunden ist (z. B. Garagen, Lagerräume oder unbeheizte Glasvorbauten), dann kann der Wärmedurchgangskoeffizient des Trennbauteils zwischen dem Gebäudeinneren und der Außenluft so bestimmt werden, als sei der unbeheizte Raum eine zusätzliche homogene Schicht R_u dieses Bauteils mit folgendem Wärmedurchlasswiderstand:

$$R_u = \frac{A_j}{\sum_k \left(A_{e;k} \cdot U_{e;k}\right) + 0{,}33 \cdot n \cdot V} \tag{44}$$

Dabei ist:

A_j Gesamtheit der Trennflächen aller Bauteile zwischen dem Innenraum und dem unbeheizten Raum [m²]

$A_{e,k}$ Fläche des Bauteils *k* zwischen dem unbeheizten Raum und der Außenumgebung [m²]

$U_{e,k}$ Wärmedurchgangskoeffizient des Bauteils *k* zwischen dem unbeheizten Raum und der Außenumgebung [W/(m²·K)]

0,33 spezifische Wärmekapazität der Luft [W·h/(m³·K)]

n Luftwechselrate [h^{-1}]

Wenn keine Angaben zum Aufbau der Außenbauteile des unbeheizten Raums gegeben sind, wird empfohlen, die *U*-Werte mit $U_{e,k}$ = 2,0 W/(m² · K) und eine Luftwechselrate von n = 3,0 h^{-1} anzusetzen.

3.4.4 Wärmedurchgangskoeffizient *U* von Bauteilen mit keilförmigen Schichten

Gemäß Teil A Kapitel 1.4.1.1 kann der Wärmedurchlasswiderstand *R* nur bei ebenen, plattenförmigen Schichten mit planparallelen Oberflächen aus dem Quotienten der Schichtdicke *d* und dem Bemessungswert der Wärmeleitfähigkeit λ berechnet werden. Dementsprechend sind die Angaben und Gleichungen in Teil A Kapitel 3.4.1 und 3.4.2 nicht auf Bauteilschichten mit keilförmiger Geometrie – z. B. Gefälledämmungen – anwendbar.

Bei dem im Folgenden beschriebenen Modell sind die Berechnungen für jeden Bereich (z. B. eines Daches) mit der in Bild 12 bis Bild 14 dargestellten Neigung und/oder Form gesondert durchzuführen.

Achtung

Der Wärmedurchgangskoeffizient für Bauteile mit keilförmigen Schichten kann bei gebräuchlichen Geometrien gemäß Bild 8 bis Bild 11 bis zu einer Neigung der Schrägen gegenüber der planparallelen Oberfläche von maximal 5 % nach den Gleichungen (45) bis (48) berechnet werden. Bei größeren Neigungen können numerische Verfahren verwendet werden.

Ergänzend zu Tabelle 8 sind die inTabelle 15 dargestellten Symbole und Formelzeichen bei der Ermittlung des *U*-Wertes von Bauteilen mit keilförmigen Schichten zu berücksichtigen.

Tabelle 15: Symbole und Formelzeichen bei keilförmigen Bauteilschichten

Größe	Symbol	Einheit
mittlere Dicke der keilförmigen Schicht	d_1	m
maximale Dicke der keilförmigen Schicht	d_2	m
Bemessungswert des Wärmedurchgangswiderstandes des restlichen Teils, einschließlich der Wärmeübergangswiderstände auf beiden Seiten der Bauteilkomponente	R_0	$m^2 \cdot K/W$
mittlerer Wärmedurchlasswiderstand der keilförmigen Schicht	R_1	$m^2 \cdot K/W$
maximaler Wärmedurchlasswiderstand der keilförmigen Schicht	R_2	$m^2 \cdot K/W$
Bemessungswert der Wärmeleitfähigkeit des keilförmigen Teils (mit der Dicke null an einem Ende)	λ_t	$W/(m \cdot K)$

3.4.4.1 Bestimmung des *U*-Wertes von Einzelelementen gebräuchlicher Geometrien

- **Rechteckige Flächen**

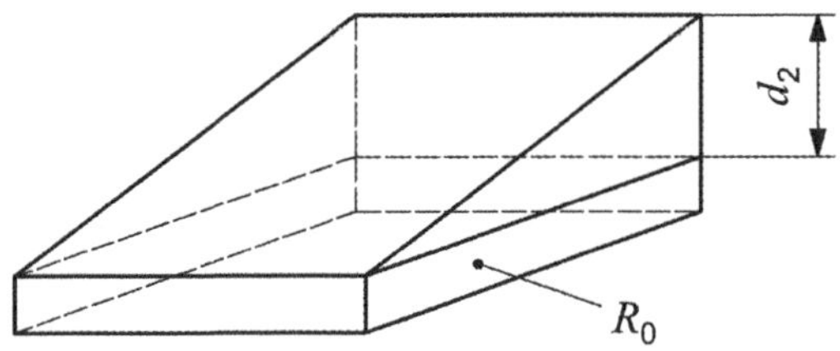

Bild 8: Teilfläche mit rechteckiger Geometrie (DIN EN ISO 6946)

$$U = \frac{1}{R_2} \cdot \ln\left(1 + \frac{R_2}{R_0}\right) \quad (45)$$

- **Dreieckige Flächen mit der dicksten Stelle am Scheitelpunkt**

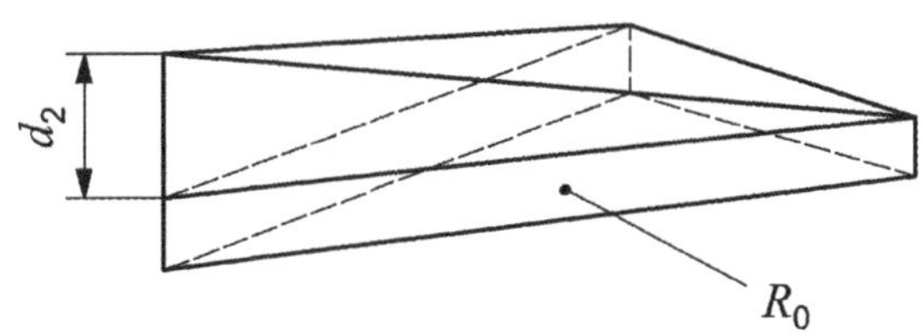

Bild 9: Teilfläche mit dreieckiger Geometrie und der größten Dämmdicke am Scheitelpunkt (DIN EN ISO 6946)

$$U = \frac{2}{R_2} \cdot \left[\left(1 + \frac{R_0}{R_2}\right) \cdot \ln\left(1 + \frac{R_2}{R_0}\right) - 1\right] \quad (46)$$

- **Dreieckige Flächen mit der dünnsten Stelle am Scheitelpunkt**

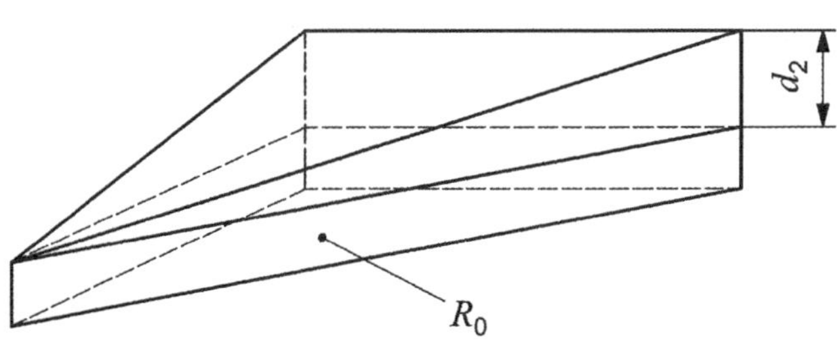

Bild 10: Teilfläche mit dreieckiger Geometrie und der geringsten Dämmdicke am Scheitelpunkt (DIN EN ISO 6946)

$$U = \frac{2}{R_2} \cdot \left[1 - \frac{R_0}{R_2} \cdot \ln\left(1 + \frac{R_2}{R_0}\right)\right] \quad (47)$$

- **Dreieckige Flächen mit unterschiedlicher Dicke an jedem Scheitelpunkt**

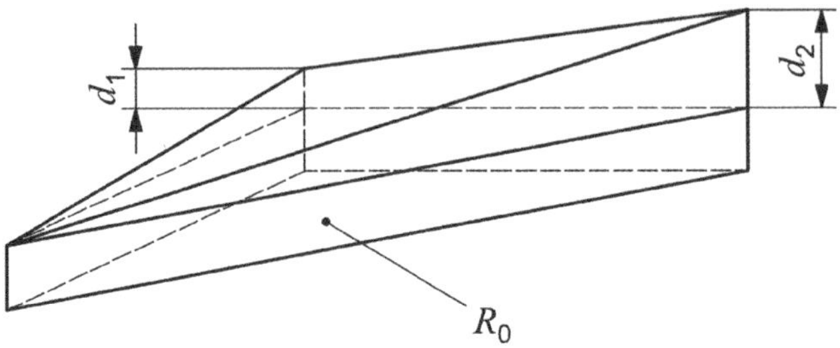

$0 < d_1 < d_2$

Bild 11: Teilfläche mit dreieckiger Geometrie und unterschiedlichen Dämmdicken an den Scheitelpunkten (DIN EN ISO 6946)

$$U = 2 \cdot \left[\frac{R_0 \cdot R_1 \cdot \ln\left(1 + \frac{R_2}{R_0}\right) - R_0 \cdot R_2 \cdot \ln\left(1 + \frac{R_1}{R_0}\right) + R_1 \cdot R_2 \cdot \ln\left(\frac{R_0 + R_2}{R_0 + R_1}\right)}{R_1 \cdot R_2 \cdot (R_2 - R_1)} \right] \tag{48}$$

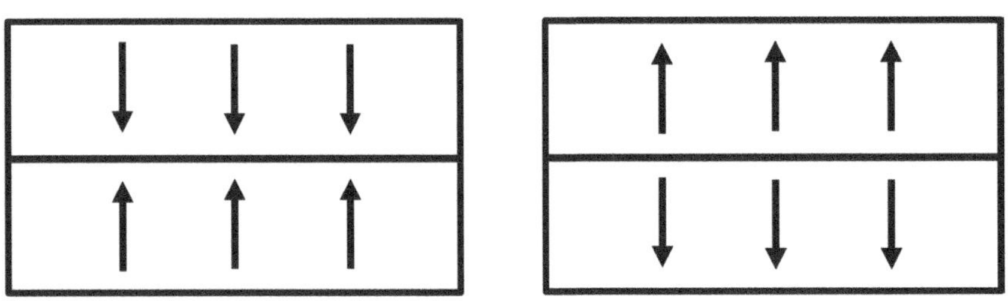

Legende: ☐ Berechnung des *U*-Wertes der Teilfläche nach Gleichung (45)

Bild 12: Ermittlung der U-Werte anteiliger Dachflächen

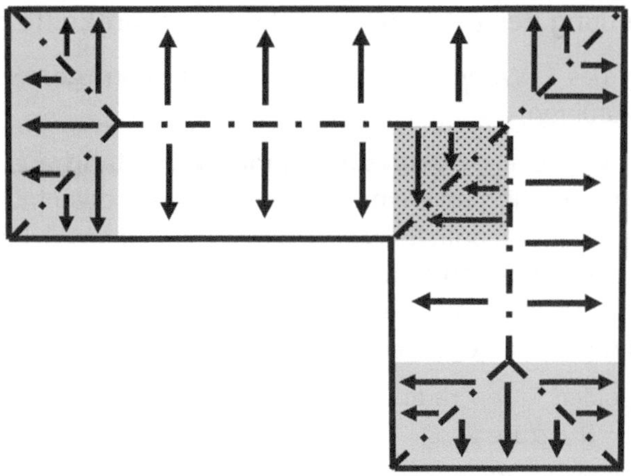

Legende: Berechnung des *U*-Wertes der Teilfläche nach Gleichung (45)

Berechnung des *U*-Wertes der Teilfläche nach Gleichung (46)

Berechnung des *U*-Wertes der Teilfläche nach Gleichung (48)

Grat

Bild 13: Ermittlung der U-Werte anteiliger Dachflächen

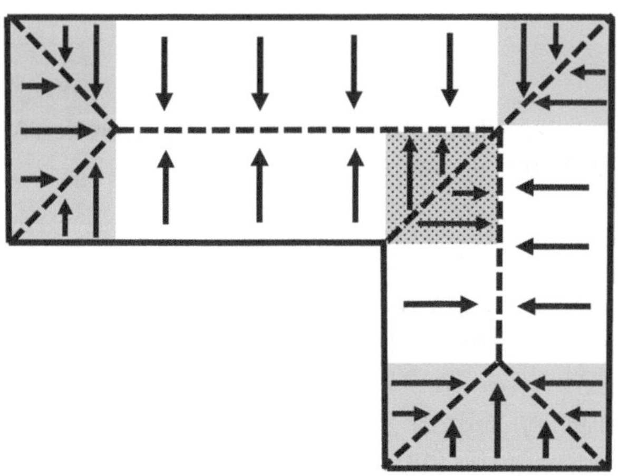

Legende: Berechnung des *U*-Wertes der Teilfläche nach Gleichung (45)

Berechnung des *U*-Wertes der Teilfläche nach Gleichung (46)

Berechnung des *U*-Wertes der Teilfläche nach Gleichung (48)

Kehle

Bild 14: Ermittlung der U-Werte anteiliger Dachflächen

3.4.4.2 Berechnung des *U*-Wertes von Bauteilen mit keilförmigen Schichten

Die Berechnung des *U*-Wertes von Bauteilen mit keilförmigen Schichten ist in folgenden Schritten durchzuführen:

1. Berechnung von R_0 als **Wärmedurchgangswiderstand** aus den Bauteilschichten mit planparallelen Oberflächen – einschließlich der Wärmedämmung, jedoch ohne den keilförmigen Anteil – für Bauteile aus thermisch homogenen Schichten nach Gleichung (8). Handelt es sich bei der zu untersuchenden Konstruktion um ein Bauteil aus thermisch homogenen und thermisch inhomogenen Schichten, dann ist R_0 nach dem in Kapitel 3.4.2 dargestellten Verfahren zu ermitteln.

   Es sind in beiden Fällen raumseitig und außenseitig die Wärmeübergangswiderstände nach Tabelle 10 anzusetzen.

2. Setzt sich die Bauteilfläche mit keilförmigen Schichten aus mehreren der in Bild 8 bis Bild 11 dargestellten Konstruktionen zusammen, dann ist die Gesamtfläche in Teilflächen mit einem jeweils eigenen *U*-Wert zu unterteilen (siehe auch Bild 12 und Bild 14).

3. Die Berechnung des **Wärmedurchlasswiderstandes** R_1 und R_2 ist für jede keilförmige Schicht nach den Gleichungen (49) und (50)

$$R_1 = \frac{d_1}{\lambda_t} \quad (49)$$

$$R_2 = \frac{d_2}{\lambda_t} \quad (50)$$

   durchzuführen. Dabei bedeutet λ_t den Bemessungswert der Wärmeleitfähigkeit des Baustoffs in der keilförmigen Bauteilschicht.

Achtung

R_1 ist nur bei Teilflächen mit dreieckiger Geometrie und unterschiedlichen Dämmdicken an den Scheitelpunkten zu berechnen.

4. Für jede Teilfläche *j* wird der zugehörige Wärmedurchgangskoeffizient U_j entsprechend den Gleichungen (45) bis (48) bestimmt.

5. Den Gesamtwärmedurchgangskoeffizienten *U* erhält man aus dem flächengewichteten Mittelwert der *U*-Werte der Teilflächen *j* nach Gleichung (51):

$$U = \frac{\sum_{j=1}^{N} U_j \cdot A_j}{\sum_{j=1}^{N} A_j} \quad (51)$$

3.4.5 Korrekturen von Wärmedurchgangskoeffizienten *U*

Wärmedurchgangskoeffizienten U, die nach Teil A Kapitel 3.4.1 und 3.4.2 berechnet wurden, müssen gegebenenfalls korrigiert werden, um einen oder mehrere der folgenden Einflüsse zu berücksichtigen:

- Luftspalte im Bauteil
- mechanische Befestigungselemente, die Bauteilschichten durchdringen
- Niederschlag auf Umkehrdächern.

Der korrigierte Wärmedurchgangskoeffizient U_c wird durch Addition eines Korrekturterms ΔU bestimmt:

$$U_c = U + \Delta U \quad (52)$$

ΔU ergibt sich nach:

$$\Delta U = \Delta U_g + U_f + U_r \quad (53)$$

Dabei ist:

ΔU_g die Korrektur für Luftzwischenräume

ΔU_f die Korrektur für mechanische Befestigungsteile

ΔU_r die Korrektur für Umkehrdächer.

3.4.5.1 Korrekturen für Fehlstellen in Dämmschichten

Fehlstellen führen zu einem Anstieg des Wärmedurchgangskoeffizienten der Bauteilkomponente, da sie die Wärmeübertragung durch Strahlung und Konvektion erhöhen. Der Anstieg hängt von der Größe, Orientierung und Position des Luftspaltes ab. Dabei wird zwischen zwei Hauptkategorien von Luftspalten unterschieden:

- Zwischenräume zwischen Dämmplatten oder -matten oder zwischen dem Dämmstoff und den Bauteilen in Richtung des Wärmestroms;
- Hohlräume im Dämmstoff oder zwischen dem Dämmstoff und den Bauteilen normal zur Richtung des Wärmestroms.

Für ΔU_g gilt:

$$\Delta U_g = \Delta U'' \cdot \left(\frac{R_j}{R_{tot}} \right)^2 \quad (54)$$

mit:

R_j Wärmedurchlasswiderstand der Schicht, die Luftspalte enthält, nach Gleichung (6)

R_{tot} Wärmedurchgangswiderstand des Bauteils nach Gleichung (8) bzw. Gleichung (28) unter Vernachlässigung jeglicher Wärmebrückenwirkungen

$\Delta U''$ Korrekturwerte für Fehlstellen in Dämmschichten nach Tabelle 16.

Vereinfacht können die in Tabelle 16 aufgeführten Korrekturwerte $\Delta U''$ angesetzt werden.

Tabelle 16: Korrekturwerte $\Delta U''$ für Fehlstellen in Dämmschichten (DIN EN ISO 6946)

Stufe	Beschreibung	$\Delta U''$ [W/(m² · K)]
0	Keine Fehlstellen in der Dämmschicht oder es sind nur kleine Luftspalte vorhanden, die keine wesentliche Wirkung auf den Wärmedurchgangskoeffizienten haben.	0,00
1	Luftspalte, die die warme und die kalte Seite der Dämmschicht verbinden, jedoch keine Luftzirkulation zwischen der warmen und der kalten Seite der Dämmschicht verursachen.	0,01
2	Luftspalte, die die warme und die kalte Seite der Dämmschicht verbinden, in Verbindung mit Hohlräumen, was zu einer Luftzirkulation zwischen der warmen und der kalten Seite der Dämmschicht führt.	0,04

Zur Eingruppierung in die Stufen nach Tabelle 16 können folgende beispielhafte Beschreibungen herangezogen werden:

a) Stufe 1:

- Durchgehende Dämmschichten ohne Unterbrechungen der Dämmschicht durch Bauteile wie z. B. Ständer, Sparren oder Deckenbalken, mit versetzten Fugen zwischen den Dämmmatten oder -platten in den einzelnen Schichten. Die Dämmung weist einen guten Kontakt zum Bauwerk – d. h. ohne Hohlräume zwischen Bauwerk und Dämmschicht – auf.
- Mehrlagige Dämmung mit einer durchgehenden Schicht – ohne Unterbrechungen der durchgehenden Dämmschicht durch Bauteile wie z. B. Ständer, Sparren oder Deckenbalken; die durchgehende Dämmschicht deckt die andere(n) Schicht(en), die durch Bauteile durchdrungen ist (sind), ab. Die Dämmung weist einen guten Kontakt zum Bauwerk – d. h. ohne Hohlräume zwischen Bauwerk und Dämmschicht – auf.
- Durchgehende einlagige Dämmschicht mit Stufenfalz- oder Nut- und Federverbindungen oder mit abgedichteten Fugen. Die Dämmung weist einen guten Kontakt zum Bauwerk – d. h. ohne Hohlräume zwischen Bauwerk und Dämmschicht – auf.
- Durchgehende einlagige Dämmschicht mit stumpfen Stößen; die zulässigen Maßabweichungen für Länge, Breite und Rechtwinkligkeit im Zusammenhang mit der Maßhaltigkeit führen an den Fugen zu Spalten, die weniger als 5 mm breit sind. Die Dämmung weist einen guten Kontakt zum Bauwerk – d. h. ohne Hohlräume zwischen Bauwerk und Dämmschicht – auf.

- Einlagige Wärmedämmschicht im Bauwerk; der Wärmedurchlasswiderstand der Dämmung beträgt weniger als oder gleich der Hälfte des Wärmedurchgangswiderstandes des Bauwerks. Die Dämmung weist einen guten Kontakt zum Bauwerk – d. h. ohne Hohlräume zwischen Bauwerk und Dämmschicht – auf.

b) Stufe 2:

- Einlagige Dämmschicht mit Unterbrechungen durch Bauteile wie z. B. Ständer, Sparren oder Deckenbalken. Die Dämmung weist einen guten Kontakt zum Bauwerk auf, d. h. keine Hohlräume zwischen Bauwerk und Dämmschicht.
- Einlagige durchgehende Dämmschicht mit stumpfen Stößen; die zulässigen Maßabweichungen für Länge, Breite und Rechtwinkligkeit im Zusammenhang mit der Maßhaltigkeit führen an den Fugen zu Spalten, die mehr als 5 mm breit sind. Die Dämmung weist einen guten Kontakt zum Bauwerk auf, d. h. keine Hohlräume zwischen Bauwerk und Dämmschicht.

c) Stufe 3:

- Ein- oder mehrlagige Dämmung ohne guten Kontakt zur warmen Seite des Bauwerks, mit Hohlräumen zwischen dem Bauwerk und der Dämmschicht, die zu Luftbewegungen zwischen der warmen und der kalten Seite der Dämmschicht führen.

3.4.5.2 Korrekturen für mechanische Befestigungselemente

Die Wärmeverluste über ein Bauteil können sich durch mechanische Befestigungselemente erhöhen. Eine Berechnung der zusätzlichen Wärmeverluste ist nach DIN EN ISO 10211 möglich. Handelt es sich beim Befestigungselement um eine punktförmige Wärmebrücke, dann wird hierzu der punktbezogene Wärmedurchgangskoeffizient χ ermittelt. Die Bestimmung von χ erfolgt über eine dreidimensionale Simulation des Bauteils und der Wärmebrücke.

Unter Verwendung von χ wird der Korrekturwert ΔU_f wie folgt ermittelt:

$$\Delta U_f = n_f \cdot \chi \qquad (55)$$

mit:

n_f Anzahl der Befestigungselemente je m²

χ punktbezogener Wärmedurchgangskoeffizient nach DIN EN ISO 10211

Wenn eine Dämmschicht von mechanischen Befestigungselementen wie z. B. von Mauerankern bei zweischaligem Mauerwerk, Dachbefestigungen oder Befestigungsmitteln in Verbundplattensystemen durchdrungen wird, dann kann der Korrekturwert ΔU_f für mechanische Befestigungselemente auch näherungsweise wie folgt abgeschätzt werden:

$$\Delta U_f = \alpha \cdot \frac{\lambda_f \cdot A_f \cdot n_f}{d_0} \cdot \left(\frac{R_j}{R_{tot}}\right)^2 \qquad (56)$$

Der Koeffizient α kann wie folgt angenommen werden:

$\alpha = 0{,}8$, wenn das Befestigungselement die Dämmschicht vollständig durchdringt,

$\alpha = 0{,}8 \cdot \frac{d_1}{d_0}$ wenn das Befestigungselement nur teilweise in der Dämmschicht angeordnet ist.

mit:

λ_f Wärmeleitfähigkeit des Befestigungselements, in W/(m·K)

A_f Querschnittsfläche des Befestigungselements, in m²

n_f Anzahl der Befestigungselemente, je m²

d_0 Dicke der Dämmschicht, die das Befestigungselement enthält, in m

d_1 Dicke des Befestigungselements in der Dämmschicht, in m

R_j Wärmedurchlasswiderstand der Dämmschicht, die vom Befestigungselement durchdrungen wird, in (m² · K)/W

R_{tot} Wärmedurchgangswiderstand des Bauteils ohne Berücksichtigung von Wärmebrücken, in (m² · K)/W

In folgenden Fällen ist eine Korrektur des Bauteils trotz des Vorhandenseins von Befestigungselementen im Bauteil nicht erforderlich:

- bei Mauerwerksankern, die eine Luftschicht durchdringen
- wenn für die Wärmeleitfähigkeit λ_f des Befestigungselements gilt: $\lambda_f < 1{,}0$ W/(m · K).

Achtung

Das vereinfachte Abschätzverfahren darf nicht angewendet werden, wenn beide Enden des Befestigungselements mit Metallplatten verbunden sind (z. B. bei einem Flachdach mit Stehfalzeindeckung und einer Trapezblechtragschale). In einem solchen Fall ist Gleichung (29) unter Verwendung des punktbezogenen Wärmedurchgangskoeffizienten χ nach DIN EN ISO 10211 heranzuziehen.

Beispiel

Der Einfluss der Korrektur von Befestigungsmitteln ΔU_f auf den U-Wert eines Bauteils wird im Folgenden mit Hilfe der Abschätzrechnung an einer Außenwand aus zweischaligem Mauerwerk als kerngedämmte Konstruktion mit folgendem Aufbau dargestellt:

Tabelle 17: Bauteilbeschreibung

Bauteilschichten von innen nach außen	**Dicke d [m]**	**Wärmeleitfähigkeit λ [W/(m · K)]**	**Wärmedurchlasswiderstand R [(m² · K)/W]**
Kalkgipsputz	0,015	0,700	0,02143
KS-Mauerwerk	0,175	0,790	0,22152
MW-Dämmung	0,140	0,035	4,00000
Ruhende Luftschicht	0,010	–	0,15000
Vormauerschale	0,115	1,200	0,09583

Folgende Angaben sind zur Bestimmung von ΔU_f erforderlich:

- Das Befestigungselement durchdringt die Wärmedämmschicht vollständig, daraus folgt: $\alpha = 0{,}8$
- als Material wird für die Drahtanker ein nichtrostender Stahl mit $\lambda_f = 30$ W/(m·K) und einem Durchmesser von 5 mm gewählt ($A_f = 0{,}00002$ m²)
- nach DIN 1053-1 sind bei dem gewählten Durchmesser $n_f = 5$ Drahtanker pro m² Wandfläche erforderlich.

In Gleichung (56) eingesetzt folgt:

$$\Delta U_f = 0{,}8 \cdot \frac{30 \cdot 0{,}00002 \cdot 5}{0{,}14} \cdot \left(\frac{4{,}000}{4{,}659}\right)^2 = 0{,}00248 \frac{W}{m^2 \cdot K}$$

Falls kein Korrekturwert für Fehlstellen in der Dämmschicht ΔU_g hinzukommt, beträgt der mit dem Korrekturterm ΔU nach Gleichung (53) korrigierte U-Wert des Bauteils U_C nach Gleichung (52):

$U_C = U + \Delta U = 0{,}215 + 0{,}003 = 0{,}22$ W/(m² · K)

3.4.5.3 Korrekturen bei Umkehrdächern

Gemäß DIN 4108-2 ist bei Umkehrdächern der Wärmedurchgangskoeffizient U zur Berücksichtigung der vermehrten Wärmeverluste entsprechend Tabelle 18 zu erhöhen.

Tabelle 18: Zuschlagswert ΔU_r bei Umkehrdächern (DIN 4108-2)

Anteil des Wärmedurchlasswiderstandes raumseitig der Abdichtung am Gesamtwiderstand [%]	**Zuschlagswert ΔU_r [W/(m² · K)]**
unter 10	0,05
von 10 bis 50	0,03
über 50	0,00

Achtung

Liegt die Zulassung für ein Filtervlies vor, das bei nicht genutzten Umkehrdächern zwischen der Dämmschicht und der Kiesschicht eingebaut wird und besagt, dass das anfallende Oberflächenwasser im Wesentlichen über der Dämmschicht abgeführt wird, dann kann bei der Berechnung des Wärmedurchgangskoeffizienten auf den Zuschlag ΔU verzichtet werden.

3.4.6 Rollladenkästen

Gemäß der Richtlinie über Rollladenkästen (RokR) 2019-11, veröffentlicht in der Anlage 13 der Muster-Verwaltungsvorschrift Technische Baubestimmungen (MVV TB) Ausgabe 2020/1, soll der *U*-Wert eines Rollladenkastens wie folgt ermittelt werden:

Der Wärmedurchgangskoeffizient U_{sb} des Rollladenkastens ist zweidimensional nach DIN EN ISO 10077-2:2018-01 zu berechnen und auf zwei Wert anzeigende Ziffern zu runden. Die Berechnung ist mit einem Blendrahmen mit 60 mm Bautiefe, der für die Zwecke dieser Richtlinie als adiabat zu betrachten ist, durchzuführen. Der Blendrahmen ist bündig mit der Außenseite des tatsächlichen oder geplanten Fensterrahmens anzusetzen, unabhängig von dessen Breite.

Bei der zweidimensionalen Berechnung ist die Wärmestromdichte auf die maßgebliche Höhe b_{sb} nach DIN EN ISO 10077-2:2018-01 zu beziehen.

Außerdem sind nach DIN EN ISO 10077-2 bei der Ermittlung des Wärmedurchgangskoeffizienten U_{sb} folgende Randbedingungen anzusetzen:

- Auf der Oberseite des Rollladenkastens liegen adiabate Verhältnisse vor (A in Bild 15),
- der Übergang des Fensterrahmens an die Unterseite des Rollladenkastens wird als adiabat eingestuft (A in Bild 15),
- die Breite des Fensterrahmens wird pauschal mit d = 60 mm angesetzt, wobei der Fensterrahmen an der tatsächlichen oder der geplanten Stelle zu platzieren ist,
- bei Flächen, die an die Raumluft grenzen, ist ein Wärmeübergangswiderstand von $R_{si} = 0{,}13\ m^2 \cdot K/W$, unabhängig von der Richtung des Wärmestroms, zu verwenden (B in Bild 15),
- bei Flächen, die an die außenseitige Umgebung angrenzen, beträgt der Wärmeübergangswiderstand $R_{se} = 0{,}04\ m^2 \cdot K/W$.

Der Lufthohlraum im Inneren des Rollladenkastens ist wie folgt zu behandeln (siehe Bild 15):

- Wenn $e_1 + e_3 \leq 2$ mm: unbelüftet. Die äquivalente Wärmeleitfähigkeit eines unbelüfteten Lufthohlraums wird nach DIN EN ISO 10077-2 Abschnitt 6.3 berechnet. Zur Bestimmung von e_1 und e_3 können zusätzliche Kleinteile, z. B. Buchsen, Dichtungen usw., berücksichtigt werden;
- wenn $e_{tot} \leq 35$ mm: leicht belüftet. Die äquivalente Wärmeleitfähigkeit beträgt das Zweifache der äquivalenten Wärmeleitfähigkeit eines unbelüfteten Lufthohlraums derselben Größe;

- wenn $e_{tot} > 35$ mm: gut belüftet — die Lufttemperatur innerhalb des Lufthohlraums ist als gleich der Außentemperatur anzunehmen, jedoch beträgt auch im Bereich des Lufthohlraums – also außenseitig – der Wärmeübergangswiderstand $R_{se} = 0,13\ m^2 \cdot K/W$.

Die maßgebliche Höhe des Rollladenkastens b_{sb}, die zur Berechnung verwendet wird, ist der projizierte Abstand zwischen der oberen und der unteren adiabaten Begrenzung (siehe Bild 15).

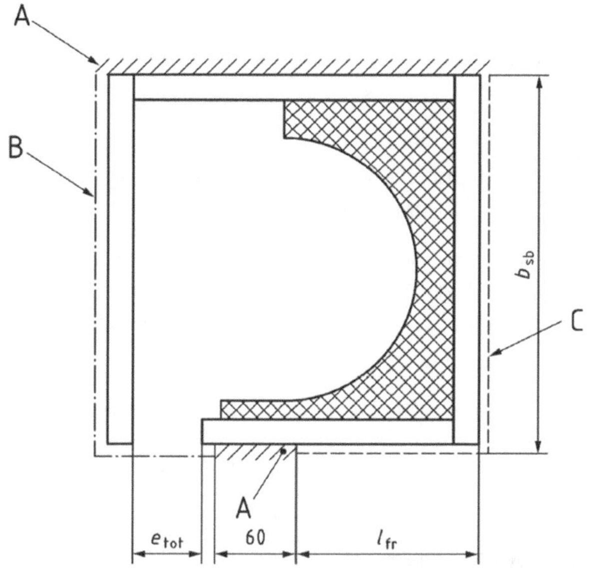

Legende:
A Flächen mit adiabaten Verhältnissen
B Flächen mit außenseitigem Wärmeübergangswiderstand R_{se}
C Flächen mit raumseitigem Wärmeübergangswiderstand R_{si}
b_{sb} Höhe des Rollladenkastens
l_{fr} Lage des Rahmens

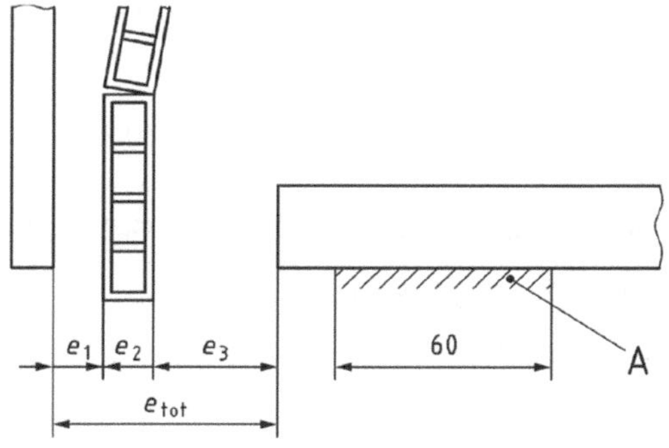

Legende:
e_1, e_3 Breite der Luftspalte im Bereich des Rollladenauslasses
e_2 Dicke des Rollladenpanzers
e_{tot} $= e_1 + e_2 + e_3$

Bild 15: Randbedingungen zur Berechnung von Rollladenkästen (DIN EN ISO 10077-2)

3.5 Anforderungen und Nachweise zum energiesparenden Wärmeschutz von Gebäuden nach dem Gesetz zur Einsparung von Energie und zur Nutzung erneuerbarer Energien zur Wärme- und Kälteerzeugung in Gebäuden (GEG 2023)

3.5.1 Zielsetzung und Inhalte des GEG 2023

Mit dem Gebäudeenergiegesetz 2023 werden vor allem die in der Europäischen Richtlinie zur Energieeffizienz enthaltenen Vorgaben zur Gesamtenergieeffizienz von Gebäuden in Deutschland umgesetzt und die Definition eines Niedrigstenergiegebäudes in das vereinheitlichte Energieeinsparrecht integriert.

Die bisher für den Neubau und für die Sanierung geltenden Vorschriften nach Energieeinsparverordnung (EnEV 2014/2016) und nach dem Erneuerbare-Energien-Wärmegesetz (EEWärmeG) wurden in dem GEG zu einem einheitlichen und abgestimmten Regelwerk zusammengeführt.

Der Aufbau und die Inhalte des Gesetzes sind der Tabelle 19 zu entnehmen.

Tabelle 19: Aufbau und wesentliche Bestandteile des GEG 2023

Teil	Inhalte
Teil 1	**Allgemeiner Teil**
	§ 1 Zweck und Ziel § 2 Anwendungsbereich § 3 Begriffsbestimmung § 5 Grundsatz der Wirtschaftlichkeit § 6 Verordnungsermächtigung zur Verteilung der Betriebskosten und zu Abrechnungs- und Verbrauchsinformationen § 6a Verordnungsermächtigung zur Versorgung mit Fernkälte § 7 Regeln der Technik § 8 Verantwortliche § 9 Überprüfung der Anforderungen an zu errichtende und bestehende Gebäude
Teil 2	**Anforderungen an zu errichtende Gebäude**
	Abschnitt 1: Allgemeiner Teil
	§ 10 Grundsatz und Niedrigstenergiegebäude § 11 Mindestwärmeschutz § 12 Wärmebrücken § 13 Dichtheit § 14 Sommerlicher Wärmeschutz

Tabelle 19: Aufbau und wesentliche Bestandteile des GEG 2023 (Fortsetzung)

Teil	Inhalte
	Abschnitt 2: Jahres-Primärenergiebedarf und baulicher Wärmeschutz bei zu errichtenden Gebäuden
	Unterabschnitt 1: Wohngebäude
	§ 15 Gesamtenergiebedarf § 16 Baulicher Wärmeschutz § 17 Aneinandergereihte Bebauung
	Unterabschnitt 2: Nichtwohngebäude
	§ 18 Gesamtenergiebedarf § 19 Baulicher Wärmeschutz
	Abschnitt 3: Berechnungsgrundlagen und -verfahren
	§ 20 Berechnung des Jahres-Primärenergiebedarfs eines Wohngebäudes § 21 Berechnung des Jahres-Primärenergiebedarfs eines Nichtwohngebäudes § 22 Primärenergiefaktoren § 23 Anrechnung von Strom aus erneuerbaren Energien § 24 Einfluss von Wärmebrücken § 25 Berechnungsrandbedingungen § 26 Prüfung der Dichtheit eines Gebäudes § 27 Gemeinsame Heizungsanlage für mehrere Gebäude § 28 Anrechnung mechanisch betriebener Lüftungsanlagen § 29 Berechnung des Jahres-Primärenergiebedarfs und des Transmissionswärmeverlustes bei aneinandergereihter Bebauung von Wohngebäuden § 30 Zonenweise Berücksichtigung von Energiebedarfsanteilen bei einem zu errichtenden Nichtwohngebäude § 31 Vereinfachtes Nachweisverfahren für ein zu errichtendes Wohngebäude § 32 Vereinfachtes Berechnungsverfahren für ein zu errichtendes Nichtwohngebäude § 33 Andere Berechnungsverfahren
	Abschnitt 4: Nutzung von erneuerbaren Energien zur Wärme- und Kälteerzeugung bei einem zu errichtenden Gebäude
	§ 34 Nutzung erneuerbarer Energien zur Deckung des Wärme- und Kälteenergiebedarfs § 35 Nutzung solarthermischer Anlagen § 36 Nutzung von Strom aus erneuerbaren Energien § 37 Nutzung von Geothermie oder Umweltwärme § 38 Nutzung von fester Biomasse § 39 Nutzung von flüssiger Biomasse § 40 Nutzung von gasförmiger Biomasse § 41 Nutzung von Kälte aus erneuerbaren Energien § 42 Nutzung von Abwärme § 43 Nutzung von Kraft-Wärme-Kopplung § 44 Fernwärme oder Fernkälte § 45 Maßnahmen zur Einsparung von Energie

Tabelle 19: Aufbau und wesentliche Bestandteile des GEG 2023 (Fortsetzung)

Teil	Inhalte
Teil 3	**Bestehende Gebäude**
	Abschnitt 1: Anforderungen an bestehende Gebäude
	§ 46 Aufrechterhaltung der energetischen Qualität; entgegenstehende Rechtsvorschriften § 47 Nachrüstung eines bestehenden Gebäudes § 48 Anforderungen an ein bestehendes Gebäude bei Änderung § 49 Berechnung des Wärmedurchgangskoeffizienten § 50 Energetische Bewertung eines bestehenden Gebäudes § 51 Anforderungen an ein bestehendes Gebäude bei Erweiterung und Ausbau
	Abschnitt 2: Nutzung erneuerbarer Energien zur Wärmeerzeugung bei bestehenden öffentlichen Gebäuden
	§ 52 Pflicht zur Nutzung von erneuerbaren Energien bei einem bestehenden öffentlichen Gebäude § 53 Ersatzmaßnahmen § 54 Kombination § 55 Ausnahmen § 56 Abweichungsbefugnis
Teil 4	**Anlagen der Heizungs-, Kühl- und Raumlufttechnik sowie der Wasserversorgung**
	Abschnitt 1: Aufrechterhaltung der energetischen Qualität bestehender Anlagen
	Unterabschnitt 1: Veränderungsverbot
	§ 57 Verbot von Veränderungen; entgegenstehende Rechtsvorschriften
	Unterabschnitt 2: Betreiberpflichten
	§ 58 Betriebsbereitschaft § 59 Sachgerechte Bedienung § 60 Wartung und Instandhaltung
	Abschnitt 2: Einbau und Ersatz
	Unterabschnitt 1: Verteilungseinrichtungen und Warmwasseranlagen
	§ 61 Verringerung und Abschaltung der Wärmezufuhr sowie Ein- und Ausschaltung elektrischer Antriebe § 62 Wasserheizung, die ohne Wärmeüberträger an eine Nah- oder Fernwärmeversorgung angeschlossen ist § 63 Raumweise Regelung der Raumtemperatur § 64 Umwälzpumpe, Zirkulationspumpe

Tabelle 19: Aufbau und wesentliche Bestandteile des GEG 2023 (Fortsetzung)

Teil	Inhalte
	Unterabschnitt 2: Klimaanlagen und sonstige Anlagen der Raumluft-technik
	§ 65 Begrenzung der elektrischen Leistung § 66 Regelung der Be- und Entfeuchtung § 67 Regelung der Volumenströme § 68 Wärmerückgewinnung
	Unterabschnitt 3: Wärmedämmung von Rohrleitungen und Armaturen
	§ 69 Wärmeverteilungs- und Warmwasserleitungen sowie Armaturen § 70 Kälteverteilungs- und Kaltwasserleitungen sowie Armaturen
	Unterabschnitt 4: Nachrüstung bei heizungstechnischen Anlagen; Betriebsverbot für Heizkessel
	§ 71 Dämmung von Wärmeverteilungs- und Warmwasserleitungen § 72 Betriebsverbot für Heizkessel, Ölheizungen § 73 Ausnahmen
	Abschnitt 3: Energetische Inspektion von Klimaanlagen
	§ 74 Betreiberpflicht § 75 Durchführung und Umfang der Inspektion § 76 Zeitpunkt der Inspektion § 77 Fachkunde des Inspektionspersonals § 78 Inspektionsbericht; Registriernummern
Teil 5	**Energieausweise**
	§ 79 Grundsätze des Energieausweises § 80 Ausstellung und Verwendung von Energieausweisen § 81 Energiebedarfsausweis § 82 Energieverbrauchsausweis § 83 Ermittlung und Bereitstellung von Daten § 84 Empfehlungen für die Verbesserung der Energieeffizienz § 85 Angaben im Energieausweis § 86 Energieeffizienzklasse eines Wohngebäudes § 87 Pflichtangaben in einer Immobilienanzeige § 88 Ausstellungsberechtigung für Energieausweise
Teil 6	**Finanzielle Förderung der Nutzung erneuerbarer Energien für die Erzeugung von Wärme und Kälte und von Energieeffizienzmaßnahmen**
	§ 89 Fördermittel § 90 Geförderte Maßnahmen zur Nutzung erneuerbarer Energien § 91 Verhältnis zu den Anforderungen an ein Gebäude

Tabelle 19: Aufbau und wesentliche Bestandteile des GEG 2023 (Fortsetzung)

Teil	Inhalte
Teil 7	**Vollzug**
	§ 92 Erfüllungserklärung § 93 Pflichtangaben in der Erfüllungserklärung § 94 Verordnungsermächtigung § 95 Behördliche Befugnisse § 96 Private Nachweise § 97 Aufgaben des bevollmächtigten Bezirksschornsteinfegers § 98 Registriernummer § 99 Stichprobenkontrollen von Energieausweisen und Inspektionsberichten über Klimaanlagen § 100 Nicht personenbezogene Auswertung von Daten § 101 Verordnungsermächtigung; Erfahrungsberichte der Länder § 102 Befreiungen § 103 Innovationsklausel
Anlagen	Anlage 1 Technische Ausführung des Referenzgebäudes (Wohngebäude) Anlage 2 Technische Ausführung des Referenzgebäudes (Nichtwohngebäude) Anlage 3 Höchstwerte der mittleren Wärmedurchgangskoeffizienten der wärmeübertragenden Umfassungsfläche (Nichtwohngebäude) Anlage 4 Primärenergiefaktoren Anlage 4a Anforderungen an die Inbetriebnahme von Heizkesseln und sonstigen Wärmeerzeugersystemen Anlage 5 Vereinfachtes Nachweisverfahren für ein zu errichtendes Wohngebäude Anlage 6 Zu verwendendes Nutzungsprofil für die Berechnungen des Jahres-Primärenergiebedarfs beim vereinfachten Berechnungsverfahren für ein zu errichtendes Nichtwohngebäude Anlage 7 Höchstwerte der Wärmedurchgangskoeffizienten von Außenbauteilen bei Änderung an bestehenden Gebäuden Anlage 8 Anforderungen an die Wärmedämmung von Rohrleitungen und Armaturen Anlage 9 Umrechnung in Treibhausgasemissionen Anlage 10 Energieeffizienzklassen von Wohngebäuden Anlage 11 Anforderungen an die Inhalte der Schulung für die Berechtigung zur Ausstellung von Energieausweisen

3.5.2. Anforderungen an neu zu errichtende Wohngebäude

Die Anforderungen, die sich aus dem GEG 2023 für Wohngebäude ergeben, sind in Tabelle 20 dargestellt.

Tabelle 20: Anforderungen an Wohngebäude gemäß GEG Teil 2

Zeile	Beschreibung	Anmerkung
1	Neu zu errichtende Gebäude müssen den Anforderungen an ein Niedrigstenergiehaus entsprechen. Es gilt: a. Der Gesamtenergiebedarf für Heizung, Warmwasserbereitung, Lüftung und Kühlung, der sich nach Zeile 2 ergibt, darf nicht überschritten werden. b. Energieverluste beim Heizen und Kühlen werden durch einen ausreichenden baulichen Wärmeschutz (siehe Zeile 3) vermieden. c. Der Wärme- und Kälteenergiebedarf ist zumindest anteilig durch die Nutzung erneuerbarer Energien zu decken.	Die Anforderungen an die Errichtung vonGebäuden nach diesem Gesetz finden keine Anwendung, soweit ihre Erfüllung anderen öffentlich-rechtlichen Vorschriften zur Standsicherheit, zum Brandschutz, zum Schallschutz, zum Arbeitsschutz oder zum Schutz der Gesundheit entgegensteht. Die Anforderung an den Mindestanteil der Nutzung erneuerbarer Energien ist nicht auf ein Gebäude, das der Landesverteidigung dient, anzuwenden, soweit ihre Erfüllung der Art und dem Hauptzweck der Landesverteidigung entgegensteht.
2	Ein zu errichtendes Wohngebäude ist so zu errichten, dass der Jahres-Primärenergiebedarf für Heizung, Warmwasserbereitung, Lüftung und Kühlung das 0,55fache des auf die Gebäudenutzfläche bezogenen Wertes des Jahres-Primärenergiebedarfs eines Referenzgebäudes, das die gleiche Geometrie, Gebäudenutzfläche und Ausrichtung wie das zu errichtende Gebäude aufweist und der technischen Referenzausführung nach Tabelle 21 entspricht, nicht überschreitet.	$Q_{\text{Pvorh}} \leq 0{,}55 Q_{\text{Pref}}$ Der Gesamtenergiebedarf für die eingebaute Beleuchtung wird bei Wohngebäuden nicht berücksichtigt.
3	Für das zu errichtende Wohngebäude und das Referenzgebäude ist der Jahres-Primärenergiebedarf nach DIN V 18599:2018-09 zu ermitteln. Anwendung des Verfahrens DIN V 4108-6:2003-06 (Monatsbilanzverfahren mit den Randbedingungen nach Anhang D.3) und der DIN 4701-10:2003-08 (Berichtigungen sind zu beachten) noch bis zum 31.12.2023 als gleichwertiges Verfahren möglich, wenn das Gebäude nicht gekühlt wird. Der Nutzwärmebedarf für die Warmwasserbereitung nach DIN V 4701-10:2003-08 ist mit 12,5 Kilowattstunden je Quadratmeter Gebäudenutzfläche und Jahr anzusetzen. Zur Berücksichtigung von Lüftungsanlagen mit Wärmerückgewinnung gelten die methodischen Hinweise in DIN V 4701-10:2003-08 Abschnitt 4.1.	Bei beiden Rechenverfahren ist das Referenzklima Potsdam nach DIN V 18599-10 zu verwenden. Die Berechnung des Referenzgebäudes und des zu errichtenden Gebäudes hat mit den gleichen Rechenverfahren zu erfolgen. Die Berechnung des Endenergiebedarfs erfolgt ohne den Deckungsanteil an solarer Strahlungsenergie und/oder Umweltwärme. Elektrische Nutzeranwendungen werden nicht berücksichtigt (wie zum Beispiel Haushaltsstrom).
4	Für die Berechnung der Wärmedurchgangskoeffizienten sind folgende Berechnungsverfahren anzuwenden: 1. DIN V 18599-2:2018-09 Abschnitt 6.1.4.3 für die Berechnung der an Erdreich grenzenden Bauteile. 2. DIN 4108-4:2017-03 in Verbindung mit DIN EN ISO 6946:2008-04 für die Berechnung opaker Bauteile und 3. DIN 4108-4:2017-03 für die Berechnung transparenter Bauteile sowie von Vorhangfassaden.	Sowohl bei der Berechnung nach DIN V 18599 als auch bei der nach DIN V 4108-6 gelten die gleichen Berechnungsvorschriften für den *U*-Wert. Demnach wird für Bauteile an das Erdreich immer ein konstruktiver *U*-Wert zu ermitteln sein, die DIN EN ISO 13370 ist nicht anzuwenden.

Tabelle 20: Anforderungen an Wohngebäude gemäß GEG Teil 2 (Fortsetzung)

Zeile	Beschreibung	Anmerkung
5	Bei einem zu errichtenden Gebäude sind Bauteile, die gegen die Außenluft, das Erdreich oder gegen Gebäudeteile mit wesentlich niedrigeren Innentemperaturen abgrenzen, so auszuführen, dass die Anforderungen des Mindestwärmeschutzes nach DIN 4108-2: 2013-02 und DIN 4108-3: 2018-10 erfüllt werden.	Als Mindestanforderungen gelten auch die Anforderungen an die Vermeidung/ Begrenzung von Tauwasser nach DIN 4108-3:2018-10. Mit Einhaltung der Mindestwerte des Wärmedurchlasswiderstandes nach Tabelle 3 der DIN 4108-2:2013-02 werden diese Anforderungen jedoch bereits erfüllt.
	Ist bei einem zu errichtenden Gebäude bei aneinandergereihter Bebauung die Nachbarbebauung nicht gesichert, müssen die Gebäudetrennwände die Anforderungen an den Mindestwärmeschutz zum Zeitpunkt der Fertigstellung erfüllen.	Als gesichert gilt ein vor Inbetriebnahme einer Gebäudehälfte begonnener Bau der anderen Gebäudehälfte.
6	Ein Gebäude ist so zu errichten, dass der Einfluss konstruktiver Wärmebrücken auf den Jahres-Heizwärmebedarf nach den anerkannten Regeln der Technik und nach den im jeweiligen Einzelfall wirtschaftlich vertretbaren Maßnahmen so gering wie möglich gehalten wird.	Das Wirtschaftlichkeitsgebot gilt auch für die Maßnahmen zur Vermeidung von Wärmebrücken.
	Unbeschadet der Regelung in Zeile 5 ist der verbleibende Einfluss von Wärmebrücken bei der Ermittlung des Gesamtenergiebedarfs zu berücksichtigen. Soweit dabei Gleichwertigkeitsnachweise zu führen sind, ist dies für solche Wärmebrücken nicht erforderlich, bei denen die angrenzenden Bauteile kleinere Wärmedurchgangskoeffizienten aufweisen als in den Musterlösungen der DIN 4108 Beiblatt 2:2019-06 zugrunde gelegt sind. Wärmebrückenzuschläge sind nach DIN V 18599-2 oder DIN 4108-6:2003-06 zu ermitteln. Abweichend von DIN V 4108-6:2003-06 kann bei Nachweis der Gleichwertigkeit nach DIN 4108 Beiblatt 2:2019-06 der pauschale Wärmebrückenzuschlag nach Kategorie A oder Kategorie B verwendet werden.	ΔU_{WB} gemäß DIN V 4108-6 oder DIN V 18599-2. Kategorie A oder B auch bei Nachweis nach DIN V 4108-6.
7	Ein Gebäude ist so zu errichten, dass die wärmeübertragende Umfassungsfläche einschließlich der Fugen dauerhaft luftundurchlässig nach den anerkannten Regeln der Technik abgedichtet ist. Öffentlich-rechtliche Vorschriften über den zum Zweck der Gesundheit und Beheizung erforderlichen Mindestluftwechsel bleiben unberührt.	Die Anforderung an die Gebäudedichtheit steht nicht über einem im Gebäude zu garantierenden Mindestluftwechsel zum Beispiel zur Vermeidung von Schimmelpilzbildung.
8	Wird die Luftdichtheit eines zu errichtenden Gebäudes vor seiner Fertigstellung nach DIN EN ISO 9972:2018-12 Anhang NA überprüft, darf die gemessene Netto-Luftwechselrate bei der Ermittlung des Jahres-Primärenergiebedarfs als Luftwechselrate in Ansatz gebracht werden. Bei der Überprüfung der Luftdichtheit sind die Messungen sowohl mit Über- als auch mit Unterdruck durchzuführen. Die genannten Höchstwerte sind für beide Fälle einzuhalten.	Der bei einer Bezugsdruckdifferenz von 50 Pascal gemessene Volumenstrom in Kubikmeter pro Stunde darf ohne raumlufttechnische Anlagen höchstens das 3fache des beheizten oder gekühlten Luftvolumens des Gebäudes in Kubikmetern betragen und mit raumlufttechnischen Anlagen höchstens das 1,5fache des beheizten oder gekühlten Luftvolumens des Gebäudes in Kubikmetern betragen.
9	Ein zu errichtendes Wohngebäude ist so zu errichten, dass der Höchstwert des spezifischen, auf die wärmeübertragende Umfassungsfläche bezogenen Transmissionswärmeverlusts das 0,75fache des entsprechenden Wertes des jeweiligen Referenzgebäudes nicht überschreitet.	$H'_{TVorh} \leq H'_{Tzul}$

Tabelle 20: Anforderungen an Wohngebäude gemäß GEG Teil 2 (Fortsetzung)

Zeile	Beschreibung	Anmerkung
10	**Vereinfachtes Verfahren:** 1. Ein zu errichtendes Wohngebäude erfüllt die Anforderungen, wenn es die Voraussetzungen nach Anlage 5 Nummer 1 (vereinfachtes Verfahren) GEG 2023 erfüllt und seine Ausführung einer der in Anlage 5 Nummer 2 beschriebenen Ausführungsvarianten unter Berücksichtigung der Beschreibung der Wärmeschutz- und Anlagenvarianten nach Anlage 5 Nummer 3 entspricht. 2. Das Bundesministerium für Wirtschaft und Energie macht gemeinsam mit dem Bundesministerium des Innern, für Bau und Heimat im Bundesanzeiger bekannt, welche Angaben für die auf Grundlage von Absatz 1 zu errichtenden Wohngebäude ohne besondere Berechnungen in Energiebedarfsausweisen zu verwenden sind.	Insgeamt 15 Anforderungen sind zu erfüllen, wenn das vereinfachte Verfahren für den Nachweis herangezogen werden soll. Der bauliche Wärmeschutz (*U*-Werte) und die Anlagenkonfiguration sind in diesem Verfahren festgelegt und dürfen nicht verändert werden.
11	**Nutzung solarthermischer Anlagen** Die Anforderung zur Deckung des Wärme- und Kältebedarfs durch die Nutzung erneuerbarer Energien ist erfüllt, wenn durch die Nutzung von solarer Strahlungsenergie mittels solarthermischer Anlagen der Wärme- und Kälteenergiebedarf zu mindestens 15 Prozent gedeckt wird. Die Anforderung bezüglich des Mindestanteils gilt als erfüllt, wenn: 1. Bei Wohngebäuden mit höchstens zwei Wohnungen solarthermische Anlagen mit einer Fläche von mindestens 0,04 Quadratmetern Aperturfläche je Quadratmeter Nutzfläche installiert und betrieben werden und 2. bei Wohngebäuden mit mehr als zwei Wohnungen solarthermische Anlagen mit einer Fläche von mindestens 0,03 Quadratmetern Aperturfläche je Quadratmeter Nutzfläche installiert und betrieben werden. Wird eine solarthermische Anlage mit Flüssigkeiten als Wärmeträger genutzt, müssen die darin enthaltenen Kollektoren oder das System mit dem europäischen Prüfzeichen „Solar Keymark" zertifiziert sein, solange und soweit die Verwendung einer CE-Kennzeichnung nach Maßgabe eines Durchführungsrechtsaktes auf der Grundlage der Richtlinie 2009/125/EG des Europäischen Parlaments und des Rates vom 21. Oktober 2009 zur Schaffung eines Rahmens für die Festlegung von Anforderungen an die umweltgerechte Gestaltung energieverbrauchsrelevanter Produkte (ABl. L 285 vom 31.10.2009, S. 10), die zuletzt durch die Richtlinie 2012/27/EU (ABl. L 315 vom 14.11.2012, S. 1) geändert worden ist, nicht zwingend vorgeschrieben ist. Die Zertifizierung muss nach den anerkannten Regeln der Technik erfolgen.	Der 15-Prozent-Mindestanteil bei solarthermischen Anlagen folgt der Überlegung, dass bei höheren Anteilen immer Kombianlagen (Warmwasser und Heizung) vorzusehen wären, deren Wirtschaftlichkeit im Sinne des GEG jedoch nicht nachgewiesen werden kann.
12	Strom aus erneuerbaren Energien, der in einem unmittelbaren räumlichen Zusammenhang zu einem zu errichtenden Wohngebäude erzeugt wird, darf bei der Ermittlung des Jahres-Primärenergiebedarfs des zu errichtenden Wohngebäudes mit folgender Maßgabe in Abzug gebracht werden: Zur Berechnung der abzugsfähigen Strommenge ist der monatliche Ertrag der Anlage zur Erzeugung von Strom aus erneuerbaren Energien dem tatsächlichen Strombedarf für Heizung, Warmwasserbereitung, Lüftung, Kühlung und Hilfsenergien gegenüberzustellen.	Einbeziehung von gebäudenah erzeugtem Strom aus erneuerbaren Energien. Notwendig ist, dass der Strom vorrangig im Gebäude selbst genutzt wird, entweder direkt oder nach Speicherung.

Tabelle 20: Anforderungen an Wohngebäude gemäß GEG Teil 2 (Fortsetzung)

Zeile	Beschreibung	Anmerkung
13	**Nutzung von Geothermie oder Umweltwärme** Die Anforderung zur Deckung des Wärme- und Kältebedarfs durch die Nutzung erneuerbarer Energien ist erfüllt, wenn durch die Nutzung von Geothermie, Umweltwärme oder Abwärme aus Abwasser, die mittels elektrisch oder mit fossilen Brennstoffen angetriebener Wärmepumpen technisch nutzbar gemacht wird, der Wärme- und Kälteenergiebedarf zu mindestens 50 Prozent aus den Anlagen zur Nutzung dieser Energien gedeckt wird.	Der Deckungsanteil am Wärme- und Kälteenergiebedarf muss durch die Anlagen zur Nutzung der Geothermie und Umweltwärme, also insbesondere durch die Wärmepumpe, nicht aber durch deren Einsatzstoff (z.B. Gas bei gasbetriebenen Wärmepumpen) gedeckt werden. Der Begriff Geothermie umfasst dabei nicht nur die herkömmliche Nutzung von Erdwärme, sondern auch die Nutzung von Erdwärme durch Tiefengeothermie.
14	**Nutzung von fester Biomasse** Die Anforderung zur Deckung des Wärme- und Kältebedarfs durch die Nutzung erneuerbarer Energien ist erfüllt, wenn durch die Nutzung von fester Biomasse der Wärme- und Kälteenergiebedarf zu mindestens 50 Prozent gedeckt wird und wenn eine Feuerungsanlage im Sinne der Verordnung über kleine und mittlere Feuerungsanlagen vom 26. Januar 2010 (BGBl. I S. 38), die zuletzt durch Artikel 105 der Verordnung vom 19. Juni 2020 (BGBl. I S. 1328) geändert worden ist, in der jeweils geltenden Fassung betrieben wird. 1. Die Biomasse wird genutzt in einem Biomassekessel oder 2. in einem automatisch beschickten Biomasseofen mit Wasser als Wärmeträger.	Zur Verwendung erlaubte Biomassen: • Naturbelassenes stückiges Holz einschließlich anhaftender Rinde, insbesondere in Form von Scheitholz und Hackschnitzeln, sowie Reisig und Zapfen. • Naturbelassenes nicht stückiges Holz, insbesondere in Form von Sägemehl, Spänen und Schleifstaub, sowie Rinde. • Presslinge aus naturbelassenem Holz in Form von Holzbriketts nach DIN 51731, Ausgabe Oktober 1996, oder in Form von Holzpellets nach den brennstofftechnischen Anforderungen des DINplus-Zertifizierungsprogramms „Holzpellets zur Verwendung in Kleinfeuerstätten nach DIN 51731-HP 5", Ausgabe August 2007, sowie andere Holzbriketts oder Holzpellets aus naturbelassenem Holz mit gleichwertiger Qualität. • Stroh und ähnliche pflanzliche Stoffe, nicht als Lebensmittel bestimmtes Getreide wie Getreidekörner und Getreidebruchkörner, Getreideganzpflanzen, Getreideausputz, Getreidespelzen und Getreidehalmreste sowie Pellets aus den vorgenannten Brennstoffen.

Tabelle 20: Anforderungen an Wohngebäude gemäß GEG Teil 2 (Fortsetzung)

Zeile	Beschreibung	Anmerkung
15	**Nutzung von flüssiger Biomasse** Die Anforderung zur Deckung des Wärme- und Kältebedarfs durch die Nutzung erneuerbarer Energien ist erfüllt, wenn durch die Nutzung von flüssiger Biomasse der Wärme- und Kälteenergiebedarf zu mindestens 50 Prozent gedeckt wird. Die Nutzung muss in einer KWK-Anlage oder in einem Brennwertkessel erfolgen. Unbeschadet des Absatzes 2 muss die zur Wärmeerzeugung eingesetzte Biomasse den Anforderungen an einen nachhaltigen Anbau und eine nachhaltige Herstellung, die die Biomassestrom-Nachhaltigkeitsverordnung vom 23. Juli 2009 (BGBl. I S. 2174), die zuletzt durch Artikel 262 der Verordnung vom 19. Juni 2020 (BGBl. I S. 1328) geändert worden ist, in der jeweils geltenden Fassung stellt, genügen. § 10 der Biomassestrom-Nachhaltigkeitsverordnung ist nicht anzuwenden.	
16	**Nutzung von gasförmiger Biomasse** Die Anforderung zur Deckung des Wärme- und Kältebedarfs durch die Nutzung erneuerbarer Energien ist erfüllt, wenn durch die Nutzung von gasförmiger Biomasse nach Maßgabe der Absätze 2 bis 4 der Wärme- und Kälteenergiebedarf mindestens zu dem Anteil nach Absatz 2 Satz 2 gedeckt wird. Die Nutzung muss in einer hocheffizienten KWK-Anlage im Sinne des § 2 Nummer 8a des Kraft-Wärme-Kopplungsgesetzes oder in einem Brennwertkessel erfolgen. Der Wärme- und Kälteenergiebedarf muss a) zu mindestens 30 Prozent gedeckt werden, wenn die Nutzung in einer KWK-Anlage nach Satz 1 erfolgt oder b) zu mindestens 50 Prozent gedeckt werden, wenn die Nutzung in einem Brennwertkessel erfolgt. Wenn Biomethan genutzt wird, müssen unbeschadet des Absatzes 2 folgende Voraussetzungen erfüllt sein: a) Bei der Aufbereitung und Einspeisung des Biomethans müssen die Voraussetzungen nach Anlage 1 Nummer 1 Buchstabe a bis c des Erneuerbare-Energien-Gesetzes vom 25. Oktober 2008 (BGBl. I S. 2074) in der am 31. Juli 2014 geltenden Fassung erfüllt worden sein und b) die Menge des entnommenen Biomethans im Wärmeäquivalent am Ende eines Kalenderjahres muss der Menge von Gas aus Biomasse entsprechen, das an anderer Stelle in das Gasnetz eingespeist worden ist, und es müssen Massenbilanzsysteme für den gesamten Transport und Vertrieb des Biomethans von seiner Herstellung über seine Einspeisung in das Erdgasnetz und seinen Transport im Erdgasnetz bis zu seiner Entnahme aus dem Erdgasnetz verwendet worden sein. Wenn biogenes Flüssiggas genutzt wird, muss die Menge des entnommenen Gases am Ende eines Kalenderjahres der Menge von Gas aus Biomasse entsprechen, das an anderer Stelle hergestellt worden ist, und müssen Massenbilanzsysteme für den gesamten Transport und Vertrieb des biogenen Flüssiggases von seiner Herstellung über seine Zwischenlagerung und seinen Transport bis zu seiner Einlagerung in den Verbrauchstank verwendet worden sein.	

Tabelle 20: Anforderungen an Wohngebäude gemäß GEG Teil 2 (Fortsetzung)

Zeile	Beschreibung	Anmerkung
17	**Nutzung von Abwärme** Anstelle der anteiligen Deckung des Wärme- und Kälteenergiebedarfs durch die Nutzung erneuerbarer Energien kann die Anforderung auch dadurch erfüllt werden, dass durch die Nutzung von Abwärme nach Maßgabe von a) und b) der Wärme- und Kälteenergiebedarf direkt oder mittels Wärmepumpen zu mindestens 50 Prozent gedeckt wird. a) Sofern Kälte genutzt wird, die durch eine Anlage technisch nutzbar gemacht wird, der Abwärme unmittelbar zugeführt wird, ist § 41 Absatz 3 und 4 entsprechend anzuwenden. b) Sofern Abwärme durch eine andere Anlage genutzt wird, muss die Nutzung nach dem Stand der Technik erfolgen.	
18	**Nutzung von Kraft-Wärme-Kopplung** Anstelle der anteiligen Deckung des Wärme- und Kälteenergiebedarfs durch die Nutzung erneuerbarer Energien kann die Anforderung auch dadurch erfüllt werden, dass durch die Nutzung von Wärme aus einer hocheffizienten KWK-Anlage im Sinne des § 2 Nummer 8a des Kraft-Wärme-Kopplungsgesetzes der Wärme- und Kälteenergiebedarf zu mindestens 50 Prozent gedeckt wird oder durch die Nutzung von Wärme aus einer Brennstoffzellenheizung der Wärme- und Kälteenergiebedarf zu mindestens 40 Prozent gedeckt wird. Sofern Kälte genutzt wird, die durch eine Anlage technisch nutzbar gemacht wird, der unmittelbar Wärme aus einer KWK-Anlage zugeführt wird, muss die KWK-Anlage den Anforderungen des Absatzes 1 Nummer 1 genügen. § 41 Absatz 3 und 4 ist entsprechend anzuwenden.	
19	**Fernwärme oder Fernkälte** Anstelle der anteiligen Deckung des Wärme- und Kälteenergiebedarfs durch die Nutzung erneuerbarer Energien kann die Anforderung auch dadurch erfüllt werden, dass durch den Bezug von Fernwärme oder Fernkälte nach Maßgabe von a) der Wärme- und Kälteenergiebedarf mindestens in Höhe des Anteils nach A) Punkt 2 und 3 gedeckt wird. Maßgeblicher Anteil ist der Anteil, der nach den Nummern 10-15 oder nach den Nummern 16-17 für diejenige Energie anzuwenden ist, aus der die Fernwärme oder Fernkälte ganz oder teilweise stammt. Bei der Berechnung wird nur die bezogene Menge der Fernwärme oder Fernkälte angerechnet, die rechnerisch aus erneuerbaren Energien, aus Anlagen zur Nutzung von Abwärme oder aus KWK-Anlagen stammt. A) Die in dem Wärme- oder Kältenetz insgesamt verteilte Wärme oder Kälte muss stammen zu 1. einem wesentlichen Anteil aus erneuerbaren Energien, 2. mindestens 50 Prozent aus Anlagen zur Nutzung von Abwärme, 3. mindestens 50 Prozent aus KWK-Anlagen oder 4. mindestens 50 Prozent durch eine Kombination der in den Nummern 1 bis 3 genannten Maßnahmen.	

Tabelle 20: Anforderungen an Wohngebäude gemäß GEG Teil 2 (Fortsetzung)

Zeile	Beschreibung	Anmerkung
20	**Ersatzmaßnahmen** Anstelle der anteiligen Deckung des Wärme- und Kälteenergiebedarfs durch die Nutzung erneuerbarer Energien kann die Anforderung zur Deckung des Energiebedarfs mit erneuerbaren Energien auch dadurch erfüllt werden, dass bei einem Wohngebäude die Anforderungen zur Einhaltung des Transmissionswärmeverlustes um mindestens 15 Prozent unterschritten werden.	$H'_{T,\text{Gebäude}} \leq 0{,}85 H'_{T,\text{Ref}}$

Für das im GEG 2023 zugrunde gelegte Referenzgebäude als Wohngebäude sind für die wärmeübertragenden Umfassungsflächen folgende *U*-Werte festgelegt.

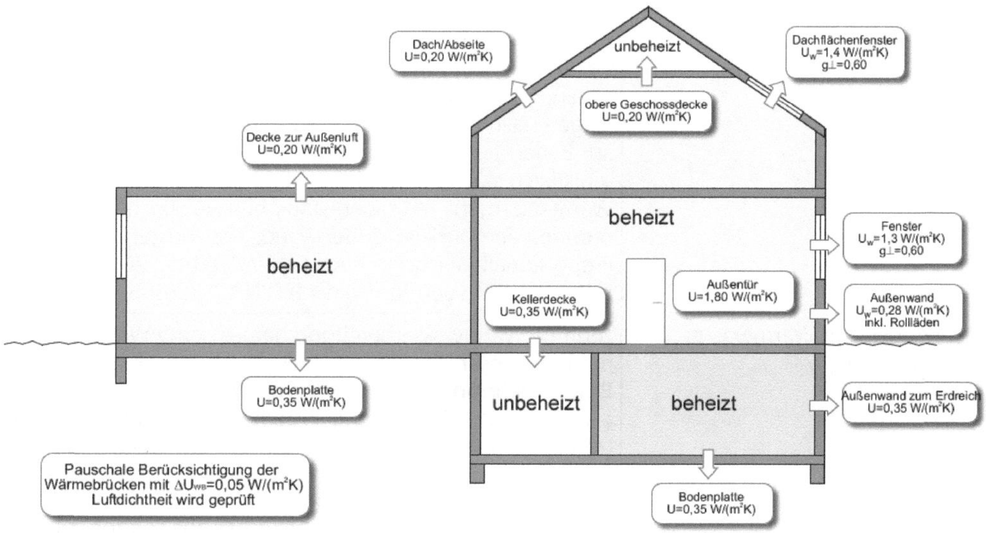

Bild 16: U-Werte der wärmeübertragenden Umfassungsfläche für das Referenzgebäude

Alle sonstigen Festlegungen für das Referenzgebäude sind in der Tabelle 21 zusammengestellt.

Tabelle 21: Ausführung des Referenzgebäudes als Wohngebäude

Zeile	Bauteil/System	Referenzausführung/Wert (Maßeinheit)	
1	Luftdichtheit der Gebäudehülle	Bemessungswert n_{50}	Bei Berechnung nach DIN V 4108-6:2003-06: mit Dichtheitsprüfung DIN V 18599-2:2018-12: nach Kategorie I
2	Sonnenschutzvorrichtung	keine Sonnenschutzvorrichtung	
3	Heizungsanlage	Wärmeerzeugung durch Brennwertkessel (verbessert, bei der Berechnung nach § 20 Absatz 1 nach 1994), Erdgas, Aufstellung: für Gebäude bis zu 500 m² Gebäudenutzfläche innerhalb der thermischen Hülle für Gebäude mit mehr als 500 m² Gebäudenutzfläche außerhalb der thermischen Hülle Auslegungstemperatur 55/45 °C, zentrales Verteilsystem innerhalb der wärmeübertragenden Umfassungsfläche, innen liegende Stränge und Anbindeleitungen, Standard-Leitungslängen nach DIN V 4701-10:2003-08 Tabelle 5.3-2, Pumpe auf Bedarf ausgelegt (geregelt, Δp const), Rohrnetz ausschließlich statisch hydraulisch abgeglichen Wärmeübergabe mit freien statischen Heizflächen, Anordnung an normaler Außenwand, Thermostatventile mit Proportionalbereich 1 K nach DIN V 4701-10:2003-08 bzw. P-Regler, (nicht zertifiziert) nach DIN V 18599-5: 2018-09	
4	Anlage zur Warmwasserbereitung	zentrale Warmwasserbereitung gemeinsame Wärmebereitung mit Heizungsanlage nach Zeile 3 **Bei Berechnung nach DIN V 18599:** allgemeine Randbedingungen gemäß DIN V 18599-8:2018-09 Tabelle 6, Solaranlage mit Flachkollektor nach 1998 sowie Speicher ausgelegt gemäß DIN V 18599-8:2018-09 Abschnitt 6.4.3 **Bei Berechnung nach DIN V 4108-6/DIN V 4701-10:** Solaranlage mit Flachkollektor zur ausschließlichen Trinkwassererwärmung entsprechend den Vorgaben nach DIN V 4701-10:2003-08 Tabelle 5.1-10 mit Speicher, indirekt beheizt (stehend), gleiche Aufstellung wie Wärmeerzeuger, kleine Solaranlage bei $A_N \leq 500$ m² (bivalenter Solarspeicher) große Solaranlage bei $A_N > 500$ m², Verteilsystem mit Zirkulation, innerhalb der wärmeübertragenden Umfassungsfläche, innen liegende Stränge, gemeinsame Installationswand, Standard-Leitungslängen nach DIN V 4701-10:2003-08 Tabelle 5.1-2	
5	Kühlung	keine Kühlung	
6	Lüftung	zentrale Abluftanlage mit Außenwanddurchlässen, nicht bedarfsgeführt mit geregeltem DC-Ventilator, • DIN V 4701:2003-08: Anlagen-Luftwechsel $n_A = 0{,}4$ h⁻¹ • DIN-V 18599-10:2018-09: nutzungsbedingter Mindestaußenluftwechsel n_{Nutz}: 0,5 h^{-1}	
7	Gebäudeautomation	Klasse C nach DIN V 18599-11:2018-09	

Im Gegensatz zu den Energieeinsparverordnungen beinhaltet das GEG für Wohngebäude keine Anforderungen an die spezifischen, auf die wärmeübertragende Umfassungsfläche bezogenen Transmissionswärmeverluste. Der einzuhaltende Grenzwert richtet sich nur nach dem für das Referenzgebäude ermittelten Wert und ist daher ein adaptiver Wert. Die in der Tabelle 22 aufgeführten Angaben stellen daher grobe Richtwerte dar.

Tabelle 22: Richtwerte der spezifischen, auf die wärmeübertragende Umfassungsfläche bezogenen Transmissionswärmeverluste

Zeile	Gebäudetyp	Richtwerte des spezifischen Transmissionswärmeverlustes	
1	Freistehendes Wohngebäude	Mit $A_N \leq 350$ m²	$H'_T < 0{,}40$ W(m²K)
		Mit $A_N > 350$ m²	$H'_T < 0{,}50$ W(m²K)
2	Einseitig angebautes Wohngebäude		$H'_T < 0{,}45$ W(m²K)
3	Alle anderen Wohngebäude		$H'_T < 0{,}55$ W(m²K)

Beispiel

Freistehendes Einfamilienhaus A_n < 350 m²; wärmeübertragende Umfassungsfläche: 326,18 m²

1. Ausführung

Bauteil	Netto-Fläche in m²	*U*-Wert in W/(m²K)	F_x-Faktor	H_T in W/K
Außenwand	131,91	0,20	1,0	26,38
Fenster	21,71	0,90	1,0	19,54
Bodenplatte	70,56	0,30	0,6	12,70
Kehlbalken	42,80	0,15	0,8	5,14
Dach	40,20	0,15	1,0	6,03
Abseite	19,00	0,15	0,8	2,28
Wärmebrückenzuschlag: 0,03 W/(m²K) · 326,18				9,78
Summe H_T				81,85
$H_T' = \frac{83,48}{326,18} = 0,25\ W/(m^2K)$				

2. Referenzgebäude

Bauteil	Netto-Fläche in m²	*U*-Wert in W/(m²K)	F_x-Faktor	H_T in W/K
Außenwand	131,91	0,28	1,0	36,93
Fenster	21,71	1,30	1,0	28,22
Bodenplatte	70,56	0,35	0,6	14,82
Kehlbalken	42,80	0,35	0,8	11,98
Dach	40,20	0,20	1,0	8,04
Abseite	19,00	0,20	0,8	3,04
Wärmebrückenzuschlag: 0,05 W/(m²K) · 326,18				16,31
Summe H_T				119,35
$H_T' = \frac{119,35}{326,18} = 0,37\ W/(m^2K)$				
$H'_{T,Gebäude} \leq H'_{T,Referenz}$				

Eine Auswahl weiterer Anforderungen des GEG an neu zu errichtende Wohngebäude enthält Tabelle 23.

Tabelle 23: Zusätzliche Anforderungen an die Anlagentechnik und an die Gebäudehülle

Komponente	**Anforderungen**
Energetische Qualität	Eine Anlage und Einrichtung der Heizungs-, Kühl- oder Raumlufttechnik oder der Warmwasserversorgung darf, soweit sie zum Nachweis der Anforderungen energieeinsparrechtlicher Vorschriften des Bundes zu berücksichtigen war, nicht in einer Weise verändert werden, dass die energetische Qualität des Gebäudes verschlechtert wird.
Betriebsbereitschaft	Energiebedarfssenkende Einrichtungen in Anlagen und Einrichtungen der Heizungs-, Kühl- und Raumlufttechnik sowie der Warmwasserversorgung sind vom Betreiber betriebsbereit zu erhalten und bestimmungsgemäß zu nutzen.
Wartung und Instandsetzung	Komponenten, die einen wesentlichen Einfluss auf den Wirkungsgrad von Anlagen und Einrichtungen der Heizungs-, Kühl- und Raumlufttechnik sowie der Warmwasserversorgung haben, sind vom Betreiber regelmäßig zu warten und instand zu halten.
Verringerung und Abschaltung der Wärmezufuhr	Wird eine Zentralheizung in ein Gebäude eingebaut, hat der Bauherr oder der Eigentümer dafür Sorge zu tragen, dass die Zentralheizung mit zentralen selbsttätig wirkenden Einrichtungen zur Verringerung und Abschaltung der Wärmezufuhr sowie zur Ein- und Ausschaltung elektrischer Antriebe ausgestattet ist. Die Regelung der Wärmezufuhr sowie der elektrischen Antriebe im Sinne von Satz 1 erfolgt in Abhängigkeit von 1. der Außentemperatur oder einer anderen geeigneten Führungsgröße und 2. der Zeit. Soweit die in Absatz 1 Satz 1 geforderte Ausstattung bei einer Zentralheizung in einem bestehenden Gebäude nicht vorhanden ist, muss der Eigentümer sie bis zum **30. September 2021** nachrüsten. Wird in einem Wohngebäude, das mehr als fünf Wohnungen hat, eine Zentralheizung eingebaut, die jede einzelne Wohnung mittels Wärmeübertrager im Durchlaufprinzip mit Wärme für die Beheizung und die Warmwasserbereitung aus dem zentralen System versorgt, kann jede einzelne Wohnung mit den Einrichtungen nach Absatz 1 ausgestattet werden
Raumweise Regelung der Temperatur	Wird eine heizungstechnische Anlage mit Wasser als Wärmeträger in ein Gebäude eingebaut, hat der Bauherr oder der Eigentümer dafür Sorge zu tragen, dass die heizungstechnische Anlage mit einer selbsttätig wirkenden Einrichtung zur raumweisen Regelung. der Raumtemperatur ausgestattet ist. Dies gilt nicht, wenn 1. eine Fußbodenheizung in Räumen mit weniger als sechs Quadratmetern Nutzfläche oder 2. ein Einzelheizgerät, das zum Betrieb mit festen oder flüssigen Brennstoffen eingerichtet ist, vorhanden ist. Mit Ausnahme von Wohngebäuden ist für Gruppen von Räumen gleicher Art und Nutzung eine Gruppenregelung zulässig. Soweit die geforderte Ausstattung bei einem bestehenden Gebäude nicht vorhanden ist, muss der Eigentümer sie nachrüsten. Eine Fußbodenheizung, die vor dem 1. Februar 2002 eingebaut worden ist, darf abweichend mit einer Einrichtung zur raumweisen Anpassung der Wärmeleistung an die Heizlast ausgestattet werden.

Tabelle 23: Zusätzliche Anforderungen an die Anlagentechnik und an die Gebäudehülle (Fortsetzung)

Komponente	Anforderungen
Umwälzpumpen und Zirkulationspumpen	Eine Umwälzpumpe, die in einen Heizkreis einer Zentralheizung mit mehr als 25 Kilowatt Nennleistung eingebaut wird, ist so auszustatten, dass die elektrische Leistungsaufnahme dem betriebsbedingten Förderbedarf selbsttätig in mindestens drei Stufen angepasst wird, soweit die Betriebssicherheit des Heizkessels dem nicht entgegensteht. Eine Zirkulationspumpe muss beim Einbau in eine Warmwasseranlage mit einer selbsttätig wirkenden Einrichtung zur Ein- und Ausschaltung ausgestattet werden.
Klimaanlagen und sonstige Anlagen zur Raumlufttechnik.	
Begrenzung der elektrischen Leistung	Wenn eine Klimaanlage mit einer Nennleistung von mehr als 12 Kilowatt und einer raumlufttechnischen Anlage mit Zu- und Abluftfunktion, die für einen Volumenstrom der Zuluft von wenigstens 4 000 Kubikmetern je Stunde ausgelegt ist in ein Gebäude eingebaut wird sowie bei der Erneuerung von einem Zentralgerät oder Luftkanalsystem einer solchen Anlage muss diese Anlage so ausgeführt werden, dass beim Auslegungsvolumenstrom der Grenzwert für die spezifische Ventilatorleistung nach DIN EN 16798-3:2017-11 Kategorie 4 nicht überschritten wird von 1. der auf das Fördervolumen bezogenen elektrischen Leistung der Einzelventilatoren oder 2. dem gewichteten Mittelwert der auf das jeweilige Fördervolumen bezogenen elektrischen Leistung aller Zu- und Abluftventilatoren. Der Grenzwert für die spezifische Ventilatorleistung der Kategorie 4 kann um Zuschläge nach DIN EN 16798:2017-11 Abschnitt 9.5.2.2 für Gas- und Schwebstofffilter sowie für Wärmerückführungsbauteile der Klasse H2 nach DIN EN 13053:2012-02 erweitert werden.
Be- und Entfeuchtung	Soweit die Anlage dazu bestimmt ist, die Feuchte der Raumluft unmittelbar zu verändern, muss diese Anlage beim Einbau in ein Gebäude und bei Erneuerung des Zentralgerätes einer solcher Anlage mit einer selbsttätig wirkenden Regelungseinrichtung ausgestattet werden, bei der getrennte Sollwerte für die Be- und die Entfeuchtung eingestellt werden können und als Führungsgröße mindestens die direkt gemessene Zu- oder Abluftfeuchte dient.
Regelung der Volumenströme	Beim Einbau einer Anlage nach § 65 Satz 1 in Gebäude und bei der Erneuerung eines Zentralgerätes oder eines Luftkanalsystems einer solchen Anlage muss diese Anlage mit einer Einrichtung zur selbsttätigen Regelung der Volumenströme in Abhängigkeit von den thermischen und stofflichen Lasten oder zur Einstellung der Volumenströme in Abhängigkeit von der Zeit ausgestattet werden, wenn der Zuluftvolumenstrom dieser Anlage höher ist als 9 m^3 je m^2 versorgter Gebäudenutzfläche.

Tabelle 23: Zusätzliche Anforderungen an die Anlagentechnik und an die Gebäudehülle (Fortsetzung)

Komponente	**Anforderungen**
Wärmerückgewinnung	Wird eine Anlage mit der oben genannten Nennleistung oder Volumenstrom in Gebäude eingebaut oder ein Zentralgerät einer solchen Anlage erneuert, muss diese mit einer Einrichtung zur Wärmerückgewinnung ausgestattet sein, es sei denn, die rückgewonnene Wärme kann nicht genutzt werden oder das Zu- und das Abluftsystem sind räumlich vollständig getrennt. Die Einrichtung zur Wärmerückgewinnung muss mindestens der DIN EN 13053:2007-11 Klassifizierung H3 entsprechen. Für die Betriebsstundenzahl sind die Nutzungsrandbedingungen nach DIN V 18599-10:2018-09 und für den Luftvolumenstrom der Außenluftvolumenstrom maßgebend.
Betriebsverbot für Heizkessel, Ölkessel	Eigentümer von Gebäuden dürfen ihre Heizkessel, die mit einem flüssigen oder gasförmigen Brennstoff beschickt werden **und vor dem 1. Januar 1991 eingebaut** oder aufgestellt worden sind, nicht mehr betreiben. Eigentümer von Gebäuden dürfen ihre Heizkessel, die mit einem flüssigen oder gasförmigen Brennstoff beschickt werden und ab dem 1. Januar 1991 eingebaut oder aufgestellt worden sind, nach Ablauf von 30 Jahren nach Einbau oder Aufstellung nicht mehr betreiben. Diese Regelungen sind nicht anzuwenden auf a) Niedertemperatur-Heizkessel und Brennwertkessel sowie b) heizungstechnische Anlagen, deren Nennleistung weniger als 4 Kilowatt oder mehr als 400 Kilowatt beträgt. Ab dem 1. Januar 2026 dürfen Heizkessel, die mit Heizöl oder mit festem fossilem Brennstoff beschickt werden, zum Zwecke der Inbetriebnahme in ein Gebäude nur eingebaut oder in einem Gebäude nur aufgestellt werden, wenn ein Gebäude so errichtet worden ist oder errichtet wird, dass der Wärme- und Kälteenergiebedarf anteilig durch erneuerbare Energien nach Maßgabe der Tabelle 2 gedeckt wird. Die Vorgaben gelten nicht, wenn die Außerbetriebnahme einer mit Heizöl oder mit festem fossilem Brennstoff betriebenen Heizung und der Einbau einer neuen nicht mit Heizöl oder mit festem fossilem Brennstoff betriebenen Heizung im Einzelfall wegen besonderer Umstände durch einen unangemessenen Aufwand oder in sonstiger Weise zu einer unbilligen Härte führen. Bei einem Wohngebäude mit nicht mehr als zwei Wohnungen, von denen der Eigentümer eine Wohnung am 1. Februar 2002 selbst bewohnt hat, gilt das Betriebsverbot erst im Falle eines Eigentümerwechsels nach dem 1. Februar 2002 und ist von dem neuen Eigentümer zu erfüllen.
Dämmung von Wärmeverteilungs- und Warmwasserleitungen	Werden Wärmeverteilungs- und Warmwasserleitungen sowie Armaturen erstmalig in ein Gebäude eingebaut oder werden sie ersetzt, hat der Bauherr oder der Eigentümer dafür Sorge zu tragen, dass die Wärmeabgabe der Rohrleitungen und Armaturen nach Tabelle 6 begrenzt wird.

Tabelle 24: Erforderliche Wärmedämmung von Wärmeverteilungs-, Warmwasser-, Kälteverteilungs- und Kaltwasserleitungen sowie Armaturen

Zeile	Art der Leitungen/Armaturen	Mindestdicke der Dämmschicht, bezogen auf eine Wärmeleitfähigkeit von 0,035 W/(m·K)
1	Innendurchmesser bis 22 mm	20 mm
2	Innendurchmesser über 22 mm bis 35 mm	30 mm
3	Innendurchmesser über 35 mm bis 100 mm	gleich Innendurchmesser
4	Innendurchmesser über 100 mm	100 mm
5	Leitungen und Armaturen nach den Zeilen 1 bis 4 in Wand- und Deckendurchbrüchen, im Kreuzungsbereich von Leitungen, an Leitungsverbindungsstellen, bei zentralen Leitungsnetzverteilern	1/2 der Anforderungen der Zeilen 1 bis 4
6	Leitungen von Zentralheizungen nach den Zeilen 1 bis 4, die nach dem 31. Januar 2002 in Bauteilen zwischen beheizten Räumen verschiedener Nutzer verlegt werden	1/2 der Anforderungen der Zeilen 1 bis 4
7	Leitungen nach Zeile 6 im Fußbodenaufbau	6 mm
8	Kälteverteilungs- und Kaltwasserleitungen sowie Armaturen von Raumlufttechnik- und Klimakältesystemen	6 mm

Achtung

Soweit Wärmeverteilungs- und Warmwasserleitungen an die Außenluft grenzen, sind diese mit dem Zweifachen der Mindestdicke nach Tabelle 23 Zeile 1 bis 4 zu dämmen. Bei Materialien mit anderen Wärmeleitfähigkeiten als 0,035 Watt pro Meter und Kelvin sind die Mindestdicken der Dämmschichten entsprechend umzurechnen. Für die Umrechnung und die Wärmeleitfähigkeit des Dämmmaterials sind die in anerkannten Regeln der Technik enthaltenen Berechnungsverfahren und Rechenwerte zu verwenden.

Tabelle 24 ist nicht anzuwenden, soweit sich Leitungen von Zentralheizungen nach den Zeilen 1 bis 4 in beheizten Räumen oder in Bauteilen zwischen beheizten Räumen eines Nutzers befinden und ihre Wärmeabgabe durch freiliegende Absperreinrichtungen beeinflusst werden kann.

3.5.3 Neu zu errichtende Nichtwohngebäude

Die Anforderungen, die sich aus dem GEG 2023 für Nichtwohngebäude ergeben, sind in Tabelle 25 dargestellt.

Tabelle 25: Anforderungen an Nichtwohngebäude gemäß GEG 2023

Zeile	Beschreibung	Anmerkung
1	Neu zu errichtende Gebäude müssen den Anforderungen an ein Niedrigstenergiehaus entsprechen. Es gilt: a. Der Gesamtenergiebedarf für Heizung, Warmwasserbereitung, Lüftung und Kühlung, der sich nach Tabelle 25 Zeile 2 ergibt, darf nicht überschritten werden. b. Energieverluste beim Heizen und Kühlen werden durch einen ausreichenden baulichen Wärmeschutz (siehe Tabelle 25 Zeile 3) vermieden. c. Der Wärme- und Kälteenergiebedarf ist zumindest anteilig durch die Nutzung erneuerbarer Energien zu decken.	Die Anforderungen an die Errichtung von Gebäuden nach diesem Gesetz finden keine Anwendung, soweit ihre Erfüllung anderen öffentlich-rechtlichen Vorschriften zur Standsicherheit, zum Brandschutz, zum Schallschutz, zum Arbeitsschutz oder zum Schutz der Gesundheit entgegensteht. Die Anforderung an den Mindestanteil der Nutzung erneuerbarer Energien ist nicht auf ein Gebäude, das der Landesverteidigung dient, anzuwenden, soweit ihre Erfüllung der Art und dem Hauptzweck der Landesverteidigung entgegensteht.
2	Ein zu errichtendes Nichtwohngebäude ist so zu errichten, dass der Jahres-Primärenergiebedarf für Heizung, Warmwasserbereitung, Lüftung, Kühlung und eingebaute Beleuchtung das 0,75fache des auf die Nettogrundfläche bezogenen Wertes des Jahres-Primärenergiebedarfs eines Referenzgebäudes, das die gleiche Geometrie, Nettogrundfläche, Ausrichtung und Nutzung, einschließlich der Anordnung der Nutzungseinheiten, wie das zu errichtende Gebäude aufweist und der technischen Referenzausführung entspricht, nicht überschreitet. Die technische Referenzausführung (siehe Tabelle 26) ist nur insoweit zu berücksichtigen, wie eines der dort genannten Systeme in dem zu errichtenden Gebäude ausgeführt wird.	Bilanzierung inkl. Beleuchtung bei Nichtwohngebäuden. $Q_{P,vorh} \leq 0{,}55 Q_{P,ref}$
	Berechnung des Jahres-Primärenergiebedarfs: 1. Für das zu errichtende Nichtwohngebäude und das Referenzgebäude ist der Jahres-Primärenergiebedarf nach DIN V 18599: 2018-09 zu ermitteln. 2. Soweit sich bei einem Nichtwohngebäude Flächen hinsichtlich ihrer Nutzung, ihrer technischen Ausstattung, ihrer inneren Lasten oder ihrer Versorgung mit Tageslicht wesentlich unterscheiden, ist das Gebäude nach Maßgabe der DIN V 18599: 2018-09 in Verbindung mit § 18 Absatz 3 für die Berechnung nach Absatz 1 in Zonen zu unterteilen. Die Vereinfachungen zur Zonierung, zur pauschalierten Zuweisung der Eigenschaften der Hüllfläche und zur Ermittlung von tageslichtversorgten Bereichen gemäß DIN V 18599-1: 2018-09 Anhang D dürfen nach Maßgabe der dort angegebenen Bedingungen auch für zu errichtende Nichtwohngebäude verwendet werden.	

Tabelle 25: Anforderungen an Nichtwohngebäude gemäß GEG 2023 (Fortsetzung)

Zeile	Beschreibung	Anmerkung
	3. Für Nutzungen, die nicht in DIN V 18599-10:2018-09 aufgeführt sind, kann a) die Nutzung 17 der Tabelle 5 in DIN V 18599-10: 2018-09 verwendet werden oder b) eine Nutzung auf der Grundlage der DIN V 18599-10: 2018-09 unter Anwendung gesicherten allgemeinen Wissensstandes individuell bestimmt und verwendet werden. Steht bei der Errichtung eines Nichtwohngebäudes die Nutzung einer Zone noch nicht fest, ist nach Satz 1 Nummer 1 zu verfahren. In den Fällen des Satzes 1 Nummer 2 ist die individuell bestimmte Nutzung zu begründen und den Berechnungen beizufügen. Wird bei der Errichtung eines Nichtwohngebäudes in einer Zone keine Beleuchtungsanlage eingebaut, ist eine direkt-indirekte Beleuchtung mit stabförmigen Leuchtstofflampen mit einem Durchmesser von 16 Millimetern und mit einem elektronischen Vorschaltgerät anzunehmen.	
3	Zu errichtende Nichtwohngebäude sind so auszuführen, dass die Höchstwerte der mittleren Wärmedurchgangskoeffizienten der wärmeübertragenden Umfassungsfläche nach Tabelle 27 nicht überschritten werden.	$\bar{U}_{vorh} \leq \bar{U}_{max}$
4	Für die Berechnung der Wärmedurchgangskoeffizienten sind folgende Berechnungsverfahren anzuwenden: 1. DIN V 18599-2:2018-09 Abschnitt 6.1.4.3 für die Berechnung der an Erdreich grenzenden Bauteile. 2. DIN 4108-4:2017-03 in Verbindung mit DIN EN ISO 6946: 2008-04 für die Berechnung opaker Bauteile 3. DIN 4108-4: 2017-03 für die Berechnung transparenter Bauteile sowie von Vorhangfassaden	
5	Zu errichtende Nichtwohngebäude sind so auszuführen, dass die Anforderungen an den sommerlichen Wärmeschutz eingehalten werden.	$S_{vorh} \leq S_{zul}$ Nachweis über den zul. Sonneneintragskennwert, Anwendung von Simulationsverfahren ist zulässig.
6	Bei zu errichtenden Nichtwohngebäuden sind Bauteile, die gegen die Außenluft, das Erdreich oder Gebäudeteile mit wesentlich niedrigeren Innentemperaturen abgrenzen, so auszuführen, dass die Anforderungen des Mindestwärmeschutzes nach den anerkannten Regeln der Technik eingehalten werden. Ist bei zu errichtenden Gebäuden die Nachbarbebauung bei aneinandergereihter Bebauung nicht gesichert, müssen die Gebäudetrennwände den Mindestwärmeschutz einhalten.	Nachweis der Einhaltung des Mindestwärmeschutzes erfogt nach DIN 4108-2:2013-02. Die Einhaltung des Mindestwärmeschutzes ist unabhängig vom mittleren *U*-Wert.
7	Der verbleibende Einfluss von Wärmebrücken bei der Ermittlung des Jahres-Primärenergiebedarfs ist nach Maßgabe des jeweils angewendeten Berechnungsverfahrens zu berücksichtigen. Soweit dabei Gleichwertigkeitsnachweise zu führen wären, ist dies für solche Wärmebrücken nicht erforderlich, bei denen die angrenzenden Bauteile kleinere Wärmedurchgangskoeffizienten aufweisen, als in den Musterlösungen der DIN 4108 Beiblatt 2:2019-06 zugrunde gelegt sind.	ΔU_{WB} gemäß DIN V 18599-2

Tabelle 25: Anforderungen an Nichtwohngebäude gemäß GEG 2023 (Fortsetzung)

Zeile	Beschreibung	Anmerkung
8	Zu errichtende Nichtwohngebäude sind so zu errichten, dass die wärmeübertragende Umfassungsfläche einschließlich der Fugen dauerhaft luftundurchlässig entsprechend den anerkannten Regeln der Technik abgedichtet ist. Öffentlich-rechtliche Vorschriften über den zum Zweck der Gesundheit und Beheizung erforderlichen Mindestluftwechsel bleiben unberührt.	Die Anforderung an die Gebäudedichtheit steht nicht über einem im Gebäude zu garantierenden Mindestluftwechsel zum Beispiel zur Vermeidung von Schimmelpilzbildung.
9	Wird die Luftdichtheit eines zu errichtenden Gebäudes vor seiner Fertigstellung nach DIN EN ISO 9972:2018-12 Anhang NA überprüft, darf die gemessene Netto-Luftwechselrate bei der Ermittlung des Jahres-Primärenergiebedarfs als Luftwechselrate in Ansatz gebracht werden. Bei der Überprüfung der Luftdichtheit sind die Messungen sowohl mit Über- als auch mit Unterdruck durchzuführen. Die genannten Höchstwerte sind für beide Fälle einzuhalten.	Der bei einer Bezugsdruckdifferenz von 50 Pascal gemessene Volumenstrom in Kubikmeter pro Stunde darf 1. ohne raumlufttechnische Anlagen höchstens das 3fache des beheizten oder gekühlten Luftvolumens des Gebäudes in Kubikmetern betragen 2. mit raumlufttechnischen Anlagen höchstens das 1,5fache des beheizten oder gekühlten Luftvolumens des Gebäudes in Kubikmetern betragen. Abweichend von den voranstehenden Festlegungen darf bei Gebäuden mit einem beheizten oder gekühlten Luftvolumen von über 1 500 Kubikmetern der bei einer Bezugsdruckdifferenz von 50 Pascal gemessene Volumenstrom in Kubikmeter pro Stunde 1. ohne raumlufttechnische Anlagen höchstens das 4,5fache der Hüllfläche des Gebäudes in Quadratmetern betragen und 2. mit raumlufttechnischen Anlagen höchstens das 2,5fache der Hüllfläche des Gebäudes in Quadratmetern betragen. Wird bei Nichtwohngebäuden die Dichtheit lediglich für bestimmte Zonen berücksichtigt oder ergeben sich für einzelne Zonen aus den Absätzen 2 und 3 unterschiedliche Anforderungen, so kann der Nachweis der Dichtheit für diese Zonen getrennt durchgeführt werden.

Die Anforderungen nach Tabelle 20 zur Nutzung erneuerbarer Energien gelten auch für Nichtwohngebäude. Vereinfachte Nachweise wie zum Beispiel bei der Nutzung solarthermischer Anlagen oder der Nutzung von Strom aus erneuerbaren Energien sind bei Nichtwohngebäuden in der Regel nicht vorgesehen.

Die zusätzlichen Anforderungen nach Tabelle 23 und die erforderliche Wärmedämmung von Verteilungsleitungen nach Tabelle 24 sind auch bei Nichtwohngebäuden anzuwenden.

Für das im GEG 2023 zugrunde gelegte Referenzgebäude als Nichtwohngebäude sind für die wärmeübertragenden Umfassungsflächen folgende Randbedingungen für den baulichen Wärmeschutz festgelegt.

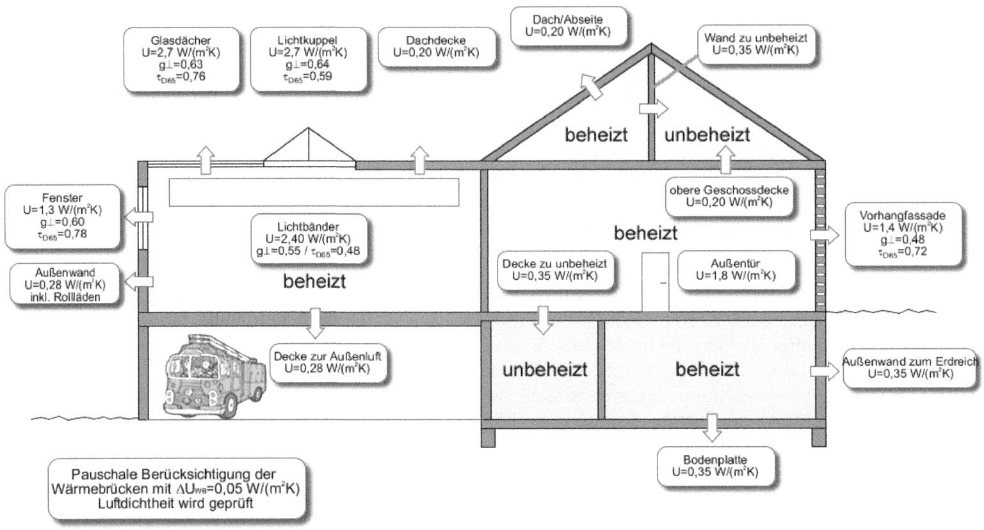

Bild 17: U-Werte der wärmeübertragenden Umfassungsfläche für das normalbeheizte Referenzgebäude (≥ 19 °C) als Nichtwohngebäude

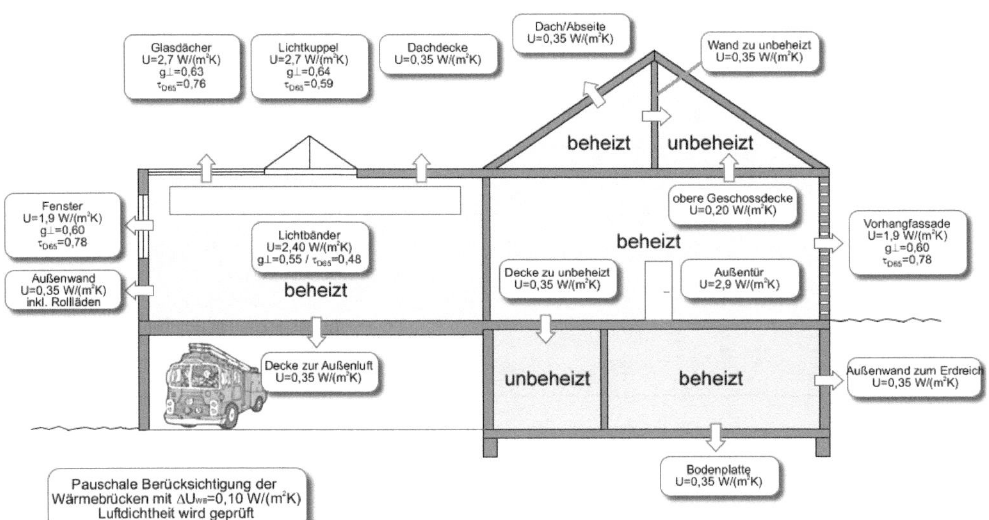

Bild 18: U-Werte der wärmeübertragenden Umfassungsfläche für das niedrig beheizte Referenzgebäude (≥ 12 °C und < 19 °C) als Nichtwohngebäude

Hinweis

Diese U-Werte dienen zur Ermittlung des zulässigen Jahres-Primärenergiebedarfs, sie stellen keine Anforderungswerte im Sinne eines Maximalwertes dar.

Tabelle 26: Ausführung des Referenzgebäudes als Nichtwohngebäude

Zeile	Bauteil/System Eigenschaft	Referenzausführung/Wert	
1	Gebäudedichtheit	Kategorie nach DIN V 18599-2:2018-09 Tabelle 7	Kategorie I
1.1	Tageslichtversorgung bei Sonnen- und/oder Blendschutz	Tageslichtversorgungsfaktor $C_{TL,Vers,SA}$ nach DIN V 18599-4:2018-09	kein Sonnen- oder Blendschutz vorhanden: 0,70 Blendschutz vorhanden: 0,15
1.2	Sonnenschutzvorrichtung	Für das Referenzgebäude ist die tatsächliche Sonnenschutzvorrichtung des zu errichtenden Gebäudes anzunehmen; sie ergibt sich gegebenenfalls aus den Anforderungen zum sommerlichen Wärmeschutz nach Nummer 4 oder aus Erfordernissen des Blendschutzes. Soweit hierfür Sonnenschutzverglasung zum Einsatz kommt, sind für diese Verglasung folgende Kennwerte anzusetzen: anstelle der Werte nach Bild 17 oder Bild 18: • Gesamtenergiedurchlassgrad der Verglasung $g = 0{,}35$ • Lichttransmissionsgrad der Verglasung $\tau_{D65} = 0{,}58$ anstelle der Werte für Dachflächenfenster/Türen nach Bild 2 und 3: • Gesamtenergiedurchlassgrad der Verglasung $g_{\wedge} = 0{,}35$ • Lichttransmissionsgrad der Verglasung $\tau_{D65} = 0{,}62$	
2.1	Beleuchtungsart	direkt/indirekt mit elektronischem Vorschaltgerät und stabförmiger Leuchtstofflampe	
2.2	Regelung der Beleuchtung	Präsenzkontrolle: • in Zonen der Nutzungen 4, 15 bis 19, 21 und 31* mit Präsenzmelder • im Übrigen: manuell Konstantlichtkontrolle/tageslichtabhängige Kontrolle • in Zonen der Nutzungen 5, 9, 10, 14, 22.1 bis 22.3, 29, 37 bis 40**: • Konstantlichtkontrolle gemäß DIN V 18599-4:2018-09-12 Abschnitt 5.4.6 • in Zonen der Nutzungen 1 bis 4, 8, 12, 28, 31 und 36*: tageslichtabhängige Kontrolle, Kontrollart „gedimmt, nicht ausschaltend" gemäß DIN V 18599-4:2018-09 Abschnitt 5.5.4 (einschließlich Konstantlichtkontrolle) im Übrigen: manuell	
3.1	Heizung – Wärmeerzeuger (Raumhöhe ≤ 4 m)	Brennwertkessel (verbessert, nach 1994) nach DIN V 18599-5:2018-09, Erdgas, Aufstellung außerhalb der thermischen Hülle, Wasserinhalt > 0,15 l/kW	
3.2	Heizung – Wärmeverteilung (Raumhöhe ≤ 4 m)	• bei statischer Heizung und Umluftheizung (dezentrale Nachheizung in RLT-Anlage): Zweirohrnetz, außen liegende Verteilleitungen im unbeheizten Bereich, innen liegende Steigstränge, innen liegende Anbindeleitungen, Systemtemperatur 55/45 °C, ausschließlich statisch hydraulisch abgeglichen, Δp_{const}, Pumpe auf Bedarf ausgelegt, Pumpe mit intermittierendem Betrieb, keine Überströmventile, für den Referenzfall sind die Rohrleitungslängen und die Umgebungstemperaturen gemäß den Standardwerten nach DIN V 18599-5:2018-09 zu ermitteln. • bei zentralem RLT-Gerät: Zweirohrnetz, Systemtemperatur 70/55 °C, ausschließlich statisch hydraulisch abgeglichen, Δp const, Pumpe auf Bedarf ausgelegt, für den Referenzfall sind die Rohrleitungslängen und die Lage der Rohrleitungen wie beim zu errichtenden Gebäude anzunehmen.	

Tabelle 26: Ausführung des Referenzgebäudes als Nichtwohngebäude (Fortsetzung)

Zeile	Bauteil/System Eigenschaft	Referenzausführung/Wert
3.3	Heizung – Wärmeübergabe (Raumhöhe ≤ 4 m)	• bei statischer Heizung: freie Heizflächen an der Außenwand (bei Anordnung vor Glasflächen mit Strahlungsschutz), ausschließlich statisch hydraulisch abgeglichen, P-Regler (nicht zertifiziert), keine Hilfsenergie • bei Umluftheizung (dezentrale Nachheizung in RLT-Anlage): Regelgröße Raumtemperatur, hohe Regelgüte.
3.4	Heizung – Wärmeübergabe (Raumhöhe > 4 m)	• Dezentrales Heizsystem: Wärmeerzeuger gemäß DIN V 18599-5:2018-09 Tabelle 52: 1. Dezentraler Warmlufterzeuger 2. nicht kondensierend 3. Leistung 25 bis 50 kW je Gerät 4. Energieträger Erdgas 5. Leistungsregelung 1 (einstufig oder mehrstufig/modulierend ohne Anpassung der Verbrennungsluftmenge) Wärmeübergabe gemäß DIN V 18599-5:2018-09 Tabelle 16 und Tabelle 22: 1. Radialventilator, Auslass horizontal, ohne Warmluftrückführung, Raumtemperaturregelung P-Regler (nicht zertifiziert)
4.1	Warmwasser – zentrales System	• Wärmeerzeuger: allgemeine Randbedingungen gemäß DIN V 18599-8:2018-09 Tabelle 6, Solaranlage mit Flachkollektor (nach 1998) zur ausschließlichen Trinkwassererwärmung nach DIN V 18599-8:2018-09 mit Standardwerten gemäß Tabelle 19 bzw. Abschnitt 6.4.3, jedoch abweichend auch für zentral warmwasserversorgte Nettogrundflächen über 3 000 m²,Restbedarf über Wärmeerzeuger der Heizung • Wärmespeicherung: bivalenter, außerhalb der thermischen Hülle aufgestellter Speicher nach DIN V 18599-8:2018-09 Abschnitt 6.4.3 • Wärmeverteilung: mit Zirkulation, für den Referenzfall sind die Rohrleitungslänge und die Lage der Rohrleitungen wie beim zu errichtenden Gebäude anzunehmen.
4.2	Warmwasser – dezentrales System	hydraulisch → geregelter → Elektro-Durchlauferhitzer, → eine Zapfstelle und 6 Meter Leitungslänge pro Gerät bei Gebäudezonen, die einen Warmwasserbedarf von höchstens 200 Wh / (m² · d) aufweisen
5.1	Raumlufttechnik – Abluftanlage	spezifische Leistungsaufnahme Ventilator P_{SFP} = 1,0 kW/(m³/s)

Tabelle 26: Ausführung des Referenzgebäudes als Nichtwohngebäude (Fortsetzung)

Zeile	Bauteil/System Eigenschaft	Referenzausführung/Wert
5.2	Raumlufttechnik – Zu- und Abluftanlage ohne Nachheiz- und Kühlfunktion	• Luftvolumenstromregelung: Soweit für Zonen der Nutzungen 4, 8, 9, 12, 13, 23, 24, 35, 37 und 40* eine Zu- und Abluftanlage vorgesehen wird, ist diese mit bedarfsabhängiger Luftvolumenstromregelung Kategorie IDA-C4 gemäß DIN V 18599-7:2018-09 Abschnitt 5.8.1 auszulegen. • Spezifische Leistungsaufnahme: Zuluftventilator P_{SFP} = 1,5 kW/(m³/s) Abluftventilator P_{SFP} = 1,0 kW/(m³/s) Erweiterte P_{SFP}-Zuschläge nach DIN EN 16798-3:2017-11 Abschnitt 9.5.2.2 können für HEPA-Filter, Gasfilter sowie Wärmerückführungsbauteile der Klassen H2 oder H1 nach DIN EN 13053:2007-11 angerechnet werden. • Wärmerückgewinnung über Plattenwärmeübertrager: Temperaturänderungsgrad $\eta_{t,comp}$ = 0,6 Zulufttemperatur 18 °C Druckverhältniszahl f_P = 0,4 • Luftkanalführung: innerhalb des Gebäudes • bei Kühlfunktion: Auslegung für 6/12 °C, keine indirekte Verdunstungskühlung
5.3	Raumlufttechnik – Luftbefeuchtung	für den Referenzfall ist die Einrichtung zur Luftbefeuchtung wie beim zu errichtenden Gebäude anzunehmen
5.4	Raumlufttechnik Nur Luft-Klimaanlagen	• als kühllastgeregeltes Variabel-Volumenstrom-System ausgeführt: Druckverhältniszahl: f_P = 0,4 konstanter Vordruck Luftkanalführung: innerhalb des Gebäudes
6	Raumkühlung	• Kältesystem: Kaltwasser-Ventilatorkonvektor, Brüstungsgerät Kaltwassertemperatur 14/18 °C • Kaltwasserkreis Raumkühlung: Überströmung 10 % spezifische elektrische Leistung der Verteilung $P_{d,spez}$ = 30 $W_{el}/kW_{Kälte}$ hydraulisch abgeglichen, geregelte Pumpe, Pumpe hydraulisch entkoppelt, saisonale sowie Nacht- und Wochenendabschaltung nach DIN V 18599-7:2018-09, Anhang D
7	Kälteerzeugung	• Erzeuger: Kolben-/Scrollverdichter mehrstufig schaltbar, R134a, außenluftgekühlt, kein Speicher, Baualterfaktor $f_{c,B}$ = 1,0, Freikühlfaktor f_{FC} = 1,0 Kaltwassertemperatur: bei mehr als 5 000 m² mittels Raumkühlung konditionierter Nettogrundfläche, für diesen Konditionierungsanteil: 14/18 °C im Übrigen: 6/12 °C • Kaltwasserkreis Erzeuger inklusive RLT-Kühlung: Überströmung 30 % spezifische elektrische Leistung der Verteilung $P_{d,spez}$ = 20 $W_{el}/kW_{Kälte}$ hydraulisch abgeglichen, ungeregelte Pumpe, Pumpe hydraulisch entkoppelt, saisonale sowie Nacht- und Wochenendabschaltung nach DIN V 185997:2018-09, Anhang D • Verteilung außerhalb der konditionierten Zone. Der Primärenergiebedarf für das Kühlsystem und die Kühlfunktion der raumlufttechnischen Anlage darf für Zonen der Nutzungen 1 bis 3, 8, 10, 16, 18 bis 20 und 31* nur zu 50 % angerechnet werden.
8	Gebäudeautomation	Klasse C nach DIN V 18599-11:2018-09
* Nutzungen nach Tabelle 5 der DIN V 18599-10:2018-09.		

Tabelle 27: Höchstwerte der Wärmedurchgangskoeffizienten der wärmeübertragenden Umfassungsfläche $\bar{U}_{max}$

Nummer	Bauteil	Höchstwerte der Wärmedurchgangskoeffizienten, bezogen auf den Mittelwert der jeweiligen Bauteile	
		Zonen mit Raum-Solltemperaturen im Heizfall ≥ 19 °C	**Zonen mit Raum-Solltemperaturen im Heizfall von 12 bis < 19 °C**
1	Opake Außenbauteile, soweit nicht in Bauteilen der Nummern 3 und 4 enthalten	$\bar{U} = 0{,}28\ W/(m^2 \cdot K)$	$\bar{U} = 0{,}50\ W/(m^2 \cdot K)$
2	Transparente Außenbauteile, soweit nicht in Bauteilen der Zeilen 3 und 4 enthalten	$\bar{U} = 1{,}5\ W/(m^2 \cdot K)$	$\bar{U} = 2{,}8\ W/(m^2 \cdot K)$
3	Vorhangfassade	$\bar{U} = 1{,}5\ W/(m^2 \cdot K)$	$\bar{U} = 3{,}0\ W/(m^2 \cdot K)$
4	Glasdächer, Lichtbänder, Lichtkuppeln	$\bar{U} = 2{,}5\ W/(m^2 \cdot K)$	$\bar{U} = 3{,}1\ W/(m^2 \cdot K)$

Bei der Berechnung des Mittelwerts des jeweiligen Bauteils sind die Bauteile nach Maßgabe ihres Flächenanteils zu berücksichtigen. Die Wärmedurchgangskoeffizienten von Bauteilen gegen unbeheizte Räume (außer Dachräumen) oder Erdreich sind zusätzlich mit dem Faktor 0,5 zu gewichten. Bei der Berechnung des Mittelwerts der an das Erdreich angrenzenden Bodenplatten bleiben die Flächen unberücksichtigt, die mehr als 5 Meter vom äußeren Rand des Gebäudes entfernt sind. Die Berechnung ist für Zonen mit unterschiedlichen Raum-Solltemperaturen im Heizfall getrennt durchzuführen. Für die Berechnung des Wärmedurchgangskoeffizienten der an Erdreich grenzenden Bauteile ist DIN V 18599-2:2018-09 Abschnitt 6.1.4.3 und für opake Bauteile ist DIN 4108-4:2017-03 in Verbindung mit DIN EN ISO 6946:2008-04 anzuwenden. Für die Berechnung des Wärmedurchgangskoeffizienten transparenter Bauteile sowie von Vorhangfassaden ist DIN 4108-4:2017-03 anzuwenden.

Beispiel

Nachweis opake Bauteile Lagerhalle mit Innentemperaturen ≥ 19 °C

U-Wert der Außenwand (1. opakes Bauteil):	0,25 W/(m²K)
Fläche der Außenwand:	695 m²
U-Wert der Außentüren (2. opakes Bauteil):	2,80 W/(m²K)
Fläche der Außentüren:	50 m²
U-Wert der Bodenplatte (3. opakes Bauteil):	0,30 W/(m²K)
Fläche der Bodenplatte:	1500 m²
U-Wert des Daches (4. opakes Bauteil):	0,20 W(m²K)
Fläche des Daches:	1500 m²

Berechnung des mittleren U-Wertes:

$$\bar{U} = \frac{0{,}25 \cdot 695 + 2{,}8 \cdot 50 + 0{,}3 \cdot 1500 \cdot 0{,}5 + 0{,}2 \cdot 1500}{3745} = 0{,}28 = \bar{U}_{max} = 0{,}28\ \mathrm{W/(m^2 \cdot K)}$$

3.5.4 Erstmaliger Einbau, Ersatz und Erneuerung von Bauteilen

Werden mehr als 10 % einer Fläche eines Außenbauteils geändert, so sind die in Tabelle 28 aufgeführten Maximalwerte der Wärmedurchgangskoeffizienten einzuhalten.

Tabelle 28: Höchstwerte der Wärmedurchgangskoeffizienten bei erstmaligem Einbau, Ersatz und Erneuerung von Bauteilen

Zeile	Bauteil	Wohngebäude und Zonen von Nichtwohngebäuden mit Innentemperaturen ≥ 19 °C	Zonen von Nichtwohngebäuden mit Innentemperaturen von 12 bis < 19 °C
		Höchstwerte der Wärmedurchgangskoeffizienten	
Bauteilgruppe: Außenwände			
1a[1]	Außenwände Ersatz oder erstmaliger Einbau	U = 0,24 W/(m²·K)	U = 0,35 W/(m²·K)
1b[1,2]	Außenwände • Anbringen von Bekleidungen (Platten oder plattenartige Bauteile), Verschalungen, Mauervorsatzschalen oder Dämmschichten auf der Außenseite einer bestehenden Wand oder • Erneuerung des Außenputzes einer bestehenden Wand	U = 0,24 W/(m²·K)	U = 0,35 W/(m²·K)
Bauteilgruppe: Fenster, Fenstertüren, Dachflächenfenster, Glasdächer, Außentüren und Vorhangfassaden			
2a	Gegen Außenluft abgrenzende Fenster und Fenstertüren: • Ersatz oder erstmaliger Einbau des gesamten Bauteils oder • Einbau zusätzlicher Vor- oder Innenfenster	U_w = 1,3 W/(m²·K) [2)]	U_w = 1,9 W/(m²·K) [2)]
2b	Gegen Außenluft abgrenzende Dachflächenfenster: • Ersatz oder erstmaliger Einbau des gesamten Bauteils oder • Einbau zusätzlicher Vor- oder Innenfenster	U_w = 1,4 W/(m²·K) [2)]	U_w = 1,9 W/(m²·K) [2)]
2c[3]	Gegen Außenluft abgrenzende Fenster, Fenstertüren und Dachflächenfenster: • Ersatz der Verglasung oder verglaster Flügelrahmen	U_w = 1,1 W/(m²·K) [3)]	keine Anforderung
2d	Vorhangfassaden in Pfosten-Riegel-Konstruktion, deren Bauart DIN EN ISO 12631:2018-01 entspricht: Ersatz oder erstmaliger Einbau des gesamten Bauteils	U_c = 1,5 W/(m²·K) [4)]	U_c = 1,9 W/(m²·K) [4)]
2e[3]	Gegen Außenluft abgrenzende Glasdächer: • Ersatz oder erstmaliger Einbau des gesamten Bauteils oder • Ersatz der Verglasung oder verglaster Flügelrahmen	U_w/U_g = 2,0 W/(m²·K) [3)]	U_w/U_g = 2,7 W/(m²·K) [3)]

Tabelle 28: Höchstwerte der Wärmedurchgangskoeffizienten bei erstmaligem Einbau, Ersatz und Erneuerung von Bauteilen (Fortsetzung)

Zeile	**Bauteil**	**Wohngebäude und Zonen von Nichtwohngebäuden mit Innentemperaturen ≥ 19 °C**	**Zonen von Nichtwohngebäuden mit Innentemperaturen von 12 bis < 19 °C**
		Höchstwerte der Wärmedurchgangskoeffizienten	
2f	Gegen Außenluft abgrenzende Fenstertüren mit Klapp-, Falt-, Schiebe- oder Hebemechanismus: • Ersatz oder erstmaliger Einbau des gesamten Bauteils	U_w = 1,6 W/(m²·K) [2)]	U_w = 1,9 W/(m²·K) [2)]
3a[4]	Gegen Außenluft abgrenzende Fenster, Fenstertüren und Dachflächenfenster mit Sonderverglasung: • Ersatz oder erstmaliger Einbau des gesamten Bauteils oder • Einbau zusätzlicher Vor- oder Innenfenster	U_w/U_g = 2,0 W/(m²·K) [3)]	U_w/U_g = 2,8 W/(m²×K)
3b[4]	Gegen Außenluft abgrenzende Fenster, Fenstertüren und Dachflächenfenster mit Sonderverglasung: • Ersatz der Sonderverglasung oder verglaster Flügelrahmen	U_g = 1,6 W/(m²·K)	Keine Anforderungen
3c[3,4]	Vorhangfassaden in Pfosten-Riegel-Konstruktion, deren Bauart DIN EN ISO 12631:2018-01 entspricht, mit Sonderverglasung: • Ersatz oder erstmaliger Einbau des gesamten Bauteils	U_c = 2,3 W/(m²·K) [4)]	U_c = 3,0 W/(m²·K) [4)]
4	Einbau neuer Außentüren (ohne rahmenlose Türanlagen aus Glas, Karusselltüren und kraftbetätigte Türen)	U = 1,8 W/(m²·K) Nur Türfläche	U = 0,35 W/(m²·K) Nur Türfläche
	Bauteilgruppe: Dachflächen sowie Decken und Wände gegen unbeheizte Dachräume		
5a[1]	Gegen Außenluft abgrenzende Dachflächen einschließlich Dachgauben sowie gegen unbeheizte Dachräume abgrenzende Decken (oberste Geschossdecken) und Wände (einschließlich Abseitenwände): • Ersatz oder • erstmaliger Einbau Anzuwenden nur auf opake Bauteile	U = 0,24 W/(m²·K)	U = 0,35 W/(m²·K)
5b[1,5]	Gegen Außenluft abgrenzende Dachflächen einschließlich Dachgauben sowie gegen unbeheizte Dachräume abgrenzende Decken (oberste Geschossdecken) und Wände (einschließlich Abseitenwände): • Ersatz oder Neuaufbau einer Dachdeckung einschließlich der darunter liegenden Lattungen und Verschalungen oder	U = 0,24 W/(m²·K)	U = 0,35 W/(m²·K)

Tabelle 28: Höchstwerte der Wärmedurchgangskoeffizienten bei erstmaligem Einbau, Ersatz und Erneuerung von Bauteilen (Fortsetzung)

Zeile	Bauteil	Wohngebäude und Zonen von Nichtwohngebäuden mit Innentemperaturen ≥ 19 °C	Zonen von Nichtwohngebäuden mit Innentemperaturen von 12 bis < 19 °C
		Höchstwerte der Wärmedurchgangskoeffizienten	
	• Aufbringen oder Erneuerung von Bekleidungen oder • Verschalungen oder Einbau von Dämmschichten auf der kalten Seite von Wänden oder • Aufbringen oder Erneuerung von Bekleidungen oder • Verschalungen oder Einbau von Dämmschichten auf der kalten Seite von obersten Geschossdecken Anzuwenden nur auf opake Bauteile		
5c[1,5]	Gegen Außenluft abgrenzende Dachflächen mit Abdichtung: • Ersatz einer Abdichtung, die flächig das Gebäude wasserdicht abdichtet, durch eine neue Schicht gleicher Funktion (bei Kaltdachkonstruktionen einschließlich darunter liegender Lattungen) Anzuwenden nur auf opake Bauteile	U = 0,20 W/(m²·K)	U = 0,35 W/(m²·K)
Bauteilgruppe: Wände gegen Erdreich oder unbeheizte Räume (mit Ausnahme von Dachräumen) sowie Decken nach unten gegen Erdreich, Außenluft oder unbeheizte Räume			
6a[1]	Wände, die an Erdreich oder an unbeheizte Räume (mit Ausnahme von Dachräumen) grenzen, und Decken, die beheizte Räume nach unten zum Erdreich oder zu unbeheizten Räumen abgrenzen: • Ersatz oder • erstmaliger Einbau	U = 0,30 W/(m²·K)	keine Anforderungen
6b[1,5]	Wände, die an Erdreich oder an unbeheizte Räume (mit Ausnahme von Dachräumen) grenzen, und Decken, die beheizte Räume nach unten zum Erdreich oder zu unbeheizten Räumen abgrenzen: • Anbringen oder Erneuern von außenseitigen Bekleidungen oder Verschalungen, Feuchtigkeitssperren oder Drainagen oder • Anbringen von Deckenbekleidungen auf der Kaltseite	U = 0,30 W/(m²·K)	keine Anforderungen
6c[1,5]	Decken, die beheizte Räume nach unten zum Erdreich, zur Außenluft oder zu unbeheizten Räumen abgrenzen: • Aufbau oder Erneuerung von Fußbodenaufbauten auf der beheizten Seite	U = 0,50 W/(m²·K)	keine Anforderungen

Tabelle 28: Höchstwerte der Wärmedurchgangskoeffizienten bei erstmaligem Einbau, Ersatz und Erneuerung von Bauteilen (Fortsetzung)

Zeile	Bauteil	Wohngebäude und Zonen von Nichtwohngebäuden mit Innentemperaturen ≥ 19 °C	Zonen von Nichtwohngebäuden mit Innentemperaturen von 12 bis < 19 °C
		Höchstwerte der Wärmedurchgangskoeffizienten	
6d[1]	Decken, die beheizte Räume nach unten zur Außenluft abgrenzen: • Ersatz oder • Erstmaliger Einbau	U = 0,24 W/(m²·K)	U = 0,35 W/(m²·K)
6e[1,5]	Decken, die beheizte Räume nach unten zur Außenluft abgrenzen: • Anbringen oder Erneuern von außenseitigen Bekleidungen oder Verschalungen, Feuchtigkeitssperren oder Drainagen oder • Anbringen von Deckenbekleidungen auf der Kaltseite	U = 0,24 W/(m²·K)	U = 0,35 W/(m²·K)

1) Werden Maßnahmen nach den Nummern 1a, 1b, 5a, 5b, 5c, 6a, 6b, 6c, 6d oder 6e ausgeführt und ist die Dämmschichtdicke im Rahmen dieser Maßnahmen aus technischen Gründen begrenzt, so gelten die Anforderungen als erfüllt, wenn die nach anerkannten Regeln der Technik höchstmögliche Dämmschichtdicke eingebaut wird, wobei ein Bemessungswert der Wärmeleitfähigkeit von λ = 0,035 W/(m·K) einzuhalten ist. Abweichend von Satz 1 ist ein Bemessungswert der Wärmeleitfähigkeit von λ = 0,045 W/(m·K) einzuhalten, soweit Dämmmaterialien in Hohlräume eingeblasen oder Dämmmaterialien aus nachwachsenden Rohstoffen verwendet werden. Wird bei Maßnahmen nach Nummer 5b eine Dachdeckung einschließlich darunter liegender Lattungen und Verschalungen ersetzt oder neu aufgebaut, sind die Sätze 1 und 2 entsprechend anzuwenden, wenn der Wärmeschutz als Zwischensparrendämmung ausgeführt wird und die Dämmschichtdicke wegen einer innenseitigen Bekleidung oder der Sparrenhöhe begrenzt ist. Die Sätze 1 bis 3 sind bei Maßnahmen nach den Nummern 5a, 5b, und 5c nur auf opake Bauteile anzuwenden.

2) Werden Maßnahmen nach Nummer 1b ausgeführt, müssen die dort genannten Anforderungen nicht eingehalten werden, wenn die Außenwand nach dem 31. Dezember 1983 unter Einhaltung energiesparrechtlicher Vorschriften errichtet oder erneuert worden ist.

3) Bei Ersatz der Verglasung oder verglaster Flügelrahmen gelten die Anforderungen nach den Nummern 2c, 2e und 3c nicht, wenn der vorhandene Rahmen zur Aufnahme der vorgeschriebenen Verglasung ungeeignet ist. Werden bei Maßnahmen nach Nummer 2c oder bei Maßnahmen nach Nummer 2e Verglasungen oder verglaste Flügelrahmen ersetzt und ist die Glasdicke im Rahmen dieser Maßnahmen aus technischen Gründen begrenzt, so gelten die Anforderungen als erfüllt, wenn eine Verglasung mit einem Wärmedurchgangskoeffizienten von höchstens 1,3 W/(m²·K) eingebaut wird. Werden Maßnahmen nach Nummer 2c an Kasten- oder Verbundfenstern durchgeführt, so gelten die Anforderungen als erfüllt, wenn eine Glastafel mit einer infrarot-reflektierenden Beschichtung mit einer Emissivität $\varepsilon n \leq 0{,}2$ eingebaut wird.

4) Sonderverglasungen im Sinne der Nummern 3a, 3b und 3c sind
- Schallschutzverglasungen mit einem bewerteten Schalldämmmaß der Verglasung von $R_{w},R \geq 40$ dB nach DIN EN ISO 717-1:2013-06 oder einer vergleichbaren Anforderung,
- Isolierglas-Sonderaufbauten zur Durchschusshemmung, Durchbruchhemmung oder Sprengwirkungshemmung nach anerkannten Regeln der Technik oder
- Isolierglas-Sonderaufbauten als Brandschutzglas mit einer Einzelelementdicke von mindestens 18 mm nach DIN 4102-13:1990-05 oder einer vergleichbaren Anforderung.

5) Werden Maßnahmen nach den Nummern 5b, 5c, 6b, 6c oder 6e ausgeführt, müssen die dort genannten Anforderungen nicht eingehalten werden, wenn die Bauteilfläche nach dem 31. Dezember 1983 unter Einhaltung energiesparrechtlicher Vorschriften errichtet oder erneuert worden ist.

3.5.5 Emissionsfaktoren und Effizienzklassen

Für die Berechnung der mit dem Gebäudebetrieb verbundenen Treibhausgasemissionen sind die Emissionswerte (ausgegeben als CO_2-äquivalent je kWh) aus der Tabelle 29 zu verwenden.

Tabelle 29: Emissionsfaktoren

Nummer	Kategorie	Energieträger	Emissionsfaktor [g CO_2-äquivalent pro kWh]
1	Fossile Brennstoffe	Heizöl	310
2		Erdgas	240
3		Flüssiggas	270
4		Steinkohle	400
5		Braunkohle	430
6	Biogene Brennstoffe	Biogas	140
7		Biogas, gebäudenah erzeugt	75
8		Biogas Flüssiggas	180
9		Bioöl	210
10		Bioöl, gebäudenah erzeugt	105
11		Holz	20
12	Strom	netzbezogen	560
13		gebäudenah erzeugt (aus Photovoltaik oder Windkraft)	0
14		Verdrängungsstrommix	860
15	Wärme, Kälte	Erdwärme, Geothermie, Solarthermie, Umgebungswärme	0
16		Erdkälte, Umgebungskälte	0
17		Abwärme aus Prozessen	40
18		Wärme aus KWK, gebäudeintegriert oder gebäudenah	Nach DIN V 18599-9
19		Wärme aus Verbrennung von Siedlungsabfällen (unter pauschaler Berücksichtigung von Hilfsenergie und Stützfeuerung	20

Tabelle 29: Emissionsfaktoren (Fortsetzung)

Nummer	Kategorie	Energieträger	Emissionsfaktor [g CO_2-äquivalent pro kWh]
20	Nah-/Fernwärme aus KWK mit Deckungsanteil der KWK an der Wärmeerzeugung von mindestens 70 Prozent	Brennstoff: Stein-/Braunkohle	300
21		Gasförmige und flüssige Brennstoffe	180
22		Erneuerbarer Brennstoff	40
23	Nah-/Fernwärme aus Heizwerken	Brennstoff: Stein-/Braunkohle	400
24		Gasförmige und flüssige Brennstoffe	300
25		Erneuerbarer Brennstoff	60

Für die Energieeffizienz von Wohngebäuden ist die Klasseneinteilung nach Tabelle 30 zu verwenden.

Tabelle 30: Energieeffizienzklassen von Wohngebäuden

Energieeffizienzklasse	Endenergie [Kilowattstunden pro Quadratmeter Gebäudenutzfläche und Jahr]
A^+	≤ 30
A	≤ 50
B	≤ 75
C	≤ 100
D	≤ 130
E	≤ 160
F	≤ 200
G	≤ 250
H	> 250

4 Sommerlicher Wärmeschutz

Mit den Anforderungen an den sommerlichen Wärmeschutz soll erreicht werden, dass in Wohngebäuden und Gebäuden mit wohnähnlicher Nutzung sowie bei Gebäuden mit Einzelbüros und vergleichbarer Verwendung bei üblicher Nutzung auf Anlagen zur Konditionierung der Raumluft (Kühlung/Trocknung/Befeuchtung) verzichtet werden kann.

Bei dem Verfahren nach DIN 4108-2 handelt es sich um Nachweisverfahren mit standardisierten Randbedingungen, sodass es im Einzelfall zu Überschreitungen der vorgegebenen Bemessungswerte der Innentemperaturen kommen kann.

Da die Klimasituation bundesweit unterschiedlich ist, wurden die Bemessungswerte der Innenraumtemperatur den verschiedenen Situationen angepasst und das Bundesgebiet in die drei Sommer-Klimaregionen A, B und C mit unterschiedlichen Bemessungswerten der Raumlufttemperatur unterteilt. Eine solche Vorgehensweise war notwendig, um – basierend auf den Temperaturlasten – die bauliche und gestalterische Freiheit nicht über Gebühr einzuschränken. Als Ergebnis wurden die Anforderungen an den sommerlichen Wärmeschutz und die Werte der operativen Innenraumtemperaturen nach Tabelle 35 bestimmt.

4.1 Festlegungen zum sommerlichen Wärmschutz gemäß MVV TB 2020/1

In der MVV TB 2020/1 ist hinsichtlich der technischen Anforderungen bei der Planung, Bemessung und Ausführung zum Wärmeschutz in Gebäuden festgelegt:

- Anlage A 6.2/1: Der sommerliche Wärmeschutz erfolgt über die Regelungen der Energieeinsparverordnung (seit November 2020 über die Regelungen des Geäudeenergiegesetzes – Anmerkung des Autors)

4.2 Symbole und Formelzeichen

Tabelle 31: Symbole und Formelzeichen

Größe	Symbol	Einheit
Fläche	A	m² bzw. mm²
Nettogrundfläche	A_G	m²
Fensterfläche	A_W	m²
spezifische Wärmekapazität	c	J/(kg · K)
Wärmespeicherkapazität	C	J/K
Dicke	d	m
Flächenanteil	f	–
Temperaturfaktor	f_{Rsi}	–

Tabelle 31: Symbole und Formelzeichen (Fortsetzung)

Größe	Symbol	Einheit
Abminderungsfaktor für Sonnenschutzvorrichtungen	F_C	–
Abminderungsfaktor aus Verschattung	F_S	–
Gesamtenergiedurchlassgrad	g	–
Gesamtenergiedurchlassgrad einschließlich Sonnenschutz	g_{tot}	–
Wärmeübergangskoeffizient	h	$W/(m^2 \cdot K)$
Masse	m	kg
flächenbezogene Masse	m'	kg/m^2
Luftwechselrate	n	h^{-1}
Wärmestromdichte	q	W/m^2
Zeit	t	s
Wärmedurchlasswiderstand	R	$m^2 \cdot K/W$
Wärmeübergangswiderstand	R_s	$m^2 \cdot K/W$
Wärmedurchgangswiderstand	R_{tot}	$m^2 \cdot K/W$
Sonneneintragskennwert	S	–
Wärmedurchgangskoeffizient	U	$W/(m^2 \cdot K)$
Wärmeleitfähigkeit	λ	$W/(m \cdot K)$
Dichte	ρ	kg/m^3
Celsius-Temperatur	ϑ, θ	°C
Wärmedurchlasskoeffizient	Λ	$W/(m^2 \cdot K)$
Wärmestrom	Φ	W

4.3 Grundgleichungen

$$S_{vorh} \leq S_{zul} \tag{57}$$

$$S_{vorh} = \frac{\sum_{j=1}^{N} \left(A_{w,j} \cdot g_{total,j}\right)}{A_G} \tag{58}$$

$$g_{total} = g \cdot F_c \tag{59}$$

$$S_{zul} = \sum S_x \tag{60}$$

$$f_{WG} = \frac{A_{W,gesamt}}{A_G} \tag{61}$$

$$f_{neig} = \frac{A_{W,neig}}{A_{W,gesamt}} \tag{62}$$

$$f_{nord} = \frac{A_{W,nord}}{A_{W,gesamt}} \tag{63}$$

4.4 Einflüsse auf den sommerlichen Wärmeschutz

Die Menge an solarer Energie, die über transparente Bauteile wie Fenster oder festverglaste Flächen in einen Raum oder Raumbereich eingestrahlt wird, ist im Wesentlichen von folgenden Parametern abhängig:

- dem Gesamtenergiedurchlassgrad g,
- dem Sonnenschutz,
- ihrem Anteil an der Fläche der Außenbauteile,
- ihrer Orientierung zur Himmelsrichtung,
- der Neigung gegenüber der Horizontalen und damit der Neigung gegenüber der Sonnenbahn.

Die Temperatur, die sich aus der eingestrahlten Energie in Aufenthaltsräumen einstellt, wird von folgenden Randbedingungen beeinflusst:

- der Belüftung (insbesondere während der zweiten Nachthälfte),
- der Klimaregion,
- der Wärmespeicherfähigkeit raumumschließender Bauteile,
- der Wärmeleiteigenschaft der nichttransparenten Bauteile bei instationären Randbedingungen (tageszeitlicher Temperaturgang und Sonneneinstrahlung).

Achtung

Räume, deren Fenster nach zwei oder mehr Richtungen orientiert sind, insbesondere solche mit Südost- bzw. Südwestorientierung, sind im Allgemeinen ungünstiger als Räume mit einer Orientierung nach nur einer Himmelsrichtung.

4.5 Verpflichtung zum Nachweis des sommerlichen Wärmeschutzes nach DIN 4108-2

Gemäß DIN 4108-2 und der Energieeinsparverordnung §§ 3 und 4 ist der Nachweis des sommerlichen Wärmeschutzes sowohl in Wohn- als auch in Nichtwohngebäuden für den ungünstigsten Raum zu führen.

Achtung

Die Anforderungen an den sommerlichen Wärmeschutz sind nach DIN 4108-2 Abschnitt 5.2.4 auch für Gebäude mit niedrigen Innenraumtemperaturen (19 °C > θ_i ≥ 12 °C) zu erbringen.

Achtung

Der Nachweis des sommerlichen Wärmeschutzes ist für den ungünstigsten Raum in einem Gebäude zu führen, d. h. für den Raum, der zu den höchsten Anforderungen führt.

Achtung

Legen andere technische Regelwerke – wie z. B. die Technischen Regeln für Arbeitsstätten ASA A3.5 „Raumtemperaturen" – Anforderungen an Innentemperaturen oder den sommerlichen Wärmeschutz fest, gelten diese ungeachtet der Festlegungen in DIN 4108-2 Abschnitt 8.

4.6 Verzicht auf einen Nachweis des sommerlichen Wärmeschutzes nach DIN 4108-2

Entsprechend DIN 4108-2 kann auf einen Nachweis verzichtet werden,

- wenn der auf die Nettogrundfläche bezogene Fensterflächenanteil f_{WG} nach Gleichung (64) des betrachteten Raums die Werte nach Tabelle 32 nicht überschreitet. Es gilt:

$$f_{WG} = \frac{A_W}{A_G} \tag{64}$$

Tabelle 32: Grenzwerte der Nachweispflicht (DIN 4108-2)

Spalte	1	2	3
Zeile	Neigung der Fenster gegenüber der Horizontalen	Orientierung der Fenster[1)]	Grundflächenbezogener Fensterflächenanteil[2)] f_{WG} [%]
1	Über 60° bis 90°	Nord-West über Süd bis Nord-Ost	10
2		Alle anderen Nordorientierungen	15
3	Von 0° bis 60°	Alle Orientierungen	7

[1)] Sind beim betrachteten Raum mehrere Orientierungen mit Fenstern vorhanden, ist der kleinere Grenzwert für f_{WG} maßgebend.

[2)] Der Fensterflächenanteil f_{WG} ergibt sich aus dem Verhältnis der Fensterfläche zur Nettogrundfläche des betrachteten Raums oder der Raumgruppe. Sind mehrere Fassaden oder beispielsweise ein Erker vorhanden, wird f_{WG} aus dem Verhältnis der Summe aller Fensterflächen zur Nettogrundfläche A_G berechnet.

- bei Wohngebäuden sowie bei Gebäudeteilen zur Wohnnutzung, bei denen der kritische Raum einen grundflächenbezogenen Fensterflächenanteil von 35 % nicht überschreitet und dessen Fenster in Ost-, Süd- oder Westorientierung (inkl. derer eines Glasvorbaus) mit außenliegenden Sonnenschutzvorrichtungen
  - mit einem Abminderungsfaktor $F_C \leq 0{,}30$ bei Glas mit $g > 0{,}40$
  - mit einem Abminderungsfaktor $F_C \leq 0{,}35$ bei Glas mit $g \leq 0{,}40$
- ausgestattet sind. Die Sonnenschutzvorrichtungen, die diesen Abminderungsfaktoren entsprechen, sind der Tabelle 33 zu entnehmen,
- wenn es sich um **Räume hinter Schaufenstern** und ähnlichen Einrichtungen handelt,
- bei **unbeheizten** Glasvorbauten, da diese nicht als kritischer Raum eingestuft werden.

4.7 Sommerklimaregionen

Um regionale Unterschiede der sommerlichen Klimaverhältnisse zu berücksichtigen, wird für das Gebiet der Bundesrepublik Deutschland hinsichtlich der Anforderungen an den sommerlichen Wärmeschutz zwischen den Sommerklimaregionen A, B und C unterschieden.

Die Zuordnung der Klimaregion zu dem jeweiligen Standort eines Gebäudes erfolgt nach Bild 19.

Lässt sich anhand von Bild 19 keine eindeutige Zuordnung zwischen den Sommerklimaregionen finden, ist

- zwischen A und B nach B
- zwischen B und C nach C
- zwischen A und C nach C

zuzuordnen.

Bild 19: Karte der Sommerklimaregionen (DIN 4108-2)

4.8 Verfahren zum Nachweis des sommerlichen Wärmeschutzes nach DIN 4108-2

Zum Nachweis des sommerlichen Wärmeschutzes stehen gemäß DIN 4108-2:2013-02 zwei Verfahren zur Verfügung:

- Sonneneintragskennwerte

  Das Verfahren der Sonneneintragskennwerte stellt einen vereinfachten Nachweis des sommerlichen Wärmeschutzes unter Verwendung standardisierter Randbedingungen dar. Für den zu bewertenden Raum oder Raumbereich ist jeweils der vorhandene Sonneneintragskennwert S_{vorh} zu bestimmen und mit dem maximal zulässigen Sonneneintragskennwert S_{zul} zu vergleichen.
- Thermische Gebäudesimulation.

4.8 Verfahren der Sonneneintragskennwerte

4.8.1 Anforderungen

Der Nachweis darüber, ob die Anforderungen an den sommerlichen Wärmeschutz nach DIN 4108-2 eingehalten werden, ist dann erbracht, wenn der vorhandene Sonneneintragskennwert S_{vorh} kleiner oder gleich dem zulässigen Sonneneintragskennwert S_{zul} nach Gleichung (65) ist.

Es gilt:

$$S_{vorh} \leq S_{zul} \qquad (65)$$

4.8.2 Nachweise

Es gilt:

- Das Verfahren der Sonneneintragskennwerte stellt einen vereinfachten Nachweis mit standardisierten Randbedingungen dar.
- Bei Räumen mit einem größeren Abstand von Fassade zu Fassade als der sechsfachen lichten Höhe (siehe Bild 24) ist der Nachweis für beide Raumhälften getrennt zu führen.
- Bei der Ermittlung der wirksamen Speicherfähigkeit sind die raumumschließenden Bauteile nur so weit zu berücksichtigen, wie sie das Volumen bestimmen, das aus der Nettogrundfläche A_G und der lichten Raumhöhe gebildet wird.
- Erfolgt die Belüftung des zu untersuchenden Raums oder Raumbereichs nicht oder nicht nur über einen unbeheizten Glasvorbau, dann kann der Nachweis des sommerlichen Wärmeschutzes mit dem Verfahren der Sonneneintragskennwerte durchgeführt werden. Dabei wird der vorhandene Sonneneintragskennwert S_{vorh} berechnet, als ob der unbeheizte Glasvorbau nicht vorhanden wäre.

Für den zu untersuchenden Raum oder Raumbereich ist der vorhandene Sonneneintragskennwert S_{vorh} nach Gleichung (66) zu bestimmen.

$$S_{vorh} = \frac{\sum_{j=1}^{N} \left(A_{w,j} \cdot g_{total,j} \right)}{A_G} \tag{66}$$

mit:

$A_{w,j}$ die Fensterfläche des j-ten Fensters, in m²; siehe Bild 20;

g_{tot} der Gesamtenergiedurchlassgrad des Glases einschließlich Sonnenschutz, berechnet nach Gleichung (68) bzw. nach DIN EN 13363-1, DIN EN 13363-2 oder angelehnt nach DIN EN 410 bzw. zugesicherten Herstellerangaben;

A_G die Nettogrundfläche des Raums oder des Raumbereichs in m².

Es bedeuten:

A_W Fensterfläche, ermittelt über das lichte Rohbaumaß nach Bild 20. Als lichtes Rohbaumaß gilt das Außenmaß des Blendrahmens (einschließlich möglicher Rahmenaufdoppelungen) zuzüglich der Einbau- oder Montagefuge. Putze bzw. Bekleidungen bleiben unberücksichtigt. Bei Fensterelementen mit opak ausgefachten Bereichen und bei Fenstern mit Vorbau- oder Mini-Aufsatzrollladenkästen sind bei der Berechnung von A_W nur die Anteile des Fensters mit transparenter Verglasung zu berücksichtigen. Die Flächen der Rahmen, die den verglasten Teil von opaken Bereichen abgrenzen, werden vollständig dem transparenten Anteil zugeschlagen.

Bei Dachflächenfenstern kann das Außenmaß des Blendrahmens als lichtes Rohbaumaß angenommen werden. Dies gilt unabhängig vom Glasanteil und der Rahmenausbildung.

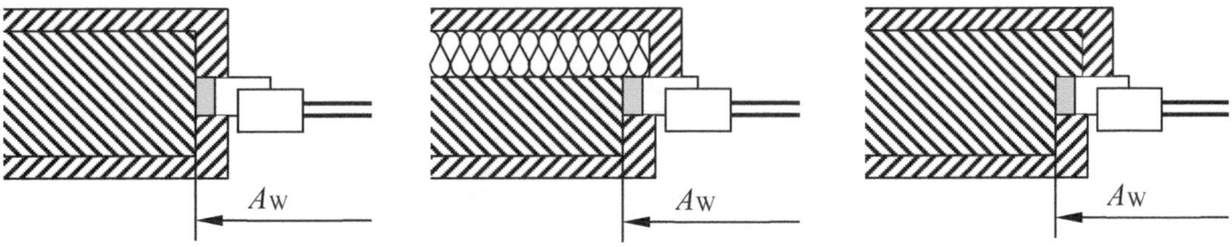

Bild 20: Ermittlung des lichten Rohbaumaßes (DIN 4108-2)

A_G Nettogrundfläche des betrachteten Raums. Sie wird mit Hilfe der lichten Raummaße ermittelt. Bei sehr tiefen Räumen ist sie zu begrenzen. Die größte Raumtiefe, die angesetzt werden kann, ergibt sich aus der dreifachen lichten Raumhöhe. Bei Räumen mit gegenüberliegenden Fassaden setzt sich die Nettogrundfläche aus dem Produkt der Fassadenlänge und dem Fassadenabstand zusammen, wenn die Raumtiefe kleiner oder gleich der sechsfachen lichten Raumhöhe ist. In Bild 21 bis Bild 24 ist dargestellt, wie für die verschiedenen Fassaden- und Raumkonfigurationen die zugehörige Nettogrundfläche A_G in Abhängigkeit von der Raumtiefe zu ermitteln ist.

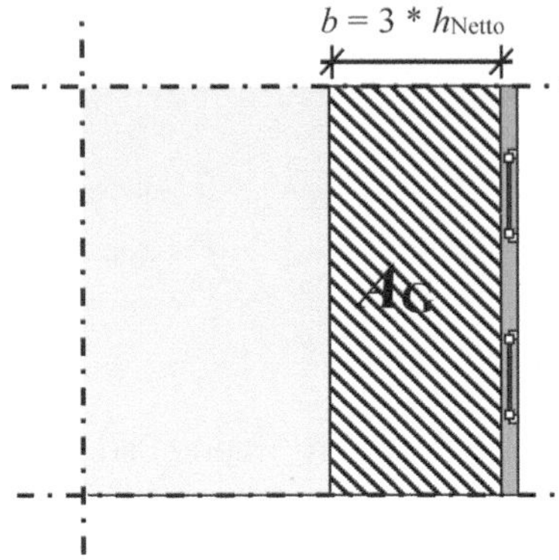

Bild 21: Netto-Grundfläche A_G für Räume mit einer Außenwand

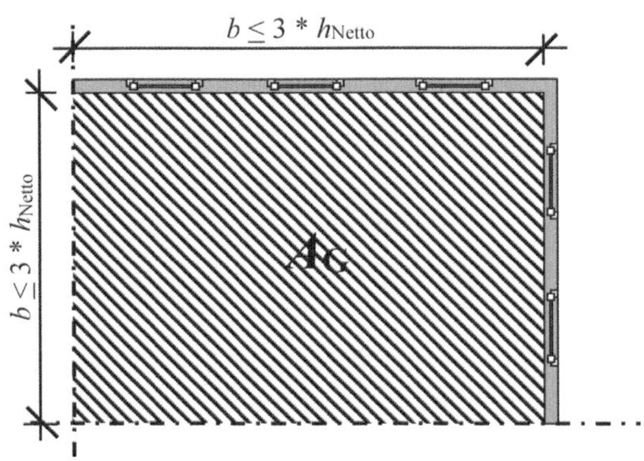

Bild 22: Netto-Grundfläche A_G bei Räumen mit zwei Außenwänden und Randstreifen $b \leq 3 \cdot h_{Netto}$

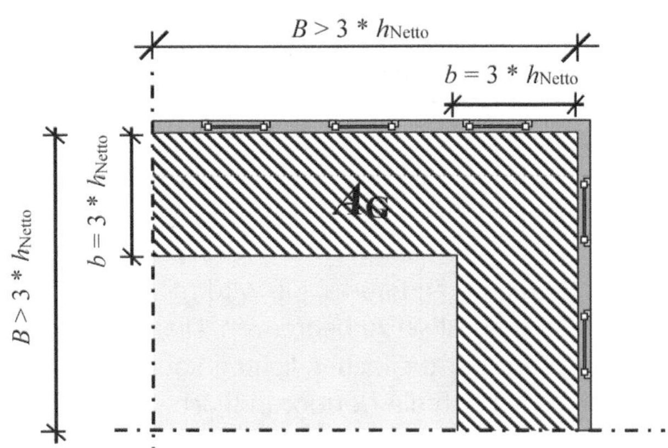

Bild 23: Netto-Grundfläche A_G bei Räumen mit zwei Außenwänden und Randstreifen $B \leq 3 \cdot h_{Netto}$

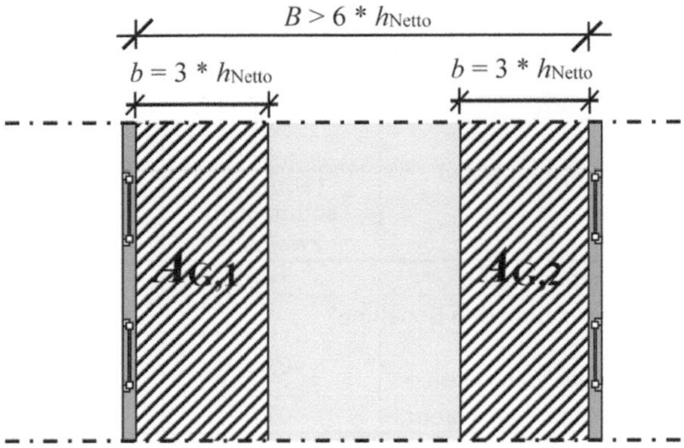

Bild 24: Netto-Grundfläche A_G bei Räumen mit zwei Außenwänden und einer Raumbreite $B > 6 * h_{Netto}$

Die Summation in Gleichung (66) bezieht sich auf alle Fenster des zu untersuchenden Raums oder Raumbereichs.

Der Gesamtenergiedurchlassgrad g_{tot} von Verglasungen zuzüglich eines Sonnenschutzes kann entweder nach Gleichung (67) oder nach DIN V 4108-6, Anhang B bestimmt werden.

$$g_{total} = g \cdot F_c \qquad (67)$$

Dabei gilt:

g Gesamtenergiedurchlassgrad des Glases für senkrechten Strahlungseinfall nach DIN EN 410;

F_C Anhaltswert des Abminderungsfaktors für Sonnenschutzvorrichtungen nach Tabelle 33.

Soll im Gesamtenergiedurchlassgrad g_{tot} der Einfluss der Verschattung durch Gebäude oder Gebäudeteile berücksichtigt werden, dann kann g_{tot} in Gleichung (67) unter Verwendung der Teilbestrahlungsfaktoren (Verschattungsfaktoren) F_S nach DIN V 18599-2:2011-12 Abschnitt A.2 wie folgt berechnet werden:

$$g_{total} = g \cdot F_S \cdot F_c \qquad (68)$$

Bei Verwendung von Gleichung (68) sind jeweils die Teilbestrahlungsfaktoren F_S für den Sommerfall zu verwenden. Wird die Verschattung durch bauliche Gegebenheiten bereits im Faktor F_S berücksichtigt (z. B. bei Vordächern nach Tabelle 33 Zeile 3.4), dann darf dieser Einfluss nicht noch einmal über den Faktor F_C in die Berechnung von g_{tot} einfließen.

Tabelle 33: Anhaltswerte für die Abminderungsfaktoren F_C festinstallierter Sonnenschutzvorrichtungen in Abhängigkeit von der Art der Verglasung (DIN 4108-2)

Zeile		Sonnenschutzvorrichtung[a]	F_C		
			$g \leq 0{,}40$ **(Sonnenschutzglas)**	$g > 0{,}40$	
			zweifach	**dreifach**	**zweifach**
1		**ohne Sonnenschutzvorrichtung**	1,00	1,00	1,00
2		**Innenliegend oder zwischen den Scheiben**[b]			
	2.1	weiß oder hoch reflektierende Oberflächen mit geringer Transparenz[c]	0,65	0,70	0,65
	2.2	helle Farben oder geringe Transparenz[d]	0,75	0,80	0,75
	2.3	dunkle Farben oder höhere Transparenz	0,90	0,90	0,85
3		**Außenliegend**			
	3.1	Fensterläden, Rollläden			
	3.1.1	Fensterläden, Rollläden, ¾ geschlossen	0,35	0,30	0,30
	3.1.2	Fensterläden, Rollläden, geschlossen[e]	0,15[e]	0,10[e]	0,10[e]
	3.2	Jalousie und Raffstore, drehbare Lamellen			
	3.2.1	Jalousie und Raffstore, drehbare Lamellen, 45° Lamellenstellung	0,30	0,25	0,25
	3.2.2	Jalousie und Raffstore, drehbare Lamellen, 10° Lamellenstellung[e]	0,20[e]	0,15[e]	0,15[e]
	3.3	Markise, parallel zur Verglasung[d]	0,30	0,25	0,25
	3.4	Vordächer, Markisen allgemein, freistehende Lamellen[f]	0,55	0,50	0,50

[a] Die Sonnenschutzvorrichtung muss fest installiert sein. Übliche dekorative Vorhänge gelten nicht als Sonnenschutzvorrichtung.

[b] Für innen- und zwischen den Scheiben liegende Sonnenschutzvorrichtungen ist eine genaue Ermittlung zu empfehlen.

[c] Hoch reflektierende Oberflächen mit geringer Transparenz, Transparenz ≤ 10 %, Reflexion ≥ 60 %.

[d] Geringe Transparenz, Transparenz < 15 %.

[e] F_C-Werte für geschlossenen Sonnenschutz dienen der Information und sollten für den Nachweis des sommerlichen Wärmeschutzes nicht verwendet werden. Ein geschlossener Sonnenschutz verdunkelt den dahinterliegenden Raum stark und kann zu einem erhöhten Energiebedarf für Kunstlicht führen, da nur ein sehr geringer bis kein Einfall des natürlichen Tageslichts vorhanden ist.

[f] Dabei muss sichergestellt sein, dass keine direkte Besonnung des Fensters erfolgt. Dies ist näherungsweise der Fall, wenn
— bei Südorientierung der Abdeckwinkel $\beta \geq 50°$ ist;
— bei Ost- und Westorientierung der Abdeckwinkel $\beta \geq 85°$ ist $\gamma \geq 115°$ ist.
Der F_C-Wert darf auch für beschattete Teilflächen des Fensters angesetzt werden. Dabei darf F_S nach DIN V 18599-2:2011-12, A.2, nicht angesetzt werden.
Zu den jeweiligen Orientierungen gehören Winkelbereiche von 22,5°. Bei Zwischenorientierungen ist der Abdeckwinkel $\beta \geq 80°$ erforderlich.

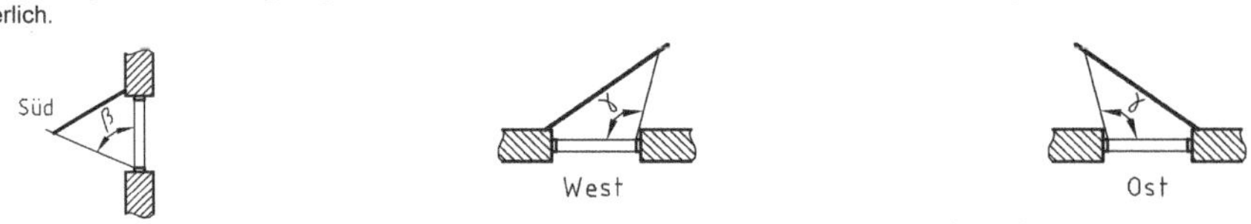

Vertikalschnitt durch Fassade — Horizontalschnitt durch Fassade

Der maximal zulässige Sonneneintragskennwert S_{zul} setzt sich, wie in Gleichung (69) dargestellt, aus der Summe der anteiligen Sonneneintragskennwerte S_x nach Tabelle 34 zusammen.

$$S_{zul} = \sum S_x \tag{69}$$

Tabelle 34: Anteilige Sonneneintragskennwerte S_x (DIN 4108-2)

			Anteiliger Sonneneintragskennwert S_x					
Nutzung			**Wohngebäude**			**Nichtwohngebäude**		
Klimaregion[a]			**A**	**B**	**C**	**A**	**B**	**C**
S_1	**Nachtlüftung und Bauart**							
	Nachtlüftung	Bauart[b]						
	ohne	leicht	0,071	0,056	0,041	0,013	0,007	0,000
		mittel	0,080	0,067	0,054	0,020	0,013	0,006
		schwer	0,087	0,074	0,061	0,025	0,018	0,011
	erhöhte Nachtlüftung[c] mit $n \geq 2\ h^{-1}$	leicht	0,098	0,088	0,078	0,071	0,060	0,048
		mittel	0,114	0,103	0,092	0,089	0,081	0,072
		schwer	0,125	0,113	0,101	0,101	0,092	0,083
	hohe Nachtlüftung[d] mit $n \geq 5\ h^{-1}$:	leicht	0,128	0,117	0,105	0,090	0,082	0,074
		mittel	0,160	0,152	0,143	0,135	0,124	0,113
		schwer	0,181	0,171	0,160	0,170	0,158	0,145
S_2	**Grundflächenbezogener Fensterflächenanteil f_{WG}**[e]							
	$S_2 = a - (b \cdot f_{WG})$	a	0,060			0,030		
		b	0,231			0,115		
S_3	**Sonnenschutzglas**[f,i]							
	Fenster mit Sonnenschutzglas[f] mit $g \leq 0{,}4$		0,03					
S_4	**Fensterneigung**[g,i]							
	0° ≤ Neigung ≤ 60° (gegenüber der Horizontalen)		$-0{,}035\, f_{neig}$					
S_5	**Orientierung**[h,i]							
	Nord-, Nordost- und Nordwest-orientierte Fenster soweit die Neigung gegenüber der Horizontalen > 60° ist sowie Fenster, die dauernd vom Gebäude selbst verschattet sind		$+0{,}10\, f_{nord}$					
S_6	**Einsatz passiver Kühlung**							
	Bauart							
	leicht		0,02					
	mittel		0,04					
	schwer		0,06					

a Ermittlung der Klimaregion nach Bild 1.

b Ohne Nachweis der wirksamen Wärmekapazität ist von leichter Bauart auszugehen, wenn keine der im Folgenden genannten Eigenschaften für mittlere oder schwere Bauart nachgewiesen sind.
Vereinfachend kann von mittlerer Bauart ausgegangen werden, wenn folgende Eigenschaften vorliegen:
- Stahlbetondecke;
- massive Innen- und Außenbauteile (flächenanteilig gemittelte Rohdichte ≥ 600 kg/m³);
- keine innenliegende Wärmedämmung an den Außenbauteilen;
- keine abgehängte oder thermisch abgedeckte Decke;
- keine hohen Räume (> 4,5 m) wie z. B. Turnhallen, Museen usw.

Von schwerer Bauart kann ausgegangen werden, wenn folgende Eigenschaften vorliegen:
- Stahlbetondecke;
- massive Innen- und Außenbauteile (flächenanteilig gemittelte Rohdichte ≥ 1 600 kg/m³);
- keine innenliegende Wärmedämmung an den Außenbauteilen;
- keine abgehängte oder thermisch abgedeckte Decke;
- keine hohen Räume (> 4,5 m) wie z. B. Turnhallen, Museen usw.

Die wirksame Wärmekapazität darf auch nach DIN EN ISO 13786 (Periodendauer 1 d) für den betrachteten Raum bzw. Raumbereich bestimmt werden, um die Bauart einzuordnen; dabei ist folgende Einstufung vorzunehmen:
- leichte Bauart liegt vor, wenn $C_{wirk} / A_G < 50$ Wh/(K · m²)
  Dabei ist
  C_{wirk} die wirksame Wärmekapazität;
  A_G die Nettogrundfläche.
- mittlere Bauart liegt vor, wenn 50 Wh/(K · m²) $\leq C_{wirk} / A_G \leq$ 130 Wh/(K · m²);
- schwere Bauart liegt vor, wenn $C_{wirk} / A_G > 130$ Wh/(K · m²).

c Bei der Wohnnutzung kann in der Regel von der Möglichkeit zu erhöhter Nachtlüftung ausgegangen werden. Der Ansatz der erhöhten Nachtlüftung darf auch erfolgen, wenn eine Lüftungsanlage so ausgelegt wird, dass durch die Lüftungsanlage ein nächtlicher Luftwechsel von mindestens $n = 2\ h^{-1}$ sichergestellt wird.

d Von hoher Nachtlüftung kann ausgegangen werden, wenn für den zu bewertenden Raum oder Raumbereich die Möglichkeit besteht, geschossübergreifende Nachtlüftung zu nutzen (z. B. über angeschlossenes Atrium, Treppenhaus oder Galerieebene). Der Ansatz der hohen Nachtlüftung darf auch erfolgen, wenn eine Lüftungsanlage so ausgelegt wird, dass durch die Lüftungsanlage ein nächtlicher Luftwechsel von mindestens $n = 5\ h^{-1}$ sichergestellt wird.

e $f_{WG} = A_W / A_G$
Dabei ist
A_W die Fensterfläche;
A_G die Nettogrundfläche.

Hinweis Die durch S_1 vorgegebenen anteiligen Sonneneintragskennwerte gelten für grundflächenbezogene Fensterflächenanteile von etwa 25 %. Durch den anteiligen Sonneneintragskennwert S_2 erfolgt eine Korrektur des S_1-Wertes in Abhängigkeit vom Fensterflächenanteil, wodurch die Anwendbarkeit des Verfahrens auf Räume mit grundflächenbezogenen Fensterflächenanteilen abweichend von 25 % gewährleistet wird. Für Fensterflächenanteile kleiner 25 % wird S_2 positiv, für Fensterflächenanteile größer 25 % wird S_2 negativ.

f Als gleichwertige Maßnahme gilt eine Sonnenschutzvorrichtung, welche die diffuse Strahlung nutzerunabhängig permanent reduziert und hierdurch ein $g_{tot} \leq 0{,}4$ erreicht wird. Bei Fensterflächen mit unterschiedlichem g_{tot} wird S_3 flächenanteilig gemittelt:
$S_3 = 0{,}03 \cdot A_{W,gtot\leq0,4} / A_{W,gesamt}$
Dabei ist
$A_{W,gtot\leq0,4}$ die Fensterfläche mit $g_{tot} \leq 0{,}4$;
$A_{W,gesamt}$ die gesamte Fensterfläche.

g $f_{neig} = A_{W,neig} / A_{W,gesamt}$
Dabei ist
$A_{W,neig}$ die geneigte Fensterfläche;
$A_{W,gesamt}$ die gesamte Fensterfläche.

h $f_{nord} = A_{W,nord} / A_{W,gesamt}$
Dabei ist
$A_{W,nord}$ die Nord-, Nordost- und Nordwest-orientierte Fensterfläche soweit die Neigung gegenüber der Horizontalen > 60° ist sowie Fensterflächen, die dauernd vom Gebäude selbst verschattet sind;
$A_{W,gesamt}$ die gesamte Fensterfläche.

Fenster, die dauernd vom Gebäude selbst verschattet werden: Werden für die Verschattung F_s Werte nach DIN V 18599-2:2011-12 verwendet, so ist für jene Fenster $S_5 = 0$ zu setzen.

i Gegebenenfalls flächenanteilig gemittelt zwischen der gesamten Fensterfläche und jener Fensterfläche, auf die diese Bedingung zutrifft.

4.8.3 Anwendungsfälle, bei denen das Verfahren der Sonneneintragskennwerte nicht angewendet werden kann

Beim Vorhandensein folgender baulicher Situationen kann der Nachweis des sommerlichen Wärmeschutzes **nicht** nach dem Verfahren der Sonneneintragskennwerte durchgeführt werden:

- Erfolgt die Belüftung des zu untersuchenden Raums oder Raumbereichs nur über den unbeheizten Glasvorbau und weist dieser **keinen** Sonnenschutz mit einem Abminderungsfaktor $F_C \leq 0{,}35$ sowie Lüftungsöffnungen im obersten und untersten Glasbereich auf, die zusammen mindestens 10 % der Glasfläche ausmachen, dann muss zum Nachweis des sommerlichen Wärmeschutzes eine thermische Gebäudesimulation mit den Randbedingungen nach Kapitel 4.9.2 durchgeführt werden. Dabei ist die vorhandene bauliche Situation des Raums – einschließlich des unbeheizten Glasvorbaus – im Simulationsprogramm abzubilden
- der zu untersuchende Raum oder Raumbereich grenzt an eine Doppelfassade
- die Außenoberflächen des zu untersuchende Raums oder Raumbereichs sind ganz oder teilweise mit Transparenter Wärmedämmung (TWD) verkleidet.

4.9 Thermische Gebäudesimulation

Falls der Nachweis des sommerlichen Wärmeschutzes nach dem Verfahren der Sonneneintragskennwerte gemäß DIN 4108-2 (siehe Teil A Kapitel 4.9) nicht erbracht werden kann, besteht die Möglichkeit, den Nachweis alternativ durch eine thermische Gebäudesimulation zu führen.

4.9.1 Anforderungen

Zur Bewertung zumutbarer Temperaturen in Innenräumen werden die in Tabelle 35 angegebenen Bezugswerte der operativen Innentemperaturen $\theta_{b,op}$ in Abhängigkeit von den drei Sommerklimaregionen (A, B und C) definiert. Die Bestimmung der vorhandenen Übertemperaturgradstunden in einem Raum pro Jahr erfolgt durch die thermische Simulation des kritischen Raums in einem Gebäude unter Zugrundelegung der standardisierten Randbedingungen nach Teil A Kapitel 4.9.2. Der Nachweis des sommerlichen Wärmeschutzes nach DIN 4108-2 ist durch eine thermische Simulation des kritischen Raums erbracht, wenn die Grenzwerte der Tabelle 35 eingehalten werden.

Tabelle 35: Anforderungswerte bei einer thermischen Gebäudesimulation (DIN 4108-2)

Sommerklimaregion	**Bezugswert $\theta_{b,op}$ der operativen Innentemperatur [°C]**	**Anforderungswert Übertemperaturgradstunden [Kh/a]**	
		Wohngebäude	**Nichtwohngebäude**
A	25	1 200	500
B	26		
C	27		

Achtung

Mit Hilfe der Übertemperaturgradstunden sollte ein Modell geschaffen werden, das es ermöglicht, eine Aussage darüber zu machen, ob in einem Raum Innentemperaturen in einem unzumutbaren Maß überschritten werden und wenn ja, in welchem Maß. Die angegebenen Bezugswerte der operativen Innentemperaturen $\theta_{b,op}$ sind daher nicht als zulässige Höchstwerte für Innentemperaturen zu verstehen. Als Grenzwerte für eine mögliche Überschreitung wurde der Begriff der Übertemperaturstunde eingeführt. Diese ergibt sich aus dem Produkt der Überschreitung der operativen Temperatur im zu untersuchenden Raum in Kelvin [K] und der zugehörigen Zeitdauer in Stunden [h] pro Jahr [a]. Die Übertemperaturgradstunden, die sich aus der Simulation des zu untersuchenden Raums ergeben, dürfen – nutzungsabhängig – die in Tabelle 35 genannten Anforderungen nicht überschreiten. Da es sich bei dieser Vorgehensweise um ein Modell mit standardisierten Randbedingungen handelt, können aus den Berechnungsergebnissen nur bedingt Rückschlüsse auf tatsächliche Überschreitungshäufigkeiten gezogen werden.

4.9.2 Nachweise

Die nachfolgenden Randbedingungen sind für die Nachweisführung unter Verwendung thermischer Gebäudesimulationen (mindestens auf Stundenbasis) aus Gründen der Vergleichbarkeit mit den vorgenannten Anforderungswerten nach Tabelle 35 heranzuziehen:

a) Simulationsumgebung

Das für den Nachweis verwendete Programm ist im Rahmen der Dokumentation zu nennen.

b) Nutzungen/Nutzungszeiten

Wohngebäude: täglich, 0:00 Uhr bis 24:00 Uhr
Nichtwohngebäude: Mo. – Fr., jeweils in der Zeit von 7:00 Uhr bis 18:00 Uhr.

c) Klimadaten für die Berechnungen

In Abhängigkeit von der nach Bild 19 für das zu bewertende Gebäude zutreffenden Klimaregion sind als Klimarandbedingungen den Berechnungen die vom Bundesinstitut für Bau-, Stadt- und Raumforschung zur Verfügung gestellten Testreferenzjahre (TRY) (2011) wie folgt zugrunde zu legen:

Klimaregion A: Normaljahr TRY-Zone 2
Klimaregion B: Normaljahr TRY-Zone 4
Klimaregion C: Normaljahr TRY-Zone 12

d) Beginn der Simulationsrechnungen und Zeitraum für die Auswertung

Die Berechnungen sind für ein komplettes Jahr durchzuführen und beginnen am 1. Januar an einem Montag um 0:00 Uhr.

Sowohl für Wohn- als auch für Nichtwohngebäude sind keine Feiertage und Ferienzeiten bei der Ermittlung des Übertemperaturgradstundenwertes zu berücksichtigen.

e) Interne Wärmeeinträge

Der mittlere interne Wärmeeintrag ist bezogen auf die jeweils betrachtete Nettogrundfläche für: Wohngebäude: 100 Wh/(m^2·d) und für Nichtwohngebäude: 144 Wh/(m^2 · d).

Die als Tageswerte angegebenen Wärmeeinträge sind für die Berechnungen als konstante Wärmeeinträge während der unter Buchstabe b) angegebenen Nutzungszeiten anzusetzen. Die Wärmeeinträge werden zu 100 % als konvektive Wärmeeinträge behandelt.

f) Soll-Raumtemperatur für Heizzwecke (ohne Nachtabsenkung)

Wohngebäude: $\theta_{h,soll} \geq 20\,°C$

Nichtwohngebäude: $\theta_{h,soll} \geq 21\,°C$

g) Grundluftwechsel

Wohngebäude: $n = 0{,}5\ h^{-1}$

Der gegebene Luftwechsel ist im Tagesgang konstant anzusetzen, wenn weder die Bedingungen für erhöhte Taglüftung nach h) dieses Abschnitts noch die Bedingungen für erhöhte Nachtlüftung nach Abschnitt i) dieses Abschnitts erfüllt sind.

Nichtwohngebäude:

– während der Nutzungszeit (7:00 Uhr bis 18:00 Uhr) gilt:

$$n = 4 \cdot \frac{A_G}{V} \tag{70}$$

Dabei ist:

A_G die Grundfläche in m^2;

V das Nettoraumvolumen in m^3.

Der nach Gleichung (70) ermittelte Luftwechsel ist während der Nutzungszeit konstant anzusetzen, wenn die Bedingungen für erhöhte Taglüftung nach h) dieses Abschnitts nicht erfüllt sind.

– außerhalb der Nutzungszeit (18:00 Uhr bis 7:00 Uhr) gilt:

$$n = 0{,}24 \cdot h^{-1} \tag{71}$$

Dieser Luftwechsel ist außerhalb der Nutzungszeit konstant anzusetzen, wenn die Bedingungen für erhöhte Nachtlüftung nach i) dieses Abschnitts nicht erfüllt sind.

Der angesetzte Luftwechsel ist in Form von Tages- und Wochenprofilen zu dokumentieren.

h) Erhöhter Tagluftwechsel

Überschreitet die Raumlufttemperatur 23 °C und liegt die Raumlufttemperatur über der Außenlufttemperatur, darf der mittlere Luftwechsel während der Aufenthaltszeit (Nichtwohngebäude 7:00 Uhr bis 18:00 Uhr; Wohngebäude 6:00 Uhr bis 23:00 Uhr) bis auf $n = 3\ h^{-1}$ erhöht werden, um durch erhöhte Lüftung eine Überhitzung des Raums zu vermeiden. Der gewählte Ansatz ist zu dokumentieren.

i) Nachtluftwechsel

Außerhalb der Aufenthaltszeit (Nichtwohngebäude 18:00 Uhr bis 7:00 Uhr; Wohngebäude 23:00 Uhr bis 6:00 Uhr)

- ist von dem Luftwechsel nach g) auszugehen, wenn nicht die Möglichkeit zur Nachtlüftung besteht;
- darf der Luftwechsel auf $n = 2\ h^{-1}$ erhöht werden (erhöhte Nachtlüftung), wenn die Möglichkeit zur nächtlichen Fensterlüftung besteht. Bei der Wohnnutzung darf in der Regel von der Möglichkeit zu erhöhter Nachtlüftung ausgegangen werden, wenn im zu bewertenden Raum oder Raumbereich die Möglichkeit zur nächtlichen Fensterlüftung besteht;
- darf der Luftwechsel auf $n = 5\ h^{-1}$ erhöht werden (hohe Nachtlüftung), wenn für den zu bewertenden Raum oder Raumbereich die Möglichkeit besteht, geschossübergreifende Lüftungsmöglichkeiten (z. B. Lüftung über angeschlossenes Atrium) zu nutzen, um den sich einstellenden Luftwechsel zu erhöhen;
- bei Einsatz einer Lüftungsanlage darf der erhöhte Nachtluftwechsel gemäß der Dimensionierung der Anlage angesetzt werden.

Der gewählte Ansatz ist zu dokumentieren. Für den Ansatz eines erhöhten oder hohen Nachtluftwechsels oder eines Nachluftwechsels gemäß der Dimensionierung der Lüftungsanlage müssen die im Folgenden genannten Temperaturrandbedingungen gegeben sein:

$$\theta_{i,Luft} > \theta_{i,h,soll} \text{ UND } \theta_{i,Luft} > \theta_e \tag{72}$$

Dabei ist

$\theta_{i,Luft}$ die Innenlufttemperatur;

$\theta_{i,h,soll}$ die Raum-Solltemperatur für Heizzwecke (Wohngebäude 20 °C; Nichtwohngebäude 21 °C);

θ_e die Außenlufttemperatur.

Wird in den Simulationsrechnungen die erhöhte oder hohe Nachtlüftung berücksichtigt, so ist ein Sonnenschutz vorzusehen, mit dem $g_{tot} \leq 0,4$ erreicht wird!

j) Steuerung Sonnenschutz

Sind zur geplanten Betriebsweise einer Sonnenschutzvorrichtung keine Steuer- bzw. Regelparameter bekannt, so ist im Fall einer automatischen Sonnenschutzsteuerung für die Berechnungen von einer strahlungsabhängigen Steuerung für nord-, nordost- und nordwestorientierte Fenster mit einer Grenzbestrahlungsstärke von 200 W/m^2 (Wohngebäude) bzw. 150 W/m^2 (Nichtwohngebäude) und für alle anderen Orientierungen mit einer Grenzbestrahlungsstärke von 300 W/m^2 (Wohngebäude) bzw. 200 W/m^2 (Nichtwohngebäude) (Summe aus Direkt- und Diffusstrahlung, außen vor dem Fenster) pro Quadratmeter Fensterfläche auszugehen.

Bei nicht-automatischer Sonnenschutzsteuerung erfolgt bei Nichtwohngebäuden keine Aktivierung am Wochenende (Samstag und Sonntag). Grundsätzlich ist für die Berechnungen von einer windunabhängigen Betriebsweise auszugehen.

Wird planerisch eine hiervon abweichende Betriebsweise der Sonnenschutzvorrichtung vorgesehen, so darf diese in der Simulationsrechnung verwendet werden. Die Betriebsweise ist zu dokumentieren.

k) Wärmeübergangswiderstände

Die Wärmeübergangswiderstände dürfen, wie für den Winterfall, konstant nach DIN EN ISO 6946:2008-04, Tabelle 1, angesetzt werden; davon abweichende Ansätze sind zu dokumentieren.

l) Bauliche Verschattung

Bauliche Verschattung darf berücksichtigt werden. Der gewählte Ansatz ist zu dokumentieren.

m) Passive Kühlung

Eine passive Kühlung darf berücksichtigt werden. Der gewählte Ansatz ist zu dokumentieren.

Teil B Klimabedingter Feuchteschutz

Bei der Untersuchung von Feuchteproblemen im Bauwesen ist zwischen drei Fragestellungen zu unterscheiden:

- Kritische Luftfeuchte an Bauteiloberflächen
- Tauwasserausfall im Inneren von Bauteilen
- Schlagregenschutz von Wänden.

In allen drei Fällen zielen die Untersuchungen bzw. die normativen Festlegungen und Grenzwerte darauf ab, die möglichen Einwirkungen von Tauwasser aus der Raumluft unter winterlichen Bedingungen und die Einwirkungen von Schlagregen auf Baukonstruktionen zu begrenzen, um Schäden (z. B. unzulässige Minderung des Wärmeschutzes, Schimmelbildung, Korrosion) zu vermeiden. Dabei ist die Möglichkeit der raumseitigen Tauwasserbildung aus einströmender Außenluft in den Innenraum (Sommerkondensation) oder die Umkehrdiffusion bei besonnten Bauteilen im Einzelfall zu beachten.

Der Wasser- oder Wasserdampftransport in Bauteile bzw. durch Bauteile hindurch erfolgt durch Kapillarität, Sorption, Diffusion und Konvektion. DIN 4108-3 enthält vereinfachte Verfahren, mit deren Hilfe kritische Feuchtezustände in Bauteilen durch Kapillarität oder Diffusion vermieden werden sollen.

1 Vermeidung kritischer Feuchte auf Bauteiloberflächen

1.1 Festlegungen zum klimabedingten Feuchteschutz gemäß MVV TB 2020/1

In der MVV TB 2020/1 ist hinsichtlich der technischen Anforderungen bei der Planung, Bemessung und Ausführung zum Wärmeschutz in Gebäuden festgelegt:

- Abschnitt A 6.2.1: Als technische Regel für den klimabedingten Feuchteschutz gilt DIN 4108-3:2018-10.
- Abschnitt A 6.2.1: Wärme- und feuchteschutztechnische Bemessungswerte sind DIN 4108-4:2017-03 zu entnehmen.
- Anlage A 6.2/2: Zu DIN 4108-3:2018-10: Der Abschnitt 6 gilt nicht als Technische Baubestimmung

1.2 Symbole und Formelzeichen

Tabelle 36: Symbole und Formelzeichen

Größe	Symbol	Einheit
Dicke	d	m
Temperaturfaktor für die raumseitige Oberfläche	f_{Rsi}	–
Wasserdampf-Diffusionsstromdichte	g	$kg/(m^2 \cdot s)$
Masse	m	kg
Flächenbezogene Tauwassermasse	M_c	kg/m^2
Flächenbezogene Verdunstungsmasse	M_{ev}	kg/m^2
Wasserdampfteildruck	p	Pa
Wärmestromdichte	q	W/m^2
Wasserdampfdiffusionsäquivalente Luftschichtdicke	s_d	m
Zeit	t	s
Massebezogener Feuchtegehalt	u	kg/kg
Wasserdampf-Diffusionskoeffizient	D	m^2/h
Wärmedurchlasswiderstand	R	$m^2 \cdot K/W$
Wärmeübergangswiderstand, innen	R_{si}	$m^2 \cdot K/W$
Wärmeübergangswiderstand, außen	R_{se}	$m^2 \cdot K/W$
Wärmedurchgangswiderstand	R_{tot}	$m^2 \cdot K/W$
Thermodynamische Temperatur	T	K
Wärmedurchgangskoeffizient	U	$W/(m^2 \cdot K)$
Wasseraufnahmekoeffizient	W_w	$kg/(m^2 \cdot h^{0,5})$
Wasserdampf-Diffusionsdurchlasswiderstand	Z	$m^2 \cdot h \cdot Pa/kg$
Wasserdampf-Diffusionsleitkoeffizient	δ	$kg/(m \cdot s \cdot Pa)$
Relative Luftfeuchte	ϕ	–
Wärmeleitfähigkeit	λ	$W/(m \cdot K)$
Wasserdampf-Diffusionswiderstandszahl	μ	–
Dichte	ρ	kg/m^3
Celsius-Temperatur	ϑ, θ	°C

1.3 Grundgleichungen

$$p = \phi \cdot p_{sat} \quad (73)$$

$$\phi = \frac{c}{c_{sat}} = \frac{p}{p_{sat}} \quad (74)$$

1.4 Wärmeübergangswiderstände R_s

Tabelle 37: Wärmeübergangswiderstände R_{si} und R_{se} bei kritischer Luftfeuchte auf Bauteiloberflächen

Bauteil	Wärmeübergangswiderstand [m² · K/W]	An die Oberfläche angrenzender Bereich	Richtung des Wärmestroms Φ		
			Aufwärts	Horizontal	Abwärts
Opake Bauteile	**innen** R_{si}	Normal beheizter Raum	0,25	0,25	0,25
	außen R_{se}	Niedrig beheizter Raum	0,17[1)]	0,17[1)]	0,17[1)]
		Außenluft	0,04	0,04	0,04
Fenster	**innen** R_{si}	Normal beheizter Raum	0,10	0,13	0,17
	außen R_{se}	Außenluft	0,04	0,04	0,04

[1)] Normativ nicht geregelt; die Angaben sind daher eine Empfehlung des Autors.

1.5 Bestimmung kritischer Temperaturen

Bei der Bestimmung der kritischen Temperatur auf Bauteiloberflächen geht man davon aus, dass der Dampfdruck auf der Bauteiloberfläche p_{si} und der Dampfdruck p_i im Raum direkt davor gleich groß sind. Unter Verwendung dieses Ansatzes und der Gleichung (75) folgt:

$$p_{si} = p_i \quad (75)$$

$$\phi_{si,cr} \cdot p_{sat}(\theta_{si}) = \phi_i \cdot p_{sat}(\theta_i) \quad (76)$$

$$p_{sat}(\theta_{si}) = \frac{\phi_i}{\phi_{si,cr}} \cdot p_{sat}(\theta_i) \tag{77}$$

$$\theta_{sat} = \frac{273{,}3 \cdot \ln\left(\frac{p_{sat}}{610{,}5}\right)}{17{,}269 - \ln\left(\frac{p_{sat}}{610{,}5}\right)} \quad \text{wenn gilt: } p_{sat} \geq 610{,}5 \text{ Pa} \tag{78}$$

$$\theta_{sat} = \frac{265{,}6 \cdot \ln\left(\frac{p_{sat}}{610{,}5}\right)}{21{,}875 - \ln\left(\frac{p_{sat}}{610{,}5}\right)} \quad \text{wenn gilt: } p_{sat} < 610{,}5 \text{ Pa} \tag{79}$$

Mit Hilfe des Sättigungsdampfdrucks $p_{sat}(\theta_{si})$ auf der Bauteilinnenoberfläche und unter Verwendung von Tabelle 39 bzw. Gleichung (91) und Gleichung (92) kann auch die kritische Oberflächentemperatur θ_{si} nach Gleichung (78) bzw. Gleichung (79) bestimmt werden.

Als kritische relative Feuchte auf der Bauteiloberfläche gelten nach DIN 4108-2 und DIN EN ISO 13788 folgende Werte:

$\phi_{si,cr}$ = 1,0 für Tauwasserbildung

$\phi_{si,cr}$ = 0,8 für Schimmelbildung

$\phi_{si,cr}$ = 0,6 für Korrosionsbildung.

1.6 Hygienischer Wärmeschutz

Zur Gewährleistung des hygienischen Wärmeschutzes (Vermeidung von Schimmelpilzbildung auf Bauteilinnenoberflächen) muss bei **flächigen Bauteilen sowie an Kanten und Ecken** jeweils an der ungünstigsten Stelle der zulässige Temperaturfaktor $f_{Rsi} \geq 0{,}7$ oder die kritische Oberflächentemperatur $\theta_{si} \geq 12{,}6$ °C nachgewiesen werden (siehe Teil A Kapitel 2). Bezogen werden diese Anforderungen auf Räume mit üblicher Nutzung. Gemäß den Festlegungen in DIN 4108-2 bedeutet dies, dass bei der Nachweisführung als Randbedingungen eine Innenraumtemperatur von $\theta_i = 20$ °C und eine relative Feuchte im Raum von $\phi_i = 50$ % sowie eine Außentemperatur von $\theta_e = -5$ °C anzusetzen sind. Der Rechenwert des inneren Wärmeübergangswiderstandes beträgt bei beheizten Räumen $R_{si} = 0{,}25$ m²K/W und bei unbeheizten Räumen $R_{si} = 0{,}17$ m²K/W. Der äußere Wärmeübergangswiderstand liegt jeweils bei $R_{se} = 0{,}04$ m²K/W.

Damit es zu einer Schimmelpilzbildung kommt, wird weiterhin vorausgesetzt, dass in dem zu untersuchenden Raum die relative Feuchte an der Bauteiloberfläche über einen Zeitraum **von mehreren Tagen** den Wert $\phi_{si} = 0{,}8$ überschreitet.

1.7 Tauwasserausfall auf Bauteiloberflächen

Soll Tauwasserausfall auf Bauteiloberflächen vermieden werden, muss für den Temperaturfaktor f_{Rsi} die Bedingung $f_{Rsi} \geq 0{,}57$ nach Teil A Gleichung (24) oder für die minimale Oberflächentemperatur der Wert $\theta_{si} \geq 9{,}3\,°C$ eingehalten werden. **Voraussetzung für diese Grenzwerte sind die Normrandbedingungen nach DIN 4108-2** (siehe Teil A Kapitel 2.8.2.1).

Achtung

Nach DIN 4108-2, DIN 4108-3 und DIN EN ISO 13788 ist die vorübergehende Bildung von Tauwasser in kleinen Mengen an Fenstern und Pfosten-Riegel-Konstruktionen zulässig, falls die Oberfläche die Feuchtigkeit nicht absorbiert und entsprechende Vorkehrungen zur Vermeidung eines Kontaktes mit angrenzenden empfindlichen Materialien getroffen werden. Unter den genannten Maßgaben ist daher Tauwasserausfall zulässig, sofern der hygienische Wärmeschutz davon nicht betroffen wird.

Anforderungen an den Schutz vor Tauwasserausfall bestehen nur dann, wenn die Gefahr einer Schädigung der Konstruktion besteht und damit die Standsicherheit beeinträchtigt wird (siehe LBO/MBO § 3 Absatz 1).

1.8 Korrosion

Zur Vermeidung einer Schädigung empfindlicher Materialien durch Korrosion darf nach DIN EN ISO 13788 eine relative Feuchte auf der Bauteiloberfläche von $\phi_{si} = 0{,}6$ nicht überschritten werden. Unter Verwendung der Randbedingungen nach DIN 4108-2 bedeutet dies einen zulässigen Temperaturfaktor von $f_{Rsi} \geq 0{,}88$ nach Teil A Gleichung (24) sowie eine kritische Oberflächentemperatur von $\theta_{si,min} \geq 17{,}1\,°C$. Voraussetzung für diese Grenzwerte sind die Normrandbedingungen nach DIN 4108-2 (siehe Teil A Kapitel 2.8.2.1).

Anforderungen an den Korrosionsschutz bestehen nur dann, wenn die Gefahr einer Schädigung der Konstruktion besteht und damit die Standsicherheit beeinträchtigt wird (siehe LBO/MBO § 3 Absatz 1).

1.9 Wasserdampfkonzentration c_{sat} und Taupunkttemperatur θ_{sat}

Bei Untersuchungen, bei denen die Randbedingungen der Temperatur θ und der relativen Feuchte ϕ bekannt sind, können zur Bestimmung der Sättigungsdampfkonzentration c_{sat} und der Taupunkttemperatur θ_{sat} die Tabelle 38 und Tabelle 39 verwendet werden.

Tabelle 38: Sättigungsdampfkonzentration in Luft c_{sat} (DIN 4108-3)

θ [°C]	−14	−13	−12	−11	**−10**	−9	−8	−7	−6	**−5**	−4	−3	−2	−1	**± 0**
c_{sat} [g/m³]	1,51	1,65	1,80	1,96	**2,13**	2,32	2,53	2,75	2,98	**3,24**	3,52	3,81	4,13	4,47	**4,84**
θ [°C]	+1	+2	+3	+4	**+5**	+6	+7	+8	+9	**+10**	+11	+12	+13	+14	**+15**
c_{sat} [g/m³]	5,19	5,55	5,94	6,35	**6,79**	7,25	7,74	8,26	8,81	**9,39**	10,00	10,65	11,33	12,05	**12,81**
θ [°C]	+16	+17	+18	+19	**+20**	+21	+22	+23	+24	**+25**	+26	+27	+28	+29	**+30**
c_{sat} [g/m³]	13,61	14,45	15,34	16,28	**17,26**	18,30	19,39	20,53	21,73	**23,00**	24,32	25,71	27,17	28,69	**30,29**

Weitere Werte der Wasserdampfkonzentration in Luft c_{sat} können nach folgender Näherungsgleichung ermittelt werden:

$$c_{sat} = \frac{p_{sat}}{R_D \cdot (273 + \theta)} \qquad (80)$$

dabei gilt für die spezifische Gaskonstante des Wasserdampfes: $R_D = 0{,}462$ J/(g · K)

Tabelle 39: Taupunkttemperatur θ_{sat} der Luft in Abhängigkeit von Temperatur und relativer Feuchte (DIN 4108-3)

Lufttemperatur θ [°C]	**Taupunkttemperatur θ_{sat}¹⁾ [°C]**													
	relative Luftfeuchte ϕ [%]													
	30	**35**	**40**	**45**	**50**	**55**	**60**	**65**	**70**	**75**	**80**	**85**	**90**	**95**
30	10,5	12,9	14,9	16,8	18,4	20,0	21,4	22,7	23,9	25,1	26,2	27,2	28,2	29,1
29	9,7	12,0	14,0	15,9	17,5	19,0	20,4	21,7	23,0	24,1	25,2	26,2	27,2	28,1
28	8,8	11,1	13,1	15,0	16,6	18,1	19,5	20,8	22,0	23,1	24,2	25,2	26,2	27,1
27	8,0	10,2	12,3	14,1	15,7	17,2	18,6	19,9	21,1	22,2	23,3	24,3	25,2	26,1
26	7,1	9,4	11,4	13,2	14,8	16,3	17,6	18,9	20,1	21,2	22,3	23,3	24,2	25,1
25	6,2	8,5	10,5	12,2	13,9	15,3	16,7	18,0	19,1	20,3	21,3	22,3	23,2	24,1
24	5,4	7,6	9,6	11,3	12,9	14,4	15,8	17,0	18,2	19,3	20,3	21,3	22,3	23,1
23	4,5	6,7	8,7	10,4	12,0	13,5	14,8	16,1	17,2	18,3	19,4	20,3	21,3	22,2
22	3,6	5,8	7,8	9,5	11,1	12,5	13,9	15,1	16,3	17,4	18,4	19,4	20,3	21,2
21	2,8	5,0	6,9	8,6	10,2	11,6	12,9	14,2	15,3	16,4	17,4	18,4	19,3	20,2
20	1,9	4,1	6,0	7,7	9,3	10,7	12,0	13,2	14,4	15,4	16,4	17,4	18,3	19,2
19	1,1	3,2	5,1	6,8	8,4	9,8	11,1	12,3	13,4	14,5	15,5	16,4	17,3	18,2
18	0,2	2,3	4,2	5,9	7,4	8,8	10,1	11,3	12,5	13,5	14,5	15,4	16,3	17,2

Tabelle 39: Taupunkttemperatur θ_{sat} der Luft in Abhängigkeit von Temperatur und relativer Feuchte (DIN 4108-3) (Fortsetzung)

Lufttemperatur θ [°C]	Taupunkttemperatur θ_{sat}[1)] [°C]													
	relative Luftfeuchte ϕ [%]													
	30	**35**	**40**	**45**	**50**	**55**	**60**	**65**	**70**	**75**	**80**	**85**	**90**	**95**
17	–0,6	1,4	3,3	5,0	6,5	7,9	9,2	10,4	11,5	12,5	13,5	14,5	15,3	16,2
16	–1,4	0,6	2,4	4,1	5,6	7,0	8,2	9,4	10,5	11,6	12,6	13,5	14,4	15,2
15	–2,1	–0,3	1,5	3,2	4,7	6,0	7,3	8,5	9,6	10,6	11,6	12,5	13,4	14,2
14	–2,9	–1,1	0,6	2,3	3,8	5,1	6,4	7,5	8,6	9,6	10,6	11,5	12,4	13,2
13	–3,7	–1,8	–0,2	1,4	2,8	4,2	5,4	6,6	7,7	8,7	9,6	10,5	11,4	12,2
12	–4,4	–2,6	–1,0	0,5	1,9	3,3	4,5	5,6	6,7	7,7	8,7	9,6	10,4	11,2
11	–5,2	–3,4	–1,8	–0,4	1,0	2,3	3,5	4,7	5,7	6,7	7,7	8,6	9,4	10,2
10	–6,0	–4,2	–2,6	–1,2	0,1	1,4	2,6	3,7	4,8	5,8	6,7	7,6	8,4	9,2

[1)] Zwischenwerte dürfen näherungsweise geradlinig interpoliert werden.

Zusätzliche Angaben zur Taupunkttemperatur der Luft θ_{sat} in Abhängigkeit von Temperatur θ und relativer Feuchte ϕ können wie folgt berechnet werden:

$$\theta_{sat} = \frac{273{,}3 \cdot \ln\left(\frac{p_{sat}}{610{,}5}\right)}{17{,}269 - \ln\left(\frac{p_{sat}}{610{,}5}\right)} \quad \text{wenn gilt: } p_{sat} \geq 610{,}5 \text{ Pa} \tag{81}$$

$$\theta_{sat} = \frac{265{,}6 \cdot \ln\left(\frac{p_{sat}}{610{,}5}\right)}{21{,}875 - \ln\left(\frac{p_{sat}}{610{,}5}\right)} \quad \text{wenn gilt: } p_{sat} < 610{,}5 \text{ Pa} \tag{82}$$

Der Sättigungsdampfdruck p_{sat} kann entweder Tabelle 45 entnommen werden oder ist unter Verwendung von Gleichung (91) und Gleichung (92) zu ermitteln.

2 Tauwasserausfall im Inneren von Bauteilen

2.1 Festlegungen zum Tauwasserausfall im Inneren von Bauteilen gemäß MVV TB 2020/1

In der MVV TB 2020/1 ist hinsichtlich der technischen Anforderungen bei der Planung, Bemessung und Ausführung zum Tauwasserausfall im Inneren von Bauteilen festgelegt:

- Abschnitt A 6.2.1: Als technische Regel für den klimabedingten Feuchteschutz gilt DIN 4108-3:2018-10.

- Abschnitt A 6.2.1: Wärme- und feuchteschutztechnische Bemessungswerte sind DIN 4108-4:2017-03 zu entnehmen.
- Anlage A 6.2/2: Zu DIN 4108-3:2018-10: Der Abschnitt 6 gilt nicht als Technische Baubestimmung

2.2 Symbole und Formelzeichen

Tabelle 40: Symbole und Formelzeichen

Größe	Symbol	Einheit
Dicke	d	m
Temperaturfaktor für die raumseitige Oberfläche	f_{Rsi}	–
Wasserdampf-Diffusionsstromdichte	g	$kg/(m^2 \cdot s)$
Masse	m	kg
Flächenbezogene Tauwassermasse	M_c	kg/m^2
Flächenbezogene Verdunstungsmasse	M_{ev}	kg/m^2
Wasserdampfteildruck	p	Pa
Wärmestromdichte	q	W/m^2
Wasserdampfdiffusionsäquivalente Luftschichtdicke	s_d	m
Zeit	t	s
Massebezogener Feuchtegehalt	u	kg/kg
Wasserdampf-Diffusionskoeffizient	D	m^2/h
Wärmedurchlasswiderstand	R	$m^2 \cdot K/W$
Wärmeübergangswiderstand, innen	R_{si}	$m^2 \cdot K/W$
Wärmeübergangswiderstand, außen	R_{se}	$m^2 \cdot K/W$
Wärmedurchgangswiderstand	R_{tot}	$m^2 \cdot K/W$
Thermodynamische Temperatur	T	K
Wärmedurchgangskoeffizient	U	$W/(m^2 \cdot K)$
Wasseraufnahmekoeffizient	W_w	$kg/(m^2 \cdot h^{0,5})$
Wasserdampf-Diffusionsdurchlasswiderstand	Z	$m^2 \cdot h \cdot Pa/kg$
Wasserdampf-Diffusionsleitkoeffizient	δ	$kg/(m \cdot s \cdot Pa)$
Relative Luftfeuchte	ϕ	–
Wärmeleitfähigkeit	λ	$W/(m \cdot K)$
Wasserdampf-Diffusionswiderstandszahl	μ	–
Dichte	ρ	kg/m^3
Celsius-Temperatur	ϑ, θ	°C

2.3 Grundgleichungen

$$p = \phi \cdot p_{\text{sat}} \tag{83}$$

$$\phi = \frac{c}{c_{\text{sat}}} = \frac{p}{p_{\text{sat}}} \tag{84}$$

$$M = g \cdot t \tag{85}$$

$$g = \frac{p_{\text{i}} - p_{\text{e}}}{Z} \tag{86}$$

$$Z = 5 \cdot 10^9 \cdot \left(\mu_1 \cdot d_1 + \mu_2 \cdot d_2 + \ldots + \mu_{\text{N}} \cdot d_{\text{N}}\right) \tag{87}$$

$$s_{\text{d}} = \mu \cdot d \tag{88}$$

2.4 Wärmeübergangswiderstände R_s

Tabelle 41: Wärmeübergangswiderstände R_{si} und R_{se} bei Tauwasserausfall im Inneren von Bauteilen

Bauteil	**Wärmeübergangswiderstand [m² · K/W]**	**An die Oberfläche angrenzender Bereich**	**Richtung des Wärmestroms Φ**		
			Aufwärts	**Horizontal**	**Abwärts**
Opake Bauteile	**innen** R_{si}	Normal beheizter Raum	0,25	0,25	0,25
	außen R_{se}	Niedrig beheizter Raum	0,17[1)]	0,17[1)]	0,17[1)]
		Außenluft	0,04	0,04	0,04

1) Normativ nicht geregelt; die Angabe ist eine Empfehlung des Autors.

2.5 Anwendungsbereich

Das Nachweisverfahren nach DIN 4108-3 zur Überprüfung, ob im Inneren eines Bauteils Tauwasser ausfällt, kann mit den vereinfachten Annahmen bei nicht klimatisierten Wohn- und Büroräumen sowie in Gebäuden mit vergleichbarer Nutzung angewandt werden.

Liegen andere Bedingungen vor, z. B. in Schwimmbädern, in klimatisierten bzw. deutlich anders beaufschlagten Räumen oder bei extremem Außenklima, sind das tatsächliche Raumklima und das Außenklima am Standort des Gebäudes mit deren zeitlichem Verlauf zu berücksichtigen. Es sollten dann Berechnungen unter Berücksichtigung der zeitlich veränderlichen Temperatur- und Feuchtelasten verwendet werden.

Ebenfalls nicht anwendbar ist das Verfahren nach DIN 4108-3 auf begrünte Dachkonstruktionen sowie zur Berechnung des natürlichen Austrocknungsverhaltens, wie z. B. im Fall der Abgabe von Rohbaufeuchte oder von aufgenommenem Niederschlagswasser.

2.6 Verfahren zur Bewertung von Konstruktionen in Bezug auf den Tauwasserausfall im Bauteil

DIN 4108-3 beinhaltet vier Möglichkeiten zur Bewertung von Konstruktionen in Bezug auf den Tauwasserausfall in Bauteilen:

- Nachweisfreie Bauteile
- Monats-Bilanzverfahren
- Perioden-Bilanzverfahren
- Simulationsrechnungen

Achtung

Bei der Bewertung von Konstruktionen in Bezug auf den Tauwasserausfall in Bauteilen ist zwischen baurechtlich relevanten Nachweisen mit standardisierten Randbedingungen und objektspezifischen Nachweisen unter Verwendung örtlich und zeitlich individueller Randbedingungen zu unterscheiden. Als relevant im Sinne baurechtlicher Nachweise gelten die nachweisfreien Bauteile nach Teil B Kapitel 2.7, Bauteile, die den Nachweis zum Tauwasserausfall in Bauteilen nach dem Perioden-Bilanzverfahren (siehe Teil B Kapitel 2.8) oder über Simulationsrechnungen gemäß DIN 4108-3:2018-03 Anhang D erbringen. Für das Monats-Bilanzverfahren zum Tauwasserausfall in Bauteilen liegen – in Bezug auf baurechtliche Nachweise – keine standardisierten Randbedingungen vor.

2.7 Bauteile, für die kein Nachweis des Tauwasserausfalls im Inneren erforderlich ist (nachweisfreie Konstruktionen)

Ein Nachweis des Tauwasserausfalls in Bauteilen ist nicht erforderlich, wenn das betrachtete Bauteil die folgenden Bedingungen erfüllt.

Tabelle 42: Konstruktionen, für die kein Nachweis des Tauwasserausfalls im Inneren des Bauteils erforderlich ist

1	**Wände die an die Außenluft grenzen**		
1.1	**Wände aus Beton oder Mauerwerk ohne zusätzliche Wärmedämmung bzw. mit außenliegender Dämmschicht**		
	Außenseitige Bekleidung	Lastabtragende Schicht	Raumseitige Bekleidung
	• wasserabweisender Außenputz nach Tabelle 49 • Außendämmungen nach DIN 4108-10 oder wasserabweisender Wärmedämmputz nach Tabelle 4 oder durch ein nach DIN EN 13499 oder DIN EN 13500 genormtes Wärmedämm-Verbundsystem • Verblendmauerwerk nach DIN EN 1996-1-1 • angemörtelte Außenwandbekleidungen nach DIN 18515-1 bei einem Fugenanteil von mindestens 5 % • hinterlüftete Außenwandbekleidungen nach DIN 18516-1 mit und ohne Wärmedämmung • einseitig belüftete Außenwandbekleidungen mit einer Lüftungsöffnung von 100 cm^2/m • kleinformatige luftdurchlässige Außenwandbekleidungen mit und ohne Belüftung	• Mauerwerk nach DIN EN 1996-1-1 • Normalbeton nach DIN EN 206 bzw. DIN 1045-2 • gefügedichter Leichtbeton nach DIN 1045-2, DIN EN 206 und DIN EN 1992-1-1 • haufwerksporiger Leichtbeton nach DIN 4213, DIN EN 992 und DIN EN 1520	• Putz
1.2	**Wände aus Beton oder Mauerwerk ohne zusätzliche Wärmedämmung bzw. mit außenliegender Dämmschicht und Innendämmung**		
	Außenseitige Bekleidung	Lastabtragende Schicht	Raumseitige Bekleidung
	• wasserabweisender Außenputz nach Tabelle 6 • Außendämmungen nach DIN 4108-10 oder wasserabweisender Wärmedämmputz nach Tabelle 4 oder durch ein nach DIN EN 13499 oder DIN EN 13500 genormtes Wärmedämm-Verbundsystem	• Mauerwerk nach DIN EN 1996-1-1 • Normalbeton nach DIN EN 206 bzw. DIN 1045-2 • gefügedichter Leichtbeton nach DIN 1045-2, DIN EN 206 und DIN EN 1992-1-1 • haufwerksporiger Leichtbeton nach DIN 4213, DIN EN 992 und DIN EN 1520	• Innendämmung von $R \leq 0{,}5\ m^2 \cdot K/W$ • Bei Innendämmung $0{,}5 < R \leq 1{,}0\ m^2 \cdot K/W$ ist ein Wert $s_{d,i} \geq 0{,}5$ m für die Wärmedämmschicht einschließlich der raumseitigen Bekleidung erforderlich

Tabelle 42: Konstruktionen, für die kein Nachweis des Tauwasserausfalls im Inneren des Bauteils erforderlich ist (Fortsetzung)

	• Verblendmauerwerk nach DIN EN 1996-1-1 • angemörtelte Außenwandbekleidungen nach DIN 18515-1 bei einem Fugenanteil von mindestens 5 % • hinterlüftete Außenwandbekleidungen nach DIN 18516-1 mit und ohne Wärmedämmung • einseitig belüftete Außenwandbekleidungen mit einer Lüftungsöffnung von 100 cm^2/m • kleinformatige luftdurchlässige Außenwandbekleidungen mit und ohne Belüftung		
	Nur gültig für Wände ohne Schlagregenbeanspruchung		
1.3	**Wände in Holzbauart nach DIN 68800-2**		
	Außenseitige Bekleidung	Lastabtragende Schicht	Raumseitige Bekleidung
1.3.1	• bekleidet oder beplankt mit vorgehängten Außenwandbekleidungen und außenseitiger diffusionsoffener Schicht $s_{d,e} \leq 0{,}3$ m oder Holzfaserdämmplatte nach DIN EN 13171; nicht belüftete Außenwandbekleidungen aus kleinformatigen Elementen mit einer zusätzlichen wasserableitenden Schicht mit $s_{d,e} \leq 0{,}3$ m auf der äußeren Beplankung	• Holzbauart nach DIN 68800-2	• bekleidet oder beplankt mit raumseitiger diffusionshemmender Schicht $s_{d,} \geq 2{,}0$ m
1.3.2	• Wärmedämm-Verbundsysteme aus mineralischem Faserdämmstoff nach DIN EN 13162 oder Holzfaserdämmplatten nach DIN EN 13171 und einem wasserabweisenden Putzsystem mit $s_d \leq 0{,}7$ m		• bekleidet oder beplankt mit raumseitiger diffusionshemmender Schicht $s_{d,i} \geq 2{,}0$ m
1.3.3	• bekleidet oder beplankt und einer äußeren Beplankung mit $s_d \leq 0{,}3$ m in Verbindung mit einem Wärmedämm-Verbundsystem aus mineralischem Faserdämmstoff nach DIN EN 13162 oder Holzfaserdämmplatten nach DIN EN 13171 sowie einem wasserabweisenden Putzsystem mit $s_d \leq 0{,}7$ m		• bekleidet oder beplankt mit raumseitiger diffusionshemmender Schicht $s_{d,i} \geq 2{,}0$ m

Tabelle 42: Konstruktionen, für die kein Nachweis des Tauwasserausfalls im Inneren des Bauteils erforderlich ist (Fortsetzung)

1.3.4	• bekleidet oder beplankt mit Wärmedämm-Verbundsystem aus Polystyrol oder Mauerwerk-Vorsatzschalen nach DIN 68800-2:2012-02, Anhang A	• Wandelemente	• bekleidet oder beplankt
1.3.5	• vorgehängten Außenwandbekleidungen oder Wärmedämm-Verbundsystemen nach DIN 68800-2:2012-02, Anhang A	• Massivholzbauart	
	Bei Konstruktionen nach den Zeilen 1.3.1 bis 1.3.5 ist besonders auf den Schlagregenschutz zu achten. Durchdringungen, Anschlüsse z. B. von Fensterbänken sind dauerhaft dicht und sicher auszuführen.		
1.4	**Holzfachwerkwände**		
	Außenseitige Bekleidung	Lastabtragende Schicht	Raumseitige Bekleidung
1.4.1		• Holzfachwerkwände mit wärmedämmender Ausfachung (Sichtfachwerk)	• Innenbekleidung mit $1\ \text{m} \leq s_{d,e} \leq 2\ \text{m}$
1.4.2		• Holzfachwerkwände	• Innendämmung[1)2)] (über Fachwerk und Gefach) mit einem Wärmedurchlasswiderstand $R \leq 0{,}5\ \text{m}^2{\cdot}\text{K/W}$. Bei einem Wärmedurchlasswiderstand der Wärmedämmschicht von $0{,}5 < R \leq 1{,}0\ \text{m}^2{\cdot}\text{K/W}$ ist ein Wert $1\ \text{m} \leq s_{d,i} \leq 2\ \text{m}$ der Wärmedämmschicht einschließlich der raumseitigen Bekleidung erforderlich
	[1)] Gilt nur für Wände ohne Schlagregenbeanspruchung. [2)] Das Einströmen von Raumluft in bzw. hinter die Innendämmung ist durch geeignete Maßnahmen zu unterbinden.		
1.4.3	• Außendämmung (über Fachwerk und Gefach) als genormtes Wärmedämm-Verbundsystem mit $s_{d,e} \leq 2\ \text{m}$ der äußeren Konstruktionsschichten • Außendämmung (über Fachwerk und Gefach) als Wärmedämmputz mit $s_{d,e} \leq 2\ \text{m}$ der äußeren Konstruktionsschichten • hinterlüftete Außenwandbekleidung	• Holzfachwerkwände	
2	**Bauteile, die an das Erdreich grenzen**		
2.1	Außenseitige Bekleidung	Lastabtragende Schicht	Raumseitige Bekleidung
	• Erdberührte Kelleraußenwände mit Bauwerksabdichtung und Perimeterdämmung	• einschaliges wärmedämmendes Mauerwerk • Mauerwerk • Beton	

Tabelle 42: Konstruktionen, für die kein Nachweis des Tauwasserausfalls im Inneren des Bauteils erforderlich ist (Fortsetzung)

<table>
<tr><td rowspan="2">2.2</td><td colspan="2">Außenseitige Bekleidung</td><td>Lastabtragende Schicht</td><td>Raumseitige Bekleidung</td></tr>
<tr><td colspan="2">• Perimeterdämmung mit Bauwerksabdichtung</td><td>• Bodenplatten</td><td>• der Anteil der raumseitigen Schichten am Gesamtwärmedurchlasswiderstand der Bodenplatte darf nicht mehr als 20 % betragen</td></tr>
<tr><td rowspan="2">2.3</td><td colspan="2">Außenseitige Bekleidung</td><td>Lastabtragende Schicht</td><td>Raumseitige Bekleidung</td></tr>
<tr><td colspan="2">• Bauwerksabdichtung</td><td>• Bodenplatte</td><td>• Estrichaufbau gemäß DIN 18560 mit Dämmstoffen nach DIN EN13162 bis 13170. Der s_d-Wert der Schichten raumseitig der Wärmedämmung soll ≥ 20,0 m betragen</td></tr>
<tr><td>3</td><td colspan="4">Dächer</td></tr>
<tr><td>3.1</td><td colspan="4">Grundsätze bei der Planung und Ausführung von Dächern</td></tr>
<tr><td rowspan="2">3.1.1</td><td colspan="4">Grundanforderung bei Dächern mit Abdichtungen</td></tr>
<tr><td colspan="4">Dachabdichtungen müssen wasserdicht sein. Kennzeichnend für Dachabdichtungen sind die wasserdicht verbundenen Dachabdichtungswerkstoffe, z. B. Bitumenbahnen, Kunststoffbahnen, Elastomerbahnen, Flüssigkunststoffe. Dachabdichtungen müssen bis zur Oberkante der An- und Abschlüsse wasserdicht sein. Dies erfordert auch wasserdichte Anschlüsse an Dachdurchdringungen sowie die Einhaltung bestimmter Anschlusshöhen.</td></tr>
<tr><td rowspan="2">3.1.2</td><td colspan="4">Grundanforderung bei Dächern mit Dachdeckungen</td></tr>
<tr><td colspan="4">Dachdeckungen müssen regensicher sein. Kennzeichnend dafür sind die sich überlappenden Deckwerkstoffe, z. B. Dachziegel, Dachsteine, Schiefer, Metallbleche und die Einhaltung der Regeldachneigung. Bei Dächern mit Dachdeckungen müssen in der Regel zusätzliche regensichernde Maßnahmen, z. B. Unterdächer, Unterdeckungen, Unterspannungen, geplant und ausgeführt werden.</td></tr>
<tr><td>3.1.3</td><td colspan="4">Lüftungsquerschnitte von belüfteten Dachdeckungen <u>und</u> belüfteten Luftschichten</td></tr>
<tr><td>3.1.3.1</td><td colspan="4">Dachneigung $\alpha \geq 5°$:</td></tr>
<tr><td></td><td>Anforderungen:</td><td colspan="3">• Die Höhe des freien Lüftungsquerschnittes innerhalb des Dachbereiches muss mindestens 2 cm betragen und muss sich über die ganze Fläche erstrecken. Bedingt durch Bautoleranzen oder Einbauten kann diese freie Lüftungshöhe lokal eingeschränkt sein. Insgesamt muss aber eine Belüftung gewährleistet werden. Zur Sicherstellung von Belüftungsquerschnitten können auch mechanische Vorrichtungen oder Hilfskonstruktionen eingesetzt werden.
• Der freie Lüftungsquerschnitt an den Traufen bzw. an Traufe und Pultdachabschluss muss mindestens 2 ‰ der zugehörigen geneigten Dachfläche, mindestens jedoch 200 cm²/m betragen.
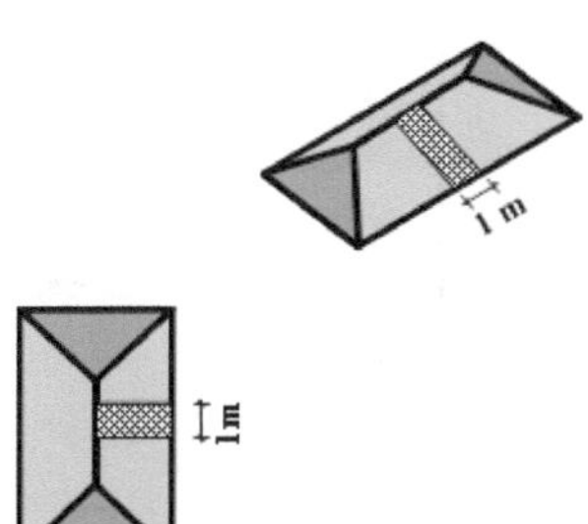</td></tr>
</table>

Tabelle 42: Konstruktionen, für die kein Nachweis des Tauwasserausfalls im Inneren des Bauteils erforderlich ist (Fortsetzung)

		• Am First sind Mindestlüftungsquerschnitte von 0,5 ‰ der zugehörigen geneigten Dachflächen erforderlich, mindestens jedoch 50 cm²/m. 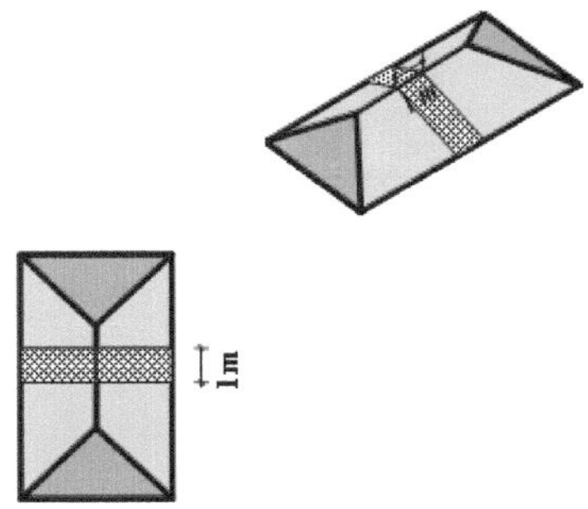 • Am Grat sind Mindestlüftungsquerschnitte von 0,5 ‰ der zugehörigen geneigten Dachflächen erforderlich, mindestens jedoch 50 cm²/m. 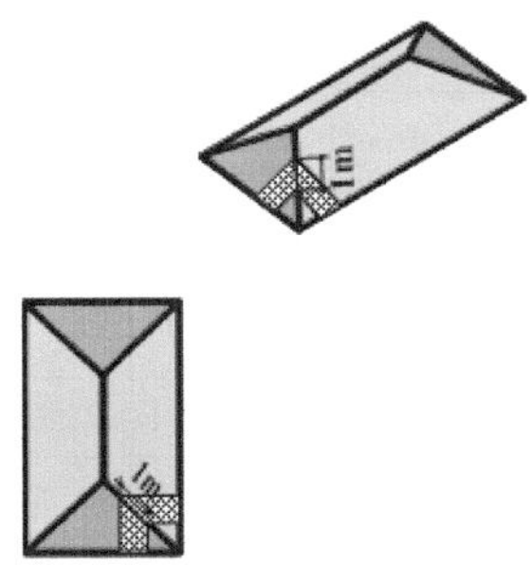	
	Beispiele:		
	a)	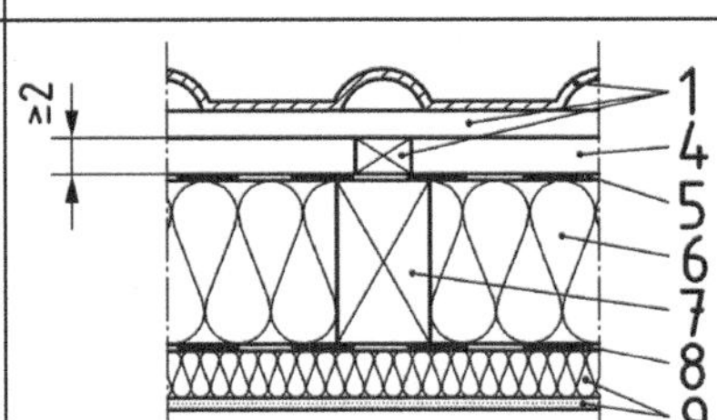	1 Belüftete Dachdeckung (Dachdeckung auf Trag- und Konterlattung) 2 Nicht belüftete Dachdeckung mit zusätzlicher belüfteter Luftschicht (Deckung auf Konterlattung, Schalung und Vordeckung) 3 Dachabdichtung mit zusätzlicher belüfteter Luftschicht (Dachabdichtung auf Konterlattung und Schalung) 4 Belüftete Luftschicht 5 regensichernde Zusatzmaßnahme, Unterdeckbahn 6 Zwischensparrendämmung 7 Sparren 8 Schicht zur Begrenzung des Diffusionsstroms 9 Raumseitige Bekleidung mit Unterkonstruktion, ggf. inkl. Dämmung
	b)	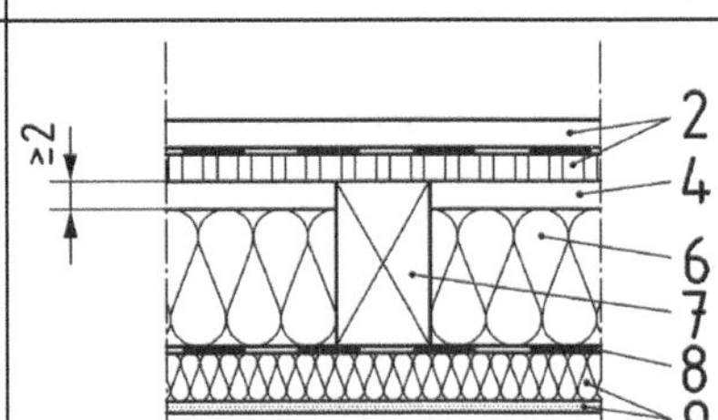	

Tabelle 42: Konstruktionen, für die kein Nachweis des Tauwasserausfalls im Inneren des Bauteils erforderlich ist (Fortsetzung)

	c)	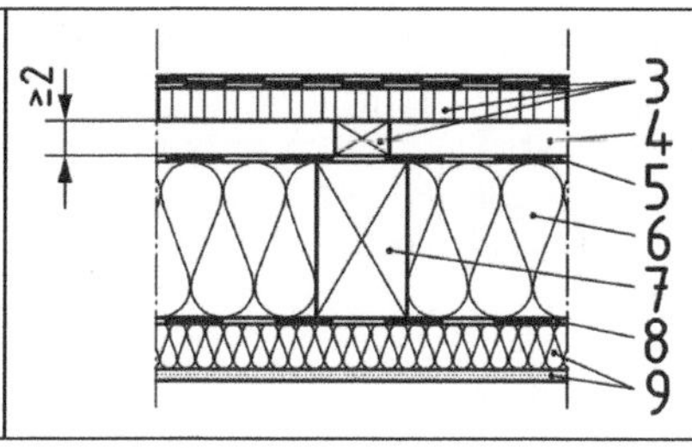	
3.1.3.2	Dachneigung $\alpha < 5°$:		
	Anforderungen:	• die Sparren-/Luftraumlänge (Entfernung von Zu- und Abluftöffnung) muss ≤ 10 m lang sein. Bei Sparrenmit einer Längen $l > 10$ m ist ein Nachweis der Tauwasserfreiheit im Bauteile entweder nach dem Periodenbilanzverfahren (Glaserverfahren) oder durch eine hygrothermische Simulation zu führen. • die Mindestlüftungsquerschnitte an mindestens zwei gegenüberliegenden Dachrändern müssen mindestens 2 ‰ der zugehörigen geneigten Dachfläche betragen, mindestens jedoch 200 cm²/m; • die Höhe des freien Lüftungsquerschnittes innerhalb des Dachbereiches über der Wärmedämmschicht muss mindestens 2 ‰ der zugehörigen geneigten Dachfläche betragen, mindestens jedoch 5 cm (siehe Beispiele). Die freie Lüftungshöhe muss sichergestellt sein, damit die Belüftung sichergestellt ist. Dazu sind eine freie Anströmung der Öffnungen, eine durchgehende Luftschicht und die Beachtung von Materialtoleranzen erforderlich.	
	Beispiele:		
	a)	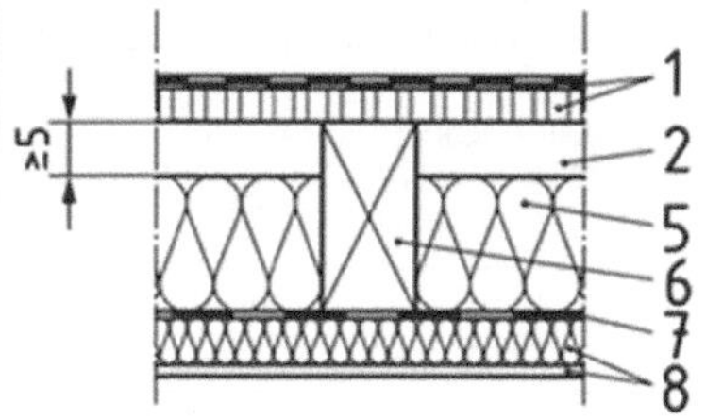	1 Dachabdichtung auf Schalung 2 belüftete Luftschicht 3 Konterlatte/-holz 4 Unterdeckbahn 5 Zwischensparrendämmung 6 Sparren 7 Schicht zur Begrenzung des Diffusionsstroms 8 raumseitige Bekleidung mit Unterkonstruktion, ggf. inkl. Dämmung
	b)	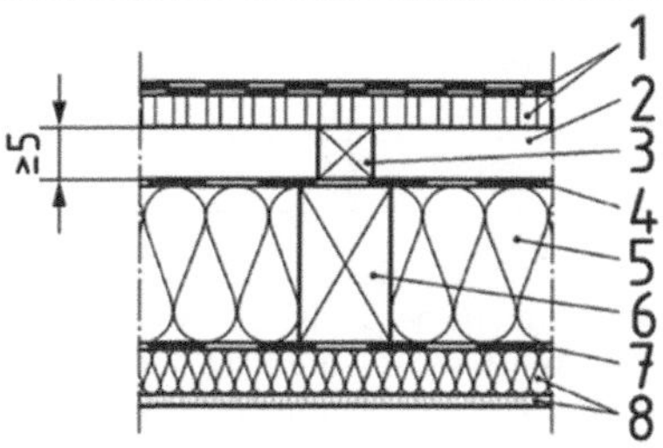	

Tabelle 42: Konstruktionen, für die kein Nachweis des Tauwasserausfalls im Inneren des Bauteils erforderlich ist (Fortsetzung)

<table>
<tr><td>3.2</td><td colspan="3">Nichtbelüftete Dächer für die kein rechnerischer Nachweis erforderlich ist</td></tr>
<tr><td></td><td>Erläuterung:</td><td colspan="2">Bei nicht belüfteten Dächern wird direkt über der Wärmedämmung keine belüftete Luftschicht angeordnet. Zu nicht belüfteten Dächern zählen aber auch solche Konstruktionen, bei denen im weiteren Dachaufbau belüftete Luftschichten oder Lüftungsebenen angeordnet werden, z. B. zur Belüftung der Dachdeckung.</td></tr>
<tr><td></td><td>Anforderungen:</td><td colspan="2">Der Wärmedurchlasswiderstand der Bauteilschichten unterhalb einer raumseitigen diffusionshemmenden oder diffusionsdichten Schicht darf bei Dächern ohne rechnerischen Nachweis höchstens 20 % des Gesamtwärmedurchlasswiderstandes betragen (bei Dächern mit nebeneinander liegenden Bereichen unterschiedlichen Wärmedurchlasswiderstandes ist der Gefachbereich zugrunde zu legen).</td></tr>
<tr><td></td><td>Achtung:</td><td colspan="2">• Bei nicht belüfteten Dächern mit äußeren diffusionshemmenden Wärmedämmschichten mit $s_{d,e} \geq 2{,}0$ m trocknet erhöhte Baufeuchte oder später – z.B. durch Undichtheiten – eingedrungene Feuchte nur schlecht oder gar nicht aus. Es ist bei diesen Konstruktionen zu beachten, dass zwischen den inneren diffusionshemmenden Wärmedämmschichten ($s_{d,i}$) und den äußeren diffusionshemmenden Wärmedämmschichten ($s_{d,e}$) bzw. der äußeren Dachabdichtung Holz oder Holzwerkstoffe nur bis zu der jeweiligen zulässigen Materialfeuchte eingebaut werden.</td></tr>
<tr><td>3.2.1</td><td colspan="3">Nicht belüftete Dächer mit Zwischensparrendämmung und ggf. Aufsparrendämmung aus Faserdämmplatten (Luftdichtheitsschicht unterhalb der Tragkonstruktion – Beispiele a) und b)) sowie nicht belüftete Dächer mit Aufsparrendämmung aus Faserdämmplatten (Luftdichtheitsschicht oberhalb der Tragkonstruktion – Beispiele c) und d))</td></tr>
<tr><td></td><td>Zusätzliche Anforderungen:</td><td colspan="2">• Der Wärmedurchlasswiderstand R raumseitiger Bekleidungen, ggf. einschließlich einer Dämmschicht, darf maximal 20% des Wärmedurchlasswiderstandes R der gesamten Konstruktion betragen
• Anforderungen an die wasserdampfdiffusionsäquivalente Luftschichtdicken $s_{d,i}$ und $s_{d,e}$</td></tr>
<tr><td></td><td></td><td colspan="2">Wasserdampfdiffusionsäquivalente Luftschichtdicke
[m]</td></tr>
<tr><td></td><td></td><td>außen</td><td>innen</td></tr>
<tr><td></td><td></td><td>$s_{d,e}$ [a)]</td><td>$s_{d,i}$ [b)]</td></tr>
<tr><td></td><td></td><td>$\leq 0{,}1$</td><td>$\geq 1{,}0$</td></tr>
<tr><td></td><td></td><td>$0{,}1 < s_{d,e} \leq 0{,}3$</td><td>$\geq 2{,}0$</td></tr>
<tr><td></td><td></td><td>$0{,}3 < s_{d,e} \leq 2{,}0$</td><td>$\geq 6 \cdot s_{d,e}$</td></tr>
<tr><td></td><td></td><td colspan="2">a) $s_{d,e}$ ist die Summe der Werte der wasserdampfdiffusionsäquivalenten Luftschichtdicken aller Schichten, die sich oberhalb der Wärmedämmschicht befinden bis zur ersten belüfteten Luftschicht.
b) $s_{d,i}$ ist die Summe der Werte der wasserdampfdiffusionsäquivalenten Luftschichtdicken aller Schichten, die sich unterhalb der Wärmedämmschicht befinden.</td></tr>
</table>

Tabelle 42: Konstruktionen, für die kein Nachweis des Tauwasserausfalls im Inneren des Bauteils erforderlich ist (Fortsetzung)

	Beispiele:		
	a)	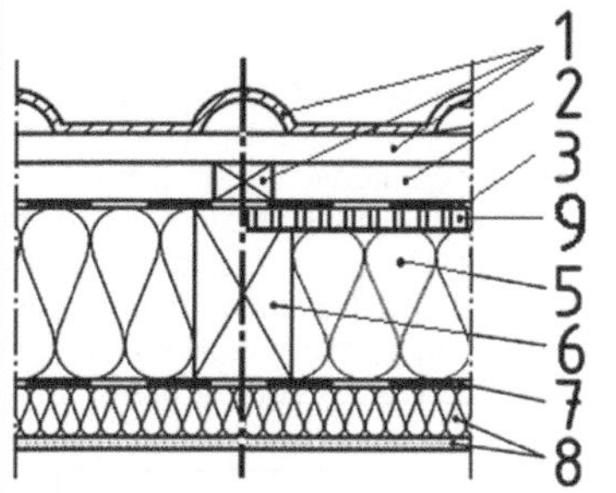	1 belüftete Dachdeckung (Dachdeckung auf Trag- und Konterlattung) oder nicht belüftete Dachdeckung mit darunterliegender belüfteter Luftschicht (Dachdeckung auf Konterlattung, Schalung und Vordeckung) oder Dachabdichtung mit darunterliegender belüfteter Luftschicht (Dachabdichtung auf Konterlattung und Schalung) 2 belüftete Luftschicht 3 $s_{d,e}$ Unterdeckung, ggf. einschließlich Schalung 4 $s_{d,e}$ Unterdeckung und Aufsparrendämmung 5 Zwischensparrendämmung 6 Sparren 7 $s_{d,i}$ 8 raumseitige Bekleidung mit Unterkonstruktion, ggf. inkl. Dämmung 9 Schalung
	b)	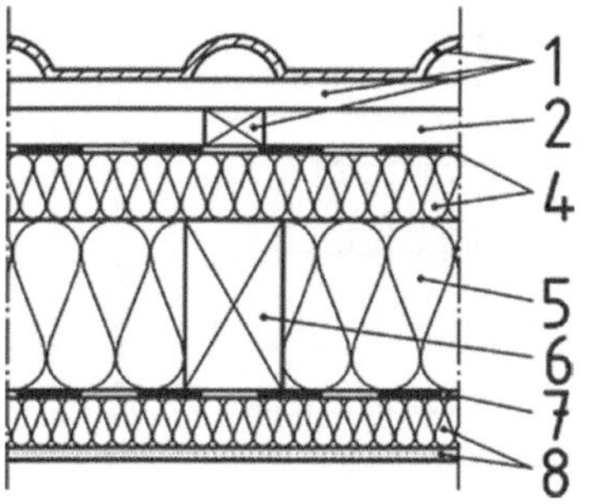	
	c)	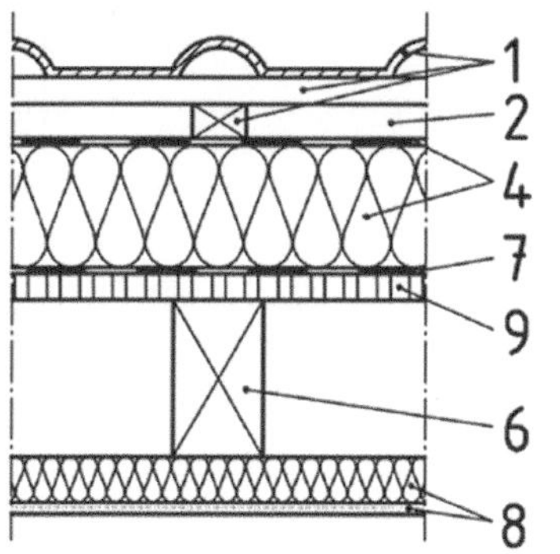	
	d)	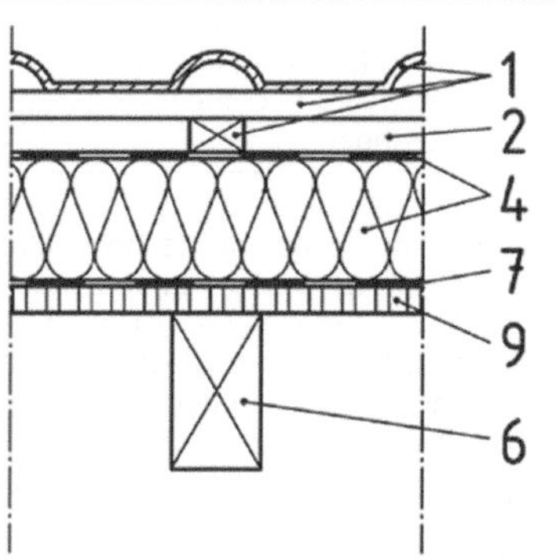	

Tabelle 42: Konstruktionen, für die kein Nachweis des Tauwasserausfalls im Inneren des Bauteils erforderlich ist (Fortsetzung)

<table>
<tr><td rowspan="3">3.2.2</td><td colspan="3">Nicht belüftete Dächer mit Zwischensparrendämmung in Kombination mit Aufsparrendämmung aus Faserdämmplatten (Luftdichtheitsschicht <u>oberhalb</u> der Tragkonstruktion) unter Einhaltung der genannten Anforderungen</td></tr>
<tr><td>Zusätzliche Anforderungen:</td><td colspan="2">• Die Dacheindeckung/-abdichtung muss einen mittleren oder dunkleren Farbton aufweisen, damit eine entsprechende Erwärmung und Rücktrocknung der Konstruktionen möglich ist. In diese Kategorie fallen u.a. mittelgraue, rote und dunklere Dachziegel bzw. Dachsteine, entsprechend beschichtete Bleche, oxidiertes Kupfer- und Zinkblech, Bitumen o.ä., die eine Strahlungsabsorptionszahl von ≥ 0,6 aufweisen. Weiße, helle oder hell beschichtete Materialien oder Metalle, wie z. B. Aluminium, die eine Strahlungsabsorptionszahl von < 0,6 aufweisen sind für diese Aufbauten ohne Nachweis nicht zulässig.</td></tr>
<tr><td></td><td>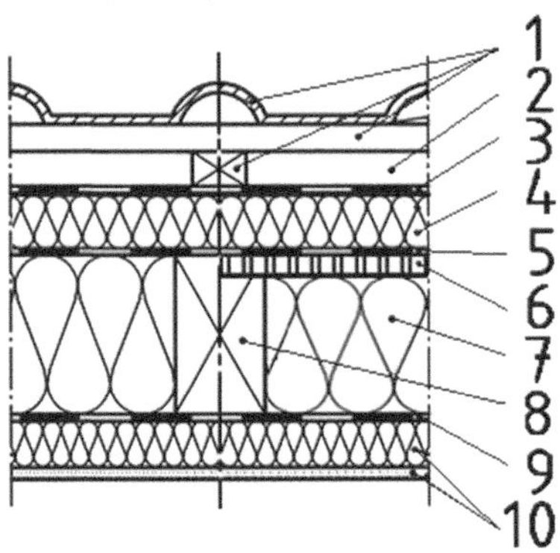
</td><td>1 Dachdeckung auf Traglattung (belüftete Dachdeckung), oder Dachdeckung auf Schalung (nicht belüftete Dachdeckung), oder Dachabdichtung auf Schalung
2 Konterlattenebene als belüftete Luftschicht
3 ggf. zusätzliche Unterdeckung $s_{d,e} \leq 0{,}2$ m
4 Aufsparrendämmung aus Faserdämmplatten nach DIN EN 13162 oder DIN EN 13171, $R \geq 1{,}6$ (m²·K)/W
5 Luftdichtheitsschicht (oberhalb Tragkonstruktion) $s_d \leq 0{,}1$ m
6 ggf. Schalung (Vollholz)
7 Zwischensparrendämmung, $R \leq 5{,}2$ (m²·K)/W in Verbindung mit der raumseitigen Bekleidung
8 Sparren
9 Schicht zur Begrenzung des Diffusionsstroms, $s_{d,i} \geq 2{,}0$ m in Verbindung mit der raumseitigen Bekleidung
10 raumseitige Bekleidung mit Unterkonstruktion, ggf. inkl. Dämmung</td></tr>
<tr><td rowspan="2">3.2.3</td><td colspan="3">Nicht belüftete Dächer mit Zwischensparrendämmung und ruhender Luftschicht in Kombination mit Aufsparrendämmung aus Faserdämmplatten (Luftdichtheitsschicht <u>oberhalb</u> der Tragkonstruktion) unter Einhaltung der genannten Anforderungen</td></tr>
<tr><td>Zusätzliche Anforderungen:</td><td colspan="2">• Die Dacheindeckung/-abdichtung muss einen mittleren oder dunkleren Farbton aufweisen, damit eine entsprechende Erwärmung und Rücktrocknung der Konstruktionen möglich ist. In diese Kategorie fallen u.a. mittelgraue, rote und dunklere Dachziegel bzw. Dachsteine, entsprechend beschichtete Bleche, oxidiertes Kupfer- und Zinkblech, Bitumen o. ä., die eine Strahlungsabsorptionszahl von ≥ 0,6 aufweisen. Weiße, helle oder hell beschichtete Materialien oder Metalle, wie z. B. Aluminium, die eine Strahlungsabsorptionszahl von < 0,6 aufweisen sind für diese Aufbauten ohne Nachweis nicht zulässig.</td></tr>
</table>

Tabelle 42: Konstruktionen, für die kein Nachweis des Tauwasserausfalls im Inneren des Bauteils erforderlich ist (Fortsetzung)

<table>
<tr><td></td><td>Beispiele:</td><td colspan="2"></td></tr>
<tr><td></td><td></td><td>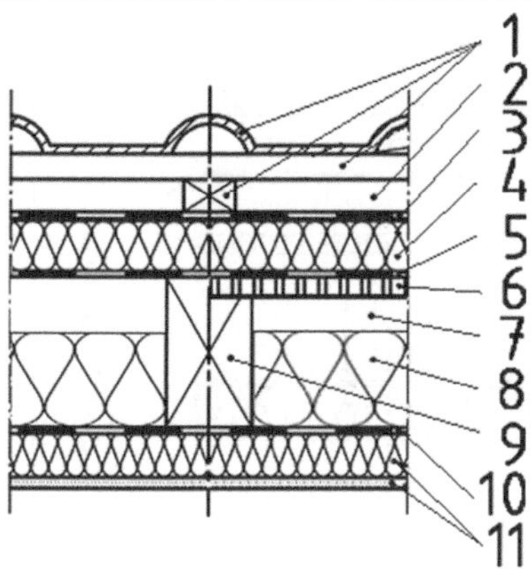
</td><td>1 Dachdeckung auf Traglattung (belüftete Dachdeckung), oder Dachdeckung auf Schalung (nicht belüftete Dachdeckung), oder Dachabdichtung auf Schalung
2 Konterlattenebene als belüftete Luftschicht
3 ggf. zusätzliche Unterdeckung $s_{d,e} \leq 0,2$ m
4 Aufsparrendämmung aus Faserdämmplatten nach DIN EN 13162 oder DIN EN 13171, $R \geq 1,6$ (m²·K)/W
5 Luftdichtheitsschicht (oberhalb Tragkonstruktion) $s_d \leq 0,1$ m
6 ggf. Schalung (Vollholz)
7 Luftschicht ruhend, $d \leq 80$ mm
8 Zwischensparrendämmung, $R \leq 3,0$ (m²·K)/W in Verbindung der raumseitigen Bekleidung
9 Sparren
10 Schicht zur Begrenzung des Diffusionsstroms, $s_{d,i} \geq 0,1$ m in Verbindung mit der raumseitigen Bekleidung
11 raumseitige Bekleidung mit Unterkonstruktion, ggf. inkl. Dämmung</td></tr>
<tr><td>3.2.4</td><td colspan="3">Nicht belüftete Dächer mit Aufsparrendämmung aus Hartschaum in Kombination mit Zwischensparrendämmung (Luftdichtheitsschicht <u>unterhalb</u> der Tragkonstruktion) unter Einhaltung der genannten Anforderungen</td></tr>
<tr><td></td><td>Zusätzliche Anforderungen:</td><td colspan="2">• Die Dacheindeckung/-abdichtung muss einen mittleren oder dunkleren Farbton aufweisen, damit eine entsprechende Erwärmung und Rücktrocknung der Konstruktionen möglich ist. In diese Kategorie fallen u.a. mittelgraue, rote und dunklere Dachziegel bzw. Dachsteine, entsprechend beschichtete Bleche, oxidiertes Kupfer- und Zinkblech, Bitumen o. ä., die eine Strahlungsabsorptionszahl von ≥ 0,6 aufweisen. Weiße, helle oder hell beschichtete Materialien oder Metalle, wie z. B. Aluminium, die eine Strahlungsabsorptionszahl von < 0,6 aufweisen sind für diese Aufbauten ohne Nachweis nicht zulässig.
• Bei Aufbauten, deren Wärmedurchlasswiderstand der Zwischensparrendämmung in Verbindung mit Schicht 10 höchstens 20 % des Gesamtwärmedurchlasswiderstandes beträgt, ist der Farbton der Dacheindeckung/-abdichtung ohne Einschränkungen wählbar.
• Anforderungen an die wasserdampfdiffusionsäquivalente Luftschichtdicke s_d von Schichten mit variablem Wasserdampfdiffusionswiderstand</td></tr>
<tr><td></td><td></td><td colspan="2">Wasserdampfdiffusionsäquivalente Luftschichtdicke
[m]</td></tr>
<tr><td></td><td></td><td>$s_{d,feucht} \leq 1,0$ m (gemessen bei einer mittleren Umgebungsluftfeuchte von 90 % ± 2 %)</td><td>$s_{d,trocken} \geq 4,0$ m (gemessen bei einer mittleren Umgebungsluftfeuchte von 25 % ± 2 %)</td></tr>
</table>

Tabelle 42: Konstruktionen, für die kein Nachweis des Tauwasserausfalls im Inneren des Bauteils erforderlich ist (Fortsetzung)

	Beispiele:		
		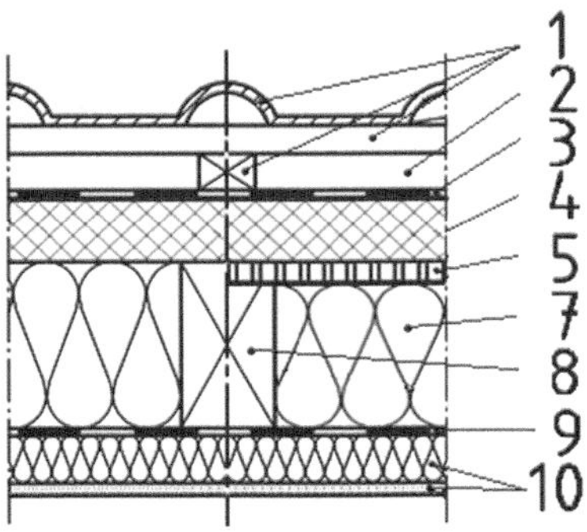	1 Dachdeckung auf Traglattung (belüftete Dachdeckung), oder Dachdeckung auf Schalung (nicht belüftete Dachdeckung), oder Dachabdichtung auf Schalung. 2 Konterlattenebene als belüftete Luftschicht 3 Unterdeckung $s_{d,e} \leq 0{,}5$ m. Bei Dämmelementen mit einem s_d-Wert ≥ 1500 m kann $s_{d,e} \leq 25{,}0$ m betragen 4 Aufsparrendämmung mit einer Mindestdicke von $d \geq 80$ mm aus PU-Hartschaum nach DIN EN 13165 oder PF-Hartschaum nach DIN EN 13166 5 ggf. Schalung (Vollholz oder Holzwerkstoff) 7 Zwischensparrendämmung aus Mineralwolle nach DIN EN 13162; Wärmedurchlasswiderstand $R \leq 5{,}7$ (m²·K)/W oder aus Holzfaser nach DIN EN 13171, Wärmedurchlasswiderstand $R \leq 5{,}2$ (m²·K)/W jeweils in Verbindung mit der raumseitigen Bekleidung 8 Sparren 9 Luftdichtheitsschicht mit konstantem sd-Wert $s_{d,i} = 2{,}0$ bis 10,0 m oder mit variablem sd-Wert gemäß den zusätzlichen Anforderungen 10 raumseitige Bekleidung mit Unterkonstruktion, ggf. inkl. Dämmung
3.2.5	Nicht belüftete Dächer mit Aufsparrendämmung aus Hartschaum in Kombination mit Zwischensparrendämmung, ohne Schalung auf den Sparren (Luftdichtheitsschicht oberhalb der Tragkonstruktion) unter Einhaltung der genannten Anforderungen		
	Zusätzliche Anforderungen:	• Die Dacheindeckung/-abdichtung muss einen mittleren oder dunkleren Farbton aufweisen, damit eine entsprechende Erwärmung und Rücktrocknung der Konstruktionen möglich ist. In diese Kategorie fallen u.a. mittelgraue, rote und dunklere Dachziegel bzw. Dachsteine, entsprechend beschichtete Bleche, oxidiertes Kupfer- und Zinkblech, Bitumen o.ä., die eine Strahlungsabsorptionszahl von $\geq 0{,}6$ aufweisen. Weiße, helle oder hell beschichtete Materialien oder Metalle, wie z. B. Aluminium, die eine Strahlungsabsorptionszahl von $< 0{,}6$ aufweisen sind für diese Aufbauten ohne Nachweis nicht zulässig. • Bei Aufbauten, deren Wärmedurchlasswiderstand der Zwischensparrendämmung in Verbindung mit Schicht 10 höchstens 20 % des Gesamtwärmedurchlasswiderstandes beträgt, ist der Farbton der Dacheindeckung/-abdichtung ohne Einschränkungen wählbar.	

Tabelle 42: Konstruktionen, für die kein Nachweis des Tauwasserausfalls im Inneren des Bauteils erforderlich ist (Fortsetzung)

	Beispiele:		
		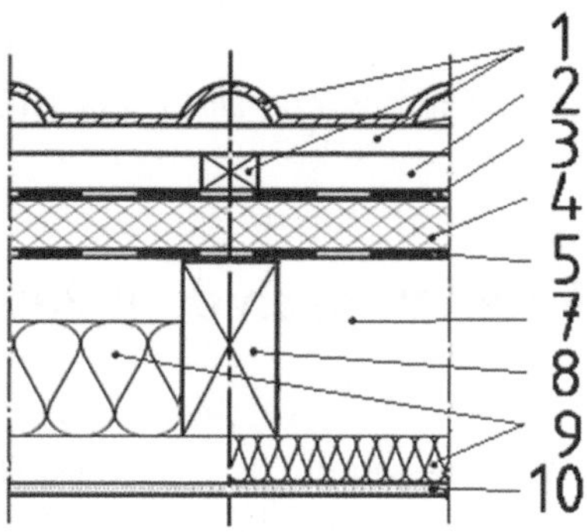	1 Dachdeckung auf Traglattung (belüftete Dachdeckung), oder Dachdeckung auf Schalung (nicht belüftete Dachdeckung), oder Dachabdichtung auf Schalung 2 Konterlattenebene als belüftete Luftschicht 3 Unterdeckung $s_{d,e} \leq 0{,}5$ m. Bei Dämmelementen mit einem s_d-Wert ≥ 1500 m kann $s_{d,e} \leq 25{,}0$ m betragen 4 Aufsparrendämmung mit einer Mindestdicke von $d \geq 80$ mm aus PU-Hartschaum nach DIN EN 13165 oder PF-Hartschaum nach DIN EN 13166 5 Luftdichtheitsschicht (oberhalb Tragkonstruktion) $s_d \geq 2{,}0$ m 7 Ggf. ruhende Luftschicht 8 Sparren 9 Zwischensparrendämmung aus Mineralwolle nach DIN EN 13162, Wärmedurchlasswiderstand $R \leq 5{,}2$ $(m^2 \cdot K)/W$ oder aus Holzfaser nach DIN EN 13171, Wärmedurchlasswiderstand $R \leq 4{,}0$ $(m^2 \cdot K)/W$; jeweils in Verbindung mit Schicht 10 10 Raumseitige Bekleidung mit Unterkonstruktion, $s_{d,i} = 0{,}1$ bis 10,0 m, ggf. inkl. Dämmung
3.2.6	Nicht belüftete Dächer mit Aufsparrendämmung aus Hartschaum in Kombination mit Zwischensparren- bzw. Untersparrendämmung, mit Schalung auf den Sparren (Luftdichtheitsschicht oberhalb der Tragkonstruktion) gemäß den Beispielen a) und b) unter Einhaltung der genannten Anforderungen		
	Zusätzliche Anforderungen:	• Die Dacheindeckung/-abdichtung muss einen mittleren oder dunkleren Farbton aufweisen, damit eine entsprechende Erwärmung und Rücktrocknung der Konstruktionen möglich ist. In diese Kategorie fallen u.a. mittelgraue, rote und dunklere Dachziegel bzw. Dachsteine, entsprechend beschichtete Bleche, oxidiertes Kupfer- und Zinkblech, Bitumen o. ä., die eine Strahlungsabsorptionszahl von $\geq 0{,}6$ aufweisen. Weiße, helle oder hell beschichtete Materialien oder Metalle, wie z. B. Aluminium, die eine Strahlungsabsorptionszahl von $< 0{,}6$ aufweisen sind für diese Aufbauten ohne Nachweis nicht zulässig. • Bei Aufbauten mit sichtbarer Dachkonstruktion (Sparren) und bei Aufbauten, deren Wärmedurchlasswiderstand der Zwischensparrendämmung in Verbindung mit Schicht 10 höchstens 20 % des Gesamtwärmedurchlasswiderstandes beträgt, ist der Farbton der Dacheindeckung/ -abdichtung ohne Einschränkungen wählbar.	

2.8 Bilanzierungsverfahren nach DIN 4108-3

Zur Berechnung von Tauwasser- und Verdunstungswassermassen in ebenen Bauteilquerschnitten wird in DIN EN ISO 13788 für eindimensionale Diffusionsströme ein Monats-Bilanzverfahren angegeben.

Die Umsetzung des Monats-Bilanzverfahrens aus DIN EN ISO 13788 erfolgt in DIN 4108-3 durch das Perioden-Bilanzverfahren.

2.9 Bewertung von Bauteilen nach dem Perioden-Bilanzverfahren

Das Perioden-Bilanzverfahren (Glaser-Verfahren) ist ein modellhaftes Nachweis- und Bewertungsverfahren des klimabedingten Feuchteschutzes von Bauteilen. Es bildet daher nicht die realen physikalischen Vorgänge in ihrer tatsächlichen zeitlichen Abfolge ab.

Mit Hilfe des Perioden-Bilanzverfahrens erfolgt eine Berechnung diffusionsbedingter Tauwasser- und Verdunstungsmassen in ebenen Bauteilquerschnitten. Dieses Verfahren geht von der vereinfachten Vorgabe so genannter Blockklima-Randbedingungen als Prüfbedingung für eine idealisierte Tauwasserperiode im Winter und eine idealisierte Verdunstungsperiode im Sommer aus.

2.9.1 Wasserdampfdiffusionsäquivalente Luftschichtdicke s_d

Die wasserdampfdiffusionsäquivalente Luftschichtdicke s_d kennzeichnet die Dicke einer ruhenden Luftschicht, die den gleichen Wasserdampf-Diffusionswiderstand besitzt wie die betrachtete Bauteilschicht bzw. das aus Schichten zusammengesetzte Bauteil. Sie bestimmt den Widerstand gegen Wasserdampfdiffusion. Die wasserdampfdiffusionsäquivalente Luftschichtdicke s_d ist eine Schicht- bzw. Bauteileigenschaft. Sie ist für eine Bauteilschicht in Gleichung (89) definiert.

$$s_d = \mu \cdot d \tag{89}$$

Für mehrschichtige, ebene Bauteile gilt die Addition der einzelnen wasserdampfdiffusionsäquivalenten Luftschichtdicken nach Gleichung (90).

$$s_d = \sum_{j=1}^{N} \mu_j \cdot d_j \tag{90}$$

Dabei ist:

μ die Wasserdampf-Diffusionswiderstandszahl

d die Schichtdicke in m.

Unter Verwendung der wasserdampfdiffusionsäquivalenten Luftschichtdicke s_d kann, wie in Tabelle 43 dargestellt, eine Zuordnung von Baustoffen oder Bauteilschichten zu den Begriffen diffusionsoffen, diffusionsbremsend, diffusionshemmend, diffusionssperrend und diffusionsdicht vorgenommen werden.

Tabelle 43: Typisierung von Bauteilschichten in Abhängigkeit von ihrem s_d-Wert

Bauteilschicht	Wasserdampfdiffusionsäquivalente Luftschichtdicke s_d
diffusionsoffene Schicht	Bauteilschicht mit $s_d \leq 0{,}5$
diffusionsbremsende Schicht (Dampfbremse)	Bauteilschicht mit 0,5 m < s_d ≤ 10 m
diffusionshemmende Schicht	Bauteilschicht mit 10 m < s_d ≤ 100 m
diffusionssperrende Schicht (Dampfsperre)	Bauteilschicht mit 100 m < s_d < 1 500 m
diffusionsdichte Schicht	Bauteilschicht mit s_d ≥ 1 500 m

Für diffusionsmindernde Schichten, die außenseitig auf Bauteilen bzw. außenseitig von Wärmedämmungen eingebaut werden und die eine nach E DIN EN ISO 12572 ermittelte wasserdampfdiffusionsäquivalente Luftschichtdicke s_d < 0,1 m aufweisen, ist in der Berechnung s_d = 0,1 m anzusetzen.

Achtung

Der Wärmedurchlasswiderstand *R* für Luftschichten ist aus DIN EN ISO 6946 zu entnehmen. **Der s_d-Wert für ruhende bzw. als ruhend anzunehmende Luftschichten ist konstant mit 0,01 m anzusetzen, unabhängig von Neigung und Dicke der Luftschicht.**

2.9.2 Anforderungen beim Perioden-Bilanzverfahren

Fällt im Inneren eines Bauteils Tauwasser aus, so führt dies zu einer Erhöhung der Stofffeuchte von Bau- und Wärmedämmstoffen und damit zu einer Materialschädigung oder zu Beeinträchtigungen der Funktionssicherheit. Die Tauwasserbildung im Inneren von Bauteilen ist daher zu vermeiden.

- Kommt es trotzdem zum Tauwasserausfall in Bauteilen, dann ist dieser als unkritisch einzustufen, wenn die wesentlichen Anforderungen an Bauteile, Baukonstruktionen und Gebäude, wie z. B. Wärmeschutz, Standsicherheit, sichergestellt sind. Dies ist in der Regel dann gegeben, wenn folgende Maßgaben erfüllt sind:
  a) Die Baustoffe, die mit dem Tauwasser in Berührung kommen, dürfen nicht geschädigt werden (z. B. durch Korrosion, Pilzbefall).
  b) Das während der Tauperiode im Inneren des Bauteils anfallende Wasser muss während der Verdunstungsperiode wieder an die Umgebung abgegeben werden können, d. h. $M_c \leq M_{ev}$.
  c) Bei Dach- und Wandkonstruktionen, die beheizte Räume gegen die Außenluft abgrenzen, sowie bei Decken solcher Räume unter nicht ausgebauten Dachräumen

darf eine maximale flächenbezogene Tauwassermasse M_c von insgesamt 1,0 kg/m^2 nicht überschritten werden. Dies gilt nicht für die Bedingungen nach d).

d) Tritt Tauwasser an Schichtgrenzen auf, von denen mindestens eine nicht kapillar wasseraufnahmefähig ist, so darf eine flächenbezogene Tauwassermasse M_c von 0,5 kg/m^2 nicht überschritten werden. (Festlegungen für Holzbauteile siehe DIN 68800-2.)

e) Bei Holz ist eine Erhöhung des massebezogenen Feuchtegehalts *u* um mehr als 5 %, bei Holzwerkstoffen um mehr als 3 % unzulässig (Holzwolle-Leichtbauplatten und Mehrschicht-Leichtbauplatten nach DIN EN 13168 sind hiervon ausgenommen).

Achtung

Tritt bei der Nachweisführung nach Teil B Kapitel 2.9.2 Tauwasser in mehreren Ebenen auf, ist die Summe der flächenbezogenen Tauwassermassen M_c für den Vergleich mit den oben genannten Bedingungen maßgebend.

Achtung

In DIN 4108-3 ist nicht geregelt, welcher Anteil der Tauwassermasse M_c in die Berechnung des massebezogenen Feuchtegehalts u einzubeziehen ist, wenn Holz bzw. Holzwerkstoffe an eine Ebene oder einen Bereich mit Tauwasserausfall grenzen. ***Es wird Folgendes vorgeschlagen:***

- *Fällt Tauwasser in einer Ebene aus (Lastfall 2) und wird die Ebene auf einer Seite von Holz oder Holzwerkstoffen und auf der anderen Seite von einem kapillar wasseraufnahmefähigen Material begrenzt, dann ist die gesamte Tauwassermasse M_c zur Berechnung der Erhöhung des massebezogenen Feuchtegehalts u im Holz oder Holzwerkstoff heranzuziehen.*
- *Fällt Tauwasser in einer Ebene aus (Lastfall 2) und wird die Ebene auf einer Seite von Holz oder Holzwerkstoffen und auf der anderen Seite von einem nicht kapillar wasseraufnahmefähigen Material begrenzt, dann ist die gesamte Tauwassermasse M_c zur Berechnung der Erhöhung des massebezogenen Feuchtegehalts u im Holz oder Holzwerkstoff heranzuziehen.*
- *Fällt Tauwasser in zwei oder mehr Ebenen aus (Lastfall 3) und wird eine oder mehrere dieser Ebenen von Holz oder Holzwerkstoffen begrenzt, dann ist die gesamte Tauwassermasse M_c in der Ebene, die von Holz oder Holzwerkstoffen begrenzt wird, bei der Berechnung der Erhöhung des massebezogenen Feuchtegehalts dieser Materialien anzusetzen.*
- *Fällt Tauwasser in einem Bereich aus (Lastfall 4) und wird der Bereich auf mindestens einer Seite von Holz oder Holzwerkstoffen begrenzt, dann ist die Hälfte der Tauwassermasse M_{c}, die im Bereich ausfällt, zur Berechnung der Erhöhung des massebezogenen Feuchtegehalts u in diesen Materialien heranzuziehen.*

Konvektionsbedingte Tauwasserbildung in einem Bauteil ist durch luftdichte Konstruktionen nach DIN 4108-2 und DIN 4108-7 zu vermeiden.

2.9.3 Nachweise beim Perioden-Bilanzverfahren

Mit Hilfe des Perioden-Bilanzverfahrens können diffusionsbedingte Tauwasser- und Verdunstungswassermassen in ebenen Bauteilen ermittelt werden. Bei den Prüfbedingungen geht das Perioden-Bilanzverfahren von vereinfachten Vorgaben – den sogenannten Blockklima-Randbedingungen – für je eine idealisierte Tauperiode (Winterfall, konstant) und einer idealisierten Verdunstungsperiode (Sommerfall, konstant) aus (siehe Tabelle 46).

Beim Perioden-Bilanzverfahren (grafisches Verfahren nach Glaser) erfolgt zunächst die Ermittlung der Temperaturverteilung im Bauteilquerschnitt. **Die Temperaturen an den Grenzschichten werden dabei auf eine Dezimale nach dem Komma berechnet.** Anschließend werden in einem Diffusionsdiagramm auf der Abszisse die Quotienten aus den wasserdampfdiffusionsäquivalenten Luftschichtdicken $s_{d,j}$ der einzelnen Bauteilschichten j und dem Gesamtwert aller wasserdampfdiffusionsäquivalenten Luftschichtdicken $s_{d,T}$ ($s_{d,T} = \sum s_{d,j}$) nacheinander von innen nach außen aufgetragen. Die Ordinate gibt den Dampfdruck an. In das Diagramm wird über den Querschnitt des Bauteils im Maßstab von $s_d/s_{d,T}$ der aus der Temperaturverteilung ermittelte Dampfdruck eingetragen. Dabei ergibt sich im Diffusionsdiagramm die Verteilung des Wasserdampfsättigungsdrucks als temperaturabhängiger Kurvenzug (siehe Temperaturabhängigkeit von p_{sat} in Tabelle 45 und die Verteilung des vorhandenen Dampfdrucks als Verbindungsgerade der Drücke p_i und p_e an beiden Bauteiloberflächen). Berühren sich die Gerade und die Kurve des Wasserdampfsättigungsdrucks nicht, so fällt kein Tauwasser aus.

Schneidet die Gerade den Kurvenzug des Wasserdampfsättigungsdrucks, sind statt der Geraden, von den Drücken p_i und p_e aus, die Tangenten an die Kurve des Sättigungsdrucks zu zeichnen. Die Berührungsstellen der Tangenten mit dem Kurvenzug des Wasserdampfsättigungsdrucks bestimmen bzw. begrenzen den Ort bzw. den Bereich des Tauwasserausfalls im Bauteil.

Zeigen die modellhaften Berechnungen, dass im Inneren des Bauteils kein Tauwasser anfällt bzw. die Anforderungen nach Teil B Kapitel 2.9.2 eingehalten werden, kann davon ausgegangen werden, dass auch unter praktischen Verhältnissen kein Tauwasser im Bauteil anfällt.

Achtung

Bei Konstruktionen aus thermisch homogenen und thermisch inhomogenen Schichten, wie z. B. Skelett-, Ständer- oder Rahmenbauweise, bei Holzbalken-, Sparren- oder Fachwerkkonstruktionen o. Ä., sind die eindimensionalen Diffusionsberechnungen nur für den Gefachbereich durchzuführen.

Achtung

In Ausnahmefällen (Sonderkonstruktionen), bei denen z. B. die diffusionshemmende Schicht abschnittweise auch über den Außenbereich verlegt wird, sind genauere Berechnungsverfahren nach DIN 4108-3 Anhang D zu führen.

Beim Perioden-Bilanzverfahren wird davon ausgegangen, dass das an den Schichtgrenzen anfallende Tauwasser in der Tauwasserebene verbleibt. In der Realität kann das Tauwasser aber gegebenenfalls in die Bauteilschichten zu beiden Seiten der Tauwasserebene eindringen.

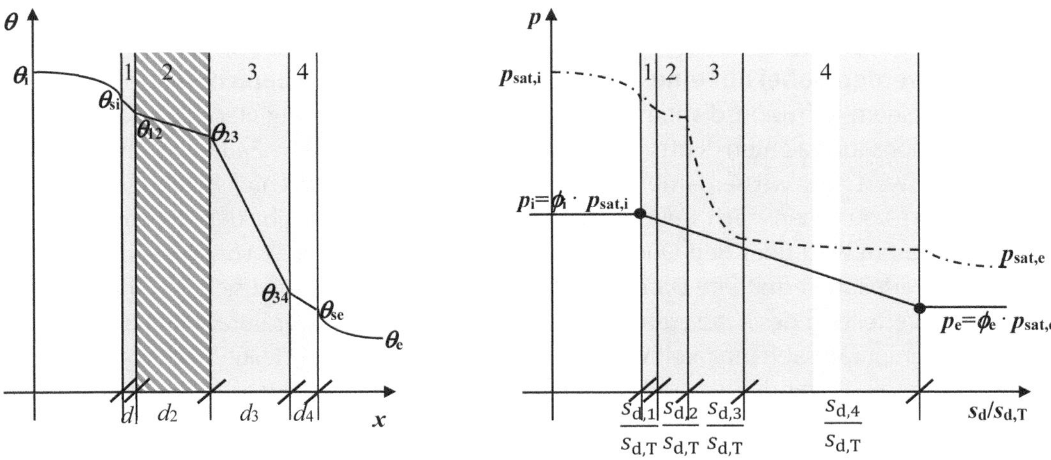

Bild 25: Temperaturverteilung θ in Bezug auf die Schichtdicken d und, für das gleiche Bauteil, Dampfdruckverteilung p in Bezug auf die diffusionsäquivalente Luftschichtdicke s_d

Tabelle 44: Tabellarischer Nachweis beim Perioden-Bilanzverfahren

1	2	3	4	5	6	7	8	9	10	11
Schicht	d_j [m]	λ_j [W/(m·K)]	R_j [(m²·K)/W]	$\Delta\theta$ [°C]	θ [°C]	p_{sat} [Pa]	μ_j [–]	$s_{d,j}$ [m]	$\Sigma(s_{d,j}/s_{d,T})$ [–]	p [Pa]
					20,0					–
Wärmeübergangswiderstand **innen**	–	–	0,25				–	–	–	
										1168
										321
Wärmeübergangswiderstand **außen**	–	–	0,04				–	–	–	–
					5,0	–				
			R_{tot} =					$s_{d,T}$ =		

Tabelle 45: Wasserdampfsättigungsdruck p_{sat} (DIN 4108-3)

Ganzzahlige Werte	Temperatur θ [°C] Dezimalwerte									
	,0	,1	,2	,3	,4	,5	,6	,7	,8	,9
	Wasserdampfsättigungsdruck p_{sat} [Pa]									
30	4241	4265	4289	4314	4339	4364	4389	4414	4439	4464
29	4003	4026	4050	4073	4097	4120	4144	4168	4192	4216
28	3778	3800	3822	3844	3867	3889	3912	3934	3957	3980
27	3563	3584	3605	3626	3648	3669	3691	3712	3734	3756
26	3359	3379	3399	3419	3440	3460	3480	3501	3522	3542
25	3166	3185	3204	3223	3242	3261	3281	3300	3320	3340
24	2982	3000	3018	3036	3055	3073	3091	3110	3128	3147
23	2808	2825	2842	2859	2876	2894	2911	2929	2947	2964
22	2642	2659	2675	2691	2708	2724	2741	2757	2774	2791

Tabelle 45: Wasserdampfsättigungsdruck p_{sat} (DIN 4108-3) (Fortsetzung)

Ganzzahlige Werte	Temperatur θ [°C] Dezimalwerte									
	,0	,1	,2	,3	,4	,5	,6	,7	,8	,9
	Wasserdampfsättigungsdruck p_{sat} [Pa]									
21	2486	2501	2516	2532	2547	2563	2579	2594	2610	2626
20	2337	2351	2366	2381	2395	2410	2425	2440	2455	2470
19	2196	2210	2224	2238	2252	2266	2280	2294	2308	2323
18	2063	2076	2089	2102	2115	2129	2142	2155	2169	2182
17	1937	1949	1961	1974	1986	1999	2012	2024	2037	2050
16	1817	1829	1841	1852	1864	1876	1888	1900	1912	1924
15	1704	1715	1726	1738	1749	1760	1771	1783	1794	1806
14	1598	1608	1619	1629	1640	1650	1661	1672	1683	1693
13	1497	1507	1517	1527	1537	1547	1557	1567	1577	1587
12	1402	1411	1420	1430	1439	1449	1458	1468	1477	1487
11	1312	1321	1330	1338	1347	1356	1365	1374	1383	1393
10	1227	1236	1244	1252	1261	1269	1278	1286	1295	1303
9	1147	1155	1163	1171	1179	1187	1195	1203	1211	1219
8	1072	1080	1087	1094	1102	1109	1117	1124	1132	1140
7	1001	1008	1015	1022	1029	1036	1043	1050	1058	1065
6	935	941	948	954	961	967	974	981	988	994
5	872	878	884	890	897	903	909	915	922	928
4	813	819	824	830	836	842	848	854	860	866
3	757	763	768	774	779	785	790	796	801	807
2	705	710	715	721	726	731	736	741	747	752
1	656	661	666	671	676	680	685	690	695	700
0	611	615	619	624	629	633	638	642	647	652
0	611	605	601	596	591	586	581	576	571	567
–1	562	557	553	548	544	539	535	530	526	521
–2	517	513	509	504	500	496	492	488	484	479
–3	475	471	468	464	460	456	452	448	444	441
–4	437	433	430	426	422	419	415	412	408	405
–5	401	398	394	391	388	384	381	378	375	371
–6	368	365	362	359	356	353	350	347	344	341
–7	338	335	332	329	326	323	320	318	315	312
–8	309	307	304	301	299	296	294	291	288	286
–9	283	281	278	276	274	271	269	266	264	262
–10	259	257	255	252	250	248	246	244	241	239

Zwischenwerte oder Werte, die über die Angaben der Tabelle 45 hinausgehen, können folgendermaßen berechnet werden.

$$p_{sat} = 610{,}5 \cdot \exp\left(\frac{17{,}269 \cdot \theta}{237{,}3 + \theta}\right) \text{ wenn gilt: } \theta \geq 0\ °C \quad (91)$$

$$p_{sat} = 610{,}5 \cdot \exp\left(\frac{21{,}875 \cdot \theta}{265{,}5 + \theta}\right) \text{ wenn gilt: } \theta < 0\ °C \quad (92)$$

Beim Nachweis nach dem Perioden-Bilanzverfahren wird zwischen vier Lastfällen unterschieden:

- Lastfall 1: Kein Tauwasserausfall im Bauteil
- Lastfall 2: Tauwasserausfall in einer Ebene
- Lastfall 3: Tauwasserausfall in zwei Ebenen
- Lastfall 4: Tauwasserausfall in einem Bereich.

Neben der Feststellung, ob und wenn ja wo Tauwasser ausfällt, ist in einem zweiten Rechengang zu ermitteln, wie groß die Menge an Tauwasser ist, die während der Tauperiode auftritt, und welche Menge an Wasser während der Verdunstungsperiode aus dem Bauteil wieder austrocknet.

Bei der Prüfung, ob das in der Tauperiode ausgefallene Tauwasser während der Verdunstungsperiode wieder vollständig aus dem Bauteil austrocknet, ist die zur Berechnung der Tauwassermassen M_c festgelegte Schichteinteilung des Bauteilquerschnitts im s_d-Maßstab mit den gleichen s_d-Werten sowie gegebenenfalls – bei größeren R-Werten – mit den für die Tauperiode vorgenommenen Unterteilungen einzelner Schichten auch bei der Berechnung der Verdunstungsmassen M_{ev} beizubehalten.

Die Durchführung des Nachweises gliedert sich bei den vier „Lastfällen" 1 bis 4 in die Arbeitsschritte I bis IV:

I. Rechnerische Bestimmung der Eingangsgrößen nachTabelle 44:
   1. Berechnung der Temperaturverteilung im Bauteil, jeweils an den Grenzen der Bauteilschichten
   2. daraus abgeleitet Bestimmung der Sättigungsdampfdruckverteilung im Bauteil
   3. Ermittlung der wasserdampfdiffusionsäquivalenten Luftschichtdicken s_d der einzelnen Bauteilschichten
   4. Festlegung des Dampfdrucks an den Bauteiloberflächen entsprechend den normierten Randbedingungen.

II. Zeichnerische Überprüfung ob, und wenn ja wo, Tauwasser im Bauteil ausfällt
   1. Zeichnung eines Diagramms mit $s_{d,j}/s_{d,T}$ auf der Abszisse und p [Pa] auf der Ordinate.

2. Bestimmung der bezogenen diffusionsäquivalenten Luftschichtdicke der einzelnen Bauteilschichten als Quotient aus der äquivalenten Luftschichtdicke der betrachteten Bauteilschicht $s_{d,j}$ und der Summe aller diffusionsäquivalenten Luftschichtdicken $s_{d,T}$ ($s_{d,T} = \sum s_{d,j}$)
3. Eintrag der bezogenen diffusionsäquivalenten Luftschichtdicke der Bauteilschicht
4. Festlegung des Sättigungsdampfdrucks p_{sat} der Innen- und Außenluft auf den Bauteiloberflächen und an den Grenzen der Bauteilschichten
5. Darstellung des Partialdampfdrucks der Innenraumluft p_i und der Außenluft p_e **auf der jeweiligen Bauteiloberfläche**
6. Zeichnung einer direkten Verbindung zwischen p_i und p_e
7. Schneidet die Verbindungsgerade der Partialdampfdrücke zwischen p_i und p_e nach Ziffer 6. die Sättigungsdampfdruckkurve, dann fällt an den Berührungspunkten Tauwasser aus
8. Zur Festlegung, welcher der oben genannten Lastfälle vorliegt, zieht man eine Gerade vom Dampfdruck p_i auf der Bauteil-Innenoberfläche zum ersten Berührungspunkt mit der Sättigungsdampfdruckkurve. Falls der Versuch, von diesem Punkt aus eine Verbindung zum äußeren Dampfdruck p_e zu ziehen, dazu führt, dass die Sättigungsdampfdrucklinie erneut berührt oder geschnitten wird, liegt Tauwasserausfall in zwei Ebenen oder in einem Bereich vor. Welcher der beiden Fälle gegeben ist, zeigt die zeichnerische Darstellung.

III. Berechnung der Tauwasser- und Verdunstungswassermenge

Falls die zeichnerische Untersuchung nach II. ergibt, dass Tauwasser ausfällt, sind die Tauwassermasse M_c und die Verdunstungswassermasse M_{ev} entsprechend den Fällen 1 bis 4 zu berechnen.

IV. Bewertung der Untersuchungen

- Führen die Untersuchungen nach II. zu dem Ergebnis, dass kein Tauwasser auftritt bzw. zeigen die Analysen aus II. und III. dass Tauwasser ausfällt, aber die Anforderungen nach Teil B Kapitel 2.9.2 eingehalten werden, dann ist das Bauteil diffusionstechnisch zulässig
- Tritt Tauwasser im Bauteil auf und werden die Anforderungen nach Teil B Kapitel 2.9.2 auch nur teilweise nicht erfüllt, dann ist das Bauteil diffusionstechnisch nicht zulässig.

Für die Berechnungen sind beim Perioden-Bilanzverfahren folgende standardisierte Randbedingungen anzusetzen:

Tabelle 46: Klima-Randbedingungen beim Perioden-Bilanzverfahren (DIN 4108-3)

Zeile	Klima	Temperatur θ [°C]	Relative Feuchte ϕ [%]	Wasserdampf-teildruck p [Pa]	Dauer t [d]	 [h]	 [s]
1	**Tauperiode von Dezember bis Februar**						
1.1	Innenklima	20	50	1 168	90	2 160	$7{,}776 \cdot 10^6$
1.2	Außenklima[1)]	–5	80	321			
2	**Verdunstungsperiode von Juni bis August**[2)]						
2.1	Außenklima[1)]			1 200	90	2 160	$7{,}776 \cdot 10^6$
2.2	Innenklima			1 200			
2.3	Sättigungsdampfdruck im Tauwasserbereich						
2.3.1	Wände, die Aufenthaltsräume gegen die Außenluft abschließen; Decken unter nicht ausgebauten Dachräumen			1 700			
2.3.2	Dächer, die Aufenthaltsräume gegen die Außenluft abschließen			2 000			

1) Gilt auch für nicht beheizte, belüftete Nebenräume, z. B. belüftete Dachräume, Garagen.
2) In der Verdunstungsperiode werden im Rahmen des Perioden-Bilanzverfahrens nicht die Temperaturen und Luftfeuchten, sondern nur die gerundeten Wasserdampfteildrücke als Klima-Randbedingung vorgegeben.

Achtung

Bei der Berechnung der Tauwassermasse M_c und der Verdunstungswassermasse M_{ev} sind die Tauperiode und die Verdunstungsperiode jeweils in Sekunden anzusetzen; d. h., es gilt:

$t_c = 7{,}776 \cdot 10^6$ s

$t_{ev} = 7{,}776 \cdot 10^6$ s.

Für die Bestimmung der Temperaturverteilung in Bauteilen sind beim Perioden-Bilanzverfahren nach DIN 4108-3 in allen vier Fällen folgende Wärmeübergangswiderstände R_s zu verwenden:

- $\boldsymbol{R_{si}}$ **= 0,25 m² · K/W** für Wärmestromrichtungen horizontal, aufwärts und abwärts
- $\boldsymbol{R_{se}}$ **= 0,04 m² · K/W** für alle Wärmestromrichtungen, wenn die Außenoberfläche an Außenluft grenzt (gilt auch auf der Außenoberfläche der Vormauerschale bei zweischaligem Mauerwerk mit ruhender oder als ruhend angesehener Luftschicht nach DIN 1053-1)

Achtung

Das Perioden-Bilanzverfahren gilt streng genommen nur für Bauteile, die an die Außenluft grenzen. Im Rahmen der modellhaften Annahmen wird daher ***empfohlen****, auch bei Räumen, die Außenluftklima aufweisen, aber nicht direkt an die Außenluft grenzen, wie z. B. bei nicht ausgebauten, belüfteten Dachräumen oder Garagen, auf der Oberfläche der dem beheizten Raum abgewandten Seite des Trennbauteils einen Wärmeübergangswiderstand R_{se} auf der Bauteiloberfläche von $R_{se} = 0{,}04\ m^2 \cdot K/W$ anzusetzen.*

Der Wärmedurchlasswiderstand ***R*** **für ruhende bzw. als ruhend anzusehende Luftschichten** ist DIN EN ISO 6946 zu entnehmen. Der s_d-Wert solcher Luftschichten ist konstant mit $s_d = 0{,}01$ m anzusetzen, unabhängig von der Neigung und Dicke der Luftschicht.

Achtung

DIN 4108-3 enthält keine Festlegungen bezüglich der wärme- und diffusionstechnischen Berücksichtigung von schwachbelüfteten Luftschichten. Außerdem fehlen in DIN 4108-3 Angaben zum äußeren Wärmeübergangswiderstand R_{se} bei Bauteilen mit schwach belüfteten bzw. mit stark belüfteten Luftschichten.

Zur Berücksichtigung schwach belüfteter und stark belüfteter Luftschichten wird folgende Vorgehensweise empfohlen:

1. *Bestimmung des Wärmedurchgangswiderstandes R_{tot}, wobei die Wärmedurchlasswiderstände R der Luftschicht und aller sonstigen Schichten zwischen der Luftschicht und der Außenumgebung vernachlässigt werden.*
2. *Verwendung eines inneren Wärmeübergangswiderstandes $R_{si} = 0{,}25\ (m^2 \cdot K)/W$ und eines äußeren Wärmeübergangswiderstandes $R_{se} = 0{,}04\ (m^2 \cdot K)/W$.*

Tabelle 47: Lastfälle des Tauwasserausfalls in Bauteilen nach dem Perioden-Bilanzverfahren

Kein Tauwasserausfall im Inneren des Bauteils (Lastfall 1)

Tauperiode

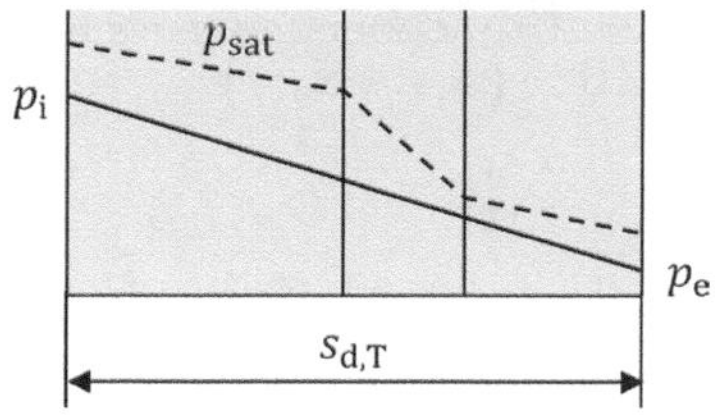

Verdunstungsperiode

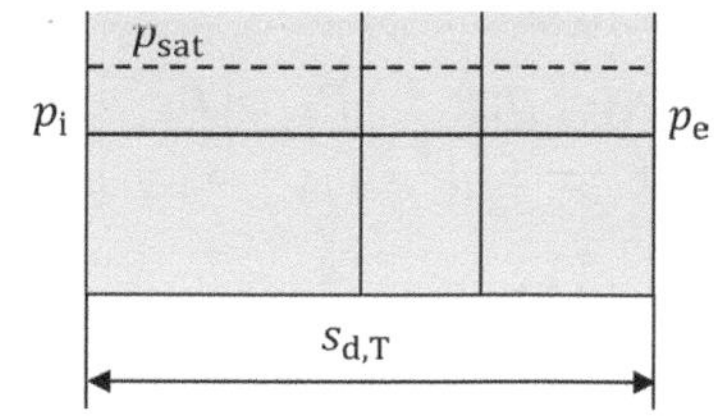

Tauwasserausfall in einer Ebene (Lastfall 2)

Tauperiode

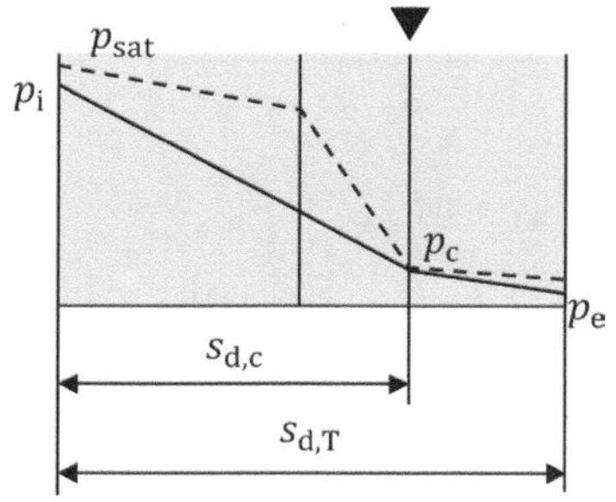

$$M_c = \frac{t_c}{5 \cdot 10^9} \cdot \left(\frac{p_i - p_c}{s_{d,c}} + \frac{p_c - p_e}{s_{d,T} - s_{d,c}} \right) \quad (93)$$

Verdunstungsperiode

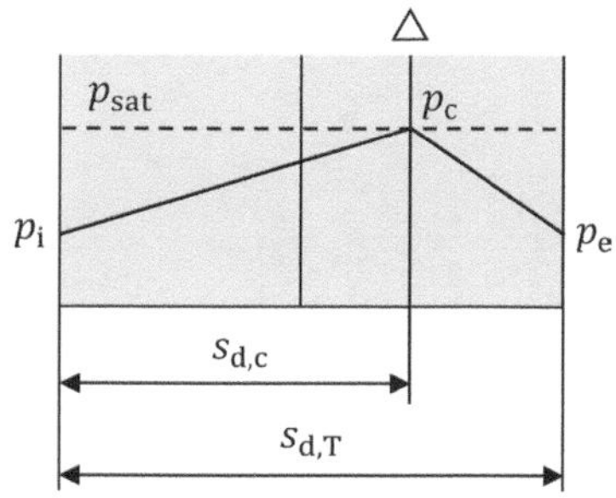

$$M_{ev} = \frac{t_{ev}}{5 \cdot 10^9} \cdot \left(\frac{p_c - p_i}{s_{d,c}} + \frac{p_c - p_e}{s_{d,T} - s_{d,c}} \right) \quad (94)$$

Tauwasserausfall in zwei Ebenen (Lastfall 3)

Tauperiode

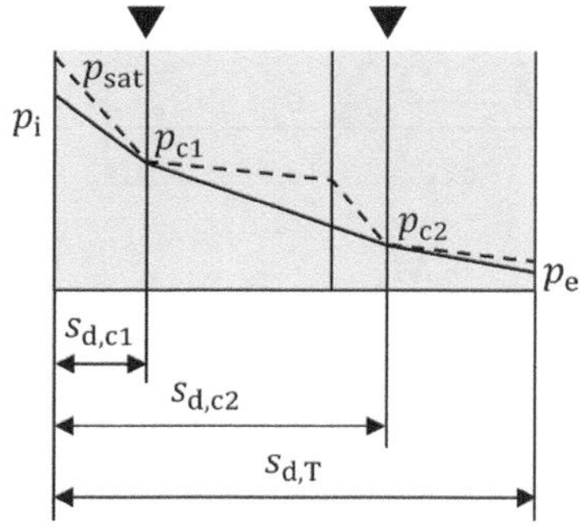

$$M_{c1} = \frac{t_c}{5 \cdot 10^9} \cdot \left(\frac{p_i - p_{c1}}{s_{d,c1}} - \frac{p_{c1} - p_{c2}}{s_{d,c2} - s_{d,c1}} \right) \quad (95)$$

Verdunstungsperiode

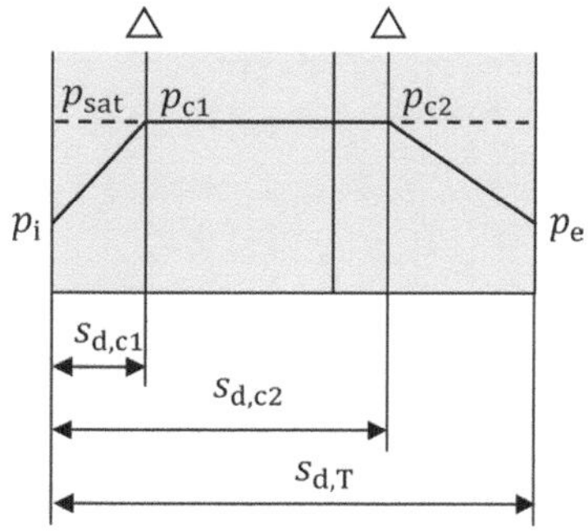

$$t_{ev1} = \frac{M_{c1}}{\dfrac{p_{c1} - p_i}{5 \cdot 10^9 \cdot s_{d,c1}}} \quad (98)$$

Tabelle 47: Lastfälle des Tauwasserausfalls in Bauteilen nach dem Perioden-Bilanzverfahren (Fortsetzung)

$M_{c2} = \frac{t_c}{5 \cdot 10^9} \cdot \left(\frac{p_{c1} - p_{c2}}{s_{d,c2} - s_{d,c1}} - \frac{p_{c2} - p_e}{s_{d,T} - s_{d,c2}} \right)$ (96)	$t_{ev2} = \frac{M_{c2}}{\frac{p_{c2} - p_e}{5 \cdot 10^9 \cdot (s_{d,T} - s_{d,c2})}}$ (99)
$M_c = M_{c1} + M_{c2}$ (97)	für $t_{ev1} > t_{ev}$ UND $t_{ev2} > t_{ev}$ gilt:
	$M_{ev1} = \frac{t_{ev}}{5 \cdot 10^9} \cdot \left(\frac{p_{c1} - p_i}{s_{d,c1}} \right)$ (100)
	$M_{ev2} = \frac{t_{ev}}{5 \cdot 10^9} \cdot \left(\frac{p_{c2} - p_e}{s_{d,T} - s_{d,c2}} \right)$ (101)
	$M_{ev} = M_{ev1} + M_{ev2}$ (102)
	für $t_{ev1} < t_{ev}$ bzw. $t_{ev2} < t_{ev}$ UND $t_{ev1} < t_{ev2}$ gilt:
	$M_{ev1} = \frac{t_{ev1}}{5 \cdot 10^9} \cdot \left(\frac{p_{c1} - p_i}{s_{d,c1}} \right)$ (103)
	$M_{ev2} = \frac{t_{ev1}}{5 \cdot 10^9} \cdot \left(\frac{p_{c2} - p_e}{s_{d,T} - s_{d,c2}} \right) + \frac{(t_{ev} - t_{ev1})}{5 \cdot 10^9} \left(\frac{p_{c2} - p_i}{s_{d,c2}} + \frac{p_{c2} - p_e}{s_{d,T} - s_{d,c2}} \right)$ (104)
	$M_{ev} = M_{ev1} + M_{ev2}$ (105)
	bzw. $t_{ev2} < t_{ev1}$ gilt:
	$M_{ev1} = \frac{t_{ev2}}{5 \cdot 10^9} \cdot \left(\frac{p_{c1} - p_i}{s_{d,c1}} \right) + \frac{(t_{ev} - t_{ev2})}{5 \cdot 10^9} \left(\frac{p_{c1} - p_i}{s_{d,c1}} + \frac{p_{c1} - p_e}{s_{d,T} - s_{d,c1}} \right)$ (106)

Tabelle 47: Lastfälle des Tauwasserausfalls in Bauteilen nach dem Perioden-Bilanzverfahren (Fortsetzung)

	$M_{ev2} = \frac{t_{ev2}}{5 \cdot 10^9} \cdot \left(\frac{p_{c2} - p_e}{s_{d,T} - s_{d,c2}} \right)$ (107) $M_{ev} = M_{ev1} + M_{ev2}$ (108)
Tauwasserausfall in einem Bereich (Lastfall 4)	
Tauperiode	Verdunstungsperiode
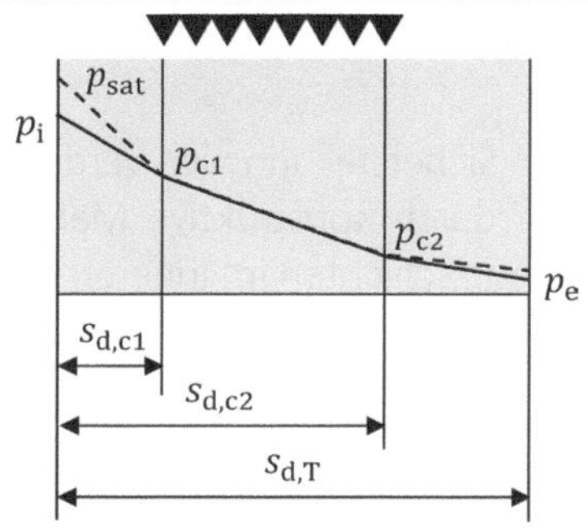	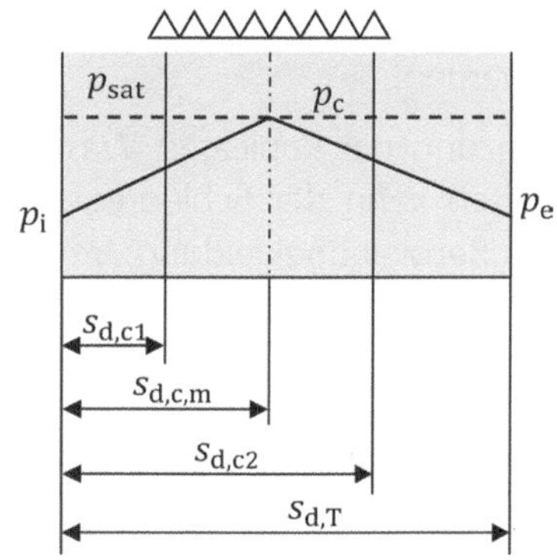
$M_c = \frac{t_c}{5 \cdot 10^9} \cdot \left(\frac{p_i - p_{c1}}{s_{d,c1}} - \frac{p_{c2} - p_e}{s_{d,T} - s_{d,c2}} \right)$ (109)	$M_{ev} = \frac{t_{ev}}{5 \cdot 10^9} \cdot \left(\frac{p_c - p_i}{s_{d,c,m}} - \frac{p_c - p_e}{s_{d,T} - s_{d,c,m}} \right)$ (110) mit $s_{d,c,m} = s_{d,c1} + 0{,}5 \cdot (s_{d,c2} - s_{d,c1})$ (111)

3 Luftdichtheit von Bauteilen

Konvektionsbedingte Tauwasserbildung ist durch luftdichte Konstruktionen nach DIN 4108-2 und DIN 4108-7 zu vermeiden.

Durch thermischen Auftrieb, aber auch durch Druckunterschiede und Windbelastung kann es zur Konvektion von Raumluft in die Umfassungsbauteile beheizter Räume kommen. Wände und Dächer müssen daher luftdicht sein. Damit soll vermieden werden, dass durch das Durchströmen von Bauteilen Raumluftfeuchte mitgeführt wird und zu Tauwasserbildung in der Konstruktion führen kann. Auf die Luftdichtheit von An- und Abschlüssen, von Durchdringungen (z. B. Wand/Dach, Schornstein/Dach) sowie bei Installationen (z. B. Steckdosen) ist besonders zu achten.

Auch Querströmungen in Belüftungsschichten innerhalb einer Konstruktion zwischen unterschiedlich beheizten Räumen, aber auch von Dachflächen, die aufgrund unterschiedlicher Orientierungen andere Oberflächentemperaturen aufweisen, sind, z. B. durch Abschottung, zu vermeiden.

4 Schlagregenschutz von Wänden

Neben Diffusion und Konvektion besteht auch die Gefahr, dass durch Kapillartransport Wasser in Bauteile hineintransportiert wird. Bei erdberührten Bauteilen und flach geneigten Dächern wird diesem Effekt durch Abdichtungen, insbesondere nach DIN 18195, entgegengewirkt. Der Wassereintrag bei Wänden erfolgt im Wesentlichen aus Schlagregenbeanspruchungen. Diese treten in der Regel dann auf, wenn Fassaden durch Niederschläge bei gleichzeitiger Windanströmung beansprucht werden. Das auftreffende Regenwasser kann durch kapillare Saugwirkung der Oberfläche in die Wand eindringen oder infolge des Staudrucks z. B. über Risse, Spalten oder fehlerhafte Abdichtungen in die Konstruktion gelangen. Die erforderliche Abgabe des aufgenommenen Wassers durch Verdunstung darf nicht unzulässig beeinträchtigt werden.

Zur Begrenzung der kapillaren Wasseraufnahme und zur Sicherstellung der Verdunstungsmöglichkeiten kann der Schlagregenschutz von Wänden durch konstruktive Maßnahmen, wie z. B. Außenwandbekleidung, Verblendmauerwerk, Schutzschichten im Inneren der Konstruktion, oder durch Putze bzw. Beschichtungen erzielt werden.

4.1 Beanspruchungsgruppen

Zur Berücksichtigung regionaler Unterschiede wird die Bundesrepublik in drei Beanspruchungsgruppen der Schlagregenbelastung nach Bild 26 eingeteilt:

- **Beanspruchungsgruppe I – geringe Schlagregenbeanspruchung**

  In der Regel gilt diese Beanspruchungsgruppe für Gebiete mit Jahresniederschlagsmengen unter 600 mm sowie für besonders windgeschützte Lagen auch in Gebieten mit größeren Niederschlagsmengen.

- **Beanspruchungsgruppe II – mittlere Schlagregenbeanspruchung**

  In der Regel gilt diese Beanspruchungsgruppe für Gebiete mit Jahresniederschlagsmengen von 600 mm bis 800 mm oder für windgeschützte Lagen auch in Gebieten mit größeren Niederschlagsmengen sowie für Hochhäuser oder für Häuser in exponierter Lage in Gebieten, die aufgrund der regionalen Regen- und Windverhältnisse einer geringen Schlagregenbeanspruchung zuzuordnen wären.

- **Beanspruchungsgruppe III – starke Schlagregenbeanspruchung**

  In der Regel gilt diese Beanspruchungsgruppe für Gebiete mit Jahresniederschlagsmengen über 800 mm oder für windreiche Gebiete auch mit geringeren Niederschlagsmengen (z. B. Küstengebiete, Mittel- und Hochgebirgslagen, Alpenvorland) sowie für Hochhäuser oder für Häuser in exponierter Lage in Gebieten, die aufgrund der regionalen Regen- und Windverhältnisse einer mittleren Schlagregenbeanspruchung zuzuordnen wären.

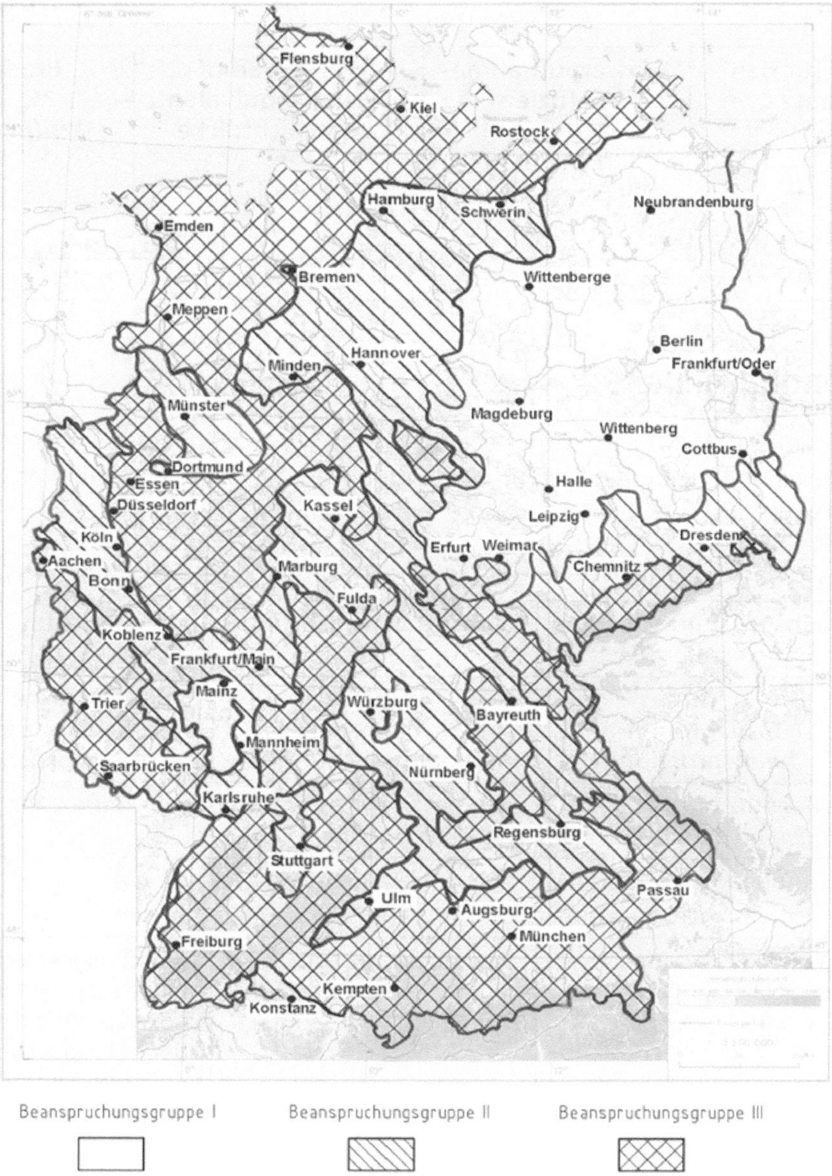

Bild 26: Regionen unterschiedlicher Schlagregenbeanspruchung (DIN 4108-3)

4.2 Putze und Beschichtungen

Die Regenschutzwirkung von Putzen und Beschichtungen an Fassaden wird durch deren Wasseraufnahmekoeffizienten W_w – nach DIN EN ISO 15748 –, deren wasserdampfdiffusionsäquivalenter Luftschichtdicke s_d – nach DIN EN ISO 12572 – und dem Produkt aus diesen beiden Größen nach Tabelle 48 bestimmt.

Tabelle 48: Kriterien für den Regenschutz von Putzen und Beschichtungen (DIN 4108-3)

Kriterien für den Regenschutz	Wasseraufnahme-koeffizient W_w [kg/m² · h^0,5)]	Wasserdampf-diffusionsäquivalente Luftschichtdicke s_d [m]	Produkt $W_w \cdot s_d$ [kg/(m · h^0,5)]
wasserabweisend	$W_w \leq 0{,}5$	$\leq 2{,}0$	$\leq 0{,}2$
Anmerkung: Für innengedämmte Wände siehe auch die Literaturstellen [13] und [14] in DIN 4108-3			

4.3 Wandbauteile

Die in Tabelle 49a beispielhaft dargestellten Konstruktionen können als schlagregensicher eingestuft werden. Andere Bauausführungen, für die entsprechend gesicherte praktische Erfahrungen vorliegen, sind ebenso zulässig.

Tabelle 49a: Beispielhafte Übersicht von Wandbauarten und Beanspruchungsgruppen

Zeile	Beanspruchungsgruppe I	Beanspruchungsgruppe II	Beanspruchungsgruppe III
	geringe Schlagregen-beanspruchung	mittlere Schlagregen-beanspruchung	starke Schlagregen-beanspruchung
1	Außenputz ohne besondere Anforderungen an den Schlagregenschutz auf		Wasserabweisender Außenputz nach Tabelle 48 auf
	• Außenwänden aus Mauerwerk, Wandbauplatten, Beton u. Ä. • sowie verputzten außenseitigen Wärmebrückendämmungen		
2	Einschaliges Sichtmauerwerk mit einer Dicke von 31 cm (mit Innenputz)	Einschaliges Sichtmauerwerk mit einer Dicke von 37,5 cm (mit Innenputz)	Zweischaliges Verblendmauerwerk mit Luftschicht und Wärmedämmung oder mit Kerndämmung (mit Innenputz)
3	Außenwände mit im Dickbett oder Dünnbett angemörtelten Fliesen oder Platten		Außenwände mit im Dickbett oder Dünnbett angemörtelten Fliesen oder Platten nach DIN 18515-1 mit wasserabweisendem Ansetzmörtel
4	Außenwände mit gefügedichter Betonaußenschicht		
5	Wände mit hinterlüfteten Außenwandbekleidungen[1)]		
6	Wände mit Außendämmung durch ein Wärmedämmputzsystem oder durch ein bauaufsichtlich zugelassenes Wärmedämmverbundsystem		
7	Außenwände in Holzbauart mit Wetterschutz nach DIN 68800-2		

1) Offene Fugen zwischen den Bekleidungsplatten beeinträchtigen den Regenschutz nicht.

4.4 Fugen und Anschlüsse

Der Schlagregenschutz eines Gebäudes muss auch im Bereich der Fugen und Anschlüsse sichergestellt sein. Zur Erfüllung dieser Anforderungen können Fugen und Anschlüsse entweder durch Fugendichtstoffe (siehe auch DIN 18540), Dichtbänder, Folien oder durch konstruktive Maßnahmen gegen Schlagregen abgedichtet werden. Beispiele für die Anwendung von Fugenabdichtungen sind in Abhängigkeit von der Schlagregenbeanspruchung in Tabelle 49b angegeben.

Die Möglichkeit der Wartung von Fugen, einschließlich der Fugen von Anschlüssen, ist vorzusehen.

Bei Außenwandbekleidungen ist nach DIN 18515-1, DIN 18515-2, DIN 18516-1 und DIN 18516-3 zu verfahren.

Tabelle 49b: Beispiele für die Zuordnung von Fugenabdichtungsarten und Beanspruchungsgruppen (DIN 4108-3)

Zeile	Fugenart	Beanspruchungsgruppe I	Beanspruchungsgruppe II	Beanspruchungsgruppe III
		Schlagregenbeanspruchung		
		geringe	mittlere	starke
1	Vertikalfugen	Konstruktive Fugenausbildung[1]		
2		Fugen nach DIN 18540[1]		
3	Horizontalfugen	Offene, schwellenförmige Fugen, Schwellenhöhe $h \geq 60$ mm (s. Bild 28)	Offene, schwellenförmige Fugen, Schwellenhöhe $h \geq 80$ mm (s. Bild 28)	Offene, schwellenförmige Fugen, Schwellenhöhe $h \geq 100$ mm (s. Bild 28)
4		Fugen nach DIN 18540 mit zusätzlichen konstruktiven Maßnahmen, z. B. mit Schwellenhöhe $h \geq 50$ mm		

[1] Fugen nach DIN 18540 dürfen nicht bei Bauten in einem Bergsenkungsgebiet verwendet werden. Bei Setzungsfugen ist die Verwendung nur dann zulässig, wenn die Verformungen bei der Bemessung der Fugenmaße berücksichtigt werden.

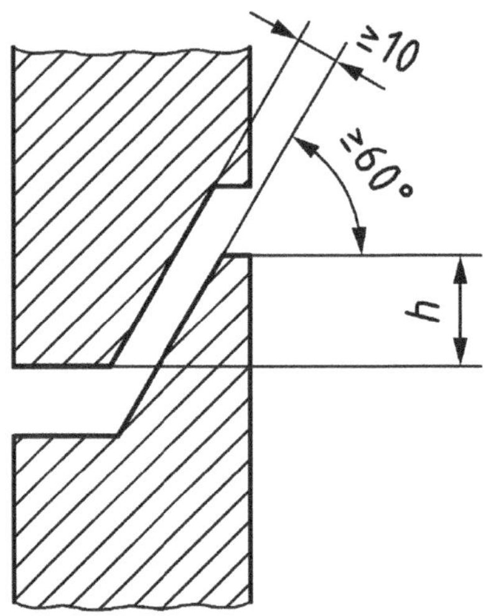

Bild 27: Schematische Darstellung einer offenen, schwellenförmigen Fuge (DIN 4108-3)

Bei der schematischen Darstellung einer schwellenförmigen Fuge in Bild 27 bedeutet *h* die Schwellenhöhe.

4.5 Fenster, Türen und Vorhangfassaden

Bei Fenstern und Außentüren wird die Schlagregendichtheit in DIN EN 12208, bei Vorhangfassaden in DIN EN 12154 geregelt.

Teil C Baustoffkennwerte und *U*-Werte von Bauteilen

Hinsichtlich der Angabe von Baustoffkennwerten ist zu unterscheiden, ob sich die wärmetechnischen Größen damit ermitteln lassen oder ob es sich um ein Bauteil handelt, das sich aus mehreren Einzelkomponenten zusammensetzt (z. B. bei Fenstern der Rahmen und die Verglasung), sodass direkt der Wärmedurchlasswiderstand oder der Wärmedurchgangskoeffizient angegeben wird.

1 Symbole und Formelzeichen

Tabelle 50: Symbole und Formelzeichen

Größe	Symbol	Einheit
Spezifische Wärmekapazität bei konstantem Druck	c_p	J/(kg · K)
Massebezogener Umrechnungsfaktor für den Feuchtegehalt[1)]	f_u	kg/kg
Volumenbezogener Umrechnungsfaktor für den Feuchtegehalt[1)]	f_y	m^3/m^3
Wasserdampfdiffusionsäquivalente Luftschichtdicke	s_d	m
Massebezogener Feuchtegehalt[2)]	u	kg/kg
Wärmedurchlasswiderstand	R	m^2K/W
Nennwert des Wärmedurchgangskoeffizienten des Fensters	U_w	$W/(m^2 \cdot K)$
Bemessungswert des Wärmedurchgangskoeffizienten des Fensters	$U_{w,BW}$	$W/(m^2 \cdot K)$
Korrekturwert zur Berechnung des Bemessungswertes	ΔU_w	$W/(m^2 \cdot K)$
Nennwert des Wärmedurchgangskoeffizienten der Verglasung	U_g	$W/(m^2 \cdot K)$
Nennwert des Wärmedurchgangskoeffizienten des Rahmens	U_f	$W/(m^2 \cdot K)$
Bemessungswert des Wärmedurchgangskoeffizienten des Rahmens	$U_{f,BW}$	$W/(m^2 \cdot K)$
Bemessungswert der Wärmeleitfähigkeit	λ_B	$W/(m \cdot K)$
Nennwert der Wärmeleitfähigkeit	λ_D	$W/(m \cdot K)$
Grenzwert der Wärmeleitfähigkeit	λ_{grenz}	$W/(m \cdot K)$
Wasserdampf-Diffusionswiderstandszahl	μ	–

Tabelle 50: Symbole und Formelzeichen (Fortsetzung)

Größe	Symbol	Einheit
Dichte	ρ	kg/m^3
Volumenbezogener Feuchtegehalt[3)]	ψ	m^3/m^3

[1)] Zur Umrechnung der wärmeschutztechnischen Eigenschaften
[2)] Quotient aus Masse des verdampfbaren Wassers und Trockenmasse des Baustoffs
[3)] Quotient aus Volumen des verdampfbaren Wassers und dem Trockenvolumen des Baustoffs

2 Wärme- und feuchteschutztechnische Kennwerte von Baustoffen

Zum Nachweis von Anforderungen im Bauwesen, insbesondere bei Berechnungen im Rahmen baurechtlicher Nachweise, dürfen nur Bemessungswerte (design-values) von Baustoffen, aber keine Nennwerte (declared-values) verwendet werden. DIN 4108-4 enthält daher Bemessungswerte gebräuchlicher Baustoffe. Die in DIN 4108-4 angegebenen Bemessungswerte berücksichtigen unter anderem Einflüsse der Temperatur, des Ausgleichsfeuchtegehalts sowie Schwankungen der Stoffeigenschaften und der Alterung von Bauprodukten. Aufgrund der Harmonisierung der europäischen Normung werden nationale Normen und Normenteile in europäische Dokumente überführt. Da in Hinblick auf wärme- und feuchtetechnische Baustoffkennwerte nicht alle erforderlichen Angaben in europäischen Normen enthalten sind, gibt es auf nationaler Ebene zwei Normen, die dieses Feld abdecken: DIN 4108-4 und DIN EN ISO 10456. In

Tabelle 51 sind Angaben aus beiden Normen zusammengestellt. Um unterscheiden zu können, welche Kennwerte der nationalen Norm und welche der internationalen Norm entnommen wurden, sind die Felder mit **Werten aus DIN EN ISO 10456 grau hinterlegt**. Bei Doppelbelegungen werden nur die Werte aus der nationalen Norm DIN 4108-4 wiedergegeben.

Achtung

Die aufgeführten Bemessungswerte gelten nicht für Wärmedämmstoffe haustechnischer und betriebstechnischer Anlagen.

Tabelle 51: Bemessungswerte der Wärmeleitfähigkeit λ und Richtwerte der Wasserdampf-Diffusionswiderstandszahl μ (DIN 4108-4 bzw. DIN EN ISO 10459)

Zeile	Stoff	Roh-dichte[1) 2)] ρ [kg/m³]	Bemessungswert der Wärmeleitfähigkeit λ [W/(m · K)]	Richtwert der Wasserdampf-Diffusionswider-standszahl[3)] μ [ ]
1	**PUTZE, MÖRTEL UND ESTRICHE**			
1.1	**Putze**			
1.1.1	Putzmörtel aus Kalk, Kalkzement und hydraulischem Kalk	(1 800)	1,00	15/35
1.1.2	Gipsputzmörtel nach DIN EN 13279-1	900	0,30	10
		1 000	0,34	4/10
		1 100	0,39	
		1 200	0,43	
		1 300	0,47	
		1400	0,51	
		1500	0,56	
1.1.3	Leichtputz	< 1 300	0,56	15/20
1.1.4	Leichtputz	≤ 1 000	0,38	
1.1.5	Leichtputz	≤ 700	0,25	
1.1.6	Kunstharzputz	(1 100)	0,70	50/200
1.1.7	Gipsputz	1 000	0,40	6/10
1.1.8		1300	0,57	
1.1.8	Gipsdämmputz	600	0,18	6/10
1.2	**Mauermörtel**			
1.2.1	Zementmörtel	(2 000)	1,60	15/35
1.2.2	Normalmörtel NM	(1 800)	1,20	
1.2.3	Dünnbettmauermörtel	(1 600)	1,00	
1.2.4	Leichtmauermörtel nach DIN EN 1996-1-1 und DIN EN 1996-2	≤ 1 000	0,36	
1.2.5		≤ 700	0,21	

Tabelle 51: Bemessungswerte der Wärmeleitfähigkeit λ und Richtwerte der Wasserdampf-Diffusionswiderstandszahl μ (DIN 4108-4 bzw. DIN EN ISO 10459) (Fortsetzung)

Zeile	Stoff	Rohdichte[1) 2)] ρ [kg/m³]	Bemessungswert der Wärmeleitfähigkeit λ [W/(m · K)]	Richtwert der Wasserdampf-Diffusionswiderstandszahl[3)] μ [ ]
1.2.6	Leichtmauermörtel	250	0,10	5/20
		400	0,14	
		700	0,25	
		1 000	0,38	
		1 500	0,69	
1.3	Estriche			
1.3.1	Gussasphalt-Estrich	2 300	0,90	[4)]
1.3.2	Zement-Estrich	(2 000)	1,40	15/35
1.3.3	Calciumsulfat-Estrich (Anhydrit-Estrich)	(2 100)	1,20	
1.3.4	Calciumsulfat-Fließestrich	(2 100)	1,40	
1.3.5	Magnesia-Estrich	1 400	0,47	
		2 300	0,70	
2	**BETON-BAUTEILE**			
2.1	**Beton nach DIN EN 206**			
	mittlere Rohdichte	1 800	1,15	60/100
		2 000	1,35	
		2 200	1,65	70/120
	hohe Rohdichte	2 400	2,00	80/130
	armiert (mit 1 % Stahl)	2 300	2,30	
	armiert (mit 2 % Stahl)	2 400	2,50	

Tabelle 51: Bemessungswerte der Wärmeleitfähigkeit λ und Richtwerte der Wasserdampf-Diffusionswiderstandszahl μ (DIN 4108-4 bzw. DIN EN ISO 10459) (Fortsetzung)

Zeile	Stoff	Rohdichte[1] [2] ρ [kg/m³]	Bemessungswert der Wärmeleitfähigkeit λ [W/(m · K)]	Richtwert der Wasserdampf-Diffusionswiderstandszahl[3] μ [ ]
2.2	Leichtbeton und Stahlleichtbeton mit geschlossenem Gefüge nach DIN EN 206 und DIN 1045-2, hergestellt unter Verwendung von Zuschlägen mit porigem Gefüge nach DIN EN 13055-1, ohne Quarzsandzusatz[4]	800	0,39	70/150
		900	0,44	
		1 000	0,49	
		1 100	0,55	
		1 200	0,62	
		1 300	0,70	
		1 400	0,79	
		1 500	0,89	
		1 600	1,00	
		1 800	1,15	
		2 000	1,35	
2.3	Dampfgehärteter Porenbeton nach DIN EN 12602	350	0,11	5/10
		400	0,12	
		450	0,13	
		500	0,14	
		550	0,16	
		600	0,18	
		650	0,19	
		700	0,20	
		750	0,21	
		800	0,23	
		900	0,26	
		1 000	0,29	
2.4	**Leichtbeton mit haufwerkporigem Gefüge**			
2.4.1	mit nichtporigen Zuschlägen nach DIN EN 12620, z. B. Kies	1 600	0,81	3/10
		1 800	1,10	
		2 000	1,30	5/10

Tabelle 51: Bemessungswerte der Wärmeleitfähigkeit λ und Richtwerte der Wasserdampf-Diffusionswiderstandszahl μ (DIN 4108-4 bzw. DIN EN ISO 10459) (Fortsetzung)

Zeile	Stoff	Rohdichte[1) 2)] ρ [kg/m³]	Bemessungswert der Wärmeleitfähigkeit λ [W/(m · K)]	Richtwert der Wasserdampf-Diffusionswiderstandszahl[3)] μ [ ]
2.4.2	mit porigen Zuschlägen nach DIN EN 13055-1, ohne Quarzsandzusatz[5)]	600	0,22	5/15
		700	0,26	
		800	0,28	
		1 000	0,36	
		1 200	0,46	
		1 400	0,57	
		1 600	0,75	
		1 800	0,92	
		2 000	1,20	
2.4.2.1	ausschließlich unter Verwendung von Naturbims	400	0,12	5/15
		450	0,13	
		500	0,15	
		550	0,16	
		600	0,18	
		650	0,19	
		700	0,20	
		750	0,22	
		800	0,24	
		900	0,27	
		1 000	0,32	
		1 100	0,37	
		1 200	0,41	
		1 300	0,47	

Tabelle 51: Bemessungswerte der Wärmeleitfähigkeit λ und Richtwerte der Wasserdampf-Diffusionswiderstandszahl μ (DIN 4108-4 bzw. DIN EN ISO 10459) (Fortsetzung)

Zeile	Stoff	Rohdichte[1) 2)] ρ [kg/m³]	Bemessungswert der Wärmeleitfähigkeit λ [W/(m · K)]	Richtwert der Wasserdampf-Diffusionswiderstandszahl[3)] μ [ ]
2.4.2.2	ausschließlich unter Verwendung von Blähton	400	0,13	5/15
		450	0,15	
		500	0,16	
		550	0,18	
		600	0,19	
		650	0,21	
		700	0,23	
		800	0,26	
		900	0,30	
		1 000	0,35	
		1 100	0,39	
		1 200	0,44	
		1 300	0,50	
		1 400	0,55	
		1 500	0,60	
		1 600	0,68	
		1 700	0,76	
3	**BAUPLATTEN**			
3.1	Porenbeton-Bauplatten und Porenbeton-Planbauplatten, unbewehrt, nach DIN 4166			
3.1.1	Porenbeton-Bauplatten (Ppl) mit normaler Fugendicke und Mauermörtel nach DIN EN 1996-1-1 bzw. DIN EN ISO 1996-2 verlegt	400	0,20	5/10
		500	0,22	
		600	0,24	
		700	0,27	
		800	0,29	

Tabelle 51: Bemessungswerte der Wärmeleitfähigkeit λ und Richtwerte der Wasserdampf-Diffusionswiderstandszahl μ (DIN 4108-4 bzw. DIN EN ISO 10459) (Fortsetzung)

Zeile	Stoff	Rohdichte[1) 2)] ρ [kg/m³]	Bemessungswert der Wärmeleitfähigkeit λ [W/(m · K)]	Richtwert der Wasserdampf-Diffusionswiderstandszahl[3)] μ [ ]
3.1.2	Porenbeton-Planbauplatten (Pppl), dünnfugig verlegt	350	0,11	5/10
		400	0,13	
		450	0,15	
		500	0,16	
		550	0,18	
		600	0,19	
		650	0,21	
		700	0,22	
		750	0,24	
		800	0,25	
3.2	Wandbauplatten aus Leichtbeton nach DIN 18162	800	0,29	5/10
		900	0,32	
		1 000	0,37	
		1 200	0,47	
		1 400	0,58	
3.3	Gips-Wandbauplatten nach DIN EN 12859	600	0,18	4/10
		700	0,22	
		800	0,26	
		900	0,30	
		1 000	0,34	
		1 100	0,39	
		1 200	0,43	
		1 300	0,47	
		1 400	0,51	
		1 500	0,56	

Tabelle 51: Bemessungswerte der Wärmeleitfähigkeit λ und Richtwerte der Wasserdampf-Diffusionswiderstandszahl μ (DIN 4108-4 bzw. DIN EN ISO 10459) (Fortsetzung)

Zeile	Stoff	Rohdichte[1) 2)] ρ [kg/m³]	Bemessungswert der Wärmeleitfähigkeit λ [W/(m · K)]		Richtwert der Wasserdampf-Diffusionswiderstandszahl[3)] μ [ ]
3.4	Gipsplatten nach DIN 18180, DIN EN 520 und Gipsplatten mit Vliesarmierung nach DIN EN 15283-1	700	0,21		4/10
		900	0,25		
3.6	Gipskartonplatten[13)]	700	0,21		4/10
		900	0,25		
4	**MAUERWERK, EINSCHLIESSLICH MÖRTELFUGEN**				
4.1	**Mauerwerk aus Mauerziegeln nach DIN 105-4, DIN 105-5 und DIN 105-6 bzw. Mauerziegel nach DIN EN 771-1 in Verbindung mit DIN 20000-401**				
4.1.1	Vollklinker, Hochlochklinker, Keramikklinker		NM/DM[6)]		
		1 800	0,81		50/100
		2 000	0,96		
		2 200	1,20		
		2 400	1,40		
4.1.2	Vollziegel, Hochlochziegel, Füllziegel	1 200	0,50		5/10
		1 400	0,58		
		1 600	0,68		
		1 800	0,81		
		2 000	0,96		
		2 200	1,20		
		2 400	1,40		
4.1.3	Hochlochziegel HLzA und HLzB		LM21/ LM36[6)]	NM/DM[6)]	5/10
		550	0,27	0,32	
		600	0,28	0,33	
		650	0,30	0,35	
		700	0,31	0,36	
		750	0,33	0,38	

Tabelle 51: Bemessungswerte der Wärmeleitfähigkeit λ und Richtwerte der Wasserdampf-Diffusionswiderstandszahl μ (DIN 4108-4 bzw. DIN EN ISO 10459) (Fortsetzung)

Zeile	Stoff	Rohdichte[1) 2)] ρ [kg/m³]	Bemessungswert der Wärmeleitfähigkeit λ [W/(m · K)]		Richtwert der Wasserdampf-Diffusionswiderstandszahl[3)] μ [ ]
		800	0,34	0,39	
		850	0,36	0,41	
		900	0,37	0,42	
		950	0,38	0,44	
		1 000	0,40	0,45	
4.1.4	Hochlochziegel HLzW		LM21/ LM36[6)]	NM[6)]	5/10
		550	0,19	0,22	
		600	0,20	0,23	
		650	0,20	0,23	
		700	0,21	0,24	
		750	0,22	0,25	
		800	0,23	0,26	
		850	0,23	0,26	
		900	0,24	0,27	
		950	0,25	0,28	
		1 000	0,26	0,29	
4.2	Mauerwerk aus Kalksandstein nach DIN EN 771-2 in Verbindung mit DIN 20000-402	1 000	0,50		5/10
		1 200	0,56		
		1 400	0,70		
		1 600	0,79		15/25
		1 800	0,99		
		2 000	1,10		
		2 200	1,30		
		2 400	1,60		
		2 600	1,80		

Tabelle 51: Bemessungswerte der Wärmeleitfähigkeit λ und Richtwerte der Wasserdampf-Diffusionswiderstandszahl μ (DIN 4108-4 bzw. DIN EN ISO 10459) (Fortsetzung)

Zeile	Stoff		Rohdichte[1) 2)] ρ [kg/m³]	Bemessungswert der Wärmeleitfähigkeit λ [W/(m · K)]			Richtwert der Wasserdampf-Diffusionswiderstandszahl[3)] μ [ ]
4.3	Mauerwerk aus Porenbeton-Plansteinen (PP) nach DIN EN 771-4 in Verbindung mit DIN V 20000-404		350	0,11			5/10
			400	0,13			
			450	0,15			
			500	0,16			
			550	0,18			
			600	0,19			
			650	0,21			
			700	0,22			
			750	0,24			
			800	0,25			
4.4	Mauerwerk aus Betonsteinen						
4.4.1	Hohlblöcke (Hbl) nach DIN V 18151-100, Gruppe 1[5)]			LM21[6)] DM[6), 12)]	LM36 [6), 12)]	NM[6)]	
	Steinbreite, in cm	Anzahl der Kammerreihen	450	0,20	0,21	0,24	5/10
			500	0,22	0,23	0,26	
			550	0,23	0,24	0,27	
			600	0,24	0,25	0,29	
	17,5	2	650	0,26	0,27	0,30	
	20	2	700	0,28	0,29	0,32	
	24	2 – 4	800	0,31	0,32	0,35	
	30	3 – 5	900	0,34	0,36	0,39	
	36,5	4 – 6	1 000			0,45	
	42,5	6	1 200			0,53	
	49	6	1 400			0,65	
			1 600			0,74	

Tabelle 51: Bemessungswerte der Wärmeleitfähigkeit λ und Richtwerte der Wasserdampf-Diffusionswiderstandszahl μ (DIN 4108-4 bzw. DIN EN ISO 10459) (Fortsetzung)

Zeile	Stoff		Rohdichte[1) 2)] ρ [kg/m³]	Bemessungswert der Wärmeleitfähigkeit λ [W/(m · K)]			Richtwert der Wasserdampf-Diffusionswiderstandszahl[3)] μ [ ]
4.4.2	Hohlblöcke (Hbl) nach DIN 20000-403 und Hohlwandplatten nach DIN 18148, Gruppe 2		450	0,22	0,23	0,28	5/10
			500	0,24	0,25	0,29	
			550	0,26	0,27	0,31	
	Stein-breite, in cm	Anzahl der Kammer-reihen	600	0,27	0,28	0,32	
			650	0,29	0,30	0,34	
	11,5	1	700	0,30	0,32	0,36	
	15	1	800	0,34	0,36	0,41	
	17,5	1	900	0,37	0,40	0,46	
	30	2	1 000			≤ 0,50	
	36,5	3	1 200			≤ 0,56	
	42,5	5	1 400			≤ 0,70	
	49	5	1 600			0,76	
4.4.3	Vollblöcke (Vbl, S-W) nach DIN 20000-403		450	0,14	0,16	0,18	5/10
			500	0,15	0,17	0,20	
			550	0,16	0,18	0,21	
			600	0,17	0,19	0,22	
			650	0,18	0,20	0,23	
			700	0,19	0,21	0,25	
			800	0,21	0,23	0,27	
			900	0,25	0,26	0,30	
			1 000	0,28	0,29	0,32	

Tabelle 51: Bemessungswerte der Wärmeleitfähigkeit λ und Richtwerte der Wasserdampf-Diffusionswiderstandszahl μ (DIN 4108-4 bzw. DIN EN ISO 10459) (Fortsetzung)

Zeile	Stoff	Roh-dichte[1) 2)] ρ [kg/m³]	Bemessungswert der Wärmeleitfähigkeit λ [W/(m · K)]			Richtwert der Wasserdampf-Diffusionswiderstandszahl[3)] μ [ ]
4.4.4	Vollblöcke (Vbl) und Vbl-S nach DIN 20000-403 aus Leichtbeton mit anderen leichten Zuschlägen als Naturbims und Blähton	450	0,22	0,23	0,28	5/10
		500	0,23	0,24	0,29	
		550	0,24	0,25	0,30	
		600	0,25	0,26	0,31	
		650	0,26	0,27	0,32	
		700	0,27	0,28	0,33	
		800	0,29	0,30	0,36	
		900	0,32	0,32	0,39	
		1 000	0,34	0,35	0,42	
		1 200			0,49	
		1 400			0,57	
		1 600			0,62	10/15
		1 800			0,68	
		2 000			0,74	
4.4.5	Vollsteine (V) nach DIN 20000-403	450	0,21	0,22	0,31	5/10
		500	0,22	0,23	0,32	
		550	0,23	0,25	0,33	
		600	0,24	0,26	0,34	
		650	0,25	0,27	0,35	
		700	0,27	0,29	0,37	
		800	0,30	0,32	0,40	
		900	0,33	0,35	0,43	
		1 000	0,36	0,38	0,46	
		1 200			0,54	
		1 400			0,63	
		1 600			0,74	10/15
		1 800			0,87	
		2 000			0,99	

Tabelle 51: Bemessungswerte der Wärmeleitfähigkeit λ und Richtwerte der Wasserdampf-Diffusionswiderstandszahl μ (DIN 4108-4 bzw. DIN EN ISO 10459) (Fortsetzung)

Zeile	Stoff	Rohdichte[1) 2)] ρ [kg/m³]	Bemessungswert der Wärmeleitfähigkeit λ [W/(m · K)]	Richtwert der Wasserdampf-Diffusionswiderstandszahl[3)] μ [ ]
4.4.6	Mauersteine nach DIN EN 771-3 in Verbindung mit DIN 20000-403	800	0,60	5/15
		900	0,65	
		1000	0,70	
		1200	0,80	
		1400	0,90	20/30
		1600	1,00	
		1800	1,10	
		2000	1,30	
		2200	1,60	
		2400	2,00	
5	**WÄRMEDÄMMSTOFFE, siehe Tabelle 52**			
6	**HOLZ UND HOLZWERKSTOFFE**			
6.1	**Nutzholz[7)]**			
		450	0,12	20/50
		500	0,13	
		700	0,18	50/200
6.2	Holzwerkstoffe[7)]			
6.2.1	Sperrholz[8)]	300	0,09	50/150
		500	0,13	70/200
		700	0,17	90/220
		1000	0,24	110/250
6.2.2	Zementgebundene Spanplatte	1200	0,23	30/50
6.2.3	Spanplatte	300	0,10	10/50
		600	0,14	15/50
		900	0,18	20/50
6.2.4	OSB-Platte	650	0,13	30/50

Tabelle 51: Bemessungswerte der Wärmeleitfähigkeit λ und Richtwerte der Wasserdampf-Diffusionswiderstandszahl μ (DIN 4108-4 bzw. DIN EN ISO 10459) (Fortsetzung)

Zeile	Stoff		Rohdichte[1][2] ρ [kg/m³]	Bemessungswert der Wärmeleitfähigkeit λ [W/(m · K)]	Richtwert der Wasserdampf-Diffusionswiderstandszahl[3] μ [ ]
6.2.5	Holzfaserplatte, einschließlich MDF[9]		250	0,07	3/5
			400	0,10	5/10
			600	0,14	12/20
			800	0,18	20/30
7	**BELÄGE, ABDICHTUNGSSTOFFE UND ABDICHTUNGSBAHNEN**				
7.1	Fußbodenbeläge				
	Gummi		1 200	0,17	10 000
	Kunststoff		1 700	0,25	
	Unterlagen, poröser Gummi oder Kunststoff		270	0,10	
	Filzunterlage		120	0,05	15/20
	Wollunterlage		200	0,06	
	Korkunterlage		< 200	0,05	10/20
	Korkfliesen		> 400	0,065	20/40
	Teppich/Teppichböden		200	0,06	5
	Linoleum		1 200	0,17	800/1 000
7.2	**Abdichtstoffe**				
	Asphalt		2 100	0,70	50000
	Bitumen	als Stoff	1 050	0,17	
		Membranen/ Bahnen	1 100	0,23	
7.2.1	Asphaltmastix, Dicke $d \geq 7$ mm		(2 000)	0,70	[4]
7.3	**Dachbahnen, Dachabdichtungsbahnen**				
7.3.1	Bitumenbahnen nach DIN EN 13707		(1 200)	0,17	20000
7.3.2	Nackte Bitumenbahnen nach DIN 52129		(1 200)	0,17	2 000/ 20 000

Tabelle 51: Bemessungswerte der Wärmeleitfähigkeit λ und Richtwerte der Wasserdampf-Diffusionswiderstandszahl μ (DIN 4108-4 bzw. DIN EN ISO 10459) (Fortsetzung)

Zeile	Stoff	Rohdichte[1) 2)] ρ [kg/m³]	Bemessungswert der Wärmeleitfähigkeit λ [W/(m · K)]	Richtwert der Wasserdampf-Diffusionswiderstandszahl[3)] μ [ ]
7.4	**Folien**			
7.4.1	PTFE-Folien, Dicke $d \geq$ 0,05 mm	–	–	10000
7.4.2	PA-Folien, Dicke $d \geq$ 0,05 mm	–	–	50000
7.4.3	PP-Folien, Dicke $d \geq$ 0,05 mm	–	–	1000
8	**SONSTIGE GEBRÄUCHLICHE STOFFE[10)]**			
8.1	**Lose Schüttungen, abgedeckt[11)]**			
8.1.1	aus porigen Stoffen:			
	Korkschrot, expandiert	(≤ 200)	0,055	3
	Hüttenbims	(≤ 600)	0,13	
	Blähschiefer	(≤ 400)	0,16	
	Bimskies	(≤ 1000)	0,19	
	Schaumlava	(≤ 1200)	0,22	
		(≤ 1500)	0,27	
8.1.2	aus Polystyrolschaumstoff-Partikeln	(15)	0,050	3
8.1.3	aus Sand, Kies, Splitt (trocken)	(1800)	0,70	3
8.2	**Fliesen (Keramik, Porzellan)**	2300	1,30	∞
8.3	**Glas**			
	Natronglas (einschließlich Floatglas)	2500	1,00	∞
	Quarzglas	2200	1,40	

Tabelle 51: Bemessungswerte der Wärmeleitfähigkeit λ und Richtwerte der Wasserdampf-Diffusionswiderstandszahl μ (DIN 4108-4 bzw. DIN EN ISO 10459) (Fortsetzung)

Zeile	Stoff	Rohdichte[1) 2)] ρ [kg/m³]	Bemessungswert der Wärmeleitfähigkeit λ [W/(m · K)]	Richtwert der Wasserdampf-Diffusionswiderstandszahl[3)] μ [ ]
8.4	**Natursteine**			
	Kristalliner Naturstein	2 800	3,50	10 000
	Sediment-Naturstein	2 600	2,30	200/250
	leichter Sediment-Naturstein	1 500	0,85	20/30
	poröses Gestein, z. B. Lava	1 600	0,55	15/20
	Basalt	2 700 – 3 000	3,5	10 000
	Gneis	2 400 – 2 700	3,5	10 000
	Granit	2 500 – 2 700	2,8	10 000
	Marmor	2 800	3,5	10 000
	Schiefer	2 000 – 2 800	2,2	800/1 000
	Kalkstein, extra weich	1 600	0,85	20/30
	Kalkstein, weich	1 800	1,1	25/40
	Kalkstein, mittelhart	2 000	1,4	40/50
	Kalkstein, hart	2 200	1,7	150/200
	Kalkstein, extra hart	2 600	2,3	200/250
	Sandstein (Quarzit)	2 600	2,3	30/40
	Naturbims	400	0,12	6/8
	Kunststein	1 750	1,3	40/50

Tabelle 51: Bemessungswerte der Wärmeleitfähigkeit λ und Richtwerte der Wasserdampf-Diffusionswiderstandszahl μ (DIN 4108-4 bzw. DIN EN ISO 10459) (Fortsetzung)

Zeile	Stoff	Rohdichte[1) 2)] ρ [kg/m³]	Bemessungswert der Wärmeleitfähigkeit λ [W/(m · K)]	Richtwert der Wasserdampf-Diffusionswiderstandszahl[3)] μ [ ]
8.5	Lehmbaustoffe	500	0,14	5/10
		600	0,17	
		700	0,21	
		800	0,25	
		900	0,30	
		1 000	0,35	
		1 200	0,47	
		1 400	0,59	
		1 600	0,73	
		1 800	0,91	
		2 000	1,10	
8.6	**Böden, naturfeucht**			
	Ton, Schlick oder Schlamm	1 200 – 1 800	1,50	50
	Sand und Kies	1 700 – 2 200	2,00	
8.7	**Keramik und Glasmosaik**			
	Glasmosaik	2 000	1,20	∞
	Keramik	2 300	1,30	∞
8.8	**Metalle**			
	Aluminiumlegierungen	2 800	160	∞
	Bronze	8 700	65	∞
	Messing	8 400	120	∞
	Kupfer	8 900	380	∞
	Gusseisen	7 500	50	∞
	Blei	11 300	35	∞
	Stahl	7 800	50	∞

Tabelle 51: Bemessungswerte der Wärmeleitfähigkeit λ und Richtwerte der Wasserdampf-Diffusionswiderstandszahl μ (DIN 4108-4 bzw. DIN EN ISO 10459) (Fortsetzung)

Zeile	Stoff	Roh-dichte[1) 2)] ρ [kg/m³]	Bemessungswert der Wärmeleitfähigkeit λ [W/(m · K)]	Richtwert der Wasserdampf-Diffusionswider-standszahl[3)] μ [ ]
	Nichtrostender Stahl, austenitisch	7900	17	∞
	Nichtrostender Stahl, ferritisch oder martensitisch	7900	30	∞
	Zink	7200	110	∞

ANMERKUNG 1: Die in Klammern gesetzten Zahlenwerte dienen nur zur Abschätzung. Sie besitzen keine wissenschaftlich gesicherte Zuordnung.

ANMERKUNG 2: Für Computerberechnungen kann der ∞-Wert durch einen beliebig großen Wert, wie z. B. 10^6 ersetzt werden.

1) Die in Klammern angegebenen Rohdichtewerte dienen nur zur Ermittlung der flächenbezogenen Massen, z. B. für den Nachweis des sommerlichen Wärmeschutzes.

2) Die bei Steinen genannten Rohdichten entsprechen den Rohdichteklassen der zitierten Stoffnormen.

3) Es ist jeweils der für die Baukonstruktion ungünstigere Wert einzusetzen. Bezüglich der Anwendung der μ-Werte siehe DIN 4108-3.

4) Praktisch dampfdicht; nach DIN EN 12086 oder DIN EN ISO 12572: $s_d \geq 1\,500$ m.

5) Bei Quarzsand erhöhen sich die Bemessungswerte der Wärmeleitfähigkeit um 20 % (bezogen auf alle Werte in Zeile 2.4.2). Die Bemessungswerte der Wärmeleitfähigkeit sind bei Hohlblöcken mit Quarzsand für 2-Kammer-Hbl um 20 % und für 3-Kammer-Hbl bis 6-Kammer-Hbl um 15 % zu erhöhen (bezogen auf alle Werte in Zeile 4.4.1).

6) Bezeichnung der Mörtelarten nach DIN EN 1996-1-1 bzw. DIN EN 1996-2
- NM– Normalmörtel;
- LM21– Leichtmörtel mit λ = 0,21 W/(m · K)
- LM36– Leichtmörtel mit λ = 0,36 W/(m · K)
- DM– Dünnbettmörtel

7) Die Rohdichte von Nutzholz und Holzfaserplattenprodukten ist die Gleichgewichtsdichte bei 20 °C und einer relativen Luftfeuchte von 65 %.

8) Als Interimsmaßnahme und bis zum Vorliegen hinreichend zuverlässiger Daten können für Hartfaserplatten (solid wood panels (SWP)) und Bauholz mit Furnierschichten (laminated veneer lumber (LVL)) die für Sperrholz angegebenen Werte angewendet werden.

9) MDF bedeutet Medium Density fibreboard/mitteldichte Holzfaserplatte, die in sog. Trockenverfahren hergestellt worden ist.

10) Diese Stoffe sind hinsichtlich ihrer wärmeschutztechnischen Eigenschaften nicht genormt. Die angegebenen Wärmeleitfähigkeitswerte stellen oberer Grenzwerte dar.

11) Die Dichte wird bei losen Schüttungen als Schüttdichte angegeben.

12) Wenn keine Werte angegeben sind, gelten die Werte der Spalte „NM".

13) Die Wärmeleitfähigkeit schließt den Einfluss der Papierschichten mit ein.

Bemessungswerte der Wärmeleitfähigkeit $\lambda_{\text{Bemessung}}$ von Dämmstoffen nach europäisch harmonisierten Normen sind Tabelle 52 zu entnehmen.

Tabelle 52: Wärme- und feuchteschutztechnische Kennwerte von Dämmstoffen auf der Basis europäisch harmonisierter Normen (DIN 4108-4)

Zeile	Stoffe	Nennwert [W/(m · K)] λ_D	Bemessungswert [W/(m · K)] $\lambda_{Bemessung}$	Richtwert der Wasserdampf-Diffusionswiderstandszahl [5)] μ [ ]
5.1	Mineralwolle (MW) nach DIN EN 13162[1)]	0,030	0,031	1
		0,031	0,032	
		•	•	
		•	•	
		0,049	0,050	
		0,050	0,052	
5.2	Expandierter Polystyrolschaum (EPS) nach DIN EN 13163[1)]	0,030	0,031	20/100
		0,031	0,032	
		•	•	
		•	•	
		0,049	0,050	
		0,050	0,052	
5.3	Extrudierter Polystyrolschaum (XPS) nach DIN EN 13164[1)]	0,022	0,023	80/250
		0,023	0,024	
		•	•	
		•	•	
		0,044	0,045	
		0,045	0,046	
5.4	Polyurethan-Hartschaum (PUR) nach DIN EN 13165[1)]	0,020	0,021	40/200
		0,021	0,022	
		•	•	
		•	•	
		0,039	0,040	
		0,040	0,041	
5.5	Phenolharz-Hartschaum (PF) nach DIN EN 13166[1)]	0,020	0,021	10/60
		0,021	0,022	
		•	•	

Tabelle 52: Wärme- und feuchteschutztechnische Kennwerte von Dämmstoffen auf der Basis europäisch harmonisierter Normen (DIN 4108-4) (Fortsetzung)

Zeile	**Stoffe**	**Nennwert [W/(m · K)]** λ_D	**Bemessungswert [W/(m · K)]** $\lambda_{Bemessung}$	**Richtwert der Wasserdampf-Diffusionswiderstandszahl** [5] μ [ ]
		•	•	
		0,034	0,035	10/60
		0,035	0,036	
5.6	Schaumglas (CG) nach DIN EN 13167[1]	0,037	0,038	
		0,038	0,039	
		•	•	
		•	•	
		0,049	0,50	[6]
		0,050	0,052	
		•	•	
		•	•	
		0,054	0,056	
		0,055	0,057	
5.7	Holzwolle-Leichtbauplatten nach DIN EN 13168			
5.7.1	Holzwolle-Platten (WW)[2]	0,060	0,063	
		0061	0,064	
		•	•	
		•	•	
		0,069	0,072	
		0,070	0,074	
		•	•	2/5
		•	•	
		0,089	0,093	
		0,090	0,095	
		•	•	
		•	•	
		0,100	0,105	

Tabelle 52: Wärme- und feuchteschutztechnische Kennwerte von Dämmstoffen auf der Basis europäisch harmonisierter Normen (DIN 4108-4) (Fortsetzung)

Zeile	Stoffe	Nennwert [W/(m · K)] λ_D	Bemessungswert [W/(m · K)] $\lambda_{Bemessung}$	Richtwert der Wasserdampf-Diffusionswiderstandszahl [5] μ [ ]
5.7.2	Holzwolle-Mehrschichtplatten nach DIN EN 13168 (WW-C). Für die Berechnung des Bemessungswertes des Wärmedurchlasswiderstandes müssen die einzelnen Bemessungswerte der Wärmedurchlasswiderstände der Schichten addiert werden			
	mit expandiertem Polystyrolschaum (EPS) nach DIN EN 13163[1]	0,030	0,031	20/50
		0,031	0,032	
		•	•	
		•	•	
		0,049	0,050	
		0,050	0,052	
	mit Mineralwolle (MW) nach DIN EN 13162[1]	0,030	0,031	1
		0,031	0,032	
		•	•	
		•	•	
		0,049	0,050	
		0,050	0,052	
	Holzwolledeckschicht(en) nach DIN EN 13168[4]	0,10	0,12	2/5
		0,11	0,13	
		0,12	0,14	
		0,13	0,16	
		0,14	0,17	
5.8	Blähperlit (EPB) nach DIN EN 13169[1]	0,045	0,046	5
		0,046	0,047	
		•	•	
		•	•	
		0,049	0,050	
		0,050	0,052	
		•	•	
		•	•	

Tabelle 52: Wärme- und feuchteschutztechnische Kennwerte von Dämmstoffen auf der Basis europäisch harmonisierter Normen (DIN 4108-4) (Fortsetzung)

Zeile	Stoffe	Nennwert [W/(m · K)] λ_D	Bemessungswert [W/(m · K)] $\lambda_{Bemessung}$	Richtwert der Wasserdampf-Diffusionswiderstandszahl [5] μ [ ]
		0,069	0,071	
		0,070	0,072	
5.9	Expandierter Kork (ICB) nach DIN EN 13170[5]	0,038	0,040	5/10
		0,039	0,041	
		•	•	
		•	•	
		0,049	0,051	
		0,050	0,053	
		•	•	
		•	•	
		0,055	0,058	
5.10	Holzfaserdämmstoff (WF) nach DIN EN 13171[2]	0,032	0,034	3/5
		0,033	0,035	
		•	•	
		•	•	
		0,049	0,051	
		0,050	0,053	
		•	•	
		•	•	
		0,060	0,063	
5.11	Wärmedämmputz			5/20
	nach DIN EN 998-1 der Kategorie T1	–	0,12	
	nach DIN EN 998-1 der Kategorie T2	–	0,24	
5.12	Wärmedämmstoff aus Polyurethan (PUR)- und Polyisocyanurat (PIR)-Spritzschaum nach DIN EN 14315-1[3]	0,020	0,023	–

Tabelle 52: Wärme- und feuchteschutztechnische Kennwerte von Dämmstoffen auf der Basis europäisch harmonisierter Normen (DIN 4108-4) (Fortsetzung)

Zeile	Stoffe	Nennwert [W/(m · K)] λ_D	Bemessungswert [W/(m · K)] $\lambda_{Bemessung}$	Richtwert der Wasserdampf-Diffusionswiderstandszahl [5] μ [ ]
		0,021	0,024	–
		•	•	
		•	•	
		0,034	0,037	
		0,035	0,039	
		•	•	
		•	•	
		0,040	0,044	
5.13	Wärmedämmung aus Produkten mit expandiertem Perlite (EP) nach DIN EN 14316-1[1]	0,040	0,041	–
		0,041	0,042	
		•	•	
		•	•	
		0,049	0,050	
		0,050	0,052	
		•	•	
		•	•	
		0,060	0,062	
5.14	Selbsttragende Sandwich-Elemente mit beidseitigen Metalldeckschichten nach DIN EN 14509[1), 7)]	0,020	0,021	–
		0,021	0,022	
		•	•	
		•	•	
		0,047	0,048	
5.15	An der Verwendungsstelle hergestellte Wärmedämmung aus Blähton-Leichtzuschlagstoffen (LWA) nach DIN EN 14063-1[2]	0,090	0,095	–
		0,091	0,096	
		•	•	
		•	•	
		0,095	0,100	

Tabelle 52: Wärme- und feuchteschutztechnische Kennwerte von Dämmstoffen auf der Basis europäisch harmonisierter Normen (DIN 4108-4) (Fortsetzung)

Zeile	Stoffe	Nennwert [W/(m · K)] λ_D	Bemessungswert [W/(m · K)] $\lambda_{Bemessung}$	Richtwert der Wasserdampf-Diffusionswiderstandszahl [5] μ [ ]
		•	•	–
		•	•	
		0,100	0,105	
		0,110	0,120	
		•	•	
		•	•	
		0,130	0,140	
5.16	An der Verwendungsstelle hergestellte Wärmedämmung mit Produkten aus expandiertem Vermiculit (EV) nach DIN EN 14317-1[4]	0,052	0,062	–
		0,053	0,064	
		•	•	
		•	•	
		0,057	0,068	
		0,058	0,070	
		•	•	
		•	•	
		0,062	0,074	
		0,063	0,076	
		•	•	
		•	•	
		0,067	0,080	
		0,068	0,082	
		•	•	
		•	•	
		0,072	0,086	
		0,073	0,088	
		•	•	
		•	•	

Tabelle 52: Wärme- und feuchteschutztechnische Kennwerte von Dämmstoffen auf der Basis europäisch harmonisierter Normen (DIN 4108-4) (Fortsetzung)

Zeile	Stoffe	Nennwert [W/(m · K)] λ_D	Bemessungswert [W/(m · K)] $\lambda_{Bemessung}$	Richtwert der Wasserdampf-Diffusionswiderstandszahl [5] μ [ ]
		0,077	0,092	–
		0,078	0,094	
		0,079	0,095	
		0,080	0,096	
5.17	An der Verwendungsstelle hergestellte Wärmedämmung aus Mineralwolle (MW) nach DIN EN 14064-1 [1]	0,032	0,033	–
		0,033	0,034	
		•	•	
		•	•	
		0,049	0,050	
		0,050	0,052	
5.18	Werkmäßig hergestellte Produkte aus Polyethylenschaum (PEF) nach DIN EN 16069 [4]	0,035	0,042	–
		0,036	0,043	
		0,037	0,044	
		0,038	0,046	
		•	•	
		•	•	
		0,042	0,050	
		0,043	0,052	
		•	•	
		•	•	
		0,047	0,056	
		0,048	0,058	
		•	•	
		•	•	
		0,052	0,062	
		0,053	0,064	
		•	•	
		•	•	

Tabelle 52: Wärme- und feuchteschutztechnische Kennwerte von Dämmstoffen auf der Basis europäisch harmonisierter Normen (DIN 4108-4) (Fortsetzung)

Zeile	Stoffe	Nennwert [W/(m · K)] λ_D	Bemessungswert [W/(m · K)] $\lambda_{Bemessung}$	Richtwert der Wasserdampf-Diffusionswiderstandszahl [5] μ [ ]
		0,057	0,068	
		0,058	0,070	
		0,059	0,071	
		0,060	0,072	
5.19	An der Verwendungsstelle hergestellter Wärmedämmstoff aus dispensiertem Polyurethan (PUR)- und Polyisocyanurat (PIR)-Hartschaum nach DIN EN 14318-1[4]	0,020	0,023	–
		0,021	0,024	
		•	•	
		•	•	
		0,034	0,037	
		0,035	0,039	
		•	•	
		•	•	
		0,040	0,044	
Errechnete Bemessungswerte werden auf zwei wertanzeigende Ziffern gerundet.				

[1] $\lambda_{Bemessung} = \lambda_D \cdot 1{,}03$; mindestens gilt: $\lambda_{Bemessung} = \lambda_D + 1{,}0$ mW/(m · K)
[2] $\lambda_{Bemessung} = \lambda_D \cdot 1{,}05$; mindestens gilt: $\lambda_{Bemessung} = \lambda_D + 2{,}0$ mW/(m · K)
[3] $\lambda_{Bemessung} = \lambda_D \cdot 1{,}10$; mindestens gilt: $\lambda_{Bemessung} = \lambda_D + 3{,}0$ mW/(m · K)
[4] $\lambda_{Bemessung} = \lambda_D \cdot 1{,}20$
[5] $\lambda_{Bemessung} = \lambda_D \cdot 1{,}23$
[6] Es ist jeweils der für die Baukonstruktion ungünstigere Wert einzusetzen.
[7] Die Anforderungen nach Fußnote [1]) sind übertragbar auf den Bemessungswert des Wärmedurchgangskoeffizienten (*U*). $U_B = U_D \cdot 1{,}03$

Die in der Tabelle 52 angegebenen Bemessungswerte der Wärmeleitfähigkeit gelten für Anwendungen nach DIN 4108-10 (siehe Tabelle 53) oder den Technischen Baubestimmungen. Mit Hilfe von DIN 4108-10 können für verschiedene Anwendungen von werkmäßig hergestellten Wärmedämmstoffen Festlegungen zur Qualitätssicherung getroffen werden. Diese Norm definiert zu diesem Zweck Anforderungen an Dämmstoffe, die nach einer europäisch harmonisierten Norm produziert werden, und ordnet diesen Materialien Anwendungsgebiete zu, die durch Kurzzeichen dargestellt werden. Auf diese Weise können Planer und Anwender von Wärmedämmstoffen geeignete Wärmedämmstoffe auswählen, ausschreiben und anhand der Kennzeichnung der gelieferten Materialien vor Ort die Übereinstimmung der vereinbarten mit den gelieferten Produkten überprüfen und dokumentieren.

Folgende Anwendungen werden durch DIN 4108-10 **nicht** geregelt:

- Wärmedämmstoffe für die Haustechnik und betriebstechnische Anlagen
- Vor-Ort-Wärmedämmstoffe, die an der Verwendungsstelle hergestellt werden
- Wärmedämmstoffe, für die keine entsprechende Europäische Norm gilt.

Anwendungsrichtlinien, Fachregeln, Merkblätter und Anwendungen, die einer allgemeinen bauaufsichtlichen Zulassung oder eines allgemeinen bauaufsichtlichen Prüfzeugnisses bedürfen, sind nicht Gegenstand von DIN 4108-10.

Es gelten prinzipiell die Bemessungswerte der Wärmeleitfähigkeit nach DIN 4108-4 (siehe Tabelle 52).

Die Kurzzeichen der Anwendungsgebiete der Wärmedämmstoffe können Tabelle 53 entnommen werden und sind ergänzend als Piktogramme in Tabelle 54 dargestellt. Die Kurzzeichen der für den jeweiligen Anwendungsbereich erforderlichen Produkteigenschaften können Tabelle 55 entnommen werden.

Tabelle 53: Anwendungsgebiete von Wärmedämmungen (DIN 4108-10)

Anwendungsgebiet	Kurzzeichen	Anwendungsbeispiele
Decke, Dach	DAD	Außendämmung von Dach oder Decke, vor Bewitterung geschützt, Dämmung unter Deckung
	DAA	Außendämmung von Dach oder Decke, vor Bewitterung geschützt, Dämmung unter Abdichtung
	DUK	Außendämmung des Daches, der Bewitterung ausgesetzt (Umkehrdach)[1)]
	DZ	Zwischensparrendämmung, zweischaliges Dach, nicht begehbar, aber zugängliche oberste Geschossdecken
	DI	Innendämmung der Decke (unterseitig) oder des Daches, Dämmung unter den Sparren/Tragkonstruktion, abgehängte Decke usw.
	DEO	Innendämmung der Decke oder Bodenplatte (oberseitig) unter Estrich ohne Schallschutzanforderungen
	DES	Innendämmung der Decke oder Bodenplatte (oberseitig) unter Estrich mit Schallschutzanforderungen
Wand	WAB[1)]	Außendämmung der Wand hinter Bekleidung
	WAA	Außendämmung der Wand hinter Abdichtung
	WAP[1)2)]	Außendämmung der Wand unter Putz[2)]
	WZ	Dämmung von zweischaligen Wänden, Kerndämmung
	WH	Dämmung von Holzrahmen- und Holztafelbauweise
	WI	Innendämmung der Wand

Anwendungsgebiet	Kurzzeichen	Anwendungsbeispiele
	WTH	Dämmung zwischen Haustrennwänden mit Schallschutzanforderungen
	WTR	Dämmung von Raumtrennwänden
Perimeter	PW	Außen liegende Wärmedämmung von Wänden gegen Erdreich (außerhalb der Abdichtung)[3]
	PB	Außen liegende Wärmedämmung unter der Bodenplatte gegen Erdreich (außerhalb der Abdichtung)[3]

[1] Gilt auch für den Anwendungsfall Decke gegen Außenluft nach unten.
[2] Das Anwendungsgebiet bzw. das Kurzzeichen WAP gilt nicht für Dämmstoffplatten in Wärmedämm-Verbundsystemen (WDVS). WDVS sind keine genormte Anwendung.
[3] In DIN 4108-2 geregelt.

Tabelle 54: Piktogramme für Anwendungstypen (DIN 4108-10)

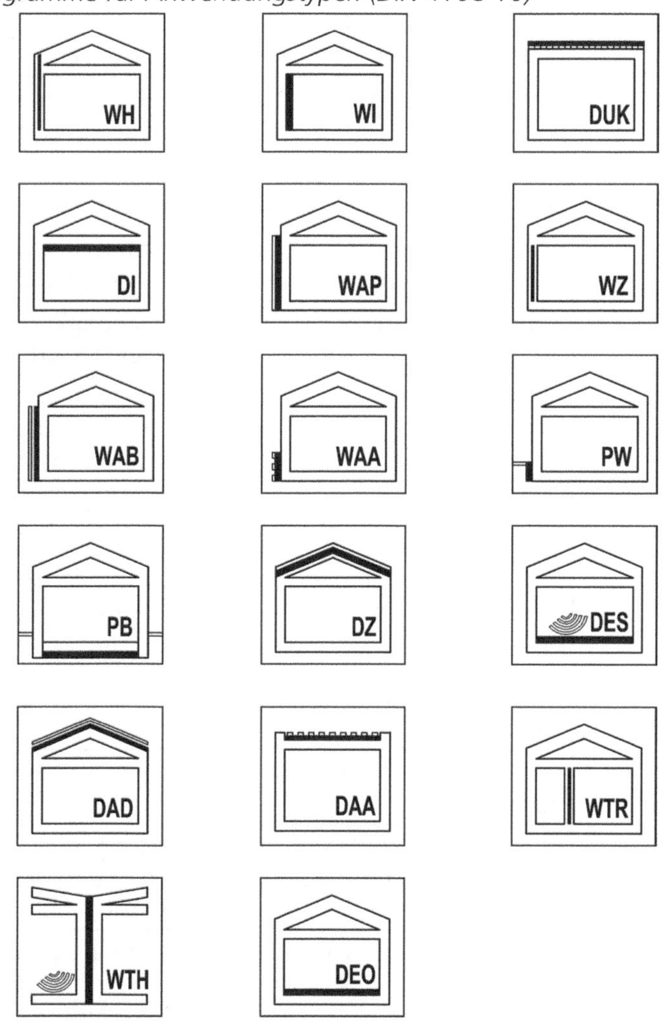

Tabelle 55: Produkteigenschaften (DIN 4108-10)

Produkt-eigenschaft	Kurz-zeichen	Beschreibung	Beispiel
Druckbelast-barkeit	dk	Keine Druckbelastbarkeit	Hohlraumdämmung, Zwischen-sparrendämmung
	dg	Geringe Druckbelastbarkeit	Wohn- und Bürobereiche unter Estrich
	dm	Mittlere Druckbelastbarkeit	Nicht genutztes Dach mit Ab-dichtung
	dh	Hohe Druckbelastbarkeit	Genutzte Dachflächen, Terrassen
	ds	Sehr hohe Druckbelastbarkeit	Industrieböden, Parkdeck
	dx	Extrem hohe Druckbelastbarkeit	Hoch belastete Industrieböden, Parkdeck
Wasserauf-nahme	wk	Keine Anforderungen an die Wasseraufnahme	Innendämmung in Wohn- und Bürobereichen
	wf	Wasseraufnahme durch flüssi-ges Wasser	Außendämmung von Außen-wänden und Dächern
	wd	Wasseraufnahme durch flüssi-ges Wasser und/oder Diffusion	Perimeterdämmung, Umkehr-dach
Zugfestigkeit	zk	Keine Anforderungen an Zug-festigkeit	Hohlraumdämmung, Zwischen-sparrendämmung
	zg	Geringe Zugfestigkeit	Außendämmung der Wand hinter Bekleidung
	zh	Hohe Zugfestigkeit	Außendämmung der Wand unter Putz, Dach mit verklebter Abdichtung
Schall-technische Eigen-schaften	sk	Keine Anforderungen an schall-technische Eigenschaften	Alle Anwendungen ohne schall-technische Anforderungen
	sh	Trittschalldämmung, erhöhte Zusammendrückbarkeit	Schwimmender Estrich, Haus-trennwände
	sm	Mittlere Zusammendrückbarkeit	
	sg	Trittschalldämmung, geringe Zusammendrückbarkeit	
Verformung	tk	Keine Anforderungen an die Verformung	Innendämmung
	tf	Dimensionsstabilität unter Feuchte und Temperatur	Außendämmung der Wand unter Putz, Dach mit Ab-dichtung
	tl	Verformung unter Last und Temperatur	Dach mit Abdichtung

Bei Berechnungen und Nachweisen zum energiesparenden Wärmeschutz, dem sommerlichen Wärmeschutz und bei Untersuchungen zum hygienischen Wärmeschutz unter Verwendung instationärer (zeitlich veränderlicher) Randbedingungen können Angaben zur Rohdichte ρ und der spezifischen Wärmespeicherkapazität c_p von Baustoffen und Materialien notwendig sein. Angaben hierzu enthalten die Tabelle 56 bis Tabelle 58. Zur besseren Übersichtlichkeit wurden übliche Baustoffe in Tabelle 56, Wärmedämmstoffe in Tabelle 57 und Mauerwerkstoffe in Tabelle 58 zusammengefasst.

Tabelle 56: Spezifische Wärmespeicherkapazität c_p von üblichen Baustoffen (DIN EN ISO 10456)

	Werkstoff	**Rohdichte** ρ **[kg/m³]**	**Spezifische Wärmespeicherkapazität** c_p **[J/(kg · K)]**
1	**Asphalt**	2 100	1 000
2	**Beton**		
	mittlere Rohdichte	1 800	1 000
		2 000	1 000
		2 200	1 000
	hohe Rohdichte	2 400	1 000
	armiert (mit 1 % Stahl)	2 300	1 000
	armiert (mit 2 % Stahl)	2 400	1 000
3	**Bitumen**		
	als Stoff	1 050	1 000
	Membran/Bahn	1 100	1 000
4	**Dachziegelsteine**		
	Ton	2 000	800
	Beton	2 100	1 000
5	**Erdreich**		
	Ton, Schlick oder Schlamm	1 200 – 1 800	1 670 – 2 500
	Sand und Kies	1 700 – 2 200	910 – 1 180
6	**Fußbodenbeläge**		
	Gummi	1 200	1 400
	Kunststoff	1 700	1 400
	Unterlagen, poröser Gummi oder Kunststoff	270	1 400
	Filzunterlage	120	1 300

Tabelle 56: Spezifische Wärmespeicherkapazität c_p von üblichen Baustoffen (DIN EN ISO 10456) (Fortsetzung)

	Werkstoff	Rohdichte ρ [kg/m³]	Spezifische Wärmespeicher-kapazität c_p [J/(kg · K)]
	Wollunterlage	200	1 300
	Korkunterlage	< 200	1 500
	Korkfliesen	> 400	1 500
	Teppich/Teppichböden	200	1 300
	Linoleum	1 200	1 400
7	**Gase**		
	Luft	1,23	1 008
	Kohlendioxid	1,95	820
	Argon	1,70	519
	Schwefelhexafluorid	6,36	614
	Krypton	3,56	245
	Xenon	5,68	160
8	**Gestein**	400 – 3 000	1 000
9	**Gips**		
	Gips	600 – 1 500	1 000
	Gipskartonplatte	700 – 900	1 000
10	**Glas**	2 000 – 2 500	750
11	**Holzwerkstoffe**		
	Sperrholz	300 – 1 000	1 600
	zementgebundene Spanplatten	1 200	1 500
	Spanplatten	300 – 900	1 700
	OSB-Platten	650	1 700
	Holzfaserplatten, einschließlich MDF	250 – 800	1 700
12	**Metalle**		
	Aluminiumlegierung	2 800	800
	Blei	11 300	130
	Bronze	8 700	380
	Gusseisen	7500	450

Tabelle 56: Spezifische Wärmespeicherkapazität c_p von üblichen Baustoffen (DIN EN ISO 10456) (Fortsetzung)

	Werkstoff	Rohdichte ρ [kg/m³]	Spezifische Wärmespeicherkapazität c_p [J/(kg · K)]
	Kupfer	8 900	380
	Messing	8 400	380
	Stahl	7 800	450
	Nichtrostender Stahl, austenitisch oder austenitisch-ferritisch	7 900	500
	nichtrostender Stahl, ferritisch oder martensitisch	7 900	460
	Zink	7 200	380
13	**Nutzholz**	450 – 700	1 600
14	**Platten**		
	Keramik/Porzellan	2 300	840
	Kunststoff	1 000	1 000
15	**Putze und Mörtel**	600 – 1 800	1 000
16	**Wasser**		
	Wasser	970 – 1 000	4 190
	Schnee	100 – 500	2 000
	Eis	900 – 920	2 000

Tabelle 57: Spezifische Wärmespeicherkapazität c_p von Wärmedämmstoffen (DIN EN ISO 10456)

	Werkstoff	Rohdichte ρ [kg/m³]	Spezifische Wärmespeicherkapazität c_p [J/(kg · K)]
1	**Expandierter Polystyrol-Hartschaum**	10 – 50	1 450
2	**Extrudierter Polystyrol-Hartschaum**	20 – 65	1 450
3	**Polyurethanschaum**	28 – 55	1 400
4	**Mineralwolle**	10 – 200	1 030
5	**Phenolharz-Hartschaum**	20 – 50	1 400
6	**Schaumglas**	100 – 150	1 000

Tabelle 57: Spezifische Wärmespeicherkapazität c_p von Wärmedämmstoffen (DIN EN ISO 10456) (Fortsetzung)

	Werkstoff	Rohdichte ρ [kg/m³]	Spezifische Wärme-speicherkapazität c_p [J/(kg · K)]
7	**Perliteplatten**	140 – 240	900
8	**Expandierter Kork**	90 – 140	1 560
9	**Holzwolle-Leichtbauplatten**	250 – 450	1 470
10	**Holzfaserdämmplatten**	40 – 250	2 000
11	**Harnstoff-Formaldehydschaum**	10 – 30	1 400
12	**Polyurethanschaum**	30 – 50	1 400
13	**Lose Mineralwolle**	15 – 60	1 030
14	**Lose Zellulosefasern**	20 – 60	1 600
15	**Blähperlite-Schüttung**	30 – 150	900
16	**Schüttgut aus expandiertem Vermiculit**	30 – 150	1 080
17	**Blähtonschüttung**	200 – 400	1 000
18	**Polystyrol-Partikelschüttung**	10 – 30	1 400

Tabelle 58: Spezifische Wärmespeicherkapazität c_p von Mauerwerkstoffen (DIN EN ISO 10456)

	Werkstoff	Rohdichte ρ [kg/m³]	Spezifische Wärme-speicherkapazität c_p [J/(kg · K)]
1	**Vollziegel (gebrannter Ton)**	1 000 – 2 400	1 000
2	**Kalksandstein**	900 – 2 200	1 000
3	**Beton mit Bimszuschlägen**	500 – 1 300	1 000
4	**Beton mit nichtporigen Zuschlägen und Kunststein**	1 600 – 2 400	1 000
5	**Beton mit Polystyrolzuschlägen**	500 – 800	1 000
6	**Beton mit Blähtonzuschlägen**	400 – 700	1 000
7	**Beton mit überwiegend Blähtonzuschlägen**	800 – 1 700	1 000
8	**Beton mit mehr als 70 % geblähter Hochofenschlacke**	1 100 – 1 700	1 000
9	**Beton mit vorwiegend aus Hochtemperatur behandeltem taubem Gestein aufbereitet**	1 100 – 1 500	1 000

Tabelle 58: Spezifische Wärmespeicherkapazität c_p von Mauerwerkstoffen (DIN EN ISO 10456) (Fortsetzung)

	Werkstoff	Rohdichte ρ [kg/m³]	Spezifische Wärmespeicherkapazität c_p [J/(kg · K)]
10	**Porenbeton**	300 – 1 000	1 000
11	**Beton mit weiteren Leichtzuschlägen**	500 – 2 000	1 000
12	**Mörtel (Mauermörtel und Putzmörtel)**	250 – 2 000	1 000

Neben wärmeschutztechnischen Anforderungen sind in DIN 4108-4 auch feuchteschutztechnische Belange geregelt.

Tabelle 59: Feuchteschutztechnische Eigenschaften von Wärmedämm- und Mauerwerkstoffen

Werkstoff	Rohdichte	Feuchtegehalt bei 23 °C, 50 % relativer Luftfeuchte		Feuchtegehalt bei 23 °C, 80 % relativer Luftfeuchte		Umrechnungsfaktor für den Feuchtegehalt				Wasserdampf-Diffusionswiderstandszahl	
						Feuchtegehalt		Feuchtegehalt			
	ρ	u	ψ	U	ψ	u	f_u	ψ	f_ψ	μ	
	kg/m³	kg/kg	m³/m³	kg/kg	m³/m³	kg/kg		m³/m³		trocken	feucht
Expandierter Polystyrol-Hartschaum	10 bis 50		0		0			< 0,10	4	60	60
Extrudierter Polystyrol-Hartschaum	20 bis 65		0		0			< 0,10	2,5	150	150
Polyurethan-Hartschaum	28 bis 55		0		0			< 0, 15	6	60	60
Mineralwolle	10 bis 200		0		0			< 0,15	4	1	1
Phenolharz-Hartschaum	20 bis 50		0		0			< 0,15	5	50	50
Schaumglas	100 bis 150	0		0		0	0			∞	∞
Perliteplatten	140 bis 240	0,02		0,03		0 bis 0,03	0,8			5	5
Expandierter Kork	90 bis 140		0,008		0,011			< 0,10	6	10	5
Holzwolle-Leichtbauplatten	250 bis 450		0,03		0,05			< 0,10	1,8	5	3
Holzfaserdämmplatten	40 bis 250	0,02		0,03				< 0,05	1,4	5	3
Harnstoff-Formaldehydschaum	10 bis 30	0,1		0,15		< 0,15	0,7			2	2
Polyurethanschaum	30 bis 50		0		0			< 0,15	6	60	60

Tabelle 59: Feuchteschutztechnische Eigenschaften von Wärmedämm- und Mauerwerkstoffen (Fortsetzung)

Werkstoff	Rohdichte	Feuchtegehalt bei 23 °C, 50 % relativer Luftfeuchte		Feuchtegehalt bei 23 °C, 80 % relativer Luftfeuchte		Umrechnungsfaktor für den Feuchtegehalt				Wasserdampf-Diffusionswiderstandszahl	
						Feuchtegehalt		Feuchtegehalt			
	ρ	u	ψ	U	ψ	u	f_u	ψ	f_ψ	μ	
	kg/m³	kg/kg	m³/m³	kg/kg	m³/m³	kg/kg		m³/m³		trocken	feucht
Lose Mineralwolle	15 bis 60		0		0			< 0,15	4	1	1
Lose Zellulosefasern	20 bis 60	0,11		0,18		< 0,20	0,5			2	2
Blähperlite-Schüttung	30 bis 150	0,01		0,02		0 bis 0,02	3			2	2
Schüttung aus expandiertem Vermiculit	30 bis 150	0,01		0,02		0 bis 0,02	2			3	2
Blähtonschüttung	200 bis 400	0		0,001		0 bis 0,02	4			2	2
Polystyrol-Partikelschüttung	10 bis 30		0		0	< 0,10		4	4	2	2
Vollziegel (gebrannter Ton)	1 000 bis 2 400		0,007		0,012			0 bis 0,025	10	16	10
Kalksandstein	900 bis 2 200		0,012		0,024			0 bis 0,025	10	20	15
Beton mit Bimszuschlägen	500 bis 1 300		0,02		0,035			0 bis 0,025	4	50	40
Beton mit nichtporigen Zuschlägen und Kunststein	1 600 bis 2 400		0,025		0,04			0 bis 0,025	4	150	120
Beton mit Polystyrolzuschlägen	500 bis 800		0,015		0,025			0 bis 0,025	5	120	60
Beton mit Blähtonzuschlägen	400 bis 700	0,02		0,03		0 bis 0,025	2,6			6	4
Beton überwiegend mit Blähtonzuschlägen	800 bis 1 700	0,2		0,03		0 bis 0,025	4			8	6
Beton mit mehr als 70 % geblähter Hochofenschlacke	1 100 bis 1 700	0,02		0,04		0 bis 0,025	4			30	20
Beton mit vorwiegend aus Hochtemperatur behandeltem taubem Gestein aufbereitet	1 100 bis 1 500	0,02		0,04		0 bis 0,025	4		15		10
Porenbeton	300 bis 1 000	0,026		0,045		0 bis 0,025	4			10	6

Tabelle 59: Feuchteschutztechnische Eigenschaften von Wärmedämm- und Mauerwerkstoffen (Fortsetzung)

Werkstoff	Rohdichte	Feuchtegehalt bei 23 °C, 50 % relativer Luftfeuchte		Feuchtegehalt bei 23 °C, 80 % relativer Luftfeuchte		Umrechnungsfaktor für den Feuchtegehalt				Wasserdampf-Diffusionswiderstandszahl	
						Feuchtegehalt		Feuchtegehalt			
	ρ	u	ψ	u	ψ	u	f_u	ψ	f_ψ	μ	
	kg/m³	kg/kg	m³/m³	kg/kg	m³/m³	kg/kg		m³/m³		trocken	feucht
Beton mit Leichtzuschlägen	500 bis 2 000		0,03		0,05			0 bis 0,025	4	15	10
Mörtel (Mauermörtel und Putz-Mörtel)	250 bis 2 000		0,04		0,06			0 bis 0,025	4	20	10

Für Materialien, für die die Tabellen Tabelle 51 bis Tabelle 58 keine Angaben zu Richtwerten der Wasserdampf-Diffusionswiderstandszahl μ enthalten, sind in Tabelle 60 Werte der wasserdampfäquivalenten Luftschichtdicke s_d zusammengestellt.

Tabelle 60: Wasserdampfdiffusionsäquivalente Luftschichtdicke s_d

Produkt/Stoff	**Wasserdampfdiffusionsäquivalente Luftschichtdicke s_d [m]**
Polyethylenfolie 0,15 mm	50
Polyethylenfolie 0,25 mm	100
Polyesterfolie 0,2 mm	50
PVC-Folie	30
Aluminium-Folie 0,05 mm	1 500
PE-Folie (gestapelt) 0,15 mm	8
Bituminiertes Papier 0,1 mm	2
Aluminiumverbundfolie 0,4 mm	10
Unterdeck- und Unterspannbahn für Wände	0,2
Beschichtungsstoff	0,1
Glanzlack	3
Vinyltapete	2
Die Dicke der Produkte nach dieser Tabelle wird üblicherweise nicht gemessen und kann auf dünne Produkte mit einem Wasserdampfdurchlasswiderstand bezogen werden. Die Werte stellen Dicken-Nennwerte als Hilfe zur Identifizierung von Produkten dar.	

3 Wärmetechnische Angaben von Bauteilen

Für ausgewählte Bauteile, die sich aus Einzelkomponenten zusammensetzen, z. B. Deckenkonstruktionen oder Fenster, sind in Tabelle 61 wärmetechnische Kennwerte wie der Wärmedurchlasswiderstand *R* oder der Wärmedurchgangskoeffizient *U* aufgelistet.

3.1 Wärmedurchlasswiderstände von Decken

Tabelle 61: Wärmedurchlasswiderstände R von Decken (DIN 4108-4)

Zeile	**Spalte**			
	1	**2**	**3**	**4**
	Deckenart und Darstellung	**Dicke[1]** d **[mm]**	**Wärmedurchlasswiderstand** R **[m² · K/W]**	
			im Mittel	**an der ungünstigsten Stelle**
1	Stahlbetonrippen- und Stahlbetonbalkendecken mit Zwischenbauteilen nach DIN EN 15037-2			
1.1	Stahlbetonrippendecke (ohne Aufbeton, ohne Putz)	120	0,20	0,06
		140	0,21	0,07
		160	0,22	0,08
		180	0,23	0,09
		200	0,24	0,10
		220	0,25	0,11
		250	0,26	0,12
1.2	Stahlbetonbalkendecke (ohne Aufbeton, ohne Putz)	120	0,16	0,06
		140	0,18	0,07
		160	0,2	0,08
		180	0,22	0,09
		200	0,24	0,10
		220	0,26	0,11
		240	0,28	0,12
2	Stahlbetonrippen und Stahlbetonbalkendecken mit Zwischenbauteilen nach DIN EN 15037-3 in Verbindung mit DIN 20000-129			

Tabelle 61: Wärmedurchlasswiderstände R von Decken (DIN 4108-4) (Fortsetzung)

Zeile	Spalte			
	1	2	3	4
	Deckenart und Darstellung	**Dicke[1)] d [mm]**	**Wärmedurchlasswiderstand R [m² · K/W]**	
			im Mittel	**an der ungünstigsten Stelle**
2.1	Ziegel als Zwischenbauteile nach DIN EN 15037-3 ohne Querstege (ohne Aufbeton, ohne Putz)	115	0,15	0,06
		140	0,16	0,07
		165	0,18	0,08
2.2	Ziegel als Zwischenbauteile nach DIN EN 15037-3 mit Querstegen (ohne Aufbeton, ohne Putz)	190	0,24	0,09
		225	0,26	0,10
		240	0,28	0,11
		265	0,3	0,12
		290	0,32	0,13
3	Ziegeldecken (Stahlsteindecken) nach DIN 1045-100, aus Deckenziegeln nach DIN 4159			
3.1	Ziegel für teilvermörtelbare Stoßfugen nach DIN 4159	115	0,15	0,06
		140	0,18	0,07
		165	0,21	0,08
		190	0,24	0,09
		215	0,27	0,10
		240	0,3	0,11
		265	0,33	0,12
		290	0,36	0,13
3.2	Ziegel für vollvermörtelbare Stoßfugen nach DIN 4159	115	0,13	0,06
		140	0,16	0,07
		165	0,19	0,08
		190	0,22	0,09
		215	0,25	0,10
		240	0,28	0,11
		265	0,31	0,12
		290	0,34	0,13

Tabelle 61: Wärmedurchlasswiderstände R von Decken (DIN 4108-4) (Fortsetzung)

Zeile	Spalte			
	1	2	3	4
	Deckenart und Darstellung	**Dicke[1]** d **[mm]**	**Wärmedurchlasswiderstand** R **[m² · K/W]**	
			im Mittel	**an der ungünstigsten Stelle**
4	Stahlbetonhohldielen nach DIN EN 1992-1-1, DIN 1045-2			
	(ohne Aufbeton, ohne Putz)	65	0,13	0,03
		80	0,14	0,04
		100	0,15	0,05

[1] Zwischenwerte dürfen interpoliert weden.

3.2 Bemessungswerte für Fenster, Fenstertüren und Dachflächenfenster

Der **Nennwert** des Wärmedurchgangskoeffizienten von Fenstern und Fenstertüren sowie von Dachflächenfenstern U_W ist der vom Hersteller deklarierte Wärmedurchgangskoeffizient nach DIN EN 14351-1. Der **Bemessungswert** des Wärmedurchgangskoeffizienten für Fenster, Fenstertüren sowie für Dachflächenfenster $U_{W,BW}$ **entspricht dem Nennwert** U_W.

Gemäß DIN EN 14351-1 kann der Wärmedurchgangskoeffizient U_W

- für vertikale Fenster mit einem Flächenanteil des Rahmens von 30 % an der Gesamtfensterfläche und mit typischen Arten von Abstandhaltern (Stahl, Aluminium) nach DIN EN ISO 10077-1 (siehe Tabelle 62) und für Sprossenfenster zusätzlich unter Berücksichtigung von ΔU_W nach Tabelle 64
- für vertikale Fenster mit einem Flächenanteil des Rahmens von 30 % an der Gesamtfensterfläche und mit wärmetechnisch verbesserten Abstandhaltern nach DIN EN ISO 10077-1 (siehe Tabelle 63) und für Sprossenfenster zusätzlich unter Berücksichtigung von ΔU_W nach Tabelle 64

berechnet werden.

Nach DIN EN 14351-1 ist es alternativ auch möglich, den Wärmedurchgangskoeffizienten U_W nach

- DIN EN ISO 10077-1 bzw.
- DIN EN ISO 10077-1 und DIN EN ISO 10077-2 oder
- messtechnisch zu ermitteln.

Wird – beispielsweise für Berechnungen zum energiesparenden Wärmeschutz – der Wärmedurchgangskoeffizient **U_W von Fenstern, Fenstertüren und Dachflächenfenstern** benötigt und werden dazu die Tabellen Tabelle 62 und Tabelle 63 verwendet, dann setzt sich der Bemessungswert des Wärmedurchgangskoeffizienten $U_{W,BW}$ aus dem Nennwert U_W nach Tabelle 62 oder Tabelle 63 und einem möglichen Korrekturwerten ΔU_W für Sprossen in der Verglasung gemäß Tabelle 64 wie folgt zusammen:

$$U_{w,BW} = U_w + \sum \Delta U_w \tag{112}$$

Achtung

In den Berechnungsnormen und Nachweisen für den baulichen Wärmeschutz und die Energieeinsparung im Hochbau wird der Index BW (für Bemessungswerte) nicht verwendet. Dort gilt $U_W = U_{W,BW}$.

Tabelle 62: Wärmedurchgangskoeffizienten von Fenstern und Fenstertüren U_W in Abhängigkeit vom Wärmedurchgangskoeffizienten für Verglasung U_g und vom Wärmedurchgangskoeffizienten des Rahmens U_f bei Verglasungen mit typischen Scheibenabstandhaltern (DIN EN ISO 10077-1)

U_f [W/(m² · K)]		**0,8**	**1,0**	**1,2**	**1,4**	**1,6**	**1,8**	**2,0**	**2,2**	**2,6**	**3,0**	**3,4**	**3,8**	**7,0**
Art der Verglasung	**U_g [W/(m² · K)]**	**U_w für vertikale Fenster mit einem Flächenanteil des Rahmens von 30 % an der Gesamtfensterfläche und mit typischen Arten von Abstandhaltern [W/(m² · K)]**												
Einscheiben-verglasung	5,8	4,3	4,4	4,4	4,5	4,5	4,6	4,7	4,7	4,8	5,0	5,1	5,2	6,1
Zweischeiben- oder Dreischeiben-Isolierverglasung	3,3	2,7	2,8	2,8	2,9	2,9	3,0	3,1	3,2	3,3	3,4	3,5	3,6	4,5
	3,2	2,6	2,7	2,7	2,8	2,9	2,9	3,0	3,1	3,2	3,3	3,5	3,6	4,4
	3,1	2,6	2,6	2,7	2,7	2,8	2,9	2,9	3,0	3,1	3,3	3,4	3,5	4,3
	3,0	2,5	2,5	2,6	2,7	2,7	2,8	2,8	3,0	3,1	3,2	3,3	3,4	4,2
	2,9	2,4	2,5	2,5	2,6	2,7	2,7	2,8	2,9	3,0	3,1	3,2	3,4	4,2
	2,8	2,3	2,4	2,5	2,5	2,6	2,6	2,7	2,8	2,9	3,1	3,2	3,3	4,1
	2,7	2,3	2,3	2,4	2,5	2,5	2,6	2,6	2,7	2,9	3,0	3,1	3,2	4,0
	2,6	2,2	2,3	2,3	2,4	2,4	2,5	2,6	2,7	2,6	2,9	3,0	3,2	4,0
	2,5	2,1	2,2	2,3	2,3	2,4	2,4	2,5	2,6	2,5	2,8	3,0	3,1	3,9
	2,4	2,1	2,1	2,2	2,2	2,3	2,4	2,4	2,5	2,5	2,8	2,9	3,0	3,8
	2,3	2,0	2,1	2,1	2,2	2,2	2,3	2,4	2,5	2,4	2,7	2,8	3,0	3,8
	2,2	1,9	2,0	2,0	2,1	2,2	2,2	2,3	2,4	2,3	2,6	2,8	2,9	3,7
	2,1	1,9	1,9	2,0	2,0	2,1	2,2	2,2	2,3	2,3	2,6	2,7	2,8	3,6

Tabelle 62: Wärmedurchgangskoeffizienten von Fenstern und Fenstertüren U_W in Abhängigkeit vom Wärmedurchgangskoeffizienten für Verglasung U_g und vom Wärmedurchgangskoeffizienten des Rahmens U_f bei Verglasungen mit typischen Scheibenabstandhaltern (DIN EN ISO 10077-1) (Fortsetzung)

U_f [W/(m² · K)]		**0,8**	**1,0**	**1,2**	**1,4**	**1,6**	**1,8**	**2,0**	**2,2**	**2,6**	**3,0**	**3,4**	**3,8**	**7,0**
Art der Verglasung	**U_g [W/(m² · K)]**	**U_w für vertikale Fenster mit einem Flächenanteil des Rahmens von 30 % an der Gesamtfensterfläche und mit typischen Arten von Abstandhaltern [W/(m² · K)]**												
	2,0	1,8	1,9	2,0	2,0	2,1	2,1	2,2	2,3	2,5	2,6	2,7	2,8	3,6
	1,9	1,8	1,8	1,9	1,9	2,0	2,1	2,1	2,3	2,4	2,5	2,5	2,7	3,6
	1,8	1,7	1,8	1,8	1,9	1,9	2,0	2,1	2,2	2,3	2,4	2,6	2,7	3,5
	1,7	1,6	1,7	1,7	1,8	1,9	1,9	2,0	2,1	2,2	2,4	2,5	2,6	3,4
	1,6	1,6	1,6	1,7	1,7	1,8	1,9	1,9	2,1	2,2	2,3	2,4	2,5	3,3
	1,5	1,5	1,5	1,6	1,7	1,7	1,8	1,8	2,0	2,1	2,2	2,3	2,5	3,3
	1,4	1,4	1,5	1,5	1,6	1,7	1,7	1,8	1,9	2,0	2,2	2,3	2,4	3,2
	1,3	1,3	1,4	1,5	1,5	1,6	1,6	1,7	1,8	2,0	2,1	2,2	2,3	3,1
	1,2	1,3	1,3	1,4	1,5	1,5	1,6	1,6	1,8	1,9	2,0	2,1	2,3	3,1
	1,1	1,2	1,3	1,3	1,4	1,4	1,5	1,6	1,7	1,8	1,9	2,1	2,2	3,0
	1,0	1,1	1,2	1,3	1,3	1,4	1,4	1,5	1,6	1,8	1,9	2,0	2,1	2,9
	0,9	1,1	1,1	1,2	1,2	1,3	1,4	1,4	1,6	1,7	1,8	1,9	2,0	2,9
	0,8	1,0	1,1	1,1	1,2	1,2	1,3	1,4	1,5	1,6	1,7	1,9	2,0	2,8
	0,7	0,93	0,99	1,0	1,1	1,2	1,2	1,3	1,4	1,5	1,7	1,8	1,9	2,7
	0,6	0,86	0,92	0,98	1,0	1,1	1,2	1,2	1,4	1,5	1,6	1,7	1,8	2,7
	0,5	0,79	0,85	0,91	0,97	1,0	1,1	1,2	1,3	1,4	1,5	1,6	1,8	2,6

Tabelle 63: Wärmedurchgangskoeffizienten von Fenstern und Fenstertüren U_W in Abhängigkeit vom Wärmedurchgangskoeffizienten für Verglasung U_g und vom Wärmedurchgangskoeffizienten des Rahmens U_f bei Verglasungen mit wärmetechnisch verbesserten Scheibenabstandhaltern (DIN EN ISO 10077-1)

U_f [W/(m² · K)]		**0,8**	**1,0**	**1,2**	**1,4**	**1,6**	**1,8**	**2,0**	**2,2**	**2,6**	**3,0**	**3,4**	**3,8**	**7,0**
Art der Verglasung	**U_g [W/(m² · K)]**	**U_w für vertikale Fenster mit einem Flächenanteil des Rahmens von 30 % an der Gesamtfensterfläche und mit wärmetechnisch verbesserten Abstandhaltern [W/(m² · K)]**												
Einscheiben-verglasung	5,8	4,3	4,4	4,4	4,5	4,5	4,6	4,7	4,7	4,8	5,0	5,1	5,2	6,2

Tabelle 63: Wärmedurchgangskoeffizienten von Fenstern und Fenstertüren U_W in Abhängigkeit vom Wärmedurchgangskoeffizienten für Verglasung U_g und vom Wärmedurchgangskoeffizienten des Rahmens U_f bei Verglasungen mit wärmetechnisch verbesserten Scheibenabstandhaltern (DIN EN ISO 10077-1) (Fortsetzung)

U_f [W/(m² · K)]		**0,8**	**1,0**	**1,2**	**1,4**	**1,6**	**1,8**	**2,0**	**2,2**	**2,6**	**3,0**	**3,4**	**3,8**	**7,0**
Art der Verglasung	**U_g [W/(m² · K)]**	**U_w für vertikale Fenster mit einem Flächenanteil des Rahmens von 30 % an der Gesamtfensterfläche und mit wärmetechnisch verbesserten Abstandhaltern [W/(m² · K)]**												
Zweischeiben- oder Dreischeiben-Isolierverglasung	3,3	2,7	2,7	2,8	2,9	2,9	3,0	3,0	3,1	3,2	3,4	3,5	3,6	4,4
	3,2	2,6	2,7	2,7	2,8	2,8	2,9	3,0	3,0	3,2	3,3	3,4	3,5	4,4
	3,1	2,5	2,6	2,7	2,7	2,8	2,8	2,9	3,0	3,1	3,2	3,3	3,5	4,3
	3,0	2,5	2,5	2,6	2,6	2,7	2,8	2,8	2,9	3,0	3,1	3,3	3,4	4,2
	2,9	2,4	2,5	2,5	2,6	2,6	2,7	2,8	2,8	3,0	3,1	3,2	3,3	4,2
	2,8	2,3	2,4	2,4	2,5	2,6	2,6	2,7	2,8	2,9	3,0	3,1	3,2	4,1
	2,7	2,3	2,3	2,4	2,4	2,5	2,6	2,6	2,7	2,8	2,9	3,1	3,2	4,0
	2,6	2,2	2,2	2,3	2,4	2,4	2,5	2,5	2,6	2,6	2,9	3,0	3,1	3,9
	2,5	2,1	2,2	2,2	2,3	2,4	2,4	2,5	2,6	2,5	2,8	2,9	3,0	3,9
	2,4	2,0	2,1	2,2	2,2	2,3	2,3	2,4	2,5	2,5	2,7	2,8	3,0	3,8
	2,3	2,0	2,0	2,1	2,2	2,2	2,3	2,3	2,4	2,4	2,7	2,8	2,9	3,7
	2,2	1,9	2,0	2,0	2,1	2,1	2,2	2,3	2,3	2,3	2,6	2,7	2,8	3,7
	2,1	1,8	1,9	2,0	2,0	2,1	2,1	2,2	2,3	2,2	2,5	2,6	2,8	3,6
	2,0	1,8	1,8	1,9	2,0	2,0	2,1	2,1	2,3	2,4	2,5	2,6	2,7	3,6
	1,9	1,7	1,8	1,8	1,9	2,0	2,0	2,1	2,2	2,3	2,4	2,5	2,7	3,5
	1,8	1,6	1,7	1,8	1,8	1,9	1,9	2,0	2,1	2,2	2,4	2,5	2,6	3,5
	1,7	1,6	1,6	1,7	1,8	1,8	1,9	1,9	2,0	2,2	2,3	2,4	2,5	3,4
	1,6	1,5	1,6	1,6	1,7	1,7	1,8	1,9	2,0	2,1	2,2	2,3	2,5	3,3
	1,5	1,4	1,5	1,6	1,6	1,7	1,7	1,8	1,9	2,0	2,1	2,3	2,4	3,2
	1,4	1,4	1,4	1,5	1,5	1,6	1,7	1,7	1,8	2,0	2,1	2,2	2,3	3,2
	1,3	1,3	1,4	1,4	1,5	1,5	1,6	1,7	1,8	1,9	2,0	2,1	2,2	3,1
	1,2	1,2	1,3	1,3	1,4	1,5	1,5	1,6	1,7	1,8	1,9	2,1	2,2	3,0
	1,1	1,2	1,2	1,3	1,3	1,4	1,5	1,5	1,6	1,7	1,9	2,0	2,1	3,0
	1,0	1,1	1,1	1,2	1,3	1,3	1,4	1,4	1,6	1,7	1,8	1,9	2,0	2,9
	0,9	1,0	1,1	1,1	1,2	1,3	1,3	1,4	1,5	1,6	1,7	1,8	2,0	2,8
	0,8	0,95	1,0	1,1	1,1	1,2	1,2	1,3	1,4	1,5	1,7	1,8	1,9	2,8
	0,7	0,88	0,94	1,0	1,1	1,1	1,2	1,2	1,3	1,5	1,6	1,7	1,8	2,7
	0,6	0,81	0,87	0,93	0,99	1,0	1,1	1,2	1,3	1,4	1,5	1,6	1,8	2,6
	0,5	0,74	0,80	0,86	0,92	0,98	1,0	1,1	1,2	1,3	1,4	1,6	1,7	2,5

Tabelle 64: Korrekturwerte ΔU_W bei Sprossenfenstern zur Berechnung des Bemessungswerts $U_{W,BW}$ (DIN EN 14351-1)

	Einbausituation der Sprossen		**Korrekturwert ΔU_W [W/(m² · K)]**
1	Befestigte Sprosse(n)	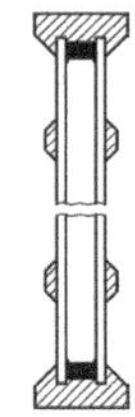	0,0
2	Einfache Kreuzsprosse im Mehrscheiben-Isolierglas	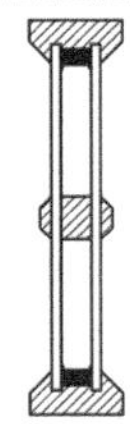 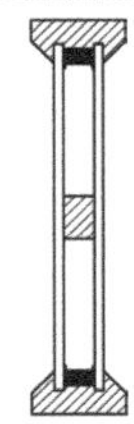	0,1
3	Mehrfach-Kreuzsprossen im Mehrscheiben-Isolierglas	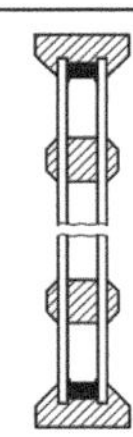 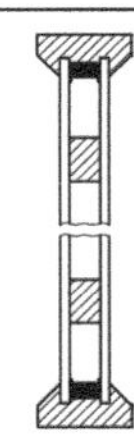	0,2
4	Fenstersprosse	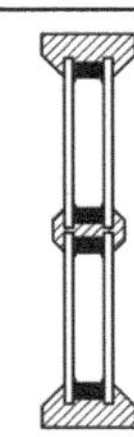	0,4

3.3 Bemessungswerte von Verglasungen

Beziehen sich die Berechnungen – z. B. im Rahmen des energiesparenden Wärmeschutzes – **nur auf die Verglasung**, wenn beispielsweise im Rahmen einer Sanierungsmaßnahme nur die Verglasung eines Fensters ausgetauscht wird, dann setzt sich der Bemessungswert des Wärmedurchgangskoeffizienten der Verglasung $U_{g,BW}$ aus dem Nennwert U_g und einem möglichen Korrekturwert ΔU_g für Sprossen im Scheibenzwischenraum zusammen:

$$U_{g,BW} = U_g + \sum \Delta U_g \qquad (113)$$

In diesem Zusammenhang können als Korrekturwert ΔU_g für Sprossen im Scheibenzwischenraum die Angaben aus Tabelle 64 der Zeile 2 oder Zeile 3 verwendet werden.

3.4 Bemessungswerte von Türen und Toren

Der Bemessungswert des Wärmedurchgangskoeffizienten für Außentüren $U_{D,BW}$ entspricht dem Nennwert U_D. Ist für den Nennwert des Wärmedurchgangskoeffizienten von Türen U_D kein Nachweis vorhanden (z. B. wegen handwerklicher Herstellung, Bestandstüren), können für den Anwendungsbereich dieser Norm pauschal die Bemessungswerte $U_{D,BW}$ nach Tabelle 65 verwendet werden.

Tabelle 65: Bemessungswert des Wärmedurchgangskoeffizienten von Außentüren $U_{D,BW}$ in Abhängigkeit von den konstruktiven Merkmalen (DIN 4108-4)

Konstruktionsmerkmale von Türen	$U_{D,BW}$ **[W/(m² · K)]**
Türen aus Holz, Holzwerkstoffen und Kunststoff	2,9
Türen aus Metallrahmen und metallenen Bekleidungen	4,0

Ist bei Toren für den Nennwert des Wärmedurchgangskoeffizienten U_D kein Nachweis vorhanden, dürfen pauschal die Bemessungswerte $U_{D,BW}$ nach Tabelle 66 verwendet werden.

Tabelle 66: Bemessungswert des Wärmedurchgangskoeffizienten von Toren $U_{D,BW}$ in Abhängigkeit von den konstruktiven Merkmalen (DIN 4108-4)

Konstruktionsmerkmale von Toren[1]	$U_{D,BW}$ **[W/(m² · K)]**
Tore mit einem Torblatt aus Metall (einschalig, ohne wärmetechnische Trennung)	6,5
Tore mit einem Torblatt aus Metall oder holzbeplankten Paneelen aus Dämmstoffen ($\lambda \leq 0,04$ W/(m · K) bzw. $R_D \geq 0,5$ W/(m² · K) bei 15 mm Schichtdicke)	2,9
Tore mit einem Torblatt aus Holz und Holzwerkstoffen, Dicke der Torfüllung ≥ 15 mm	4,0
Tore mit einem Torblatt aus Holz und Holzwerkstoffen, Dicke der Torfüllung ≥ 25 mm	3,2
[1] Unter Toren wird hier verstanden: Eine Einrichtung, um eine Öffnung zu schließen, die in der Regel für die Durchfahrt von Fahrzeugen vorgesehen ist. Der allgemeine Begriff für „Tore" ist in DIN EN 12433-1 definiert.	

3.5 Luftdurchlässigkeit in Abhängigkeit von den Konstruktionsmerkmalen von Fenstern, Fenstertüren und Außentüren

Falls hinsichtlich einer Klassifizierung der Luftdurchlässigkeit von Fenstern, Fenstertüren sowie Außentüren kein Nachweis vorhanden ist, dann können für den Anwendungsbereich von DIN 4108-4 in Abhängigkeit von den Konstruktionsmerkmalen nach Tabelle 67 die Klassen nach DIN EN 12207 angesetzt werden.

Tabelle 67: Konstruktionsmerkmale von Fenstern und Fenstertüren (DIN 4108-4)

Konstruktionsmerkmale	**Klasse nach DIN EN 12207**
Holzfenster (auch Doppelfenster) mit Profilen nach DIN 68121-1, ohne Dichtung	2
Alle Fensterkonstruktionen mit alterungsbeständiger, leicht auswechselbarer, weichfedernder Dichtung, in einer Ebene umlaufend angeordnet	3
Alle Außentürkonstruktionen mit alterungsbeständiger, leicht auswechselbarer, weichfedernder Dichtung, in einer Ebene umlaufend angeordnet	2

Teil D Bauakustik

Neben dem Wärme- und Feuchteschutz stellt auch der Schallschutz eine der wesentlichen Anforderungen an die Planung und Ausführung von Gebäuden sowie damit verbundenen technischen Anlagen und Einrichtungen dar. Beim Schallschutz ist zwischen Maßnahmen

- gegen die Schallentstehung (Primär-Maßnahmen) und
- solchen, die die Schallübertragung von einer Schallquelle zum Hörer vermindern (Sekundär-Maßnahmen),

zu unterscheiden. Primär-Maßnahmen beziehen sich auf die Körperschall-entkoppelte Lagerung von Geräten und Anlagen (z. B. durch Federlagerung) bzw. von haustechnischen Anlagen und Einrichtungen (Rohrleitungen, Armaturen) oder die Einhausung von Maschinen. Bei Sekundär-Maßnahmen stellt sich für den Planer die Frage, ob sich die Schallquelle und der Hörer im selben Raum oder in verschiedenen Räumen befinden. Im ersten Fall kann der Schallschutz durch Schallabsorption im Raum (Raumakustik), im zweiten Fall durch ausreichende Schalldämmung der Trennbauteile (Bauakustik) erreicht werden.

Außerdem ist bei Untersuchungen zum Schallschutz hinsichtlich der unterschiedlichen Verursacher (Emittenten) zu unterscheiden:

- Die im Inneren eines Gebäudes entstehen und auf angrenzende Zonen einwirken,
- aus haustechnischen Anlagen und Einrichtungen,
- aus Verkehr (Straßenverkehr, Bahn, Flugzeugbewegungen),
- von Gewerbe- und Industriebetrieben,
- von Freizeitanlagen und Veranstaltungen.

1 Festlegungen zum Schallschutz im Hochbau gemäß MVV TB 2020/1

In der MVV TB 2020/1 ist hinsichtlich der technischen Anforderungen bei der Planung, Bemessung und Ausführung zum Schallschutz im Hochbau festgelegt:

- Abschnitt A 5.2: Als Technische Regel zu Anforderungen an Planung, Bemessung und Ausführung zum Schallschutz im Hochbau gilt DIN 4109-1:2018-01
- Anlage A 5.2/1: DIN 4109-1:2018-01
  - Zu Abschnitt 7 (Anforderungen an Außenbauteile unter Berücksichtigung unterschiedlicher Raumarten oder Nutzungen):
    Ein Nachweis der Luftschalldämmung von Außenbauteilen ist erforderlich, wenn
    a) der Bebauungsplan festsetzt, dass Vorkehrungen zum Schutz vor Außenlärm am Gebäude zu treffen sind (§ 9 Absatz 1 Nummer 24 BauGB) oder

b) der „maßgebliche Außenlärmpegel" (Abschnitt 4.4.5 der DIN 4109-2:2018-01) auch nach den vorgesehenen Maßnahmen zur Lärmminderung gleich oder höher ist als

- 61 dB(A) bei Aufenthaltsräumen in Wohnungen, Übernachtungsräumen, Unterrichtsräumen und ähnlichen Räumen sowie bei Bettenräumen in Krankenhäusern und Sanatorien
- 66 dB(A) bei Büroräumen

– Zu Abschnitt 7.1 (Anforderungen an Außenbauteile unter Berücksichtigung unterschiedlicher Raumarten oder Nutzungen):
Sofern das gesamte bewertete Bau-Schalldämm-Maß $R'_{w,ges}$ > 50 dB betragen muss, bzw. bei einem Maßgeblichen Außenlärmpegel L_A > 80 dB sind die Anforderungen im Einzelfall von der Bauaufsichtsbehörde festzulegen.

– Zu Abschnitt 8 Tabelle 8 (Anforderungen an die Luft- und Trittschalldämmung von Bauteilen zwischen „besonders lauten" und schutzbedürftigen Räumen):
Die Anforderungen in Tabelle 8, Zeilen 3.3, 3.4, 5.1 und 5.2 sind nur einzuhalten, sofern es sich bei den schutzbedürftigen Räumen um Wohn-, Schlaf- oder Bettenräume gemäß DIN 4109-1:2018-01, Abschnitt 3.16 handelt.

– Zu den Abschnitten 7, 8 und 9:
Bei baulichen Anlagen, die nach Tabelle 9, Zeilen 3 und 4 einzuordnen sind, ist die Einhaltung des geforderten Schalldruckpegels durch Vorlage von Messergebnissen nachzuweisen. Das Gleiche gilt für die Einhaltung des geforderten Schalldämm-Maßes bei Bauteilen nach Tabelle 8 und bei Außenbauteilen, an die Anforderungen entsprechend Abschnitt 7.1 gestellt werden, sofern das gesamte bewertete Bau-Schalldämm-Maß $R'_{w,ges}$ ≥ 50 dB betragen muss, bzw. bei einem Maßgeblichen Außenlärmpegel L_A > 80 dB. Diese Messungen sind unter Beachtung von DIN 4109-4:2016-07 von bauakustischen Prüfstellen durchzuführen, die entweder nach § 24 Abs. 1 Nr. 1 MBO1 anerkannt sind oder in einem Verzeichnis über „anerkannte Schallschutzprüfstellen" bei dem Verband der Materialprüfungsanstalten VMPA2 geführt werden.

- Anlage A 5.2/2:
Der schalltechnische Nachweis ist nach DIN 4109-2:2018-01 in Verbindung mit DIN 4109-31:2016-07, DIN 4109-32:2016-07, DIN 4109-33:2016-07, DIN 4109-34:2016-07, DIN 4109-34/A1:2019-12, DIN 4109-35:2016-07, DIN 4109-35/A1:2019-12 und DIN 4109-36:2016-07 zu führen.

  Für Bauteile im Massivbau kann der Nachweis auch nach Beiblatt 1 zu DIN 4109:1989-11 geführt werden. Wenn Mauerwerk aus Lochsteinen zur Anwendung kommt, gilt dies nur für Mauerwerk, welches den Bedingungen in DIN 4109-32:2016-07, Abschnitt 4.1.4.2.1, entspricht. Beiblatt 1 zu DIN 4109:1989-11 darf jedoch nicht für den Nachweis von massiven Treppen herangezogen werden.

- Anlage A 5.2/2:
  – Zu DIN 4109-2: Die informativen Anhänge B, C und D sind nicht anzuwenden.
  – Zu DIN 4109-36: Der informative Anhang A ist nicht anzuwenden.

2 Symbole und Formelzeichen

Tabelle 68: Symbole und Formelzeichen

Größe	Symbol	Einheit
Bezugsabsorptionsfläche mit $A_0 = 10\ m^2$	A_0	m^2
Schalldruckpegeldifferenz	D	dB
Bewertete Norm-Schallpegeldifferenz kleiner Bauteile	$D_{n,e,w}$	dB
Bewertete Norm-Flankenschallpegeldifferenz	$D_{n,f,w}$	dB
Bewertete Norm-Schallpegeldifferenz	$D_{n,w}$	dB
Grundfrequenz, Koinzidenzfrequenz	f_g	Hz, 1/s
Resonanzfrequenz	f_0	Hz, 1/s
Korrekturwert Flankenübertragung Trittschall Massivbau	K	dB
Korrekturwert Außenlärm	K_{AL}	dB
Stoßstellendämm-Maß	K_{ij}	dB
Korrekturwert räumliche Zuordnung Trittschall	K_T	dB
Länge	l	m
Bezugskopplungslänge	l_0	m
Gemeinsame Kopplungslänge der Verbindungsstelle zwischen dem trennenden und dem flankierenden Bauteil	l_f	m
Schalldruckpegel	L	dB
A-bewerteter maximaler Norm-Schalldruckpegel	$L_{AF,max,n}$	dB
Äquivalenter Dauerschallpegel	L_{eq}	dB
Äquivalenter bewerteter Norm-Trittschallpegel einer Rohdecke	$L_{n,eq,0,w}$	dB
Bewerteter Norm-Trittschallpegel ohne Flankenübertragung	$L_{n,w}$	dB
Bewerteter Norm-Trittschallpegel im Bau mit Flankenübertragung	$L'_{n,w}$	dB
Bewertete Trittschallminderung	ΔL_w	dB
Flächenbezogene Masse	m'	kg/m^2
Mittlere flächenbezogene Masse der flankierenden Bauteile	$m'_{f,m}$	kg/m^2
Flächenbezogene Masse der Trenndecke	m'_s	kg/m^2
Bewertetes Direktschalldämm-Maß des trennenden Bauteils	$R_{Dd,w}$	dB

Tabelle 68: Symbole und Formelzeichen (Fortsetzung)

Größe	Symbol	Einheit
Gesamte bewertete Verbesserung des Schalldämm-Maßes durch Vorsatzkonstruktionen auf dem trennenden Bauteil	$\Delta R_{\mathrm{Dd,w}}$	dB
Bewertetes flächenbezogenes Schalldämm-Maß von Elementen	$R_{\mathrm{e,i,w}}$	dB
Bewertetes Flankendämm-Maß für die Übertragungswege Ff, Df und Fd	$R_{\mathrm{Ff,w}}$, $R_{\mathrm{Df,w}}$, $R_{\mathrm{Fd,w}}$	dB
Bewertetes Flankendämm-Maß	$R_{\mathrm{ij,w}}$	dB
Gesamte bewertete Verbesserung des Schalldämm-Maßes durch Vorsatzkonstruktionen	$\Delta R_{\mathrm{ij,w}}$	dB
Bewertetes Schalldämm-Maß des trennenden massiven Bauteils	$R_{\mathrm{s,w}}$	dB
Bewertetes Fugenschalldämm-Maß	$R_{\mathrm{S,w}}$	dB
Bewertetes Schalldämm-Maß ohne Flankenübertragung	R_{w}	dB
Bewertete Verbesserung des Schalldämm-Maßes durch eine Vorsatzkonstruktion	ΔR_{w}	dB
Bewertetes Bau-Schalldämm-Maß mit Flankenübertragung	R'_{w}	dB
Bewertetes Bau-Schalldämm-Maß einer einschaligen Wand	$R'_{\mathrm{w,1}}$	dB
Bewertetes Bau-Schalldämm-Maß einer zweischaligen Wand	$R'_{\mathrm{w,2}}$	dB
Gesamtes bewertetes Bau-Schalldämm-Maß	$R'_{\mathrm{w,ges}}$	dB
Bewertetes Schalldämm-Maß zusammengesetzter Bauteile	$R_{\mathrm{w,res}}$	dB
Zweischaligkeitszuschlag	$\Delta R_{\mathrm{w,Tr}}$	dB
Dynamische Steifigkeit	s'	MN/m^3
Grundfläche des Raums	S_{G}	m^2
Fläche des angeregten Bauteils im Senderaum	S_{i}	m^2
Fläche des abstrahlenden Bauteils im Empfangsraum	S_{j}	m^2
Fläche einer Öffnung	$S_{\mathrm{Öffnung}}$	m^2
Fläche des trennenden Bauteils	S_{s}	m^2
Unsicherheit, die sich durch die Umsetzung des geplanten Bauwerks in die Realität ergibt	u_{Bau}	dB
Empfangsraumvolumen	V_{E}	m^3

3 Grundgleichungen

$$L = 20 \cdot \lg\left(\frac{p}{p_0}\right) \quad (114)$$

$$L_{ges} = 10 \cdot \lg\left(\sum_{j=1}^{N} 10^{L_j/10}\right) \quad (115)$$

$$L_{ges} = L + 10 \cdot \lg(N) \quad (116)$$

$$R'_w - 2\,dB \geq erf.\,R'_w \quad (117)$$

$$R_w - 5\,dB \geq erf.\,R_w \quad (118)$$

$$R'_w = -10 \cdot \lg\left[10^{-R_{Dd,w}/10} + \sum_{F=f=1}^{N} 10^{-R_{Ff,w}/10} + \sum_{f=1}^{N} 10^{-R_{Df,w}/10} + \sum_{F=1}^{N} 10^{-R_{Fd,w}/10}\right] \quad (119)$$

$$R_{Dd,w} = R_{s,w} + \Delta R_{Dd,w} \quad (120)$$

$$R_{ij,w} = \frac{R_{i,w}}{2} + \frac{R_{j,w}}{2} + \Delta R_{ij,w} + K_{ij,w} + 10 \cdot \lg\left(\frac{S_S}{l_0 \cdot l_f}\right) \quad (121)$$

$$f_g = 6{,}4 \cdot 10^7 \cdot \frac{1}{d} \cdot \sqrt{\frac{\rho}{E}} \quad (122)$$

$$f_0 = 160 \cdot \sqrt{s' \cdot \left(\frac{1}{m'_1} + \frac{1}{m'_2}\right)} \quad (123)$$

$$f_0 = 160 \cdot \sqrt{\frac{0{,}08}{d} \cdot \left(\frac{1}{m'_1} + \frac{1}{m'_2}\right)} \quad (124)$$

$$K_{ij,min} = 10 \cdot \lg\left[l_f \cdot l_0 \cdot \left(\frac{1}{S_i} + \frac{1}{S_j}\right)\right] \quad (125)$$

$$R'_{w,2} = R'_{w,1} + \Delta R_{w,Tr} - K \quad (126)$$

$$L'_{n,w} + 3\,dB \leq erf.\,L'_{n,w} \quad (127)$$

$$L'_{n,w} = L_{n,eq,0,w} - \Delta L_w + K \quad (128)$$

$$L'_{n,w} = L_{n,eq,0,w} - \Delta L_w - K_T \quad (129)$$

4 Grundlagen des Schalls

Als Schall werden mechanische Schwingungen und Wellen eines elastischen Mediums bezeichnet, insbesondere im Frequenzbereich des menschlichen Hörens zwischen 16 Hz und 16 000 Hz. Schwingungen unter 16 Hz gelten als Infraschall und werden im Wesentlichen als Erschütterungen wahrgenommen, wohingegen Wellen über 16 000 Hz als Ultraschall bezeichnet werden.

Bei einer Schwingung bewegen sich Teilchen um eine Ruhelage, wobei sich die Schallwelle durch Kopplungen mit benachbarten Teilchen fortpflanzt. Breitet sich eine Schwingung in Luft oder einem anderen Gas aus, spricht man von Luftschall. Erfolgt die Ausbreitung in einem festen Stoff, liegt Körperschall vor. Eine Besonderheit des Körperschalls ist der Trittschall. Er entsteht beim Begehen oder ähnlichen Anregungen von Decken oder Treppen.

Zum menschlichen Ohr gelangt der Schall durch eine Druckwelle, die sich in der Luft ausbreitet. Die messtechnisch ermittelten Luftdruckschwankungen bezeichnet man als Schalldruck p. Die vom Menschen wahrnehmbaren Schallereignisse liegen, bei einem 1 000-Hz-Ton, zwischen den Schalldrücken $p = 2 \cdot 10^{-5}$ Pa und $p = 2 \cdot 10$ Pa. Um diesen großen Bereich besser handhaben zu können, wurde der Schalldruckpegel L eingeführt.

$$L = 10 \cdot \lg\left(\frac{p^2}{p_o^2}\right) = 20 \cdot \lg\left(\frac{p}{p_0}\right) \qquad (130)$$

Die zugehörige Einheit dB (Dezibel) ist keine Einheit im physikalischen Sinne, sondern dient der Kennzeichnung des dekatischen logarithmischen Verhältnisses eines Schalldrucks p zum Bezugswert p_0 und wurde nach Graham Bell, dem Erfinder des Telefons, benannt. p_0 kennzeichnet die Hörgrenze des menschlichen Ohrs bei einem Schalldruckpegel von $p_0 = 2 \cdot 10^{-5}$ Pa. Damit liegt die Hörgrenze bei einem Schallpegel von $L = 0$ dB, wohingegen sich die Schmerzgrenze bei $L = 120$ dB befindet.

Aufgrund des logarithmischen Zusammenhangs erhöht oder vermindert sich der Schallpegel bei einer Veränderung der Anzahl oder Intensität von Schallquellen nicht linear. Der resultierende Gesamtschalldruck L_{ges} wird für mehrere Emittenden wie folgt berechnet:

$$L_{ges} = 10 \cdot \lg\left(\sum_{j=1}^{N} 10^{L_j/10}\right) \qquad (131)$$

Für die Erhöhung oder Verminderung des Gesamtschallpegels aus mehreren Schallquellen gleichen Schalldruckpegels L gilt:

$$L_{ges} = L + 10 \cdot \lg(N) \qquad (132)$$

Dabei gibt N die Anzahl der Schallquellen gleichen Schallpegels wieder. Für das additive Glied in Gleichung (128) kann auch Tabelle 69 verwendet werden.

Tabelle 69: Pegelerhöhung

Anzahl n der Schallquellen	1	2	3	4	5	8	10	16
Pegelerhöhung [dB]	0	3	5	6	7	9	10	12

Das menschliche Ohr nimmt über den Hörbereich gesehen nicht alle Frequenzen als gleich intensiv wahr. Frequenzen im mittleren Bereich des Hörspektrums werden als „lauter" empfunden als tiefe Frequenzen. Um Geräusche ohne größeren Aufwand messen und hinsichtlich des menschlichen Hörvermögens miteinander vergleichen zu können, werden die Schalldrücke *L* bei verschiedenen Frequenzen anhand der A-Frequenz-Kurve bewertet, d. h. „korrigiert".

Achtung

Im Gegensatz zu den bisherigen Gepflogenheiten, bei denen ein A-bewerteter Schallpegel generell in der Einheit dB(A) angegeben wurde, erfolgt in DIN 4109-1:2018-01 die Kennzeichnung des Schallpegels in der Einheit dB, wenn dem zugehörigen Symbol oder Formelzeichen zu entnehmen ist, dass es sich um einen A-bewerteten Schallpegel handelt. Dementsprechend steht in DIN 4109:2016-07 beispielsweise $L_{AF,eq} = 25$ *dB. Wird dagegen ein Schallpegel angegeben, der nicht durch ein Symbol oder Formelzeichen gekennzeichnet wird, dann erhält dieser Zahlenwert die Einheit dB(A), z. B.: „Der Beurteilungspegel beträgt 50 dB(A)."*

5 Schallschutz im Bauwesen

Anforderungen und Nachweise des Schallschutzes im Bauwesen gliedern sich grundsätzlich in der in Bild 28 dargestellten Weise.

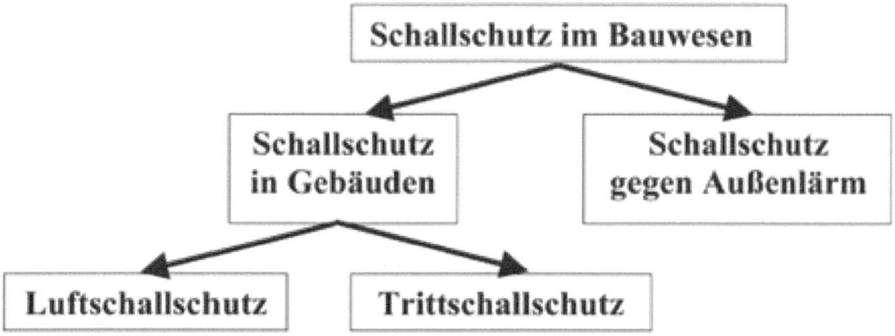

Bild 28: Struktur der Anforderungen und Nachweise

Die Gliederung der tabellarischen Zusammenstellung zum Schallschutz im Bauwesen in diesem Buch orientiert sich im Wesentlichen an der in Bild 28 dargestellten Struktur.

6 Möglichkeiten für Anforderungen und Nachweise

Betrachtet man die Schallübertragung in Gebäuden, dann wird deutlich, dass die resultierenden Schallpegel in den Räumen nicht nur von der Schalldämmung der beteiligten Bauteile abhängen, sondern auch von der Größe der Übertragungsflächen und dem Volumen der untersuchten Räume sowie von deren Nachhallzeit.

Anforderungen und Nachweise an den Schallschutz im Hochbau können daher auf

- den Schallpegel im Raum bzw.
- die Schalldämmung der beteiligten Bauteile

bezogen werden.

Während in DIN 4109-1 bauakustische Anforderungen an das bewertete Bau-Schalldämm-Maß R'_{w} und den bewerteten Norm-Trittschallpegel $L'_{n,w}$ betrachtet werden, gehen die Kenngrößen in VDI 4100 auf die Schallpegeldifferenz $D_{nT,w}$ zwischen zwei Räumen bzw. den Schallpegel $L'_{nT,w}$ im Raum ein. Da zwischen den Anforderungsgrößen aus DIN 4109-1 und den Kenngrößen nach VDI 4100 ein physikalischer Zusammenhang besteht, können diese ineinander umgerechnet werden.

Da sich jedoch die baurechtlichen Anforderungen an den Schallschutz im Hochbau auf DIN 4109 beziehen, wird in diesem Zusammenhang auch deren Schalldämmung betrachtet. Im Rahmen der Ausführungen zum Schallschutz im Hochbau wird jedoch auch auf die Möglichkeiten einer Bezugnahme auf Schallpegel bzw. eine Umrechnung von Schalldämmungen auf Schallpegel im Sinne von VDI 4100 hingewiesen.

7 Anforderungen

Baurechtlich eingeführt und damit für den Schallschutz maßgeblich und bindend ist gemäß MVV TB 2020/1 DIN 4109-1:2018-01. Weitere Vorgaben an zulässige Geräuschpegel und die daraus resultierenden Schalldämm-Anforderungen sind in Richtlinien oder Verordnungen wie z. B. der TALärm oder der Fluglärmrichtlinie verankert.

Folgende Schutzziele sollen mit DIN 4109-1:2018-01 für schutzbedürftige Räume z. B. in Wohnungen, Wohnheimen, Hotels und Krankenhäusern unter Zugrundelegung eines Grundgeräuschpegels von $L_{AF,eq}$ = 25 dB erreicht werden:

- Gesundheitsschutz
- Vertraulichkeit bei normaler Sprechweise
- Schutz vor unzumutbaren Belästigungen.

Achtung

Die Anforderungen an die Luft- und Trittschalldämmung von Bauteilen nach DIN 4109-1:2018-01 Tabellen 2 bis 6 (Tabelle 70) stellen nur ein Mindestmaß dar. Selbst wenn die Maßgaben nach DIN 4109-1:2018-01 eingehalten werden, ist nicht zu erwarten, dass Geräusche von außen oder aus benachbarten Räumen nicht mehr bzw. als nicht belästigend wahrgenommen werden.

Baurechtlich besteht nur der Anspruch auf die Mindestanforderungen. Soll in Gebäuden ein höherer Schallschutz als der nach DIN 4109-1:2018-01 ausgeführt werden, ist dies nur als gesonderte, privatrechtliche Vereinbarung möglich. Da der Mindestschallschutz häufig den heute üblichen Komfortansprüchen nicht mehr genügt, gibt es eine Reihe von Vorschlägen für erhöhten Schallschutz. Hierzu zählen u. a. DIN 4109-5:2020-08 (siehe Tabelle 77) und VDI 4100. Es ist im Einzelfall zu prüfen, ob der Planung und Ausführung die Mindestanforderungen oder ein erhöhter Schallschutz zugrunde zu legen ist.

Nach DIN 4109-1:2018-01 sind die kennzeichnenden Größen des Schallschutzes

- das bewertete Schalldämm-Maß R_w
- das bewertete Bau-Schalldämm-Maß R'_w
- der bewertete Norm-Trittschallpegel im Bau $L'_{n,w}$.

Das bewertete Schalldämm-Maß R_w kennzeichnet die Luftschalldämmung von Bauteilen ohne die Schallübertragung über flankierende Bauteile. R_w wird bei Fenstern und Türen angegeben. Im Gegensatz zum bewerteten Schalldämm-Maß R_w bezieht das bewertete Bau-Schalldämm-Maß R'_w neben der direkten Schallübertragung über das trennende Bauteil auch die Schallenergie, die über flankierende Bauteile übertragen wird, in die Betrachtungen ein (Kennzeichnung: hochgesetzter Strich). Messtechnische Untersuchungen von Bauteilen werden in einem Frequenzspektrum zwischen 100 Hz und 3 150 Hz durchgeführt. Zur Berücksichtigung des unterschiedlichen Hörvermögens des menschlichen Ohrs bei den verschiedenen Frequenzen werden die Messwerte anschließend in Terz-Schritten mit Hilfe einer Bezugskurve „bewertet" (Kennzeichnung: tiefgesetztes w). Das bewertete Bau-Schalldämm-Maß R'_w ist danach der Wert der Schalldämmung der um ganze dB-Schritte verschobenen Bezugskurve bei 500 Hz.

Der bewertete Norm-Trittschallpegel im Bau L'_n kennzeichnet den Schallpegel, der entsteht, wenn das Bauteil Decke oder Treppe mit einem Normhammerwerk zum Schwingen angeregt wird. Analog zum bewerteten Bau-Schalldämm-Maß R'_w beinhaltet auch der bewertete Norm-Trittschallpegel im Bau $L'_{n,w}$ die Schallübertragung über das trennende sowie über flankierende Bauteile und gibt als Einzahlergebnis der Schalldämmung den Wert der verschobenen Bezugskurve bei 500 Hz an.

7.1 Mindestanforderungen an den Schallschutz

Tabelle 70: Anforderungen an den baulichen Schallschutz (DIN 4109-1)

<table>
<tr><th>Spalte</th><th>1</th><th>2</th><th>3</th><th>4</th></tr>
<tr><th rowspan="2">Zeile</th><th rowspan="2">Bauteile</th><th rowspan="2">Beschreibung</th><th colspan="2">Anforderungen</th></tr>
<tr><th>R'_w
[dB]</th><th>$L'_{n,w}$
[dB]</th></tr>
<tr><td colspan="5">1 Mehrfamilienhäuser, Bürogebäude und Gebäude mit gemischter Nutzung</td></tr>
<tr><td>1</td><td>Decken</td><td>Decken unter allgemein nutzbaren Dachräumen, z. B. Trockenböden, Abstellräumen und ihren Zugängen</td><td>≥ 53</td><td>≤ 52</td></tr>
<tr><td>2</td><td>Decken</td><td>Wohnungstrenndecken (auch Treppen)</td><td>≥ 54</td><td>≤ 50</td></tr>
<tr><td colspan="5">Bemerkungen zu Zeile 2: Wohnungstrenndecken sind Bauteile, die Wohnungen voneinander oder von fremden Arbeitsräumen trennen.</td></tr>
<tr><td>3</td><td>Decken</td><td>Trenndecken (auch Treppen) Decken zwischen fremden Arbeitsräumen bzw. vergleichbaren Nutzungseinheiten</td><td>≥ 54</td><td>≤ 53</td></tr>
<tr><td>4</td><td rowspan="2">Decken</td><td>Decken über Kellern, Hausfluren, Treppenräumen unter Aufenthaltsräumen</td><td>≥ 52</td><td>≤ 50</td></tr>
<tr><td>5</td><td>Decken über Durchfahrten, Einfahrten von Sammelgaragen und Ähnliches unter Aufenthaltsräumen</td><td>≥ 55</td><td>≤ 50</td></tr>
<tr><td colspan="5">Bemerkungen zu den Zeilen 4 und 5: Die Anforderung an die Trittschalldämmung gilt für die Trittschallübertragung in fremde Aufenthaltsräume in alle Schallausbreitungsrichtungen.</td></tr>
<tr><td>6</td><td>Decken</td><td>Decken unter/über Spiel- oder ähnlichen Gemeinschaftsräumen</td><td>≥ 55</td><td>≤ 46</td></tr>
<tr><td colspan="5">Bemerkungen zu Zeile 6: Wegen der verstärkten Übertragung tiefer Frequenzen können zusätzliche Maßnahmen zur Schalldämmung erforderlich sein.</td></tr>
<tr><td>7</td><td>Decken</td><td>Decken unter Terrassen und Loggien über Aufenthaltsräumen</td><td>–</td><td>≤ 50</td></tr>
<tr><td colspan="5">Bemerkungen zu Zeile 7: Bezüglich der Luftschalldämmung gegen Außenlärm siehe DIN 4109-1:2018-01 Abschnitt 7.</td></tr>
<tr><td>8</td><td>Decken</td><td>Decken unter Laubengängen</td><td>–</td><td>≤ 53</td></tr>
<tr><td colspan="5">Bemerkungen zu Zeile 8: Die Anforderung an die Trittschalldämmung gilt für die Trittschallübertragung in fremde Aufenthaltsräume in alle Schallausbreitungsrichtungen.</td></tr>
<tr><td>9</td><td rowspan="2">Decken</td><td>Decke und Treppen innerhalb von Wohnungen, die sich über zwei Geschosse erstrecken</td><td>–</td><td>≤ 50</td></tr>
<tr><td>10</td><td>Decken unter Bad und WC ohne/mit Bodenentwässerung</td><td>≥ 54</td><td>≤ 53</td></tr>
<tr><td colspan="5">Bemerkungen zu den Zeilen 9 und 10: Die Anforderung an die Trittschalldämmung gilt für die Trittschallübertragung in fremde Aufenthaltsräume, in alle Schallausbreitungsrichtungen.</td></tr>
<tr><td>11</td><td>Decken</td><td>Decken unter Hausfluren</td><td>–</td><td>≤ 50</td></tr>
<tr><td colspan="5">Bemerkungen zu Zeile 11: Die Anforderung an die Trittschalldämmung gilt für die Trittschallübertragung in fremde Aufenthaltsräume, in alle Schallausbreitungsrichtungen.</td></tr>
<tr><td>12</td><td>Treppen</td><td>Treppenläufe und -podeste</td><td>–</td><td>≤ 53</td></tr>
<tr><td>13</td><td>Wände</td><td>Wohnungstrennwände und Wände zwischen fremden Arbeitsräumen</td><td>≥ 53</td><td>–</td></tr>
<tr><td colspan="5">Bemerkungen zu Zeile 13: Wohnungstrennwände sind Bauteile, die Wohnungen voneinander oder von fremden Arbeitsräumen trennen.</td></tr>
</table>

Tabelle 70: Anforderungen an den baulichen Schallschutz (DIN 4109-1) (Fortsetzung)

Spalte	**1**	**2**	**3**	**4**
Zeile	**Bauteile**	**Beschreibung**	**Anforderungen**	
			R'_w [dB]	**$L'_{n,w}$ [dB]**
14	Wände	Treppenraumwände und Wände neben Hausfluren	≥ 53	–
Bemerkungen zu Zeile 14: Für Wände mit Türen gilt die Anforderung R'_w (Wand) = R_w (Tür) + 15 dB. Darin bedeutet R_w (Tür) die erforderliche Schalldämmung der Tür nach Zeile 18 oder Zeile 19. Wandbreiten ≤ 30 cm bleiben dabei unberücksichtigt.				
15	Wände	Wände neben Durchfahrten, Sammelgaragen, einschließlich Einfahrten	≥ 55	–
16		Wände von Spiel- oder ähnlichen Gemeinschaftsräumen	≥ 55	–
17		Schachtwände von Aufzugsanlagen an Aufenthaltsräumen	≥ 57	–
18	Türen	Türen, die von Hausfluren oder Treppenräumen in geschlossene Flure und Dielen von Wohnungen und Wohnheimen oder von Arbeitsräumen führen	≥ 27	–
19		Türen, die von Hausfluren oder Treppenräumen unmittelbar in Aufenthaltsräume – außer Flure und Dielen – von Wohnungen führen	≥ 37	–
Bemerkungen zu den Zeilen 18 und 19: Bei Türen gilt R_w. Berücksichtigt wird nur die Schallübertragung über die Tür. Nach DIN 4109-2:2018-01 muss ein Sicherheitsbeiwert von 5 dB eingerechnet werden.				
2 Doppelhäuser und Einfamilien-Reihenhäuser				
20	Decken	Decken	–	≤ 41
21		Bodenplatte auf Erdreich bzw. Decke über Kellergeschoss	–	≤ 46
Bemerkungen zu den Zeilen 20 und 21: Die Anforderung an die Trittschalldämmung gilt nur für die Trittschallübertragung in fremde Aufenthaltsräume in waagerechter oder schräger Richtung.				
22	Treppen	Treppenläufe und -podeste	–	≤ 46
Bemerkungen zu Zeile 22: Die Anforderung an die Trittschalldämmung gilt nur für die Trittschallübertragung in fremde Aufenthaltsräume in waagerechter oder schräger Richtung.				
23	Wände	Haustrennwände zu Aufenthaltsräumen, die im untersten Geschoss (erdberührt oder nicht) eines Gebäudes gelegen sind	≥ 59	–
24		Haustrennwände zu Aufenthaltsräumen, unter denen mindestens 1 Geschoss (erdberührt oder nicht) des Gebäudes vorhanden ist	≥ 62	–
3 Hotels und Beherbergungsstätten				
25	Decken	Decken, einschl. Decken unter Fluren	≥ 54	≤ 50
Bemerkungen zu Zeile 25: Die Anforderung an die Trittschalldämmung gilt für die Trittschallübertragung in Aufenthaltsräume in alle Schallausbreitungsrichtungen.				
26	Decken	Decken unter/über Schwimmbädern, Spiel- oder ähnlichen Gemeinschaftsräumen zum Schutz gegenüber Schlafräumen	≥ 55	≤ 46
Bemerkungen zu Zeile 26: Wegen verstärkten tieffrequenten Schalls können zusätzliche Maßnahmen zur Körperschalldämmung erforderlich sein.				
27	Decken	Decken unter Bad und WC ohne/mit Bodenentwässerung	≥ 54	≤ 53
Bemerkungen zu Zeile 27: Die Anforderung an die Trittschalldämmung gilt für die Trittschallübertragung in Aufenthaltsräume in alle Schallausbreitungsrichtungen.				

Tabelle 70: Anforderungen an den baulichen Schallschutz (DIN 4109-1) (Fortsetzung)

Spalte	1	2	3	4
Zeile	Bauteile	Beschreibung	Anforderungen	
			R'_{w} [dB]	$L'_{n,w}$ [dB]
28	Treppen	Treppenläufe und -podeste	–	≤ 58
Bemerkungen zu Zeile 27: Keine Anforderungen an Treppenläufe und Zwischenpodeste in Gebäuden mit Aufzug.				
29	Wände	Wände zwischen • Übernachtungsräumen, • Fluren und Übernachtungsräumen	≥ 47	–
Bemerkungen zu Zeile 27: Bei Trennwänden zwischen fremden Übernachtungsräumen mit Türen muss die resultierende Schalldämmung der Wand-Tür-Kombination $R'_{w,res}$ ≥ 49 dB betragen.				
30	Türen	Türen zwischen Fluren und Übernachtungsräumen	≥ 32	–
Bemerkungen zu Zeile 30: Bei Türen gilt R_{w}. Berücksichtigt wird nur die Schallübertragung über die Tür. Nach DIN 4109-2:2018-01 muss ein Sicherheitsbeiwert von 5 dB eingerechnet werden.				
4 Krankenhäuser und Sanatorien				
31	Decken	Decken, einschl. Decken unter Fluren	≥ 54	≤ 53
Bemerkungen zu Zeile 31: Die Anforderung an die Trittschalldämmung gilt für die Trittschallübertragung in fremde Aufenthaltsräume in alle Schallausbreitungsrichtungen.				
32	Decken	Decken unter/über Schwimmbädern, Spiel- oder ähnlichen Gemeinschaftsräumen	≥ 55	≤ 46
Bemerkungen zu Zeile 32: Wegen verstärkten tieffrequenten Schalls können zusätzliche Maßnahmen zur Körperschalldämmung erforderlich sein.				
33	Decken	Decken unter Bädern und WCs ohne/mit Bodenentwässerung	≥ 54	≤ 53
Bemerkungen zu Zeile 33: Die Anforderung an die Trittschalldämmung gilt für die Trittschallübertragung in fremde Aufenthaltsräume in alle Schallausbreitungsrichtungen.				
34	Treppen	Treppenläufe und -podeste	–	≤ 58
Bemerkungen zu Zeile 34: Keine Anforderungen an Treppenläufe und Zwischenpodeste in Gebäuden mit Aufzug.				
35	Wände	Wände zwischen • Krankenräumen, • Fluren und Krankenräumen, • Untersuchungs- bzw. Sprechzimmern, • Fluren und Untersuchungs- bzw. Sprechzimmern, • Krankenräumen und Arbeits- und Pflegeräumen	≥ 47	–
36		Wände zwischen Räumen mit Anforderungen an erhöhtes Ruhebedürfnis und besondere Vertraulichkeit (Diskretion)	≥ 52	–
37		Wände zwischen • Operations- bzw. Behandlungsräumen, • Fluren und Operations- bzw. Behandlungsräumen	≥ 42	–
38		Wände zwischen • Räumen der Intensivpflege, • Fluren und Räumen der Intensivpflege	≥ 37	–

Tabelle 70: Anforderungen an den baulichen Schallschutz (DIN 4109-1) (Fortsetzung)

Spalte	**1**	**2**	**3**	**4**
Zeile	**Bauteile**	**Beschreibung**	**Anforderungen**	
			R'_w [dB]	**$L'_{n,w}$ [dB]**
39	Türen	Türen zwischen • Untersuchungs- bzw. Sprechzimmern, • Fluren und Untersuchungs- bzw. Sprechzimmern	≥ 37	–
40		Türen zwischen Räumen mit Anforderungen an erhöhtes Ruhebedürfnis und besondere Vertraulichkeit (Diskretion)	≥ 37	–
41		Türen zwischen • Fluren und Krankenräumen, • Operations- bzw. Behandlungsräumen, • Fluren und Operations- bzw. Behandlungsräumen	≥ 32	–
Bemerkungen zu den Zeilen 39 bis 41: Bei Türen gilt R_w. Berücksichtigt wird nur die Schallübertragung über die Tür. Nach DIN 4109-2:2018-01 muss ein Sicherheitsbeiwert von 5 dB eingerechnet werden.				
5 Schulen und vergleichbare Einrichtungen				
42	Decken	Decken zwischen Unterrichtsräumen oder ähnlichen Räumen/Decken unter Fluren	≥ 55	≤ 53
Bemerkungen zu Zeile 42: Die Anforderung an die Trittschalldämmung gilt für die Trittschallübertragung in Aufenthaltsräumen in alle Schallausbreitungsrichtungen. Zu ähnlichen Räumen gehören auch solche Räume mit erhöhtem Ruhebedürfnis, z. B. Schlafräume.				
43	Decken	Decken zwischen Unterrichtsräumen oder ähnlichen Räumen und „lauten" Räumen (z. B. Speiseräume, Cafeterien, Musikräume, Spielräume, Technikzentralen)	≥ 55	≤ 46
Bemerkungen zu Zeile 43: Wegen der verstärkten Übertragung tiefer Frequenzen können zusätzlich Maßnahmen zur Körperschalldämmung erforderlich sein.				
44	Decken	Decken zwischen Unterrichtsräumen oder ähnlichen Räumen und z. B. Sporthallen, Werkräumen	≥ 60	≤ 46
45	Wände	Wände zwischen Unterrichtsräumen oder ähnlichen Räumen untereinander und zu Fluren	≥ 47	–
46		Wände zwischen Unterrichtsräumen oder ähnlichen Räumen und Treppenhäusern	≥ 52	–
Bemerkungen zu Zeile 43: Zu ähnlichen Räumen gehören auch solche Räume mit erhöhtem Ruhebedürfnis, z. B. Schlafräume.				
47	Wände	Wände zwischen Unterrichtsräumen oder ähnlichen Räumen und „lauten" Räumen (z. B. Speiseräume, Cafeterien, Musikräume, Spielräume, Technikzentralen)	≥ 55	–
48		Wände zwischen Unterrichtsräumen oder ähnlichen Räumen und z. B. Sporthallen, Werkräumen	≥ 60	–
49	Türen	Türen zwischen Unterrichtsräumen oder ähnlichen Räumen und Fluren	≥ 32	–
50		Türen zwischen Unterrichtsräumen oder ähnlichen Räumen untereinander	≥ 37	–
Bemerkungen zu Zeile 50: Bei Türen gilt R_w. Berücksichtigt wird nur die Schallübertragung über die Tür. Nach DIN 4109-2:2018-01 muss ein Sicherheitsbeiwert von 5 dB eingerechnet werden.				

Achtung:

Beträgt die gemeinsame Trennfläche zwischen zwei Räumen $S_S < 10\ m^2$ oder gibt es keine gemeinsame Trennfläche (z. B. bei diagonalen Übertragungssituationen), dann beziehen sich die Anforderungen auf die bewertete Schallpegeldifferenz $D_{n,w}$. Dabei gelten für $D_{n,w}$ folgende Anforderungswerte: $D_{n,w} = R'_w$ mit R'_w gemäß Tabelle 70.

Neben den Anforderungen bei „üblicher" Nutzung enthält DIN 4109-1:2018-01 auch Maßgaben an

- den Schallschutz von Bauteilen zwischen schutzbedürftigen Räumen und „besonders lauten" Räumen,
- den maximal zulässigen A-bewerteten Schalldruckpegel L_A in fremden schutzbedürftigen Räumen, verursacht von gebäudetechnischen Anlagen und Einrichtungen sowie von baulich mit dem Gebäude verbundenen Gewerbebetrieben,
- maximal zulässige A-bewertete Schalldruckpegel in schutzbedürftigen Räumen in der eigenen Wohnung, erzeugt von raumlufttechnischen Anlagen im eigenen Wohnbereich.

Tabelle 71: Anforderungen an die Luft- und Trittschalldämmung von Bauteilen zwischen „besonders lauten" und schutzbedürftigen Räumen (DIN 4109-1)

<table>
<tr><th>Spalte</th><th>1</th><th>2</th><th>3</th><th>4</th><th>5</th></tr>
<tr><th rowspan="2">Zeile</th><th rowspan="2">Art der Räume</th><th rowspan="2">Bauteile</th><th colspan="2">Bewertetes Bau-Schalldämm-Maß R'_w [dB]</th><th rowspan="2">Bewerteter Norm-Trittschallpegel im Bau $L'_{n,w}$ 1)2) [dB]</th></tr>
<tr><th>Schalldruckpegel $L_{AF,max} = 75$ bis 80 dB</th><th>Schalldruckpegel $L_{AF,max} = 81$ bis 85 dB</th></tr>
<tr><td>1.1</td><td rowspan="2">Räume mit „besonders lauten" gebäudetechnischen Anlagen oder Anlagenteilen</td><td>Decken, Wände</td><td>≥ 57</td><td>≥ 62</td><td>–</td></tr>
<tr><td>1.2</td><td>Fußböden</td><td colspan="2">–</td><td>≤ 43 3)</td></tr>
<tr><td>2.1</td><td rowspan="2">Betriebsräume von Handwerks- und Gewerbebetrieben, Verkaufsstätten</td><td>Decken, Wände</td><td>≥ 57</td><td>≥ 62</td><td>–</td></tr>
<tr><td>2.2</td><td>Fußböden</td><td colspan="2">–</td><td>≤ 43</td></tr>
<tr><td>3.1</td><td rowspan="2">Küchenräume der Küchenanlagen von Beherbergungsstätten, Krankenhäusern, Sanatorien, Gaststätten, Imbissstuben und dergleichen (bis 22:00 Uhr in Betrieb)</td><td>Decken, Wände</td><td colspan="2">≥ 55</td><td>–</td></tr>
<tr><td>3.2</td><td>Fußböden</td><td colspan="2">–</td><td>≤ 43</td></tr>
<tr><td rowspan="2">3.3</td><td rowspan="2">Küchenräume wie Zeile 3.1/3.2, jedoch auch nach 22:00 Uhr in Betrieb</td><td>Decken, Wände</td><td colspan="2">≥ 57 4)</td><td>–</td></tr>
<tr><td>Fußböden</td><td colspan="2">–</td><td>≤ 33</td></tr>
<tr><td>4.1</td><td rowspan="2">Gasträume (bis 22:00 Uhr in Betrieb)</td><td>Decken, Wände</td><td>≥ 55</td><td>≥ 57</td><td>–</td></tr>
<tr><td>4.2</td><td>Fußböden</td><td colspan="2">–</td><td>≤ 43</td></tr>
<tr><td>5.1</td><td rowspan="2">Gasträume $L_{AF,max} \leq 85$ dB(A) (auch nach 22:00 Uhr in Betrieb)</td><td>Decken, Wände</td><td colspan="2">≥ 62</td><td>–</td></tr>
<tr><td>5.2</td><td>Fußböden</td><td colspan="2">–</td><td>≤ 33</td></tr>
</table>

Tabelle 71: Anforderungen an die Luft- und Trittschalldämmung von Bauteilen zwischen „besonders lauten" und schutzbedürftigen Räumen (DIN 4109-1) (Fortsetzung)

<table>
<tr><th>Spalte</th><th>1</th><th>2</th><th>3</th><th>4</th><th>5</th></tr>
<tr><th rowspan="2">Zeile</th><th rowspan="2">Art der Räume</th><th rowspan="2">Bauteile</th><th colspan="2">Bewertetes Bau-Schalldämm-Maß R'_w [dB]</th><th rowspan="2">Bewerteter Norm-Tritt-schallpegel im Bau $L'_{n,w}$ 1)2) [dB]</th></tr>
<tr><th>Schall-druck-pegel $L_{AF,max} = 75$ bis 80 dB</th><th>Schall-druck-pegel $L_{AF,max} = 81$ bis 85 dB</th></tr>
<tr><td>6.1</td><td rowspan="4">Räume von Kegelbahnen</td><td>Decken, Wände</td><td colspan="2">≥ 67</td><td>–</td></tr>
<tr><td rowspan="3">6.2</td><td>Fußböden</td><td colspan="3"></td></tr>
<tr><td>a) Keglerstube</td><td colspan="2">–</td><td>≤ 33</td></tr>
<tr><td>b) Bahn</td><td colspan="2">–</td><td>≤ 13</td></tr>
<tr><td>7.1</td><td rowspan="2">Gasträume 85 dB(A) ≤ $L_{AF,max}$ ≤ 95 dB(A), z. B. mit elektroakustischen Anlagen</td><td>Decken, Wände</td><td colspan="2">≥ 72</td><td>–</td></tr>
<tr><td>7.2</td><td>Fußböden</td><td colspan="2">–</td><td>≤ 28</td></tr>
</table>

1) Jeweils in Richtung der Schallausbreitung.
2) Die für Maschinen erforderliche Körperschalldämmung ist mit diesem Wert nicht erfasst; hierfür sind gegebenenfalls weitere Maßnahmen erforderlich. Ebenso kann je nach Art des Betriebes ein niedrigeres $L'_{n,w}$ notwendig sein; dies ist im Einzelfall zu überprüfen. Wegen der verstärkten Übertragung tiefer Frequenzen können zusätzliche Maßnahmen zur Schalldämmung erforderlich sein.
3) Nicht erforderlich, wenn geräuscherzeugende Anlagen ausreichend körperschallgedämmt aufgestellt werden; eventuelle Anforderungen nach Tabelle 71 bleiben hiervon unberührt.
4) Handelt es sich um Großküchenanlagen und darüber liegende Wohnungen als schutzbedürftige Räume, gilt R'_w ≥ 62 dB.

Als schutzbedürftige Räume im Sinn von DIN 4109-1:2018-01 werden Aufenthaltsräume bezeichnet, soweit sie gegen Geräusche zu schützen sind. Dies gilt für

- Wohnräume, einschließlich Wohndielen und Wohnküchen
- Schlafräume, einschließlich Übernachtungsräume in Beherbergungsstätten
- Bettenräume in Krankenhäusern und Sanatorien
- Unterrichtsräume in Schulen, Hochschulen und ähnlichen Einrichtungen
- Büros
- Praxisräume, Sitzungsräume und ähnliche Arbeitsräume.

Nach DIN 4109-1:2018-01 gelten als „besonders laute" Räume:

- Räume, in denen der Schalldruckpegel des Luftschalls $L_{AF,max,n}$ häufig mehr als 75 dB beträgt,
- Räume, in denen häufigere und größere Körperschallanregungen stattfinden als in Wohnungen.

In diesem Sinn können folgende Räume als „besonders laute" Räume eingestuft werden:

- Räume von Handwerks- und Gewerbebetrieben einschließlich Verkaufsstätten,
- Gasträume von Gaststätten, Cafés und Imbissstuben,
- Räume von Kegelbahnen,
- Technikräume,
- Küchenräume von Beherbergungsstätten, Krankenhäusern, Sanatorien, Gaststätten (ausgenommen Kleinküchen),
- klinische Sonderräume (Kernspintomographie),
- Schwimmbäder,
- Spiel- und ähnliche Gemeinschaftsräume,
- Theater,
- Musik- und Werkräume,
- Sporthallen,

sofern sie nicht durch Regelungen in DIN 4109-1:2018-01 Tabellen 2 bis 6 (siehe Tabelle 70) abgedeckt sind.

Tabelle 72: Maximal zulässige A-bewertete Schalldruckpegel in fremden schutzbedürftigen Räumen, erzeugt von gebäudetechnischen Anlagen und baulich mit dem Gebäude verbundenen Betrieben (DIN 4109-1)

Spalte	**1**		**2**	**3**
Zeile	**Geräuschquellen**		**Art der schutzbedürftigen Räume**	
			Wohn- und Schlafräume	**Unterrichts- und Arbeitsräume**
			Maximal zulässiger A-bewerteter Schalldruckpegel [dB]	
1	Sanitärtechnik/Wasserinstallationen (Wasserversorgungs- und Abwasseranlagen gemeinsam)		$L_{AF,max,n} \le 30$[1][2][3]	$L_{AF,max,n} \le 35$[1][2][3]
2	Sonstige hausinterne, fest installierte technische Schallquellen der technischen Ausrüstung, Ver- und Entsorgung sowie Garagenanlagen		$L_{AF,max,n} \le 30$[3]	$L_{AF,max,n} \le 35$[3]
3	Gaststätten einschließlich Küchen, Verkaufsstätten, Betriebe u. Ä.	tags 6:00 Uhr bis 22:00 Uhr	$L_r \le 35$[4]	$L_r \le 35$[4]
			$L_{AF,max,n} \le 45$	$L_{AF,max,n} \le 45$
4		nachts nach TALärm	$L_r \le 25$[4]	$L_r \le 35$[4]
			$L_{AF,max,n} \le 35$	$L_{AF,max,n} \le 45$

[1] Einzelne kurzzeitige Geräuschspitzen, die beim Betätigen der Armaturen und Geräte nach DIN 4109-1:2018-01 Tabelle 11 (Öffnen, Schließen, Umstellen, Unterbrechen) entstehen, sind derzeit nicht zu berücksichtigen.

Tabelle 72: Maximal zulässige A-bewertete Schalldruckpegel in fremden schutzbedürftigen Räumen, erzeugt von gebäudetechnischen Anlagen und baulich mit dem Gebäude verbundenen Betrieben (DIN 4109-1) (Fortsetzung)

Spalte	**1**	**2**	**3**
Zeile	**Geräuschquellen**	**Art der schutzbedürftigen Räume**	
		Wohn- und Schlafräume	**Unterrichts- und Arbeitsräume**
		Maximal zulässiger A-bewerteter Schalldruckpegel [dB]	

[2] Voraussetzungen zur Erfüllung des zulässigen Schalldruckpegels:
- Die Ausführungsunterlagen müssen die Anforderungen des Schallschutzes berücksichtigen, d.h., zu den Bauteilen müssen die erforderlichen Schallschutznachweise vorliegen;
- außerdem muss die verantwortliche Bauleitung benannt und zu einer Teilabnahme vor Verschließen bzw. Bekleiden der Installation hinzugezogen werden.

[3] Abweichend von DIN EN ISO 10052:2010-10, 6.3.3, wird auf Messung in der lautesten Raumecke verzichtet (siehe auch DIN 4109-4:2016-07).

[4] Der Beurteilungspegel L_r setzt sich aus dem äquivalenten Dauerschallpegel L_{eq} während der Beurteilungszeit T_r und Zuschlägen, z.B. für Impuls- und Tonhaltigkeit (siehe DIN 45645-1, TALärm oder DIN 18005-1), zusammen. Der maßgebende Wert des Beurteilungspegels ist der Wert des Beurteilungspegels, der zum Vergleich mit vorgegebenen Immissionswerten (z.B. Immissionsrichtwerte) bestimmt wird.

Achtung:

Über die in Tabelle 72 festgelegten Anforderungen an die maximal zulässigen A-bewerteten Norm-Schalldruckpegel hinaus sind für die Luft- und Trittschalldämmung von Bauteilen zwischen „besonders lauten“ Räumen einerseits und schutzbedürftigen Räumen andererseits die Anforderungen an das bewertete Schalldämm-Maß R'_w und den bewerteten Norm-Trittschallpegel $L'_{n,w}$ in Tabelle 71 angegeben.

Gebäudetechnische Anlagen sind nach dieser Norm dem Gebäude dienende

- Versorgungs- und Entsorgungsanlagen,
- Transportanlagen,
- fest eingebaute, betriebstechnische Anlagen.

Als gebäudetechnische Anlagen gelten außerdem

- Gemeinschaftswaschanlagen,
- Schwimmanlagen, Saunen und dergleichen,
- Sportanlagen,
- zentrale Staubsauganlagen,
- Garagenanlagen,
- fest eingebaute, motorbetriebene außenliegende Sonnenschutzanlagen und Rollläden.

Außer Betracht bleiben Geräusche von ortsveränderlichen Maschinen und Geräten (z.B. Staubsauger, Waschmaschinen, Küchengeräte und Sportgeräte) im eigenen Wohnbereich.

Tabelle 73: Anforderungen an maximal zulässige A-bewertete Schalldruckpegel in schutzbedürftigen Räumen in der eigenen Wohnung, erzeugt von raumlufttechnischen Anlagen im eigenen Wohnbereich (DIN 4109-1)

Spalte	**1**	**2**	**3**
Zeile	**Geräuschquellen**	**Art der schutzbedürftigen Räume**	
		Wohn- und Schlafräume	**Küchen**
		Maximal zulässiger A-bewerteter Schalldruckpegel [dB]	
1	Fest installierte technische Schallquellen der Raumlufttechnik im eigenen Wohn- und Arbeitsbereich	$L_{AF,max,n} \leq 30$[1) 2) 3) 4)]	$L_{AF,max,n} \leq 33$[1) 2) 3) 4)]

1) Einzelne, kurzzeitige Geräuschspitzen, die beim Ein- und Ausschalten der Anlagen auftreten, dürfen die Anforderungen maximal um 5 dB überschreiten.

2) Voraussetzungen zur Erfüllung des zulässigen Schalldruckpegels:
- Die Ausführungsunterlagen müssen die Anforderungen des Schallschutzes berücksichtigen, d.h., zu den Bauteilen müssen die erforderlichen Schallschutznachweise vorliegen;
- außerdem muss die verantwortliche Bauleitung benannt und zu einer Teilabnahme vor Verschließen bzw. Bekleiden der Installation hinzugezogen werden.

3) Abweichend von DIN EN ISO 10052:2010-10, 6.3.3, wird auf Messung in der lautesten Raumecke verzichtet (siehe auch DIN 4109-4:2016-07).

4) Es sind um 5 dB höhere Werte zulässig, sofern es sich um Dauergeräusche ohne auffällige Einzeltöne handelt.

Neben Anforderungen an die Schalldämmung von Bauteilen zum Schutz vor Geräuschübertragungen in Gebäuden enthält DIN 4109-1:2018-01 auch Festlegungen zur erforderlichen Luftschalldämmung von Außenbauteilen gegenüber Außenlärm.

Tabelle 74: Anforderungen an die Luftschalldämmung von Außenbauteilen (DIN 4109-1)

Spalte	**1**	**2**	**3**	**4**	**5**
Zeile	**Lärmpegelbereich**	**„Maßgeblicher Außenlärmpegel" [dB]**	**Raumarten**		
			Bettenräume in Krankenanstalten und Sanatorien	**Aufenthaltsräume in Wohnungen, Übernachtungsräumen in Beherbergungsstätten, Unterrichtsräumen und Ähnliches**	**Büroräume[1)] und Ähnliches**
			$R'_{w,ges}$ des Außenbauteils [dB]		
1	I	bis 55	35	30	–
2	II	56 bis 60	35	30	30
3	III	61 bis 65	40	35	30
4	IV	66 bis 70	45	40	35
5	V	71 bis 75	50	45	40
6	VI	76 bis 80	[2)]	50	45
7	VII	> 80	[2)]	[2)]	50

1) An Außenbauteile von Räumen, bei denen der eindringende Außenlärm aufgrund der in den Räumen ausgeübten Tätigkeiten nur einen untergeordneten Beitrag zum Innenraumpegel leistet, werden keine Anforderungen gestellt.

2) Die Anforderungen sind hier aufgrund der örtlichen Gegebenheiten festzulegen.

Zur Festlegung der Anforderungen an die Luftschalldämmung von Außenbauteilen ist es erforderlich, den „maßgeblichen Außenlärmpegel" zu kennen. Dieser wird in der Regel berechnet. Bei den unterschiedlichen Lärmquellen (Straßen-, Schienen-, Luft-, Wasserverkehr, Industrie bzw. Gewerbe) wird der maßgebliche Außenlärmpegel für die beiden Fälle Tag/ Nacht wie folgt ermittelt:

- Für den Tag aus dem zugehörigen Beurteilungspegel (6:00 Uhr bis 22:00 Uhr)
- für die Nacht aus dem zugehörigen Beurteilungspegel (22:00 Uhr bis 6:00 Uhr) sowie einem Zuschlag.

Als maßgeblicher Außenlärmpegel in Bezug auf Tabelle 75 Spalte 2 wird von diesen beiden Werten der eingestuft, der zu den höheren Anforderungen führt.

Hinsichtlich der baulichen Situation gilt: Auf der der maßgeblichen Lärmquelle abgewandten Seite eines Gebäudes darf der maßgebliche Außenlärmpegel

- bei offener Bebauung um 5 dB(A)
- bei geschlossener Bebauung (z. B. bei Innenhöfen) um 10 dB(A)

abgemindert werden.

Hinsichtlich der Ermittlung des maßgeblichen Außenlärmpegels aus den unterschiedlichen Lärmquellen gilt:

- Straßen- und Schienenverkehr:

  Bei Berechnungen sind die Beurteilungspegel für den Tag (6:00 Uhr bis 22:00 Uhr) bzw. für die Nacht (22:00 Uhr bis 6:00 Uhr) nach der 16. BImSchV zu bestimmen, wobei zur Bildung des maßgeblichen Außenlärmpegels zu den errechneten Werten jeweils 3 dB(A) zu addieren sind.

  Alternativ besteht die Möglichkeit, den Beurteilungspegel mithilfe der Nomogramme aus DIN 18005-1:2002-07, A.2 bzw. A.3 zu ermitteln. Den maßgeblichen Außenlärmpegel erhält man dabei aus den Werten des Nomogramms zuzüglich eines Zuschlags von 3 dB(A).

  Außerdem gilt: Beträgt die Differenz der Beurteilungspegel zwischen Tag minus Nacht weniger als 10 dB(A), so ergibt sich der maßgebliche Außenlärmpegel zum Schutz des Nachtschlafs aus einem um 3 dB(A) erhöhten Beurteilungspegel für die Nacht und einem Zuschlag von 10 dB(A).

- Wasserverkehr:

  Ermittlung des Beurteilungspegels für den Tag (6:00 Uhr bis 22:00 Uhr) bzw. für die Nacht (22:00 Uhr bis 6:00 Uhr), wobei zur Bildung des maßgeblichen Außenlärmpegels zu den errechneten Werten jeweils 3 dB(A) zu addieren sind.

  Alternativ besteht die Möglichkeit, den Beurteilungspegel mithilfe der Nomogramme aus DIN 18005-1:2002-07, A.4 zu ermitteln. Den maßgeblichen Außenlärmpegel erhält man dabei aus den Werten des Nomogramms zuzüglich eines Zuschlags von 3 dB(A).

Außerdem gilt: Beträgt die Differenz der Beurteilungspegel zwischen Tag minus Nacht weniger als 10 dB(A), so ergibt sich der maßgebliche Außenlärmpegel zum Schutz des Nachtschlafs aus einem um 3 dB(A) erhöhten Beurteilungspegel für die Nacht und einem Zuschlag von 10 dB(A).

- Gewerbe- und Industrieanlagen:

  Im Regelfall wird als maßgeblicher Außenlärmpegel der nach der TALärm im Bebauungsplan für die jeweilige Gebietskategorie angegebene Tag-Immissionsrichtwert eingesetzt, wobei zu dem Immissionsrichtwert 3 dB(A) zu addieren sind. Besteht im Einzelfall die Vermutung, dass die Immissionsrichtwerte der TALärm überschritten werden, dann sollte die tatsächliche Geräuschimmission als Beurteilungspegel nach der TALärm ermittelt werden, wobei zur Bildung des maßgeblichen Außenlärmpegels zu den errechneten Mittelungspegeln 3 dB(A) zu addieren sind. Beträgt die Differenz der Beurteilungspegel zwischen Tag minus Nacht weniger als 15 dB(A), so ergibt sich der maßgebliche Außenlärmpegel zum Schutz des Nachtschlafs aus einem 3 dB(A) erhöhten Beurteilungspegel für die Nacht und einem Zuschlag von 15 dB(A).

- Luftverkehr:

  Für Flugplätze, für die Lärmschutzbereiche nach dem „Gesetz zum Schutz gegen Fluglärm" (FluLärmG) festgesetzt sind, gelten innerhalb der Schutzzonen die Regelungen dieses Gesetzes.

  Für Gebiete, die nicht durch das FluLärmG erfasst sind, für die aber aufgrund landesrechtlicher Vorschriften äquivalente Dauerschallpegel nach DIN 45643 in Anlehnung an das FluLärmG ermittelt wurden, sind diese Pegel im Regelfall die zugrunde zu legenden maßgeblichen Werte.

  Zur Bildung des maßgeblichen Außenlärmpegels sind zu den errechneten Werten jeweils 3 dB(A) zu addieren.

  Außerdem gilt: Beträgt die Differenz der Beurteilungspegel zwischen Tag minus Nacht weniger als 10 dB(A), so ergibt sich der maßgebliche Außengeräuschpegel zum Schutz des Nachtschlafs aus einem um 3 dB(A) erhöhten Beurteilungspegel für die Nacht und einem Zuschlag von 10 dB(A).

7.2 Erhöhte Anforderungen an den Schallschutz

Falls die Mindestanforderungen an den Schallschutz als nicht ausreichend angesehen werden, kann auf privatrechtlicher Basis ein höheres Niveau vereinbart werden. Erhöhte Anforderungen an den Schallschutz enthält DIN 4109-5:2020-08.

Beim Einsatz von Bauteilen mit einem Schalldämm-Niveau gemäß den in DIN 4109-5:2020-08 angegebenen Werten ist der Schallschutz in Gebäuden wahrnehmbar höher und Geräusche aus benachbarten Räumen werden dadurch weiter abgesenkt. Übliche Wohngegebenheiten und eine von zumutbarer, gegenseitiger Rücksichtnahme geprägte Verhaltensweise der Bewohner werden dabei vorausgesetzt.

7.2.1 Luft- und Trittschalldämmung in Gebäuden mit Wohn- und Arbeitsbereichen sowie in Nichtwohngebäuden

Tabelle 75: Erhöhte Anforderungen an den Schallschutz (DIN 4109-5:2020-08)

<table>
<tr><th>Spalte</th><th>1</th><th>2</th><th>3</th><th>4</th></tr>
<tr><th rowspan="2">Zeile</th><th rowspan="2">Bauteile</th><th rowspan="2">Beschreibung</th><th colspan="2">Anforderungen</th></tr>
<tr><th>R'_{w}
[dB]</th><th>$L'_{n,w}$
[dB]</th></tr>
<tr><td colspan="5">1 Geschosshäuser mit Wohnungen und Arbeitsräumen</td></tr>
<tr><td>1</td><td rowspan="2">Decken</td><td>Decken unter allgemein nutzbaren Dachräumen, z. B. Trockenböden, Abstellräumen und ihren Zugängen</td><td>≥ 56</td><td>≤ 47</td></tr>
<tr><td>2</td><td>Wohnungstrenndecken (auch Treppen)</td><td>≥ 57</td><td>≤ 45</td></tr>
<tr><td colspan="5">Bemerkungen zu Zeile 2: Wohnungstrenndecken sind Bauteile, die Wohnungen voneinander oder von fremden Arbeitsräumen trennen.</td></tr>
<tr><td>3</td><td>Decken</td><td>Trenndecken (auch Treppen) zwischen fremden Arbeitsräumen bzw. vergleichbaren Nutzungseinheiten</td><td>–</td><td>–</td></tr>
<tr><td colspan="5">Bemerkungen zu Zeile 3: Nicht Gegenstand des Anwendungsbereichs dieses Dokuments</td></tr>
<tr><td>4</td><td>Decken</td><td>Decken über Kellern, Hausfluren, Treppenräumen unter Aufenthaltsräumen</td><td>≥ 55</td><td>≤ 45</td></tr>
<tr><td colspan="5">Bemerkungen zu Zeile 4:
• Die Anforderungen an die Trittschalldämmung gelten für die Trittschallübertragung in fremde Aufenthaltsräume, ganz gleich, ob sie in waagerechter, schräger oder senkrechter (nach oben) Richtung erfolgt.
• Es gibt keine Anforderungen an den Trittschallpegel, der ausgehend von einem angrenzenden Raum in den Keller eingetragen wird, sofern der Kellerraum kein schutzbedürftiger Raum ist. Die Anforderungen an die Trittschalldämmung an Decken z.B. über Kellern gelten, um die horizontale Trittschallübertragung zwischen den über Kellern liegenden, schutzbedürftigen Räumen zu begrenzen. Daraus folgt, dass es nach DIN 4109-1:2018-01 keine Anforderungen an die Trittschallübertragung z.B. aus dem nichtschutzbedürftigen Keller in angrenzende schutzbedürftige Räume gibt.</td></tr>
<tr><td>5</td><td>Decken</td><td>Decken über Durchfahrten, Einfahrten von Sammelgaragen und Ähnliches unter Aufenthaltsräumen</td><td>≥ 58</td><td>≤ 45</td></tr>
<tr><td colspan="5">Bemerkungen zu Zeile 5: Die Anforderungen an die Trittschalldämmung gelten für die Trittschallübertragung in fremde Aufenthaltsräume, ganz gleich, ob sie in waagerechter, schräger oder senkrechter (nach oben) Richtung erfolgt.</td></tr>
<tr><td>6</td><td>Decken</td><td>Decken unter / über Spiel- oder ähnlichen Gemeinschaftsräumen</td><td>≥ 58</td><td>≤ 41</td></tr>
<tr><td colspan="5">Bemerkungen zu Zeile 6:
• Wegen der verstärkten Übertragung tiefer Frequenzen können zusätzliche Maßnahmen zur Schalldämmung erforderlich sein.
• Gilt auch für die Bodenplatte unter diesen Räumen.</td></tr>
<tr><td>7</td><td rowspan="3">Decken</td><td>Decken unter Terrassen und Loggien über Aufenthaltsräumen</td><td>–</td><td>≤ 45</td></tr>
<tr><td>8</td><td>Decken unter Laubengängen</td><td>–</td><td>≤ 48</td></tr>
<tr><td>8.1</td><td>Balkone</td><td>–</td><td>≤ 58</td></tr>
<tr><td colspan="5">Bemerkungen zu den Zeilen 8 und 8.1:
• Die Anforderungen an die Trittschalldämmung gelten für die Trittschallübertragung in fremde Aufenthaltsräume, ganz gleich, ob sie in waagerechter, schräger oder senkrechter (nach oben) Richtung erfolgt.
• Entspricht den Werten aus DIN4109-1:2018-01.</td></tr>
</table>

Tabelle 75: Erhöhte Anforderungen an den Schallschutz (DIN 4109-5:2020-08) (Fortsetzung)

Spalte	1	2	3	4
Zeile	**Bauteile**	**Beschreibung**	**Anforderungen**	
			R'_w [dB]	$L'_{n,w}$ [dB]
9	Decken	Decken und Treppen innerhalb von Wohnungen, die sich über zwei Geschosse erstrecken	–	≤ 45
Bemerkungen zu Zeile 9: Die Anforderungen an die Trittschalldämmung gelten für die Trittschallübertragung in fremde Aufenthaltsräume, ganz gleich, ob sie in waagerechter, schräger oder senkrechter (nach oben) Richtung erfolgt.				
10	Decken	Decken unter Bad und WC ohne/mit Bodenentwässerung	≥ 57	≤ 47
11		Decken unter Hausfluren	–	≤ 45
Bemerkungen zu den Zeilen 10 und 11: • Die Anforderungen an die Trittschalldämmung gelten für die Trittschallübertragung in fremde Aufenthaltsräume, ganz gleich, ob sie in waagerechter, schräger oder senkrechter (nach oben) Richtung erfolgt. • Gilt auch für die Bodenplatte unter diesen Räumen.				
Bemerkungen zu den Zeilen 1 bis 11: Trittschallmindernde Bodenbeläge (z.B. weichfedernde Bodenbeläge nach DIN 4109-34:2016-07, Tabelle 2, sowie schwimmend verlegte Parkett- und Laminatbeläge) dürfen beim schalltechnischen Nachweis im Wohnungsbau nicht angerechnet werden.				
12	Treppen	Treppenläufe und -podeste	–	≤ 47
13	Wände	Wohnungstrennwände und Wände zwischen fremden Arbeitsräumen	≥ 56	–
Bemerkungen zu Zeile 13: Wohnungstrennwände sind Bauteile, die Wohnungen voneinander oder von fremden Arbeitsräumen trennen.				
14	Wände	Treppenraumwände und Wände neben Hausfluren	≥ 55	–
Bemerkungen zu Zeile 14: Für Wände mit Türen gilt die Anforderung: R'_w (Wand) = R_w (Tür) + 15 dB. Darin bedeutet R_w (Tür) die erforderliche Schalldämmung der Tür nach Zeile 18 oder 19.				
15	Wände	Wände neben Durchfahrten, Sammelgaragen, einschließlich Einfahrten	≥ 58	–
16		Wände von Spiel- oder ähnlichen Gemeinschaftsräumen	≥ 58	–
17		Schachtwände von Aufzugsanlagen an Aufenthaltsräumen	≥ 57	–
Bemerkungen zu Zeile 17: Entspricht den Werten aus DIN 4109-1:2018-01.				
18	Türen	Türen, die von Hausfluren oder Treppenräumen in Flure und Dielen von Wohnungen und Wohnheimen oder von Arbeitsräumen führen	≥ 32	–
Bemerkungen zu Zeile 18: Bei Türen gilt erf. R_w nach DIN 4109-1				
19	Türen	Türen, die von Hausfluren oder Treppenräumen unmittelbar in Aufenthaltsräume – außer Flure und Dielen – von Wohnungen führen	≥ 42	–
Bemerkungen zu Zeile 19: • Bei Türen gilt R_w nach DIN 4109-1. • Die Anforderung beträgt ≥ 40 dB unter der Voraussetzung, dass durch gleichwertige schallschutztechnische Maßnahmen Schallschleusen, offene Dielen im Eingangsbereich, der Schallschutz zwischen Treppenraum und Aufenthaltsraum verbessert wird.				

Tabelle 75: Erhöhte Anforderungen an den Schallschutz (DIN 4109-5:2020-08) (Fortsetzung)

Spalte	**1**	**2**	**3**	**4**
Zeile	**Bauteile**	**Beschreibung**	**Anforderungen**	
			R'_w **[dB]**	$L'_{n,w}$ **[dB]**
2 Einfamilien-Doppelhäuser und Einfamilien-Reihenhäuser				
20	Decken	Decken	–	≤ 36
21		Bodenplatte auf Erdreich bzw. Decke über Kellergeschoss	–	≤ 41
22		Treppenläufe und -podeste und Decken unter Fluren	–	≤ 46
Bemerkungen zu den Zeilen 20 bis 22: • Die Anforderungen an die Trittschalldämmung gelten für die Trittschallübertragung in fremde Aufenthaltsräume, ganz gleich, ob sie in waagerechter, schräger oder senkrechter (nach oben) Richtung erfolgt. • Trittschallmindernde Bodenbeläge (z.B. weichfedernde Bodenbeläge nach DIN 4109-34:2016-07, Tabelle 2, sowie schwimmend verlegte Parkett- und Laminatbeläge) dürfen beim schalltechnischen Nachweis im Wohnungsbau nicht angerechnet werden.				
23	Wände	Haustrennwände zu Aufenthaltsräumen, die im untersten Geschoss (erdberührt oder nicht) eines Gebäudes gelegen sind	≥ 62	–
24		Haustrennwände zu Aufenthaltsräumen, unter denen mindestens 1 Geschoss (erdberührt oder nicht) des Gebäudes vorhanden ist	≥ 67	–
Bemerkungen zu Zeile 24: Wird eine Unterkellerung als Weiße Wanne mit durchlaufenden flankierenden Außenwänden ausgeführt, gilt $R'_w \geq 64$ dB.				
3 Hotels und Beherbungsstätten				
25	Decken	Decken, einschl. Decken unter Fluren	≥ 57	≤ 45
26		Decken unter Bad und WC ohne/mit Bodenentwässerung	≥ 57	≤ 47
Bemerkungen zu den Zeilen 25 und 26: • Die Anforderungen an die Trittschalldämmung gelten für die Trittschallübertragung in fremde Aufenthaltsräume, ganz gleich, ob sie in waagerechter, schräger oder senkrechter (nach oben) Richtung erfolgt. • Weichfedernde Bodenbeläge dürfen für den Nachweis des Trittschallschutzes angerechnet werden.				
27	Decken	Decken unter/über Schwimmbädern, Spiel- oder ähnlichen Gemeinschaftsräumen zum Schutz gegenüber Schlafräumen	≥ 58	≤ 41
Bemerkungen zu Zeile 27: • Wegen verstärkten tieffrequenten Schalls können zusätzliche Maßnahmen zur Körperschalldämmung erforderlich sein. • Weichfedernde Bodenbeläge dürfen für den Nachweis des Trittschallschutzes angerechnet werden.				
28	Treppen	Treppenläufe und -podeste	–	≤ 48
Bemerkungen zu Zeile 28: Weichfedernde Bodenbeläge dürfen für den Nachweis des Trittschallschutzes angerechnet werden.				
29	Wände	Wände zwischen Übernachtungsräumen sowie Fluren und Übernachtungsräumen	≥ 52	–
Bemerkungen zu Zeile 29: Gilt auch für Trennwände mit Türen zwischen fremden Übernachtungsräumen.				

Tabelle 75: Erhöhte Anforderungen an den Schallschutz (DIN 4109-5:2020-08) (Fortsetzung

Spalte	1	2	3	4
Zeile	**Bauteile**	**Beschreibung**	**Anforderungen**	
			R'_w **[dB]**	$L'_{n,w}$ **[dB]**
30	Türen	Türen zwischen Fluren und Übernachtungsräumen	≥ 37	–
Bemerkungen zu Zeile 30: Bei Türen gilt R_w nach DIN 4109-1				
4 Krankenhäuser und Sanatorien				
31	Decken	Decken, einschl. Decken unter Fluren	≥ 57	≤ 46
32		Decken unter Bad und WC ohne/mit Bodenentwässerung	≥ 57	≤ 46
Bemerkungen zu den Zeilen 31 und 32: • Die Anforderungen an die Trittschalldämmung gelten für die Trittschallübertragung in fremde Aufenthaltsräume, ganz gleich, ob sie in waagerechter, schräger oder senkrechter (nach oben) Richtung erfolgt. • Weichfedernde Bodenbeläge dürfen für den Nachweis des Trittschallschutzes angerechnet werden.				
33	Decken	Decken unter/über Schwimmbädern, Spiel- oder ähnlichen Gemeinschaftsräumen	≥ 58	≤ 46
Bemerkungen zu Zeile 33: Weichfedernde Bodenbeläge dürfen für den Nachweis des Trittschallschutzes angerechnet werden.				
34	Treppen	Treppenläufe und -podeste	–	≤ 48
Bemerkungen zu Zeile 34: Weichfedernde Bodenbeläge dürfen für den Nachweis des Trittschallschutzes angerechnet werden.				
35	Wände	Wände zwischen • Krankenräumen, • Fluren und Krankenräumen, • Untersuchungs- bzw. Sprechzimmern, • Fluren und Untersuchungs- bzw. Sprechzimmern, • Krankenräumen und Arbeits- und Pflegeräumen	≥ 52	–
36		Wände zwischen Räumen mit Anforderungen an erhöhtes Ruhebedürfnis und besondere Vertraulichkeit (Diskretion)	≥ 55	–
37		Wände zwischen • Operations- bzw. Behandlungsräumen • Fluren und Operations- bzw. Behandlungsräumen	≥ 42	–
Bemerkungen zu Zeile 37: Entspricht den Werten aus DIN 4109-1:2018-01.				
38	Wände	Wände zwischen Fluren und Räumen der Intensivpflege	≥ 42	–
39	Türen	Türen zwischen • Untersuchungs- und Sprechzimmern • Fluren und Untersuchungs- und Sprechzimmern	≥ 40	–
40		Wände zwischen Räumen mit Anforderungen an erhöhtes Ruhebedürfnis und besondere Vertraulichkeit (Diskretion)	≥ 40	–
41		Türen zwischen • Fluren und Krankenräumen • Operations- bzw. Behandlungsräumen • Fluren und Operations- bzw. Behandlungsräumen	≥ 37	–
Bemerkungen zu den Zeilen 39 bis 41: Bei Türen gilt R_w nach DIN 4109-1:2018-01, Tabelle 1, Fußnote c.				

7.2.2 Erhöhter Schallschutz bei der Luftschalldämmung von Außenbauteilen

Im Gebäudeinneren wahrnehmbare Geräusche können störend wirken. Sie können die Aufenthaltsqualität, die Kommunikation und Konzentration sowie den Schlaf stören und belästigend wirken. Die empfundene Störung durch ein Schallereignis ist dabei wesentlich vom Grundgeräuschpegel und der Geräuschstruktur der Umgebung abhängig.

Durch eine Erhöhung der Schalldämmung der Außenbauteile über die Anforderungen nach DIN 4109-1 hinaus wird das Grundgeräusch im Inneren eines Raums oder eines Gebäudes potenziell weiter gesenkt.

Somit kann die Wahrnehmung von Geräuschen aus fremden Wohn- und Arbeitsbereichen begünstigt werden. Geräusche der gebäudetechnischen Anlagen (z.B. Installationsgeräusche) und sonstige Geräusche aus fremden Räumen (z.B. Nachbarwohnungen) können deutlicher wahrgenommen und daher belästigender empfunden werden, als dies ohne höhere Schalldämmung der Außenbauteile der Fall wäre.

Deshalb werden hier keine zusätzlichen Anforderungen an die Schalldämmung der Außenbauteile festgelegt, die über die Mindestanforderungen nach DIN 4109-1 hinausgehen.

7.2.3 Erhöhter Schallschutz vor Geräuschen aus gebäudetechnischen Anlagen

Nutzergeräusche (z.B. Aufstellen eines Zahnputzbechers auf einer Abstellplatte, Öffnen und Schließen des WC-Deckels) sollten durch körperschalldämmende Maßnahmen soweit wie möglich gemindert werden. Wegen fehlender Reproduzierbarkeit werden jedoch keine Kennwerte angegeben.

Bei den Armaturen und Geräten der Wasserinstallationen wird vorausgesetzt, dass sie den Anforderungen an Armaturen und Geräte der Trinkwasser-Installation der DIN 4109-1 entsprechen.

Tabelle 76: Erhöhte Anforderungen an zulässige maximale A-bewertete Norm-Schalldruckpegel in fremden schutzbedürftigen Räumen, erzeugt von gebäudetechnischen Anlagen

Spalte	**1**	**2**	**3**
Zeile	**Geräuschquellen**	**Maximal zulässiger A-bewerteter Norm-Schalldruckpegel $L_{AF,max,n}$ [dB]**	
		Wohn- und Schlafräume in Mehrfamilienhäusern	**Wohn- und Schlafräume in Einfamilienreihen- und Doppelhäusern**
1	Sanitärtechnik / Wasserinstallationen (Wasserversorgungs- und Abwasseranlagen gemeinsam)	$L_{AF,max,n} \leq 27$ [1) 2) 3)]	$L_{AF,max,n} \leq 25$ [1) 2) 3)]

Tabelle 76: Erhöhte Anforderungen an zulässige maximale A-bewertete Norm-Schalldruckpegel in fremden schutzbedürftigen Räumen, erzeugt von gebäudetechnischen Anlagen (Fortsetzung)

Spalte	1	2	3
Zeile	**Geräuschquellen**	**Maximal zulässiger A-bewerteter Norm-Schalldruckpegel $L_{AF,max,n}$ [dB]**	
		Wohn- und Schlafräume in Mehrfamilienhäusern	**Wohn- und Schlafräume in Einfamilienreihen- und Doppelhäusern**
2	Sonstige hausinterne, fest installierte technische Schallquellen der technischen Gebäudeausrüstung, Ver- und Entsorgung sowie Garagenanlagen	$L_{AF,max,n} \leq 27$[3)]	$L_{AF,max,n} \leq 25$[3)]

[1)] Einzelne kurzzeitige Geräuschspitzen, die beim Betätigen der Armaturen und Geräte (Öffnen, Schließen, Umstellen, Unterbrechen) entstehen, dürfen die Kennwerte um nicht mehr als 10 dB überschreiten.

[2)] Voraussetzungen zur Erfüllung des zulässigen Schalldruckpegels:
- Die Ausführungsunterlagen müssen die Anforderungen des Schallschutzes berücksichtigen, d. h., zu den Bauteilen müssen die erforderlichen Schallschutznachweise vorliegen.
- Außerdem muss die verantwortliche Bauleitung benannt und zu einer Teilabnahme vor Verschließen bzw. Bekleiden der Installation hinzugezogen werden.

[3)] Abweichend von DIN EN ISO 10052:2010-10, 6.3.3, wird auf Messung in der schallhärtesten Raumecke verzichtet (siehe auch DIN 4109-4).

7.2.4 Erhöhte Anforderungen an den Schallschutz vor Geräuschen aus raumlufttechnischen Anlagen im eigenen Wohnbereich

Tabelle 77: Erhöhte Anforderungen an zulässige maximale A-bewertete Norm-Schalldruckpegel in schutzbedürftigen Räumen in der eigenen Wohnung, erzeugt von raumlufttechnischen Anlagen im eigenen Wohnbereich

Spalte	1	2
Zeile	**Geräuschquellen**	**Maximal zulässiger A-bewerteter Norm-Schalldruckpegel $L_{AF,max,n}$ [dB]**
		Wohn- und Schlafräume
1	Fest installierte technische Schallquellen der Raumlufttechnik im eigenen Wohnbereich	$L_{AF,max,n} \leq 27$[1) 2) 3) 4) 5)]

[1)] Einzelne kurzzeitige Geräuschspitzen, die beim Betätigen der Armaturen und Geräte (Öffnen, Schließen, Umstellen, Unterbrechen) entstehen, dürfen die Kennwerte um nicht mehr als 10 dB überschreiten.

[2)] Voraussetzungen zur Erfüllung des zulässigen Schalldruckpegels:
- Die Ausführungsunterlagen müssen die Anforderungen des Schallschutzes berücksichtigen, d. h., zu den Bauteilen müssen die erforderlichen Schallschutznachweise vorliegen.
- Außerdem muss die verantwortliche Bauleitung benannt und zu einer Teilabnahme vor Verschließen bzw. Bekleiden der Installation hinzugezogen werden.

Tabelle 77: Erhöhte Anforderungen an zulässige maximale A-bewertete Norm-Schalldruckpegel in schutzbedürftigen Räumen in der eigenen Wohnung, erzeugt von raumlufttechnischen Anlagen im eigenen Wohnbereich (Fortsetzung)

Spalte	**1**	**2**
Zeile	**Geräuschquellen**	**Maximal zulässiger A-bewerteter Norm-Schalldruckpegel** $L_{AF,max,n}$ **[dB]**
		Wohn- und Schlafräume

3) Abweichend von DIN EN ISO 10052:2010-10, 6.3.3, wird auf Messung in der schallhärtesten Raumecke verzichtet (siehe auch DIN 4109-4).
4) Es sind um 3 dB höhere Werte zulässig, sofern es sich um Dauergeräusche ohne auffällige Einzeltöne handelt.
5) Die Anforderung gilt nachts bei erforderlichem Luftvolumenstrom für die jeweilige lüftungstechnische Maßnahme nach z. B. DIN 1946-6; beispielsweise 15 m^3 / h / Person für Schlafzimmer.

8 Nachweise

Der Nachweis des Schallschutzes kann auf drei Arten geführt werden:

- Rechnerische Bestimmung der Schalldämmung von Trennbauteilen
- messtechnische Überprüfung eines Bauteils im Labor oder eines Baumusters
- messtechnische Überprüfung des vorhandenen Schallschutzes am gebrauchsfertig eingebauten Bauteil.

Im Folgenden werden nur die Verfahren zur rechnerischen Bestimmung des Bau-Schalldämm-Maßes R'_w und des Norm-Trittschallpegels im Bau $L'_{n,w}$ nach DIN 4109-2:2018-01 dargestellt.

Die im Weiteren aufgeführten Möglichkeiten zur Berechnung der Luft- und Trittschalldämmung gehen zurück auf die Normenreihe DIN EN 12354 und sind dort ausführlich beschrieben.

Zur Berechnung von R'_w und $L'_{n,w}$ sowie zum Vergleich dieser Werte mit den Anforderungen nach DIN 4109-1:2018-01 erf. R'_w und zul. $L'_{n,w}$ ist wie folgt vorzugehen:

1) Die Berechnung von R'_w und $L'_{n,w}$ erfolgt nach den in Teil D Kapitel 9 und Kapitel 10 beschriebenen Verfahren. Dabei sind alle Schritte mit einer wertanzeigenden Stelle nach dem Komma durchzuführen. Auch die resultierenden Ergebnisse, mindestens aber das Endergebnis, sind mit einer wertanzeigenden Stelle nach dem Komma anzugeben.

2) Anschließend sind die Sicherheitsbeiwerte u_{prog} auf das nach Ziffer 1) berechnete Ergebnis für R'_w bzw. $L'_{n,w}$ anzuwenden. Wie bereits unter Ziffer 1) erfolgen die Berechnungen mit einer wertanzeigenden Stelle nach dem Komma und das Ergebnis wird mit einer Nachkommastelle angegeben.

3) Daraufhin ist das Endergebnis der Berechnungen nach Ziffer 2) mit den Anforderungen nach DIN 4109-1 zu vergleichen. Das auf eine wertanzeigende Stelle nach dem Komma berechnete und nicht das auf ganze dB gerundete Endergebnis muss die Anforderung der Norm erfüllen.

9 Luftschalldämmung in Gebäuden

9.1 Nachweis der Luftschalldämmung in Gebäuden

Mit den Berechnungsverfahren nach DIN 4109-2:2018-01 wird das bewertete Bau-Schall-dämm-Maß R'_w ermittelt. Im Rahmen bauaufsichtlicher Nachweise muss der so errechnete Wert von R'_w um den in DIN 4109-2:2018-01 Abschnitt 5.3.3 festgelegten Sicherheitsabschlag vermindert werden, sofern nicht bauaufsichtliche Bestimmungen andere Regelungen enthalten. Für diese vereinfachte Ermittlung der Unsicherheit ist ein Abschlag von 2 dB vorzusehen. Damit gilt für den Vergleich des berechneten Wertes R'_w mit dem Anforderungswert erf. R'_w:

$$R'_w - 2\,\text{dB} \geq \text{erf.}\,R'_w \quad \text{in dB} \tag{133}$$

Für Anforderungen an Türen nach DIN 4109-1:2018-01, Tabellen 2, 4, 5 oder 6 (siehe Tabelle 70) wird ein pauschaler Abschlag von 5 dB angesetzt. Damit gilt für diese Bauteile:

$$R_w - 5\,\text{dB} \geq \text{erf.}\,R_w \quad \text{in dB} \tag{134}$$

Achtung

Bei Anwendungen außerhalb des Anwendungsbereichs der DIN 4109 (z. B. bei der Planung erhöhter Anforderungen an die Schalldämmung) kann die vermehrte Unsicherheit, die aus individuellen Gegebenheiten resultiert, durch andere als den oben genannten Sicherheitsabschlag berücksichtigt werden.

9.2 Berechnung der Luftschalldämmung in Gebäuden

Bei der Übertragung von Schallenergie von einem Raum in einen anderen hängt der Schallpegel im Empfangsraum nicht nur von der Schalldämmung der trennenden und flankierenden Bauteile und deren Einbausituation ab, sondern auch von der Größe der gemeinsamen Trennfläche, über die die Schallenergie übertragen wird. Gemäß DIN 4109-1:2018-01 muss daher zwischen folgenden Einbausituationen unterschieden werden:

- Schallübertragung bei Trennbauteilen mit der gemeinsamen Trennfläche $S_S \geq 10\ \text{m}^2$
- Schallübertragung bei Trennbauteilen mit der gemeinsamen Trennfläche $S_S < 10\ \text{m}^2$

9.2.1 Berechnung der Luftschalldämmung in Gebäuden mit $S_S \geq 10\ \text{m}^2$

Die resultierende Luftschallübertragung R'_w zwischen zwei Räumen wird aus der direkten Schallübertragung über das Trennbauteil und der Schallübertragung über die Flankenwege nach Gleichung (135) berechnet.

$$R'_{w} = -10 \cdot \lg\left[10^{-R_{Dd,w}/10} + \sum_{F=f=1}^{N} 10^{-R_{Ff,w}/10} + \sum_{f=1}^{N} 10^{-R_{Df,w}/10} + \sum_{F=1}^{N} 10^{-R_{Fd,w}/10}\right] \quad (135)$$

Dabei ist:

$R_{Dd,w}$ Direktschalldämm-Maß für das Trennbauteil

$R_{Ff,w}$ Flanken-Schalldämm-Maß auf dem in Bild 29 gezeigten Schallübertragungsweg

$R_{Df,w}$ Flanken-Schalldämm-Maß auf dem in Bild 29 gezeigten Schallübertragungsweg

$R_{Fd,w}$ Flanken-Schalldämm-Maß auf dem in Bild 29 gezeigten Schallübertragungsweg

- **Zur Berechnung des Direktschalldämm-Maßes $R_{Dd,w}$ von einschaligen homogenen Bauteilen siehe Teil D Kapitel 9.3.1**
- **Zur Berechnung des Flankenschalldämm-Maßes $R_{ij,w}$ siehe Teil D Kapitel 9.3.2**

Die bei der Berechnung nach Gleichung (22) zu berücksichtigenden Wege für die Schallübertragung sind in Bild 29 dargestellt.

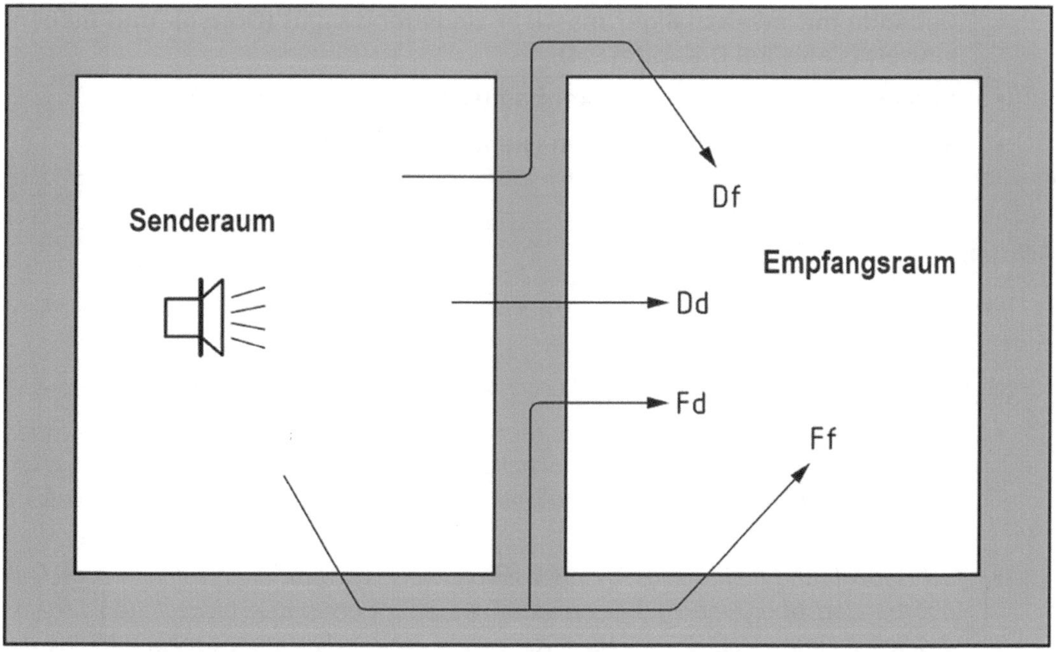

Bild 29: Schallübertragungswege

Dabei bedeutet:

SR Senderaum

ER Empfangsraum

Ff Flankenübertragung des flankierenden Bauteils

Fd Flankenübertragung des trennenden Bauteils

Df direkte Flankenübertragung über Wand bzw. Decke

Dd direkte Schallübertragung über Wand bzw. Decke

Die Buchstabenkombinationen Dd, Df, Ff und Fd stehen für die verschiedenen Schallübertragungswege. Die Großbuchstaben kennzeichnen das angeregte Bauteil im Senderaum und die Kleinbuchstaben das abstrahlende Bauteil im Empfangsraum. Bei einer üblichen Übertragungssituation (ein Trennbauteil, vier flankierende Bauteile) sind somit 13 Übertragungswege zu untersuchen.

Achtung

Aufgrund der konstruktiven Unterschiede bei der Schallübertragung in verschiedenen Bauweisen wird das Rechenmodell des Schallschutznachweises nach DIN 4109-2:2018-01 für folgende Konstruktionsarten unterschiedlich umgesetzt:

- **Massivbau (siehe Teil D Kapitel 9.3),**
- **Gebäude mit zweischaliger massiver Haustrennwand (Doppel- und Reihenhäuser) (siehe Teil D Kapitel 9.4),**
- **Gebäude mit Leicht- und Trockenbau (siehe Teil D Kapitel 9.5),**
- **Skelettbau und Mischbauweisen (siehe Teil D Kapitel 9.6).**

Achtung

Für unterschiedliche Konstruktionsarten sind auch unterschiedliche Ansätze bei der Ermittlung des Flankenschalldämm-Maßes zu verwenden.

Für die in Gleichung (135) genannten Flankenschalldämm-Maße gilt daher je nach Bauweise:

- *In Gebäuden in Massivbauweise werden die einzelnen Anteile an der Gesamtübertragung auf den verschiedenen Schallübertragungswegen aus der Direktschalldämmung der Bauteile und dem Stoßstellendämm-Maß berechnet und anschließend aufsummiert.*
- *Bei Doppel- und Reihenhäusern in Massivbauweise wird für die resultierende Schallübertragung über eine Haustrennwand aus zwei getrennten biegesteifen Schalen das Schalldämm-Maß R'_w der Haustrennwand aus der flächenbezogenen Masse der beiden Wandschalen ermittelt. Die flankierende Übertragung im Fundamentbereich wird im so genannten Zweischaligkeitszuschlag berücksichtigt. Die flankierende Übertragung über die auf die biegesteifen Wandschalen stoßenden massiven Bauteile wird durch eine zusätzliche Korrektur berücksichtigt.*
- *Im Leichtbau wird die Flankenübertragung pauschal mittels der bewerteten Norm-Flankenpegeldifferenzen $D_{n,f,w}$ des jeweiligen flankierenden Bauteils berechnet und zur Direktschalldämmung des Trennbauteils energetisch addiert.*

- *Im Skelettbau wird bei den flankierenden massiven Bauteilen entsprechend dem Massivbau die Flankendämmung aus der Direkt- und Stoßstellendämmung berechnet, während bei den Leichtbauteilen wie im Leichtbau die Flankenübertragung pauschal über die bewerteten Norm-Flankenpegeldifferenzen $D_{n,f,w}$ bestimmt wird.*

Achtung

Bei direkter und flankierender Schallübertragung können Vorsatzkonstruktionen berücksichtigt werden. Bei massiven Bauteilen werden zur Ermittlung der Direktschalldämmung Grundbauteil und Vorsatzkonstruktion *(z. B. Massivdecken mit Unterdecken, Massivdecken mit schwimmendem Estrich, Wände mit biegeweichen Vorsatzschalen)* ***schalltechnisch separat beschrieben und zum Gesamtbauteil rechnerisch zusammengefügt.*** *Bei der Ermittlung der Flankendämmung von Bauteilen aus massivem Grundbauteil und Vorsatzkonstruktion wird ebenso verfahren, wenn die Vorsatzkonstruktion (Unterdecke, schwimmender Estrich, Vorsatzschale) durch das trennende Bauteil vollständig unterbrochen wird, d. h. wenn es an das Grundbauteil (Massivbauteil) direkt angeschlossen ist.*

Achtung

Bei mehrschaligen Konstruktionen des Leicht- und Holzbaus sowie bei Bauteilen aus massivem Grundbauteil mit durchlaufender Vorsatzkonstruktion im Bereich des Anschlusses des trennenden Bauteils werden zur Ermittlung der Flankendämmung die Vorsatzkonstruktionen als Teil der Gesamtkonstruktion nicht separat betrachtet. Die Berechnung der Flankendämmung erfolgt in diesem Fall durch die in Prüfständen ermittelte bewertete Norm-Flankenpegeldifferenz $D_{n,f,w}$ konstruktionsabhängig.

9.2.2 Berechnung der Luftschalldämmung in Gebäuden mit $S_S < 10\ m^2$

Beträgt die gemeinsame Trennfläche zwischen den zu untersuchenden Räumen $S_S < 10\ m^2$ oder ist keine gemeinsame Trennfläche vorhanden – z. B. bei versetzten Räumen –, dann ist gemäß DIN 4109-1:2018-01 auf die bewertete Norm-Schallpegeldifferenz $D_{n,w}$ Bezug zu nehmen.

Bei Raumpaaren mit einer gemeinsamen Trennfläche S_S kann die bewertete Norm-Schallpegeldifferenz $D_{n,w}$ aus dem bewerteten Bau-Schalldämm-Maß R'_w wie folgt berechnet werden:

$$D_{n,w} = R'_w - 10 \cdot \lg\left(\frac{S_S}{10}\right) \tag{136}$$

Mit:

$D_{n,w}$ bewertete Schallpegeldifferenz, in dB

R'_w bewertetes Bau-Schalldämm-Maß nach Kapitel 9.2.1, in dB

S_S gemeinsame Trennfläche, im m^2

Bei Raumpaaren ohne gemeinsamen Trennfläche S_S kann die bewertete Norm-Schallpegeldifferenz $D_{n,w}$ aus den bewerteten Norm-Flankenschallpegeldifferenzen $D_{n,Ff,w}$ wie folgt berechnet werden:

$$D_{n,w} = -10 \cdot \lg\left(\sum_{F,f=1}^{N} 10^{-D_{n,Ff,w}/10} \right) \qquad (137)$$

Bei diagonalen Raumzuordnungen sind üblicherweise vier Übertragungswege Ff mit den zugehörigen Norm-Flankenschallpegeldifferenzen $D_{n,Ff,w}$ zu berücksichtigen.

Achtung

Voraussetzung ist, dass bei den beiden Räumen eine Berührung mindestens an einer Ecke oder einer Kante vorhanden ist.

Die Berechnung der Norm-Flankenschallpegeldifferenz $D_{n,ij,w}$ erfolgt nach Gleichung (138).

$$D_{n,ij,w} = \frac{R_{i,w}}{2} + \frac{R_{j,w}}{2} + \Delta R_{ij,w} + K_{ij,w} + 10 \cdot \lg\left(\frac{S_S}{l_0 \cdot l_f} \right) \qquad (138)$$

9.3 Berechnung der Luftschalldämmung in Gebäuden mit Massivbauweise

Wie der Gleichung (135) zu entnehmen ist, sind zur Berechnung des bewerteten Bau-Schalldämm-Maßes R'_w das Direktschalldämm-Maß $R_{Dd,w}$ und die Flankenschalldämm-Maße $R_{Ff,w}$, $R_{Df,w}$ und $R_{Fd,w}$ zu ermitteln.

Dabei können sowohl an den Bauteilen des direkten als auch an denen des flankierenden Übertragungsweges Vorsatzkonstruktionen angebracht sein, die bei der Berechnung der Schalldämmung berücksichtigt werden müssen. Bei massiven Bauteilen werden zur Ermittlung der **Direktschalldämmung Grundbauteil und Vorsatzkonstruktion** (z. B. Massivdecken mit Unterdecken, Massivdecken mit schwimmendem Estrich, Wände mit biegeweichen Vorsatzschalen) **schalltechnisch separat beschrieben** und zum Gesamtbauteil rechnerisch zusammengefügt. Bei der Ermittlung der **Flankendämmung** von Bauteilen aus massivem **Grundbauteil und Vorsatzkonstruktion** wird ebenso verfahren, wenn die Vorsatzkonstruktion (Unterdecke, schwimmender Estrich, Vorsatzschale) durch das trennende Bauteil vollständig unterbrochen wird, d. h. wenn es an das Grundbauteil (Massivbauteil) direkt angeschlossen ist.

Achtung

- *Für das* **Schalldämm-Maß des Grundbauteils** *wird sowohl beim trennenden Bauteil als auch bei den flankierenden Bauteilen das bewertete Schalldämm-Maß* $\boldsymbol{R_w}$ *berechnet.* **Beim trennenden Bauteil** *wird das bewertete Schalldämm-Maß* R_w *als* $\boldsymbol{R_{s,w}}$, **bei den flankierenden Bauteilen** *wird das bewertete Schalldämm-Maß* R_w *als* $\boldsymbol{R_{i,w}}$ *im Senderaum* **und** *als* $\boldsymbol{R_{j,w}}$ *im Empfangsraum bezeichnet.*
- *Die gesamte bewertete Verbesserung* ΔR_w *ist für das trennende und die flankierenden Bauteile – entsprechend dem Vorhandensein einer Vorsatzkonstruktion und deren Ausbildung – jeweils einzeln zu ermitteln. Beim trennenden Bauteil wird die gesamte bewertete Verbesserung* ΔR_w *durch eine Vorsatzkonstruktion mit* $\Delta R_{Dd,w}$, *bei den flankierenden Bauteilen wird die gesamte bewertete Verbesserung* ΔR_w *durch eine Vorsatzkonstruktion mit* $\Delta R_{ij,w}$ *benannt.*

9.3.1 Direktschalldämm-Maß $R_{\mathrm{Dd,w}}$ von Bauteilen in Gebäuden bei Massivbauweise

Für das Direktschalldämm-Maß $R_{\mathrm{Dd,w}}$ gilt bei Gebäuden in Massivbauweise:

$$R_{\mathrm{Dd,w}} = R_{\mathrm{s,w}} + \Delta R_{\mathrm{Dd,w}} \tag{139}$$

Dabei bedeutet:

$R_{\mathrm{s,w}}$ bewertetes Schalldämm-Maß des trennenden massiven Bauteils, in Dezibel (dB)

$\Delta R_{\mathrm{Dd,w}}$ die gesamte bewertete Verbesserung des Schalldämm-Maßes durch zusätzlich angebrachte Vorsatzkonstruktionen auf der Sende- und/oder Empfangsseite des trennenden Bauteils, in Dezibel (dB). Zur Berechnung von $\Delta R_{\mathrm{Dd,w}}$ siehe Kapitel 9.3.4.4.

Achtung

Bei Trennbauteilen zwischen Räumen als entkoppelte einschalige leichte Trennwand ist in Gleichung (139) statt des bewerteten Schalldämm-Maßes $R_{s,w}$ *das Schalldämm-Maß* $R_{w,KE}$ *der entkoppelten Wand zu verwenden.*

- **Zur Berechnung des bewerteten Schalldämm-Maßes $R_{\mathrm{s,w}}$ von trennenden massiven Bauteilen siehe Kapitel 9.3.3**
- **Zur Berechnung des bewerteten Schalldämm-Maßes $R_{\mathrm{w,KE}}$ von trennenden entkoppelten leichten Massivbauteilen siehe Kapitel 9.3.3.7**
- **Zur Berechnung der gesamten bewerteten Verbesserung des Direktschalldämm-Maßes durch zusätzlich angebrachte Vorsatzkonstruktionen $\Delta R_{\mathrm{Dd,w}}$ siehe Kapitel 9.3.4.4**

9.3.2 Flankenschalldämm-Maß $R_{ij,w}$ von Bauteilen in Gebäuden bei Massivbauweise

Das bewertete Flankenschalldämm-Maß $R_{ij,w}$ wird bei massiven Bauteilen und bei massiven Bauteilen, bei denen eine Vorsatzkonstruktion im Anschlussbereich des Trennbauteils unterbrochen ist, für den Schallübertragungsweg vom Bauteil (i) auf das Bauteil (j) nach Gleichung (140) bestimmt. Dabei stehen die Indizes i und j für das flankierende oder das trennende Bauteil, je nach dem Übertragungsweg, d. h., als ij ist entweder der Übertragungsweg Fd oder Df oder Ff, über alle vier Flanken zu betrachten:

$$R_{ij,w} = \frac{R_{i,w}}{2} + \frac{R_{j,w}}{2} + \Delta R_{ij,w} + K_{ij,w} + 10 \cdot \lg\left(\frac{S_S}{l_0 \cdot l_f}\right) \quad (140)$$

Dabei ist:

$R_{i,w}$ das bewertete Schalldämm-Maß des flankierenden/trennenden massiven Bauteils im Senderaum (also F oder D), in Dezibel (dB);

$R_{j,w}$ das bewertete Schalldämm-Maß des flankierenden/trennenden Bauteils im Empfangsraum (also f oder d), in Dezibel (dB);

Achtung

Bei entkoppelten Bauteilen sind die bewerten Schalldämm-Maße $R_{i,w}$ und/oder $R_{j,w}$ nach Gleichung (27) entsprechend Kapitel 9.3.3.7 zu korrigieren.

$\Delta R_{ij,w}$ die gesamte bewertete Verbesserung des Schalldämm-Maßes durch zusätzlich angebrachte Vorsatzkonstruktionen auf dem Sende- (i) und/oder Empfangsbauteil (j) des betrachteten Übertragungsweges bei den flankierenden Bauteilen, in Dezibel (dB);

Achtung

Es werden nur die raumseitig angebrachten Vorsatzkonstruktionen berücksichtigt.

K_{ij} das Stoßstellendämm-Maß auf dem Übertragungsweg ij, in Dezibel (dB);

S_S Fläche des trennenden Bauteils, in Quadratmeter (m^2);

l_f die gemeinsame Kopplungslänge der Verbindungsstelle zwischen dem trennenden und dem flankierenden Bauteil, in Meter (m);

l_0 die Bezugskopplungslänge mit l_0 = 1 m.

Achtung

Die in Gleichung (140) verwendeten bewerteten Schalldämm-Maße $R_{i,w}$ und $R_{j,w}$ sind bei entkoppelten Bauteilen entsprechend Kapitel 9.3.3.7 zu korrigieren.

- **Zur Berechnung des bewerteten Schalldämm-Maßes $R_{ij,w}$ der flankierenden massiven Bauteile siehe Kapitel 9.3.3**
- **Zur Berechnung der gesamten bewerteten Verbesserung des Schalldämm-Maßes $\Delta R_{ij,w}$ siehe Kapitel 9.3.4.5**
- **Zur Berechnung der Stoßstellendämmung K_{ij} siehe Kapitel 9.3.5.**

Achtung

Die Behandlung von Stoßstellen bei der Verbindung massiver Bauteile erfolgt nach Teil D Kapitel 9.3.5.

Stoßstellen aus Bauteilen in Leichtbau- oder Holzbauweise werden nicht explizit behandelt. Es werden deshalb dafür keine Stoßstellendämm-Maße angegeben. Für die Berechnung der flankierenden Schallübertragung nach DIN 4109-2:2018-01, 4.2.4 wird in diesen Fällen die bewertete Norm-Schallpegeldifferenz $D_{n,f,w}$ der flankierenden Bauteile herangezogen.

Angaben zu $D_{n,f,w}$ sind entweder durch Messungen zu ermitteln oder können der Tabelle 93 und den Tabellen 104 bis 112 entnommen werden.

- **Berücksichtigung von Fenstern und Türen**

  Bei flankierenden Bauteilen, die aus mehreren Teilen bestehen, ist das Schalldämm-Maß des mit dem trennenden Bauteil unmittelbar verbundenen größeren Teils zu berücksichtigen. Wenn durchgehende Diskontinuitäten im Bauteil vorhanden sind, wie z. B. raumhohe Türen oder schwere Querbauteile, können die Flächen hinter diesen Diskontinuitäten vernachlässigt werden.

- **Zusammengesetzte Bauteile**

  Besteht eine Flankenkonstruktion aus mehreren Arten von Bauteilen, z. B. Brüstung und Fassade, die jeweils direkt mit dem trennenden Bauteil verbunden sind, so ist jede Art als gesondertes Flankenbauteil zu behandeln.

- **Hinweise zu versetzten Räumen**

  Bei horizontal oder vertikal versetzten Räumen (Bild 30), wird die Fortsetzung des trennenden Bauteils als Flankenbauteil behandelt, dessen flankierende Übertragung in diesen Fällen häufig dominiert.

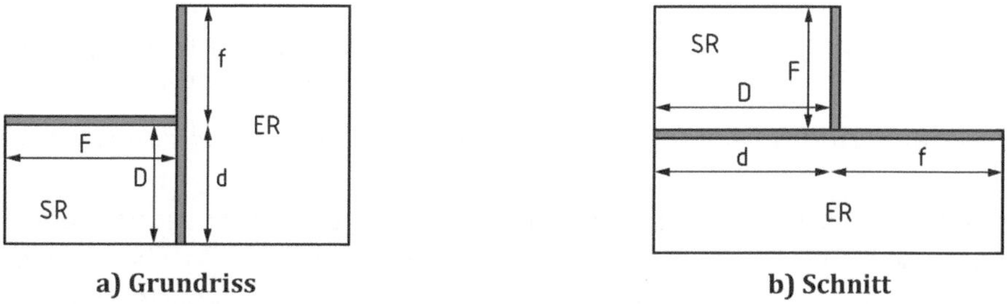

Bild 30: Versetzte Räume

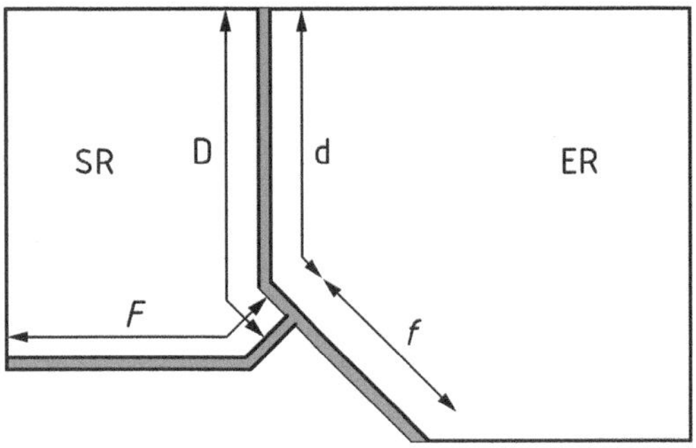

Legende

D Trennbauteil, senderaumseitig
F Flankenbauteil, senderaumseitig
d Trennbauteil, empfangsraumseitig
f Flankenbauteil, empfangsraumseitig
SR Senderaum
ER Empfangsraum

Bild 31: Abgewinkelte trennende und flankierende Bauteile, Grundriss

Bei trennenden oder flankierenden Wänden, die abgewinkelt sind (Bild 31), kann die Gesamtfläche verwendet werden, wenn die Winkel an den Sprungstellen nicht zu groß sind, wie das bei 90°-Ecken der Fall wäre. Im letztgenannten Fall kann eine effektive Gesamtfläche verwendet werden, die die Schnellepegeldifferenz an der Diskontinuität (Krümmung) berücksichtigt.

- **Hinweise zu Bauteilverbindungen mit geringem Versatz**

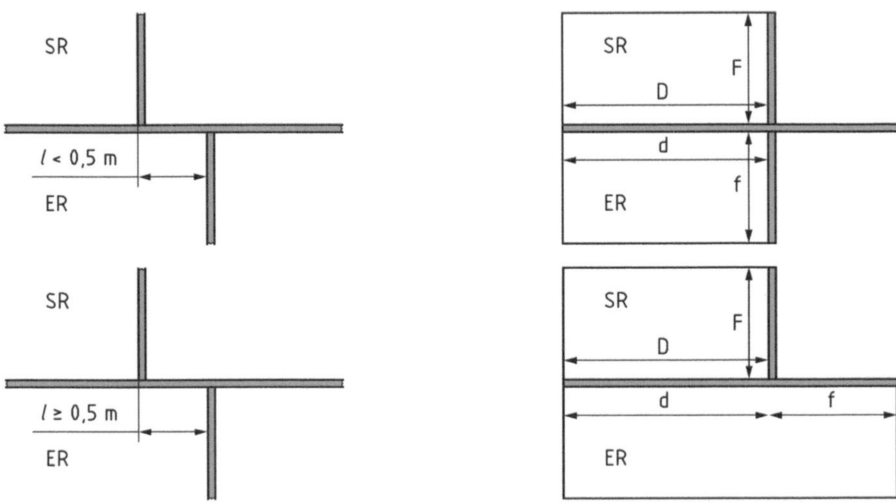

a) tatsächliche Raumsituation **b) idealisierte Situation im Rechenmodell**

Legende

ER Empfangsraum D Trennbauteil, senderaumseitig d Trennbauteil empfangsraumseitig
SR Senderaum F Flankenbauteil, senderaumseitig f Flankenbauteil, empfangsraumseitig

Bild 32: Anleitung zur Berechnung der flankierenden Übertragung bei versetzten Stößen

Häufig treten versetzte Räume mit einem relativ geringen Versatz der flankierenden Bauteile auf, wie in den nachfolgenden Beispielen (Bild 32) gezeigt. Üblicherweise entspricht bei einem Versatz mit einer Länge *l* von weniger als 0,5 m das Stoßstellendämm-Maß in etwa dem Wert, der auch ohne Versatz für einen Kreuzstoß zu erwarten ist. Für einen

Versatz größer 0,5 m kann von einem T-Stoß ausgegangen werden. Durch den Versatz wird entsprechend dem vorhergehenden Abschnitt die Fläche des trennenden Bauteils nach dem Versatz zum flankierenden Bauteil.

9.3.3 Bewertetes Schalldämm-Maß R_w homogener einschaliger Bauteile

Als homogene einschalige Bauteile gelten diejenigen Bauteile, deren Schalldämmung unmittelbar aus der flächenbezogenen Masse ermittelt werden kann. Dies gilt für plattenförmige Bauteile aus Beton, Leichtbeton, Porenbeton, ungelochten Mauersteinen und Gips bzw. Gipswandbauplatten sowie für großformatige Fertigteilelemente aus solchen Baustoffen.

Bei der Berechnung des bewerteten Schalldämm-Maßes R_w einschaliger homogener Bauteile ist zu unterscheiden zwischen:

- Wänden (s. Kapitel 9.3.3.3)
- Decken (s. Kapitel 9.3.3.4)
- Dächern (s. Kapitel 9.3.3.5)
- Bauteilen aus Verbundmaterialien (s. Kapitel 9.3.3.6)

Im Anwendungsbereich von DIN 4109-2:2018-01 wird das bewertete Schalldämm-Maß R_w in Abhängigkeit von der errechneten flächenbezogenen Masse m'_{ges} bestimmt.

9.3.3.1 Grenzfrequenz f_g einschaliger homogener Bauteile

Die Schalldämmung einschaliger homogener Wandkonstruktionen für eine unendliche Platte hängt theoretisch von der Rohdichte, dem E-Modul des verwendeten Materials, dem Verlustfaktor und der Bauteildicke ab.

Einschalige Bauteile haben im Allgemeinen eine umso bessere Luftschalldämmung, je schwerer sie sind. Im Regelfall nimmt die Luftschalldämmung auch mit der Frequenz zu. Im Bereich der Grenzfrequenz verschlechtert sich die Luftschalldämmung, wenn sich hier – wie bei einer Resonanz – die Wirkung von Massenträgheit und Biegesteifigkeit gegenseitig aufhebt. Die Grenzfrequenz kann für homogene Platten nach folgender Beziehung ermittelt werden:

$$f_g = 6{,}4 \cdot 10^7 \cdot \frac{1}{d} \cdot \sqrt{\frac{\rho}{E}} \qquad (141)$$

Dabei ist:

d die Dicke der Platte [mm]

ρ die Dichte des Plattenmaterials

E das Elastizitätsmodul

Ungünstig ist die Wirkung bei einschaligen Bauteilen, wenn die Grenzfrequenz im Frequenzbereich 200 Hz bis 2 000 Hz liegt. Dies ist z. B. der Fall bei plattenförmigen Bauteilen aus Beton, Leichtbeton, Mauerwerk und Gips mit flächenbezogenen Massen zwischen etwa 20 kg/m² und 100 kg/m².

Günstig wirkt sich dagegen eine hohe Biegesteifigkeit bei dicken Wänden aus, sofern die Grenzfrequenz unter etwa 200 Hz liegt. Dies gilt für plattenförmige Bauteile aus Beton, Leichtbeton oder Mauerwerk mit flächenbezogenen Massen von mindestens 150 kg/m².

9.3.3.2 Bestimmung der flächenbezogenen Masse

Die flächenbezogene Masse plattenförmiger homogener Bauteile (z. B. aus Beton, Leichtbeton, Porenbeton, Gips, Mauerwerk, Fertigteilen) ergibt sich aus der Dicke des Bauteils und seiner Rohdichte.

$$m' = d \cdot \rho \qquad (142)$$

mit:

m' flächenbezogene Masse in kg/m²

d Dicke der Bauteilschicht oder des Bauteils in m

ρ Rohdichte des verwendeten Materials in kg/m³.

Die flächenbezogene Masse von Wänden setzt sich aus der Dicke des trennenden Bauteils, dessen Rohdichte (Tabelle 11) und gegebenenfalls ein- oder beidseitig aufgebrachten Putzschichten (Tabelle 12) wie folgt zusammen:

$$m'_{ges} = m'_{Wand} + m'_{Putz,ges} \qquad (143)$$

Dabei ist:

m'_{ges} die flächenbezogene Masse des verputzten Bauteils, in Kilogramm je Quadratmeter (kg/m²);

m'_{Wand} die flächenbezogene Masse des unverputzten Bauteils, in Kilogramm je Quadratmeter (kg/m²);

$m'_{Putz,ges}$ die gesamte flächenbezogene Masse der vorhandenen Putzschichten, in Kilogramm je Quadratmeter (kg/m²).

Zur Ermittlung der flächenbezogenen Masse von fugenlosen Wänden und von Wänden aus geschosshohen Platten/Betonfertigteilen wird bei **unbewehrtem Normalbeton mit einem Rechenwert der Rohdichte von 2350 kg/m³** gerechnet. Für **bewehrte Betonbauteile** mit üblichen Bewehrungsgehalten kann **ohne besonderen Nachweis ein Rechenwert der Rohdichte von 2400 kg/m³** angesetzt werden.

Die Wandrohdichte ρ_w von Mauerwerk wird bestimmt aus der Rohdichte der Mauersteine und der Rohdichte des verwendeten Mauermörtels nach Tabelle 78.

Tabelle 78: Wandrohdichten ρ_w einschaliger Wände aus Steinen und Platten (DIN 4109-32)

Spalte	1	2	3	4
Zeile	Stein-/Platten-rohdichteklasse[1)]	Wandrohdichte ρ_w von Mauerwerk mit		
		Normalmörtel[2)] [kg/m³]	Leichtmörtel[3)] [kg/m³]	Dünnbettmörtel[4)] [kg/m³]
1	2,40	2 260	–	2 300
2	2,20	2 080	–	2 100
3	2,00	1 900	–	1 900
4	1,80	1 720	–	1 700
5	1,60	1 540	–	1 500
6	1,40	1 360	–	1 300
7	1,20	1 180	–	1 100
8	1,00	1 000	950	975
9	0,95	955	905	925
10	0,90	910	860	875
11	0,85	865	815	825
12	0,80	820	770	775
13	0,75	775	725	725
14	0,70	730	680	675
15	0,65	685	635	625
16	0,60	640	590	575
17	0,55	595	545	525
18	0,50	550	500	475
19	0,45	505	455	425
20	0,40	460	410	375
21	0,35	415	365	325
22	0,30	–	–	275
23	0,25	–	–	225
24	0,20	–	–	175
25	0,15	–	–	125
26	0,10	–	–	75

1) Werden Hohlblocksteine nach DIN 20000-402, DIN V 18151 und DIN V 18153 umgekehrt vermauert und die Hohlräume satt mit Sand oder mit Normalmörtel gefüllt, so darf die Rohdichteklasse um 0,4 erhöht werden.
2) $\rho_w = 900 \cdot \text{RDK} + 100$ ($2{,}2 \geq \text{RDK} \geq 0{,}35$)
3) $\rho_w = 900 \cdot \text{RDK} + 50$ ($1{,}0 \geq \text{RDK} \geq 0{,}35$)
4) $\rho_w = 1\,000 \cdot \text{RDK} - 100$ ($\text{RDK} > 1{,}0$)
$\rho_w = 1\,000 \cdot \text{RDK} - 50$ (Klassenbreite der RDK 100 kg/m³ und $\text{RDK} \leq 1{,}0$)
$\rho_w = 1\,000 \cdot \text{RDK} - 25$ (Klassenbreite der RDK 50 kg/m³ und $\text{RDK} \leq 1{,}0$)

Der Einfluss von Putzschichten (ein- oder beidseitig aufgebracht) wird durch eine Erhöhung der flächenbezogenen Masse nach Gleichung (143) berücksichtigt; dabei wird die flächenbezogene Masse der Putzschichten $m'_{Putz,ges}$ nach Tabelle 79 zur flächenbezogenen Masse des unverputzten Bauteils m'_{Wand} addiert.

Tabelle 79: Flächenbezogene Masse von Putzen m'_{Putz} (DIN 4109-32)

Putzdicke [m]	Flächenbezogene Masse m'_{Putz} von			
	Gips- und Dünnlagenputz[1)] [kg/m²]	Kalk- und Kalkzementputz[2)] [kg/m²]	Leichtputz[3)] [kg/m²]	Wärmedämm-putz[4)] [kg/m²]
0,005	5,00	8,00	4,50	1,25
0,010	10,00	16,00	9,00	2,50
0,015	15,00	24,00	13,50	3,75
0,020	20,00	32,00	18,00	5,00
0,025	25,00	40,00	22,50	6,25
0,030	30,00	48,00	27,00	7,50
0,035	35,00	56,00	31,50	8,75
0,040	40,00	64,00	36,00	10,00
0,045	45,00	72,00	40,50	11,25
0,050	50,00	80,00	45,00	12,50

1) ρ_{Putz} = 1 000 kg/m³
2) ρ_{Putz} = 1 600 kg/m³
3) ρ_{Putz} = 900 kg/m³
4) ρ_{Putz} = 250 kg/m³

9.3.3.3 Bewertetes Schalldämm-Maß R_w von Wänden als einschaliges homogenes Bauteil

Massive einschalige Wände sind Wände aus Mauerwerk, Beton, Gips oder großformatige Wandtafeln aus Mauerwerk, Beton, Leichtbeton, Porenbeton oder anderen mineralischen Baustoffen, die aus einer Schale bestehen. Auch mit Beton verfülltes Füllsteinmauerwerk kann als massive einschalige Wand betrachtet werden, wenn die Verfüllsteine vollständig verfüllt sind und keine integrierten Schichten aus wärmedämmendem Material enthalten. **Wände mit unmittelbar aufgebrachtem Putz nach DIN EN 998-1 oder mit Beschichtungen gelten als einschalig.**

Mauerwerk aus Lochsteinen kann dann als quasihomogen betrachtet werden, wenn die nachfolgenden Bedingungen eingehalten werden. Die Schalldämmung kann dann ebenfalls aus der flächenbezogenen Masse ermittelt werden.

a) Mauerwerk aus Hochlochziegeln nach DIN 105-100 bzw. DIN EN 771-1 in Verbindung mit DIN 20000-401 mit einer Dicke ≤ 240 mm ungeachtet der Rohdichte, bei Wanddicken > 240 mm ab einer Rohdichteklasse ≥ 1,0.

b) Mauerwerk aus Hohlblöcken und gelochten Vollblöcken und aus Leichtbeton nach DIN V 18151-100 und DIN V 18152-100 mit Wanddicken ≤ 240 mm und mit einer Rohdichteklasse ≥ 0,8.

c) Mauerwerk aus gelochten Mauersteinen aus Beton nach DIN V 18153-100 mit Wanddicken ≤ 240 mm und mit einer Rohdichteklasse ≥ 0,8.

d) Mauerwerk aus Kalksandstein nach DIN V 106 mit einem Lochanteil ≤ 50 % (für runde Löcher), ausgenommen Steine mit Schlitzlochung, die gegeneinander von Lochebene zu Lochebene versetzte Löcher aufweisen.

Für Mauerwerk aus Lochsteinen mit davon abweichenden Eigenschaften ist das bewertete Schalldämm-Maß $R_{s,w}$ entweder technischen Spezifikationen nach Landesbauordnung und Bauregelliste und europäischen technischen Regelwerken zu entnehmen oder durch Eignungsprüfungen nach den Vorgaben des „Beschlussbuches des Arbeitskreises der Prüfstellen für die Erteilung allgemeiner bauaufsichtlicher Prüfzeugnisse für den Schallschutz im Hochbau – Arbeitskreis Schallprüfstellen" und in DIN 4109-4:2016-07 zu ermitteln.

In Abhängigkeit von der nach Gleichung (142) errechneten flächenbezogenen Masse m'_{ges} kann das bewertete Schalldämm-Maß R_w für unterschiedliche Baustoffe aus den Tabellen 80 bis 82 entnommen werden. Dabei wird für das bewertete Schalldämm-Maß $R_{s,w}$ – auf eine Dezimale genau – die erforderliche flächenbezogene Masse m'_{ges} angegeben.

Tabelle 80: Flächenbezogene Masse m'_{ges} für das bewertete Schalldämm-Maß R_w einschaliger Bauteile aus Beton, Betonsteinen, Kalksandsteinen, Mauerziegeln oder Verfüllsteinen (DIN 4108-32)

Bewertetes Schalldämm-Maß R_w [dB]	**Flächenbezogene Masse m'_{ges} [kg/m²]**									
	Dezimale des bewerteten Schalldämm-Maßes R_w									
	0,0	**0,1**	**0,2**	**0,3**	**0,4**	**0,5**	**0,6**	**0,7**	**0,8**	**0,9**
33										65,4
34	65,9	66,4	66,9	67,4	67,9	68,4	68,9	69,4	69,9	70,5
35	71,0	71,5	72,0	72,6	73,1	73,7	74,2	74,8	75,3	75,9
36	76,5	77,0	77,6	78,2	78,8	79,4	80,0	80,6	81,2	81,8
37	82,4	83,0	83,6	84,2	84,9	85,5	86,2	86,8	87,4	88,1
38	88,8	89,4	90,1	90,8	91,4	92,1	92,8	93,5	94,2	94,9
39	95,6	96,3	97,1	97,8	98,5	99,3	100,0	100,7	101,5	102,3
40	103,0	103,8	104,6	105,4	106,1	106,9	107,7	108,5	109,4	110,2
41	111,0	111,8	112,7	113,5	114,4	115,2	116,1	116,9	117,8	118,7
42	119,6	120,5	121,4	122,3	123,2	124,1	125,1	126,0	126,9	127,9
43	128,8	129,8	130,8	131,7	132,7	133,7	134,7	135,7	136,7	137,8
44	138,8	139,8	140,9	141,9	143,0	144,1	145,1	146,2	147,3	148,4
45	149,5	150,7	151,8	152,9	154,1	155,2	156,4	157,5	158,7	159,9

Tabelle 80: Flächenbezogene Masse m'_{ges} für das bewertete Schalldämm-Maß R_w einschaliger Bauteile aus Beton, Betonsteinen, Kalksandsteinen, Mauerziegeln oder Verfüllsteinen (DIN 4108-32) (Fortsetzung)

Bewertetes Schalldämm-Maß R_w [dB]	Flächenbezogene Masse m'_{ges} [kg/m²]									
	Dezimale des bewerteten Schalldämm-Maßes R_w									
	0,0	0,1	0,2	0,3	0,4	0,5	0,6	0,7	0,8	0,9
46	161,1	162,3	163,5	164,8	166,0	167,2	168,5	169,7	171,0	172,3
47	173,6	174,9	176,2	177,5	178,8	180,2	181,5	182,9	184,2	185,6
48	187,0	188,4	189,8	191,2	192,7	194,1	195,6	197,0	198,5	200,0
49	201,5	203,0	204,5	206,0	207,6	209,1	210,7	212,3	213,8	215,4
50	217,1	218,7	220,3	222,0	223,6	225,3	227,0	228,7	230,4	232,1
51	233,8	235,6	237,4	239,1	240,9	242,7	244,5	246,4	248,2	250,1
52	251,9	253,8	255,7	257,6	259,6	261,5	263,5	265,4	267,4	269,4
53	271,4	273,5	275,5	277,6	279,6	281,7	283,8	286,0	288,1	290,3
54	292,4	294,6	296,8	299,0	301,3	303,5	305,8	308,1	310,4	312,7
55	315,1	317,4	319,8	322,2	324,6	327,0	329,5	331,9	334,4	336,9
56	339,4	342,0	344,5	347,1	349,7	352,3	354,9	357,6	360,3	363,0
57	365,7	368,4	371,2	374,0	376,7	379,6	382,4	385,3	388,1	391,1
58	394,0	396,9	399,9	402,9	405,9	408,9	412,0	415,1	418,2	421,3
59	424,5	427,6	430,8	434,1	437,3	440,6	443,9	447,2	450,5	453,9
60	457,3	460,7	464,2	467,6	471,1	474,7	478,2	481,8	485,4	489,0
61	492,7	496,4	500,1	503,8	507,6	511,4	515,2	519,1	522,9	526,8
62	530,8	534,8	538,8	542,8	546,8	550,9	555,1	559,2	563,4	567,6
63	571,8	576,1	580,4	584,8	589,2	593,6	598,0	602,5	607,0	611,5
64	616,1	620,7	625,3	630,0	634,7	639,5	644,3	649,1	653,9	658,8
65	663,8	668,7	673,7	678,8	683,8	688,9	694,1	699,3	704,5	709,8
66	715,1									

Für Bauteile aus Beton, Betonsteinen, Kalksandsteinen, Mauerziegeln und Verfüllsteinen kann das bewertete Schalldämm-Maß auch wie folgt berechnet werden:
$R_w = 30{,}9 \cdot \lg (m'_{ges}/m'_0) - 22{,}2$
mit $m'_0 = 1{,}0$ kg/m².
Der Ansatz ist gültig für 65 kg/m² $< m'_{ges} <$ 720 kg/m²; er gilt nicht für Mauerziegel mit einer Rohdichteklasse > 2,0.

Tabelle 81: Flächenbezogene Masse m'_{ges} für das bewertete Schalldämm-Maß R_w einschaliger Bauteile aus Leichtbeton (DIN 4109-32)

Bewertetes Schalldämm-Maß R_w [dB]	**Flächenbezogene Masse m'_{ges} [kg/m²]**									
	Dezimale des bewerteten Schalldämm-Maßes R_w									
	0,0	**0,1**	**0,2**	**0,3**	**0,4**	**0,5**	**0,6**	**0,7**	**0,8**	**0,9**
46			140,9	141,9	143,0	144,1	145,1	146,2	147,3	148,4
47	149,5	150,7	151,8	152,9	154,1	155,2	156,4	157,5	158,7	159,9
48	161,1	162,3	163,5	164,8	166,0	167,2	168,5	169,7	171,0	172,3
49	173,6	174,9	176,2	177,5	178,8	180,2	181,5	182,9	184,2	185,6
50	187,0	188,4	189,8	191,2	192,7	194,1	195,6	197,0	198,5	200,0
51	201,5	203,0	204,5	206,0	207,6	209,1	210,7	212,3	213,8	215,4
52	217,1	218,7	220,3	222,0	223,6	225,3	227,0	228,7	230,4	232,1
53	233,8	235,6	237,4	239,1	240,9	242,7	244,5	246,4	248,2	250,1
54	251,9	253,8	255,7	257,6	259,6	261,5	263,5	265,4	267,4	269,4
55	271,4	273,5	275,5	277,6	279,6	281,7	283,8	286,0	288,1	290,3
56	292,4	294,6	296,8	299,0	301,3	303,5	305,8	308,1	310,4	312,7
57	315,1	317,4	319,8	322,2	324,6	327,0	329,5	331,9	334,4	336,9
58	339,4	342,0	344,5	347,1	349,7	352,3	354,9	357,6	360,3	363,0
59	365,7	368,4	371,2	374,0	376,7	379,6	382,4	385,3	388,1	391,1
60	394,0	396,9	399,9	402,9	405,9	408,9	412,0	415,1	418,2	421,3
61	424,5	427,6	430,8	434,1	437,3	440,6	443,9	447,2	450,5	453,9
62	457,3	460,7	464,2	467,6	471,1	474,7	478,2			

Für Bauteile aus Leichtbeton kann das bewertete Schalldämm-Maß auch wie folgt berechnet werden:
$R_w = 30{,}9 \cdot \lg (m'_{ges}/m'_0) - 20{,}2$
mit $m'_0 = 1{,}0$ kg/m².
Der Ansatz ist gültig für 140 kg/m² $< m'_{ges} <$ 480 kg/m².

Tabelle 82: Flächenbezogene Masse m'_{ges} für das bewertete Schalldämm-Maß R_w einschaliger Bauteile aus Porenbeton (DIN 4109-32)

Bewertetes Schalldämm-Maß R_w [dB]	**Flächenbezogene Masse m'_{ges} [kg/m²]**									
	Dezimale des bewerteten Schalldämm-Maßes R_w									
	0,0	**0,1**	**0,2**	**0,3**	**0,4**	**0,5**	**0,6**	**0,7**	**0,8**	**0,9**
32										50,0
33	50,4	50,8	51,1	51,5	51,8	52,2	52,6	53,0	53,3	53,7
34	54,1	54,5	54,9	55,2	55,6	56,0	56,4	56,8	57,2	57,6
35	58,1	58,5	58,9	59,3	59,7	60,1	60,6	61,0	61,4	61,9
36	62,3	62,7	63,2	63,6	64,1	64,5	65,0	65,5	65,9	66,4

Tabelle 82: Flächenbezogene Masse m'_{ges} für das bewertete Schalldämm-Maß R_w einschaliger Bauteile aus Porenbeton (DIN 4109-32) (Fortsetzung)

Bewertetes Schalldämm-Maß R_w [dB]	**Flächenbezogene Masse m'_{ges} [kg/m²]**									
	Dezimale des bewerteten Schalldämm-Maßes R_w									
	0,0	**0,1**	**0,2**	**0,3**	**0,4**	**0,5**	**0,6**	**0,7**	**0,8**	**0,9**
37	66,9	67,3	67,8	68,3	68,8	69,3	69,8	70,2	70,7	71,2
38	71,8	72,3	72,8	73,3	73,8	74,3	74,9	75,4	75,9	76,5
39	77,0	77,5	78,1	78,7	79,2	79,8	80,3	80,9	81,5	82,1
40	82,6	83,2	83,8	84,4	85,0	85,6	86,2	86,8	87,4	88,1
41	88,7	89,3	89,9	90,6	91,2	91,9	92,5	93,2	93,8	94,5
42	95,2	95,9	96,5	97,2	97,9	98,6	99,3	100,0	100,7	101,4
43	102,1	102,9	103,6	104,3	105,1	105,8	106,6	107,3	108,1	108,8
44	109,6	110,4	111,2	112,0	112,8	113,6	114,4	115,2	116,0	116,8
45	117,6	118,5	119,3	120,2	121,0	121,9	122,7	123,6	124,5	125,4
46	126,2	127,1	128,0	129,0	129,9	130,8	131,7	132,6	133,6	134,5
47	135,5	136,4	137,4	138,4	139,4	140,4	141,4	142,4	143,4	144,4
48	145,4	146,4	147,5	148,5	149,6	151,4	152,7	154,1	155,4	156,8
49	158,2	159,6	161,0	162,5	163,9	165,3	166,8	168,3	169,8	171,3
50	172,8	174,3	175,9	177,4	179,0	180,6	182,2	183,8	185,4	187,1
51	188,7	190,4	192,1	193,8	195,5	197,3	199,0	200,8	202,5	204,3
52	206,1	208,0	209,8	211,7	213,6	215,4	217,4	219,3	221,2	223,2
53	225,2	227,2	229,2	231,2	233,2	235,3	237,4	239,5	241,6	243,8
54	245,9	248,1	250,3	252,5	254,8	257,0	259,3	261,6	263,9	266,2
55	268,6	271,0	273,4	275,8	278,3	280,7	283,2	285,7	288,3	290,8
56	293,4	296,0	298,6							
Für Bauteile aus Porenbeton kann das bewertete Schalldämm-Maß auch wie folgt berechnet werden: $R_w = 32{,}6 \cdot \lg (m'_{ges}/m'_0) - 22{,}5$ Der Ansatz ist gültig für 50 kg/m² < m'_{ges} < 150 kg/m². $R_w = 26{,}1 \cdot \lg (m'_{ges}/m'_0) - 8{,}4$ Der Ansatz ist gültig für 150 kg/m² < $m'_{ges} \leq$ 300 kg/m² jeweils mit m'_0 = 1,0 kg/m².										

9.3.3.4 Bewertetes Schalldämm-Maß R_w von Decken als einschaliges homogenes Bauteil

Die Einstufung von Trenndecken als einschaliges homogenes massives Bauteil zwischen Wohn- und Arbeitsräumen gilt für Stahlbetondecken, Stahlleichtbetondecken und Fertigteildecken aus unterschiedlichen Baustoffen. Hohlkörperdecken nach Bild 33 werden wie einschalige Bauteile derselben flächenbezogenen Masse behandelt.

Achtung

Die flächenbezogene Masse der Decke m'_{ges} ist nach Gleichung (31) aus der flächenbezogenen Masse der Rohdecke $m'_{Rohdecke}$ einschließlich eines etwaigen Aufbetons bzw. Verbundestrichs oder Estrichs auf Trennschicht sowie eines unmittelbar aufgebrachten Putzes zu ermitteln.

Achtung

Die flächenbezogene Masse eines schwimmenden Estrichs darf nicht berücksichtigt werden.

Die flächenbezogene Masse von Putzen kann Tabelle 79 entnommen werden.

$$m'_{ges} = m'_{Rohdecke} + m'_{Putz} + m'_{Aufbeton/Verbundestrich} + m'_{Estrich\ auf\ Trennschicht} \qquad (144)$$

Für die Berechnung der flächenbezogenen Masse m'_{ges} von Decken gelten folgende Festlegungen:

- Bei bewehrten Massivdecken (Ortbeton, Fertigteile und Halbfertigteile mit Ortbetonergänzung) ohne Hohlräume nach Bild 33, Zeilen 1 und 2, ist die flächenbezogene Masse durch Multiplikation des Deckenquerschnitts mit dem Rechenwert der Rohdichte zu ermitteln.
- **Für Normalbeton ist eine Rohdichte von ρ = 2400 kg/m³** anzusetzen.
- **Aufbeton**, der nicht nach DIN 1045-3 verdichtet wird, ist mit dem Rechenwert der Rohdichte von **ρ = 2100 kg/m³** in Ansatz zu bringen.
- Der Rechenwert der **Rohdichte von Zementestrich** ist mit **ρ = 2000 kg/m³** anzusetzen.
- Bei **Decken aus Leichtbeton und Porenbeton** ist bei der Ermittlung der flächenbezogenen Masse die Rohdichte um **ρ = 12,5 kg/m³** abzumindern.
- Bei Massivdecken mit Hohlräumen nach Bild 33, Zeilen 3 bis 6, ist die flächenbezogene Masse entweder aus den Rechenwerten nach DIN EN 1991-1-1 und DIN EN 1991-1-1/NA mit einem Abzug von 15 % oder aus dem vorhandenen Querschnitt mit der entsprechenden Rohdichte zu berechnen. Es sind dafür die Rohdichten nach Teil D Kapitel 9.3.3.2. anzusetzen.
- Die flächenbezogene Masse von aufgebrachten Verbundestrichen oder Estrichen auf Trennschicht ist aus dem Rechenwert nach DIN EN 1991-1-1 mit einem Abzug von 10 % zu ermitteln.
- **Gussasphalt** ist mit einem Rechenwert der **Rohdichte von 2300 kg/m³** ohne Abzug anzusetzen.
- Bei Deckenplatten mit Stegen nach DIN EN 13224 ohne Füllkörper, Estrich und Unterdecke ist nur die flächenbezogene Masse der Deckenplatte zu berücksichtigen.

Maße in Millimeter

Spalte	1	2
Zeile	**Deckenausbildung**	
Massivdecken ohne Hohlräume, gegebenenfalls mit Putz		
1	Stahlbeton-Vollplatten aus Normalbeton oder aus Leichtbeton nach DIN 1045-2	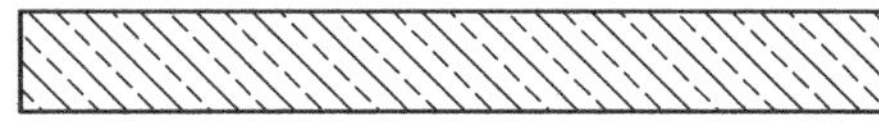
	Fertigteilplatten mit Ortbetonergänzung nach DIN EN 13747	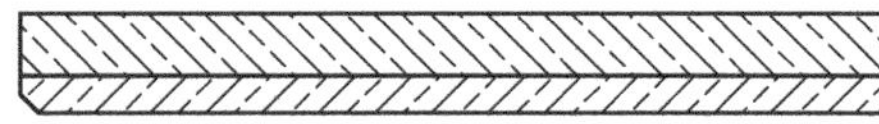
	Deckenplatten mit Stegen nach DIN EN 13224	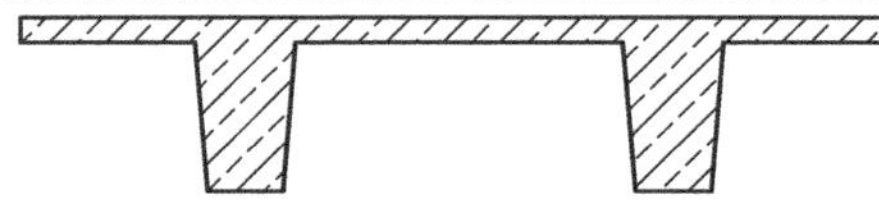
2	Porenbeton-Deckenplatten nach DIN 4223-100	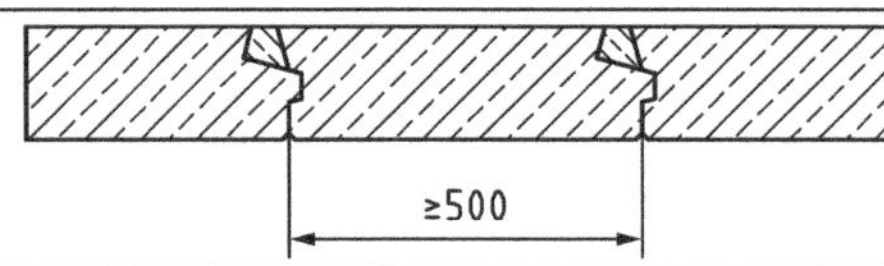
Massivdecken mit Hohlräumen, gegebenenfalls mit Putz		
3	Ziegeldecken nach DIN 1045-100 mit Deckenziegeln nach DIN 4159	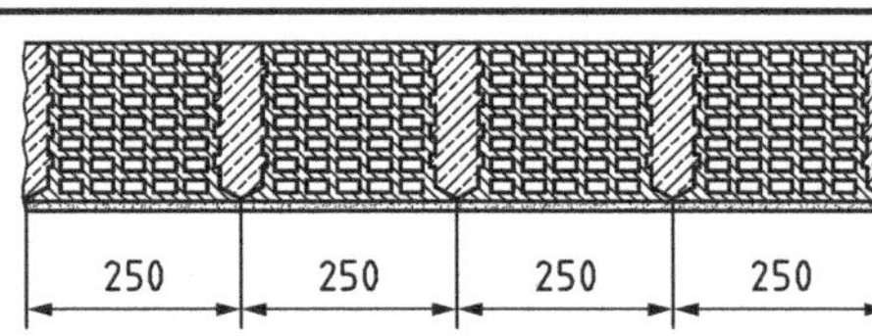
4	Stahlbetonrippendecken und -balkendecken nach DIN 1045-100 mit Zwischenbauteilen nach DIN EN 15037-2 oder DIN 4160	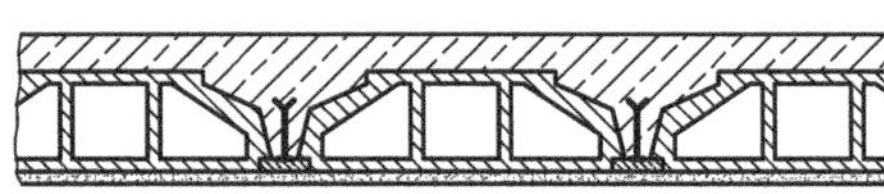
5	Stahlbetonhohldielen und -platten nach DIN 1045-2 Hohlplatten nach DIN EN 1168 Stahlbetondielen aus Leichtbeton nach DIN EN 1520 Stahlbetonhohldecke nach DIN 1045-2	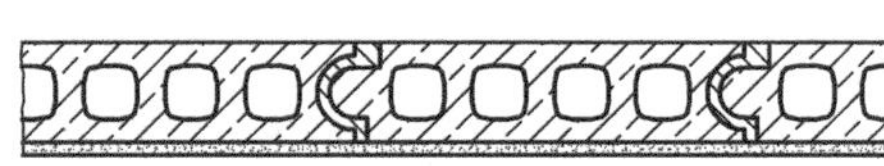
6	Balkendecken ohne Zwischenbauteile nach DIN 1045-2	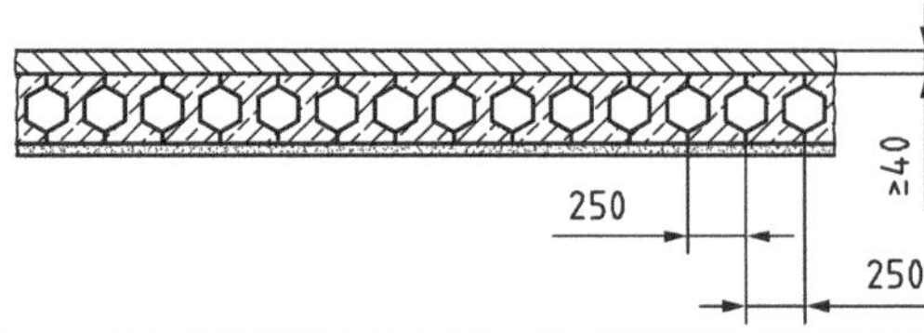

Bild 33: Massivdecken, deren Luft- und Trittschalldämmung nach Teil D Kapitel 9.3.3.4 und Teil D Kapitel 10.3.1 ermittelt werden kann

Mit der flächenbezogenen Masse der Massivdecke m'_{ges} kann das bewertete Schalldämm-Maß R_w materialspezifisch aus den Tabellen 80, 81 und 82 abgelesen werden.

Bei Porenbetondecken mit Aufbeton ist für die Ermittlung des bewerteten Schalldämm-Maßes R_w für $m' \geq 150$ kg/m² (m' bezieht sich dabei auf die flächenbezogene Masse aus Porenbeton + Aufbeton) Tabelle 82 heranzuziehen, falls $m'_{Aufbeton} \leq 0{,}5 \cdot m'_{Porenbeton}$ ist. Für $m'_{Aufbeton} > 0{,}5 \cdot m'_{Porenbeton}$ ist R_w Tabelle 80 zu entnehmen.

9.3.3.5 Bewertetes Schalldämm-Maß R_w von Dächern als homogenes einschaliges Bauteil

Zur Berechnung des bewerteten Schalldämm-Maßes R_w von Dächern als homogenes einschaliges Bauteil siehe Teil D Kapitel 9.3.3.4.

9.3.3.6 Bewertetes Schalldämm-Maß R_w von Wänden aus Verbundmaterialien als homogenes einschaliges Bauteil

Wände aus Verbundmaterialien können dann wie einschalige homogene Wände behandelt werden, wenn nachgewiesen wird, dass die Steifigkeit der einzelnen verwendeten Schichten so hoch ist, dass die tiefste Resonanzfrequenz des entstehenden Feder-Masse-Systems oberhalb des bauakustischen Frequenzbereichs liegt. Dies kann für ein dreischichtiges Element mit der folgenden Formel überprüft werden:

$$f_0 = 160 \cdot \sqrt{s' \cdot \left(\frac{1}{m'_1} + \frac{1}{m'_2}\right)} \qquad (145)$$

Dabei ist:

f_0 die Resonanzfrequenz der geschichteten Anordnung, in Hz

s' die dynamische Steifigkeit s' der mittleren Schicht nach DIN EN 29052-1, in MN/m³

m'_1 und m'_2 die flächenbezogenen Massen der äußeren Schichten, in kg/m².

9.3.3.7 Bewertetes Schalldämm-Maß $R_{w,KE}$ von einschaligen entkoppelten Bauteilen

Einschalige entkoppelte Systeme bestehen aus einem massiven Bauteil, welches an mehreren Kanten durch Randstreifen oder Entkopplungsprofile von den angrenzenden Bauteilen, insbesondere den Trennbauteilen, entkoppelt wird oder aufgrund der Einbausituation an diesen Kanten nicht mit anderen massiven Bauteilen verbunden ist. Entkoppelte Systeme können bei einschaligen Massivwänden, Massivdächern oder Massivdecken zum Einsatz kommen.

Durch die Entkopplung einschaliger Bauteile gegenüber den angrenzenden Bauteilen kann im Allgemeinen von einer verminderten Energieübertragung an den Bauteilrändern und damit von einer Erhöhung der Schallenergie auf dem Bauteil selbst ausgegangen werden, sodass dessen bewertetes Schalldämm-Maß R_w vermindert wird. Bei entkoppelten massiven Bauteilen sind die Schalldämm-Maße R_w nach Tabelle 83 um den Korrekturfaktor K_E wie folgt abzumindern.

$$R_{w,KE} = R_w - K_E \qquad (146)$$

Dabei ist:

$R_{w,KE}$ bewertetes Schalldämm-Maß R_w eines einschaligen homogenen Bauteils abgemindert um den Korrekturwert K_E nach Tabelle 83

R_w bewertetes Schalldämm-Maß des Grundbauteils

K_E Korrekturwert nach Tabelle 83

Tabelle 83: Korrekturwerte K_E zur Korrektur des Schalldämm-Maßes einschaliger elastisch oder vollständig entkoppelter Bauteile in Abhängigkeit von der Anzahl der entkoppelten Kanten und der flächenbezogenen Masse m' des Bauteils (DIN 4109-32)

Flächenbezogene Masse *m'* der Wand	**Anzahl N der entkoppelten Kanten**	
	N = 2 – 3	**N = 4**
$m' \leq 150$ kg/m²	$K_E = 2$ dB	$K_E = 4$ dB
$m' > 150$ kg/m²	$K_E = 3$ dB	$K_E = 6$ dB

Die Korrekturwerte K_E sind nur dann anzuwenden, wenn das trennende Bauteil im Bereich der entkoppelten flankierenden Bauteile endet. Durchlaufende Trennbauteile dürfen wie starr angebundene Bauteile behandelt werden.

Einbausituation mit Korrektur   Einbausituation ohne Korrektur

Dabei bedeutet:

1 Trennendes Bauteil

2 Flankierendes entkoppeltes Bauteil

Bild 34: Trennbauteile mit bzw. ohne Entkopplung

Da Wände aus Gips-Wandbauplatten bei Anforderungen an den Schallschutz grundsätzlich entkoppelt mit allseitig angebrachten Randstreifen eingebaut werden, wird im Folgenden für die zwei am häufigsten verwendeten entkoppelten Wände aus Gips-Wandbauplatten das bewerte Schalldämm-Maß R_w angegeben:

Gips-Wandbauplatten: Dicke: $d = 0{,}100$ m Rohdichte: $\rho = 900$ kg/m³

Gips-Wandbauplatten: Dicke: $d = 0{,}100$ m Rohdichte $\rho = 1200$ kg/m³.

Bei Verwendung der in Tabelle 84 aufgeführten Standard-Randstreifen für Wände aus Gips-Wandbauplatten und den oben genannten Materialkennwerten werden die bewerteten Schalldämm-Maße der Tabellen 85 und 86 erzielt.

Tabelle 84: Materialeigenschaften von Standard-Randstreifen für Wände aus Gips-Wandbauplatten (DIN 4109-32)

Materialbezeichnung	**Kork**	**PE-Schwerschaum**	**Bitumen (Wollfilzpappe)**
Dicke *d* mm	etwa 5	3 bis 4	etwa 3
Streifenrohdichte ρ kg/m³	≥ 250	≥ 120	≥ 300
Dynamische Steifigkeit MN/m³	≤ 150	≤ 150	≤ 750
Beschreibung des Materials	gepresster Naturkork-Granulat-Streifen	ein- oder beidseitig vlieskaschierter Polyethylen-(PE-)Schwerschaumstreifen	bitumen-imprägnierte Wollfilzpappstreifen mit glatter Oberfläche

Tabelle 85: Bewertetes Schalldämm-Maß R_w von elastisch entkoppelten Gipswänden mit mittlerer Rohdichte ($\rho \approx 900$ kg/m³) (DIN 4109-32)

	Gipswände ($m' \approx 90$ kg/m²), umlaufend entkoppelt durch		
	Kork[1)]	**PE-Schwerschaum**[1)]	**Bitumen**[1)] **(Wollfilzpappe)**
R_w dB	38	40	42

[1)] Nach den in Tabelle 84 genannten Anforderungen.

Tabelle 86: Bewertetes Schalldämm-Maß R_w von elastisch entkoppelten Gipswänden mit mittlerer Rohdichte ($\rho \approx 1200$ kg/m³) (DIN 4109-32)

	Gipswände ($m' \approx 120$ kg/m²), umlaufend entkoppelt durch	
	Kork[1)]	**Bitumen**[1)] **(Wollfilzpappe)**
R_w dB	40	45

[1)] Nach den in Tabelle 84 genannten Anforderungen.

9.3.4 Gesamtes bewertetes Schalldämm-Maß ΔR_w durch zusätzlich angebrachte Vorsatzkonstruktionen vor massiven Bauteilen

Die Schalldämmung einschaliger, biegesteifer Bauteile kann durch Vorsatzkonstruktionen verbessert werden.

Als Vorsatzkonstruktionen (z. B. Vorsatzschalen, Unterdecken, schwimmende Estriche) gelten:

- im Wandbereich:
  - freistehende Vorsatzschalen mit Unterkonstruktion
  - angekoppelte Vorsatzschalen mit Unterkonstruktion
  - Vorsatzschalen über Dämmschichten flächig befestigt
  - Wärmedämmverbundsysteme;
- im Decken- und Dachbereich:
  - freitragende Unterdecken mit Unterkonstruktion
  - abgehängte Unterdecken mit Unterkonstruktion
  - direkt befestigte Unterdecken (Lattung, Profile, Federschienen);
- im Fußbodenbereich:
  - schwimmende Estriche,
  - Doppel- und Hohlraumböden.

Die bewertete gesamte Verbesserung der Schalldämmung ΔR_w eines Bauteils ist abhängig von:

- der Flächenmasse m'_{ges} des Grundbauteils, auf dem die Vorsatzschale befestigt wird
- dem Schalldämm-Maß R_w und der Grenzfrequenz f_g des Grundbauteils
- der Resonanzfrequenz f_0 des zweischaligen Systems bestehend aus Grundbauteil und Vorsatzschale.

Achtung

Zur Ermittlung der gesamten bewerteten Verbesserung des Schalldämm-Maßes $\Delta R_{Dd,w}$ durch zusätzlich angebrachte Vorsatzkonstruktionen bei direkter Übertragung und zur Ermittlung der gesamten bewerteten Verbesserung des Schalldämm-Maßes $\Delta R_{ij,w}$ durch zusätzlich angebrachte Vorsatzkonstruktionen bei einer Flankenübertragung wird zunächst die Resonanzfrequenz f_0 des trennenden bzw. des flankierenden homogenen Bauteils mit einer zusätzlich angebrachten Vorsatzkonstruktion nach den Gleichungen (147) oder (148) ermittelt und damit die bewertete Verbesserung des Luftschalldämm-Maßes ΔR_w durch eine einseitig angebrachte zusätzliche Vorsatzkonstruktion bestimmt. Abschließend erfolgt die Berechnung von $\Delta R_{Dd,w}$ in Abhängigkeit von der Frage, ob beim trennenden Bauteil eine zusätzliche Vorsatzkonstruktion einseitig oder beidseitig angebracht wird, nach Kapitel 9.3.4.4 bzw. von $\Delta R_{ij,w}$ in Abhängigkeit von der Frage, ob bei den flankierenden Bauteilen eine zusätzliche Vorsatzkonstruktion auf der Senderaumseite oder auf der Empfangsraumseite oder in beiden Räumen angeordnet wird, nach Kapitel 9.3.4.5.

9.3.4.1 Resonanzfrequenz f_0 von homogenen Bauteilen mit einer zusätzlich angebrachten Vorsatzkonstruktion

Die nachfolgenden Rechenansätze setzen homogene Baustoffe ohne großformatige Lochungen voraus. Für **Vorsatzkonstruktionen**, die **direkt auf dem Grundbauteil** über eine Dämmschicht (ohne Verwendung von Stützen oder Lattungen, z. B. schwimmende Estriche) befestigt werden, wird die Resonanzfrequenz f_0 nach Gleichung (147) berechnet:

$$f_0 = 160 \cdot \sqrt{s' \cdot \left(\frac{1}{m'_1} + \frac{1}{m'_2}\right)} \qquad (147)$$

Dabei ist:

s' die dynamische Steifigkeit s' der Dämmschicht nach DIN EN 29052-1, in MN/m³;

m'_1 die flächenbezogene Masse des Grundbauteils, in kg/m²;

m'_2 die flächenbezogene Masse der Bekleidung der Vorsatzkonstruktion, in kg/m².

Achtung

Die Bestimmung der flächenbezogenen Massen erfolgt nach Kapitel 9.3.3.2.

Bei **freistehenden Vorsatzkonstruktionen**, die **mit Blechprofilen oder Holzständern** erstellt werden, muss sichergestellt sein, dass durch geeignete konstruktive Ausbildung keine körperschallübertragende Verbindung zwischen dem Ständerwerk und dem Grundbauteil besteht und der Hohlraum zu mindestens 70 % mit einem porösen Dämmstoff mit einem längenbezogenen Strömungswiderstand von 5 kPa s/m² $\leq r \leq$ 50 kPa s/m² nach DIN EN 29053 gefüllt ist. Für diese Ausführungsform wird die Resonanzfrequenz f_0 aus Gleichung (148) ermittelt:

$$f_0 = 160 \cdot \sqrt{\frac{0{,}08}{d} \cdot \left(\frac{1}{m'_1} + \frac{1}{m'_2}\right)} \qquad (148)$$

Dabei ist:

d die Hohlraumtiefe in m;

m'_1 die flächenbezogene Masse des Grundbauteils in kg/m²;

m'_2 die flächenbezogene Masse der Bekleidung der Vorsatzkonstruktion in kg/m².

Als Hohlraumtiefe d wird der hohlraumseitige horizontale Abstand zwischen der Oberfläche des Grundbauteils und der Oberfläche der Bekleidung der Vorsatzschale bezeichnet.

Mit Vorsatzkonstruktionen kann auch die Flankenschalldämmung beeinflusst werden. Falls Vorsatzkonstruktionen sende- oder empfangsseitig angebracht werden, wird die Schalldämmung über Pfade Ff, Fd oder Df je nach Ausführung der Vorsatzkonstruktionen verbessert oder verschlechtert. Bei günstiger Auslegung der Vorsatzkonstruktion kann durch eine Erhöhung der Flankenschalldämmung auch die resultierende Schalldämmung zwischen zwei Räumen verbessert werden.

9.3.4.2 Bewertete Verbesserung des Luftschalldämm-Maßes ΔR_w durch zusätzlich angebrachte Vorsatzkonstruktionen in Abhängigkeit von der Resonanzfrequenz f_0

Für einseitig angebrachte Vorsatzkonstruktionen ergibt sich die bewertete Verbesserung der Luftschalldämmung ΔR_w bei einschaligen biegesteifen Bauteilen, die ein bewertetes Schalldämm-Maß R_w besitzen, in Abhängigkeit von der Resonanzfrequenz f_0 nach Tabelle 87.

Tabelle 87: Bewertete Verbesserung der Luftschalldämmung ΔR_w durch Vorsatzkonstruktionen in Abhängigkeit von der Resonanzfrequenz f_0 (DIN 4109-34)

Spalte	1	2
Zeile	**Resonanzfrequenz f_0 der Vorsatzkonstruktion [Hz]**	**ΔR_w [dB]**
1	$30 \leq f_0 \leq 160$	$max \begin{cases} 74{,}4 - 20 \cdot \lg f_0 - 0{,}5 \cdot R_{w,GB} \\ 0 \end{cases}$
2	200	−1
3	250	−3
4	315	−5
5	400	−7
6	500	−9
7	630 bis 1 600	−10
8	> 1 600	−5

Achtung:

- *Für Resonanzfrequenzen, die zwischen den tabellierten Frequenzwerten liegen, können die Werte für ΔR_w durch lineare Interpolation aus dem Logarithmus der Frequenzen abgeleitet werden.*
- *$R_{w,GB}$ bezeichnet das bewertete Schalldämm-Maß des Grundbauteils (Wand oder Decke). Zur Bestimmung von $R_{w,GB}$ siehe Teil D Kapitel 9.3.3.*
- *Werden Vorsatzkonstruktionen sowohl im Sende- als auch im Empfangsraum angebracht, ist die Gesamtverbesserung der beiden Vorsatzkonstruktionen nach Teil D Kapitel 9.3.4.4 bzw. Teil D Kapitel 9.3.4.5 zu berechnen.*

9.3.4.3 Vorgehensweise zur Berechnung der bewerteten Verbesserung des Luftschalldämm-Maßes ΔR_w bei unterschiedlichen, zusätzlich angebrachten Vorsatzkonstruktionen

Der folgenden Zusammenstellung ist zu entnehmen, wie die bewertete Verbesserung der Luftschalldämmung ΔR_w für verschiedene Vorsatzkonstruktionen bestimmt werden kann:

- Vorsatzschalen
  - Die bewertete Verbesserung der Luftschalldämmung ΔR_w von Vorsatzschalen kann nach Teil D Kapitel 9.3.4.1 und 9.3.4.2 berechnet werden.

Achtung

Als Vorsatzschalen werden im vorliegenden Zusammenhang Verkleidungen vor massiven Wänden mit meist biegeweichen Schalen bezeichnet, die mit Unterkonstruktionen freistehend oder an die massive Wand angekoppelt oder über Dämmschichten flächig befestigt angebracht sind.

- Wärmedämmverbundsysteme
  - Angaben zur Berechnung der bewerteten Verbesserung des Luftschalldämm-Maßes ΔR_w von Wärmedämmverbundsystemen werden nach Abschluss der laufenden Überarbeitung von DIN EN 12354-1 ergänzt.
- Vorgehängte hinterlüftete Fassaden
  - Zur Bestimmung der bewerteten Verbesserung des Luftschalldämm-Maßes ΔR_w von vorgehängten hinterlüfteten Fassaden liegen derzeit keine Daten vor.
- Unterdecken
  - Die bewertete Verbesserung der Luftschalldämmung ΔR_w von Unterdecken mit geschlossener Fläche, z. B. aus Gipsplatten, kann nach Teil D Kapitel 9.3.4.2 berechnet werden.
  - Für Unterdecken mit gegliederten Flächen liegen derzeit keine Daten vor.

Achtung

Werden leichte mehrschalige Trennwände nach oben durch eine Unterdecke begrenzt (z. B. eine Gipskartonständerwand unter einer durchlaufenden abgehängten Decke), dann liegt keine Vorsatzkonstruktion vor. Die Berechnung der bewerteten Norm-Flankenpegeldifferenzen $D_{n,f,w}$ der Unterdecke als flankierendes Bauteil erfolgt nach Teil D Kapitel 9.5.2.2 bis 9.5.2.6.

- Schwimmende Estriche auf Massivdecken
  - Die bewertete Verbesserung der Luftschalldämmung ΔR_w für schwimmende Estriche auf massiven Decken wird nach Tabelle 87 ermittelt. Die Resonanzfrequenz f_0 des schwimmenden Estrichs wird nach Gleichung (147) berechnet.

Die Ermittlung der flächenbezogenen Masse der Massivdecke erfolgt nach Teil D Kapitel 9.3.3.2.

- Hohlraum und Doppelböden
  - Die schalltechnischen Eigenschaften von Doppel- und Hohlraumböden werden in VDI 3762 behandelt.

9.3.4.4 Gesamte bewertete Verbesserung des Schalldämm-Maßes $\Delta R_{Dd,w}$ durch zusätzlich angebrachte Vorsatzkonstruktionen bei direkter Übertragung

Werden auf einem trennenden Bauteil zusätzliche Vorsatzkonstruktionen auf der Sende- und/oder Empfangsseite angebracht, dann erhält man die gesamte bewertete Verbesserung des Schalldämm-Maßes $\Delta R_{Dd,w}$ für die Ermittlung des Direktschalldämm-Maßes $R_{Dd,w}$ nach Gleichung (139) wie folgt:

- Bei einseitiger Anbringung einer Vorsatzkonstruktion gilt:

$$\Delta R_{Dd,w} = \Delta R_{D,w} \text{ oder } \Delta R_{Dd,w} = \Delta R_{d,w} \tag{149}$$

- Bei beidseitiger Anbringung von Vorsatzkonstruktionen gilt:

$$\Delta R_{Dd,w} = \Delta R_{D,w} + \Delta R_{d,w}/2 \text{ für } \Delta R_{D,w} \geq \Delta R_{d,w} \text{ und } \Delta R_{D,w} > 0\,\text{dB} \tag{150}$$

oder

$$\Delta R_{Dd,w} = \Delta R_{d,w} + \Delta R_{D,w}/2 \text{ für } \Delta R_{d,w} \geq \Delta R_{D,w} \text{ und } \Delta R_{d,w} > 0\,\text{dB} \tag{151}$$

Dabei ist:

$\Delta R_{Dd,w}$ die gesamte bewertete Verbesserung des Schalldämm-Maßes durch zusätzlich angebrachte Vorsatzkonstruktionen auf der Sende- und/oder Empfangsseite des trennenden Bauteils

$\Delta R_{D,w}$ die bewertete Verbesserung des Schalldämm-Maßes durch eine zusätzlich angebrachte Vorsatzkonstruktion auf der Senderaumseite des trennenden Bauteils

$\Delta R_{d,w}$ die bewertete Verbesserung des Schalldämm-Maßes durch eine zusätzlich angebrachte Vorsatzkonstruktion auf der Empfangsraumseite des trennenden Bauteils.

Wenn beide bewertete Verbesserungen kleiner 0 dB sind, gilt:

$$\Delta R_{Dd,w} = \Delta R_{D,w} + \Delta R_{d,w}/2 \text{ für } |\Delta R_{D,w}| \geq |\Delta R_{d,w}| \tag{152}$$

$$\Delta R_{Dd,w} = \Delta R_{d,w} + \Delta R_{D,w}/2 \text{ für } |\Delta R_{d,w}| \geq |\Delta R_{D,w}| \tag{153}$$

9.3.4.5 Gesamte bewertete Verbesserung des Schalldämm-Maßes $\Delta R_{ij,w}$ durch zusätzlich angebrachte Vorsatzkonstruktionen bei Flankenübertragung

Werden auf einem flankierenden Bauteil zusätzliche Vorsatzkonstruktionen auf der Sende- und/oder Empfangsseite angebracht, dann erhält man die gesamte bewertete Verbesserung des Schalldämm-Maßes $\Delta R_{ij,w}$ für die Ermittlung des Flankenschalldämm-Maßes $R_{ij,w}$ nach Gleichung (148) wie folgt:

- Für die gesamte bewertete Verbesserung $\Delta R_{ij,w}$ des Schalldämm-Maßes durch eine zusätzlich angebrachte Vorsatzkonstruktion auf dem Sende- (i) **oder** dem Empfangsbauteil (j) eines flankierenden Übertragungsweges gilt:

$$\Delta R_{ij,w} = \Delta R_{i,w} \text{ oder } \Delta R_{ij,w} = \Delta R_{j,w} \tag{154}$$

- Für die gesamte bewertete Verbesserung $\Delta R_{ij,w}$ des Schalldämm-Maßes durch zwei zusätzlich angebrachte Vorsatzkonstruktionen auf dem Sende- (i) **und** dem Empfangsbauteil (j) eines flankierenden Übertragungsweges gilt :

$$\Delta R_{ij,w} = \Delta R_{i,w} + \Delta R_{j,w} / 2 \text{ für } \Delta R_{i,w} \geq \Delta R_{j,w} \text{ und } \Delta R_{i,w} > 0\,\text{dB} \tag{155}$$

oder

$$\Delta R_{ij,w} = \Delta R_{j,w} + \Delta R_{i,w} / 2 \text{ für } \Delta R_{j,w} \geq \Delta R_{i,w} \text{ und } \Delta R_{j,w} > 0\,\text{dB} \tag{156}$$

Wenn beide bewertete Verbesserungen kleiner 0 dB sind, gilt:

$$\Delta R_{ij,w} = \Delta R_{i,w} + \Delta R_{j,w} / 2 \text{ für } |\Delta R_{i,w}| \geq |\Delta R_{j,w}| \tag{157}$$

$$\Delta R_{ij,w} = \Delta R_{j,w} + \Delta R_{i,w} / 2 \text{ für } |\Delta R_{j,w}| \geq |\Delta R_{i,w}| \tag{158}$$

Dabei ist

$\Delta R_{ij,w}$ die gesamte bewertete Verbesserung des Schalldämm-Maßes durch zusätzlich angebrachte Vorsatzkonstruktionen auf dem Sende- (i) und/oder Empfangsbauteil (j) des betrachteten Übertragungsweges

$\Delta R_{i,w}$ die bewertete Verbesserung des Schalldämm-Maßes durch eine zusätzlich angebrachte Vorsatzkonstruktion auf dem betrachteten Sendebauteil (i)

$\Delta R_{j,w}$ die bewertete Verbesserung des Schalldämm-Maßes durch eine zusätzlich angebrachte Vorsatzkonstruktion auf dem betrachteten Empfangsbauteil (j).

9.3.5 Bestimmung der Stoßstellendämm-Maße K_{ij}

Als Stoßstellen werden solche Punkte auf dem Ausbreitungsweg des Körperschalls in einem Bauteil bezeichnet, bei denen es aufgrund von Änderungen zur Reflexion von Körperschall und damit zu einer Verminderung der Schallübertragung kommt. Als Änderungen – in diesem Sinn – gelten:

- Materialwechsel (dazu gehören auch elastische Zwischenschichten);
- Querschnittsänderungen;
- Bauteilverbindungen.

Bei üblichen Bauweisen treten Stoßstellen an den Verbindungen der verschiedenen beteiligten Bauteile auf. Die Ausbildung erfolgt in der Regel als T-Stoß, Kreuzstoß oder L-Stoß (Eckverbindung) (siehe Stoßarten in Tabelle 88).

Achtung

Bei der Berechnung der Stoßstellendämmung wird im Folgenden davon ausgegangen, dass die Fortsetzung des Bauteils nach der Stoßstelle die gleiche flächenbezogene Masse aufweist wie davor. Die Behandlung von Stoßstellen bei Bauteilen mit unterschiedlichen flächenbezogenen Massen m' wird in Teil D Kapitel 9.3.5.2 behandelt.

Tabelle 88: Übliche Stoßstellenausbildungen (DIN 4109-32)

Zeile	Stoßart	Darstellung des Stoßes
1	T-Stoß	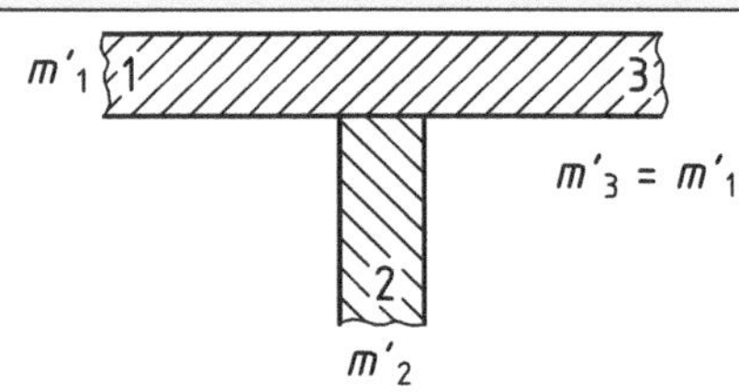
2	Kreuzstoß	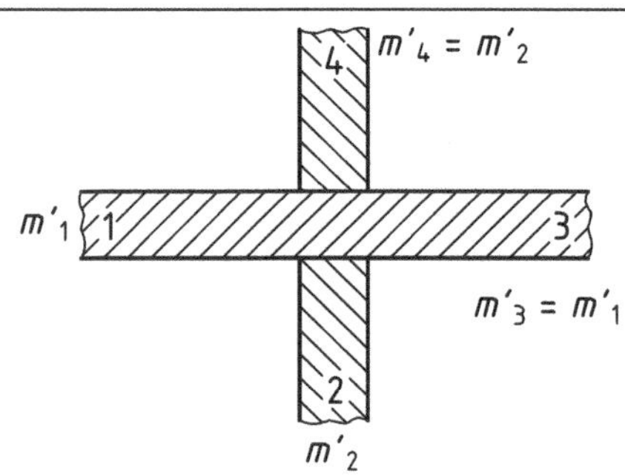
3	Eckstoß	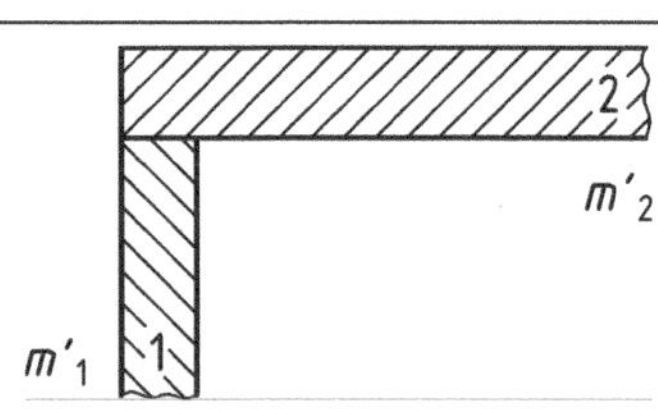
4	Dickenwechsel	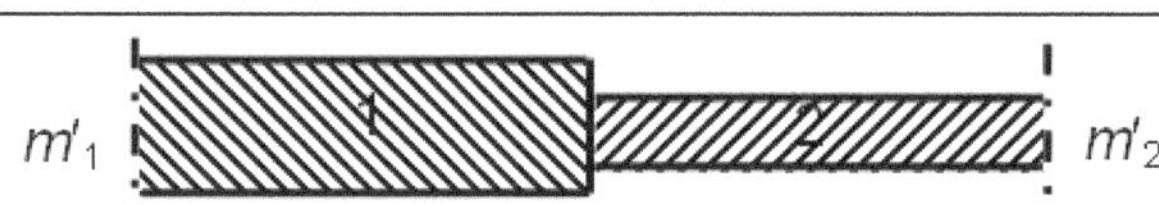

Hinsichtlich der konstruktiven Ausbildung der Stoßstellen ist zwischen den folgenden drei Fällen zu unterschieden:

- starre (kraftschlüssige bzw. biegesteife) Verbindung zwischen den Bauteilen. Bei Mauerwerk wird schalltechnisch nicht zwischen kraftschlüssigem Stumpfstoß und verzahnter Verbindung unterschieden (Teil D Kapitel 9.3.5.1);
- elastische Verbindungen zwischen den Bauteilen (Teil D Kapitel 9.3.5.4);
- keine Verbindung zwischen den Bauteilen (vollständige Entkopplung) (Teil D Kapitel 9.3.5.5).

Achtung

***Generell gilt:** Wenn das nach Kapitel 9.3.5 ermittelte oder aus Prüfberichten entnommene Stoßstellendämm-Maß K_{ij} kleiner ist als ein Mindestwert $K_{ij,min}$, dann ist $K_{ij,min}$ zu nehmen.*

Dabei ist:

$$K_{ij,min} = 10 \cdot \lg\left[l_f \cdot l_0 \cdot \left(\frac{1}{S_i} + \frac{1}{S_j}\right)\right] \tag{159}$$

mit:

$K_{ij,min}$ minimales Stoßstellendämm-Maß auf dem Übertragungsweg ij, in dB;

l_f gemeinsame Kopplungslänge der Verbindungsstelle zwischen dem trennenden und dem flankierenden Bauteil, in m;

l_0 Bezugskopplungslänge; $l_0 = 1$ m;

S_i Fläche des angeregten Bauteils (D oder F) im Senderaum, in m²;

S_j Fläche des abstrahlenden Bauteils (d oder f) im Empfangsraum, in m².

Achtung

- *Hat das flankierende Bauteil sehr wenig oder gar keine bauliche Berührung mit dem trennenden Bauteil, so ist K_{Ff} gleich $K_{ij,min}$ nach Gleichung (159) und die Übertragungswege Fd und Df werden vernachlässigt.*
- *Für die Schallübertragung bei versetzten Räumen sind bezüglich der als Flankenbauteile zu definierenden Bauteile Angaben in Teil D Kapitel 9.3.2 zu finden.*
- *Bei der Berechnung der Schallübertragung über massive flankierende Bauteile bleiben Fenster- und Türflächen, solange sie nicht geschosshoch sind, unberücksichtigt. Geschosshohe Türen und Fensterflächen vermindern die schallübertragenden Flächen entsprechend 9.3.2. Die flankierende Übertragung von Leichtbauwänden erfolgt im Massivbau entsprechend den Vorgaben für den Holz-, Leicht- und Trockenbau über die bewertete Norm-Flankenschallpegeldifferenz $D_{n,f,w}$ des flankierenden Bauteils auf dem Schallübertragungsweg Ff, wobei hier die Übertragungswege Fd und Df zu vernachlässigen sind.*

9.3.5.1 Stoßstellendämmung mit starrer biegesteifer Verbindung massiver homogener Bauteile untereinander

Bei den nachfolgenden Angaben wird vorausgesetzt, dass die Bauteile massiv und homogen sind und biegesteif miteinander verbunden sind. Für übliche Arten von Stoßstellen kann dafür das Stoßstellendämm-Maß K_{ij} aus den flächenbezogenen Massen der mit der Stoßstelle verbundenen Bauteile für unterschiedliche Geometrien der Stoßstelle berechnet werden.

Die Beziehungen für K_{ij} werden in Abhängigkeit von der Größe M angegeben, die wie folgt definiert ist:

$$M = \lg\left(\frac{m'_{\perp,i}}{m'_i}\right) \tag{160}$$

Dabei ist:

M die Hilfsgröße zur Berechnung des Stoßstellendämm-Maßes;

m'_i die flächenbezogene Masse des Bauteils i (i ist hier eine Laufvariable) im Übertragungsweg ij (also Ff, Df oder Fd), in kg/m²;

$m'_{\perp,i}$ die flächenbezogene Masse des anderen die Stoßstelle bildenden Bauteils senkrecht dazu, in kg/m².

- **T-Stoß**

  Für einen T-Stoß gilt:

$$K_{12} = 4{,}7 + 5{,}7 \cdot M^2 \tag{161}$$

$$K_{13} = 5{,}7 + 14{,}1 \cdot M + 5{,}7 \cdot M^2, \text{für} M < 0{,}215 \tag{162}$$

$$K_{13} = 8{,}0 + 6{,}8 \cdot M, \text{für } M \geq 0{,}215 \tag{163}$$

  Außenwände aus Lochstein-Mauerwerk, die die Kriterien nach Teil D Kapitel 9.3.3.3 nicht erfüllen und daher nicht als akustisch homogenes Mauerwerk eingestuft werden können und in Stumpfstoßtechnik an eine Wohnungstrennwand angeschlossen sind, können auf dem Weg 1–3 (siehe Darstellung in Tabelle 88 Zeile 1) gegenüber den Rechenwerten verminderte Stoßstellendämm-Maße aufweisen. Korrekturen hierzu sind für Ziegelmauerwerk Teil D Kapitel 9.3.5.3 zu entnehmen.

- **Kreuzstoß**

  Für den Kreuzstoß gilt:

$$K_{12} = 5{,}7 + 15{,}4 \cdot M^2 \tag{164}$$

$$K_{13} = 8{,}7 + 17{,}1 \cdot M + 5{,}7 \cdot M^2, \text{für } M < 0{,}182 \tag{165}$$

$$K_{13} = 9{,}6 + 11{,}0 \cdot M, \text{für } M \geq 0{,}182 \tag{166}$$

- **Ecke (L-Stoß)**

  Für einen Eckstoß gilt:

$$K_{12} = 2,7 + 5,7 \cdot M^2 \qquad (167)$$

Achtung

Gleichung 24 in DIN 4109-32:2016-07 ist in diesem Zusammenhang falsch. Die oben stehende Gleichung (167) gibt den richtigen Sachverhalt wieder.

- **Dickenwechsel**

  Für den Dickenwechsel gilt:

$$K_{12} = 5,0 \cdot M^2 - 5,0 \qquad (168)$$

Achtung

Ein Dickenwechsel (eigentlich ein Massenwechsel) ist nur dann zu berücksichtigen, wenn es sich bei mindestens einem der an der Schallübertragung beteiligten Bauteile um ein leichtes Bauteil, also ein Bauteil aus zwei biegeweichen Schalen (z. B. Gipskartonständerwände) handelt

9.3.5.2 Stoßstellendämmung mit starrer biegesteifer Verbindung der massiven homogenen Bauteile untereinander bei Bauteilen unterschiedlicher flächenbezogener Massen

Nach Kapitel 9.3.5.1 wird bei der Ermittlung des Stoßstellendämm-Maßes K_{ij} bei T- und Kreuzstößen vorausgesetzt, dass die Fortsetzung eines Bauteils – sofern vorhanden – nach der Stoßstelle dieselbe flächenbezogene Masse aufweist wie davor. Bei versetzt angeordneten Räumen kann jedoch der Fall auftreten, dass bei T-Stößen die Fortsetzung des z. B. flankierenden Bauteils (z. B. Bauteil (1)) nach der Stoßstelle nicht die gleiche flächenbezogene Masse aufweist, wie das trennende Bauteil (2) vor der Stoßstelle. Bei der Berechnung der Stoßstellendämmung wird unterschieden, ob es sich bei der baulichen Situation um einen abknickenden T-Stoß mit gleichen Massen auf dem Übertragungsweg (Fall 1: $\boldsymbol{m'_1 = m'_3}$) oder um einen Stoß mit unterschiedlichen Massen auf dem Übertragungsweg (Fall 2: $\boldsymbol{m'_1 \neq m'_3}$ **und/oder** $\boldsymbol{m'_2 \neq m'_4}$) handelt.

- **Fall 1: Abknickender T-Stoß mit $\boldsymbol{m'_1 = m'_3}$**

Für den Fall, dass bei einem T-Stoß die Bauteile 1 und 3 gleiche flächenbezogene Massen aufweisen, das Bauteil 2 aber eine davon abweichende flächenbezogene Masse besitzt, ist in Bild 35 dargestellt, wie das Stoßstellendämm-Maß K_{ij} zu berechnen ist. Dabei kennzeichnet SR beispielhaft den Senderaum und ER den Empfangsraum.

Die Berechnung des Stoßstellendämm-Maßes K_{ij} erfolgt unter Verwendung der oben aufgeführten Algorithmen für den T-Stoß, wobei die Ergebnisse auf dem Weg 1 – 2 um 3 dB vermindert und die Ergebnisse auf dem Weg 1 – 3 um 3 dB zu erhöhen sind.

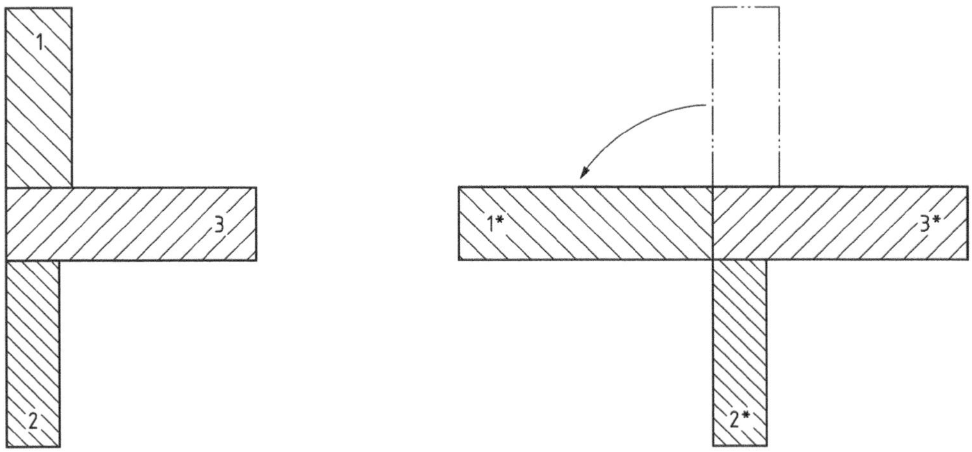

Bild 35: Bausituation – Idealisierte Betrachtung zur Berechnung

Damit gilt:

$$K_{13} = K_{31} = K_{1^*3^*} + 3\text{dB} \quad (169)$$

$$K_{12} = K_{21} = K_{1^*2^*} - 3\text{dB} \quad (170)$$

$$K_{23} = K_{32} = K_{2^*3^*} \quad (171)$$

mit

$$M = \lg\left(\frac{m'_{\perp,i}}{m'_i}\right) = \lg\left(\frac{m'_{2^*}}{m'_{1^*}}\right) = \lg\left(\frac{m'_{2^*}}{m'_{3^*}}\right) \quad (172)$$

Für den Übertragungsweg 1 – 3 folgt:

$$K_{13} = K_{31} = \begin{cases} 5{,}7 + 14{,}1 \cdot M + 5{,}7 \cdot M^2 + 3\text{ dB, für } M < 0{,}215 \\ 8{,}0 + 6{,}8 \cdot M^2 + 3\text{ dB, für } M \geq 0{,}215 \end{cases} \quad (173)$$

Für den Übertragungsweg 1 – 2 folgt:

$$K_{12} = K_{21} = 4{,}7 + 5{,}7 \cdot M^2 - 3\text{ dB} \quad (174)$$

Für den Übertragungsweg 2 – 3 folgt:

$$K_{23} = K_{32} = K_{2^*3^*} = 4{,}7 + 5{,}7 \cdot M^2 \quad (175)$$

- **Fall 2: Alle übrigen Fälle mit $m'_1 \neq m'_3$ und/oder $m'_2 \neq m'_4$**

Da für Stöße, bei denen die Massen der trennenden und/oder flankierenden Bauteile nach der Stoßstelle unterschiedlich sind (**$m'_1 \neq m'_3$ und/oder $m'_2 \neq m'_4$**), bislang keine abgesicherten messtechnischen Untersuchungen vorliegen, wird die Masse der trennenden und/oder flankierenden Bauteile – idealisierterweise – aus dem Mittelwert der Bauteile vor und nach der Stoßstelle berechnet. Die Vorgehensweise bei T-Stößen und Kreuzstößen ist in den Bild 36 und Bild 37 dargestellt.

Dabei ist:

D	Trennbauteil senderaumseitig
F	Flankenbauteil senderaumseitig
D	Trennbauteil empfangsraumseitig
F	Flankenbauteil empfangsraumseitig
m'_1, m'_2, m'_3, m'_4	flächenbezogene Masse der beteiligten Bauteile

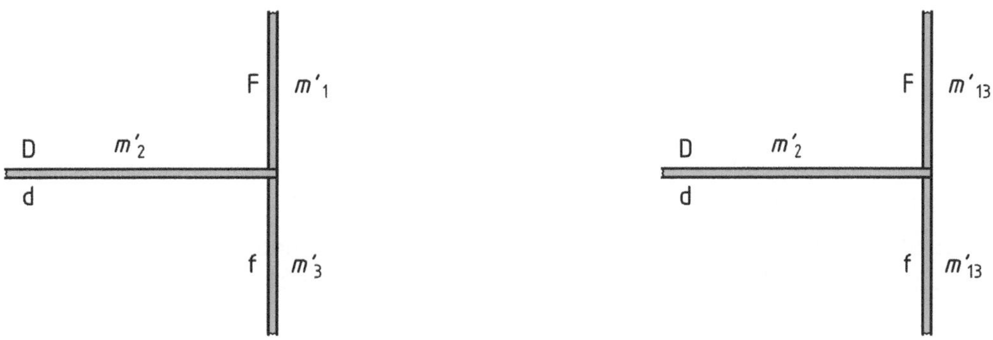

Bild 36: Bausituation mit T-Stoß – Idealisierte Betrachtung zur Berechnung
$m'_{13} = 0{,}5 \cdot (m'_1 + m'_3)$

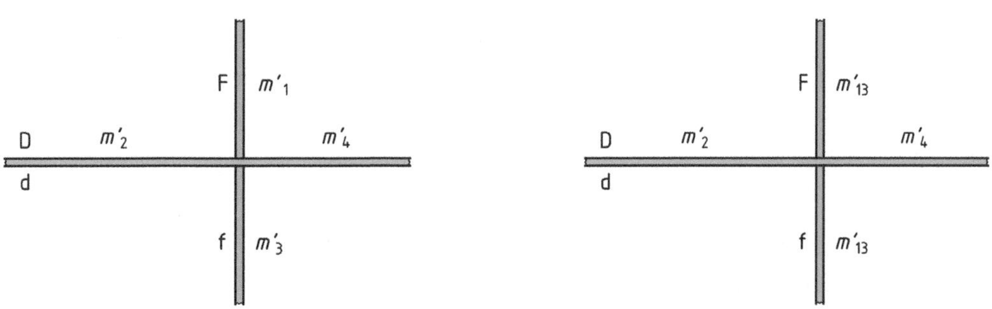

Bild 37: Bausituation mit Kreuz-Stoß – Idealisierte Betrachtung zur Berechnung
$m'_{13} = 0{,}5 \cdot (m'_1 + m'_3)$ und/oder
$m'_{24} = 0{,}5 \cdot (m'_2 + m'_4)$

9.3.5.3 Stoßstellendämmung mit starrer biegesteifer Verbindung für Mauerwerk aus Lochsteinen

Für Mauerwerk aus Lochsteinen, für das das bewertete Schalldämm-Maß R_w nicht nach Kapitel 9.3.3.3 ermittelt werden kann, sondern entweder allgemeinen bauaufsichtlichen Zulassungen bzw. Europäischen Technischen Bewertungen zu entnehmen oder durch bauakustische Prüfungen nach den Vorgaben in DIN 4109-4:2016-07 zu ermitteln ist, gilt: In Abhängigkeit der gegenüber der flächenbezogenen Masse zu erwartenden verminderten Direktschalldämmung $\Delta R_{w,L}$ ist auch – je nach konstruktiver Ausbildung der Stoßstelle – mit einem verminderten Stoßstellendämm-Maß $K_{13,L}$ zu rechnen:

$$K_{13,L} = K_{13} - \Delta K_{ij} \tag{176}$$

Dabei ist:

$K_{13,L}$ das Stoßstellendämm-Maß auf dem Weg 1–3 bei T-Stoß, Trennwand mit Außenwand aus Lochstein-Mauerwerk

K_{13} das Stoßstellendämm-Maß auf dem Weg 1–3, berechnet aus den flächenbezogenen Massen nach Teil D Kapitel 9.3.5.1

ΔK_{ij} Stoßstellenkorrekturwert als Abschlag vom Stoßstellendämm-Maß K_{13} in Abhängigkeit vom Anschluss der Außenwand an das Trennbauteil (Stumpfstoß, Einbindung, Durchbindung usw.) und der Verminderung der Direktschalldämmung des Lochsteinmauerwerks gegenüber einer homogenen Wand.

Zur Ermittlung des Flankenschalldämm-Maßes $R_{ij,w}$ nach Gleichung (140) ist bei Mauerwerk aus Lochsteinen, für das das bewertete Schalldämm-Maß R_w nicht nach Kapitel 9.3.3.3 ermittelt werden kann, statt des Stoßstellendämm-Maßes K_{13} für homogene Materialien das Stoßstellendämm-Maß $K_{13,L}$ nach Gleichung (176) oder (179) zu verwenden.

- **Stoßstellen mit biegesteifer Verbindung für Ziegelmauerwerk aus Lochsteinen**

Der Stoßstellenkorrekturwert ΔK_{ij} kann bei Mauerwerk aus Lochsteinen, für das eine Berechnung des bewerteten Schalldämm-Maßes R_w nach Kapitel 9.3.3.3 nicht möglich ist, aus der Differenz $\Delta R_{w,L}$ zwischen der zu erwartenden Direktdämmung des gleichschweren massiven Mauerwerks $R_{w,R}$ (m') und der aus Prüfstandsmessungen ermittelten Direktdämmung des Lochsteinmauerwerks $R_{w,L}$ nach Gleichung (176) berechnet werden, wenn folgende Randbedingungen gegeben sind:

- Das flankierende Bauteil besteht aus Ziegelmauerwerk mit Lochsteinen
- das Mauerwerk weist eine Dicke $d > 240$ mm und eine Rohdichteklasse $< 1{,}0$ auf
- das Flankenbauteil läuft durch und wird durch das Trennbauteil nicht unterbrochen
- es ist ein massives Trennbauteil gegeben.

Für die verminderte Direktschalldämmung $\Delta R_{w,L}$ gilt

$$\Delta R_{w,L} = R_{w,R}(m') - R_{w,L} = 30{,}9 \cdot \lg\left(\frac{m'_{ges}}{m'_0}\right) - 22{,}2 - R_{w,L} \qquad (177)$$

Für den Fall, dass die flankierende Außenwand vom Trennbauteil nicht vollständig unterbrochen wird, ergibt sich die Verminderung des Stoßstellendämm-Maßes ΔK_{ij} auf dem Übertragungsweg 1 – 3 wie folgt:

$$\Delta K_{ij} = \Delta R_{w,L} / 2 \qquad (178)$$

Sollte das flankierende Bauteil eine geringe Fläche aufweisen, z. B. bei Außenwänden im Bereich von Wohnungstrennwänden, dann wird die Schallübertragung über die Flanke häufig deutlich gemindert. Im Fall eines T-Stoßes von Trennwand und Außenwand kann das Stoßstellendämm-Maß K_{13} (Übertragungsweg Ff) bei Außenwänden aus Lochsteinen bei flankierenden Außenwänden mit einer Fläche $S_i < 2{,}5$ m² über das Stoßstellendämm-Maß $\Delta K_{13,L}$ wie folgt berechnet werden:

$$\Delta K_{13,L} = \frac{\Delta R_{w,L}}{2} - 10 \cdot \lg\left[S_0 \cdot \left(\frac{1}{S_1} + \frac{1}{S_3}\right)\right] \qquad (179)$$

Dabei ist:

S_0 die Bezugsfläche mit $S_0 = 1{,}25$ m²

S_1, S_3 die Flächen der flankierenden Außenwände in m²

Achtung

Gleichung 42 in DIN 4109-32:2016-07 ist in diesem Zusammenhang falsch. Die oben stehende Gleichung (179) gibt den richtigen Sachverhalt wieder.

Die Flächenkorrektur $10 \cdot \lg [S_0 \cdot (1/S_1 + 1/S_3)]$ ist nur dann anzuwenden, wenn diese Flächenkorrektur positiv ist.

- **Stoßstellen mit biegesteifer Verbindung für Leichtbetonmauerwerk aus Lochsteinen**

  Für Lochsteine aus Leichtbeton liegen derzeit noch keine Angaben vor.

9.3.5.4 Entkoppelung von Stoßstellen zwischen massiven Bauteilen durch elastische Zwischenschichten

Durch den Einsatz elastischer Zwischenschichten kann die Flankendämmung massiver Wände (üblicherweise **leichte massive Wände mit *m'* ≤ 150 kg/m²**) verbessert werden.

Das Stoßstellendämm-Maß K_{ij} kann, wenn die benötigten Materialeigenschaften der elastischen Zwischenschichten bekannt sind, für

- massive Bauteile mit elastischen Zwischenschichten an den Stoßstellen abgeschätzt
- entkoppelte Wände aus Gips-Wandbauplatten den folgenden Angaben entnommen werden.
- **Stoßstellen massiver Bauteile mit elastischen Zwischenschichten**

  Bei der Anordnung elastischer Schichten zwischen massiven Bauteilen kann der Stoßstellenkorrekturwert ΔK_{ij} in Abhängigkeit vom E-Modul E und der Dicke t der Zwischenschicht für einen Bereich der Steifigkeiten E/t von 20 MN/m² bis 200 MN/m² wie folgt abgeschätzt werden:

$$\Delta K_{ij} = 36\,\text{dB} - 15 \cdot \lg\left(\frac{E}{t}\right) \tag{180}$$

mit:

E Elastizitätsmodul E der Zwischenschicht, in MN/m²

t Dicke der Zwischenschicht, in m

Mögliche Anordnungen elastischer Zwischenschichten bei T-Stößen und Kreuzstößen sind in Bild 38 dargestellt. Dabei bedeuten m'_1, m'_2, m'_3 und m'_4 die flächenbezogene Masse der zugehörigen Bauteile.

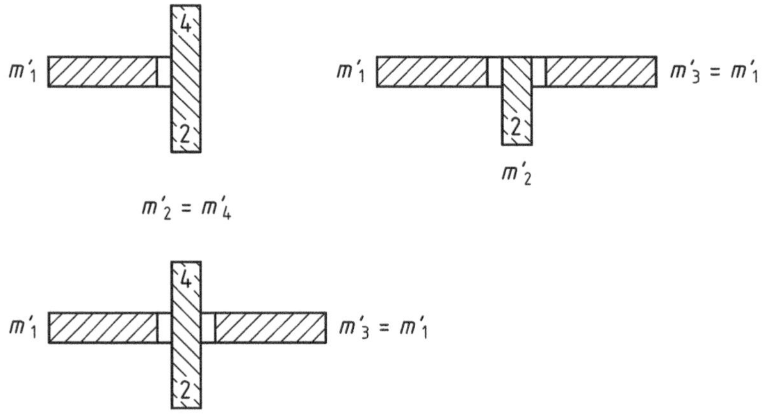

Bild 38: Anordnung elastischer Zwischenschichten an Stoßstellen massiver Bauteile

Achtung

Bild 17 in DIN 4109-32:2016-07 ist in diesem Zusammenhang teilweise falsch. Das oben stehende Bild 38 gibt den richtigen Sachverhalt wieder.

Das Stoßstellendämm-Maß K_{ij} kann in Abhängigkeit von der Anordnung der elastischen Zwischenschichten nach Bild 38 und vom Stoßstellenkorrekturwert ΔK_{ij} (siehe Gleichung (180)) wie folgt berechnet werden:

$$K_{12} = K_{23} = 5{,}7 + 5{,}7 \cdot M^2 + \Delta K_{ij} \qquad (181)$$

$$K_{13} = 5{,}7 + 14{,}1 \cdot M + 5{,}7 \cdot M^2 + 2 \cdot \Delta K_{ij} \qquad (182)$$

$$K_{24} = 3{,}7 + 14{,}1 \cdot M + 5{,}7 \cdot M^2 \text{ gültig für einen Bereich } -4 \leq K_{24} \leq 0\text{dB} \qquad (183)$$

Achtung

Gleichung 46 in DIN 4109-32:2016-07 ist in diesem Zusammenhang falsch. Die oben stehende Gleichung (183) gibt den richtigen Sachverhalt wieder.

- **Stoßstellen für Wände aus Gips-Wandbauplatten mit elastischen Zwischenschichten**

  Das Stoßstellendämm-Maß $K_{ij,E}$ von Wänden aus Gips-Wandbauplatten mit elastischen Zwischenschichten wird aus dem Stoßstellendämm-Maß K_{ij} eines starren Stoßes und dem Stoßstellenkorrekturwert ΔK_{ij} entkoppelter Gipswände wie folgt bestimmt:

  $$K_{ij,E} = K_{ij} + \Delta K_{ij} \qquad (184)$$

  Die Stoßstellenkorrekturwerte ΔK_{ij} sind – je nach dem verwendeten Randstreifenmaterial und dem Übertragungsweg – Tabelle 89 zu entnehmen.

Achtung

Die in Tabelle 89 angegebenen Stoßstellenkorrekturwerte ΔK_{ij} beziehen sich immer auf einen Kreuzstoß.

- **Das Stoßstellendämm-Maß K_{ij} bezieht sich auf den Rechenwert eines starren Kreuzstoßes nach den Gleichungen (164) bis (166).**

Tabelle 89: Stoßstellenkorrekturwert ΔK_{ij} entkoppelter Gipswände mit mittlerer Rohdichte ($\rho \approx 900$ kg/m³) bei Kreuzstößen (DIN 4109-32)

Spalte	**1**	**2**	**3**	**4**	**5**
Zeile	**Gipswände ($m' \approx 90$ kg/m²), umlaufend entkoppelt durch**	**Übertragungsweg**			
		vertikale Übertragung		**horizontale Übertragung**	
		Df/Fd [2]	**Ff [2]**	**Df/Fd [2]**	**Ff [2]**
1	Kork[1]	5	15	2	12
2	PE-Schwerschaum[1]	5	15	2	12

[1] Nach den in Tabelle 84 genannten Spezifikationen.
[2] Siehe auch DIN 4109-2:2018-01, Bild 1.

Achtung:

Der Wert in Tabelle 7 Zeile 1 Spalte 5 aus DIN 4109-32:2016-07 ist falsch. Die oben stehende Tabelle 89 gibt den richtigen Sachverhalt wieder.

Hinsichtlich des Übertragungsweges gilt: Die vertikale Übertragung bezieht sich auf zwei übereinander liegende Räume, die horizontale Übertragung auf zwei nebeneinander liegende Räume.

9.3.5.5 Stoßstellen massiver Bauteile mit vollständiger Entkoppelung

Vollständig entkoppelte Stoßstellen liegen dann vor, wenn ein oder mehrere der am Knotenpunkt aufeinanderstoßenden Bauteile zu den anderen keinen mechanischen Kontakt haben. Das ist z. B. der Fall bei Trennfugen zwischen den massiven Bauteilen oder beim Anschluss von Leichtbauteilen an massive Bauteile.

In diesem Fall trägt – theoretisch – die Schallübertragung über den betrachteten Schallübertragungsweg nicht mehr zur Gesamtschalldämmung bei. Dies gilt am Bau jedoch nur dann, wenn das Bauteil umlaufend von angrenzenden Bauteilen entkoppelt ist. Ist das Bauteil nur vom Trennbauteil getrennt, kann es nach wie vor durch angrenzende flankierende Bauteile angeregt werden.

Liegt eine vollständige Entkopplung der Stoßstelle vor, dann kann die Übertragung auf diesem Übertragungsweg über die Stoßstelle vernachlässigt werden. Dies kann rechnerisch durch eine Erhöhung des Stoßstellendämm-Maßes um ΔK_{ij} = 20 dB gegenüber einer massiven Stoßstelle berücksichtigt werden

$$K_{ij,max} = K_{ij} + \Delta K_{ij} \tag{185}$$

Dabei ist:

$K_{ij,max}$ der Rechenwert für den Übertragungsweg über die entkoppelte Stoßstelle

K_{ij} der Rechenwert für die massive Stoßstelle nach Teil D Kapitel 9.3.5.1

ΔK_{ij} die Verbesserung durch die vollständige Entkopplung ΔK_{ij} = 20 dB.

Ist dagegen nur ein flankierendes Bauteil vom trennenden Bauteil schalltechnisch entkoppelt (kein Kontakt vorhanden), so sind die Stoßstellendämm-Maße für die in Bild 40 gezeigten Stoßstellenvarianten mit Hilfe der Berechnungsgröße M (siehe Gleichung (160) entsprechend den Fallunterscheidungen 1) bis 4) zu bestimmen.

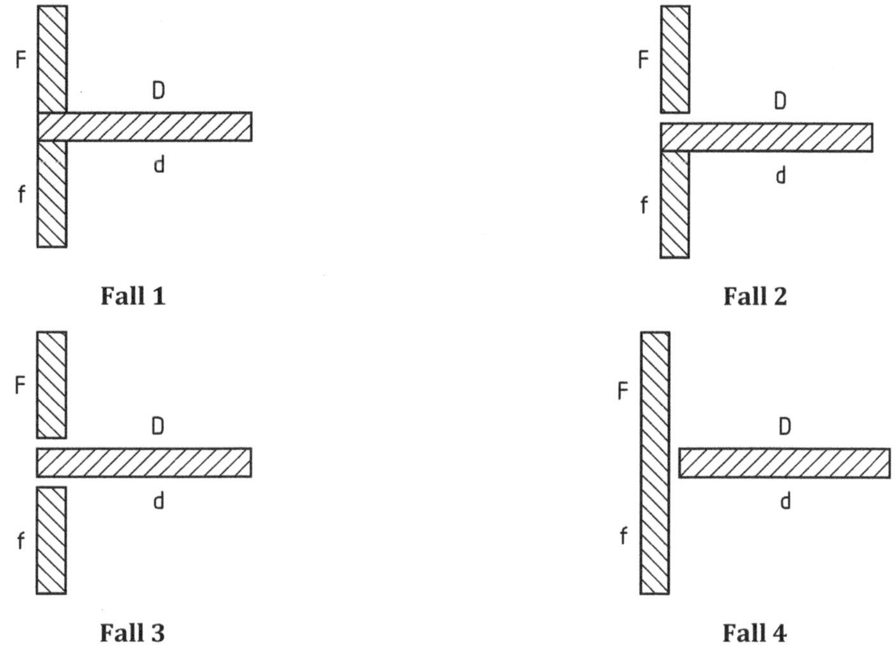

Legende

D Trennbauteil senderaumseitig
F Flankenbauteil senderaumseitig
d Trennbauteil empfangsraumseitig
f Flankenbauteil empfangsraumseitig

Bild 39: Varianten von Stoßstellen zur Bestimmung der Stoßstellendämm-Maße nach den Fällen 1) bis 4)

Fall 1 (starre Verbindung): Es gelten die Angaben zum T-Stoß in Teil D Kapitel 9.3.5.1.

Fall 2 (Flankenbauteil einseitig entkoppelt): Das flankierende Bauteil hat einseitig keine bauliche Verbindung mit dem trennenden Bauteil. Die Übertragung auf dem Weg Df kann entsprechend den Ausführungen für einen Eckstoß in Teil D Kapitel 9.3.5.1 für eine Ecke berechnet werden.

$$K_{\mathrm{Ff}} = K_{\mathrm{Fd}} = K_{\mathrm{ij,max}} = K_{\mathrm{ij}} + \Delta K_{\mathrm{ij,E}} \tag{186}$$

$$K_{\mathrm{Df}} = 2{,}7 + 5{,}7 \cdot M^2 \tag{187}$$

Fall 3 (Flankenbauteil beidseitig entkoppelt, unterbrochen):

$$K_{\mathrm{Ff}} = K_{\mathrm{Fd}} = K_{\mathrm{Df}} = K_{\mathrm{ij,max}} = K_{\mathrm{ij}} + \Delta K_{\mathrm{ij,E}} \tag{188}$$

Fall 4 (Flankenbauteil entkoppelt, durchlaufend): Das flankierende Bauteil hat keine bauliche Verbindung mit dem trennenden Bauteil.

$$K_{Ff} = K_{ij,min} \quad (189)$$

$$K_{Fd} = K_{Df} = K_{ij,max} = K_{ij} + \Delta K_{ij,E} \quad (190)$$

Achtung

Für das Stoßstellendämm-Maß K_{Ff} auf dem Weg Ff ist der Mindestwert $K_{ij,min}$ nach Gleichung (159) anzunehmen.

Achtung

Die Entkopplung eines Bauteils an einem Kreuzstoß führt zur Berechnung von einem in Bild 38 gezeigten T-Stoß, wobei die Übertragungswege über die Entkopplung auf $K_{ij,max}$ begrenzt sind.

9.3.5.6 Stoßstellen zwischen massiven und leichten Bauteilen

Für die Fälle, bei denen durch die Art der Bauteilverbindung das Stoßstellendämm-Maß K_{ij} eine Rolle spielt, liegen derzeit noch keine Angaben vor.

Ansonsten sind die Festlegungen zur Behandlung der flankierenden Übertragung bei Gebäuden in Skelett- und Mischbauweise nach Teil D Kapitel 9.6 zu beachten.

9.4 Berechnung der Luftschalldämmung von Gebäuden mit zweischaliger massiver Haustrennwand

Durch die zweischalige Ausführung von Haustrennwänden kann gegenüber gleichschweren einschaligen Wänden eine wesentlich höhere Schalldämmung erzielt werden. Wesentlichen Einfluss auf die Schallübertragung hat dabei jedoch die Ausbildung der zweischaligen Wände im untersten Geschoss, da dort meist keine vollständige Trennung der Schalen gegeben ist. Um das nach diesem Kapitel berechnete Schalldämm-Maß zu erreichen, sind folgende Punkte konstruktiv umzusetzen:

- Die flächenbezogene Masse der einzelnen Wandschalen – mit einem etwaigen Putz – muss $m'_{ges} \geq 150$ kg/m² betragen
- die Trennfuge muss $d \geq 30$ mm breit sein
- bei einer Dicke der Trennfuge (Schalenabstand) $d \geq 50$ mm darf das Gewicht der Einzelschale auf bis 100 kg/m² reduziert werden
- der Fugenhohlraum ist mit dicht gestoßenen, vollflächig und lückenlos verlegten Mineralwolledämmplatten nach DIN EN 13162, Anwendungskurzzeichen WTH nach DIN 4108-10, zu verfüllen

- bei Trennfugen mit $d > 30$ mm sind Dämmplatten mit einer Dicke $d = 30$ mm ausreichend
- falls die Schalen der Trennwand in Ortbeton hergestellt werden, dürfen nur Mineralwolledämmplatten mit der besonderen Eignung für den Betoniervorgang verwendet werden.

9.4.1 Vereinfachtes Nachweisverfahren

Das bewertete Schalldämm-Maß $R'_{w,2}$ einer zweischaligen Wand kann wie folgt bestimmt werden:

$$R'_{w,2} = R'_{w,1} + \Delta R_{w,Tr} - K \qquad (191)$$

Dabei bedeuten:

$R'_{w,1}$ das bewertete Bau-Schalldämm-Maß einer gleichschweren einschaligen Wand

$\Delta R_{w,Tr}$ ein Zweischaligkeitszuschlag in Abhängigkeit von der Übertragungssituation

K ein Korrekturwert zur Berücksichtigung der Übertragung über flankierende Decken und Wände.

Das bewertete Bau-Schalldämm-Maß $R'_{w,1}$ einer gleichschweren einschaligen Wand kann aus der Summe der flächenbezogenen Massen $m'_{Tr,ges}$ der beiden Wandschalen nach Tabelle 90 bestimmt werden.

Tabelle 90: Bewertetes Bauschalldämm-Maß $R'_{w,1}$ einer gleichschweren einschaligen Wand aus der Summe der beiden Wandschalen $m'_{Tr,ges}$ (DIN 4109-2)

Bewertetes Schalldämm-Maß $R'_{w,1}$ [1)]	Summe der flächenbezogenen Massen $m'_{Tr,ges}$ der beiden Wandschalen									
	Dezimale des bewerteten Schalldämm-Maßes $R'_{w,1}$									
	0,0	0,1	0,2	0,3	0,4	0,5	0,6	0,7	0,8	0,9
40	117,9	118,9	119,8	120,8	121,8	122,8	123,8	124,9	125,9	126,9
41	128,0	129,0	130,1	131,2	132,3	133,4	134,5	135,6	136,7	137,8
42	138,9	140,1	141,3	142,4	143,6	144,8	146,0	147,2	148,4	149,6
43	150,9	152,1	153,4	154,6	155,9	157,2	158,5	159,8	161,1	162,4
44	163,8	165,1	166,5	167,9	169,3	170,7	172,1	173,5	174,9	176,4
45	177,8	179,3	180,8	182,3	183,8	185,3	186,8	188,4	189,9	191,5
46	193,1	194,7	196,3	197,9	199,5	201,2	202,8	204,5	206,2	207,9
47	209,6	211,3	213,1	214,9	216,6	218,4	220,2	222,0	223,9	225,7
48	227,6	229,5	231,4	233,3	235,2	237,1	239,1	241,1	243,1	245,1
49	247,1	249,1	251,2	253,3	255,4	257,5	259,6	261,7	263,9	266,1
50	268,3	270,5	272,7	275,0	277,2	279,5	281,8	284,2	286,5	288,9
51	291,3	293,7	296,1	298,5	301,0	303,5	306,0	308,5	311,1	313,6
52	316,2	318,8	321,5	324,1	326,8	329,5	332,2	335,0	337,7	340,5
53	343,3	346,2	349,0	351,9	354,8	357,7	360,7	363,7	366,7	369,7

Tabelle 90: Bewertetes Bauschalldämm-Maß $R'_{w,1}$ einer gleichschweren einschaligen Wand aus der Summe der beiden Wandschalen $m'_{Tr,ges}$ (DIN 4109-2) (Fortsetzung)

Bewertetes Schalldämm-Maß $R'_{w,1}$ [1)]	Summe der flächenbezogenen Massen $m'_{Tr,ges}$ der beiden Wandschalen									
	Dezimale des bewerteten Schalldämm-Maßes $R'_{w,1}$									
	0,0	0,1	0,2	0,3	0,4	0,5	0,6	0,7	0,8	0,9
54	372,8	375,8	378,9	382,1	385,2	388,4	391,6	394,8	398,1	401,4
55	404,7	408,1	411,4	414,8	418,2	421,7	425,2	428,7	432,2	435,8
56	439,4	443,0	446,7	450,4	454,1	457,8	461,6	465,4	469,3	473,2
57	477,1	481,0	485,0	489,0	493,0	497,1	501,2	505,3	509,5	513,7
58	517,9	522,2	526,5	530,9	535,3	539,7	544,1	548,6	553,2	557,7
59	562,3	567,0	571,7	576,4	581,1	585,9	590,8	595,7	600,6	605,5
60	610,5	615,6	620,7	625,8	631,0	636,2	641,4	646,7	652,1	657,4
61	662,9	668,3	673,9	679,4	685,0	690,7	696,4	702,1	707,9	713,8
62	719,7	725,6	731,6	737,7	743,8	749,9	756,1	762,3	768,6	775,0
63	781,4	787,8	794,3	800,9	807,5	814,2	820,9	827,7	834,5	841,4
64	848,3	855,3	862,4	869,5	876,7	884,0	891,3	898,6	906,0	913,5
65	921,1	928,7	936,3	944,1	951,9	959,7	967,6	975,6	983,7	991,8
66	1000,0	1008,3	1016,6	1025,0	1033,4	1042,0	1050,6	1059,3	1068,0	1076,8
67	1085,7	1094,7	1103,7	1112,8	1122,0	1131,3	1140,6	1150,0	1159,5	1169,1
68	1178,8	1188,5	1198,3	1208,2	1218,2	1228,2	1238,4	1248,6	1258,9	1269,3
69	1279,8	1290,4	1301,0	1311,8	1322,6	1333,5	1344,5	1355,6	1366,8	1378,1
70	1389,5	1401,0	1412,5	1424,2	1436,0	1447,8	1459,8	1471,8	1484,0	1496,2

1) Das bewerte Bauschalldämm-Maß einer gleichschweren einschaligen Wand kann auch wie folgt berechnet werden:
$R'_{w,1} = 28 \cdot \lg(m'_{Tr,ges}) - 18$

Achtung

$R'_{w,1}$ stellt ein Bau-Schalldämm-Maß dar und beinhaltet bereits eine mittlere flankierende Übertragung.

Die Zuschlagswerte $\Delta R_{w,Tr}$ sind in Tabelle 91 für zweischalige Haustrennwände aufgeführt.

Der Korrekturwert *K* berücksichtigt **zusätzlich** die Schallübertragung flankierender Wände und Decken in den Fällen, in denen die Übertragung im Fundamentbereich vernachlässigt werden kann. Er **muss deshalb nur für die Übertragungssituationen nach** Tabelle 91**, Zeile 1 berücksichtigt werden**.

Der Korrekturwert K wird nach Gleichung (192 aus der flächenbezogenen Masse **einer Schale** der zweischaligen Wand $m'_{Tr,1}$ und der mittleren flächenbezogenen Masse der unverkleideten homogenen flankierenden Bauteile $m'_{f,m}$ berechnet. $m'_{Tr,1}$ und $m'_{f,m}$ sind für den gewählten Empfangsraum zu ermitteln. Die Werte sind auf eine Nachkommastelle genau zu berechnen.

$$K = 0{,}6 + 5{,}5 \cdot \lg\left(\frac{m'_{Tr,1}}{m'_{f,m}}\right) \qquad (192)$$

Der Korrekturwert K wird nach Tabelle 92 aus der flächenbezogenen Masse einer Schale der zweischaligen Wand $m'_{Tr,1}$ und der mittleren flächenbezogenen Masse der unverkleideten homogenen flankierenden Bauteile $m'_{f,m}$ ermittelt. $m'_{Tr,1}$ und $m'_{f,m}$ sind für den gewählten Empfangsraum zu ermitteln.

Achtung

Bei unterschiedlich schweren Schalen der Trennwand und/oder unterschiedlich schweren Flankenbauteilen auf beiden Seiten können sich für K je nach Übertragungsrichtung unterschiedliche Werte ergeben. Beim rechnerischen Nachweis ist der ungünstigere Fall von K zu berücksichtigen.

Mit dem Korrekturwert K wird nur der Einfluss flankierender homogener Bauteile berücksichtigt. Eine mögliche Flankenübertragung über leichte Dachkonstruktionen kann mit diesem Verfahren nicht berücksichtigt werden.

Sind eine oder mehrere massive Flankenbauteile durch Vorsatzkonstruktionen mit einer Resonanzfrequenz $f_0 < 125$ Hz belegt, so werden die flächenbezogenen Massen der betreffenden Bauteile bei der Berechnung der mittleren flächenbezogenen Masse $m'_{f,m}$ der flankierenden Bauteile nicht berücksichtigt. $m'_{f,m}$ wird nach folgender Beziehung ermittelt:

$$m'_{f,m} = \frac{1}{N} \cdot \sum_{j=1}^{N} m'_{f,j} \qquad (193)$$

Dabei ist:

$m'_{f,j}$ die flächenbezogene Masse des jeweiligen nicht verkleideten massiven Flankenbauteils j, in kg/m²;

N die Anzahl der nicht verkleideten massiven Flankenbauteile.

Die in Tabelle 92 angegebenen Werte für K können alternativ durch folgende Beziehung ermittelt werden:

$$K = 0{,}6 + 5{,}5 \cdot \lg\left(\frac{m'_{Tr,1}}{m'_{f,m}}\right) \qquad (194)$$

Die nach Gleichung (194) berechneten Werte sind mit einer Nachkommastelle anzugeben.

Die angegebene Beziehung gilt für $m'_{f,m} \leq m'_{Tr,1}$. Für alle anderen Fälle gilt $K = 0$.

Die Zuschlagswerte der Tabelle 91 für die „Zweischaligkeit" der Konstruktion sind für verschiedene konstruktive Bedingungen und Übertragungssituationen angegeben. Zu unterscheiden ist dabei grundsätzlich, ob die Übertragung in Räumen direkt über der Bodenplatte oder in einer darüber liegenden Etage betrachtet wird.

Achtung

Räume direkt über der Bodenplatte liegen bei unterkellerten Gebäuden im KG, bei nichtunterkellerten Gebäuden im EG.

Tabelle 91: Zuschlagswerte $\Delta R_{w,Tr}$ und Korrekturwert K bei zweischaligen Haustrennwänden[1)][2)][3)] *(DIN 4109-2)*

Spalte	**1**	**2**	**3**	**4**
Zeile	**Situation (Vertikalschnitt)**	**Beschreibung**	**$\Delta R_{w,Tr}$ [dB]**	**Korrekturwert K [dB]**
1	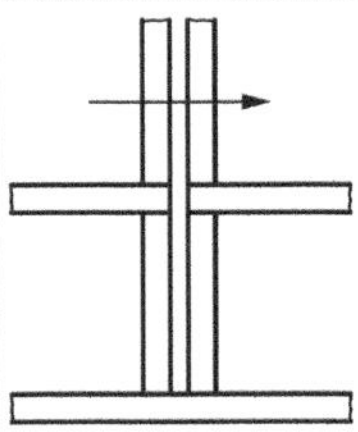	vollständige Trennung der Schalen und der flankierenden Bauteile ab Oberkante Bodenplatte, auch gültig für alle darüber liegenden Geschosse, unabhängig von der Ausbildung der Bodenplatte und der Fundamente	12	$K = 0{,}6 + 5{,}5 \cdot \lg\left(\frac{m'_{Tr,1}}{m'_{f,m}}\right)$
2	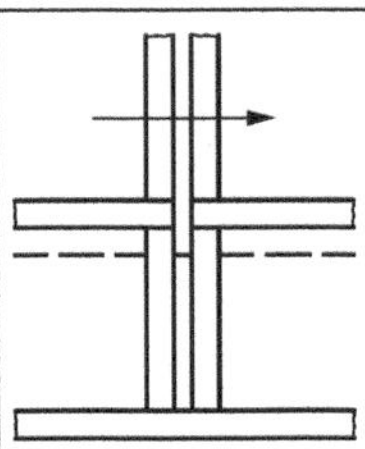	Außenwände durchgehend mit $m' \geq 575$ kg/m² (z. B. Kelleraußenwände als „weiße Wanne")	9	0
3	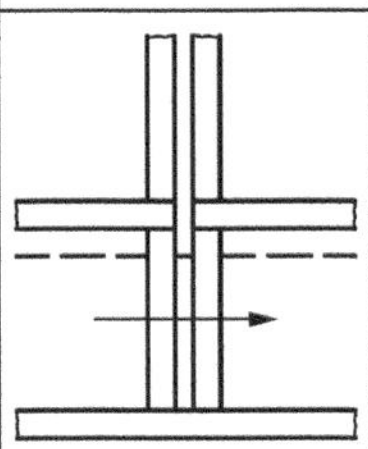	Außenwände durchgehend mit $m' \geq 575$ kg/m² (z. B. Kelleraußenwände als „weiße Wanne") Bodenplatte durchgehend mit $m' \geq 575$ kg/m²	3	0
4	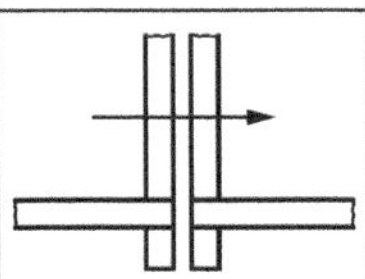	Außenwände getrennt Bodenplatte und Fundamente getrennt	9	0
5	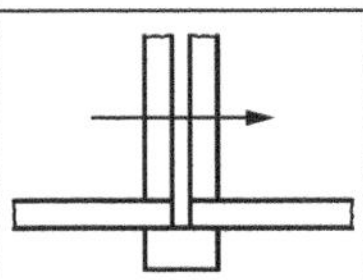	Außenwände getrennt Bodenplatte getrennt auf gemeinsamem Fundament	6[4)]	0

Tabelle 91: Zuschlagswerte $\Delta R_{w,Tr}$ und Korrekturwert K bei zweischaligen Haustrennwänden[1) 2) 3)] (DIN 4109-2) (Fortsetzung)

Spalte	1	2	3	4
Zeile	**Situation (Vertikalschnitt)**	**Beschreibung**	**$\Delta R_{w,Tr}$ [dB]**	**Korrekturwert *K* [dB]**
6	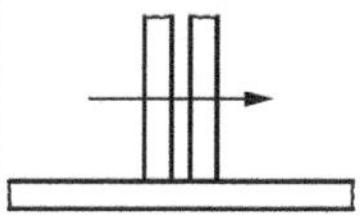	Außenwände getrennt Bodenplatte durchgehend mit $m' \geq 575$ kg/m²	6[4)]	0

[1)] Falls die einzelnen Schalen nicht schwerer als 200 kg/m² sind, können die Zuschlagswerte $\Delta R_{w,Tr}$ für zweischalige Haustrennwände aus Porenbeton für die Zeilen 1, 2, 3 und 4 um 3 dB und für die Zeilen 5 und 6 um 6 dB erhöht werden.

[2)] Falls die einzelnen Schalen nicht schwerer als 250 kg/m² sind, können die Zuschlagswerte $\Delta R_{w,Tr}$ für zweischalige Haustrennwände aus Leichtbeton um 2 dB erhöht werden, wenn die Steinrohdichte ≤ 800 kg/m³ ist.

[3)] Falls der Schalenabstand mindestens 50 mm beträgt und der Fugenhohlraum mit Mineralwolledämmplatten nach DIN EN 13162, Anwendungskurzzeichen WTH nach DIN 4108-10, ausgefüllt wird, können die Zuschlagswerte $\Delta R_{w,Tr}$ bei allen Materialien in den Zeilen 1, 2 und 4 um 2 dB erhöht werden.

[4)] Für eine Haustrennwand bestehend aus zwei Schalen je 17,5 cm Porenbeton der Rohdichteklasse 0,60 (oder größer) mit einem Schalenabstand von mindestens 50 mm, verfüllt mit Mineralwolledämmplatten nach DIN EN 13162, Anwendungskurzzeichen WTH nach DIN 4108-10, kann insgesamt ein $\Delta R_{w,Tr}$ von + 14 dB angesetzt werden. Zuschläge nach Fußnote 1) sind in diesem Zuschlag bereits berücksichtigt.

Die Werte in Tabelle 91 gelten für zweischalige Konstruktionen mit einem Schalenabstand von $d \geq 30$ mm und einer Hohlraumverfüllung mit Mineralwolledämmplatten nach DIN EN 13162, Anwendungskurzzeichen WTH nach DIN 4108-10. Eine Vergrößerung des Schalenabstandes wirkt sich grundsätzlich positiv auf das bewertete Schalldämm-Maß aus; siehe hierzu Tabelle 91 Fußnote[3)].

Tabelle 92: Korrekturwert K für die Flankenübertragung bei zweischaligen massiven Haustrennwänden (DIN 4109-2)

Flächenbezogene Masse $m'_{Tr,1}$ der empfangsraumseitigen Schale der zweischaligen Haustrennwand [kg/m²]	Mittlere flächenbezogene Masse $m'_{f,m}$ der empfangsraumseitigen flankierenden Bauteile, die nicht mit einer Vorsatzkonstruktion verkleidet sind [kg/m²]								
	100	**150**	**200**	**250**	**300**	**350**	**400**	**450**	**500**
100	0,6	0,0	0,0	0,0	0,0	0,0	0,0	0,0	0,0
150	1,6	0,6	0,0	0,0	0,0	0,0	0,0	0,0	0,0
200	2,3	1,3	0,6	0,1	0,0	0,0	0,0	0,0	0,0
250	2,8	1,8	1,1	0,6	0,2	0,0	0,0	0,0	0,0
300	3,2	2,3	1,6	1,0	0,6	0,2	0,0	0,0	0,0
350	3,6	2,6	1,9	1,4	1,0	0,6	0,3	0,0	0,0
400	3,9	2,9	2,3	1,7	1,3	0,9	0,6	0,3	0,1
450	4,2	3,2	2,5	2,0	1,6	1,2	0,9	0,6	0,3
500	4,4	3,5	2,8	2,3	1,8	1,5	1,1	0,9	0,6

Tabelle 92: Korrekturwert K für die Flankenübertragung bei zweischaligen massiven Haustrennwänden (DIN 4109-2) (Fortsetzung)

Flächenbezogene Masse $m'_{Tr,1}$ der empfangsraumseitigen Schale der zweischaligen Haustrennwand [kg/m²]	**Mittlere flächenbezogene Masse $m'_{f,m}$ der empfangsraumseitigen flankierenden Bauteile, die nicht mit einer Vorsatzkonstruktion verkleidet sind [kg/m²]**								
	100	**150**	**200**	**250**	**300**	**350**	**400**	**450**	**500**
Für Zwischenwerte der flächenbezogenen Masse $m'_{Tr,1}$ bzw. der mittleren flächenbezogenen Masse $m'_{f,m}$ kann der Korrekturwert K wie folgt bestimmt werden: $K = 0{,}6 \cdot 5{,}5 + \lg\left(\frac{m'_{Tr,1}}{m'_{f,m}}\right)$									

Die nach Gleichung (191) berechneten Werte werden in der obersten Etage nur erreicht, wenn die flankierende Übertragung über das Dach keine Rolle spielt. Eine ausreichende akustische Trennung der Dachkonstruktion im Bereich der Haustrennwand ist mit einer Norm-Flankenschallpegeldifferenz von 5 dB über dem nach Gleichung (191) ermittelten Wert gegeben. Ausführungsbeispiele für Dach-/Wandanschlüsse sind in Bild 40 dargestellt. Werte der Norm-Flankenschallpegeldifferenz $D_{n,f,w}$ können entsprechend der in Bild 40 dargestellten Anschlusssituation und der Dachkonstruktion Tabelle 93 entnommen werden.

Typ	**Beschreibung**	**Skizze**
A	Dachkonstruktion wird durch Trennwand **unterbrochen**: Lattung und Wärmedämmung sind getrennt.	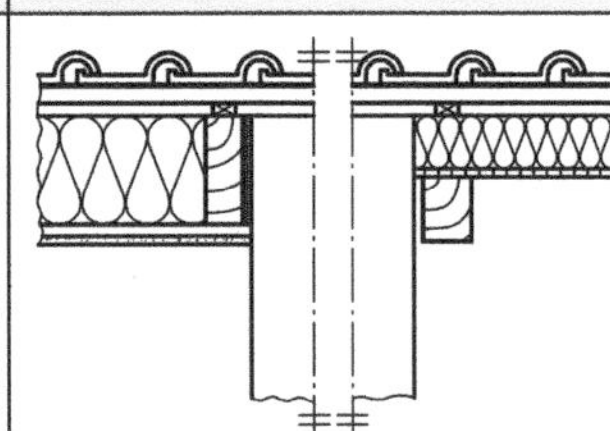
B	Dachkonstruktion wird durch Trennwand **unterbrochen** und im Bereich des Wandkopfes **bedämpft**: Zusätzliche Maßnahmen zur Bedämpfung des Hohlraums zwischen Dachdeckung und Trennwandkopf. Lattung und Wärmedämmung sind getrennt.	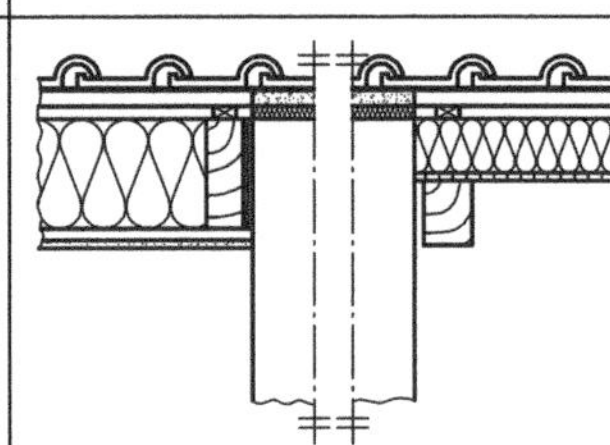
C	Dachkonstruktion wird durch Trennwand **unterbrochen**, im Bereich des Wandkopfes **bedämpft** und **abgeschottet**: Hohlraum zwischen Dachdeckung und Trennwandkopf abgeschottet (z. B. Aufmauerung mit wärmedämmenden Steinen; Dachsteine eingemörtelt; absorbierende Wärmedämmung zwischen der zweischaligen Aufmauerung; Dachlattung getrennt).	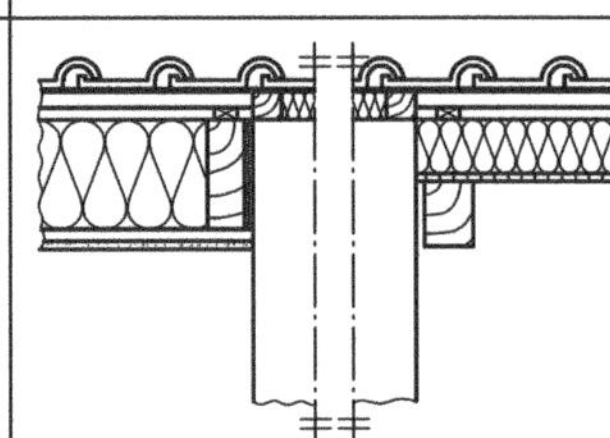

<table>
<tr><td>D</td><td>Dachkonstruktion vollständig unterbrochen
Die Trennwand (Brandwand) wird durch die Dachhaut nach außen geführt oder bei höhenversetzten Geschossen.</td><td>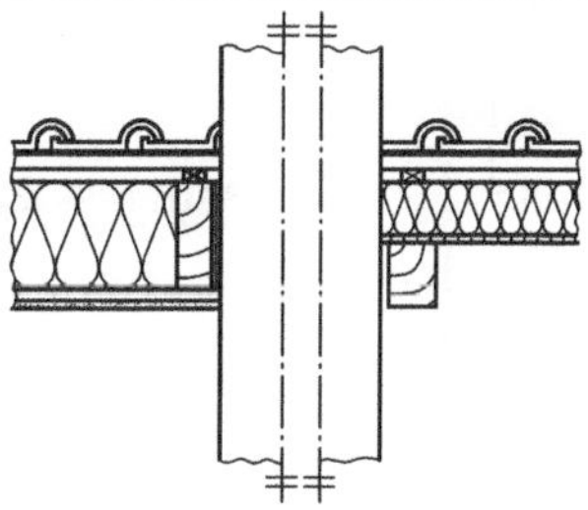</td></tr>
<tr><td colspan="3">Bemerkungen zu den Zeilen A bis D:
Die dargestellten Dach-/Wandanschlüsse können mit einschaligen oder zweischaligen Trennwänden in Massivbauweise bzw. mit Trennwänden in Holz-, Leicht- und Trockenbauweise ausgeführt werden.</td></tr>
</table>

Bild 40: Anschlüsse von Wänden und Wandschalen an Steildächer (DIN 4109-33)

Achtung

Die Zuordnung der Skizzen zu den Beschreibungen in DIN 4109-33:2016-07 Tabelle 30 ist falsch. Das oben stehende Bild 40 gibt den richtigen Sachverhalt wieder.

Achtung

Beim Anschluss von Trennwänden an Steildächer entsprechend der Darstellung in Bild 40 Zeile D kann auf eine Berücksichtigung der Flankenübertragung verzichtet werden.

Tabelle 93: Bewertete Norm-Flankenschallpegeldifferenz $D_{n,f,w}$ von Steildächern (DIN 4109-33)

Spalte	1	2	3	4	5	6
Zeile	**Bauteilskizze**	**Schicht-dicke**	**Bauteilschicht**	**Dach-/Wandanschluss nach Bild 40**		
				A	**B**	**C**
				$D_{n,f,w}$ [dB]		
Dächer mit Zwischensparrendämmungen oder Vollsparrendämmung aus Faserdämmstoffen						
1	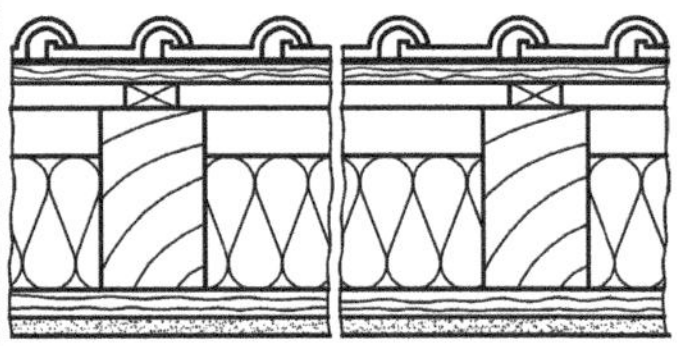		Dachdeckung			
			Lattung, Konterlattung			
		120 bis 180	Zwischensparren-dämmung[1]	75[2]	–	–
			Lattung			
		12,5	Gipsplatten GK			
2	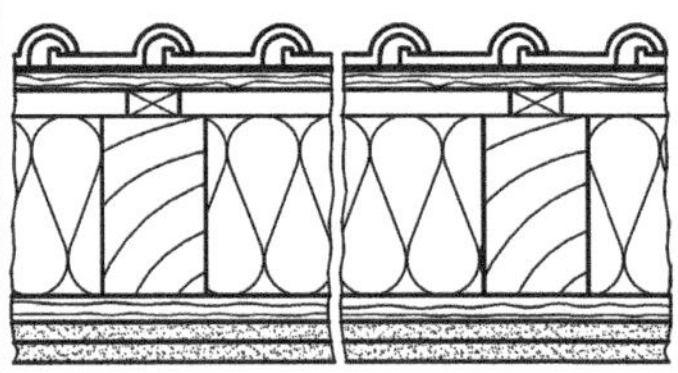		Dachdeckung			
			Lattung, Konterlattung			
		≥ 200	Zwischensparren-dämmung[1]	79	–	–
			Lattung			
		2 x 10	Gipsplatten GK			

Bemerkungen zu den Zeilen 1 und 2:

[1] Zwischensparrendämmung aus Mineralwolle MW oder Holzfaser WF Anwendungsgebiet nach DIN 4108-10 DZ.

[2] Bei Konstruktionsänderungen sind nachfolgende Korrekturwerte $\Delta D_{n,f,w}$ auf die Norm-Flankenschallpegeldifferenz $D_{n,f,w}$ zu addieren:
- Zu Zeile 1 Spalte 4: Einschalige Wand als Trennwand $\Delta D_{n,f,w}$ = –5 dB
- zu Zeile 1 Spalte 4: Durchlaufende Lattung $\Delta D_{n,f,w}$ = –10 dB
- zu Zeile 1 Spalte 4: Durchlaufende Pfette und Lattung $\Delta D_{n,f,w}$ = –20 dB.

Zeile	Bauteilskizze	Schicht-dicke	Bauteilschicht	A	B	C
Dächer mit Auf- und Zwischensparrendämmungen						
3			Dachdeckung			
			Lattung, Konterlattung			
		120	Aufsparren-dämmung[3) 4)]			
			Holzschalung NFS	> 75[5]	–	–
		≥ 200	Zwischensparren-dämmung[3]			
			Lattung			
		2 x 10	Gipsplatten GK			

Tabelle 93: Bewertete Norm-Flankenschallpegeldifferenz $D_{n,f,w}$ von Steildächern (DIN 4109-33) (Fortsetzung)

Spalte	1	2	3	4	5	6
Zeile	**Bauteilskizze**	**Schichtdicke**	**Bauteilschicht**	**Dach-/Wandanschluss nach Bild 40**		
				A	**B**	**C**
				$D_{n,f,w}$ [dB]		
4	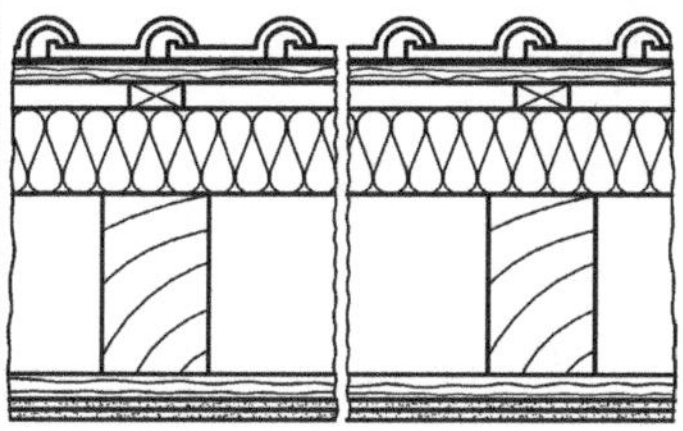		Dachdeckung			
			Lattung, Konterlattung			
		120	Aufsparrendämmung[4)]	> 70[5)]	72[5)]	75[5)]
			Sparren/Lufthohlraum			
			Lattung			
		2 x 10	Gipsplatten GK			
	Bemerkungen zu den Zeilen 3 und 4: 3) Mineralwolle MW oder Holzfaser WF Anwendungsgebiet nach DIN 4108-10 DZ (zwischen Sparren) bzw. Anwendungsgebiet DAD (auf den Sparren) 4) Hartschaumplatten EPS, XPS oder PU Anwendungsgebiet nach DIN 4108-10 DAD 5) – Lattung getrennt. Dämmung zwischen den Sparren durch Trennwand unterbrochen. – Trennwand bis Wärmedämmung hochgeführt. – Dämmung bei Hartschaum über der Trennwand unterbrochen.					
Dächer mit Aufsparrendämmung aus Hartschaum						
5	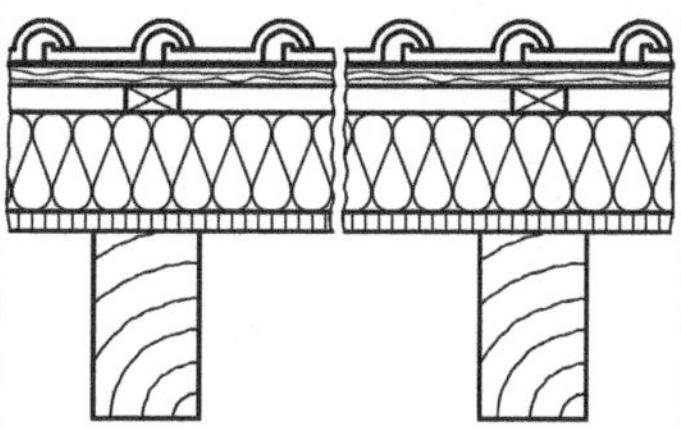		Dachdeckung			
			Lattung, Konterlattung			
		≥ 100	Hartschaumplatte[6)]	53[10)]	58[10)]	65
		≥ 19	Nut und Feder-Schalung NFS oder Holzwerkstoffplatten HW			
Dächer mit Aufsparrendämmung aus Hartschaum und zusätzlicher Beschwerungslage						
6	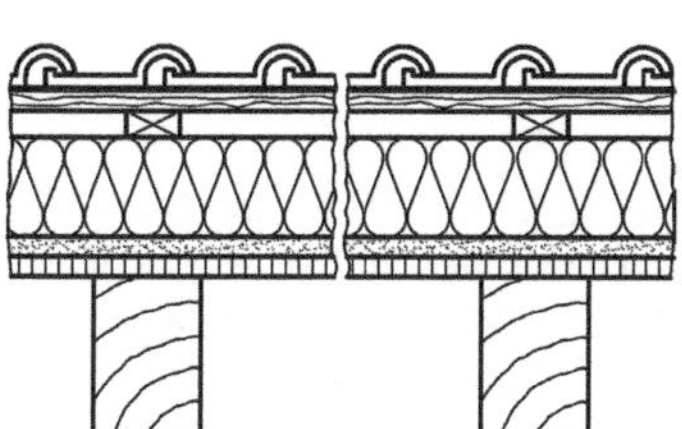		Dachdeckung			
			Lattung, Konterlattung			
		≥ 100	Hartschaumplatte[6)]			
			Zusätzliche Beschwerungslage[7)] einlagig $m' \geq 10$ kg/m²	56[10)]	60	69
		≥ 19	Nut und Feder-Schalung NFS oder Holzwerkstoffplatten HW			

Tabelle 93: Bewertete Norm-Flankenschallpegeldifferenz $D_{n,f,w}$ von Steildächern (DIN 4109-33) (Fortsetzung)

Spalte	1	2	3	4	5	6
Zeile	**Bauteilskizze**	**Schicht-dicke**	**Bauteilschicht**	**Dach-/Wandanschluss nach Bild 40**		
				A	**B**	**C**
				$D_{n,f,w}$ [dB]		
Dächer mit Aufsparrendämmung aus Hartschaum und zusätzlicher Dämmschicht						
7	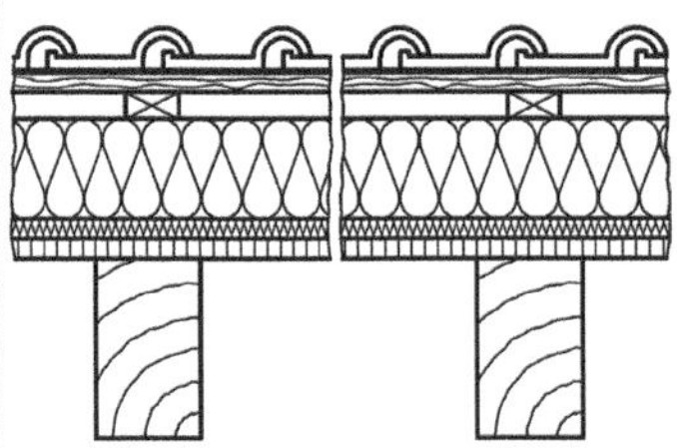		Dachdeckung	53[10]	> 60	72
			Lattung, Konterlattung			
		≥ 100	Hartschaumplatte[6]			
		≥ 20	zusätzliche Dämmung unten[8]			
		≥ 19	Nut und Feder-Schalung NFS oder Holzwerkstoffplatten HW			
8	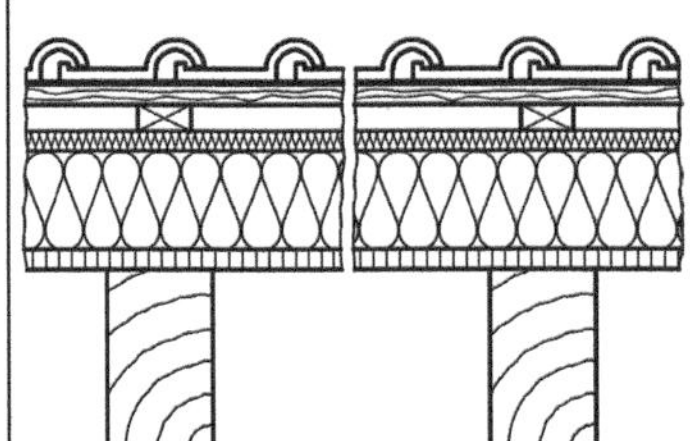		Dachdeckung	60[10]	66	73
			Lattung, Konterlattung			
		≥ 30	zusätzliche Dämmung oben[9]			
		≥ 100	Hartschaumplatte[6]			
		≥ 19	Nut und Feder-Schalung NFS oder Holzwerkstoffplatten HW			

Bemerkungen zu den Zeilen 5 bis 8:

[6] Hartschaumplatten EPS, XPS oder PUR Anwendungsgebiet nach DIN 4108-10 DAD.

[7] Zusätzliche Beschwerungslage, ein- oder mehrlagig bestehend aus z. B.: Bitumenbahnen ($d \geq 4$ mm, schwer), Gipsplatte GK, Gipsfaserplatte GF, zementgebundene Spanplatte ZSP.

[8] Zusätzliche Dämmung unten aus Mineralwolle MW Anwendungsgebiet nach DIN 4108-10 DES-sm oder elastifizierter Polystyrol-Hartschaum EPS Anwendungsgebiet DES-sm.

[9] Zusätzliche Dämmung oben aus Mineralwolle MW Anwendungsgebiet nach DIN 4108-10 DAD-dm, Holzwolleleichtbauplatte WW Anwendungsgebiet DAD-dh oder Hartschaumplatte EPS, XPS oder PUR Anwendungsgebiet DAD.

[10] Bei Konstruktionsänderungen sind nachfolgende Korrekturwerte $\Delta D_{n,f,w}$ auf die Norm-Flankenschallpegeldifferenz $D_{n,f,w}$ zu addieren:
- Zu Zeilen 5 bis 8, Spalte 4: Durchlaufende Vordachschalung; für den Wohnungsbau nicht geeignet,
- zu Zeile 5, Spalte 4: Durchlaufende Hartschaum-Dämmschicht über der Trennwand: $\Delta D_{n,f,w} = -5$ dB,
- zu Zeile 5, Spalte 5: Zusätzliche Unterschale aus Gipsplatten mit Bedämpfung zwischen bzw. unter den Sparren: $\Delta D_{n,f,w} \geq +8$ dB.

Tabelle 93: Bewertete Norm-Flankenschallpegeldifferenz $D_{n,f,w}$ von Steildächern (DIN 4109-33) (Fortsetzung)

Spalte	**1**	**2**	**3**	**4**	**5**	**6**
Zeile	**Bauteilskizze**	**Schicht-dicke**	**Bauteilschicht**	**Dach-/Wandanschluss nach Bild 40**		
				A	**B**	**C**
				$D_{n,f,w}$ [dB]		
Dächer mit Aufsparrendämmung aus Mineralwolle mit Doppelgewindeschrauben						
9	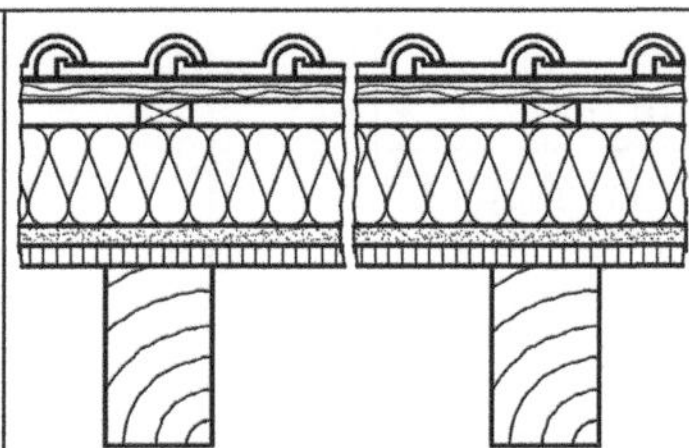		Dachdeckung	65[12)]	68	> 75
			Lattung, Konterlattung			
		100 bis 140	Mineralwolleplatte MW[11)]			
		≥ 19	Nut und Feder-Schalung NFS			
10	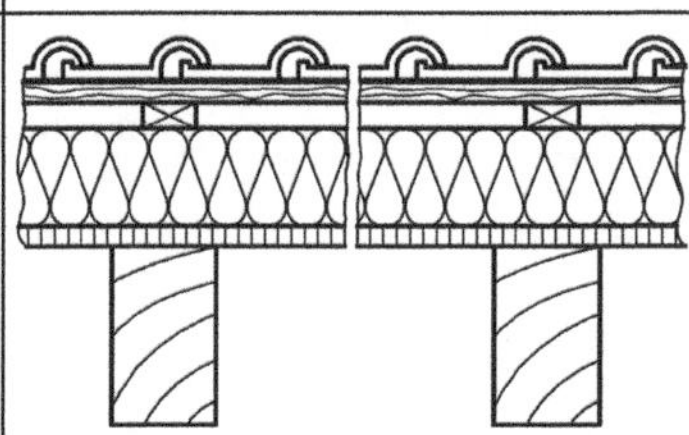		Dachdeckung	69	> 70	> 75
			Lattung, Konterlattung			
		≥ 120	Mineralwolleplatte MW[11)]			
		≥ 19	Nut und Feder-Schalung NFS			
	Bemerkungen zu den Zeilen 9 bis 10: [11)] MW Mineralwolleplatte mit dem Anwendungsgebiet nach DIN 4108-10 DAD-dm. [12)] Bei Konstruktionsänderungen sind nachfolgende Korrekturwerte $\Delta D_{n,f,w}$ auf die Norm-Flankenschallpegeldifferenz $D_{n,f,w}$ zu addieren: – Zu Zeile 9, Spalte 4: Durchlaufende Dämmschicht über der Trennwand $\Delta D_{n,f,w}$ = –9 dB. [13)] Zusätzliche Beschwerungslage, ein- oder mehrlagig bestehend aus z. B.: Bitumenbahnen (d ≥ 4 mm, schwer), Gipsplatte GK, Gipsfaserplatte GF, zementgebundene Spanplatte ZSP.					
Dächer mit Aufsparrendämmung aus Holzfaserdämmstoffen[14)] mit Doppelgewindeschrauben						
11	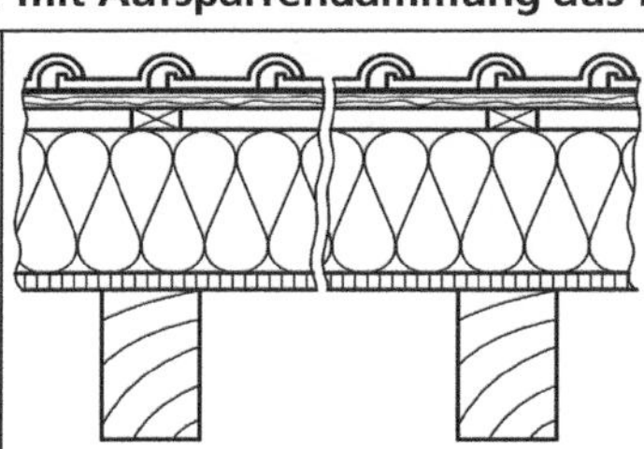		Dachdeckung	63	65[16)]	> 75
			Lattung, Konterlattung			
		≥ 140	Holzfaserdämmplatte WF[15)]			
		≥ 19	Nut und Feder-Schalung			

Tabelle 93: Bewertete Norm-Flankenschallpegeldifferenz $D_{n,f,w}$ von Steildächern (DIN 4109-33) (Fortsetzung)

Spalte	1	2	3	4	5	6
Zeile	**Bauteilskizze**	**Schichtdicke**	**Bauteilschicht**	**Dach-/Wandanschluss nach Bild 40**		
				A	**B**	**C**
				$D_{n,f,w}$ [dB]		
12	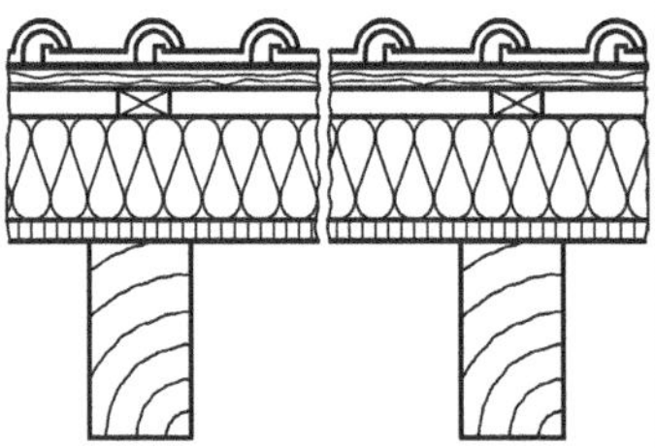		Dachdeckung	69[16]	> 70 [16]	> 75
			Lattung, Konterlattung			
		≥ 240	Holzfaserdämmplatte WF[15]			
		≥ 19	Nut und Feder-Schalung			

Bemerkungen zu den Zeilen 11 und 12:

[14] Die Werte gelten bei einer Befestigung der Dachlattung mit geringem Anpressdruck.

[15] Holzfaserdämmplatte WF Anwendungsgebiet nach DIN 4108-10 DAD-dm.

[16] Bei Konstruktionsänderungen sind nachfolgende Korrekturwerte $\Delta D_{n,f,w}$ auf die Norm-Flankenschallpegeldifferenz $D_{n,f,w}$ zu addieren:
- Zu Zeile 11 Spalte 5: Zusätzliche Bedämpfung des 1. Sparrenfeldes rechts und links der Trennwand: $\Delta D_{n,f,w} \geq +3$ dB
- zu Zeile 12 Spalte 4: Hoher Anpressdruck: $\Delta D_{n,f,w} \geq -5$ dB
- zu Zeile 12 Spalte 5: Hoher Anpressdruck; (65–68): $D_{n,f,w} = 67$ dB.

9.5 Berechnung der Luftschalldämmung in massiven Gebäuden mit Leicht- und Trockenbau

Die Berechnung der Flankenübertragung nach Gleichung (140) anhand der Direktschalldämm-Maße und der Stoßstellendämm-Maße ist im Leicht- und Trockenbau aufgrund der elementierten und stark inhomogenen Konstruktionen problematisch. Stattdessen wird die Flankenübertragung pauschal mittels der bewerteten Norm-Flankenschallpegeldifferenzen $D_{n,f,w}$ der an der Schallübertragung beteiligten flankierenden Bauteile berechnet.

Vorsatzschalen und Fußbodenaufbauten werden als integrierter Teil des Bauteils behandelt.

Das bewertete Bau-Schalldämm-Maß R'_w berechnet sich nach:

$$R'_w = -10 \cdot \lg\left[10^{-R_{Dd,w}/10} + \sum_{F=f=1}^{N} 10^{-R_{Ff,w}/10}\right] \qquad (195)$$

mit:

$$R_{Ff,w} = D_{n,f,w} + 10 \cdot \lg\left(\frac{l_{lab}}{l_f}\right) + 10 \cdot \lg\left(\frac{S_S}{A_0}\right) \quad (196)$$

Dabei ist:

R'_w	das bewertete Bau-Schalldämm-Maß zwischen zwei Räumen, in dB;
$R_{Dd,w}$	das bewertete Schalldämm-Maß des trennenden Bauteils, in dB;
$R_{Ff,w}$	das bewertete Flankendämm-Maß für den Übertragungsweg Ff, in dB;
$D_{n,f,w}$	die bewertete Norm-Flankenschallpegeldifferenz eines flankierenden Bauteils, in dB;
N	die Anzahl der flankierenden Bauteile in einem Raum; üblicherweise ist $N = 4$, je nach Entwurf und Konstruktion kann aber N in der betreffenden Bausituation auch kleiner oder größer sein;
l_{lab}	die Bezugskantenlänge, in m;
$l_{lab} = 2{,}8$ m	für Fassaden und Innenwände bei horizontaler Übertragung;
$l_{lab} = 4{,}5$ m	für Decken, Unterdecken und Fußbodenaufbauten bei horizontaler Übertragung sowie bei Fassaden und Innenwänden bei vertikaler Übertragung.
	Sofern Daten aus Prüfberichten verwendet werden, ist als Bezugskantenlänge die dort genannte Kantenlänge l_{lab} zu verwenden.
l_f	die gemeinsame Kopplungslänge der Verbindungsstelle zwischen dem trennenden Bauteil und den flankierenden Bauteilen F und f in der Bausituation, in m;
S_S	die Fläche des trennenden Bauteils, in m²;
A_0	die Bezugsabsorptionsfläche mit $A_0 = 10$ m².

9.5.1 Direktschalldämmung von Bauteilen des Leicht- und Trockenbaus

9.5.1.1 Metallständerwände mit Gipsplatten

Angaben zum Schalldämm-Maß R_w von Metallständerwänden mit Gipsplatten nach DIN 18183-1 können Tabelle 94 entnommen werden. Dabei gilt für das Direktschalldämm-Maß $R_{Dd,w}$ von Metallständerwänden mit Gipsplatten nach DIN 18183-1 in Gleichung (139):

$R_{Dd,w} = R_w$.

Tabelle 94: Bewertete Schalldämm-Maße R_w für Metallständerwände mit Gipsplatten nach DIN 18183-1 (DIN 4109-33)

Spalte	1	2	3	4	5	6
Zeile	Schnitt, horizontal	Konstruktionsdetails				
		Metall-ständer-profil[2)] [mm]	Mindest-schalen-abstand s [mm]	Beklei-dung[3)] s_B [mm]	Mindestdämm-schichtdicke[1)] s_D [mm]	Rw [dB]
1	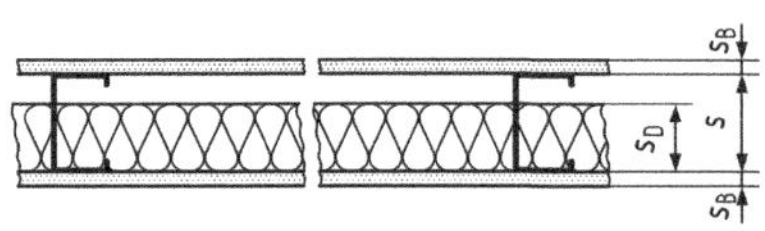	CW 50	50	GK 12,5	40	41
2		CW 75	75		60	42
3		CW 100	100		40	43
4					60	44
5					80	45
6	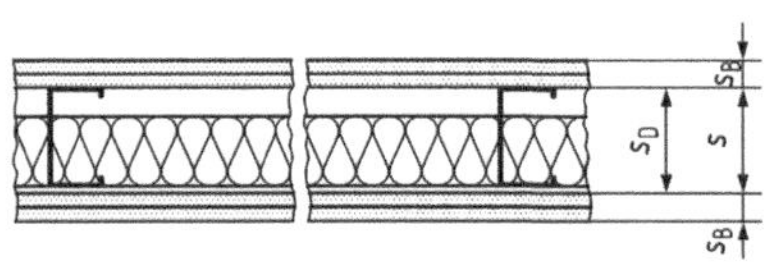	CW 50	50	GK 12,5 + GK 12,5	40	48
7		CW 75	75		40	48
8					60	51
9		CW 100	100		40	49
10					60	51
11					80	52
12	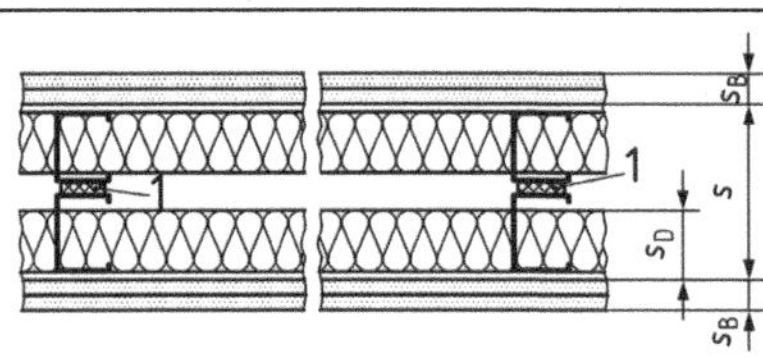	2 x CW 50	105	GK 12,5 + GK 12,5	2 x 40	60
13		2 x CW 100	205		80	61

1) MW: Mineralwolle oder WF: Holzfaser
2) W: C-Wandprofil, Achsabstand ≥ 600 mm
3) GK: Gipsplatte
1 elastischer Abstandhalter mit d = 5 mm

9.5.1.2 Holzbalkendecken

Beim Einsatz von Holzbalkendecken wird eine vollständig schallbrückenfreie Verlegung des Estrichs in der Fläche und am Rand vorausgesetzt.

Die im Folgenden angebenen Dicken von Schichten der Tritschalldämmung oder von Beschwerungen stellen jeweils Mindestmaße dar. Zur Beschwerung der Rohdecken können alternativ zu Plattenmaterialien auch trockene Schüttungen verwendet werden.

Tabelle 95: Bewertete Schalldämm-Maße R_w von Holzbalkendecken mit Aufbauten aus mineralisch gebundenen Estrichen und Rohdeckenbeschwerungen (DIN 4109-33)

Spalte	1	2		3
Zeile	Schnitt, vertikal	Konstruktionsdetails		R_w [dB]
		[mm]	Bauteilbeschreibung	
1	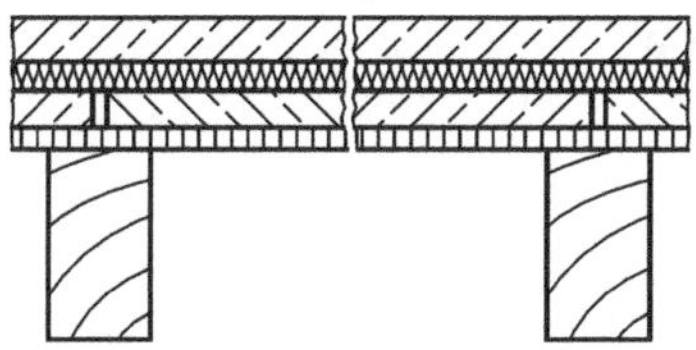	≥ 50	Estrich 1)	≥ 70
		≥ 40	Mineralwolledämmplatte MW ($s' \leq 6$ MN/m³; Anwendungsgebiet DES-sh) 2)	
		≥ 40	Betonsteinbeschwerung ($m' \geq 100$ kg/m²) 3)	
		22	Holzwerkstoffplatte HW 4)	
		220	Balken 5)	
2	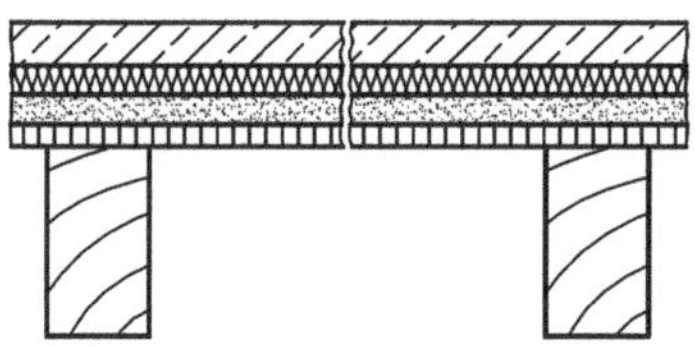	≥ 50	Estrich 1)	67
		≥ 40	Mineralwolledämmplatte MW ($s' \leq 6$ MN/m³; Anwendungsgebiet DES-sh) 2)	
		≥ 30	Schüttung 6), ($m' \geq 45$ kg/m²) Rieselschutz	
		22	Holzwerkstoffplatte HW 4)	
		220	Balken 5)	

1) Zement-, Magnesia- oder Calciumsulfatestrich nach DIN 18560 mit flächenbezogener Masse $m' \geq 120$ kg/m².
2) Mineralwolle-Dämmplatte MW mit Anwendungsgebiet nach Einsatzbereich: Für mineralisch gebundene Estriche: DES-sh; mit der angegebenen dynamischen Steifigkeit ''.
3) Betonplatten mit Flächenmaßen von ≤ 300 mm × 300 mm und einer Rohdichte von $\rho \geq 2500$ kg/m³; Restfeuchte ≤ 1,8 %; auf Rohdecke verklebt oder in Sandbett gelagert.
4) Spanplatte SP, OSB-Verlegeplatte oder BFU-Platte der Dicke 18 mm bis 25 mm, bei offener Holzbalkendecke alternativ 28 mm Sichtschalung + 12 mm BFU-Platte. Zusätzliche Verkleidungen der Holzwerkstoffplatten aus GK, GF oder Sichtschalungen NFS im Balkenzwischenraum sind direkt auf die Holzwerkstoffplatte aufzubringen (ohne zusätzlichen Hohlraum).
5) Tragkonstruktion nach Statik je nach Deckentyp: Balken aus Vollholz oder Brettschichtholz; Mindestmaße 60 mm × 180 mm, alternativ auch Stegträger der Höhe 240 mm bis 406 mm; Achsabstand e ≥ 625 mm.
6) Trockenes Schüttgut mit einer Schüttdichte $\rho \geq 1500$ kg/m³; Restfeuchte ≤ 1,8 %; gegen Verrutschen gesichert mittels Pappwaben, Sandmatten, Lattengitter (Feldgröße etwa 800 mm × 800 mm), o. Ä.

Tabelle 96: Bewertete Schalldämm-Maße R_w von Holzbalkendecken mit Aufbauten aus Fertigteilestrichen und Rohdeckenbeschwerungen (DIN 4109-33)

Spalte	1	2		3
Zeile	Schnitt, vertikal	Konstruktionsdetails		R_w [dB]
		[mm]	Bauteilbeschreibung	
1	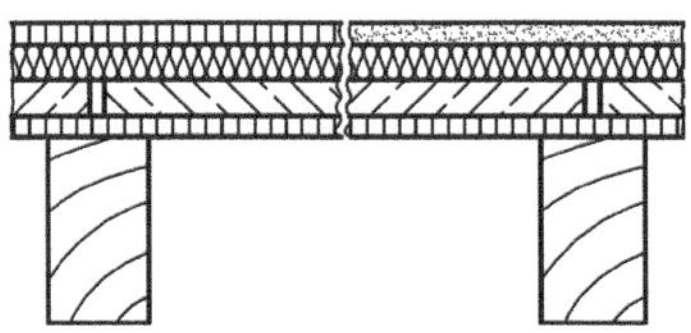	≥ 25	Spanplatte SP oder Gipsplatte GK [1]	65
		≥ 25	Mineralwolledämmplatte MW ($s' \leq 15$ MN/m³; Anwendungsgebiet DES-sm) [2] oder 60 mm Holzfaserdämmplatte WF ($s' \leq 20$ MN/m³; Anwendungsgebiet DES-sg) [3]	
		≥ 60	Betonsteinbeschwerung ($m' \geq 150$ kg/m²) [4]	
		22	Holzwerkstoffplatte HW [5]	
		220	Balken [6]	
2	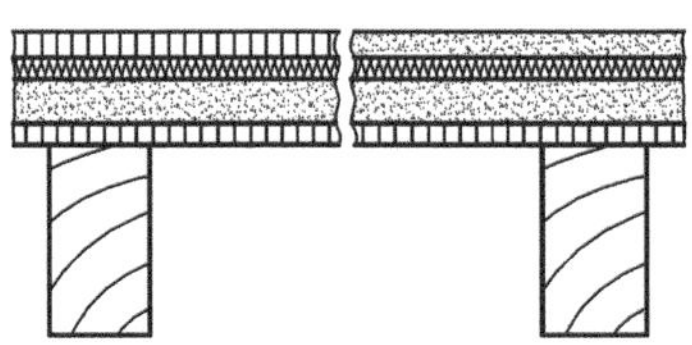	≥ 25	Gipsfaserplatte GF oder zementgebundene Spanplatte ZSP [7]	64
		≥ 20	Holzfaserdämmplatte WF $s' \leq 24$ MN/m³; Anwendungsgebiet DES-sg) [3]	
		≥ 60	Schüttung [8], ($m' \geq 90$ kg/m²) Rieselschutz	
		22	Holzwerkstoffplatte HW [5]	
		220	Balken [6]	

1) Fertigteilestrichelement aus Gipsplatte GK oder Gipsfaserplatte GF oder Holzwerkstoffplatte HW, $m' \geq 15$ kg/m².

2) Mineralwolle MW mit Anwendungsgebiet nach Einsatzbereich: für mineralisch gebundene Estriche: DES-sh; mit der angegebenen dynamischen Steifigkeit s'.

3) Holzfaser WF mit Anwendungsgebiet nach Einsatzbereich: für mineralisch gebundene Estriche: DES-sg und der angegebenen dynamischen Steifigkeit s'.

4) Betonplatten mit Flächenmaßen von ≤ 300 mm × 300 mm und einer Rohdichte von $\rho \geq 2500$ kg/m³; Restfeuchte ≤ 1,8 %; auf Rohdecke verklebt oder in Sandbett gelagert.

5) Spanplatte SP, OSB-Verlegeplatten oder BFU-Platten der Dicke 18 mm bis 25 mm, bei offener Holzbalkendecke alternativ 28 mm Sichtschalung HFS + 12 mm BFU-Platte. Zusätzliche Verkleidungen der Holzwerkstoffplatten aus Gipsplatten GK oder Sichtschalungen NFS im Balkenzwischenraum sind direkt auf die Holzwerkstoffplatte aufzubringen (ohne zusätzlichen Hohlraum).

6) Tragkonstruktion nach Statik je nach Deckentyp: Balken aus Vollholz oder Brettschichtholz; Mindestmaße 60 mm × 180 mm, alternativ auch Stegträger der Höhe 240 mm bis 406 mm; Achsabstand ≥ 625 mm.

7) Fertigteilestrichelement aus Gipsfaserplatten GF oder zementgebundenen Spanplatten ZSP, $m' \geq 29$ kg/m².

8) Trockenes Schüttgut mit einer Schüttdichte $\rho \geq 1500$ kg/m³; Restfeuchte ≤ 1,8 %; gegen Verrutschen gesichert mittels Pappwaben, Sandmatten, Lattengitter (Feldgröße etwa 800 mm × 800 mm) o. Ä.

Tabelle 97: Bewertete Schalldämm-Maße R_w von Holzbalkendecken mit Aufbauten aus mineralisch gebundenen Estrichen (DIN 4109-33)

Spalte	**1**	**2**		**3**
Zeile	**Schnitt, vertikal**	**Konstruktionsdetails**		**R_w [dB]**
		[mm]	**Bauteilbeschreibung**	
1	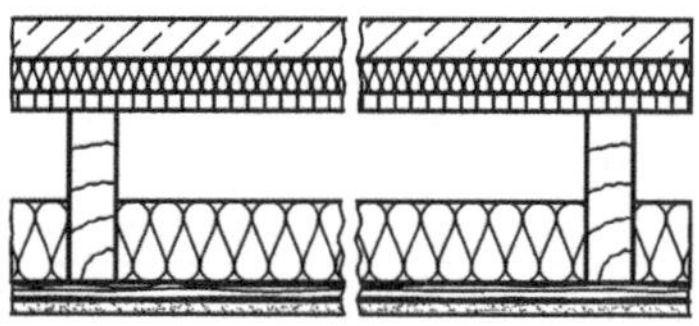	≥ 50	Estrich [1)]	63
		≥ 40	Mineralwolledämmplatte MW ($s' \leq 6$ MN/m³; Anwendungsgebiet DES-sh) [2)]	
		22	Holzwerkstoffplatte HW [3)]	
		220	Balken oder Stegträger [4)]	
		100	Hohlraumdämpfung [2)]	
		24	Lattung [5)]	
		12,5	Gipsplatte GK [6)]	

1) Zement-, Magnesia- oder Calciumsulfatestrich nach DIN 18560 mit flächenbezogener Masse $m' \geq 120$ kg/m².
2) Mineralwolle-Dämmplatte MW oder Holzfaser WF mit Anwendungsgebiet nach Einsatzbereich und der angegebenen dynamischen Steifigkeit s':
- Für mineralisch gebundene Estriche: MW mit DES-sh;
- Für Hohlraumdämpfung: MW oder WF mit DZ oder DAD-dk.

3) Betonplatten mit Flächenmaßen von ≤ 300 mm × 300 mm und einer Rohdichte von $\rho \geq 2500$ kg/m³; Restfeuchte ≤ 1,8 %; auf Rohdecke verklebt oder in Sandbett gelagert.
4) Spanplatte SP, OSB-Verlegeplatte oder BFU-Platte der Dicke 18 mm bis 25 mm.
5) Tragkonstruktion nach Statik je nach Deckentyp: Balken aus Vollholz oder Brettschichtholz; Mindestmaße 60 mm × 180 mm, alternativ auch Stegträger der Höhe 240 mm bis 406 mm; Achsabstand e ≥ 625 mm.
6) Lattung 24 mm × 48 mm; Achsabstand ≥ 415 mm.
7) Gipsplatte GK, alternativ Gipsfaserplatte GF der Dicke 10 mm.

Tabelle 98: Bewertete Schalldämm-Maße R_w von Holzbalkendecken mit Aufbauten aus mineralisch gebundenen Estrichen und Rohdeckenbeschwerung (DIN 4109-33)

Spalte	**1**	**2**		**3**
Zeile	**Schnitt, vertikal**	**Konstruktionsdetails**		**R_w [dB]**
		[mm]	**Bauteilbeschreibung**	
1	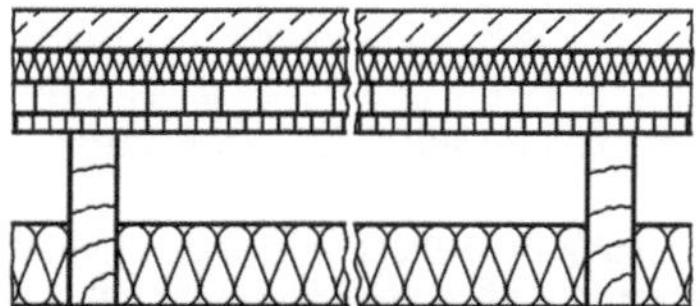	≥ 50	Estrich [1)]	65
		≥ 40	Mineralwolledämmplatte MW ($s' \leq 6$ MN/m³; Anwendungsgebiet DES-sh) [2)]	
		≥ 40	Plattenbeschwerung [3)] ($m' \geq 50$ kg/m²)	
		22	Holzwerkstoffplatte HW [4)]	
		220	Balken oder Stegträger [5)]	
		100	Hohlraumdämpfung [2)]	
		24	Lattung [6)]	
		12,5	Gipsplatte GK [7)]	

Tabelle 98: Bewertete Schalldämm-Maße R_w von Holzbalkendecken mit Aufbauten aus mineralisch gebundenen Estrichen und Rohdeckenbeschwerung (DIN 4109-33) (Fortsetzung)

Spalte	**1**	**2**		**3**
Zeile	**Schnitt, vertikal**	**Konstruktionsdetails**		R_w **[dB]**
		[mm]	**Bauteilbeschreibung**	
2	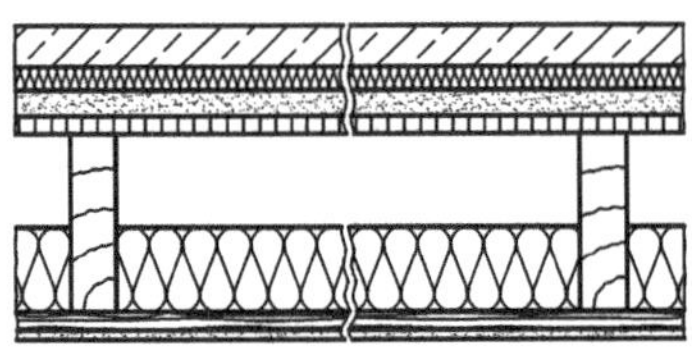	≥ 50	Estrich [1]	67
		≥ 20	Mineralwolledämmplatte MW ($s' \leq 10$ MN/m³; Anwendungsgebiet DES-sh) [2]	
		≥ 30	Schüttung [8], ($m' \geq 45$ kg/m²) Rieselschutz	
		22	Holzwerkstoffplatte HW [4]	
		220	Balken oder Stegträger [5]	
		100	Hohlraumdämpfung [2]	
		24	Lattung [6]	
		12,5	Gipsplatte GK [7]	
3	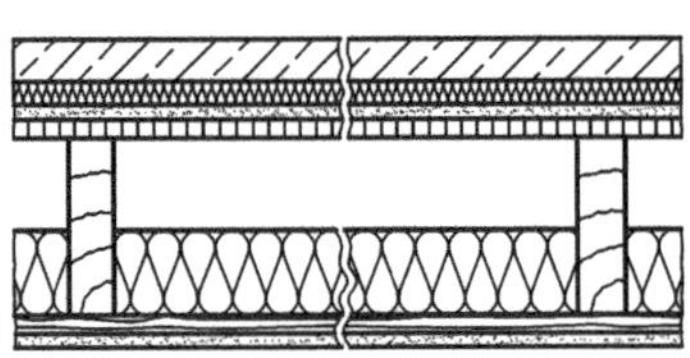	≥ 50	Estrich [1]	67
		≥ 15	Mineralwolledämmplatte MW ($s' \leq 10$ MN/m³; Anwendungsgebiet DES-sh) [2]	
		≥ 18	Schüttung [8], ($m' \geq 25$ kg/m²) Rieselschutz	
		22	Holzwerkstoffplatte HW [4]	
		220	Balken oder Stegträger [5]	
		100	Hohlraumdämpfung [2]	
		24	Lattung [6]	
		12,5	Gipsplatte GK [7]	

1) Zement-, Magnesia- oder Calciumsulfatestrich nach DIN 18560 mit flächenbezogener Masse $m' \geq 120$ kg/m².

2) Mineralwolle-Dämmplatte MW oder Holzfaser WF mit Anwendungsgebiet nach Einsatzbereich und der angegebenen dynamischen Steifigkeit s':
- Für mineralisch gebundene Estriche: MW mit DES-sh;
- Für Hohlraumdämmmung: MW oder WF mit DZ oder DAD-dk.

3) Plattenmaterial mit einer Rohdichte $\rho \geq 1000$ kg/m³ (z. B. zementgebundene Spanplatte), Abmessungen und Verlegung entsprechend.

4) Spanplatte SP, OSB-Verlegeplatte oder BFU-Platte der Dicke 18 mm bis 25 mm, bei offener Holzbalkendecke alternativ 28 mm Sichtschalung + 12 mm BFU-Platte. Zusätzliche Verkleidungen der Holzwerkstoffplatten aus GK, GF oder Sichtschalungen NFS im Balkenzwischenraum sind direkt auf die Holzwerkstoffplatte aufzubringen (ohne zusätzlichen Hohlraum).

5) Tragkonstruktion nach Statik je nach Deckentyp: Balken aus Vollholz oder Brettschichtholz; Mindestmaße 60 mm × 180 mm, alternativ auch Stegträger der Höhe 240 mm bis 406 mm; Achsabstand e ≥ 625 mm.

6) Lattung 24 mm × 48 mm; Achsabstand ≥ 415 mm.

7) Gipsplatte GK, alternativ Gipsfaserplatte GF der Dicke 10 mm.

8) Trockenes Schüttgut mit einer Schüttdichte $\rho \geq 1500$ kg/m³; Restfeuchte ≤ 1,8 %; gegen Verrutschen gesichert mittels Pappwaben, Sandmatten, Lattengitter (Feldgröße etwa 800 mm × 800 mm), o. Ä.

Tabelle 99: Bewertete Schalldämm-Maße R_w von Holzbalkendecken mit Aufbauten aus Fertigteilestrichen und Rohdeckenbeschwerung (DIN 4109-33)

Spalte	**1**	**2**		**3**
Zeile	**Schnitt, vertikal**	**Konstruktionsdetails**		**R_w [dB]**
		[mm]	**Bauteilbeschreibung**	
1	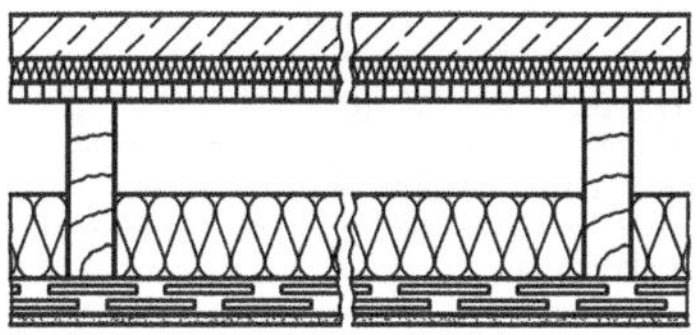	≥ 22	Zementgebundene Spanplatte ZSP oder Gipsfaserplatte GF [1]	61
		≥ 20	Mineralwolledämmplatte MW ($s' \leq 30$ MN/m³; Anwendungsgebiet DES-sm) [2]	
		≥ 60	Schüttung [8], ($m' \geq 90$ kg/m²) Rieselschutz	
		22	Holzwerkstoffplatte HW [4]	
		220	Balken oder Stegträger [5]	
		100	Hohlraumdämpfung [2]	
		24	Lattung [6]	
		12,5	Gipsplatte GK [7]	

[1] Zement-, Magnesia- oder Calciumsulfatestrich nach DIN 18560 mit flächenbezogener Masse $m' \geq 120$ kg/m².

[2] Mineralwolle-Dämmplatte MW oder Holzfaser WF mit Anwendungsgebiet nach Einsatzbereich und der angegebenen dynamischen Steifigkeit s':
- Für Hohlraumdäm: MW oder WF mit DZ oder DAD-dk.

[3] Trockenes Schüttgut mit einer Schüttdichte $\rho \geq 1500$ kg/m³; Restfeuchte ≤ 1,8 %; gegen Verrutschen gesichert mittels Pappwaben, Sandmatten, Lattengitter (Feldgröße etwa 800 mm × 800 mm), o. Ä.

[4] Spanplatte SP, OSB-Verlegeplatte oder BFU-Platte der Dicke 18 mm bis 25 mm.

[5] Tragkonstruktion nach Statik je nach Deckentyp: Balken aus Vollholz oder Brettschichtholz; Mindestmaße 60 mm × 180 mm, alternativ auch Stegträger der Höhe 240 mm bis 406 mm; Achsabstand e ≥ 625 mm.

[6] Lattung 24 mm × 48 mm; Achsabstand ≥ 415 mm.

[7] Gipsplatte GK, alternativ Gipsfaserplatte GF der Dicke 10 mm.

Tabelle 100: Bewertete Schalldämm-Maße R_w von Holzbalkendecken mit Aufbauten aus mineralisch gebundenen Estrichen (DIN 4109-33)

Spalte	1	2		3
Zeile	**Schnitt, vertikal**	**Konstruktionsdetails**		**R_w [dB]**
		[mm]	**Bauteilbeschreibung**	
1	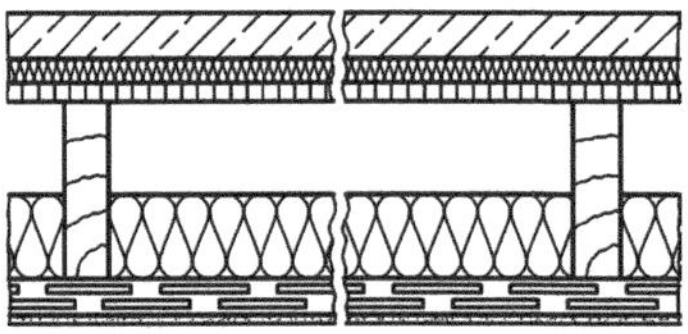	≥ 50	Estrich [1)]	70
		≥ 40	Mineralwolledämmplatte MW ($s' \leq 6$ MN/m^3; Anwendungsgebiet DES-sh) [2)]	
		22	Holzwerkstoffplatte HW [3)]	
		220	Balken oder Stegträger [4)]	
		100	Hohlraumdämpfung [2)]	
		27	Federschine [5)]	
		12,5	Gipsplatte GK [6)]	
2	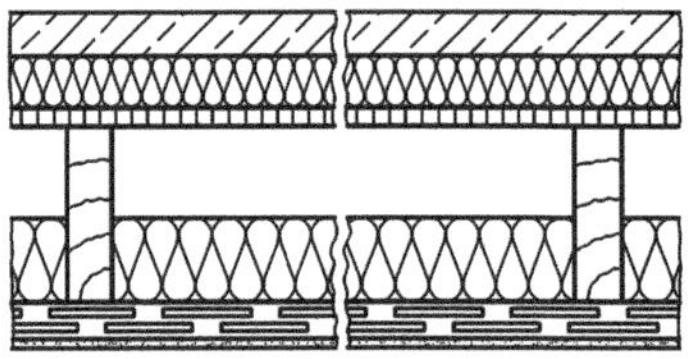	≥ 50	Estrich [1)]	69
		≥ 15	Mineralwolledämmplatte MW ($s' \leq 10$ MN/m^3; Anwendungsgebiet DES-sh) [2)]	
		22	Holzwerkstoffplatte HW [3)]	
		220	Balken oder Stegträger [4)]	
		100	Hohlraumdämpfung [2)]	
		27	Federschine [5)]	
		12,5	Gipsplatte GK [6)]	
3	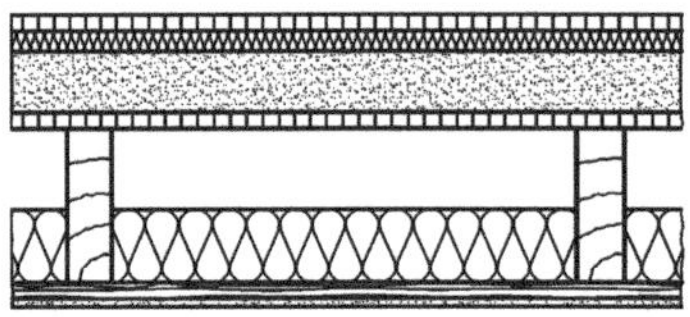	≥ 50	Estrich [1)]	≥ 70
		≥ 60	Holzfaserdämmplatte WF (2 Lagen 30 mm, $s'_{ges} \leq 10$ MN/m^3; Anwendungsgebiet DES-sg) [2)]	
		22	Holzwerkstoffplatte HW [3)]	
		220	Balken oder Stegträger [4)]	
		100	Hohlraumdämpfung [2)]	
		27	Federschine [5)]	
		12,5	Gipsplatte GK [6)]	

1) Zement-, Magnesia- oder Calciumsulfatestrich nach DIN 18560 mit flächenbezogener Masse $m' \geq 120$ kg/m^2.
2) Mineralwolle-Dämmplatte MW oder Holzfaser WF mit Anwendungsgebiet nach Einsatzbereich und der angegebenen dynamischen Steifigkeit s':
- Für mineralisch gebundene Estriche: MW mit DES-sh; WF mit DES-sg;
- Für Hohlraumdämmmung: MW oder WF mit DZ oder DAD-dk.

3) Spanplatte SP, OSB-Verlegeplatte oder BFU-Platte der Dicke 18 mm bis 25 mm.
4) Tragkonstruktion nach Statik je nach Deckentyp: Balken aus Vollholz oder Brettschichtholz; Mindestmaße 60 mm × 180 mm, alternativ auch Stegträger der Höhe 240 mm bis 406 mm; Achsabstand e ≥ 625 mm.
5) Federschiene mit Achsabstand ≥ 415 mm; Montage nach Anwendervorschrift.
6) Gipsplatte GK, alternativ Gipsfaserplatte GF der Dicke 10 mm.

Tabelle 101: Bewertete Schalldämm-Maße R_w von Holzbalkendecken mit Aufbauten aus mineralisch gebundenen Estrichen und Rohdeckenbeschwerung (DIN 4109-33)

Spalte	**1**	**2**		**3**
Zeile	**Schnitt, vertikal**	**Konstruktionsdetails**		**R_w [dB]**
		[mm]	**Bauteilbeschreibung**	
1	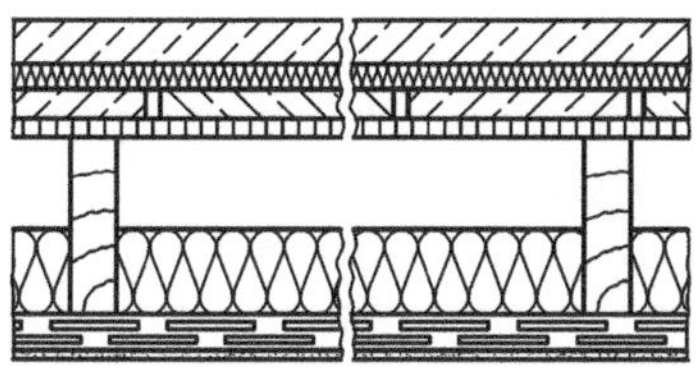	≥ 50	Estrich [1]	≥ 70
		≥ 40	Mineralwolledämmplatte MW ($s' \leq 6$ MN/m³; Anwendungsgebiet DES-sh) [2]	
		≥ 40	Betonsteinbeschwerung ($m' \geq 100$ kg/m²) [3]	
		22	Holzwerkstoffplatte HW [4]	
		220	Balken oder Stegträger [5]	
		100	Hohlraumdämpfung [2]	
		27	Federschiene [6]	
		12,5	Gipsplatte GK [7]	
2	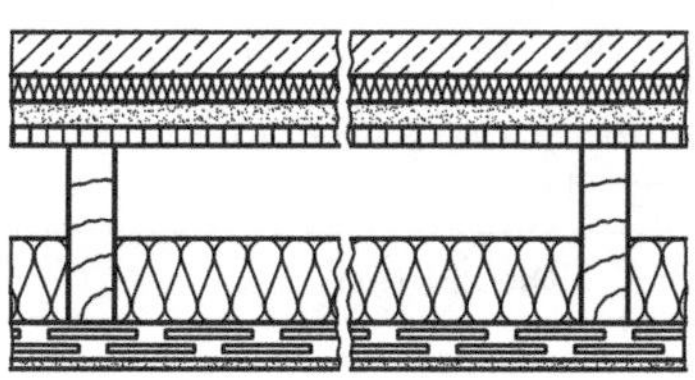	≥ 50	Estrich [1]	≥ 70
		≥ 40	Mineralwolledämmplatte MW ($s' \leq 6$ MN/m³; Anwendungsgebiet DES-sh) [2]	
		≥ 30	Schüttung [3], ($m' \geq 45$ kg/m²) Rieselschutz	
		22	Holzwerkstoffplatte HW [4]	
		220	Balken oder Stegträger [5]	
		100	Hohlraumdämpfung [2]	
		27	Federschiene [6]	
		12,5	Gipsplatte GK [7]	
3	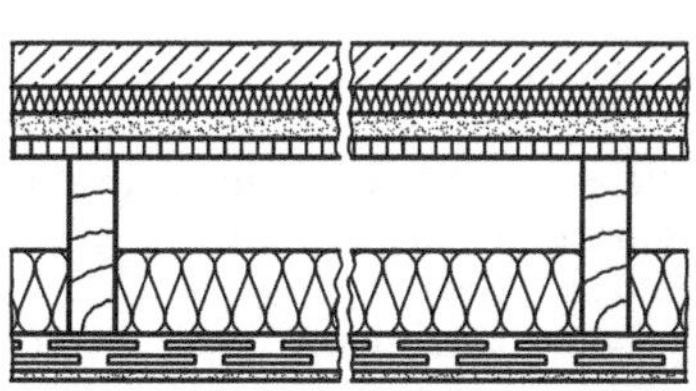	≥ 50	Estrich [1]	68
		≥ 15	Mineralwolledämmplatte MW ($s' \leq 10$ MN/m³; Anwendungsgebiet DES-sh) [2]	
		≥ 18	Schüttung [3], ($m' \geq 45$ kg/m²) Rieselschutz	
		22	Holzwerkstoffplatte HW [4]	
		220	Balken oder Stegträger [5]	
		100	Hohlraumdämpfung [2]	
		27	Federschiene [6]	
		12,5	Gipsplatte GK [7]	

Tabelle 101: Bewertete Schalldämm-Maße R_w von Holzbalkendecken mit Aufbauten aus mineralisch gebundenen Estrichen und Rohdeckenbeschwerung (DIN 4109-33) (Fortsetzung)

Spalte	**1**	**2**		**3**
Zeile	**Schnitt, vertikal**	**Konstruktionsdetails**		**R_w [dB]**
		[mm]	**Bauteilbeschreibung**	
4	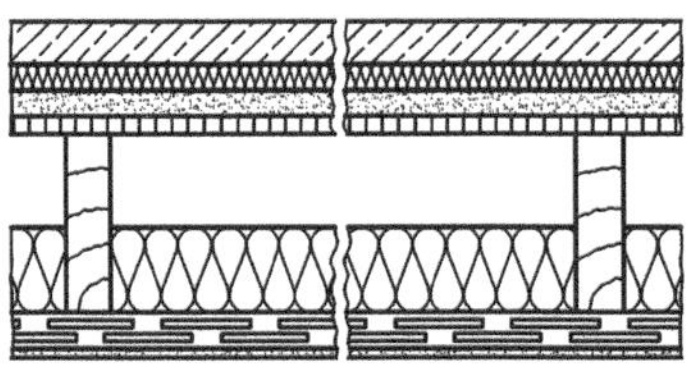	≥ 50	Estrich [1)]	≥ 70
		≥ 20	Mineralwolledämmplatte MW (s' ≤ 8 MN/m^3; Anwendungsgebiet DES-sh) [2)]	
		≥ 60	Schüttung [3)], (m' ≥ 90 kg/m^2) Rieselschutz)	
		22	Holzwerkstoffplatte HW [4)]	
		220	Balken oder Stegträger [5)]	
		100	Hohlraumdämpfung [2)]	
		27	Federschiene [6)]	
		12,5	Gipsplatte GK [7)]	
5	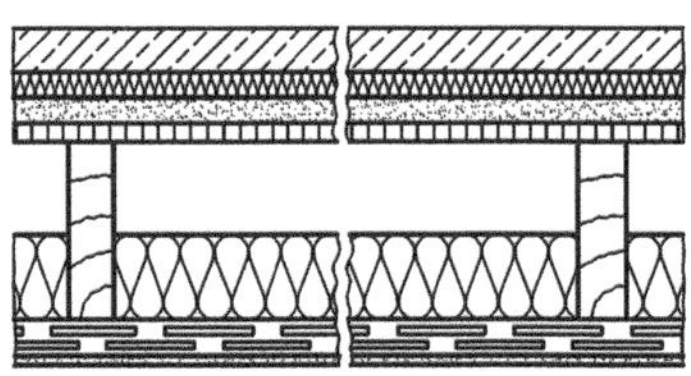	≥ 50	Estrich [1)]	≥ 70
		≥ 30	Holzfaserdämmplatte WF (s' ≤ 20 MN/m^3; Anwendungsgebiet DES-sg) [2)]	
		≥ 50	Schüttung [8)], (m' ≥ 75 kg/m^2) Rieselschutz	
		22	Holzwerkstoffplatte HW [4)]	
		220	Balken oder Stegträger [5)]	
		100	Hohlraumdämpfung [2)]	
		27	Federschiene [6)]	
		12,5	Gipsplatte GK [7)]	

1) Zement- Magnesia- oder Calciumsulfatestrich nach DIN 18560-2 mit flächenbezogener Masse m' ≥ 120 kg/m^2.

2) Mineralwolle MW oder Holzfaser WF mit Anwendungsgebiet nach Einsatzbereich und der angegebenen dynamischen Steifigkeit s':
- Für mineralisch gebundene Estriche: MW mit DES-sh; WF mit DES-sg;
- Für Hohlraumdämpfung: MW oder WF mit DZ oder DAD-dk.

3) Trockenes Schüttgut mit einer Schüttdichte ρ ≥ 1500 kg/m^3; Restfeuchte ≤ 1,8 %; gegen Verrutschen gesichert mittels Pappwaben, Sandmatten, Lattengitter (Feldgröße etwa 800 mm × 800 mm) o. Ä.

4) Spanplatte SP, OSB-Verlegeplatte oder BFU-Platte der Dicke 18 mm bis 25 mm.

5) Tragkonstruktion nach Statik je nach Deckentyp: Balken aus Vollholz oder Brettschichtholz; Mindestmaße 60 mm × 180 mm, alternativ auch Stegträger der Höhe 240 mm bis 406 mm; Achsabstand ≥ 625 mm.

6) Federschiene mit Achsabstand ≥ 415 mm; Montage nach Anwendervorschrift.

7) GK, alternativ GF der Dicke 10 mm.

Tabelle 102: Bewertete Schalldämm-Maße R_w von Holzbalkendecken mit Aufbauten aus Gussasphaltestrich oder Fertigteilestrich (DIN 4109-33)

Spalte	1	2		3
Zeile	**Schnitt, vertikal**	**Konstruktionsdetails**		**R_w [dB]**
		[mm]	**Bauteilbeschreibung**	
1	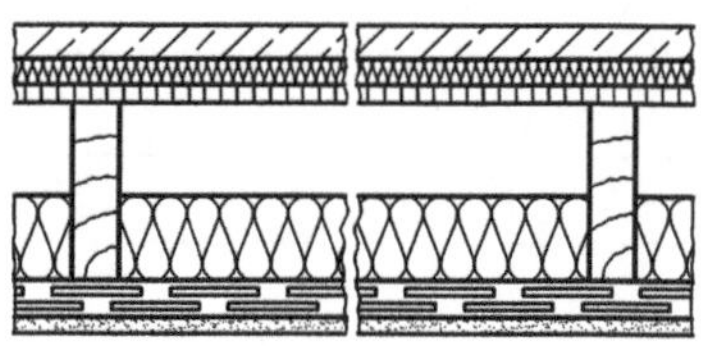	30	Gussasphaltestrich [1)]	64
		≥ 25	Mineralwolledämmplatte MW ($s' \leq 30$ MN/m^3; Anwendungsgebiet DES-sm) [2) 4)] oder Holzfaserdämmplatte WF ($s' \leq 30$ MN/m^3; Anwendungsgebiet DES-sg) [2) 4)]	
		22	Holzwerkstoffplatte HW [5)]	
		220	Balken oder Stegträger [6)]	
		100	Hohlraumdämpfung [2)]	
		27	Federschiene [8)]	
		12,5	Gipsplatte GK [9)]	
2	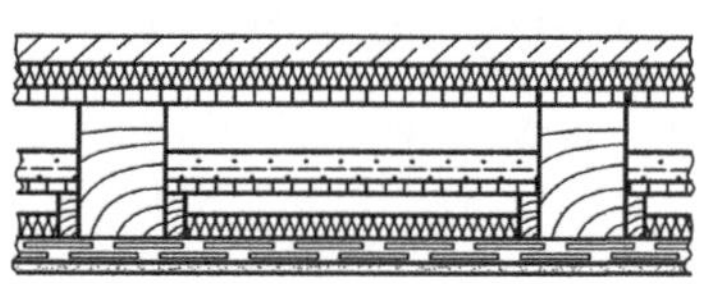	30	Gussasphaltestrich [1)]	–
		30	Blähperlite / Mineralwolle Merschicht-dämmplatte ($s' \leq 30$ MN/m^3; Anwendungsgebiet DES-sg) [3)]	
		21	Holzdielen [5)]	
		180	Holzbalken [6)]	
		50	Sandfüllung [7)]	
		22	Spanplatte [4)] als Einschubboden	
		220	Balken oder Stegträger [5)]	
		30	Hohlraumdämpfung [2)]	
		27	Federschiene [8)]	
		12,5	Gipsplatte GK [9)]	
3	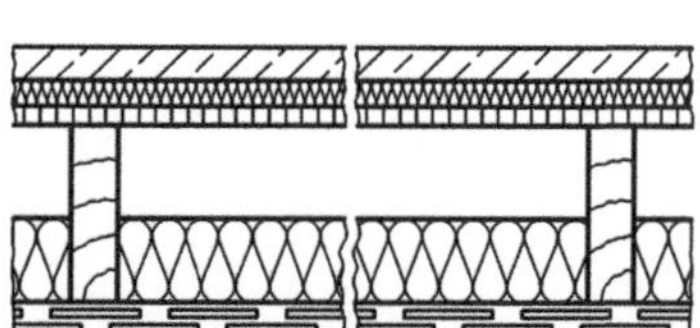	≥ 22	Trockenestrichelement [10)]	63
		≥ 25	Mineralwolledämmplatte MW ($s' \leq 10$ MN/m^3; Anwendungsgebiet DES-sh) [2)]	
		22	Holzwerkstoffplatte HW [5)]	
		220	Balken oder Stegträger [6)]	
		100	Hohlraumdämpfung [2)]	
		27	Federschiene [8)]	
		12,5	Gipsplatte GK [9)]	

Tabelle 102: Bewertete Schalldämm-Maße R_w von Holzbalkendecken mit Aufbauten aus Gussasphaltestrich oder Fertigteilestrich (DIN 4109-33) (Fortsetzung)

Spalte	**1**	**2**		**3**
Zeile	**Schnitt, vertikal**	**Konstruktionsdetails**		**R_w [dB]**
		[mm]	**Bauteilbeschreibung**	
4	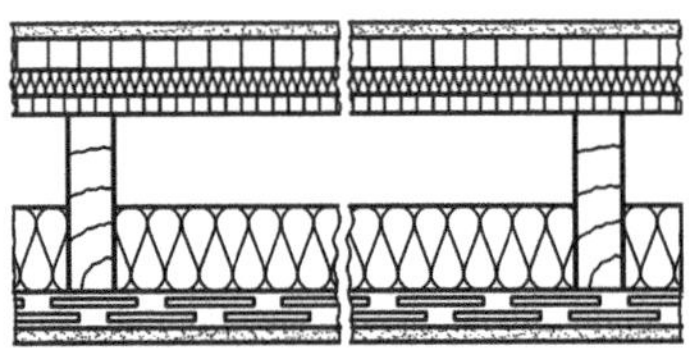	≥ 20	Trockenestrich [10]	≥ 66
		≥ 40	Elementierte Beschwerung [11] ($m' \geq 40$ kg/m²)	
		≥ 20	Mineralwolledämmplatte MW ($s' \leq 30$ MN/m³; Anwendungsgebiet DES-sm) [2]	
		22	Holzwerkstoffplatte HW [5]	
		220	Balken oder Stegträger [6]	
		100	Hohlraumdämpfung [2]	
		27	Federschiene [8]	
		12,5	Gipsplatte GK [9]	

1) Gussasphaltestrich nach DIN 18560-2 mit flächenbezogener Masse $m' \geq 57{,}5$ kg/m² (Nenndicke 25 mm) bzw. $m' \geq 69$ kg/m² (Nenndicke 30 mm).

2) Mineralwolle MW oder Holzfaser WF mit Anwendungsgebiet nach Einsatzbereich und mit der angegebenen dynamischen Steifigkeit s':
- Für Fertigteilestrich und Gussasphalt: MW mit DES-sm und WF mit DES-sg;
- Für Hohlraumdämpfung: MW oder WF mit DZ oder DAD-dk.

3) Blähperlit/Mineralwolle Mehrschicht-Trittschalldämmplatte EPB/MW mit Anwendungsgebiet nach Einsatzbereich und mit der angegebenen dynamischen Steifigkeit s': für Gussasphaltestrich: EPB/MW mit DES-sg.

4) Bei Gussasphaltestrichen müssen nach DIN 18560-2 Trittschalldämmstoffe mit einer temperaturbeständigen, ausreichend dicken und verformungsbeständigen Dämmplatte abgedeckt werden (DEO-ds, d ≥ 13 mm, CS(10) ≥ 200 kPa, CC(i1/i2/10) ≥ 80 kPa).

5) Spanplatte SP, OSB-Verlegeplatten oder BFU-Platten der Dicke 18 mm bis 25 mm oder Holzdielen der Dicke 21 mm.

6) Tragkonstruktion nach Statik je nach Deckentyp: Balken aus Vollholz oder Brettschichtholz; Mindestmaße 60 mm × 180 mm, alternativ auch Stegträger der Höhe 240 mm bis 406 mm; Achsabstand ≥ 625 mm.

7) Trockener Sand mit der Schüttdichte $\rho = 2\,000$ kg/m³.

8) Federschiene mit Achsabstand ≥ 415 mm; Montage nach Anwendervorschrift.

9) Gipsplatte GK, alternativ Gipsfaserplatte GF der Dicke 10 mm.

10) Trockenestrich aus Gipsplatten GK, Gipsfaserplatte GF oder Holzwerkstoff Verlegeplatte HW, $m' \geq 15$ kg/m².

11) Plattenelemente von ≤ 300 mm × 300 mm und einer Rohdichte von $\rho \geq 1\,000$ kg/m³; lose unter Fertigteilestrich verlegt.

Tabelle 103: Bewertete Schalldämm-Maße R_w von Holzbalkendecken mit Aufbauten aus Fertigteilestrich und Rohdeckenbeschwerung (DIN 4109-33)

Spalte	1	2		3
Zeile	**Schnitt, vertikal**	**Konstruktionsdetails** [mm]	**Bauteilbeschreibung**	R_w [dB]
1	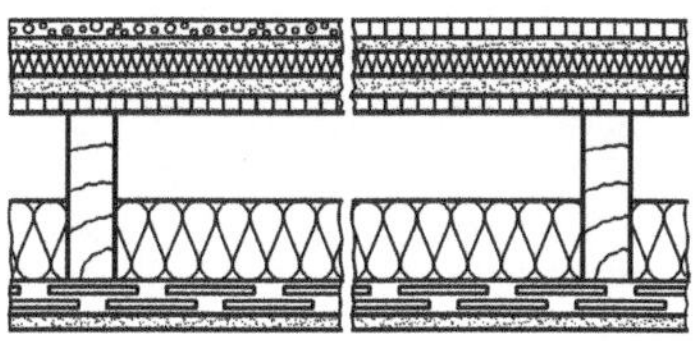	≥ 22	zementgebundene Spanplatte ZSP oder Gipsfaserplatte GF [1)]	69
		≥ 20	Mineralwolledämmplatte MW ($s' \leq 30$ MN/m^3; Anwendungsgebiet DES-sm) [2)]	
		≥ 30	Schüttung [3)], ($m' \geq 45$ kg/m^2) Rieselschutz	
		22	Holzwerkstoffplatte HW [4)]	
		220	Balken oder Stegträger [5)]	
		100	Hohlraumdämpfung [2)]	
		27	Federschiene [6)]	
		12,5	Gipsplatte GK [7)]	
2	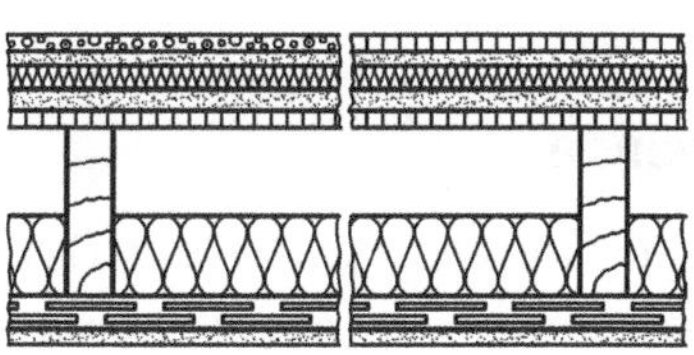	≥ 22	zementgebundene Spanplatte ZSP oder Gipsfaserplatte GF [1)]	67
		≥ 20	Holzfaserdämmplatte WF ($s' \leq 30$ MN/m^3; Anwendungsgebiet DES-sg) [2)]	
		≥ 30	Schüttung [3)], ($m' \geq 45$ kg/m^2) Rieselschutz	
		22	Holzwerkstoffplatte HW [4)]	
		220	Balken oder Stegträger [5)]	
		100	Hohlraumdämpfung [2)]	
		27	Federschiene [6)]	
		12,5	Gipsplatte GK [7)]	

1) Fertigteilestrichelement aus Gipsfaserplatten GF oder zementgebundenen Spanplatten ZSP, $m' \geq 29$ kg/m^2.

2) Mineralwolle MW oder Holzfaser WF mit Anwendungsgebiet nach Einsatzbereich und der angegebenen dynamischen Steifigkeit s':

- Für Fertigteilestriche: MW mit DES-sm und WF mit DES-sg;
- Für Hohlraumdämpfung: MF oder WF mit DZ oder DAD-dk.

3) Trockenes Schüttgut mit einer Schüttdichte $\rho \geq 1\,500$ kg/m^3; Restfeuchte ≤ 1,8 %; gegen Verrutschen gesichert mittels Pappwaben, Sandmatten, Lattengitter (Feldgröße etwa 800 mm × 800 mm) o. Ä.

4) Spanplatte SP, OSB-Verlegeplatte nach DIN EN 300 oder BFU-Platte der Dicke 18 mm bis 25 mm.

5) Tragkonstruktion nach Statik je nach Deckentyp: Balken aus Vollholz oder Brettschichtholz; Mindestmaße 60 mm × 180 mm, alternativ auch Stegträger der Höhe 240 mm bis 406 mm; Achsabstand ≥ 625 mm.

6) Federschiene mit Achsabstand ≥ 415 mm; Montage nach Anwendervorschrift.

7) Gipsplatte GK, alternativ Gipsfaserplatte GF der Dicke 10 mm.

9.5.2 Flankenschalldämmung von Bauteilen des Leicht- und Trockenbaus

9.5.2.1 Metallständerwände an massives Trennbauteil

Bei einer Schallübertragung über ein massives Trennbauteil mit einer flächenbezogenen Masse von $m' \geq 350$ kg/m² und einer Flankenschallübertragung über Metallständerwände aus Gipsplatten nach Bild 41 kann eine bewertete Norm-Flankenschallpegeldifferenz von $D_{n,f,w}$ = 76 dB angesetzt werden.

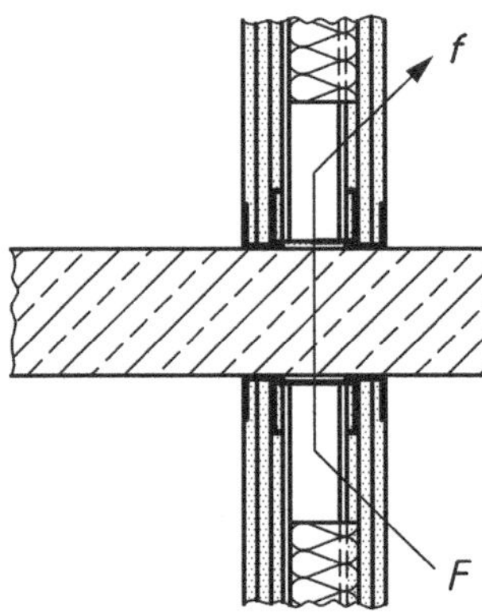

Bild 41: Flankenschallübertragung bei Metallständerwänden über ein massives trennendes Bauteil (Decke oder Wand)

9.5.2.2 Metallständerwände an Metallständerwände

Beim Anschluss von Metallständerwänden mit 12,5 mm dicken Gipsplatten nach DIN 18183-1 an Metallständerwände mit 12,5 mm dicken Gipsplatten können die bewerteten Norm-Flankenschallpegeldifferenzen nach Tabelle 104 angesetzt werden.

Tabelle 104: Bewertete Norm-Flankenschallpegeldifferenz $D_{n,f,w}$ von Metallständerwänden mit 12,5 mm dicken Gipsplatten nach DIN 18183-1 bei horizontaler Schallübertragung (DIN 4109-33)

<table>
<tr><th>Spalte</th><th>1</th><th>2</th><th>3</th><th>4</th></tr>
<tr><th rowspan="2">Zeile</th><th rowspan="2">Schnitt, horizontal</th><th colspan="2">Flankierende Wand</th><th rowspan="2">$D_{n,f,w}$
[dB]</th></tr>
<tr><th>Schalenabstand
s
[mm]</th><th>Anzahl der Plattenlagen auf der Innenseite</th></tr>
<tr><td>1</td><td rowspan="4">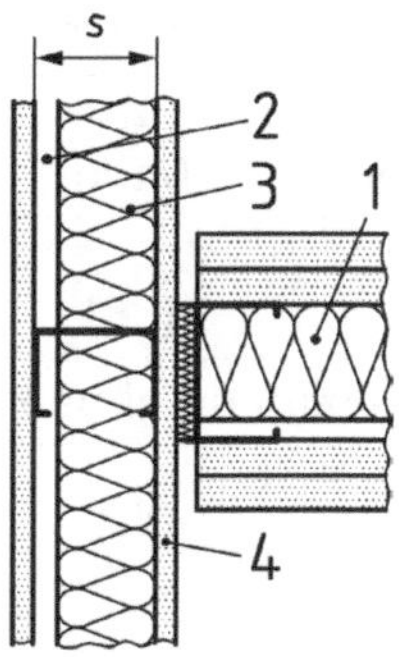</td><td rowspan="2">50</td><td>1</td><td>53</td></tr>
<tr><td>2</td><td>2</td><td>56</td></tr>
<tr><td>3</td><td rowspan="2">100</td><td>1</td><td>55</td></tr>
<tr><td>4</td><td>2</td><td>59</td></tr>
<tr><td>5</td><td rowspan="4">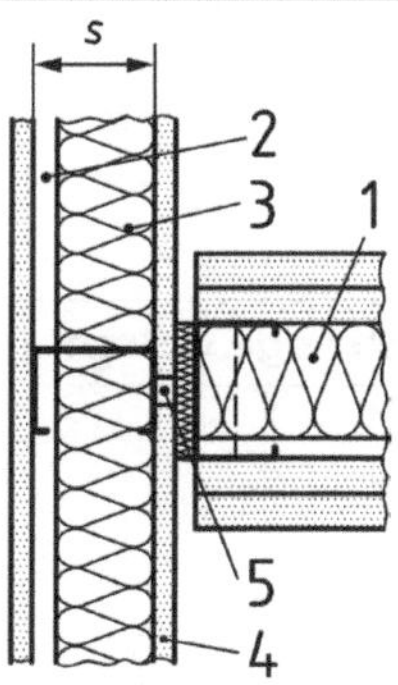</td><td rowspan="2">50</td><td>1</td><td>57</td></tr>
<tr><td>6</td><td>2</td><td>60</td></tr>
<tr><td>7</td><td rowspan="2">100</td><td>1</td><td>59</td></tr>
<tr><td>8</td><td>2</td><td>61</td></tr>
<tr><td>9</td><td>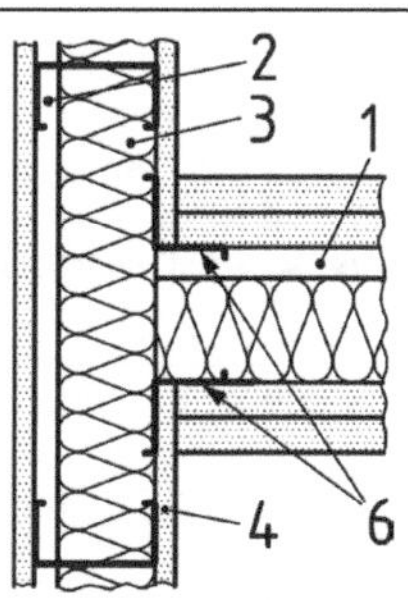</td><td>100</td><td>1</td><td>65</td></tr>
<tr><td colspan="5">1 Trennwand als Einfach- oder Doppelständerwand nach DIN 18183-1 mit dichtem Anschluss an die flankierende Wand.
2 Flankierende Wand als Einfach- oder Doppelständerwand nach DIN 18183-1 mit 12,5 mm dicken Gipsplatten GK oder Gipsfaserplatten GF.
3 Etwa 80 %ige Hohlraumfüllung aus Mineralwolle MW oder Holzfaser WF.
4 Innenseitige Bekleidung.
5 Durchgehende Fuge an innenseitiger Bekleidung, z. B. Fugenschnitt ≥ 3 mm.
6 Inneneckprofil.</td></tr>
</table>

9.5.2.3 Metallständerwände an Unterdecken mit geschlossener Fläche ohne Abschottung im Deckenhohlraum

Tabelle 105: Bewertete Norm-Flankenschallpegeldifferenz $D_{n,f,w}$ von Unterdecken mit geschlossenen Flächen, Abhängehöhe 400 mm bei horizontaler Schallübertragung (DIN 4109-33)

Spalte	1	2	3	4	5
Zeile	**Konstruktionsdetails**	**Flächenbezogene Masse der Decklage [kg/m²]**	**Dicke der Faserdämmstoff-Auflage[1)]**		
			0 [mm]	**40 [mm]**	**80 [mm]**
			$D_{n,f,w}$ [2)] [dB]		
1	**Trennwand an Unterdecke anschließend, Decklage durchlaufend ohne Fuge**				
2	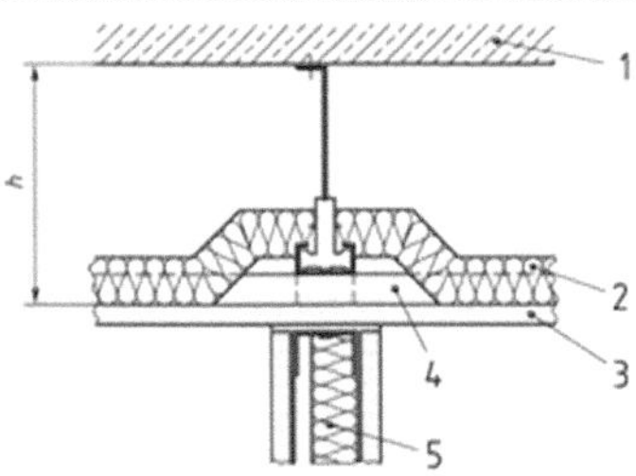	GK $m' \geq 8{,}5$	48	49	50
3		2 × GK $m' \geq 8{,}5$	55	56	56
4	**Trennwand an Unterdecke anschließend, Decklage durch Fuge getrennt**				
5	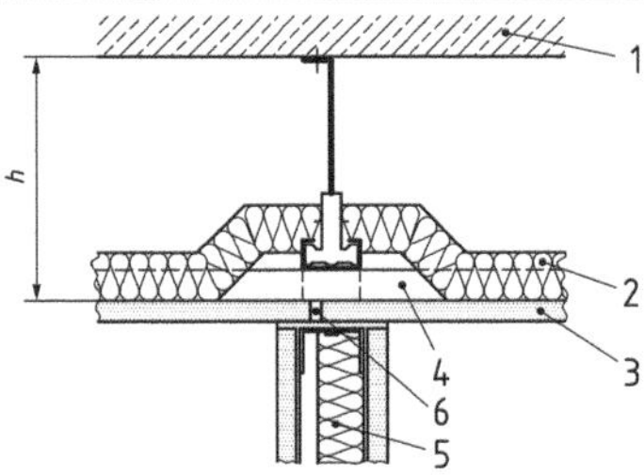	GK $m' \geq 8{,}5$	50	54	56
6	**Trennwand an Unterkonstruktion der Unterdecke anschließend, Decklage in Trennwanddicke getrennt**				
7	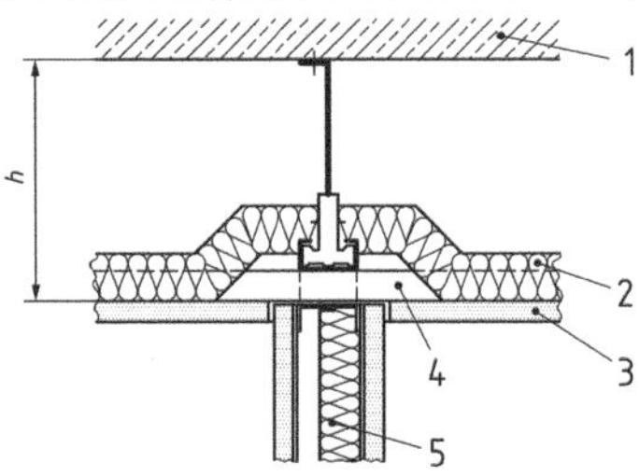	2 × GK $m' \geq 8{,}5$	57	59	59

Tabelle 105: Bewertete Norm-Flankenschallpegeldifferenz $D_{n,f,w}$ von Unterdecken mit geschlossenen Flächen, Abhängehöhe 400 mm bei horizontaler Schallübertragung (DIN 4109-33) (Fortsetzung)

Spalte	**1**	**2**	**3**	**4**	**5**
Zeile	**Konstruktionsdetails**	**Flächenbezogene Masse der Decklage [kg/m²]**	**Dicke der Faserdämmstoff-Auflage**[1)]		
			0 [mm]	**40 [mm]**	**80 [mm]**
			$D_{n,f,w}$[2)] **[dB]**		
8	**Trennwandanschluss an Massivdecke mit Trennung der Unterdecke in Decklage und Unterkonstruktion**				
9	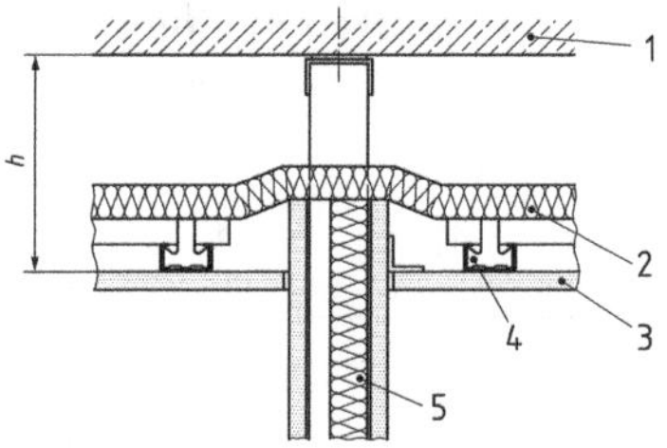	2 × GK $m' \geq 8{,}5$	57	65	–

1 Massivdecke
2 Mineralwolle MW, Anwendungsgebiet DI
3 Gipsplatten GK
4 Unterdecken-Unterkonstruktion aus Holzlatten oder Deckenprofilen aus Stahlblech nach DIN 18182-1, Achsabstände ≥ 400 mm, kann durchlaufen, Abhänger nach DIN 18168-1 bzw. DIN EN 13964
5 Trennwand als Einfach- oder Doppelständerwand mit dichtem Anschluss an die Deckenschale
6 durchgehende Fuge, z. B. Fugenschnitt ≥ 3 mm in Bekleidung
h Abhängehöhe

1) Die Werte der Norm-Flankenschallpegeldifferenz $D_{n,f,w}$ dieser Tabelle gelten für die in den Spalten 4 und 5 angegebenen Dicken einer vollflächigen Faserdämmstoff-Auflage.

2) Bei der Verwendung der o. g. bewerteten Norm-Flankenschallpegeldifferenzen $D_{n,f,w}$ ist Folgendes zu beachten:
- Die Werte für $D_{n,f,w}$ beziehen sich auf Unterdecken mit einer Abhängehöhe von $h = 400$ mm ohne Abschottung im Deckenhohlraum. Bei geringeren Abhängehöhen sind diese Werte Mindestwerte.
- Bei einer größeren Abhängehöhe $h > 400$ mm sind diese Werte um 1 dB abzumindern.
- Die Werte in Spalte 3 ohne schallabsorbierende Deckenauflage können gegebenenfalls unterschritten werden, wenn sich der Deckenhohlraum über eine kleine Fläche (< 60 m²) erstreckt und schallhart begrenzt ist, z. B. oberhalb von zwei benachbarten Räumen. In diesem Fall ist eine schallabsorbierende Deckenauflage vorzusehen.

9.5.2.4 Metallständerwände an Unterdecken mit gegliederter Fläche ohne Abschottung im Deckenhohlraum

Tabelle 106: Bewertete Norm-Flankenschallpegeldifferenz $D_{n,f,w}$ von Unterdecken mit gegliederten Flächen, Abhängehöhe 400 mm (DIN 4109-33)

Spalte	1	2	3	4	5
Zeile	**Konstruktionsdetails**	**Flächenbezogene Masse der Decklage [kg/m²]**	**Dicke der Faserdämmstoff-Auflage**[1]		
			0 [mm]	**40 [mm]**	**80 [mm]**
			$D_{n,f,w}$ [dB]		
1	**Unterdecke mit Bandprofilen und Mineralfaser-Deckenplatten in Einlegemontage:** Mineralfaser-Deckenplatten in Einlegemontage, Platten mit durchbrochener Oberfläche und ohne oberseitige Dichtschicht				
2	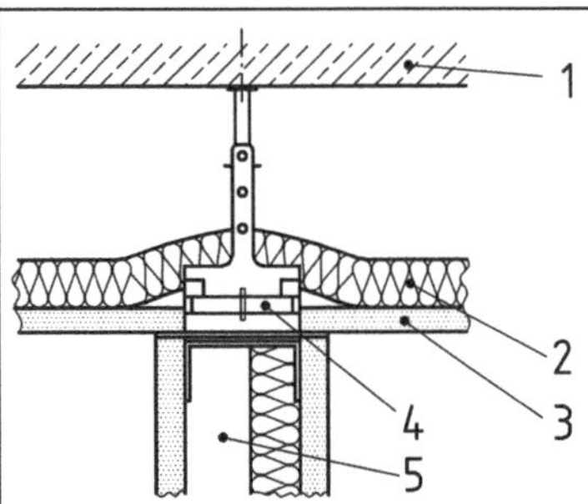	≥ 4,5	28	39[2)]	47[2)]
3		≥ 6	30	42[2)]	50[2)]
4		≥ 8	33	45[2)]	54[2)]
5		≥ 10	35	46[2)]	56[2)]
6	**Unterdecke mit Bandprofilen und Mineralfaser-Deckenplatten in Einlegemontage:** Mineralfaser-Deckenplatten in Einlegemontage, Platten mit unterseitig geschlossener Oberfläche oder mit oberseitiger Dichtschicht				
7	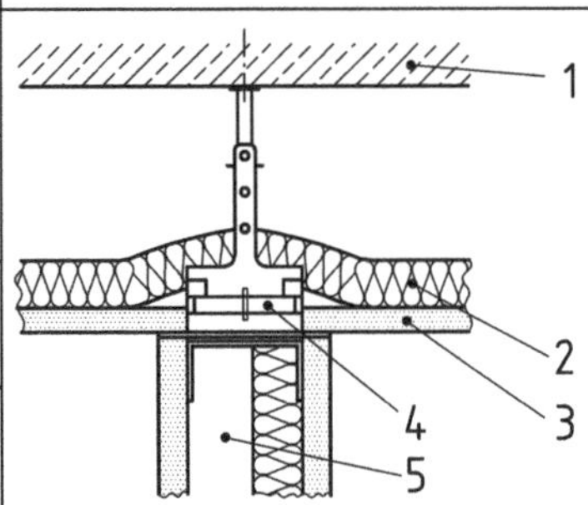	≥ 4,5	32	45[2)]	54[2)]
8		≥ 6	37	50[2)]	59[2)]
9		≥ 8	42	55[2)]	62[2)]
10		≥ 10	46	59[2)]	–
11	**Unterdecke mit Bandprofilen und Leichtspan-Schallschluckplatten in Einlegemontage:** Leichtspan-Schallschluckplatten, oberseitig Papier aufgeklebt, Mineralwolle-Auflage nur in Plattenstücken auf den Leichtspanplatten				

Tabelle 106: Bewertete Norm-Flankenschallpegeldifferenz $D_{n,f,w}$ von Unterdecken mit gegliederten Flächen, Abhängehöhe 400 mm (DIN 4109-33) (Fortsetzung)

Spalte	**1**	**2**	**3**	**4**	**5**
Zeile	**Konstruktionsdetails**	**Flächenbezogene Masse der Decklage [kg/m²]**	**Dicke der Faserdämmstoff-Auflage**[1]		
			0 [mm]	**40 [mm]**	**80 [mm]**
			$D_{n,f,w}$ [dB]		
12	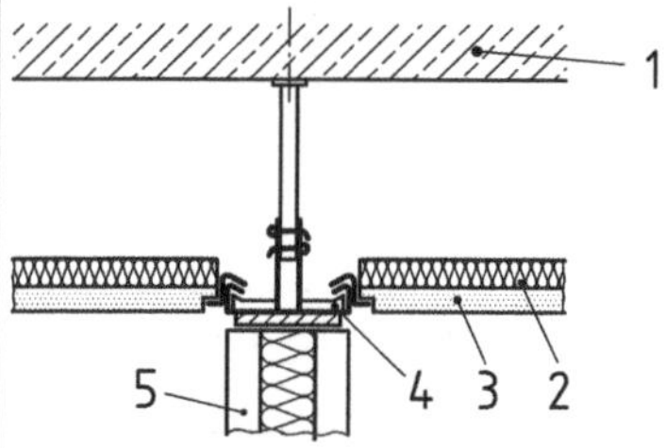	≥ 8	–	45	54
13	**Unterdecke mit Bandprofilen und perforierten Metall-Deckenplatten in Einlegemontage:** Metall-Deckenplatten				
14	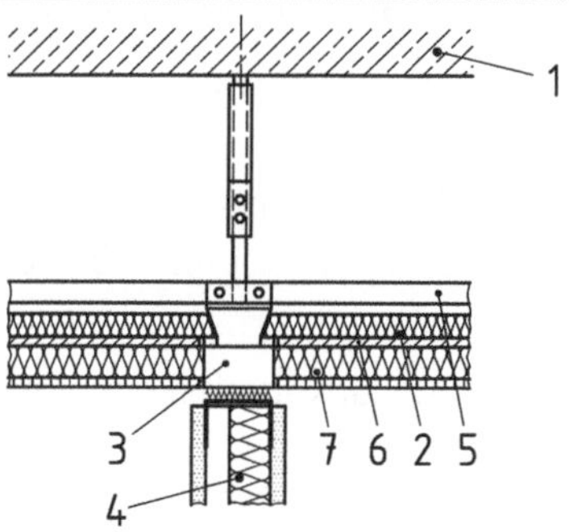	≥ 8	30	46[2]	53[2]

[1] Die Werte der Norm-Flankenschallpegeldifferenz $D_{n,f,w}$ dieser Tabelle gelten für die in den Spalten 4 und 5 angegebenen Dicken mit einer vollflächigen Faserdämmstoff-Auflage.

[2] Wenn die Mineralwolle-Auflage MW in Form einzelner Plattenstücke und nicht vollflächig aufgelegt wird, sind bei Unterdecken aus Mineralfaser-Deckenplatten und Stahlblechdecken bei den oben genannten $D_{n,f,w}$-Werten folgende Korrekturen vorzunehmen:
– bei 80 mm Auflage: –6 dB, – bei 40 mm Auflage: –4 dB.

1 Massivdecke
2 Hohlraumdämpfung aus Mineralwolle MW, Anwendungsgebiet DI
3.1 Mineralfaser-Deckenplatten in Einlegemontage
3.2 Leichtspan-Schallschluckplatten
3.3 Perforierte Metall-Deckenplatten mit Einlage aus Mineralwolle MW
4 Unterdecke mit Unterkonstruktion und Abhänger nach DIN 18168-1 bzw. DIN EN 13964
5 Trennwand aus biegeweichen Schalen mit dichtem Anschluss an Deckenzarge
6 Rostwinkel zur Fixierung der Zargenabstände
7 Schwerauflage, z. B. aus Gipsplatten GK oder Stahlblech; die Schwerauflage kann auch auf die Stirnseiten der Plattenkonstruktion gelegt werden
h Abhängehöhe

Für Abhängehöhen mit $h > 400$ mm ist die bewertete Norm-Flankenschallpegeldifferenz $D_{n,f,w}$ von Unterdecken mit gegliederten Flächen nach Tabelle 106 mit den Werten nach Tabelle 107 abzumindern.

Tabelle 107: Abminderung der bewerteten Norm-Flankenschallpegeldifferenz $D_{n,f,w}$ von Unterdecken mit gegliederter Fläche mit Absorberauflage, Abhängehöhe > 400 mm (DIN 4109-33)

Spalte	**1**	**2**
Zeile	**Abhängehöhe *h* [mm]**	**Abminderung für $D_{n,f,w}$ [dB]**
1	bis 600	2
2	> 600 – 800	5
3	> 800 – 1 000	6
Hohlraumdämpfung mit MW, Anwendungsgebiet DI, $d > 50$ mm, über die gesamte Fläche der Unterdecke		

9.5.2.5 Metallständerwände an Unterdecken mit Abschottung im Deckenhohlraum durch Plattenschott oder durchlaufende Trennwand

Bei Metallständerwänden, bei denen die Abschottung im Deckenhohlraum durch ein Plattenschott oder eine durchlaufende Trennwand erfolgt, ist das Flankendämm-Maß $R_{Ff,w}$ über das Schalldämm-Maß $R_{i,w}$ und $R_{j,w}$ der Massivdecke und das Verbesserungsmaß $\Delta R_{ij,w}$ der Unterdecke gemäß DIN 4109-2:2018-01 Gleichung 10 (siehe auch Teil D Kapitel 9.3.2 Gleichung (140) zu ermitteln.

Alternativ können stattdessen aber auch die bewerteten Norm-Flankenschallpegeldifferenzen $D_{n,f,w}$ gemäß Tabelle 108 und Tabelle 109 angesetzt werden.

Tabelle 108: Bewertete Norm-Flankenschallpegeldifferenz $D_{n,f,w}$ von Unterdecken mit geschlossenen Flächen, Abhängehöhe 400 mm bei horizontaler Schallübertragung einschließlich des Zuschlags für ein Plattenschott (DIN 4109-33)

Spalte	**1**	**2**	**3**	**4**	**5**
Zeile	**Konstruktionsdetails der beiden möglichen Plattenschotts**	**Flächenbezogene Masse der Decklage [kg/m²]**	**Dicke der Faserdämmstoff-Auflage[1)]**		
			0 [mm]	**40 [mm]**	**80 [mm]**
			$D_{n,f,w}$ [dB]		
1	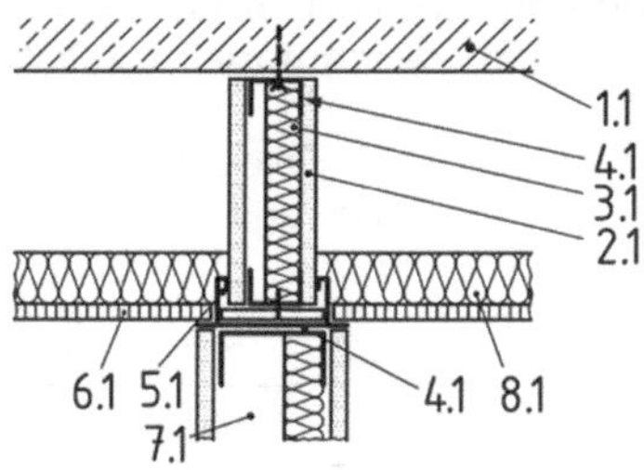	**Trennwand an Unterdecke anschließend, Decklage durch Fuge getrennt**			
2		GK $m' \geq 8{,}5$	67	67	67
3		2 × GK $m' \geq 8{,}5$	67	67	67
4		**Trennwand an Unterdecke anschließend, Decklage durchlaufend**			
5	**oder**	GK $m' \geq 8{,}5$	67	67	67
6	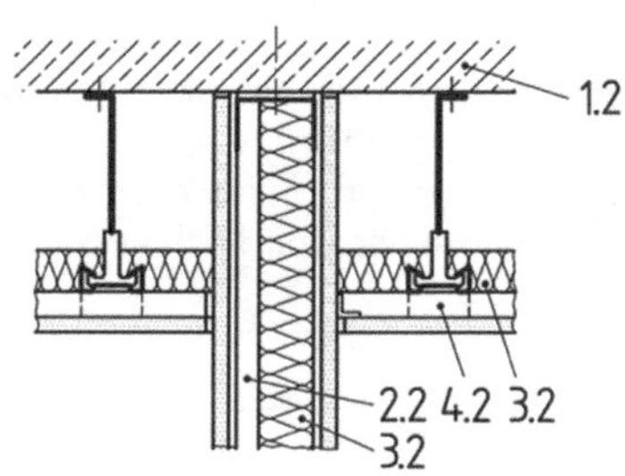	**Trennwand an Unterkonstruktion der Unterdecke anschließend, Decklage in Trennwanddicke getrennt**			
7		2 × GK $m' \geq 8{,}5$	67	67	67
8		**Trennwandanschluss an Massivdecke mit Trennung der Unterdecke in Decklage und Unterkonstruktion**			
9		2 × GK $m' \geq 8{,}5$	67	67	67

1) Die Werte der Norm-Flankenschallpegeldifferenz $D_{n,f,w}$ dieser Tabelle gelten für die in den Spalten 4 und 5 angegebenen Dicken einer vollflächigen Faserdämmstoff-Auflage.

1.1 Massivdecke
2.1 Gipsplatten GK
3.1 Hohlraumdämpfung aus Mineralwolle MW, Anwendungsgebiet DI, Mindestdicke 40 mm
4.1 Deckenanschluss mit Anschlussdichtung und Fugenverspachtelung
5.1 Unterkonstruktion der Unterdecke, z. B. Bandrasterprofil
6.1 Decklage der Unterdecke aus Platten mit geschlossener Fläche oder Schallschluckplatten mit poröser oder durchbrochener (gelochter) Struktur
7.1 Trennwand aus biegeweichen Schalen mit dichtem Anschluss an die Unterdecke
8.1 Hohlraumdämpfung aus Mineralwolle MW, Mindestdicke 50 mm

1.2 Massivdecke
2.2 Trennwand als Einfach- oder Doppelständerwand, Bekleidung mit Gipsplatten GK, Hohlraumdämpfung aus Mineralwolle MW sowie dichter Anschluss an die Massivdecke
3.2 Mineralwolle MW, Anwendungsgebiet DI, Mindestdicke 40 mm
4.2 Unterdecke mit Unterkonstruktion aus C-Deckenprofilen nach DIN 18182-1 bzw. DIN EN 13964 und Abhängern nach DIN 18168-1 bzw. DIN EN 13964 bekleidet mit Gipsplatten GK mit $m' \geq 8{,}5$ kg/m², Fugen verspachtelt, und dichtem Anschluss der Bekleidung der Unterdecke an die Trennwand mit oder ohne Anschlussprofil

Tabelle 109: Bewertete Norm-Flankenschallpegeldifferenz $D_{n,f,w}$ von Unterdecken mit gegliederten Flächen, Abhängehöhe 400 mm einschließlich des Zuschlags für ein Plattenschott (DIN 4109-33)

Spalte	**1**	**2**	**3**	**4**	**5**
Zeile	**Konstruktionsdetails der beiden möglichen Plattenschotts**	**Flächenbezogene Masse der Decklage [kg/m^2]**	**Dicke der Faserdämmstoff-Auflage[1]**		
			0 [mm]	**40 [mm]**	**80 [mm]**
			$D_{n,f,w}$ [dB]		
1	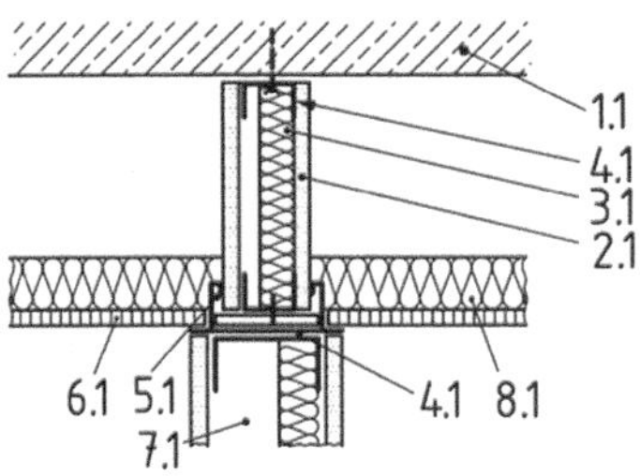	**Unterdecke mit Bandprofilen und Mineralfaser-Deckenplatten in Einlegemontage und Plattenschott:** Mineralfaser-Deckenplatten in Einlegemontage, Platten mit durchbrochener Oberfläche und ohne oberseitige Dichtschicht			
2		≥ 4,5	48	59[2]	67[2]
3		≥ 6	50	62[2]	67[2]
4		≥ 8	53	65[2]	67[2]
5		≥ 10	55	66[2]	67[2]
6		**Unterdecke mit Bandprofilen und Mineralfaser-Deckenplatten in Einlegemontage:** Mineralfaser-Deckenplatten in Einlegemontage, Platten mit unterseitig geschlossener Oberfläche oder mit oberseitiger Dichtschicht			
7	**oder**	≥ 4,5	52	65[2]	67[2]
8		≥ 6	57	67[2]	67[2]
9		≥ 8	62	67[2]	67[2]
		≥ 10	66	67[2]	
10	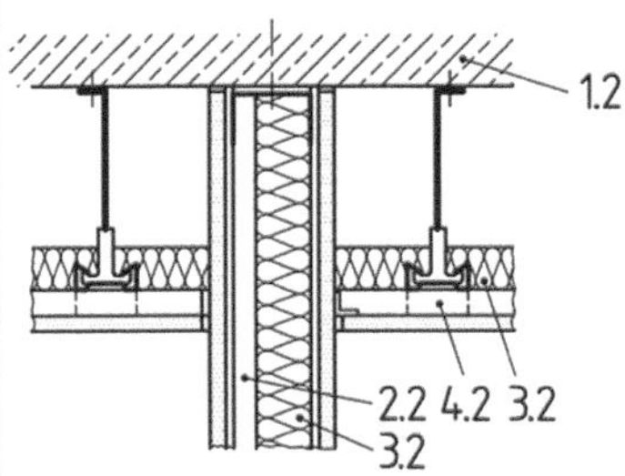	**Unterdecke mit Bandprofilen und Leichtspan-Schallschluckplatten in Einlegemontage:** Leichtspan-Schallschluckplatten, oberseitig Papier aufgeklebt, Mineralwolle-Auflage nur in Plattenstücken auf den Leichtspanplatten			
11		≥ 8		65	67
12		**Unterdecke mit Bandprofilen und perforierten Metall-Deckenplatten in Einlegemontage:** Metall-Deckenplatten			
13		≥ 8	50	66[2]	67[2]

Tabelle 109: Bewertete Norm-Flankenschallpegeldifferenz $D_{n,f,w}$ von Unterdecken mit gegliederten Flächen, Abhängehöhe 400 mm einschließlich des Zuschlags für ein Plattenschott (DIN 4109-33) (Fortsetzung)

Spalte	1	2	3	4	5
Zeile	**Konstruktionsdetails der beiden möglichen Plattenschotts**	**Flächenbezogene Masse der Decklage [kg/m²]**	**Dicke der Faserdämmstoff-Auflage[1)]**		
			0 [mm]	**40 [mm]**	**80 [mm]**
			$D_{n,f,w}$ [dB]		

[1)] Die Werte der Norm-Flankenschallpegeldifferenz $D_{n,f,w}$ dieser Tabelle gelten für die in den Spalten 4 und 5 angegebenen Dicken mit einer vollflächigen Faserdämmstoff-Auflage.

[2)] Wenn die Mineralwolle-Auflage MW in Form einzelner Plattenstücke und nicht vollflächig aufgelegt wird, sind bei Unterdecken aus Mineralfaser-Deckenplatten und Stahlblechdecken bei den oben genannten $D_{n,f,w}$-Werten folgende Korrekturen vorzunehmen:
- bei 80 mm Auflage: –6 dB,
- bei 40 mm Auflage: –4 dB.

1.1 Massivdecke
2.1 Gipsplatten GK
3.1 Hohlraumdämpfung aus Mineralwolle MW, Anwendungsgebiet DI, Mindestdicke 40 mm
4.1 Deckenanschluss mit Anschlussdichtung und Fugenverspachtelung
5.1 Unterkonstruktion der Unterdecke, z. B. Bandrasterprofil
6.1 Decklage der Unterdecke aus Platten mit geschlossener Fläche oder Schallschluckplatten mit poröser oder durchbrochener (gelochter) Struktur
7.1 Trennwand aus biegeweichen Schalen mit dichtem Anschluss an die Unterdecke
8.1 Hohlraumdämpfung aus Mineralwolle MW, Mindestdicke 50 mm

1.2 Massivdecke
2.2 Trennwand als Einfach- oder Doppelständerwand, Bekleidung mit Gipsplatten GK, Hohlraumdämpfung aus Mineralwolle MW sowie dichter Anschluss an die Massivdecke
3.2 Mineralwolle MW, Anwendungsgebiet DI, Mindestdicke 40 mm
4.2 Unterdecke mit Unterkonstruktion aus C-Deckenprofilen nach DIN 18182-1 bzw. DIN EN 13964 und Abhängern nach DIN 18168-1 bzw. DIN EN 13964 bekleidet mit Gipsplatten GK mit $m' \geq 8{,}5$ kg/m², Fugen verspachtelt, und dichtem Anschluss der Bekleidung der Unterdecke an die Trennwand mit oder ohne Anschlussprofil

9.5.2.6 Metallständerwände an Unterdecken mit Abschottung im Deckenhohlraum durch Absorberschott

Statt eines Plattenschotts ist auch der Einbau eines Absorberschotts möglich. Dabei wird der Deckenhohlraum über dem Trennwandanschluss bis zur Massivdecke mit Mineralwolle nach DIN EN 13162 dicht ausgestopft.

Die in Abhängigkeit von der Breite des Absorberschotts zu erreichenden Verbesserungen $\Delta D_{n,f,w}$ für Unterdecken nach Tabelle 106 Zeilen 3 bis 5 und Tabelle 107 können Tabelle 110 entnommen werden. Dabei gilt: Die Summe der Werte für $D_{n,f,w}$ aus Tabelle 106 bzw. Tabelle 107 und der Werte für $\Delta D_{n,f,w}$ nach Tabelle 110 darf maximal 62 dB betragen.

Tabelle 110: Verbesserungsmaße der bewerteten Norm-Flankenschallpegeldifferenz $\Delta D_{n,f,w}$ von Unterdecken nach Tabelle 106 und Tabelle 107 durch Absorberschott bei horizontaler Schallübertragung (DIN 4109-33)

Spalte	**1**	**2**	**3**
Zeile	**Schnitt, vertikal**	**Mindestbreite des Absorberschotts *b* [mm]**	**$\Delta D_{n,f,w}$ [dB]**
1	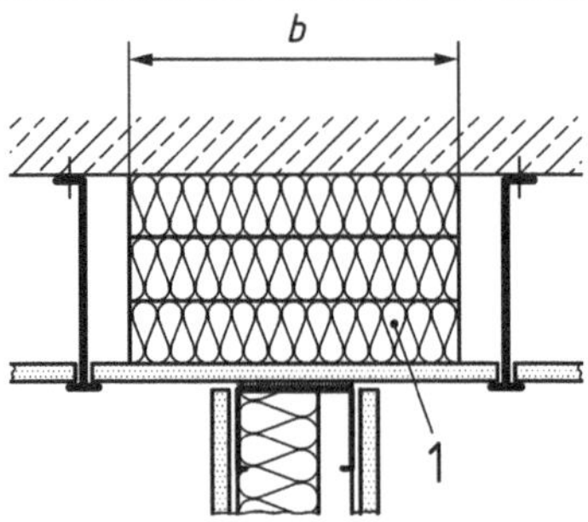	300	12
2		400	14
3		500	15
4		600	17
5		800	20
6		1 000	22
1 Absorberschott aus Mineralwolle MW, Anwendungsgebiet DI, längenbezogener Strömungswiderstand $r \geq 8$ kPa s/m².			

9.5.2.7 Schwimmender Estrich auf Massivdecken

Bei massiven Decken mit schwimmenden Estrichen werden zur Ermittlung der Flankendämmung Decke und schwimmende Estriche nach DIN 4109-34:2016-07 im Regelfall schalltechnisch separat beschrieben und nach DIN 4109-2:2018-01 rechnerisch zusammengefügt, wenn der schwimmende Estrich durch das trennende Bauteil (Wand) vollständig unterbrochen wird, d. h., die Wand steht auf der Massivdecke.

Zur Ermittlung der Flankendämmung von schwimmenden Estrichen bei mehrschaligen Leichtbautrennwänden, die nicht auf der Massivdecke, sondern auf dem schwimmenden Estrich aufgeständert werden (siehe Tabelle 111), kann die Berechnung für diesen Übertragungsweg mittels der bewerteten Norm-Flankenschallpegeldifferenz $D_{n,f,w}$ durchgeführt werden.

Tabelle 111: Bewertete Norm-Flankenschallpegeldifferenz $D_{n,f,w}$ von schwimmenden Estrichen bei horizontaler Schallübertragung (DIN 4109-33)

Spalte	1	2	3
Zeile	Schnitt, vertikal	Zement-, Calciumsulfat- oder Magnesia-Estrich	Gussasphalt-Estrich
		Norm-Flankenschallpegeldifferenz	
		$D_{n,f,w}$ [dB]	
1	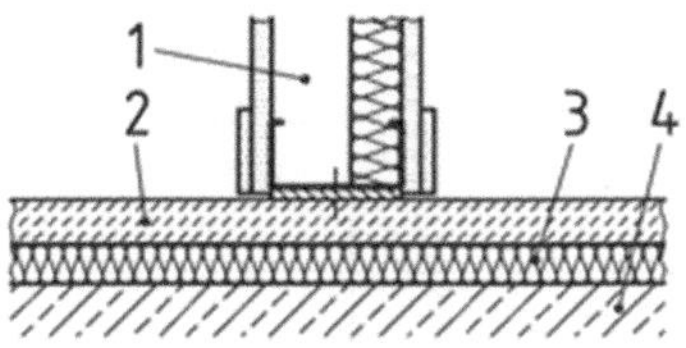	40	46
2	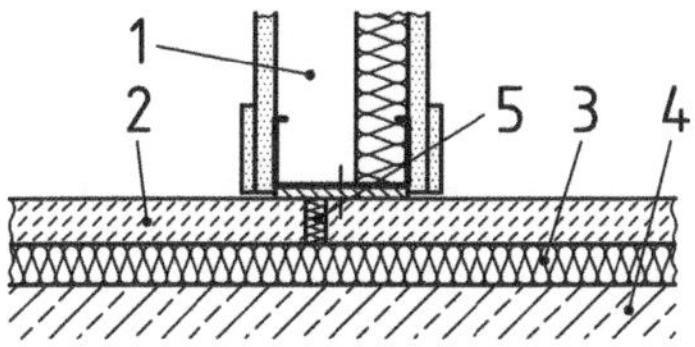	57[1)]	

1 Trennwand als Einfach- oder Doppelständerwand mit Unterkonstruktion aus Holz oder Metall oder elementierte Trennwand; Trennwand mit Anschlussdichtung ausführen.
2 Estrich.
3 Mineralwolle MW Anwendungsgebiet DES.
4 Flächenbezogene Masse der Massivdecke $m' \geq 300$ kg/m².
5 Durchgehende Fuge im Estrich.

1) Nachträglich ausgeführte Fugenschnitte seitlich der Trennwand führen zu ungünstigeren Werten.

9.5.2.8 Durchlaufende Vorsatzschalen vor Massivwänden

Bei massiven Wänden mit Vorsatzschalen nach DIN 4109-34:2016-07 werden zur Ermittlung der Flankendämmung Wand und Vorsatzschale schalltechnisch separat beschrieben und zum Gesamtbauteil nach DIN 4109-2:2018-01 rechnerisch zusammengefügt, wenn die Vorsatzschale durch das trennende Bauteil vollständig unterbrochen wird.

Zur Ermittlung der Flankendämmung bei nicht vollständig getrennter Vorsatzschale im Bereich des Anschlusses des trennenden Bauteils, z. B. durchlaufende Vorsatzschale oder durch Fugen unterbrochene Vorsatzschale, wird dagegen die Berechnung mittels der bewerteten Norm-Flankenschallpegeldifferenz $D_{n,f,w}$ für das Gesamtbauteil durchgeführt.

Tabelle 112: Bewertete Norm-Flankenschallpegeldifferenz $D_{n,f,w}$ von biegesteifen Wänden mit durchlaufender biegeweicher Vorsatzschale bei horizontaler Schallübertragung (DIN 4109-33)

Spalte	1	2	3
Zeile	**Schnitt, horizontal**	**Flächenbezogene Masse der Massivwand [kg/m²]**	**$D_{n,f,w}$ [dB]**
Angesetzte durchlaufende Vorsatzschale mit Fugenschnitt in der Platte			
1	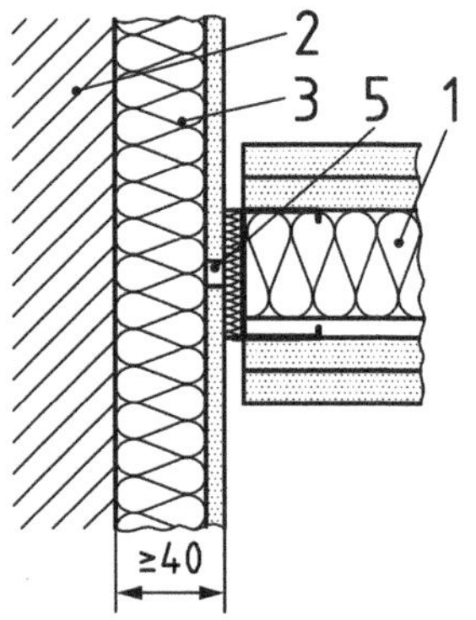	100	55
2		200	59
3		250	59
4		300	60
5		400	60
Freistehende durchlaufende Vorsatzschale mit Fugenschnitt in der Platte			
6	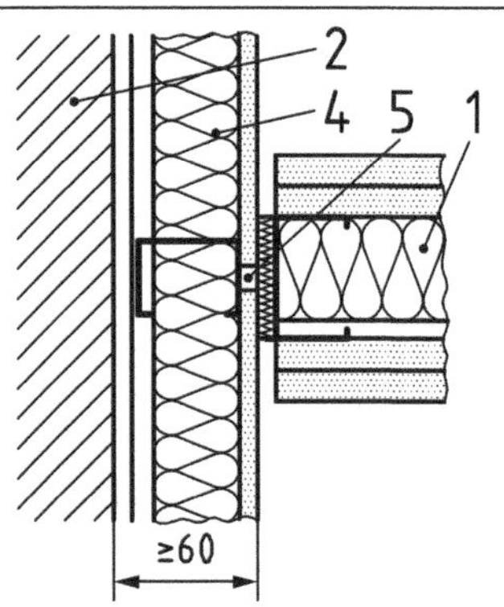	≥ 100	63

1 Trennwand als Einfach- oder Doppelständerwand nach DIN 18183-1 oder Holzunterkonstruktion mit dichtem Anschluss an die Vorsatzschale
2 Massivwand
3 flankierende biegeweiche Vorsatzschale, z. B. aus Verbundelement aus Gipsplatte GK mit $m' \geq 10$ kg/m² und mindestens 40 mm Mineralwolle MW mit dynamischer Steifigkeit $s' \leq 6$ MN/m³; mit Fugenschnitt durch Gipsplatte unter Trennwandanschluss, angesetzt an Massivwand
4 flankierende biegeweiche Vorsatzschale, z. B. aus Gipsplatten GK mit Metallunterkonstruktion nach DIN 18183-1, flächenbezogene Masse der Bekleidung $m' \geq 8{,}5$ kg/m², Dämmstoff aus Mineralwolle MW; durchgehende Fuge an innenseitiger Bekleidung, freistehend vor Massivwand
5 Durchgehende Fugen an innenseitiger Bekleidung der Vorsatzschale hinter Trennwandanschluss, z. B. Fugenschnitt ≥ 3 mm

Die in Tabelle 112 angegebenen Werte für die bewertete Norm-Flankenschallpegeldifferenz $D_{n,f,w}$ können auch angesetzt werden, wenn anstelle von Mineralwolledämmstoffen andere genormte Faserdämmstoffe mit gleicher dynamischer Steifigkeit und mit einem längenbezogenen Strömungswiderstand von 3 kPa s/m² bis 35 kPa s/m² verwendet werden.

9.5.2.9 Holzbalkendecken – horizontale Übertragung bei Luftschallanregung

Bei Holzbalkendecken als flankieredes Bauteil ist bei horizontaler Schallübertragung zu unterscheiden, ob die Anregung über die Deckenunterseite oder über die Deckenoberseite erfolgt:

- Bei horizontaler Schallübertragung über die Deckenunterseite von Holzbalkendecken mit Unterdecke als flankierendes Bauteil können Angaben zu bewerteten Norm-Flankenschallpegeldifferenzen $D_{n,f,w}$ aus Tabelle 113 entnommen werden.
- Bei horizontaler Schallübertragung über die Deckenoberseite von Holzbalkendecken mit schwimmendem Estrich (mineralisch gebundener Estrich oder Trockenestrich) als flankierendes Bauteil gilt für die bewerteten Norm-Flankenschallpegeldifferenzen $D_{n,f,w}$:

Tabelle 113: Bewertete Norm-Flankenschallpegeldifferenz $D_{n,f,w}$ von Holzbalkendecken mit Unterdecken bei horizontaler Schallübertragung (DIN 4109-33)

Spalte	1	2	3	4
Zeile	**Schnitt, vertikal**	**Konstruktionsdetails**	**Bekleidung**	**$D_{n,f,w}$ [dB]**
1	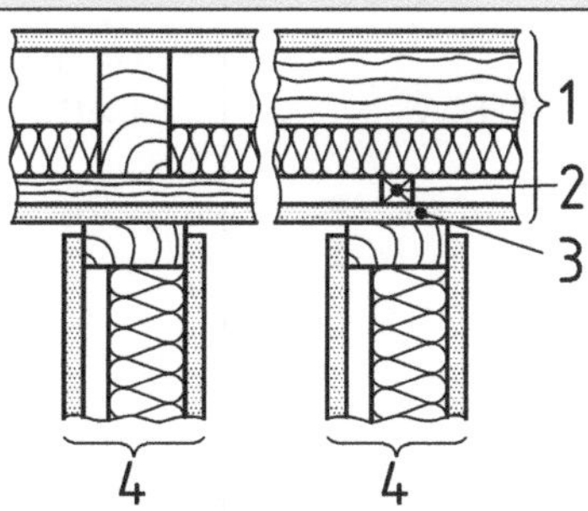	1 flankierende Decke 2 Lattung (durchlaufend) 3 Bekleidung aus biegeweicher Schale 4 Trennwand, parallel oder senkrecht zur Balkenlage	Gipsplatte GK	52
2			Spanplatte SP	48
3	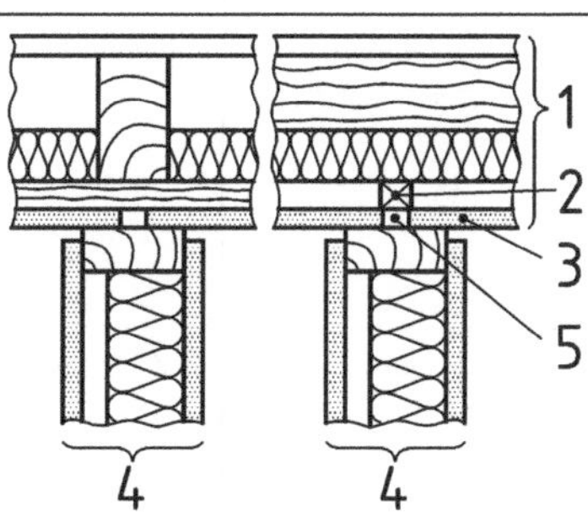	1 flankierende Decke 2 Lattung (durchlaufend) 3 Bekleidung aus biegeweicher Schale 4 Trennwand, parallel oder senkrecht zur Balkenlage 5 Trennfuge (Schlitz)	Gipsplatte GK	54

Tabelle 113: Bewertete Norm-Flankenschallpegeldifferenz $D_{n,f,w}$ von Holzbalkendecken mit Unterdecken bei horizontaler Schallübertragung (DIN 4109-33) (Fortsetzung)

Spalte	1	2	3	4
Zeile	**Schnitt, vertikal**	**Konstruktionsdetails**	**Bekleidung**	**$D_{n,f,w}$ [dB]**
4	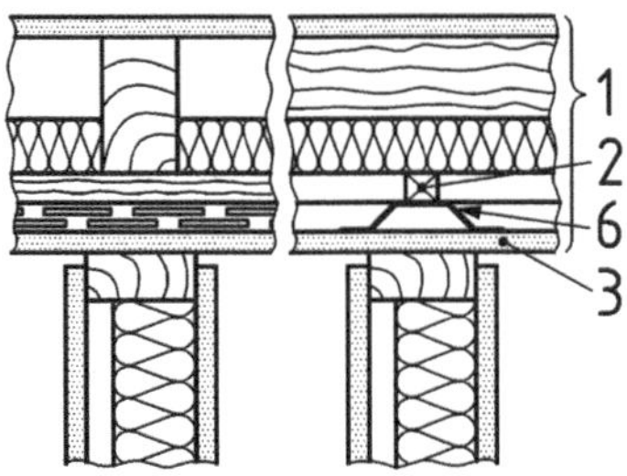	1 flankierende Decke 2 Lattung (durchlaufend) 3 Bekleidung aus biegeweicher Schale an Federschienen 6 Federschiene	Spanplatte SP	51
5	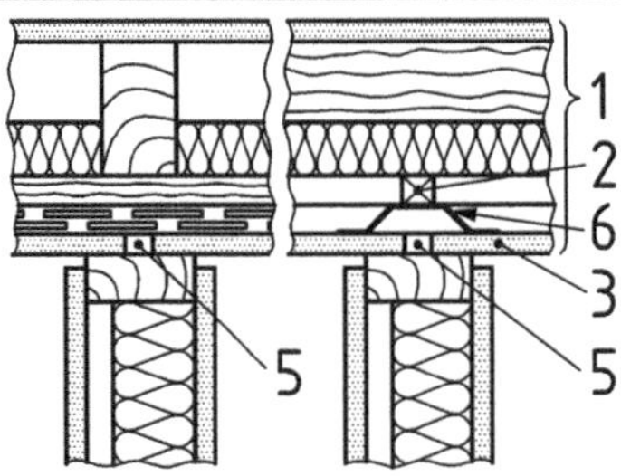	1 flankierende Decke 2 Lattung (durchlaufend) 3 Bekleidung aus biegeweicher Schale an Federschienen 5 Trennfuge (Schlitz) 6 Federschiene	Spanplatte SP	59
6	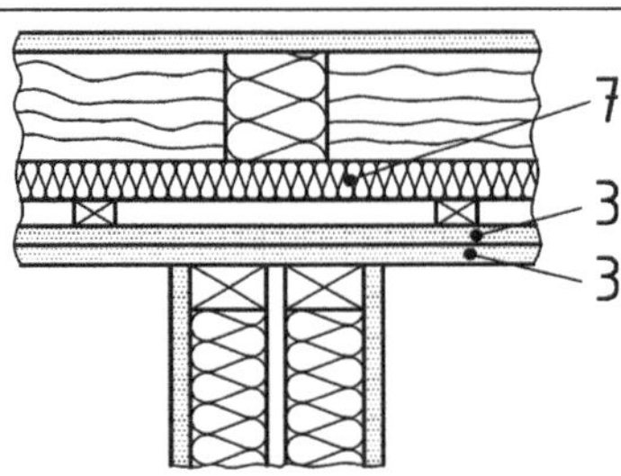	3 Bekleidung 7 Mineralwolle MW	2 x Gipsfaserplatte	60
7	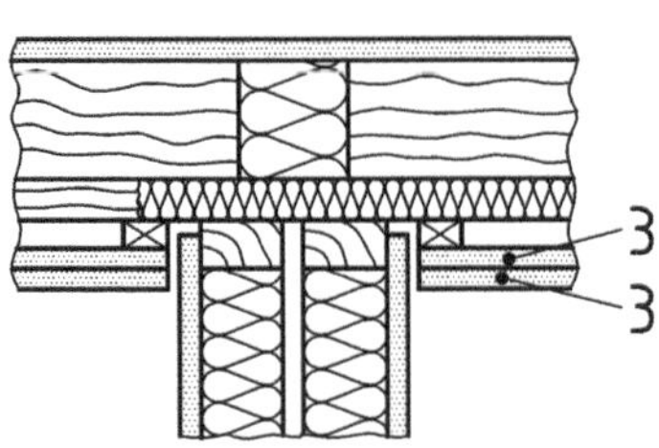	2 Lattung 3.1 Bekleidung über Federbügel an Decke befestigt	2 x Gipsfaserplatte	61
8		3.2 Bekleidung über Lattung an Decke befestigt	2 x Gipsfaserplatte	67

9.6 Luftschalldämmung im Skelettbau und bei Mischbauweisen

Die resultierende Schallübertragung wird auch im Skelettbau aus der Direktschallübertragung des trennenden Bauteils und der Übertragung der Flankenbauteile auf den entsprechenden Übertragungswegen berechnet (siehe Bild 42). Die Behandlung der flankierenden Übertragung von Massivbauteilen (auch mit Vorsatzkonstruktionen nach Teil D Kapitel 9.3.2) erfolgt im Skelettbau genauso wie im Massivbau, wobei aufgrund der geringen Stoßstellendämmung der an das Massivbauteil angeschlossenen Leichtbauteile für das Stoßstellendämm-Maß der flankierenden Massivbauteile $K_{ij} = K_{ij,min}$ gesetzt werden kann. Bei der Anwendung der Gleichungen (139) und (140) sind die Direktschalldämm-Maße massiver Bauteile entsprechend Teil D Kapitel 9.3.3.7 zu korrigieren, wenn diese an mehr als einer Kante durch biegeweiche Konstruktionen begrenzt werden. Es wird in diesem Fall vorausgesetzt, dass das massive Bauteil am flankierenden Leichtbauteil endet.

a) Trennbauteil, nicht entkoppelt b) Trennbauteil, entkoppelt

Bild 42: Darstellung der Schallübertragung im Skelettbau (Direktschallübertragung und Flankenübertragung) entsprechend den zugehörigen entsprechenden Übertragungswegen mit 1 als flankierendem Bauteil und 2 als trennendem Bauteil

Die Berechnung der flankierenden Übertragung von Leichtbauteilen erfolgt im Skelettbau entsprechend den Vorgaben im Holz-, Leicht- und Trockenbau über die bewertete Norm-Flankenschallpegeldifferenz $D_{n,f,w}$ des flankierenden Bauteils. Die Berechnung der flankierenden Übertragung von massiven Bauteilen mit durchlaufenden Vorsatzkonstruktionen (z. B. abgehängte Unterdecken) erfolgt im Skelettbau ebenso wie im Holz-, Leicht- und Trockenbau über die bewertete Norm-Flankenschallpegeldifferenz $D_{n,f,w}$ des flankierenden Bauteils.

Von einer Mischbauweise wird in DIN 4109 dann ausgegangen, wenn massive und biegeweiche Bauteile in derselben Übertragungssituation vorkommen. Die Vorgehensweise für den Schallschutznachweis entspricht derjenigen im Skelettbau.

Bei der Berechnung des bewerteten Bauschalldämm-Maßes R'_w von Mischbauweise bzw. im Skelttbau ist zu unterscheiden, ob das trennende Bauteil in Massiv- oder in Leichtbauweise ausgeführt wird:

a) Berechnung des bewerteten Bauschalldämm-Maßes R'_w bei massiven Trennbauteilen:

  1 Bestimmung des Direktschalldämm-Maßes $R_{Dd,w}$ für das massive Trennbauteil gemäß Teil D Kapitel 9.3.1.

2.1 Bei massiven Trennbauteilen und massiven flankierenden Bauteilen erfolgt die Festlegung der Flankenschalldämm-Maße $R_{ij,w}$ analog der Vorgehensweise im Massivbau für die Übertragungswege Df, Fd und Ff nach Teil D Kapitel 9.3.2.

2.2 Bei massiven Trennbauteilen und leichten flankierenden Bauteilen wird das Flankenschalldämm-Maß $R_{Ff,w}$ für den Übertragungsweg Ff nach (195) bestimmt. Dabei können die Norm-Flankenschallpedgeldifferenzen $D_{f,n,w}$ den Tabellen in Teil D Kapitel 9.5.2 entnommen werden.

3 Das bewertete Bauschalldämm-Maß R'_w wird aus der energetischen Addition des Direktschalldämm-Maßes $R_{Dd,w}$ und der Flankenschalldämm-Maße $R_{ij,w}$ ermittelt.

b) Berechnung des bewerteten Bauschalldämm-Maßes R'_w bei leichten Trennbauteilen:

1 Festlegung des Direktschalldämm-Maßes $R_{Dd,w}$ für das leichte Trennbauteil aus den Tabellen in Teil D Kapitel 9.5.1.

2.1 Bei leichten Trennbauteilen und massiven flankierenden Bauteilen erfolgt die Festlegung des Flankenschalldämm-Maßes $R_{Ff,w}$ analog zur Vorgehensweise im Massivbau für den Übertragungsweg Ff nach Teil D Kapitel 9.3.2, wenn das Flankenbauteil massiv ist und durchläuft.

Für das Stoßstelldämm-Maß K_{ij} ist auf dem Übertragungsweg Ff der Mindestwert des Stoßstellendämm-Maßes $K_{ij,min}$ nach Gleichung (59) anzusetzen.

Die Übertragungswege Df und Fd bleiben in diesem Fall unberücksichtigt.

2.2 Bei leichten Trennbauteilen und massiven flankierenden Bauteilen kann auf eine Berechnung des Flankenschalldämm-Maßes $R_{ij,w}$ verzichtet werden, wenn das flankierende (massive) Bauteil durch das trennende (leichte) Bauteil vollständig getrennt wird.

2.3 Bei leichten Trennbauteilen und leichten flankierenden Bauteilen wird das Flankenschalldämm-Maß $R_{Ff,w}$ für den Übertragungsweg Ff nach (195) bestimmt. Dabei können die Norm-Flankenschallpedgeldifferenzen $D_{f,n,w}$ den Tabellen in Teil D Kapitel 9.5.2 entnommen werden.

3 Das bewertete Bauschalldämm-Maß R'_w wird aus der energetischen Addition des Direktschalldämm-Maßes $R_{Dd,w}$ und der Flankenschalldämm-Maße $R_{ij,w}$ ermittelt.

10 Trittschalldämmung in Gebäuden

10.1 Nachweis der Trittschalldämmung in Gebäuden

Mit den Berechnungsverfahren nach DIN 4109-2:2018-01 wird der bewertete Norm-Trittschallpegel $L'_{n,w}$ ermittelt. Im Rahmen bauaufsichtlicher Nachweise muss der so errechnete Wert von $L'_{n,w}$ um den in DIN 4109-2:2018-01 Abschnitt 5.3.3 festgelegten Sicherheitsbeiwert erhöht werden, sofern nicht bauaufsichtliche Bestimmungen andere Regelungen enthalten. Bei der vereinfachten Ermittlung der Unsicherheit ist eine Erhöhung von 3 dB vorzusehen. Damit gilt für den Vergleich des berechneten Wertes $L'_{n,w}$ mit dem Anforderungswert zul. $L'_{n,w}$

$$L'_{n,w} + 3\,\text{dB} \leq \text{zul.}\, L'_{n,w} \text{ in dB} \tag{197}$$

Achtung

Bei Anwendungen außerhalb des Anwendungsbereichs der DIN 4109 (z. B. bei der Planung erhöhter Anforderungen an die Schalldämmung) kann die vermehrte Unsicherheit, die aus individuellen Gegebenheiten resultiert, durch andere als den oben genannten Sicherheitsabschlag berücksichtigt werden.

10.2 Berechnung der Trittschalldämmung in Gebäuden

Bedingt durch die konstruktiven Unterschiede ist bei der Berechnung der Trittschalldämmung in Gebäuden zwischen folgenden Fällen zu unterscheiden:

- Trittschallübertragung über Massivdecken und bei Gebäuden mit zweischaliger massiver Haustrennwand (Einfamilien-Reihen- und Doppelhäusern),
- Trittschall bei leichten Decken in Holzbauweise und bei Metallträgerdecken.

Ergänzend zum Verfahren in DIN EN 12354-2 können im Massivbau durch einen Korrekturwert K_T auch andere räumliche Zuordnungen (z. B. nebeneinander liegende oder diagonal angeordnete Räume) berücksichtigt werden. Für den Holz-, Leicht- und Trockenbau besteht diese Möglichkeit derzeit nicht.

Für den Trittschall von Treppen sind ebenfalls verschiedene Situationen zu berücksichtigen:

- Trittschallübertragung massiver Treppen an massiven Treppenwänden,
- Trittschallübertragung leichter Treppen an massiven Treppenwänden,
- Trittschallübertragung leichter Treppen an Treppenwänden in Holzbauweise.

In Bild 43 sind die Übertragungswege des Trittschalls in einen direkt unter dem Senderaum (SR) liegenden Empfangsraum (ER), aber auch die Übertragungswege aus dem Senderaum in einen anderweitig zugeordneten Empfangsraum dargestellt.

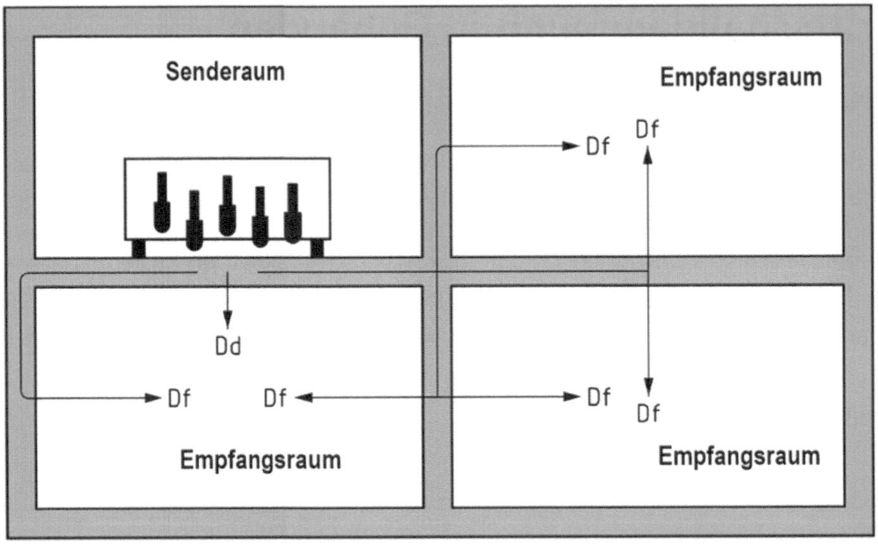

Bild 43: Übertragungswege in einen Empfangsraum (ER) bei Trittschallanregung im Senderaum (SR)

10.3 Berechnung der Trittschalldämmung in Gebäuden mit Massivbauweise

10.3.1 Massivdecken in Gebäuden in Massivbauweise und einer Trittschallanregung im Senderaum (SR) in den direkt darunterliegenden Empfangsraum (ER)

Der bewertete Norm-Trittschallpegel $L'_{n,w}$ kann bei Massivdecken mit Grundkonstruktionen, die als einschalig einzustufen sind, aus dem äquivalenten bewerteten Norm-Trittschallpegel $L_{n,eq,0,w}$ der Rohdecke und der bewerteten Trittschallminderung ΔL_w durch eine Deckenauflage berechnet werden.

Dabei gilt für die Berechnung des bewerteten Norm-Trittschallpegels:

$$L'_{n,w} = L'_{n,eq,0,w} - \Delta L_w + K \quad (198)$$

mit:

$L_{n,eq,0,w}$ äquivalenter bewerteter Norm-Trittschallpegel einer Massivdecke mit einschaliger Grundkonstruktion

ΔL_w bewertete Trittschallminderung durch eine Deckenauflage

K Korrekturwert für die Trittschallübertragung über die flankierenden Bauteile. Beim Korrekturwert K ist zu unterscheiden, ob es sich um eine Massivdecke ohne Unterdecke oder um eine Massivdecke mit Unterdecke handelt.

Als Massivdecken mit einschaliger Grundkonstruktion gelten die in Teil D Kapitel 9.3.3.4 Bild 33 dargestellten Deckenkonstruktionen. Die flächenbezogene Masse kann nach Gleichung (199) ermittelt werden:

$$m'_{ges} = m'_{Rohdecke} + m'_{Putz} + m'_{Aufbeton/Verbundestrich} + m'_{Estrich\ auf\ Trennschicht} \quad (199)$$

Für die Berechnung der flächenbezogenen Masse m'_{ges} von Decken gelten folgende Festlegungen:

- Bei bewehrten Massivdecken (Ortbeton, Fertigteile und Halbfertigteile mit Ortbetonergänzung) ohne Hohlräume nach Bild 33, Zeilen 1 und 2, ist die flächenbezogene Masse durch Multiplikation des Deckenquerschnitts mit dem Rechenwert der Rohdichte zu ermitteln.
- **Für Normalbeton ist eine Rohdichte von ρ = 2400 kg/m³** anzusetzen.
- **Aufbeton**, der nicht nach DIN 1045-3 verdichtet wird, ist mit dem Rechenwert der Rohdichte von **ρ = 2100 kg/m³** in Ansatz zu bringen.
- Der Rechenwert der **Rohdichte von Zementestrich** ist mit **ρ = 2 000 kg/m³** anzusetzen.
- Bei **Decken aus Leichtbeton und Porenbeton** ist bei der Ermittlung der flächenbezogenen Masse die Rohdichte um **ρ = 12,5 kg/m³ abzumindern**.
- Bei Massivdecken mit Hohlräumen nach Bild 33, Zeilen 3 bis 6, ist die flächenbezogene Masse entweder aus den Rechenwerten nach DIN EN 1991-1-1 und DIN EN 1991-1-1/NA mit einem Abzug von 15 % oder aus dem vorhandenen Querschnitt mit der entsprechenden Rohdichte zu berechnen. Es sind dafür die Rohdichten nach Teil D Kapitel 9.3.3.4 anzusetzen.
- Die flächenbezogene Masse von aufgebrachten Verbundestrichen oder Estrichen auf Trennschicht ist aus dem Rechenwert nach DIN EN 1991-1-1 mit einem Abzug von 10 % zu ermitteln.
- **Gussasphalt** ist mit einem Rechenwert der Rohdichte von **ρ = 2300 kg/m³** ohne Abzug anzusetzen.
- Bei Deckenplatten mit Stegen nach DIN EN 13224 ohne Füllkörper, Estrich und Unterdecke ist nur die flächenbezogene Masse der Deckenplatte zu berücksichtigen.

Der zur flächenbezogenen Gesamtmasse m'_{ges} nach Gleichung (199) zugehörige äquivalente Norm-Trittschallpegel $L_{n,eq,0,w}$ kann Tabelle 114 entnommen werden.

Tabelle 114: Flächenbezogene Gesamtmasse m'_{ges} beim äquivalenten Norm-Trittschallpegel $L_{n,eq,0,w}$ (DIN 4109-32)

Äquivalenter Norm-Trittschall-pegel $L_{n,eq,0,w}$ [dB]	Flächenbezogene Masse m'_{ges} [kg/m²]									
	Dezimale des äquivalenten Norm-Trittschallpegels $L_{n,eq,0,w}$									
	0,0	**0,1**	**0,2**	**0,3**	**0,4**	**0,5**	**0,6**	**0,7**	**0,8**	**0,9**
64	719,7	715,0	710,3	705,6	701,0	696,4	691,8	687,3	682,8	678,3
65	673,9	669,4	665,1	660,7	656,4	652,1	647,8	643,5	639,3	635,1
66	631,0	626,8	622,7	618,6	614,6	610,5	606,5	602,6	598,6	594,7
67	590,8	586,9	583,1	579,2	575,4	571,7	567,9	564,2	560,5	556,8
68	553,2	549,5	545,9	542,4	538,8	535,3	531,8	528,3	524,8	521,4
69	517,9	514,6	511,2	507,8	504,5	501,2	497,9	494,6	491,4	488,2
70	485,0	481,8	478,6	475,5	472,4	469,3	466,2	463,1	460,1	457,1
71	454,1	451,1	448,2	445,2	442,3	439,4	436,5	433,7	430,8	428,0
72	425,2	422,4	419,6	416,9	414,1	411,4	408,7	406,0	403,4	400,7
73	398,1	395,5	392,9	390,3	387,8	385,2	382,7	380,2	377,7	375,2
74	372,8	370,3	367,9	365,5	363,1	360,7	358,3	356,0	353,6	351,3
75	349,0	346,7	344,5	342,2	340,0	337,7	335,5	333,3	331,1	329,0
76	326,8	324,7	322,5	320,4	318,3	316,2	314,2	312,1	310,0	308,0
77	306,0	304,0	302,0	300,0	298,0	296,1	294,2	292,2	290,3	288,4
78	286,5	284,6	282,8	280,9	279,1	277,2	275,4	273,6	271,8	270,0
79	268,3	266,5	264,8	263,0	261,3	259,6	257,9	256,2	254,5	252,8
80	251,2	249,5	247,9	246,3	244,7	243,1	241,5	239,9	238,3	236,7
81	235,2	233,7	232,1	230,6	229,1	227,6	226,1	224,6	223,1	221,7
82	220,2	218,8	217,3	215,9	214,5	213,1	211,7	210,3	208,9	207,6
83	206,2	204,8	203,5	202,2	200,8	199,5	198,2	196,9	195,6	194,3
84	193,1	191,8	190,5	189,3	188,1	186,8	185,6	184,4	183,2	182,0
85	180,8	179,6	178,4	177,2	176,1	174,9	173,8	172,6	171,5	170,4
86	169,3	168,2	167,1	166,0	164,9	163,8	162,7	161,6	160,6	159,5
87	158,5	157,5	156,4	155,4	154,4	153,4	152,4	151,4	150,4	149,4
88	148,4	147,4	146,5	145,5	144,5	143,6	142,7	141,7	140,8	139,9
89	138,9	138,0	137,1	136,2	135,3	134,5	133,6	132,7	131,8	131,0
90	130,1	129,2	128,4	127,6	126,7	125,9	125,1	124,2	123,4	122,6
91	121,8	121,0	120,2	119,4	118,7	117,9	117,1	116,3	115,6	114,8
92	114,1	113,3	112,6	111,8	111,1	110,4	109,6	108,9	108,2	107,5

Tabelle 114: Flächenbezogene Gesamtmasse m'_{ges} beim äquivalenten Norm-Trittschallpegel $L_{n,eq,0,w}$ (DIN 4109-32) (Fortsetzung)

Äquivalenter Norm-Trittschall-pegel $L_{n,eq,0,w}$ [dB]	**Flächenbezogene Masse m'_{ges} [kg/m²]**									
	Dezimale des äquivalenten Norm-Trittschallpegels $L_{n,eq,0,w}$									
	0,0	**0,1**	**0,2**	**0,3**	**0,4**	**0,5**	**0,6**	**0,7**	**0,8**	**0,9**
93	106,8	106,1	105,4	104,7	104,0	103,3	102,7	102,0	101,3	100,7
94	100,0									
Der äquivalente Norm-Trittschallpegel $L_{n,eq,0,w}$ kann bei Massivdecken mit einschaliger Grundkonstruktion wie folgt berechnet werden: $L_{n,eq,0,w} = 164 - 35 \cdot \lg(m'_{ges}/m'_0)$ mit $m'_0 = 1{,}0$ kg/m². Der Ansatz ist gültig für 100 kg/m² < m'_{ges} < 720 kg/m².										

Die bewertete Trittschallminderung ΔL_w kann für schwimmende Estriche auf Massivdecken nach Gleichung (200) bzw. (202) ermittelt oder den Bild 44 bzw. Bild 45 entnommen werden. Für Bodenbeläge gelten die Werte nach Tabelle 115. Dabei kommen nach DIN 18560-1 mineralisch gebundene Estriche (Zementestrich, Calciumsulfatestrich, Calciumsulfatfließestrich, Magnesiaestrich), Gussasphaltestriche und Kunstharzestriche sowie Fertigteilestriche zur Ausführung.

Für schwimmend verlegte Zement-, Calciumsulfat-, Calciumsulfatfließ-, Magnesia- und Kunstharzestriche auf Dämmschichten aus Trittschall-Dämmstoffen nach DIN 4108-10, Anwendungskurzzeichen DES, sind die Werte der bewerteten Trittschallminderung ΔL_w nach Gleichung (200) zu ermitteln:

$$\Delta L_w = 13 \cdot \lg(m') - 14{,}2 \cdot \lg(s') + 20{,}8 \tag{200}$$

mit:

ΔL_w bewertete Trittschallminderung, in dB

m' flächenbezogene Masse der Estrichplatte, in kg/m²

s' dynamische Steifigkeit der Dämmschicht, in MN/m³.

Gleichung (200) gilt für flächenbezogene dynamische Steifigkeiten s' der Dämmschicht im Bereich 6 MN/m³ ≤ s' ≤ 50 MN/m³ und für flächenbezogene Massen der Estrichplatte im Bereich 60 kg/m² ≤ m' ≤ 160 kg/m².

Diese Zusammenhänge sind für exemplarisch ausgewählte Werte in Bild 44 dargestellt.

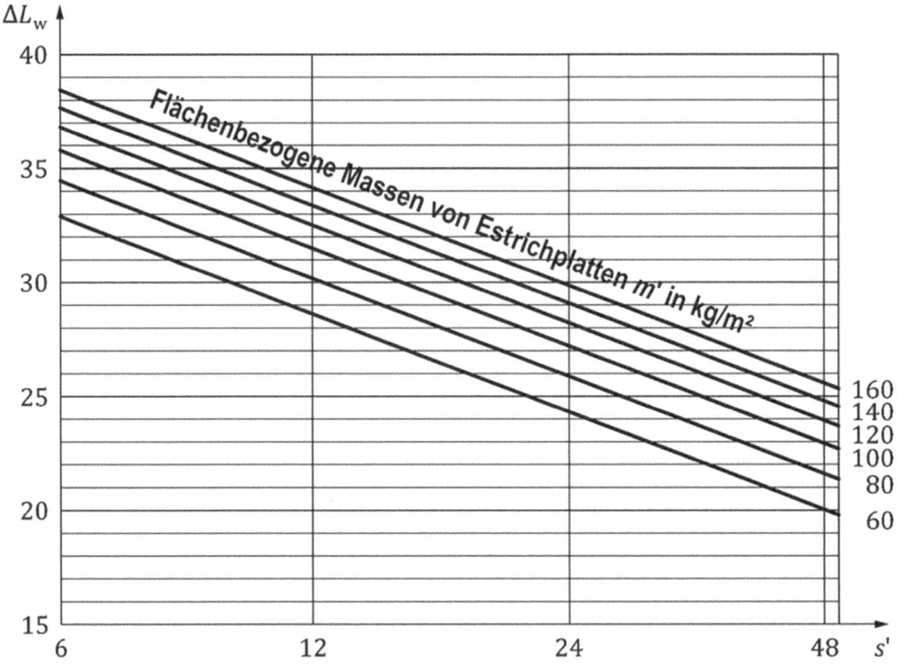

Bild 44: Bewertete Trittschallminderung ΔL_w schwimmend verlegter Zement-, Calciumsulfat-, Calciumsulfatfließ-, Magnesia- und Kunstharzestriche für exemplarische Werte der flächenbezogenen Masse m′ der Estrichplatte sowie der dynamischen Steifigkeit der Trittschalldämmung s′

Werden zwei übereinanderliegende Trittschall-Dämmschichten verwendet, berechnet sich die resultierende dynamische Steifigkeit s' nach Gleichung (201):

$$s'_{\text{tot}} = \left(\sum_{j=1}^{N} \frac{1}{s'_j} \right)^{-1} \tag{201}$$

mit:

s'_{tot} resultierende dynamische Steifigkeit, in MN/m³

s'_j dynamische Steifigkeit der einzelnen Dämmschichten, in MN/m³

Gleichung (201) gilt nur, wenn die jeweilige Dämmschicht die gesamte Deckenfläche ohne Unterbrechungen oder Einschnitte (z. B. durch Heizungsrohre, elektrische Leitungen u. Ä.) bedeckt. Wird die Dämmlage unterbrochen, ist nur die dynamische Steifigkeit der durchgehend verlegten Dämmschicht zu berücksichtigen.

Für schwimmende Gussasphalt- und Fertigteilestriche auf Dämmschichten aus Trittschall-Dämmstoffen nach DIN 4108-10, Anwendungskurzzeichen DES, und nach DIN 18560-2 sind die Werte für die bewertete Trittschallminderung ΔL_w nach Gleichung (202) zu ermitteln:

$$\Delta L_w = \left(-0{,}21 \cdot m' - 5{,}45\right) \cdot \lg\left(s'\right) + 0{,}46 \cdot m' + 23{,}8 \tag{202}$$

mit:

ΔL_w bewertete Trittschallminderung, in dB

m' flächenbezogene Masse der Estrichplatte, in kg/m²

s' dynamischen Steifigkeit der Dämmschicht, in MN/m³.

Gleichung (202) gilt

- für Fertigteilestriche mit einer flächenbezogenen dynamischen Steifigkeit s' der Dämmschicht im Bereich von $15\ \text{MN/m}^3 \leq s' \leq 40\ \text{MN/m}^3$ und für flächenbezogene Massen der Estrichplatte im Bereich $15\ \text{kg/m}^2 \leq m' \leq 40\ \text{kg/m}^2$,
- für einlagige Gussasphaltestriche nach DIN 18560-2 mit einer flächenbezogenen dynamischen Steifigkeit s' der Dämmschicht im Bereich $15\ \text{MN/m}^3 \leq s' \leq 50\ \text{MN/m}^3$ und für flächenbezogene Massen der Estrichplatte im Bereich $58\ \text{kg/m}^2 \leq m' \leq 87\ \text{kg/m}^2$.

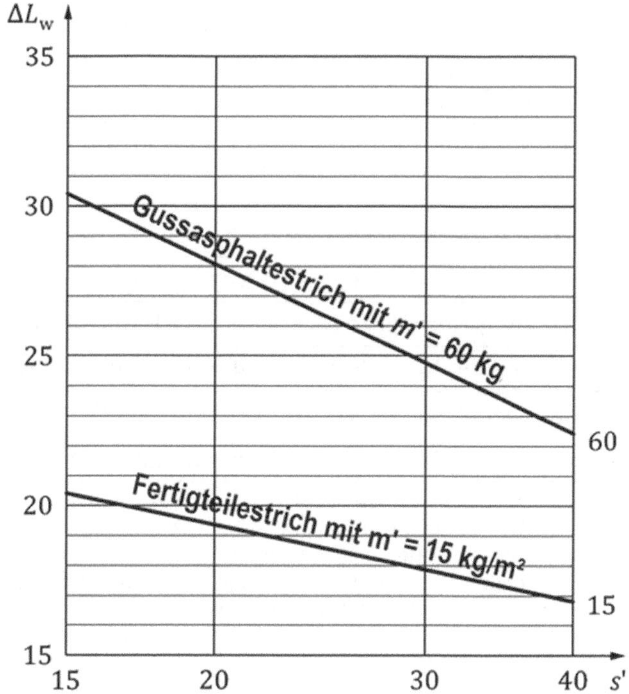

Bild 45: Bewertete Trittschallminderung ΔL_w schwimmend verlegter Gussasphalt- bzw. Fertigteilestriche für exemplarische Werte der flächenbezogenen Masse m' der Estrichplatte sowie der dynamischen Steifigkeit der Trittschalldämmung s'

Weichfedernde Bodenbeläge verbessern nur die Trittschalldämmung, nicht jedoch die Luftschalldämmung.

Die in Tabelle 115 aufgeführten Werte der bewerteten Trittschallminderung ΔL_w weichfedernder Bodenbeläge sind nur gültig in Zusammenhang mit massiven Decken nach DIN 4109-32:2016-07.

Tabelle 115: Bewertete Trittschallminderung ΔL_w weichfedernder Bodenbelägen bei Massivdecken (DIN 4109-34)

Spalte	**1**	**2**
Zeile	**Deckenauflagen bzw. weichfedernde Bodenbeläge**	**ΔL_w [dB]**
1	Linoleum Verbundbelag nach DIN EN 687	14[1)] [2)]
PVC Verbundbeläge		
2	PVC Verbundbelag mit genageltem Jutefilz als Träger nach DIN EN 650	13[1)] [2)]
3	PVC Verbundbelag mit Korkment als Träger nach DIN EN 652	16[1)] [2)]
4	PVC Verbundbelag mit Unterschicht aus Schaumstoff nach DIN EN 651	16[1)] [2)]
5	PVC Verbundbelag mit Synthesefaser-Vliesstoff als Träger nach DIN EN 650	13[1)] [2)]
Textile Fußbodenbeläge nach DIN ISO 2424[3)]		
6	Nadelvlies, Dicke = 5 mm	20
Polteppiche[4)]		
7	Unterseite geschäumt, Normdicke α_{20} = 4 mm nach ISO 1765	19
8	Unterseite geschäumt, Normdicke α_{20} = 6 mm nach ISO 1765	24
9	Unterseite geschäumt, Normdicke α_{20} = 8 mm nach ISO 1765	28
10	Unterseite ungeschäumt, Normdicke α_{20} = 4 mm nach ISO 1765	19
11	Unterseite ungeschäumt, Normdicke α_{20} = 6 mm nach ISO 1765	21
12	Unterseite ungeschäumt, Normdicke α_{20} = 8 mm nach ISO 1765	24

1) Die Bodenbeläge müssen durch Hinweis auf die jeweilige Norm gekennzeichnet sein. Die maßgebliche bewertete Trittschallminderung ΔL_w muss auf dem Erzeugnis oder der Verpackung angegeben sein.
2) Die in den Zeilen 1 bis 5 angegebenen Werte sind Mindestwerte; sie gelten nur für aufgeklebte Bodenbeläge.
3) DIN EN 10204 ist zu berücksichtigen. Die textilen Bodenbeläge müssen auf dem Produkt oder auf der Verpackung mit dem entsprechenden ΔL_w der Spalte 2 ausgeliefert werden.
4) Pol aus Polyamid, Polypropylen, Polyacrylnitril, Polyester, Wolle und deren Mischungen.

Wird ein weichfedernder Bodenbelag auf einem schwimmenden Estrich angeordnet, dann ist als ΔL_w nur der höhere Wert – entweder der Fußbodenkonstruktion ohne Bodenbelag oder des weichfedernden Bodenbelags – zu berücksichtigen.

Achtung

Nach DIN 4109-1:2018-01 Abschnitt 4 gilt: Trittschallmindernde, leicht austauschbare Bodenbeläge (z. B. weichfedernde Bodenbeläge nach Tabelle 115, sowie schwimmend verlegte Parkett- und Laminatbeläge) dürfen beim Nachweis im Wohnungsbau nicht angerechnet werden.

Der Einfluss der Flankenübertragung aus dem Senderaum (SR) in den direkt darunterliegenden Empfangsraum (ER) wird durch einen Korrekturwert K in Abhängigkeit von der flächenbezogenen Masse der Massivdecke m'_S und der mittleren flächenbezogenen Masse $m'_{f,i}$ der homogenen massiven flankierenden Bauteile, die nicht mit Vorsatzkonstruktionen belegt sind, berücksichtigt.

Für die Ermittlung der mittleren flächenbezogenen Masse $m'_{f,i}$ der homogenen massiven flankierenden Bauteile, die nicht mit Vorsatzkonstruktionen belegt sind, gilt:

$$m'_{f,m} = \frac{1}{N} \cdot \sum_{j=1}^{N} m'_{f,j} \tag{203}$$

mit:

$m'_{f,j}$ flächenbezogene Masse des jeweiligen nicht verkleideten massiven Flankenbauteils j, in kg/m²;

N Anzahl der nicht verkleideten massiven Flankenbauteile.

Die Berechnung der Korrekturwerte nach den Gleichungen (204) bis (206) kann bei flächenbezogenen Massen der Trenndecke von 100 kg/m² $\leq m'_S \leq$ 900 kg/m² und der flankierenden Bauteile von 100 kg/m² $\leq m'_{f,m} \leq$ 500 kg/m² verwendet werden.

Bei der Ermittlung des Korrekturwertes K ist zwischen folgenden Fällen zu unterscheiden:

- Massivdecken ohne Unterdecke

  Unter der Voraussetzung, dass $m'_{f,m} \leq m'_S$ ist, kann der Korrekturwert K nach Gleichung (204) berechnet werden:

  $$K = 0{,}6 + 5{,}5 \cdot \lg\left(\frac{m'_S}{m'_{f,m}}\right) \tag{204}$$

  mit:

  K Korrekturwert für die Flankenübertragung aus dem Senderaum (SR) in den direkt darunterliegenden Empfangsraum, in dB

  m'_S flächenbezogene Masse der Trenndecke ohne schwimmende Auflagen oder Unterdecke, in kg/m²

  $m'_{f,m}$ mittlere flächenbezogene Masse der homogenen massiven flankierenden Bauteile, die nicht mit Vorsatzkonstruktionen belegt sind, in kg/m².

  Für $m'_{f,m} > m'_S$ gilt:

  $$K = 0 \text{ dB} \tag{205}$$

- Massivdecke mit Unterdecke

  Unter der Voraussetzung, dass $m'_{f,m} \leq m'_S$ ist, kann der Korrekturwert K nach Gleichung (206) berechnet werden:

$$K = -5{,}3 + 10{,}2 \cdot \lg\left(\frac{m'_s}{m'_{f,m}}\right) \tag{206}$$

mit:

K Korrekturwert für die Flankenübertragung aus dem Senderaum (SR) in den direkt darunterliegenden Empfangsraum, in dB

m'_s flächenbezogene Masse der Trenndecke ohne schwimmende Auflagen oder Unterdecke, in kg/m²

$m'_{f,m}$ mittlere flächenbezogene Masse der homogenen massiven flankierenden Bauteile, die nicht mit Vorsatzkonstruktionen belegt sind, in kg/m².

Für $m'_{f,m} > m'_S$ gilt:

$$K = 0 \text{ dB} \tag{207}$$

Die nach Gleichung (206) ermittelten Korrekturwerte K können bei Unterdecken mit einer bewerteten Verbesserung der Luftschalldämmung von $\Delta R_w \geq 10$ dB angewendet werden.

10.3.2 Massivdecken in Gebäuden in Massivbauweise und einer Trittschallanregung im Senderaum (SR) in den nicht direkt darunterliegenden Empfangsraum (ER)

Der bewertete Norm-Trittschallpegel $L'_{n,w}$ kann bei Massivdecken mit Grundkonstruktion, die als einschalig einzustufen sind, aus dem äquivalenten bewerteten Norm-Trittschallpegel $L_{n,eq,0,w}$ der Rohdecke und der bewerteten Trittschallminderung ΔL_w durch eine Deckenauflage berechnet werden.

Dabei gilt für die Berechnung des bewerteten Norm-Trittschallpegels:

$$L'_{n,w} = L_{n,eq,0,w} - \Delta L_w - K_T \tag{208}$$

mit:

$L_{n,eq,0,w}$ äquivalenter bewerteter Norm-Trittschallpegel einer Massivdecke mit einschaliger Grundkonstruktion

ΔL_w bewertete Trittschallminderung durch eine Deckenauflage

K_T Korrekturwert für die Trittschallübertragung über die flankierenden Bauteile, wenn der Senderaum (SR) nicht direkt unter dem Empfangsraum (ER) liegt.

Als Massivdecken mit einschaliger Grundkonstruktion gelten die in Teil D Kapitel 9.3.3.4 Bild 33 dargestellten Deckenkonstruktionen. Die flächenbezogene Gesamtmasse m'_{ges} nach Gleichung (199), die einem äquivalenten Norm-Trittschallpegel $L_{n,eq,0,w}$ entspricht, kann Tabelle 114 entnommen werden. Die bewertete Trittschallminderung ΔL_w schwimmend verlegter Estriche kann gemäß den Gleichungen (200) bzw. (202) berechnet oder den Bild 43 bzw. Bild 44 entnommen werden. Für weichfedernde Bodenbeläge sind Angaben zur bewerteten Trittschallminderung ΔL_w in Tabelle 115 enthalten.

Tabelle 116: Korrekturwerte für die Trittschallübertragung über die flankierenden Bauteile, wenn der Senderaum (SR) nicht direkt unter dem Empfangsraum (ER) liegt (DIN 4109-2)

Spalte	**1**		**2**
Zeile	**Lage der Empfangsräume (ER)**		**K_T [dB]**
1	neben oder schräg unter der angeregten Decke	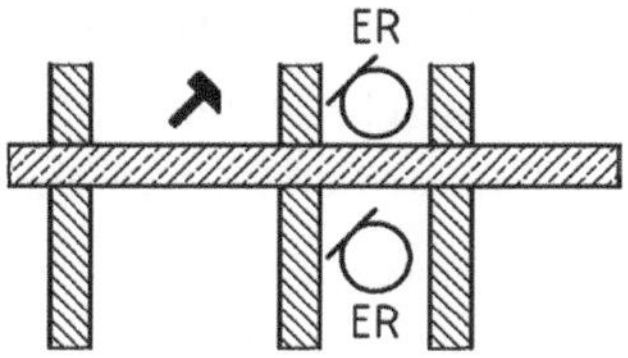	+5[1)]
2	wie Zeile 1, jedoch ein Raum dazwischenliegend	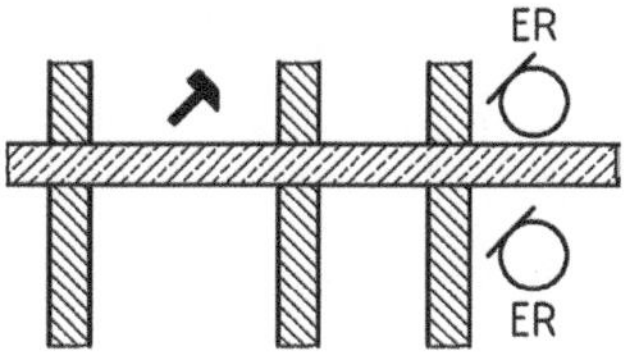	+10[1)]
3	über der angeregten Decke (Gebäude mit tragenden Wänden)	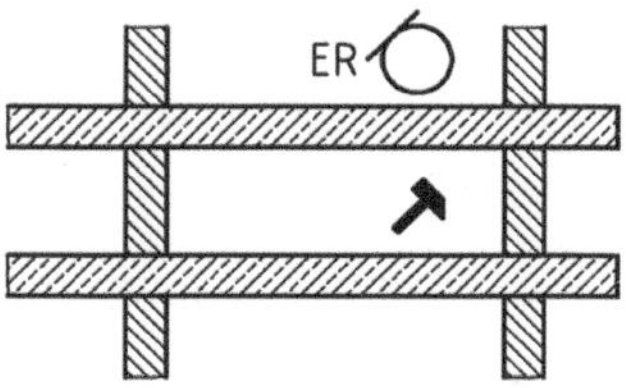	+10[2)]
4	über der angeregten Decke (Skelettbau)	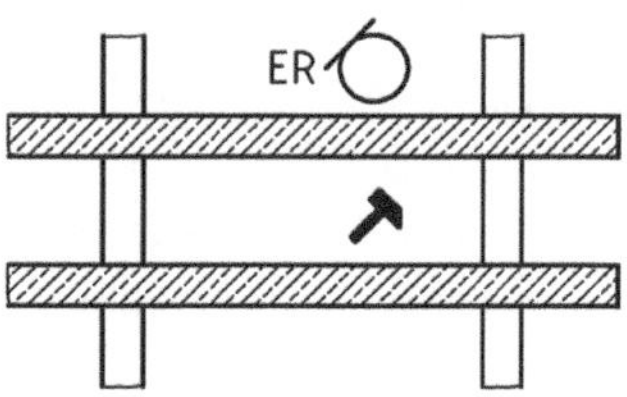	+20
5	über eine Haustrennwand mit zwei biegesteifen Schalen und Trennfuge	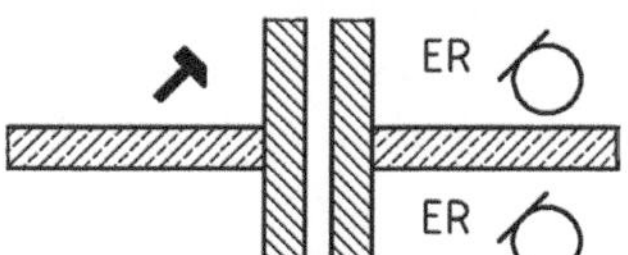	+15[3)]

[1)] Voraussetzung: Zur Sicherstellung einer ausreichenden Stoßstellendämmung müssen die Wände zwischen angeregter Decke und Empfangsraum starr angebunden sein und eine flächenbezogene Masse $m' \geq 150$ kg/m^2 aufweisen.

[2)] Dieser Korrekturwert gilt sinngemäß auch für Bodenplatten.

[3)] Es wird vorausgesetzt, dass die Vorgaben über die Ausbildung der Trennfuge nach Kapitel 9.4 eingehalten werden.

10.3.3 Massive Treppen an massiven ein- oder zweischaligen Treppenraumwänden

Bei massiven Treppen (Lauf und Podest) an massiven ein- oder zweischaligen Treppenraumwänden kann der bewertete Norm-Trittschallpegel $L'_{n,w}$ nach Gleichung (209) ermittelt werden:

$$L'_{n,w} = L_{n,eq,0,w} - \Delta L_{w} \qquad (209)$$

mit:

$L_{n,eq,0,w}$ äquivalenter bewerteter Norm-Trittschallpegel

$L'_{n,w}$ bewertete Trittschallminderung eines schwimmend verlegten Estrichs oder eines trittschallmindernden Bodenbelags

Eine Übersicht über bewertete Norm-Trittschallpegel $L'_{n,w}$ massiver Treppen – bezogen auf einen unmittelbar angrenzenden schutzbedürftigen Raum – bzw. über bewertete äquivalente Norm-Trittschallpegel $L_{n,eq,0,w}$ massiver Treppen ist in Tabelle 117 enthalten.

Bei der Ermittlung des bewerteten Norm-Trittschallpegels $L'_{n,w}$ von massiven Treppen ist zu unterscheiden, ob die Treppe (Lauf oder Podest)

- ohne einen schwimmend verlegten Estrich bzw. ohne zusätzliche trittschallmindernde Bodenbeläge
- mit einem schwimmend verlegten Estrich bzw. mit zusätzlichen trittschallmindernden Bodenbelägen

ausgeführt wird.

Falls – wie im ersten Fall dargestellt – kein zusätzlicher schwimmend verlegter Estrich oder trittschalldämmender Bodenbelag vorhanden ist, kann der Wert des bewerteten Norm-Trittschallpegels $L'_{n,w}$ direkt aus Tabelle 117 übernommen werden (also ohne Berechnung nach Gleichung (209). Wird dagegen – nach Fall 2 – ein schwimmend verlegter Estrich oder ein trittschallmindernder Bodenbelag eingebaut, dann ist der bewertete Norm-Trittschallpegel $L'_{n,w}$ der Treppe nach Gleichung (209) unter Verwendung des in Tabelle 117 aufgeführten äquivalenten bewerteten Norm-Trittschallpegels $L_{n,eq,0,w}$ zu berechnen.

Tabelle 117: Äquivalenter bewerteter Norm-Trittschallpegel $L_{n,eq,0,w}$ und bewerteter Norm-Trittschallpegel $L'_{n,w}$ von massiven Treppenläufen und Treppenpodesten unter Berücksichtigung der Ausbildung der Treppenraumwand (DIN 4109-32)

Spalte	**1**	**2**	**3**
Zeile	**Treppen und Treppenraumwand**	**$L_{n,eq,0,w}$ [dB]**	**$L'_{n,w}$ [dB]**
1	Treppenpodest[1)], fest verbunden mit einschaliger, biegesteifer Treppenraumwand (flächenbezogene Masse ≥ 380 kg/m²)	63	67
2	Treppenlauf[1)], fest verbunden mit einschaliger, biegesteifer Treppenraumwand (flächenbezogene Masse ≥ 380 kg/m²)	63	67

Spalte	1	2	3
Zeile	**Treppen und Treppenraumwand**	$L_{n,eq,0,w}$ **[dB]**	$L'_{n,w}$ **[dB]**
3	Treppenlauf[1)], abgesetzt von einschaliger, biegesteifer Treppenraumwand	60	64
4	Treppenpodest[1)], fest verbunden mit Treppenraumwand, und durchgehender Gebäudetrennfuge nach Kapitel 8.4	≤ 50	≤ 47
5	Treppenlauf[1)], abgesetzt von Treppenraumwand, und durchgehender Gebäudetrennfuge nach Kapitel 8.4	≤ 43	≤ 40
6	Treppenlauf[1)], abgesetzt von Treppenraumwand, und durchgehender Gebäudetrennfuge nach Kapitel 8.4, auf Treppenpodest elastisch gelagert	35	39
[1)] Gilt für Stahlbetonpodest oder -treppenlauf mit einer Dicke $d \geq 120$ mm.			

Beispiele für Treppenausführungen (ohne zusätzlichen weichfedernden Belag) mit $L'_{n,w} \leq 50$ dB sind in Tabelle 118 dargestellt.

Tabelle 118: Beispielhafte Darstellung zur Planung und Ausführung von Treppenläufen und Podesten (DIN 4109-32)

Zeile	1	2
Spalte	**Treppenpodeste mit schwimmendem Estrich**	**Elastisch gelagerte Podestplatte auf Konsolleisten mit umlaufender Trennfuge**
1	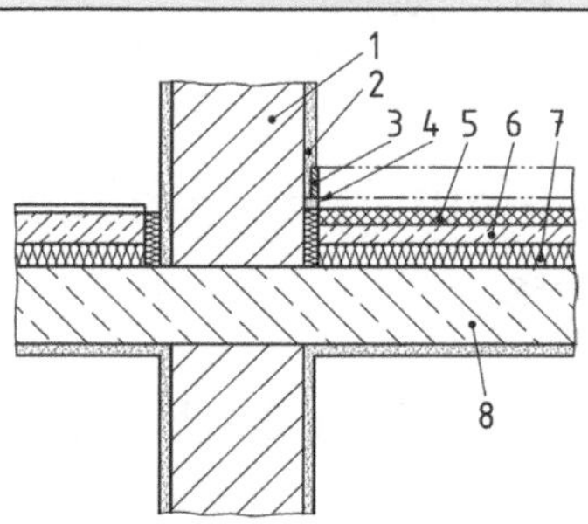	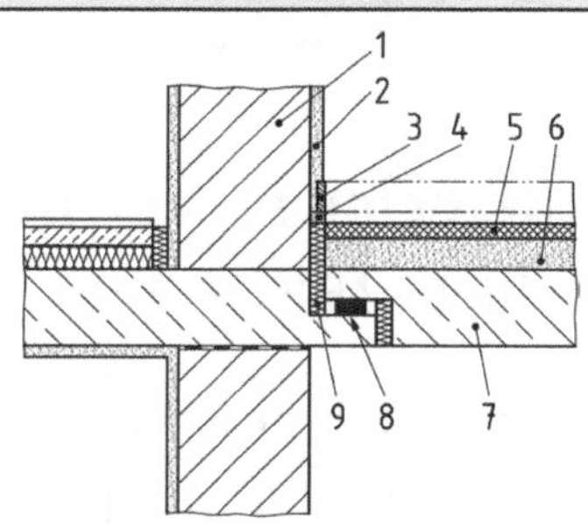
2	Materialien: 1 Mauerwerk 2 Putz 3 Sockelleisten 4 dauerelastische Fugendichtmasse 5 Bodenbelag 6 Estrich 7 Trittschalldämmschicht 8 Massivdecke	Materialien: 1 Mauerwerk 2 Putz 3 Sockelleiste 4 dauerelastische Fugendichtmasse 5 Bodenbelag 6 Mörtelbett 7 Massivdecke 8 elastische Zwischenlage 9 umlaufende Trennfuge

Tabelle 118: Beispielhafte Darstellung zur Planung und Ausführung von Treppenläufen und Podesten (DIN 4109-32) (Fortsetzung)

Zeile	1	2
Spalte	**Treppenpodeste mit schwimmendem Estrich**	**Elastisch gelagerte Podestplatte auf Konsolleisten mit umlaufender Trennfuge**
3	Starr gelagertes Treppenpodest mit schwimmendem Estrich und elastischer Auflagerung der Treppenläufe	
4	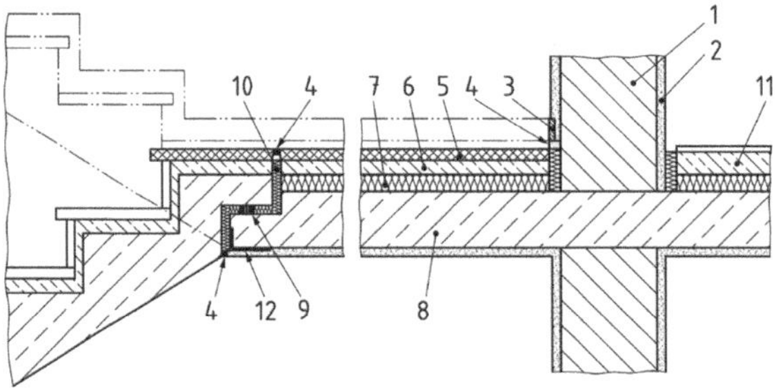	
5	Materialien:	
	1 Mauerwerk 2 Putz 3 Sockelleiste 4 dauerelastische Fugendichtmasse 5 Bodenbelag 6 Estrich	7 Trittschalldämmschicht 8 Massivdecke 9 elastisches Lager 10 Trennfuge 11 Estrich 12 Winkel

10.4 Berechnung der Trittschalldämmung in Gebäuden des Holz-, Leicht- und Trockenbaus

10.4.1 Bewerteter Norm-Trittschallpegel leichter Decken bei übereinanderliegenden Räumen

Bei Decken in Holzbauweise erfolgt die Berechnung des bewerteten Norm-Trittschallpegels $L'_{n,w}$ bei einer Übertragung in den direkt darunterliegenden Raum (vertikaler Übertragungsweg) analog zur Vorgehensweise beim Massivbau. Jedoch muss bei Decken in Holzbauweise zusätzlich zur Flankenübertragung auf dem Weg Df – berücksichtigt im Korrekturwert K_1 – auch der Flanenübertragungsweg DFf – ausgedrückt im Korrekturwert K_2 – berücksichtigt werden. Die Berechnung erfolgt nach Gleichung (210). Eine eigenständige Berücksichtigung der Trittschallminderung durch Fußbodenaufbauten und Unterkonstruktionen ist für Decken in Holz- und Leichtbauweise nicht vorgesehen. Die bewerteten Norm-Trittschallpegel $L_{n,w}$ für die Gesamtkonstruktion der Decke können denTabellen 119 bis 127 entnommen werden.

$$L'_{n,w} = L_{n,w} + K_1 + K_2 \tag{210}$$

Mit:

$L'_{n,w}$ bewerteter Norm-Trittschallpegel der Holzdecke

$L_{n,w}$ bewerteter Norm-Trittschallpegel der Holzdecke ohne Flankenübertragung nach Tabelle 119 bis Tabelle 127

K_1 Korrekturwert zur Berücksichtigung der Flankenübertragung auf dem Weg Df, siehe Tabelle 128

K_2 Korrekturwert zur Berücksichtigung der Flankenübertragung auf dem Weg DFf, siehe Tabelle 129.

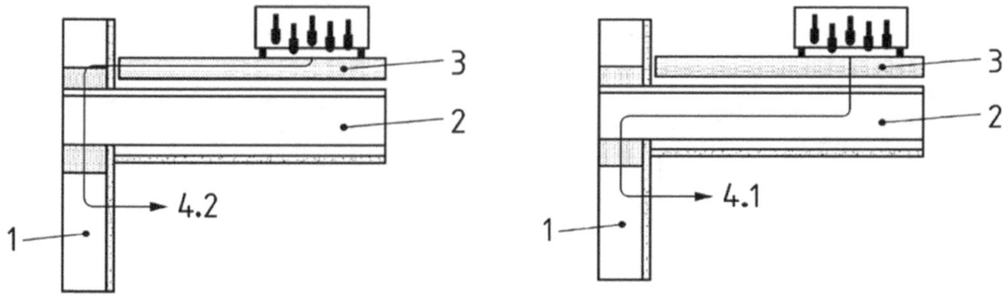

mit: 1 Wand
2 Decke
3 schwimmender Estrich
4.1 Übertragungsweg Df mit Korrekturwert K_1
4.2 Übertragungsweg DFf mit Korrekturwert K_2

Bild 46: Flankenübertragung auf dem Weg Dfc– Flankenübertragung auf dem Weg DFf

Beim Einsatz von Holzbalkendecken wird eine vollständig schallbrückenfreie Verlegung des Estrichs in der Fläche und am Rand vorausgesetzt.

Die in den Tabelle 119 bis Tabelle 127 angebenen Dicken von Tritschalldämmschichten oder von Beschwerungen stellen jeweils nur ein Mindestmaß dar. Zur Beschwerung der Rohdecken können alternativ zu Plattenmaterialien auch trockene Schüttungen verwendet werden.

Tabelle 119: Bewerteter Norm-Trittschallpegel $L_{n,w}$ von Holzbalkendecken mit Aufbauten aus mineralisch gebundenen Estrichen und Rohdeckenbeschwerungen (DIN 4109-33)

Spalte	**1**	**2**		**3**
Zeile	**Schnitt, vertikal**	**Konstruktionsdetails**		$L_{n,w}$ **[dB]**
		[mm]	**Bauteilbeschreibung**	
1	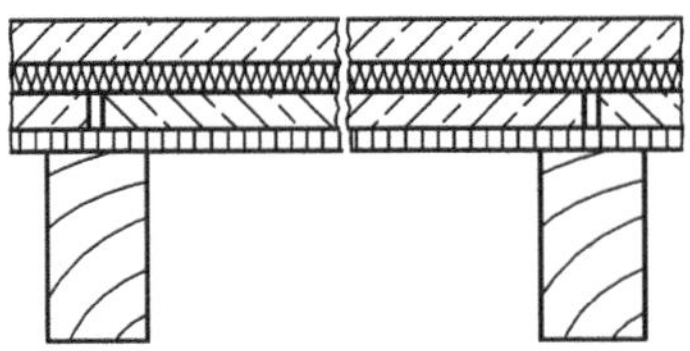	≥ 50	Estrich [1]	47
		≥ 40	Mineralwolledämmplatte MW ($s' \leq 6$ MN/m³; Anwendungsgebiet DES-sh) [2]	
		≥ 40	Betonsteinbeschwerung ($m' \geq 100$ kg/m²) [3]	
		22	Holzwerkstoffplatte HW [4]	
		220	Balken [5]	
2	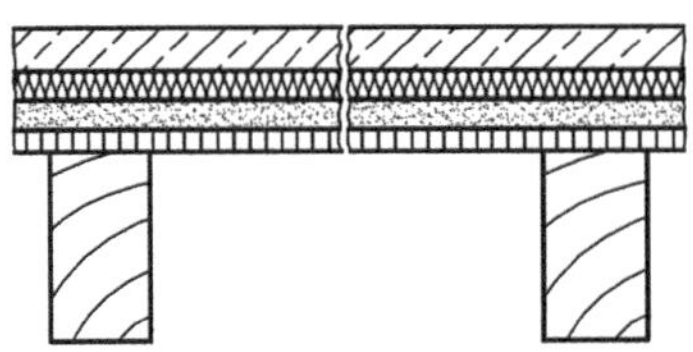	≥ 50	Estrich [1]	50
		≥ 40	Mineralwolledämmplatte MW ($s' \leq 6$ MN/m³; Anwendungsgebiet DES-sh) [2]	
		≥ 30	Schüttung [6], ($m' \geq 45$ kg/m²) Rieselschutz	
		22	Holzwerkstoffplatte HW [4]	
		220	Balken [5]	

[1] Zement-, Magnesia- oder Calciumsulfatestrich nach DIN 18560 mit flächenbezogener Masse $m' \geq 120$ kg/m².

[2] Mineralwolle-Dämmplatte MW mit Anwendungsgebiet nach Einsatzbereich: Für mineralisch gebundene Estriche: DES-sh; mit der angegebenen dynamischen Steifigkeit s'.

[3] Betonplatten mit Flächenmaßen von ≤ 300 mm × 300 mm und einer Rohdichte von $\rho \geq 2500$ kg/m³; Restfeuchte ≤ 1,8 %; auf Rohdecke verklebt oder in Sandbett gelagert.

[4] Spanplatte SP, OSB-Verlegeplatte oder BFU-Platte der Dicke 18 mm bis 25 mm, bei offener Holzbalkendecke alternativ 28 mm Sichtschalung + 12 mm BFU-Platte. Zusätzliche Verkleidungen der Holzwerkstoffplatten aus GK, GF oder Sichtschalungen NFS im Balkenzwischenraum sind direkt auf die Holzwerkstoffplatte aufzubringen (ohne zusätzlichen Hohlraum).

[5] Tragkonstruktion nach Statik je nach Deckentyp: Balken aus Vollholz oder Brettschichtholz; Mindestmaße 60 mm × 180 mm, alternativ auch Stegträger der Höhe 240 mm bis 406 mm; Achsabstand e ≥ 625 mm.

[6] Trockenes Schüttgut mit einer Schüttdichte $\rho \geq 1500$ kg/m3; Restfeuchte ≤ 1,8 %; gegen Verrutschen gesichert mittels Pappwaben, Sandmatten, Lattengitter (Feldgröße etwa 800 mm × 800 mm), o. Ä.

Tabelle 120: Bewerteter Norm-Trittschallpegel $L_{n,w}$ von Holzbalkendecken mit Aufbauten aus Fertigteilestrichen und Rohdeckenbeschwerungen (DIN 4109-33)

Spalte	1	2		3
Zeile	**Schnitt, vertikal**	**Konstruktionsdetails**		$L_{n,w}$ **[dB]**
		[mm]	**Bauteilbeschreibung**	
1	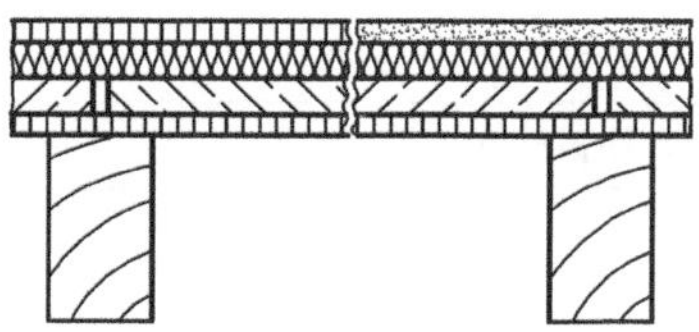	≥ 25	Spanplatte SP oder Gipsplatte GK [1]	54
		≥ 25	Mineralwolledämmplatte MW ($s' \leq 15$ MN/m³; Anwendungsgebiet DES-sm) [2] oder 60 mm Holzfaserdämmplatte WF ($s' \leq$ 20 MN/m³; Anwendungsgebiet DES-sg) [3]	
		≥ 60	Betonsteinbeschwerung ($m' \geq 150$ kg/m²) [4]	
		22	Holzwerkstoffplatte HW [5]	
		220	Balken [6]	
2	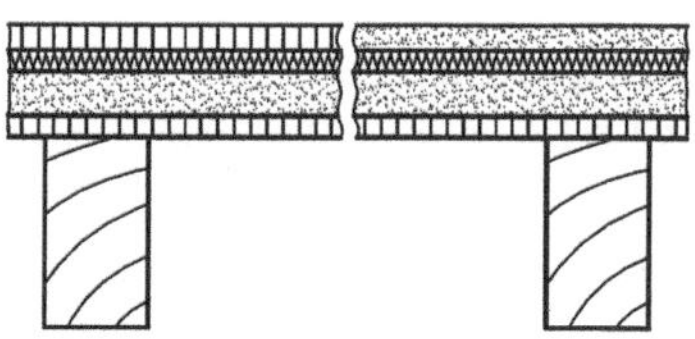	≥ 25	Gipsfaserplatte GF oder zementgebundene Spanplatte ZSP [7]	57
		≥ 20	Holzfaserdämmplatte WF ($s' \leq 24$ MN/m³; Anwendungsgebiet DES-sg) [3]	
		≥ 60	Schüttung [8], ($m' \geq 90$ kg/m²) Rieselschutz	
		22	Holzwerkstoffplatte HW [5]	
		220	Balken [6]	

1) Fertigteilestrichelement aus Gipsplatte GK oder Gipsfaserplatte GF oder Holzwerkstoffplatte HW, $m' \geq 15$ kg/m²
2) Mineralwolle MW mit Anwendungsgebiet nach Einsatzbereich: für mineralisch gebundene Estriche: DES-sh; mit der angegebenen dynamischen Steifigkeit s'
3) Holzfaser WF mit Anwendungsgebiet nach Einsatzbereich: für mineralisch gebundene Estriche: DES-sg und der angegebenen dynamischen Steifigkeit s'
4) Betonplatten mit Flächenmaßen von ≤ 300 mm × 300 mm und einer Rohdichte von $\rho \geq 2500$ kg/m³; Restfeuchte ≤ 1,8 %; auf Rohdecke verklebt oder in Sandbett gelagert
5) Spanplatte SP, OSB-Verlegeplatten oder BFU-Platten der Dicke 18 mm bis 25 mm, bei offener Holzbalkendecke alternativ 28 mm Sichtschalung HFS + 12 mm BFU-Platte. Zusätzliche Verkleidungen der Holzwerkstoffplatten aus Gipsplatten GK oder Sichtschalungen NFS im Balkenzwischenraum sind direkt auf die Holzwerkstoffplatte aufzubringen (ohne zusätzlichen Hohlraum).
6) Tragkonstruktion nach Statik je nach Deckentyp: Balken aus Vollholz oder Brettschichtholz; Mindestmaße 60 mm × 180 mm, alternativ auch Stegträger der Höhe 240 mm bis 406 mm; Achsabstand ≥ 625 mm
7) Fertigteilestrichelement aus Gipsfaserplatten GF oder zementgebundenen Spanplatten ZSP, $m' \geq 29$ kg/m²
8) Trockenes Schüttgut mit einer Schüttdichte $\rho \geq 1500$ kg/m³; Restfeuchte ≤ 1,8 %; gegen Verrutschen gesichert mittels Pappwaben, Sandmatten, Lattengitter (Feldgröße etwa 800 mm × 800 mm) o. Ä.

Tabelle 121: Bewerteter Norm-Trittschallpegel $L_{n,w}$ von Holzbalkendecken mit Aufbauten aus mineralisch gebundenen Estrichen (DIN 4109-33)

Spalte	**1**	**2**		**3**
Zeile	**Schnitt, vertikal**	**Konstruktionsdetails**		$L_{n,w}$ **[dB]**
		[mm]	**Bauteilbeschreibung**	
1	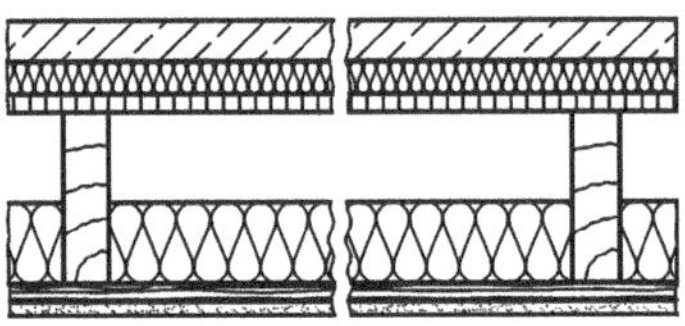	≥ 50	Estrich [1)]	54
		≥ 40	Mineralwolledämmplatte MW ($s' \leq 6$ MN/m³; Anwendungsgebiet DES-sh) [2)]	
		22	Holzwerkstoffplatte HW [3)]	
		220	Balken oder Stegträger [4)]	
		100	Hohlraumdämpfung [2)]	
		24	Lattung [5)]	
		12,5	Gipsplatte GK [6)]	

1) Zement-, Magnesia- oder Calciumsulfatestrich nach DIN 18560 mit flächenbezogener Masse $m' \geq 120$ kg/m².
2) Mineralwolle-Dämmplatte MW oder Holzfaser WF mit Anwendungsgebiet nach Einsatzbereich und der angegebenen dynamischen Steifigkeit s':
- Für mineralisch gebundene Estriche: MW mit DES-sh;
- Für Hohlraumdämpfung: MW oder WF mit DZ oder DAD-dk.

3) Spanplatte SP, OSB-Verlegeplatte oder BFU-Platte der Dicke 18 mm bis 25 mm.
4) Tragkonstruktion nach Statik je nach Deckentyp: Balken aus Vollholz oder Brettschichtholz; Mindestmaße 60 mm × 180 mm, alternativ auch Stegträger der Höhe 240 mm bis 406 mm; Achsabstand e ≥ 625 mm.
5) Lattung 24 mm × 48 mm; Achsabstand ≥ 415 mm.
6) Gipsplatte GK, alternativ Gipsfaserplatte GF der Dicke 10 mm.

Tabelle 122: Bewerteter Norm-Trittschallpegel $L_{n,w}$ von Holzbalkendecken mit Aufbauten aus mineralisch gebundenen Estrichen und Rohdeckenbeschwerung (DIN 4109-33)

Spalte	**1**	**2**		**3**
Zeile	**Schnitt, vertikal**	**Konstruktionsdetails**		$L_{n,w}$ **[dB]**
		[mm]	**Bauteilbeschreibung**	
1	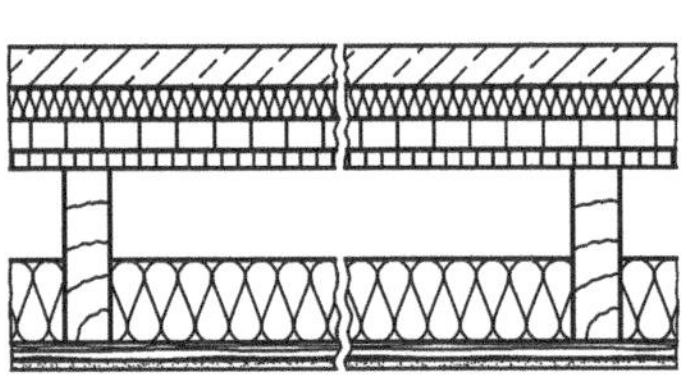	≥ 50	Estrich [1)]	48
		≥ 40	Mineralwolledämmplatte MW ($s' \leq 6$ MN/m³; Anwendungsgebiet DES-sh) [2)]	
		≥ 40	Plattenbeschwerung [3)] ($m' \geq 50$ kg/m²)	
		22	Holzwerkstoffplatte HW [4)]	
		220	Balken oder Stegträger [5)]	
		100	Hohlraumdämpfung [2)]	
		24	Lattung [6)]	
		12,5	Gipsplatte GK [7)]	

Tabelle 122: Bewerteter Norm-Trittschallpegel $L_{n,w}$ von Holzbalkendecken mit Aufbauten aus mineralisch gebundenen Estrichen und Rohdeckenbeschwerung (DIN 4109-33) (Fortsetzung)

Spalte	**1**	**2**		**3**
Zeile	**Schnitt, vertikal**	**Konstruktionsdetails**		**$L_{n,w}$ [dB]**
		[mm]	**Bauteilbeschreibung**	
2	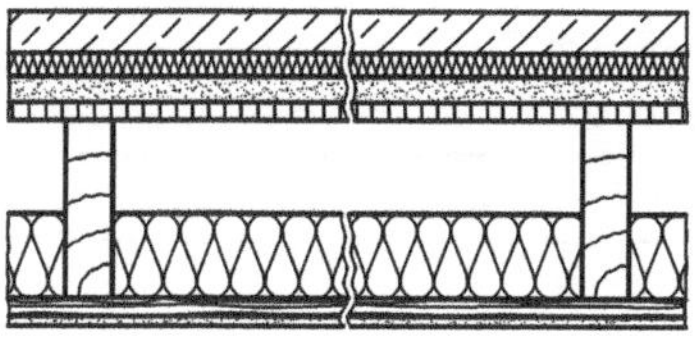	≥ 50	Estrich [1]	46
		≥ 20	Mineralwolledämmplatte MW ($s' \leq 10$ MN/m^3; Anwendungsgebiet DES-sh) [2]	
		≥ 30	Schüttung [8], ($m' \geq 45$ kg/m^2) Rieselschutz	
		22	Holzwerkstoffplatte HW [4]	
		220	Balken oder Stegträger [5]	
		100	Hohlraumdämpfung [2]	
		24	Lattung [6]	
		12,5	Gipsplatte GK [7]	
3	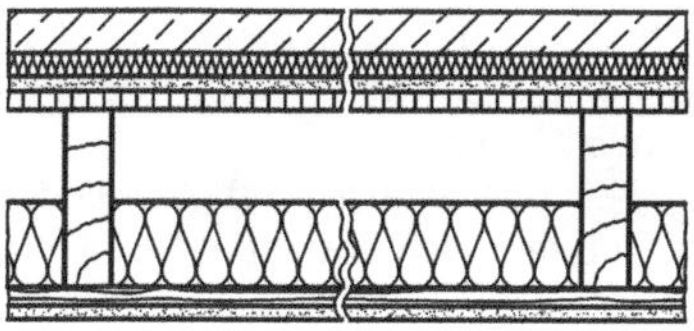	≥ 50	Estrich [1]	51
		≥ 15	Mineralwolledämmplatte MW ($s' \leq 10$ MN/m^3; Anwendungsgebiet DES-sh) [2]	
		≥ 18	Schüttung [8], ($m' \geq 25$ kg/m^2) Rieselschutz	
		22	Holzwerkstoffplatte HW [4]	
		220	Balken oder Stegträger [5]	
		100	Hohlraumdämpfung [2]	
		24	Lattung [6]	
		12,5	Gipsplatte GK [7]	

[1] Zement-, Magnesia- oder Calciumsulfatestrich nach DIN 18560 mit flächenbezogener Masse $m' \geq 120$ kg/m^2.

[2] Mineralwolle-Dämmplatte MW oder Holzfaser WF mit Anwendungsgebiet nach Einsatzbereich und der angegebenen dynamischen Steifigkeit s':
- Für mineralisch gebundene Estriche: MW mit DES-sh;
- Für Hohlraumdämpfung: MW oder WF mit DZ oder DAD-dk.

[3] Plattenmaterial mit einer Rohdichte $\rho \geq 1000$ kg/m^3 (z. B. zementgebundene Spanplatte), Abmessungen und Verlegung entsprechend.

[4] Spanplatte SP, OSB-Verlegeplatte oder BFU-Platte der Dicke 18 mm bis 25 mm, bei offener Holzbalkendecke alternativ 28 mm Sichtschalung + 12 mm BFU-Platte. Zusätzliche Verkleidungen der Holzwerkstoffplatten aus GK, GF oder Sichtschalungen NFS im Balkenzwischenraum sind direkt auf die Holzwerkstoffplatte aufzubringen (ohne zusätzlichen Hohlraum).

[5] Tragkonstruktion nach Statik je nach Deckentyp: Balken aus Vollholz oder Brettschichtholz; Mindestmaße 60 mm × 180 mm, alternativ auch Stegträger der Höhe 240 mm bis 406 mm; Achsabstand e ≥ 625 mm.

[6] Lattung 24 mm × 48 mm; Achsabstand ≥ 415 mm.

[7] Gipsplatte GK, alternativ Gipsfaserplatte GF der Dicke 10 mm.

[8] Trockenes Schüttgut mit einer Schüttdichte $\rho \geq 1500$ kg/m^3; Restfeuchte ≤ 1,8 %; gegen Verrutschen gesichert mittels Pappwaben, Sandmatten, Lattengitter (Feldgröße etwa 800 mm × 800 mm), o. Ä.

Tabelle 123: Bewerteter Norm-Trittschallpegel $L_{n,w}$ von Holzbalkendecken mit Aufbauten aus Fertigteilestrichen und Rohdeckenbeschwerung

Spalte	**1**	**2**		**3**
Zeile	**Schnitt, vertikal**	**Konstruktionsdetails**		**$L_{n,w}$ [dB]**
		[mm]	**Bauteilbeschreibung**	
1	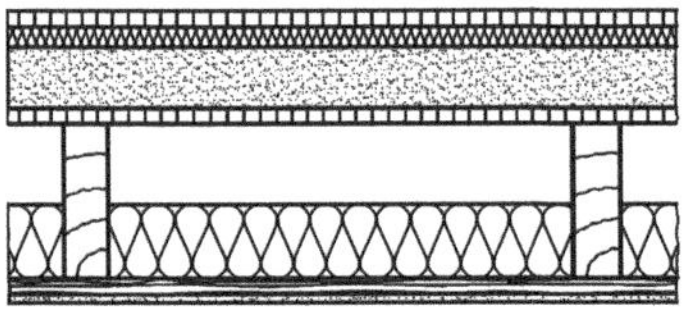	≥ 22	Zementgebundene Spanplatte ZSP oder Gipsfaserplatte GF [1]	55
		≥ 20	Mineralwolledämmplatte MW ($s' \leq 30$ MN/m³; Anwendungsgebiet DES-sm) [2]	
		≥ 60	Schüttung [8], ($m' \geq 90$ kg/m²) Rieselschutz	
		22	Holzwerkstoffplatte HW [4]	
		220	Balken oder Stegträger [5]	
		100	Hohlraumdämpfung [2]	
		24	Lattung [6]	
		12,5	Gipsplatte GK [7]	

[1] Zement-, Magnesia- oder Calciumsulfatestrich nach DIN 18560 mit flächenbezogener Masse $m' \geq 120$ kg/m².

[2] Mineralwolle-Dämmplatte MW oder Holzfaser WF mit Anwendungsgebiet nach Einsatzbereich und der angegebenen dynamischen Steifigkeit s':
- Für Hohlraumdämpfung: MW oder WF mit DZ oder DAD-dk.

[3] Trockenes Schüttgut mit einer Schüttdichte $\rho \geq 1500$ kg/m³; Restfeuchte ≤ 1,8 %; gegen Verrutschen gesichert mittels Pappwaben, Sandmatten, Lattengitter (Feldgröße etwa 800 mm × 800 mm), o. Ä.

[4] Spanplatte SP, OSB-Verlegeplatte oder BFU-Platte der Dicke 18 mm bis 25 mm.

[5] Tragkonstruktion nach Statik je nach Deckentyp: Balken aus Vollholz oder Brettschichtholz; Mindestmaße 60 mm × 180 mm, alternativ auch Stegträger der Höhe 240 mm bis 406 mm; Achsabstand e ≥ 625 mm.

[6] Lattung 24 mm × 48 mm; Achsabstand ≥ 415 mm.

[7] Gipsplatte GK, alternativ Gipsfaserplatte GF der Dicke 10 mm.

Tabelle 124: Bewerteter Norm-Trittschallpegel $L_{n,w}$ von Holzbalkendecken mit Aufbauten aus mineralisch gebundenen Estrichen (DIN 4109-33)

Spalte	**1**	**2**		**3**
Zeile	**Schnitt, vertikal**	**Konstruktionsdetails**		**$L_{n,w}$ [dB]**
		[mm]	**Bauteilbeschreibung**	
1	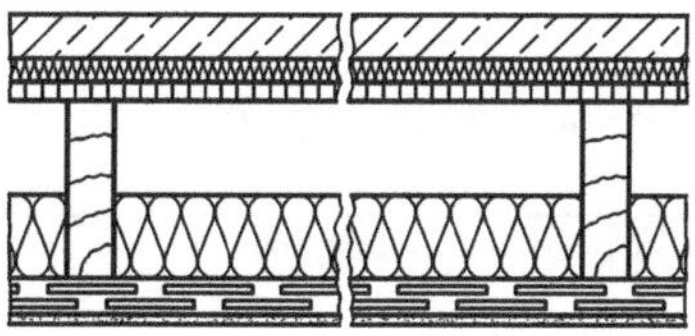	≥ 50	Estrich [1)]	46
		≥ 40	Mineralwolledämmplatte MW ($s' \leq 6$ MN/m³; Anwendungsgebiet DES-sh) [2)]	
		22	Holzwerkstoffplatte HW [3)]	
		220	Balken oder Stegträger [4)]	
		100	Hohlraumdämpfung [2)]	
		27	Federschiene [5)]	
		12,5	Gipsplatte GK [6)]	
2	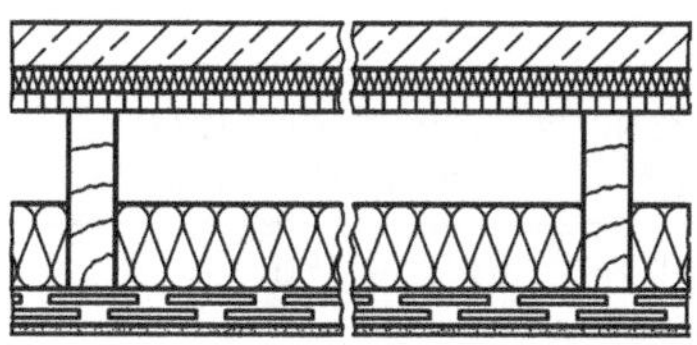	≥ 50	Estrich [1)]	48
		≥ 15	Mineralwolledämmplatte MW ($s' \leq 10$ MN/m³; Anwendungsgebiet DES-sh) [2)]	
		22	Holzwerkstoffplatte HW [3)]	
		220	Balken oder Stegträger [4)]	
		100	Hohlraumdämpfung [2)]	
		27	Federschiene [5)]	
		12,5	Gipsplatte GK [6)]	
3	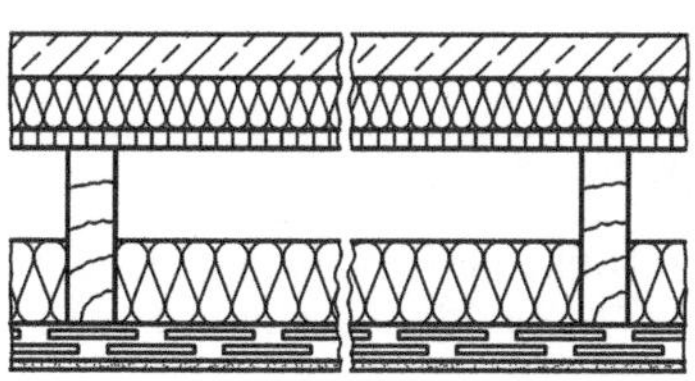	≥ 50	Estrich [1)]	50
		≥ 60	Holzfaserdämmplatte WF (2 Lagen 30 mm, $s'_{ges} \leq 10$ MN/m³; Anwendungsgebiet DES-sg) [2)]	
		22	Holzwerkstoffplatte HW [3)]	
		220	Balken oder Stegträger [4)]	
		100	Hohlraumdämpfung [2)]	
		27	Federschiene [5)]	
		12,5	Gipsplatte GK [6)]	

1) Zement-, Magnesia- oder Calciumsulfatestrich nach DIN 18560 mit flächenbezogener Masse $m' \geq 120$ kg/m².
2) Mineralwolle-Dämmplatte MW oder Holzfaser WF mit Anwendungsgebiet nach Einsatzbereich und der angegebenen dynamischen Steifigkeit s':
- Für mineralisch gebundene Estriche: MW mit DES-sh; WF mit DES-sg;
- Für Hohlraumdämpfung: MW oder WF mit DZ oder DAD-dk.

3) Spanplatte SP, OSB-Verlegeplatte oder BFU-Platte der Dicke 18 mm bis 25 mm.
4) Tragkonstruktion nach Statik je nach Deckentyp: Balken aus Vollholz oder Brettschichtholz; Mindestmaße 60 mm × 180 mm, alternativ auch Stegträger der Höhe 240 mm bis 406 mm; Achsabstand e ≥ 625 mm.
5) Federschiene mit Achsabstand ≥ 415 mm; Montage nach Anwendervorschrift.
6) Gipsplatte GK, alternativ Gipsfaserplatte GF der Dicke 10 mm.

Tabelle 125: Bewerteter Norm-Trittschallpegel $L_{n,w}$ von Holzbalkendecken mit Aufbauten aus mineralisch gebundenen Estrichen und Rohdeckenbeschwerung (DIN 4109-33)

Spalte	1	2		3
Zeile	**Schnitt, vertikal**	**Konstruktionsdetails**		**$L_{n,w}$ [dB]**
		[mm]	**Bauteilbeschreibung**	
1	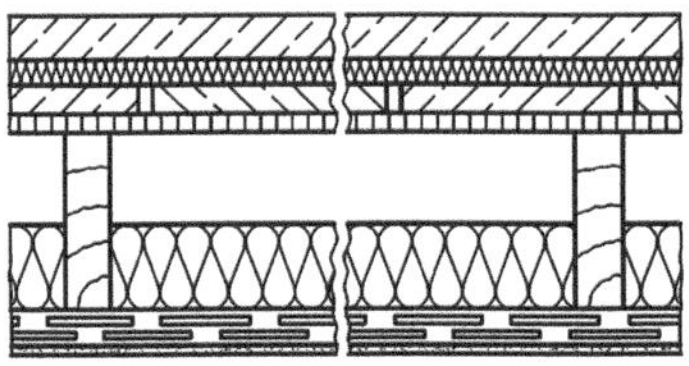	≥ 50	Estrich [1)]	30
		≥ 40	Mineralwolledämmplatte MW ($s' \leq 6$ MN/m³; Anwendungsgebiet DES-sh) [2)]	
		≥ 40	Betonsteinbeschwerung ($m' \geq 100$ kg/m²) [3)]	
		22	Holzwerkstoffplatte HW [4)]	
		220	Balken oder Stegträger [5)]	
		100	Hohlraumdämpfung [2)]	
		27	Federschiene [6)]	
		12,5	Gipsplatte GK [7)]	
2	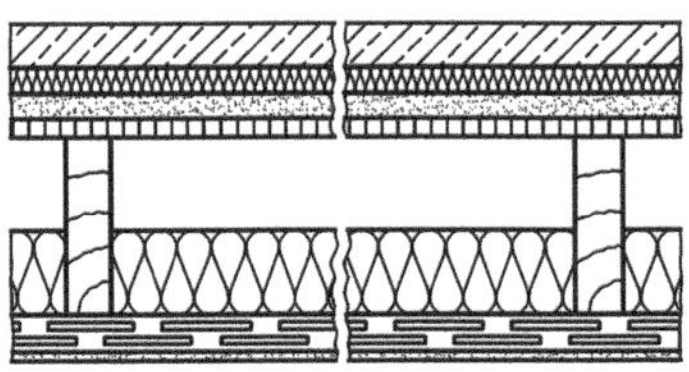	≥ 50	Estrich [1)]	34
		≥ 40	Mineralwolledämmplatte MW ($s' \leq 6$ MN/m³; Anwendungsgebiet DES-sh) [2)]	
		≥ 30	Schüttung [3)], ($m' \geq 45$ kg/m²) Rieselschutz	
		22	Holzwerkstoffplatte HW [4)]	
		220	Balken oder Stegträger [5)]	
		100	Hohlraumdämpfung [2)]	
		27	Federschiene [6)]	
		12,5	Gipsplatte GK [7)]	
3	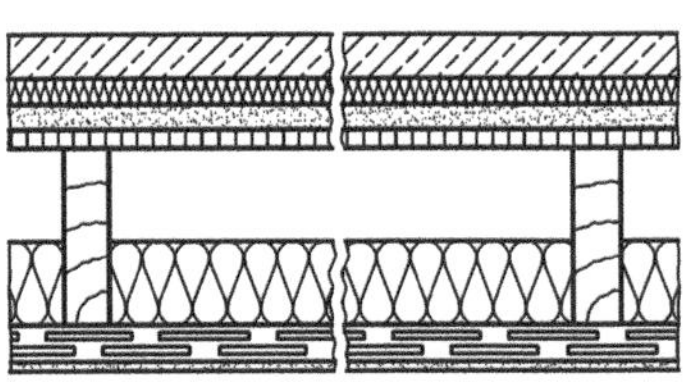	≥ 50	Estrich [1)]	36
		≥ 15	Mineralwolledämmplatte MW ($s' \leq 10$ MN/m³; Anwendungsgebiet DES-sh) [2)]	
		≥ 18	Schüttung [3)], ($m' \geq 45$ kg/m²) Rieselschutz	
		22	Holzwerkstoffplatte HW [4)]	
		220	Balken oder Stegträger [5)]	
		100	Hohlraumdämpfung [2)]	
		27	Federschiene [6)]	
		12,5	Gipsplatte GK [7)]	

Tabelle 125: Bewerteter Norm-Trittschallpegel $L_{n,w}$ von Holzbalkendecken mit Aufbauten aus mineralisch gebundenen Estrichen und Rohdeckenbeschwerung (DIN 4109-33) (Fortsetzung)

Spalte	**1**	**2**		**3**
Zeile	**Schnitt, vertikal**	**Konstruktionsdetails**		$L_{n,w}$ **[dB]**
		[mm]	**Bauteilbeschreibung**	
4	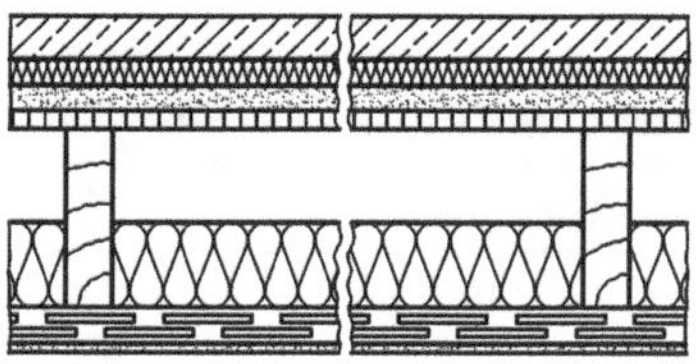	≥ 50	Estrich [1)]	31
		≥ 20	Mineralwolledämmplatte MW ($s' \leq 8$ MN/m^3; Anwendungsgebiet DES-sh) [2)]	
		≥ 60	Schüttung [3)], ($m' \geq 90$ kg/m^2) Rieselschutz)	
		22	Holzwerkstoffplatte HW [4)]	
		220	Balken oder Stegträger [5)]	
		100	Hohlraumdämpfung [2)]	
		27	Federschiene [6)]	
		12,5	Gipsplatte GK [7)]	
5	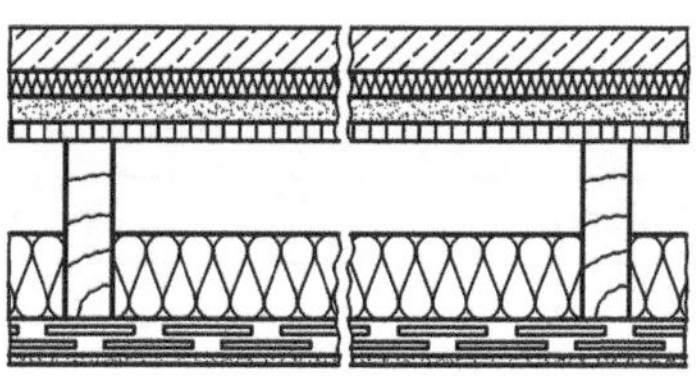	≥ 50	Estrich [1)]	40
		≥ 30	Holzfaserdämmplatte WF ($s' \leq 20$ MN/m^3; Anwendungsgebiet DES-sg) [2)]	
		≥ 50	Schüttung [8)], ($m' \geq 75$ kg/m^2) Rieselschutz	
		22	Holzwerkstoffplatte HW [4)]	
		220	Balken oder Stegträger [5)]	
		100	Hohlraumdämpfung [2)]	
		27	Federschiene [6)]	
		12,5	Gipsplatte GK [7)]	

1) Zement- Magnesia- oder Calciumsulfatestrich nach DIN 18560-2 mit flächenbezogener Masse $m' \geq 120$ kg/m^2.

2) Mineralwolle MW oder Holzfaser WF mit Anwendungsgebiet nach Einsatzbereich und der angegebenen dynamischen Steifigkeit s':
- Für mineralisch gebundene Estriche: MW mit DES-sh; WF mit DES-sg;
- Für Hohlraumdämpfung: MW oder WF mit DZ oder DAD-dk.

3) Trockenes Schüttgut mit einer Schüttdichte $\rho \geq 1500$ kg/m^3; Restfeuchte ≤ 1,8 %; gegen Verrutschen gesichert mittels Pappwaben, Sandmatten, Lattengitter (Feldgröße etwa 800 mm × 800 mm) o. Ä.

4) Spanplatte SP, OSB-Verlegeplatte oder BFU-Platte der Dicken 18 mm bis 25 mm.

5) Tragkonstruktion nach Statik je nach Deckentyp: Balken aus Vollholz oder Brettschichtholz; Mindestmaße 60 mm × 180 mm, alternativ auch Stegträger der Höhe 240 mm bis 406 mm; Achsabstand ≥ 625 mm.

6) Federschiene mit Achsabstand ≥ 415 mm; Montage nach Anwendervorschrift.

7) GK, alternativ GF der Dicke 10 mm.

Tabelle 126: Bewerteter Norm-Trittschallpegel $L_{n,w}$ von Holzbalkendecken mit Aufbauten aus Gussasphaltestrich oder Fertigteilestrich (DIN 4109-33)

Spalte	1	2		3
Zeile	Schnitt, vertikal	Konstruktionsdetails		$L_{n,w}$ [dB]
		[mm]	Bauteilbeschreibung	
1	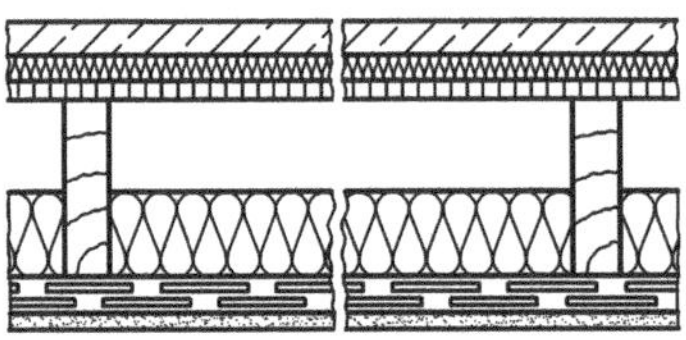	30	Gussasphaltestrich 1)	50
		≥ 25	Mineralwolledämmplatte MW ($s' \leq 30$ MN/m³; Anwendungsgebiet DES-sm) 2) 4) oder Holzfaserdämmplatte WF ($s' \leq 30$ MN/m³; Anwendungsgebiet DES-sg) 2) 4)	
		22	Holzwerkstoffplatte HW 5)	
		220	Balken oder Stegträger 6)	
		100	Hohlraumdämpfung 2)	
		27	Federschiene 8)	
		12,5	Gipsplatte GK 9)	
2	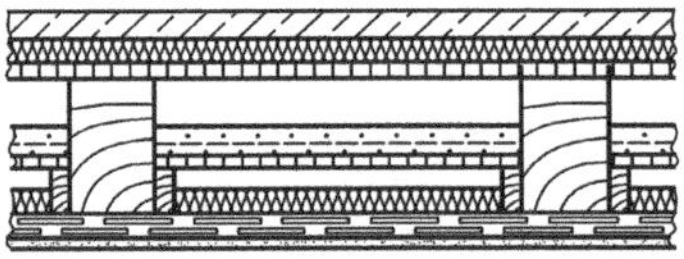	30	Gussasphaltestrich 1)	48
		30	Blähperlite/Mineralwolle Mehrschichtdämmplatte ($s' \leq 30$ MN/m³; Anwendungsgebiet DES-sg) 3)	
		21	Holzdielen 5)	
		180	Holzbalken 6)	
		50	Sandfüllung 7)	
		22	Spanplatte 4) als Einschubboden	
		220	Balken oder Stegträger 5)	
		30	Hohlraumdämpfung 2)	
		27	Federschiene 8)	
		12,5	Gipsplatte GK 9)	
3	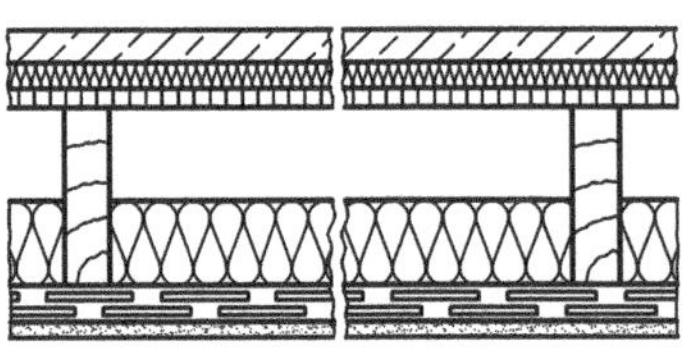	≥ 22	Trockenestrichelement 10)	56
		≥ 25	Mineralwolledämmplatte MW ($s' \leq 10$ MN/m³; Anwendungsgebiet DES-sh) 2)	
		22	Holzwerkstoffplatte HW 5)	
		220	Balken oder Stegträger 6)	
		100	Hohlraumdämpfung 2)	
		27	Federschiene 8)	
		12,5	Gipsplatte GK 9)	

Tabelle 126: Bewerteter Norm-Trittschallpegel $L_{n,w}$ von Holzbalkendecken mit Aufbauten aus Gussasphaltestrich oder Fertigteilestrich (DIN 4109-33) (Fortsetzung)

Spalte	**1**	**2**		**3**
Zeile	**Schnitt, vertikal**	**Konstruktionsdetails**		**$L_{n,w}$ [dB]**
		[mm]	**Bauteilbeschreibung**	
4	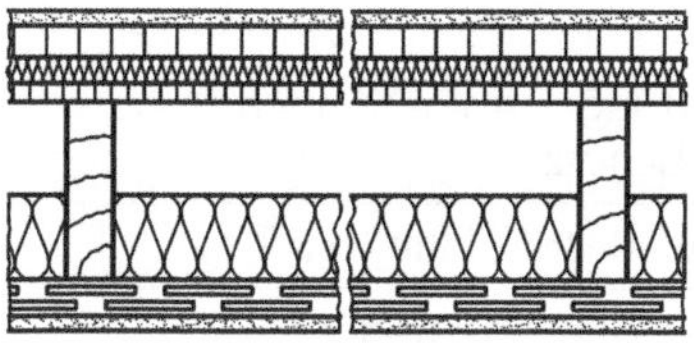	≥ 20	Trockenestrich [10]	48
		≥ 40	Elementierte Beschwerung [11] ($m' \geq 40$ kg/m²)	
		≥ 20	Mineralwolledämmplatte MW ($s' \leq 30$ MN/m³; Anwendungsgebiet DES-sm) [2]	
		22	Holzwerkstoffplatte HW [5]	
		220	Balken oder Stegträger [6]	
		100	Hohlraumdämpfung [2]	
		27	Federschiene [8]	
		12,5	Gipsplatte GK [9]	

[1] Gussasphaltestrich nach DIN 18560-2 mit flächenbezogener Masse $m' \geq 57{,}5$ kg/m² (Nenndicke 25 mm) bzw. $m' \geq 69$ kg/m² (Nenndicke 30 mm).

[2] Mineralwolle MW oder Holzfaser WF mit Anwendungsgebiet nach Einsatzbereich und mit der angegebenen dynamischen Steifigkeit s':
- Für Fertigteilestrich und Gussasphalt: MW mit DES-sm und WF mit DES-sg;
- Für Hohlraumdämpfung: MW oder WF mit DZ oder DAD-dk.

[3] Blähperlit/Mineralwolle Mehrschicht-Trittschalldämmplatte EPB/MW mit Anwendungsgebiet nach Einsatzbereich und mit der angegebenen dynamischen Steifigkeit s': für Gussasphaltestrich: EPB/MW mit DES-sg.

[4] Bei Gussasphaltestrichen müssen nach DIN 18560-2 Trittschalldämmstoffe mit einer temperaturbeständigen, ausreichend dicken und verformungsbeständigen Dämmplatte abgedeckt werden (DEO-ds, d ≥ 13 mm, CS(10) ≥ 200 kPa, CC(i1/i2/10) ≥ 80 kPa).

[5] Spanplatte SP, OSB-Verlegeplatten oder BFU-Platten der Dicke 18 mm bis 25 mm oder Holzdielen der Dicke 21 mm.

[6] Tragkonstruktion nach Statik je nach Deckentyp: Balken aus Vollholz oder Brettschichtholz; Mindestmaße 60 mm × 180 mm, alternativ auch Stegträger der Höhe 240 mm bis 406 mm; Achsabstand ≥ 625 mm.

[7] Trockener Sand mit der Schüttdichte $\rho = 2\,000$ kg/m³.

[8] Federschiene mit Achsabstand ≥ 415 mm; Montage nach Anwendervorschrift.

[9] Gipsplatte GK, alternativ Gipsfaserplatte GF der Dicke 10 mm.

[10] Trockenestrich aus Gipsplatten GK, Gipsfaserplatte GF oder Holzwerkstoff Verlegeplatte HW, $m' \geq 15$ kg/m².

[11] Plattenelemente von ≤ 300 mm × 300 mm und einer Rohdichte von $\rho \geq 1\,000$ kg/m³; lose unter Fertigteilestrich verlegt.

Tabelle 127: Bewerteter Norm-Trittschallpegel $L_{n,w}$ von Holzbalkendecken mit Aufbauten aus Fertigteilestrich und Rohdeckenbeschwerung (DIN 4109-33)

Spalte	1	2		3
Zeile	Schnitt, vertikal	Konstruktionsdetails		$L_{n,w}$ [dB]
		[mm]	Bauteilbeschreibung	
1	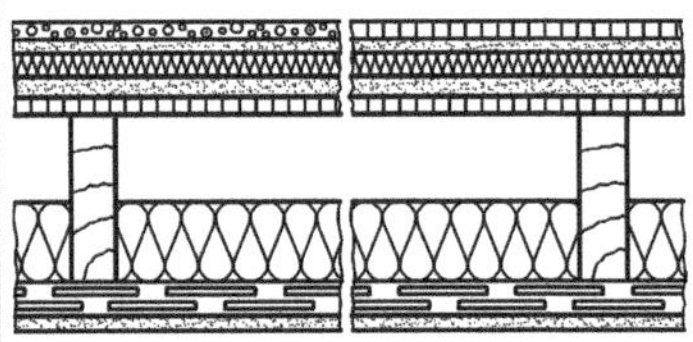	≥ 22	zementgebundene Spanplatte ZSP oder Gipsfaserplatte GF [1]	41
		≥ 20	Mineralwolledämmplatte MW ($s' \leq 30$ MN/m^3; Anwendungsgebiet DES-sm) [2]	
		≥ 30	Schüttung [3], ($m' \geq 45$ kg/m^2) Rieselschutz	
		22	Holzwerkstoffplatte HW [4]	
		220	Balken oder Stegträger [5]	
		100	Hohlraumdämpfung [2]	
		27	Federschiene [6]	
		12,5	Gipsplatte GK [7]	
2	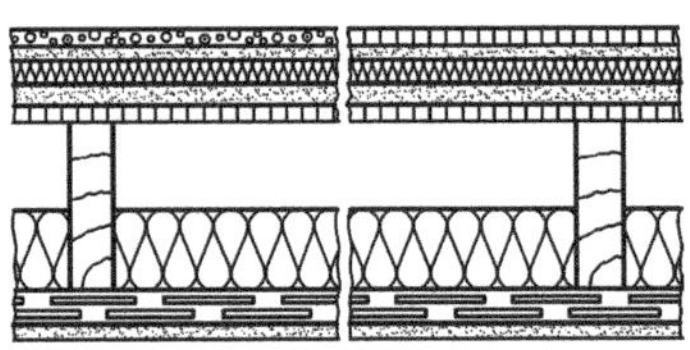	≥ 22	zementgebundene Spanplatte ZSP oder Gipsfaserplatte GF [1]	45
		≥ 20	Holzfaserdämmplatte WF ($s' \leq 30$ MN/m^3; Anwendungsgebiet DES-sg) [2]	
		≥ 30	Schüttung [3], ($m' \geq 45$ kg/m^2) Rieselschutz	
		22	Holzwerkstoffplatte HW [4]	
		220	Balken oder Stegträger [5]	
		100	Hohlraumdämpfung [2]	
		27	Federschiene [6]	
		12,5	Gipsplatte GK [7]	

[1] Fertigteilestrichelement aus Gipsfaserplatten GF oder zementgebundenen Spanplatten ZSP, $m' \geq 29$ kg/m^2.

[2] Mineralwolle MW oder Holzfaser WF mit Anwendungsgebiet nach Einsatzbereich und der angegebenen dynamischen Steifigkeit s':

- Für Fertigteilestriche: MW mit DES-sm und WF mit DES-sg;
- Für Hohlraumdämpfung: MF oder WF mit DZ oder DAD-dk.

[3] Trockenes Schüttgut mit einer Schüttdichte $\rho \geq 1\,500$ kg/m^3; Restfeuchte ≤ 1,8 %; gegen Verrutschen gesichert mittels Pappwaben, Sandmatten, Lattengitter (Feldgröße etwa 800 mm × 800 mm) o. Ä.

[4] Spanplatte SP, OSB-Verlegeplatte nach DIN EN 300 oder BFU-Platte der Dicke 18 mm bis 25 mm.

[5] Tragkonstruktion nach Statik je nach Deckentyp: Balken aus Vollholz oder Brettschichtholz; Mindestmaße 60 mm × 180 mm, alternativ auch Stegträger der Höhe 240 mm bis 406 mm; Achsabstand ≥ 625 mm.

[6] Federschiene mit Achsabstand ≥ 415 mm; Montage nach Anwendervorschrift.

[7] Gipsplatte GK, alternativ Gipsfaserplatte GF der Dicke 10 mm.

Für verschiedene Ausführungen flankierender Wände kann der Korrekturwert K_1 der Tabelle 61 und der Korrekturwert K_2 der Tabelle 8129 entnommen werden. Die dort aufgelisteten Korrekturwerte gelten für flankierende Innen- und Außenwände in Holzrahmen- und Holztafelbauweise, wenn folgenden Konstruktionsmerkmale eingehalten werden:

- Die flankierenden Wände werden vollständig durch die Holzdecke unterbrochen;
- die Holzständerwände mit Wandbeplankung aus Gipsbauplatten und/oder Holzwerkstoffplatten sind mechanisch mit Ständer verbunden; oder
- die Wandelemente bestehen aus 80 mm bis 100 mm dicken Holzwerkstoffplatten oder Brettstapel- und Brettschicht-holzelementen.

Tabelle 128: Korrekturwert K_1 zur Berücksichtigung der Flankenübertragung auf dem Weg Df (DIN 4109-2)

1		**2**				
		Deckenaufbauten				
		2 × GK an FS	1 × GK an FS	GK-Lattung oder direkt	offene HBD	BSD oder HKD
		Korrekturwert K_1 [dB]				
Wandaufbau im Empfangsraum	GK + HW	1	3	1		
	GF	7	4	1		
	HW	9	5	4		
	Holz- oder HW-Element					

Tabelle 128: Korrekturwert K_1 zur Berücksichtigung der Flankenübertragung auf dem Weg Df (DIN 4109-2) (Fortsetzung)

Dabei bedeutet:
- GK 9,5-mm- bis 12,5-mm-Gipsplatte nach DIN 18180/DIN EN 520, Rohdichte von $\rho \geq 680$ kg/m³, mechanisch verbunden
- GF 12,5-mm- bis 15-mm-Gipsfaserplatte nach DIN EN 15283-2, Rohdichte von $\rho \geq 1\,100$ kg/m³, mechanisch verbunden
- HW 13-mm- bis 22-mm-Holzwerkstoffplatte, Rohdichte von $\rho \geq 650$ kg/m³, mechanisch verbunden
- HBD Holzbalkendecke
- FS Federschiene
- Holz- oder HW-Element Massivholzelemente oder 80-mm- bis 100-mm-Holzwerkstoffplatte, $m' \geq 50$ kg/m²
- GK-Lattung oder direkt HBD mit Unterdecke an Lattung oder GK + HW direkt montiert
- Offene HBD Holzbalkendecke mit sichtbarer Balkenlage
- BSD oder HKD Brettstapel-, Brettschichtholz- oder Hohlkastendecke

Tabelle 129: Korrekturwert K_2 zur Berücksichtigung der Flankenübertragung auf dem Weg DFf (DIN 4109-2)

Wandaufbau im Sende- und Empfangsraum		Estrichaufbau	$L_{n,w} + K_1$: 35	36	37	38	39	40	41	42	43	44	45	46	47	48	49	50	51	52	53	54	55	> 55	$L_{n,DFf,w}$
			Korrekturwert K_2 [dB]																				
	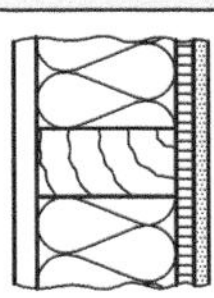 GK + HW 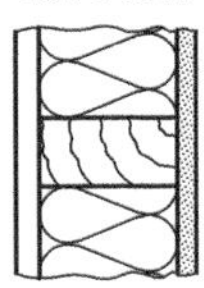 GF	1)	10	9	8	7	6	5	5	4	4	3	3	2	2	1	1	1	1	1	1	0	0	0	44
		2)	6	5	5	4	4	3	3	2	2	1	1	1	1	0	0	0	0	0	0	0	0	0	40
		3)	5	4	4	3	3	2	2	1	1	1	1	1	1	0	0	0	0	0	0	0	0	0	38
	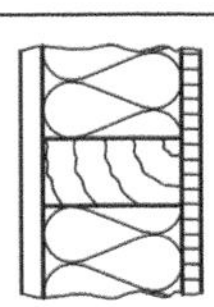 HW 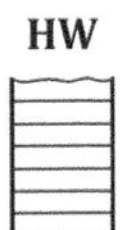 Holz- oder HW-Element	1)	11	10	10	9	8	7	6	5	5	4	4	3	3	2	2	1	1	1	1	1	1	0	46
		2)	10	10	9	8	7	6	5	5	4	4	3	3	2	2	1	1	1	1	1	1	0	0	45
		3)	87	6	5	5	4	4	3	3	2	2	1	1	1	1	1	1	1	0	0	0	0	0	42

Tabelle 129: Korrekturwert K_2 zur Berücksichtigung der Flankenübertragung auf dem Weg DFf (DIN 4109-2) (Fortsetzung)

<table>
<tr><td colspan="4">Mit folgenden Schichten und Elementen des Wandaufbaus:
– GK 9,5-mm- bis 12,5-mm-Gipsplatte nach DIN EN 520, Rohdichte von $\rho \geq 680$ kg/m³, mechanisch verbunden
– GF 12,5-mm- bis 15-mm-Gipsfaserplatte nach DIN EN 15283-2, Rohdichte von $\rho \geq 1100$ kg/m³, mechanisch verbunden
– HW 13-mm- bis 22-mm-Holzwerkstoffplatte, Rohdichte von $\rho \geq 650$ kg/m³, mechanisch verbunden
– Holz- oder HW-Element Massivholzelemente oder 80-mm- bis 100-mm-Holzwerkstoffplatte, $m' \geq 50$ kg/m²</td></tr>
<tr><td colspan="4">Für den Estrichaufbau gilt:</td></tr>
<tr><td rowspan="2">1)</td><td rowspan="2">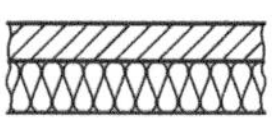</td><td>AS/EPB-WF:</td><td>mineralisch gebundener Estrich auf Holzweichfaser-Trittschalldämmplatten, Randdämmstreifen: Mineralwolle- oder PE-Schaum-Randstreifen > 5 mm;</td></tr>
<tr><td>AS/EPB-WF:</td><td>Gussasphaltestrich auf Holzweichfaser-Trittschalldämmplatte, Randdämmstreifen: Mineralwolle-Randstreifen > 5 mm</td></tr>
<tr><td rowspan="2">2)</td><td rowspan="2">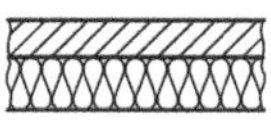</td><td>CT/MW:</td><td>mineralisch gebundener Estrich auf Mineralwolle- oder EPS-Trittschalldämmplatten, Randdämmstreifen: > 5 mm Mineralwolle- oder PE-Schaum-Randstreifen;</td></tr>
<tr><td>AS/EPB-MW:</td><td>Gussasphaltestrich auf Blähperlit/Mineralwolle, Randdämmstreifen: Mineralwolle-Randstreifen > 5 mm</td></tr>
<tr><td>3)</td><td>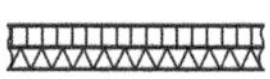</td><td>TE:</td><td>Fertigteilestrich auf Mineralwolle-, EPS-, oder Holzfaser-Trittschalldämmplatten, Randdämmstreifen: Mineralwolle- oder PE-Schaum-Randstreifen > 5 mm</td></tr>
</table>

10.4.2 Bewerteter Norm-Trittschallpegel leichter Decken bei Räumen, die nicht direkt untereinander liegen

Bei leichten Decken kann die Trittschallübertragung in Räume, bei denen der Empfangsraum nicht direkt unter dem Senderaum liegt, nicht rechnerisch bestimmt werden.

11 Schallschutz gegen Außenlärm

11.1 Nachweis der Luftschalldämmung von Außenbauteilen

Mit den Berechnungsverfahren nach DIN 4109-2:2018-01 wird das gesamte bewertete Bau-Schalldämm-Maß $R'_{w,ges}$ von Außenbauteilen ermittelt. Im Rahmen des Nachweises muss der so errechnete Wert von $R'_{w,ges}$ um den in DIN 4109-2:2018-01 Abschnitt 5.3.3 festgelegten Sicherheitsabschlag vermindert und das erforderliche gesamte bewertete Bau-Schalldämm-Maß mit dem Summanden K_{AL} korrigiert werden, sofern nicht bauaufsichtliche Bestimmungen andere Regelungen enthalten. Für diese vereinfachte Ermittlung der Unsicherheit ist ein Abschlag von 2 dB vorzusehen. Damit gilt für den Vergleich des berechneten Wertes $R'_{w,ges}$ mit dem Anforderungswert erf. $R'_{w,ges}$

$$R'_{w,ges} - 2\,\text{dB} \geq \text{erf. } R'_{w,ges} - K_{AL} \quad \text{in dB} \tag{211}$$

mit:

$$K_{AL} = 10 \cdot \lg\left(\frac{S_S}{0{,}8 \cdot S_G}\right) \quad (212)$$

Dabei ist:

S_S die vom Raum aus gesehene gesamte Fassadenfläche, in m^2;

Für Räume mit mehreren an der Schallübertragung beteiligten Außenflächen (z. B. Eckräume mit zwei Außenwänden, Dachwohnungen mit Außenwand und Dachfläche) gilt die vom Raum aus gesehene gesamte Außenfläche als S_S, d. h. die Summe der gesamten abgewickelten Flächen, die den Raum nach außen begrenzen.

S_G die Grundfläche des Raums, in m^2.

Für Anforderungen an Türen von Laubengängen zum Schutz gegen Außenlärm nach DIN 4109-1:2018-01, Tabelle 7, wird ein pauschaler Abschlag von 5 dB angesetzt. Damit gilt für diese Bauteile:

$$R_w - 5\,\text{dB} \geq \text{erf. } R_w \quad \text{in dB} \quad (213)$$

Achtung

Bei Anwendungen außerhalb des Anwendungsbereichs der DIN 4109 (z. B. bei der Planung erhöhter Anforderungen an die Schalldämmung) kann die vermehrte Unsicherheit, die aus individuellen Gegebenheiten resultiert, durch andere als den oben genannten Sicherheitsabschlag berücksichtigt werden.

11.2 Berechnung der Luftschalldämmung von Außenbauteilen

Neben der direkten Schallübertragung von Außengeräuschen ins Gebäudeinnere über Außenbauteile ist auch die Übertragung über flankierende Bauteile zu berücksichtigen. Die dabei in Frage kommenden Wege sind in Bild 47 dargestellt.

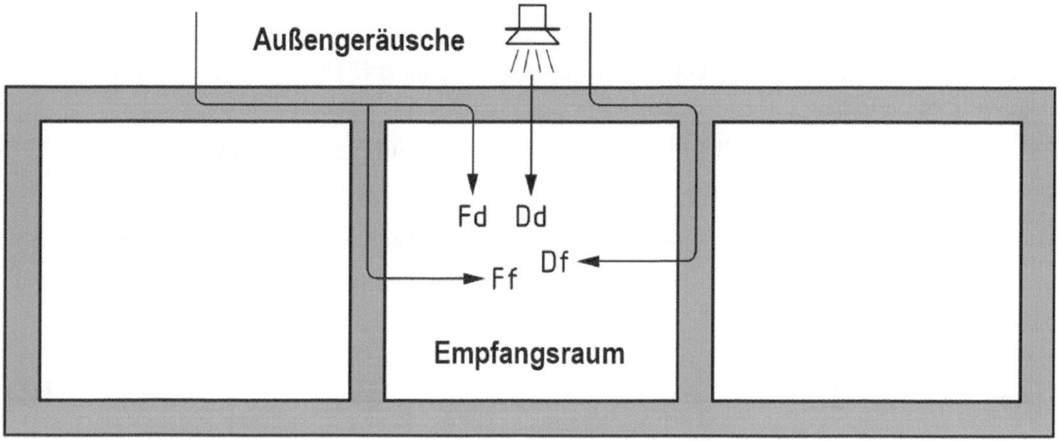

Bild 47: Übertragung von Außengeräuschen in einen schutzbedürftigen Empfangsraum (ER) auf dem direkten Weg Dd und den Flankenwegen Ff, Fd und Df

Bei einem diffusen Schallfeld bestimmt man das gesamte bewertete Bau-Schalldämm-Maß $R'_{w,ges}$ der Fassade aus den auf die übertragenden Flächen bezogenen Schalldämm-Maßen $R_{e,i,w}$ der an der Direktübertragung beteiligten Bauteile (Wand, Fenster, Dach, Rollladenkasten, Lüftungselement etc.) und den Flankendämm-Maßen $R_{ij,w}$ für die Wege Ff, Fd und Df gemäß Gleichung (214):

$$R'_{w,ges} = -10 \cdot \lg\left[\sum_{k=1}^{M} 10^{-R_{e,k,w}/10} + \sum_{F=f=1}^{N} 10^{-R_{Ff,w}/10} + \sum_{f=1}^{N} 10^{-R_{Df,w}/10} + \sum_{F=1}^{N} 10^{-R_{Fd,w}/10}\right] \quad (214)$$

mit:

$R'_{w,ges}$ gesamtes bewertetes Bau-Schalldämm-Maß des Außenbauteils

$R_{e,k,w}$ auf die Fassadenfläche bezogenes Schalldämm-Maß der einzelnen Bauteile und/oder Elemente in der Fassade

$R_{Ff,w}$ Flanken-Schalldämm-Maß auf dem in Bild 47 gezeigten Schallübertragungsweg

$R_{Df,w}$ Flanken-Schalldämm-Maß auf dem in Bild 47 gezeigten Schallübertragungsweg

$R_{Fd,w}$ Flanken-Schalldämm-Maß auf dem in Bild 47 gezeigten Schallübertragungsweg

M Anzahl der Bauteile und Elemente in der Fassade

N Anzahl der flankierenden Bauteile.

Achtung

Der Begriff „Fassade" wird im Zusammenhang mit der Schalldämmung von Außenbauteilen vereinfachend auf Bauteile wie Wand-, Fenster-, Tür- und Dachflächen gleichermaßen angewendet.

Für den Fall, dass die flankierenden Bauteile zu vernachlässigen sind (z. B. bei Außenbauteilen in Holz-, Leicht- und Trockenbauweise sowie Metall-Glas-Fassaden), kann – statt Gleichung (214) – auch das vereinfachte Verfahren mit der Gleichung (215) oder der Gleichung (216) angewendet werden.

Dieser vereinfachte Ansatz führt dann zu einem ausreichend genauen Ergebnis, wenn:

- beim Einbau heute bauüblicher Fenster gilt: $R'_{w,ges} \leq 40$ dB,
- zur Erfüllung der Anforderungen das Schalldämm-Maß $R_{j,w}$ des massiven Außenbauteils aus Gleichung (217) $R_{i,w} < 50$ dB und das gesamte bewertete Bau-Schalldämm-Maß $R'_{w,ges} < 40$ dB betragen soll.

$$R'_{w,ges} = -10 \cdot \lg\left[\sum_{j=1}^{M} 10^{-R_{e,j,w}/10}\right] \tag{215}$$

Sind die bewerteten Schalldämm-Maße $R_{j,w}$ der j Bauteile (j ist in diesem Fall eine Zählvariable) der Fassade bekannt, dann kann das gesamte bewertete Bauschalldämm-Maß $R'_{w,ges}$ statt nach Gleichung (215) auch durch das resultierende Direkt-Schalldämm-Maß $R_{w,res}$ nach Gleichung (216) ausgedrückt werden.

$$R'_{w,ges} = -10 \cdot \lg\left[\frac{1}{S_S} \cdot \sum_{j=1}^{M} S_j \cdot 10^{-R_{j,w}/10}\right] \tag{216}$$

11.3 Bewertetes Schalldämm-Maß $R_{e,j,w}$ von Bauteilen bei Gebäuden in Massivbauweise

Als Fassade wird die Gesamtheit aller Außenbauteile eines Raums bezeichnet. Sie kann aus verschiedenen Bauteilen (z. B. Wand, Dach, Fenster, Türen) und Elementen (z. B. Lüftungseinrichtungen, Rollladenkästen) bestehen. Die Schalldämmung von Bauteilen wird durch das bewertete Schalldämm-Maß R_w und von Elementen üblicherweise durch die bewertete Norm-Schallpegeldifferenz $D_{n,e,w}$ beschrieben.

Für übliche Bauteile der Fassade wie Wände, Fenster, Türen oder Dächer, die durch ein bewertetes Schalldämm-Maß R_w beschrieben werden, gilt:

$$R_{e,j,w} = R_{j,w} + 10 \cdot \lg\left(\frac{S_S}{S_j}\right) \tag{217}$$

mit:

$R_{e,j,w}$ bewertetes, auf die übertragende Gesamtfläche S_S bezogenes Schalldämm-Maß des Bauteils i, in dB;

$R_{j,w}$ bewertetes Schalldämm-Maß des Bauteils j nach Teil D Kapitel 9.3, in dB;

S_j Fläche des Bauteils j, in m²;

S_s vom Raum aus gesehene Fassadenfläche (d. h. die Summe der Teilflächen aller Bauteile und Elemente), in m².

Falls bei Fenstern und Türen die Schalldämmung in eingebautem Zustand von den Einbaufugen beeinflusst wird (siehe auch Tabelle 130), sind für die Bestimmung von $R_{j,w}$ die Festlegungen in DIN 4109-2:2018-01 Abschnitt 4.4.4 zu berücksichtigen.

Für Fassadenelemente, wie z. B. Rollladenkästen, Lüftungseinrichtungen usw., deren Schallübertragung üblicherweise durch eine Norm-Schallpegeldifferenz $D_{n,e,w}$ beschrieben wird, gilt

$$R_{e,j,w} = D_{n,e,j,w} + 10 \cdot \lg\left(\frac{S_S}{A_0}\right) \quad (218)$$

mit:

$R_{e,j,w}$ bewertetes, auf die übertragende Gesamtfläche S_S bezogenes Schalldämm-Maß des Elements j, in dB;

$D_{n,e,j,w}$ bewertete Norm-Schallpegeldifferenz eines Elements j, in dB;

S_S vom Raum aus gesehene Fassadenfläche (d. h. die Summe der Teilflächen aller Bauteile und Elemente), in m²;

A_0 Bezugsabsorptionsfläche mit $A_0 = 10$ m²

- **Zur Berechnung des Direktschalldämm-Maßes $R_{Dd,w}$ von einschaligen homogenen Bauteilen siehe Teil D Kapitel 9.3.1**
- **Zur Berechnung des Flankenschalldämm-Maßes $R_{ij,w}$ siehe Teil D Kapitel 9.3.2**
- **Der Einfluss der Flankenübertragung kann in vielen Fällen vernachlässigt werden. Genaueres ist in Teil D Kapitel 11.2 geregelt.**

11.4 Bewertetes Schalldämm-Maß $R_{i,w}$ von Fassadenbauteilen bei Gebäuden in Massivbauweise

Das bewertete Schalldämm-Maß $R_{j,w}$ von Fassadenbauteilen in den Gleichungen (216) und (217) wird analog dem Direktschalldämm-Maß $R_{Dd,w}$ mit Verblendschale oder Vorsatzschicht nach Gleichung (220) bzw. (221) aus dem bewerteten Schalldämm-Maß $R_{s,w}$ des trennenden massiven Bauteils ohne Verblendschale oder Vorsatzschicht und der gesamten bewerteten Verbesserung des Schalldämm-Maßes der Verblendschale oder Vorsatzschicht $\Delta R_{Dd,w}$ bestimmt. Für das bewertete Schalldämm-Maß von Außenbauteilen gilt daher:

$$R_{j,w} = R_{Dd,w} \quad (219)$$

- **Massive Außenwände ohne massive biegesteife Verblendschale/Vorsatzschicht**

Für das Direktschalldämm-Maß $R_{Dd,w}$ gilt bei Gebäuden in Massivbauweise:

$$R_{Dd,w} = R_{s,w} + \Delta R_{Dd,w} \quad (220)$$

mit:

$R_{s,w}$ bewertetes Schalldämm-Maß des trennenden massiven Bauteils, in Dezibel (dB)

$\Delta R_{Dd,w}$ die gesamte bewertete Verbesserung des Schalldämm-Maßes durch zusätzlich angebrachte Vorsatzkonstruktionen auf der Empfangsseite des trennenden Bauteils, in Dezibel (dB). Zur Berechnung von $\Delta R_{Dd,w}$ siehe Teil D Kapitel 9.3.4.4.

- **Massive Außenwände mit massiver biegesteifer Verblendschale/Vorsatzschicht**

Die Direktdämmung $R_{Dd,w}$ der Wand mit Verblendschale oder Vorsatzschicht kann aus der Schalldämmung $R_{s,w}$ der Wand ohne Verblendschale oder Vorsatzschicht und dem bewerteten Luftschallverbesserungsmaß $\Delta R_{Dd,w}$ der Verblendschale oder Vorsatzschicht nach folgender Beziehung ermittelt werden:

$$R_{Dd,w} = R_{s,w} + \Delta R_{Dd,w} \tag{221}$$

mit:

$R_{s,w}$ bewertetes Schalldämm-Maß des trennenden massiven Bauteils, in Dezibel (dB)

$\Delta R_{Dd,w}$ die gesamte bewertete Verbesserung des Schalldämm-Maßes durch zusätzlich angebrachte Vorsatzkonstruktionen auf der Sende- und/oder Empfangsseite des trennenden Bauteils, in Dezibel (dB). Zur Berechnung von $\Delta R_{Dd,w}$ siehe Teil D Kapitel 9.3.3.4.

$R_{s,w}$ wird für die einschaligen, biegesteifen Massivwände nach Teil D Kapitel 9.3.3.3 aus der flächenbezogenen Masse ermittelt.

Da für die Luftschallverbesserung $\Delta R_{Dd,w}$ von außenseitig angeordneten, massiven biegesteifen Verblendschalen aus Mauerwerk oder Vorsatzschichten aus Beton mit Luftschicht oder Dämmschicht keine abgesicherten Daten vorliegen, kann die Direktdämmung der gesamten Konstruktion mit dem nachfolgenden Verfahren bestimmt werden:

- Bei zweischaligen Konstruktionen mit Luftschicht oder mit Kerndämmung aus mineralischen Faserdämmstoffen darf das bewertete Schalldämm-Maß $R_{Dd,w}$ aus der Summe der flächenbezogenen Massen der beiden Schalen – wie bei einschaligen biegesteifen Wänden – nach Teil D Kapitel 9.3.3.3 ermittelt werden. Das so ermittelte bewertete Schalldämm-Maß $R_{w,R}$ darf um 5 dB erhöht werden. Wenn die flächenbezogene Masse der an die Innenschale der Außenwand anschließenden Trennwände größer als 50 % der flächenbezogenen Masse der inneren Schale der Außenwand beträgt, darf das Schalldämm-Maß $R_{w,R}$ um 8 dB erhöht werden.
- Bei Sandwich-Elementen aus Beton oder bei Mauerwerk mit einer Kerndämmung, die unter Verwendung von Hartschaumstoffen hergestellt werden, ergibt sich das bewertete Schalldämm-Maß $R_{Dd,w}$ nach Teil D Kapitel 9.3.3.3 aus den flächenbezogenen Massen beider Schalen abzüglich 2 dB.
- Bei Außenwänden mit Außenwandbekleidung nach DIN 18516-1 oder Fassadenbekleidung nach DIN 18515 wird nur die flächenbezogene Masse der inneren Wand berücksichtigt.

11.5 Resultierendes Schalldämm-Maß $R_{i,w}$ von Fenster- oder Türelementen in einer Einbausituation

Für Fenster- und Türelemente kann das resultierende Schalldämm-Maß des Bauteils in eingebautem Zustand von den Einbaufugen beeinflusst werden. Es muss bei schalltechnisch kritischen Einbausituationen unter Berücksichtigung der Fugen mit den erforderlichen Eingangswerten (Schalldämmung des Fenster- oder Türelements R_w ohne Einbaufugen sowie Fugenschalldämm-Maß $R_{s,w}$) berechnet werden.

Kritische Einbausituationen liegen vor, wenn Fenster- oder Türelemente im Bereich einer Dämmebene liegen. Dies kann sowohl im Massiv- als auch im Holz-, Leicht- und Trockenbau der Fall sein. Kritische Einbausituationen von Fenster- oder Türelementen sind in Tabelle 130 dargestellt.

Tabelle 130: Einfluss der Außenwand- und Einbausituation auf die Schalldämmung von Fenstern und Türen im Massivbau (DIN 4109-2)

Außenwand	**Einbaubeispiel 1**	**Einbaubeispiel 2**	**Einbaubeispiel 3**
Monolithisches Mauerwerk	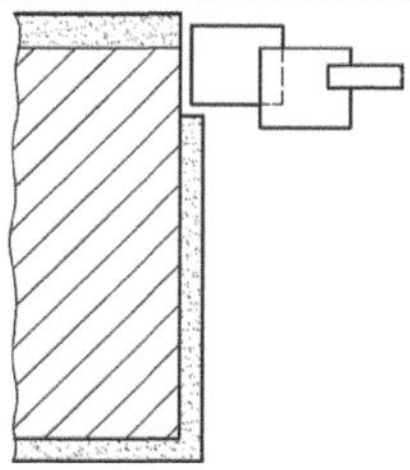	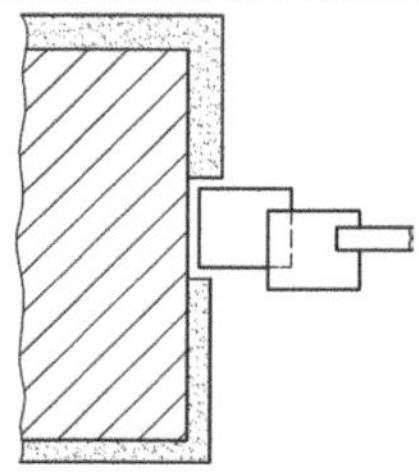	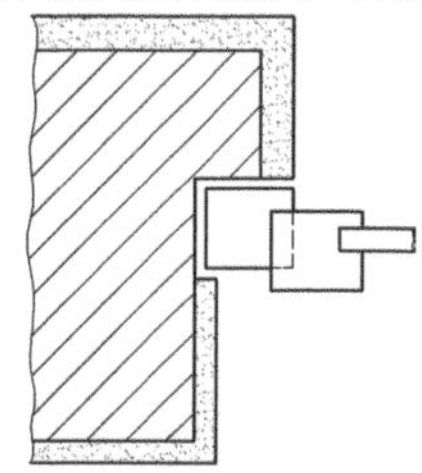
Einbaulage	Einbau außen bündig	Einbau mittig in der Wand	Einbau gegen Anschlag
Einbausituation	schalltechnisch unkritisch	schalltechnisch unkritisch	schalltechnisch unkritisch
Mauerwerk mit WDVS	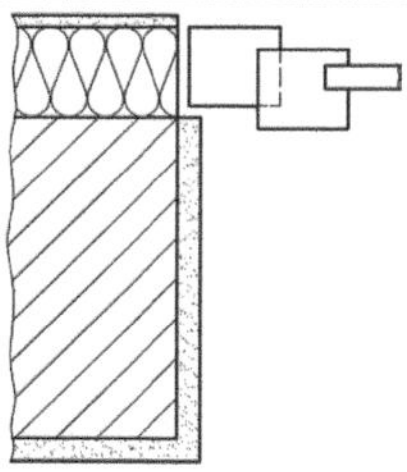	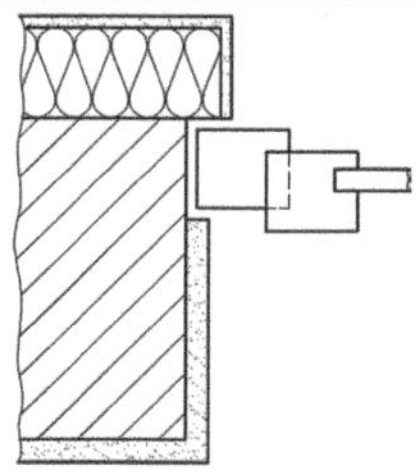	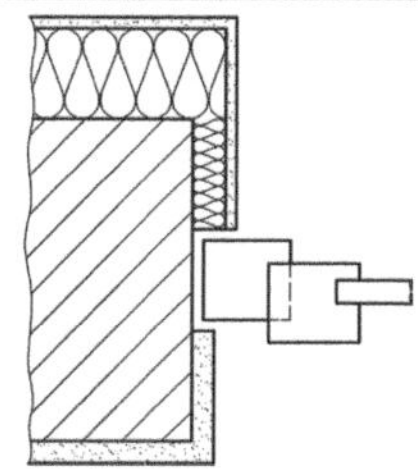
Einbaulage	Einbau in Dämmebene	Einbau außen bündig im Mauerwerk	Einbau mittig im Mauerwerk
Einbausituation	schalltechnisch kritisch	schalltechnisch unkritisch	schalltechnisch unkritisch

Tabelle 130: Einfluss der Außenwand- und Einbausituation auf die Schalldämmung von Fenstern und Türen im Massivbau (DIN 4109-2) (Fortsetzung)

Außenwand	Einbaubeispiel 1	Einbaubeispiel 2	Einbaubeispiel 3
Hinterlüftetes, zweischaliges Mauerwerk	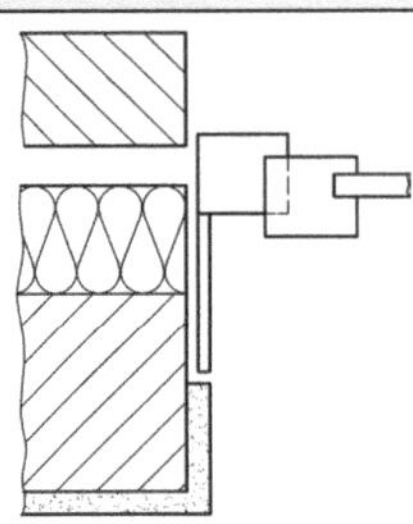	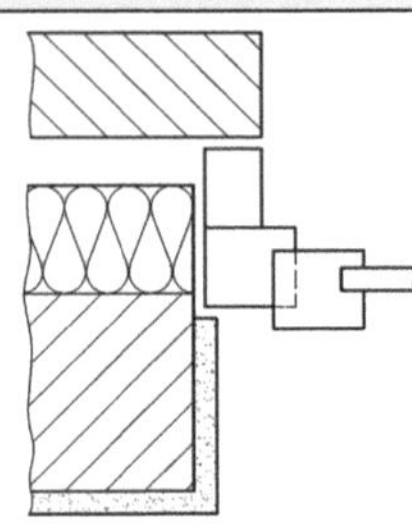	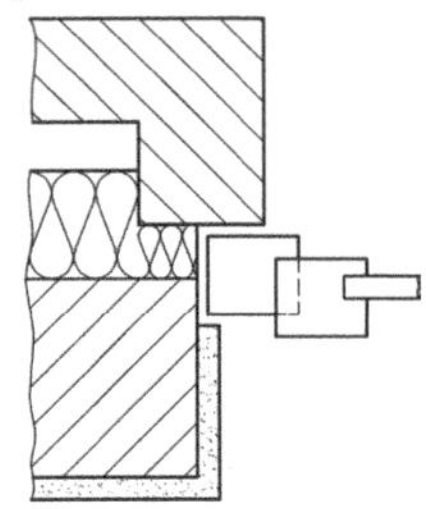
Einbaulage	Einbau in Dämmebene, außen bündig	Einbau in Dämmebene, innen bündig	Einbau außen bündig im raumseitigen Mauerwerk, gegen Anschlag
Einbausituation	schalltechnisch kritisch	schalltechnisch unkritisch	schalltechnisch unkritisch
Mauerwerk mit vorgehängter, hinterlüfteter Fassade	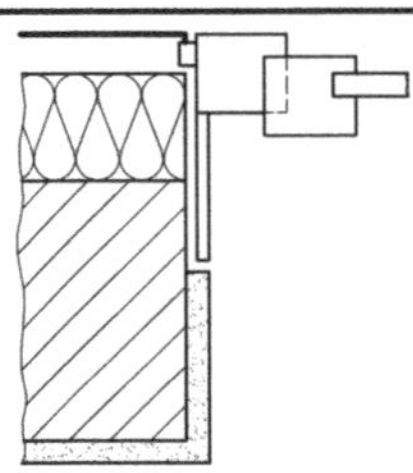	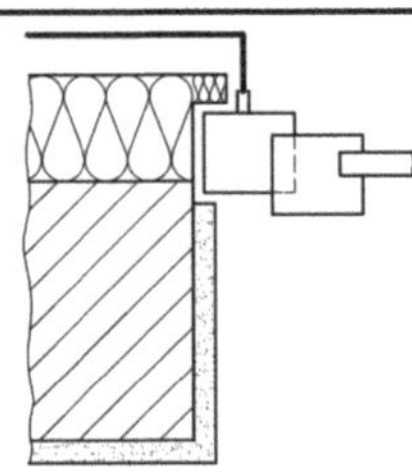	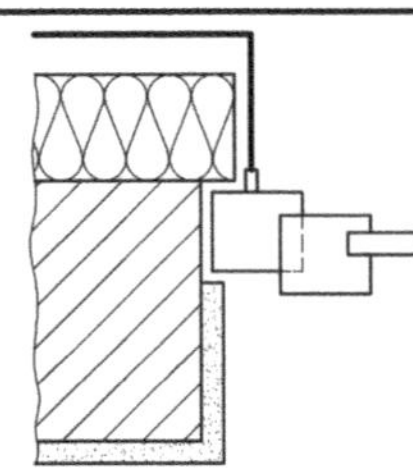
Einbaulage	Einbau in Dämmebene, außen bündig	Einbau in Dämmebene, innen bündig	Einbau außen bündig im Mauerwerk
Einbausituation	schalltechnisch kritisch	schalltechnisch kritisch	schalltechnisch unkritisch
Nicht hinterlüftetes zweischaliges Mauerwerk	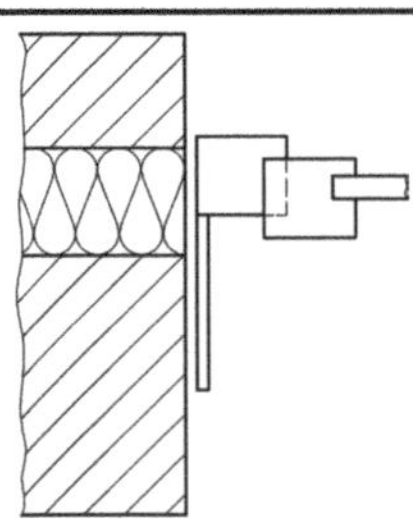	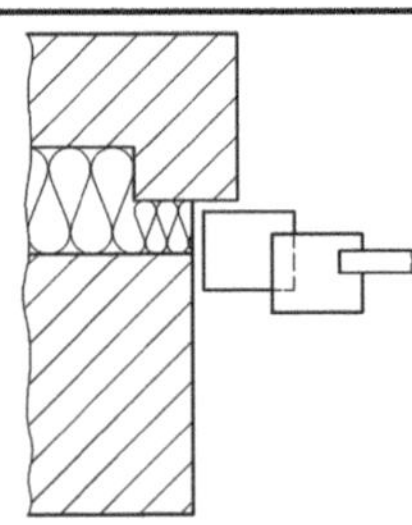	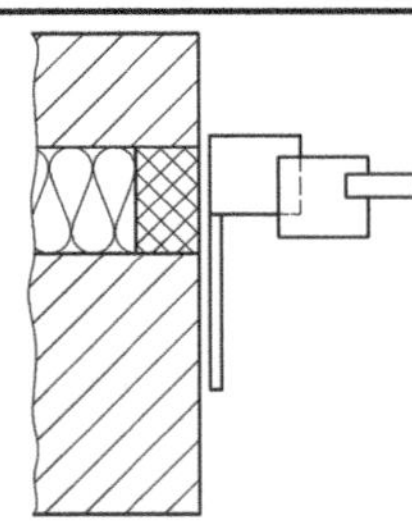
Einbaulage	Einbau in Dämmebene, außen bündig	Einbau im raumseitigen Mauerwerk, gegen Anschlag	Einbau in der Dämmebene mit Montagezarge
Einbausituation	schalltechnisch kritisch	schalltechnisch unkritisch	schalltechnisch unkritisch

Das resultierende Schalldämm-Maß $R_{i,w}$ aus der Kombination eines Fenster- oder Türelements mit der Gesamtfläche sowie dessen bewertetem Schalldämm-Maß R_w und dem bewerteten Fugenschalldämm-Maß $R_{S,w}$ kann dabei nach Gleichung (222) ermittelt werden. Voraussetzung dabei ist, dass die Bauteilfläche S viel größer ist als die Ansichtsfläche der Fuge ($b \times l$, b = Fugenbreite, l = Fugenlänge).

$$R_{j,w} = -10 \cdot \lg\left(10^{-R_w/10} + \frac{l \cdot l_0}{S} \cdot 10^{-R_{S,w}/10}\right) \qquad (222)$$

mit:

$R_{j,w}$ bewertetes resultierendes Schalldämm-Maß des Fensters oder der Tür inklusive Einbaufuge,

R_w bewertetes Schalldämm-Maß des Fensters oder der Tür,

$R_{S,w}$ bewertetes Fugenschalldämm-Maß bezogen auf eine Bauteilfläche 1 m² und 1 m Fugenlänge,

l umlaufende Fugenlänge, in m,

l_0 Bezugslänge, $l_0 = 1$ m,

S Gesamtfläche des Fensters oder der Tür, in m².

Für den Fall, dass die Fugen zwischen einem Fenster- oder Türelement und den angrenzenden Bauteilen unterschiedlich ausgeführt werden und damit verschiedene bewertete Fugenschalldämm-Maße $R_{S,w}$ anzusetzen sind, ist Gleichung (223) statt Gleichung (221) zu verwenden.

$$R_{j,w} = -10 \cdot \lg\left(10^{-R_w/10} + \sum_{k=1}^{N} \frac{l_k \cdot l_0}{S} \cdot 10^{R_{S,w,k}/10}\right) \tag{223}$$

mit:

$R_{j,w}$ bewertetes resultierendes Schalldämm-Maß des Fensters oder der Tür inklusive Einbaufuge,

R_w bewertetes Schalldämm-Maß des Fensters oder der Tür,

$R_{S,w,k}$ bewertetes Fugenschalldämm-Maß der Fuge k (mit k als Zählvariable) bezogen auf eine Bauteilfläche von 1 m² und 1 m Fugenlänge,

l_k Länge der Fuge k (mit k als Zählvariable), in m,

l_0 Bezugslänge, $l_0 = 1$ m,

S Gesamtfläche des Fensters oder der Tür, in m².

11.5.1 Bewertetes Schalldämm-Maß R_w von Fenstern und Fensterelementen

Bei der Betrachtung von Fenstern oder Fensterelementen als trennendes Bauteil, für die kein bewertetes Schalldämm-Maß deklariert ist oder die Fensterkonstruktionen erst festgelegt werden sollen, kann das bewerte Schalldämm-Maß R_w wie folgt bestimmt werden:

- Für Einfachfenster mit Mehrscheiben-Isolierglas (MIG) kann $R_{w,\text{Fenster}}$ nach Gleichung (224) unter Verwendung der Angaben aus Tabelle 131 ermittelt werden. In diesem Fall ist in Gleichung (222) für R_w der Wert $R_{w,\text{Fenster}}$ aus Gleichung (224) zu verwenden.
- Bei Einfachfenstern mit Einfachglas, Verbund- und Kastenfenstern kann R_w in Abhängigkeit von den Konstruktionsmerkmalen direkt aus Tabelle 131 abgelesen werden.

$$R_{w,\text{Fenster}} = R_w + K_{AH} + K_{RA} + K_S + K_{FV} + K_{F,1.5} + K_{F,3} + K_{Sp} \tag{224}$$

mit:

$R_{w,Fenster}$ bewertetes Schalldämm-Maß des Fensters nach Tabelle 131 Spalte 1,

K_{AH} Korrekturwert für Aluminium-Holzfenster; $K_{AH} = -1$ dB;

Diese Korrektur entfällt, wenn die Aluminiumschale zum Flügel- und Blendrahmen hin abgedichtet wird. Kleine Öffnungen zum Zweck des Dampfdruckausgleichs zwischen Aluminiumschale und Holzrahmen sind zulässig,

K_{RA} Korrekturwert für einen Rahmenanteil < 30 %, in dB;

der Rahmenanteil ist die Gesamtfläche des Fensters abzüglich der sichtbaren Scheibengröße. K_R darf bei Festverglasungen nicht berücksichtigt werden,

K_S der Korrekturwert für Stulpfenster (zweiflügelige Fenster ohne festes Mittelstück),

K_{FV} der Korrekturwert für Festverglasungen mit erhöhtem Scheibenanteil,

$K_{F,1.5}$ der Korrekturwert für Fenster < 1,5 m²,

$K_{F,3}$ der Korrekturwert für Fenster mit Einzelscheibe > 3 m²; $K_{F,3} = -2$ dB,

K_{Sp} der Korrekturwert für glasteilende Sprossen, in dB.

Tabelle 131: Schalldämmung von Einfachfenstern mit Mehrscheiben-Isolierglas (MIG) (DIN 4109-35)

Spalte	**1**	**4**	**5**	**6**	**7**	**8**	**9**	**10**
Zeile	**R_w [dB]**	**Konstruktionsmerkmale**	**Einfachfenster mit MIG[3)]**	**Korrekturwerte [dB]**				
				K_{RA}	**K_S**	**K_{FV}**	**$K_{F,1.5}$**	**K_{Sp}**
1	25	d_{ges} in mm SZR in mm oder $R_{w,Glas}$ in dB Falzdichtung	≥ 6 ≥ 8 ≥ 27 –	–	–	–	–	–
2	30	d_{ges} in mm SZR in mm oder $R_{w,Glas}$ in dB Falzdichtung	≥ 6 ≥ 12 ≥ 30 1)	–	–	–	–	–
3	33	Glasaufbau in mm SZR in mm oder $R_{w,Glas}$ in dB Falzdichtung	≥ 4 + 4 ≥ 12 ≥ 30 1)	−2	0	−1	0	0
4	34	Glasaufbau in mm SZR in mm oder $R_{w,Glas}$ in dB Falzdichtung	≥ 4 + 4 ≥ 16 ≥ 30 1)	−2	0	−1	0	0

Tabelle 131: Schalldämmung von Einfachfenstern mit Mehrscheiben-Isolierglas (MIG) (DIN 4109-35) (Fortsetzung)

Spalte	1	4	5	6	7	8	9	10
Zeile	R_w [dB]	Konstruktionsmerkmale	Einfachfenster mit MIG[3]	Korrekturwerte [dB]				
				K_{RA}	K_S	K_{FV}	$K_{F,1.5}$	K_{Sp}
5	35	Glasaufbau in mm SZR in mm oder $R_{w,Glas}$ in dB Falzdichtung	≥ 6 + 4 ≥ 12 ≥ 32 1)	−2	0	−1	0	0
6	36	Glasaufbau in mm SZR in mm oder $R_{w,Glas}$ in dB Falzdichtung	≥ 6 + 4 ≥ 16 ≥ 33 1)	−2	0	−1	0	0
7	37	Glasaufbau in mm SZR in mm oder $R_{w,Glas}$ in dB Falzdichtung	≥ 6 + 4 ≥ 16 ≥ 35 1)	−2	0	−1	0	0
8	38	Glasaufbau in mm SZR in mm oder $R_{w,Glas}$ in dB Falzdichtung	≥ 8 + 4 ≥ 16 ≥ 38 2) (AD/MD+ID) 4)	−2	0	0	0	0
9	39	Glasaufbau in mm SZR in mm oder $R_{w,Glas}$ in dB Falzdichtung	≥ 10 + 4 ≥ 20 ≥ 39 2) (AD/MD+ID) 4)	−2	0	0	0	0
10	40	$R_{w,Glas}$ in dB Falzdichtung	≥ 40 2) (AD/MD+ID)	−2	0	0	−1	−1
11	41	$R_{w,Glas}$ in dB Falzdichtung	≥ 41 2) (AD/MD+ID)	0	0	0	−1	−2
12	42	$R_{w,Glas}$ in dB Falzdichtung	≥ 44 2) (AD/MD+ID)	0	−1	0	−1	−2
13	43	$R_{w,Glas}$ in dB Falzdichtung	≥ 46 2) (AD/MD+ID)	0	−2	0	−1	−2
14	44	$R_{w,Glas}$ in dB Falzdichtung	≥ 49 2) (AD/MD+ID)	0	−2	+1	−1	−2

Tabelle 131: Schalldämmung von Einfachfenstern mit Mehrscheiben-Isolierglas (MIG) (DIN 4109-35) (Fortsetzung)

Spalte	1	4	5	6	7	8	9	10
Zeile	R_w [dB]	Konstruktionsmerkmale	Einfachfenster mit MIG[3]	Korrekturwerte [dB]				
				K_{RA}	K_S	K_{FV}	$K_{F,1.5}$	K_{Sp}
15	45	$R_{w,Glas}$ in dB	≥ 51 [2] (AD/MD+ID)	0	−2	+1	−1	−2
16	≥ 46[5]	–	–	–	–	–	–	–

d_{ges}	Gesamtglasdicke.
Glasaufbau	Zusammensetzung der außenliegenden Einzelscheiben.
SZR	Scheibenzwischenraum (bei 3-fach-Mehrscheiben-Isolierglas (MIG) Summe der Zwischenräume), mit Luft oder Argon gefüllt.
$R_{w,Glas}$	ist der nach der zutreffenden DIN-EN-Norm deklarierte Wert des bewerteten Schalldämm-Maßes R_w (z. B. bei MIG: DIN EN 1279-5).
ANMERKUNG	Die Angabe $R_{w,Glas}$ dient dem Nachweis abweichender Glasprodukte und korreliert nicht zwingend mit dem beschriebenen Glasaufbau.
Falzdichtung:	AD umlaufende Außendichtung, MD umlaufende Mitteldichtung, ID umlaufende Innendichtung im Flügelüberschlag.

[1] Mindestens eine umlaufende elastische Dichtung, in der Regel als Mitteldichtung angeordnet.

[2] Zwei umlaufende elastische Dichtungen, in der Regel als Mittel- und Innendichtung oder auch als Außen- und Innendichtung angeordnet.

[3] Doppelfalze bei Flügeln von Holzfenstern; mindestens zwei wirksame Anschläge bei Flügeln von Metall- und Kunststofffenstern. Erforderliche Falzdichtungen sind umlaufend, ohne Unterbrechungen anzubringen und müssen weich federnd, dauerelastisch, alterungsbeständig und leicht auswechselbar sein.
Um einen möglichst gleichmäßigen und hohen Schließdruck im gesamten Falzbereich sicherzustellen, ist eine genügende Anzahl von Verriegelungsstellen vorzusehen (zu Anforderungen an Fenster siehe auch DIN EN 14351-1).

[4] Bei Holzfenstern genügt eine umlaufende Dichtung.

[5] Nachweis nach DIN EN 14351-1 durch Prüfung.

Tabelle 132: Schalldämmung von Einfachfenstern mit Einfachglas, Verbund- und Kastenfenstern (DIN 4109-35)

Spalte	1	2	3	4	5
Zeile	**R_w dB**	**Konstruktionsmerkmale**	**Einfachfenster mit Einfachglas[2)]**	**Verbundfenster[2)]**	**Kastenfenster[2) 3)]**
1	25	d_{ges} in mm Falzdichtung	≥ 4 1)	≥ 6 –	> 6 –
2	30	d_{ges} in mm SZR in mm Falzdichtung	≥ 8 – 1)	≥ 6 ≥ 30 1)	> 6 ≥ 30 –
3	32	d_{ges} in mm Glasaufbau in mm SZR in mm Falzdichtung	4)	≥ 8 bzw. ≥ 4+4/12/4 ≥ 30 1)	≥ 8 – ≥ 30 1)
4	35	d_{ges} in mm Glasaufbau in mm SZR in mm Falzdichtung	4)	≥ 8 bzw. ≥ 6+4/12/4 ≥ 30 1)	≥ 8 – ≥ 40 1)
5	37	d_{ges} in mm Glasaufbau in mm SZR in mm Falzdichtung	4)	≥ 10 bzw. ≥ 6+6/12/4 ≥ 30 1)	≥ 8 bzw. ≥ 4+4/12/4 ≥ 100 1)
6	40	d_{ges} in mm Glasaufbau in mm SZR in mm Falzdichtung	4)	≥ 14 bzw. ≥ 8+6/12/4 ≥ 50 AD+ID	≥ 8 bzw. ≥ 6+4/12/4 ≥ 100 AD+ID
7	42	d_{ges} in mm Glasaufbau in mm SZR in mm Falzdichtung	4)	≥ 16 bzw. ≥ 8+8/12/4 ≥ 50 AD+ID	≥ 10 bzw. ≥ 8+4/12/4 ≥ 100 AD+ID
8	45	d_{ges} in mm Glasaufbau in mm SZR in mm Falzdichtung	4)	≥ 18 bzw. ≥ 8+8/12/4 ≥ 60 AD+ID	≥ 12 bzw. ≥ 8+6/12/4 ≥ 100 AD+ID
9	46		4)	4)	4)

d_{ges}	Gesamtglasdicke.
Glasaufbau	Zusammensetzung der außenliegenden Einzelscheiben.
SZR	Scheibenzwischenraum (bei 3-fach-Mehrscheiben-Isolierglas (MIG) Summe der Zwischenräume), mit Luft oder Argon gefüllt.
$R_{w,Glas}$	ist der nach der zutreffenden DIN-EN-Norm deklarierte Wert des bewerteten Schalldämm-Maßes R_w (z. B. bei MIG: DIN EN 1279-5).

Tabelle 132: Schalldämmung von Einfachfenstern mit Einfachglas, Verbund- und Kastenfenstern (DIN 4109-35) (Fortsetzung)

Spalte	1	2	3	4	5
Zeile	**R_w dB**	**Konstruktionsmerkmale**	**Einfachfenster mit Einfachglas[2)]**	**Verbundfenster[2)]**	**Kastenfenster[2) 3)]**
Falzdichtung:	AD umlaufende Außendichtung, MD umlaufende Mitteldichtung, ID umlaufende Innendichtung im Flügelüberschlag.				

1) Mindestens eine umlaufende elastische Dichtung, in der Regel als Mitteldichtung angeordnet.

2) Doppelfalze bei Flügeln von Holzfenstern; mindestens zwei wirksame Anschläge bei Flügeln von Metall- und Kunststofffenstern. Erforderliche Falzdichtungen sind umlaufend, ohne Unterbrechungen anzubringen und müssen weich federnd, dauerelastisch, alterungsbeständig und leicht auswechselbar sein.
Um einen möglichst gleichmäßigen und hohen Schließdruck im gesamten Falzbereich sicherzustellen, ist eine genügende Anzahl von Verriegelungsstellen vorzusehen (wegen der Anforderungen an Fenster siehe auch DIN EN 14351-1).

3) Eine schallabsorbierende Leibung ist sinnvoll, da sie die durch Alterung der Falzdichtung entstehenden Fugenundichtheiten teilweise ausgleichen kann.

4) Nachweis durch Prüfung.

5) Werte gelten nur, wenn keine zusätzlichen Maßnahmen zur Belüftung des Scheibenzwischenraums getroffen sind oder wenn eine ausreichende Luftumlenkung im äußeren Dichtsystem vorgenommen wurde (Labyrinthdichtung).

Fugen müssen so geplant und ausgeführt werden, dass das bewertete Schalldämm-Maß des Fensters erhalten bleibt. Als Planungskriterium gilt die Forderung, dass die Schalldämmung R_w des Bauteils um nicht mehr als 1 dB reduziert wird. Um dieses Kriterium zu erfüllen, gilt als Richtwert für das Fugenschalldämm-Maß $R_{s,w}$ die Vorgabe nach Gleichung (225):

$$R_{s,w} \geq R_w + 10 \text{ dB} \quad (225)$$

Tabelle 133: Schalldämmung von Fugen, die während der Gebrauchszeit dauerhaft abgedichtet werden (Bauanschlussfugen) (DIN 4109-35)

Spalte	**1**	**2**	**3**	**4**	**5**
Zeile	**Merkmal der Fuge**	**Fugenquerschnitt (Prinzipskizze)**	**Fugentiefe [mm]**	**Fugenbreite b [mm]**	**$R_{s,w}$ [dB]**
1	Leere Fuge			10	15
2			50 bis 100	20	10
3				30	5
4	Fuge, gefüllt mit Mineralfaserdämmstoff [1]			10	35 bis 45
5			50 bis 100	20	30 bis 40
6				30	25 bis 35
7	Fuge, gefüllt mit Montageschaum [2]			10	≥ 50
8		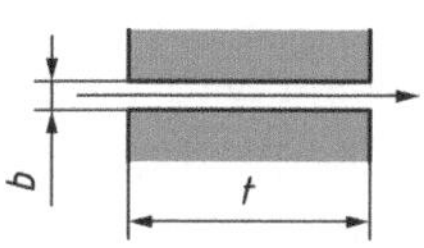	50 bis 100	20	≥ 47
9				30	≥ 45
10	Fuge, beidseitig abgedichtet mit Hinterfüllschnur und elastischem Dichtstoff [2]			10	≥ 55
11			50 bis 100	20	≥ 54
12				30	≥ 53
13	Fuge, beidseitig abgedichtet mit Bauanschlussfolie ≥ 1 mm[2]			10	≥ 50
14			50 bis 100	20	≥ 45
15				30	≥ 40

[1] Der Wert hängt von der Komprimierung der Mineralwolle ab.
[2] Bei der Angabe der Werte wurde die Übertragung der idealen Fugengeometrie auf praktische Anwendungsfälle, z. B. Bauanschlussfugen von Fenstern, berücksichtigt.

11.6 Bewertetes Schalldämm-Maß R_w von Dächern als massives homogenes einschaliges Bauteil

Massive Dachkonstruktionen werden als geneigte Dächer und als Flachdächer ausgeführt. Sie bestehen aus einschaligen oder mehrschaligen massiven Dachplatten aus Beton, Leichtbeton, Porenbeton oder Ziegeln, die zur Herstellung der Funktionsfähigkeit mit zusätzlichen Schichten (Dachdeckung, Abdichtungen, Unterspannbahnen, Ausgleichsschichten, Zusatzdämmung usw.) versehen werden können.

Für die Schalldämmung der einschaligen Konstruktion (tragende Dachdecke) gelten die Angaben in Teil D Kapitel 9.3.3.5 sinngemäß. Die Schalldämmung der tragenden Dachdecke kann bei geneigten Dächern durch die Dachdeckung beeinflusst werden. Mehrschalige massive Dachelemente (Verbundkonstruktionen) können wie einschalige Konstruktionen behandelt werden, wenn die Bedingungen nach Teil D Kapitel 9.3.3.6 Absatz 1 erfüllt sind. Anderenfalls sind sie wie resonanzbehaftete mehrschalige Elemente zu behandeln.

Bei Flachdächern sind bei Bedarf die zusätzlichen Schichten auf der Oberseite zu berücksichtigen, wobei es von der Schichtenfolge abhängt, ob Ausgleichsschichten, Schüttungen etc. die flächenbezogene Masse der tragenden Dachdecke erhöhen oder zusammen mit wärmedämmenden Schichten wie eine Vorsatzkonstruktion wirken. Einbauten wie Dachfenster oder Lichtkuppeln können die resultierende Schalldämmung der gesamten Dachfläche vermindern.

Für bauakustisch einschalige Dächer kann das bewertete Schalldämm-Maß R_w der tragenden Dachdecke nach Teil D Kapitel 9.3.3.5 bzw. Teil D Kapitel 9.3.3.4 aus der flächenbezogenen Masse m'_{ges} ermittelt werden. Bei der Ermittlung der flächenbezogenen Masse eines Flachdaches darf auch die Masse einer Schüttung (Ausgleichsschicht, Kiesschüttung) berücksichtigt werden, wenn sie unmittelbar aufgebracht wird.

Die Dachdeckung kann bei der resultierenden Luftschalldämmung in Ansatz gebracht werden, wenn eine fugendichte Abdeckung gewählt wird. Zusätzliche Schichten (z. B. Ausgleichsschichten, Kiesschüttungen) können die flächenbezogene Masse der tragenden Dachdecke erhöhen, wenn sie unmittelbar auf dieser aufgebracht sind. In diesem Fall ist die gesamte flächenbezogene Masse aus der Summe der flächenbezogenen Massen der tragenden Dachdecke und der unmittelbar aufgebrachten Schicht zu bilden.

Achtung

Befinden sich Einbauten (Dachflächenfenster, Lichtkuppeln usw.) in der Dachfläche, ist die resultierende Schalldämmung aus der Schalldämmung der Teilflächen zu bestimmen.

11.7 Bewertetes Schalldämm-Maß R_w von Dächern als Holzbauteil

11.7.1 Bewertetes Schalldämm-Maß R_w von Steildächern als Holzbauteil

Geneigte Dächer im Sinne dieses Bauteilkatalogs sind Leichtkonstruktionen mit einer tragenden Konstruktion aus Holzsparren oder Metallträgern. Die Dachdeckung kann mit verschiedenen Materialien erfolgen. Die Wärmedämmung kann sowohl als Aufsparrendämmung, als Zwischensparrendämmung oder auch als Kombination von beiden ausgeführt sein. In diesem Abschnitt des Bauteilkatalogs werden geneigte Dächer mit einem Tragwerk aus Holzsparren behandelt, die mit Dachziegeln oder Dachsteinen eingedeckt sind.

Tabelle 134: Bewertete Schalldämm-Maße R_w von Dächern als Holzbauteil mit Aufsparrendämmung aus Hartschaum-Wärmedämmung (DIN 4109-33)

Spalte	**1**	**2**		**3**
Zeile	**Schnitt, vertikal**	**Konstruktionsdetails**		R_w **[dB]**
		[mm]	**Bauteilbeschreibung**	
1	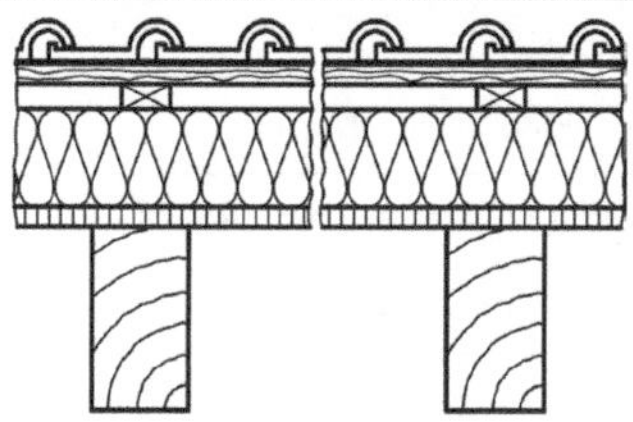		Dachdeckung	34
			Lattung, Konterlattung	
		≥ 100	Hartschaumplatte[1)]	
		≥ 19	Nut und Feder-Schalung NFS oder Holzwerkstoffplatten HW	
2	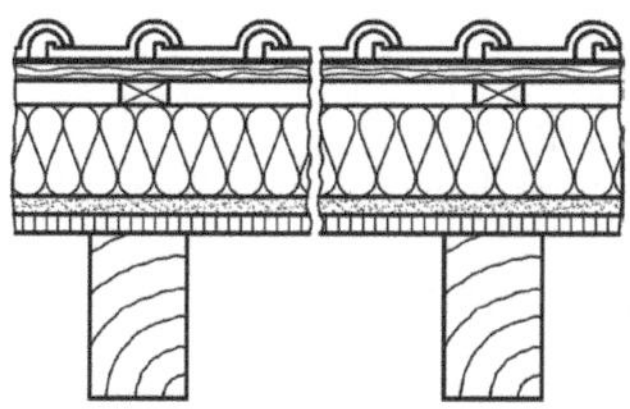		Dachdeckung	39
			Lattung, Konterlattung	
		≥ 100	Hartschaumplatte[1)]	
			Zusätzliche Beschwerungslage[2)] einlagig $m' \geq 10$ kg/m²	
		≥ 19	Nut und Feder-Schalung NFS oder Holzwerkstoffplatten HW	
3	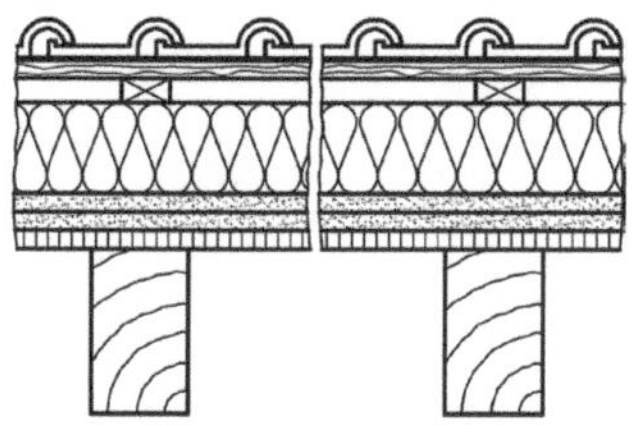		Dachdeckung	40
			Lattung, Konterlattung	
		≥ 100	Hartschaumplatte[1)]	
			Zusätzliche Beschwerungslage[2)] mehrlagig $m' \geq 20$ kg/m²	
		≥ 19	Nut und Feder-Schalung NFS oder Holzwerkstoffplatten HW	
4	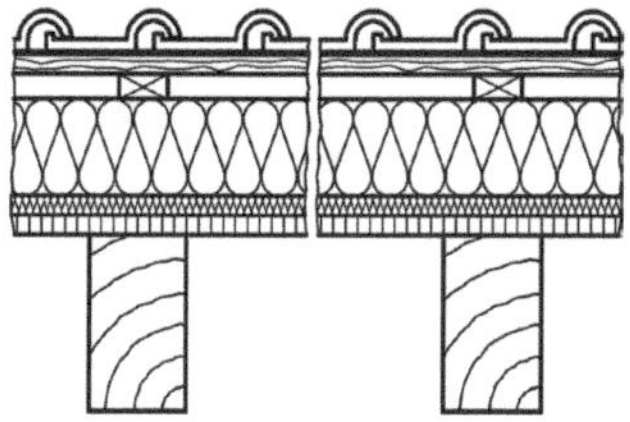		Dachdeckung	42
			Lattung, Konterlattung	
		≥ 100	Hartschaumplatte[1)]	
		≥ 20	zusätzliche Dämmung unten[3)]	
		≥ 19	Nut und Feder-Schalung NFS oder Holzwerkstoffplatten HW	

Tabelle 134: Bewertete Schalldämm-Maße R_w von Dächern als Holzbauteil mit Aufsparrendämmung aus Hartschaum-Wärmedämmung (DIN 4109-33) (Fortsetzung)

Spalte	**1**	**2**		**3**
Zeile	**Schnitt, vertikal**	**Konstruktionsdetails**		**R_w [dB]**
		[mm]	**Bauteilbeschreibung**	
5	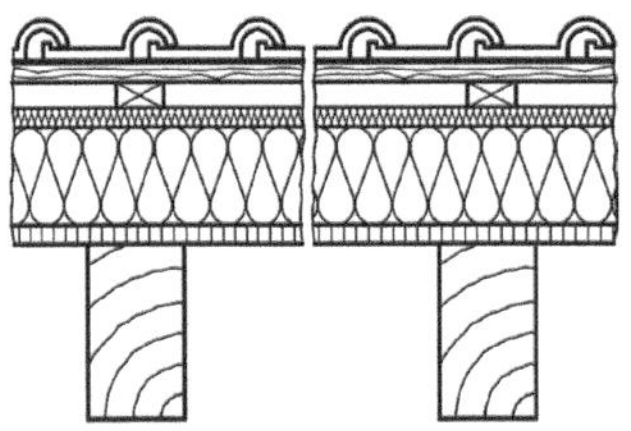		Dachdeckung	45
			Lattung, Konterlattung	
		≥ 30	zusätzliche Dämmung oben[4]	
		≥ 100	Hartschaumplatte[1]	
		≥ 19	Nut und Feder-Schalung NFS oder Holzwerkstoffplatten HW	

[1] Hartschaumplatten EPS, XPS oder PUR mit dem Anwendungsgebiet DAD.
[2] Zusätzliche Beschwerungslage, ein- oder mehrlagig bestehend aus z. B.: Bitumenbahnen ($d \geq 4$ mm, schwer), Gipsplatte GK, Gipsfaserplatte GF, zementgebundene Spanplatte ZSP.
[3] Zusätzliche Dämmung unten aus Mineralwolle MW mit dem Anwendungsgebiet DES-sm oder elastifizierter Polystyrol-Hartschaum EPS mit dem Anwendungsgebiet DES-sm.
[4] Zusätzliche Dämmung oben aus Mineralwolle MW mit dem Anwendungsgebiet DAD-dm, Holzwolleleichtbauplatte WW mit dem Anwendungsgebiet DAD-dh.

Allgemeine Hinweise:
Die bewerteten Schalldämm-Maße der Konstruktion sind gültig bei einem Achsabstand der Sparren ≥ 600 mm.
Zu dem bewerteten Schalldämm-Maß der Konstruktion R_w kann nachfolgender Korrekturwert ΔR_w addiert werden:
Dachdeckung:
- Dachsteine (Einfachdeckung): $\Delta R_w = 0$ dB,
- Dachziegel (Einfachdeckung): $\Delta R_w = -2$ dB,
- Biberschwanzziegel (Doppel- und Kronendeckung): $\Delta R_w = +2$ dB

Tabelle 135: Bewertete Schalldämm-Maße R_w von Dächern mit Aufsparrendämmungen aus Mineralwolle MW mit Doppelgewindeschrauben (DIN 4109-33)

Spalte	**1**	**2**		**3**
Zeile	**Schnitt, vertikal**	**Konstruktionsdetails**		**R_w [dB]**
		[mm]	**Bauteilbeschreibung**	
1	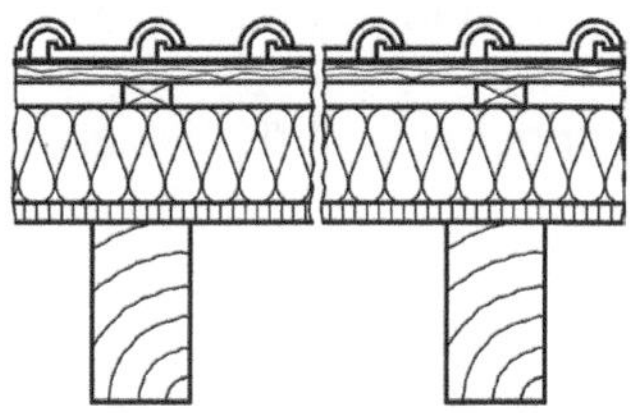		Dachdeckung	46
			Lattung, Konterlattung	
		100 bis 140	Mineralwolleplatte MW[1)]	
		≥ 19	Nut und Feder-Schalung NFS oder Holzwerkstoffplatten HW	
2			Dachdeckung	50
			Lattung, Konterlattung	
		> 160	Mineralwolleplatte MW[1)]	
		≥ 19	Nut und Feder-Schalung NFS oder Holzwerkstoffplatten HW	
3	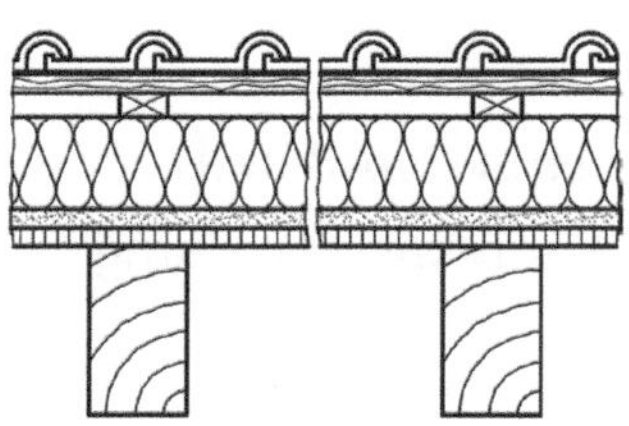		Dachdeckung	51
			Lattung, Konterlattung	
		≥ 120	Mineralwolleplatte MW[1)]	
			Zusätzliche Beschwerungslage[2)] einlagig $m' \geq 10$ kg/m²	
		≥ 19	Nut und Feder-Schalung NFS oder Holzwerkstoffplatten HW	
4			Dachdeckung	53
			Lattung, Konterlattung	
		≥ 160	Mineralwolleplatte MW a	
			Zusätzliche Beschwerungslage[2)] mehrlagig $m' \geq 20$ kg/m²	
		≥ 19	Nut und Feder-Schalung NFS oder Holzwerkstoffplatten HW	

1) MW Mineralwolleplatten mit dem Anwendungsgebiet DAD-dm.

2) Zusätzliche Beschwerungslage, ein- oder mehrlagig bestehend aus z. B.: Bitumenbahnen ($d \geq 4$ mm, schwer), Gipsplatte GK, Gipsfaserplatte GF, zementgebundene Spanplatte ZSP.

Tabelle 135: Bewertete Schalldämm-Maße R_w von Dächern mit Aufsparrendämmungen aus Mineralwolle MW mit Doppelgewindeschrauben (DIN 4109-33) (Fortsetzung)

Spalte	1	2		3
Zeile	Schnitt, vertikal	Konstruktionsdetails		R_w [dB]
		[mm]	Bauteilbeschreibung	
Hinweise zu den Zeilen 1 und 2: Die Werte gelten bei einer Befestigung der Dachlattung mit Doppelgewindeschrauben (geringer Anpressdruck). Bei Verwendung anderer Befestigungsmittel sind die Werte der Tabelle 112 wie folgt abzumindern: Zu Zeile 1: Werden Faserdämmstoffe mit $d \leq 140$ mm eingebaut, ist das Schalldämm-Maß um 1 dB zu vermindern; Zu Zeile 2: Werden Faserdämmstoffe mit $d > 140$ mm eingebaut, ist das Schalldämm-Maß um 3 dB zu vermindern.				
Allgemeine Hinweise: Die bewerteten Schalldämm-Maße der Konstruktion sind gültig bei einem Achsabstand der Sparren ≥ 600 mm. Zu dem bewerteten Schalldämm-Maß der Konstruktion R_w kann nachfolgender Korrekturwert ΔR_w addiert werden: Dachdeckung: – Dachsteine (Einfachdeckung): $\Delta R_w = 0$ dB, – Dachziegel (Einfachdeckung): $\Delta R_w = -2$ dB, – Biberschwanzziegel (Doppel- und Kronendeckung): $\Delta R_w = +2$ dB				

Tabelle 136: Bewertete Schalldämm-Maße R_w von Dächern mit Aufsparrendämmungen aus Holzfaserdämmstoff WF mit Doppelgewindeschrauben (DIN 4109-33)

Spalte	1	2		3
Zeile	Schnitt, vertikal	Konstruktionsdetails		R_w [dB]
		[mm]	Bauteilbeschreibung	
1	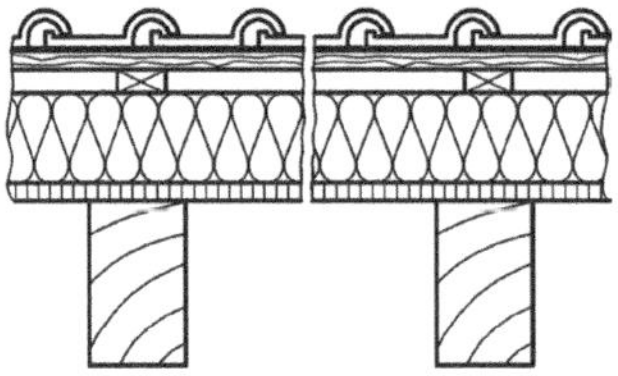		Dachdeckung	48
			Lattung, Konterlattung	
		≥ 140	Holzfaserdämmplatte WF[1)]	
		≥ 19	Nut und Feder-Schalung NFS oder Holzwerkstoffplatten HW	
2	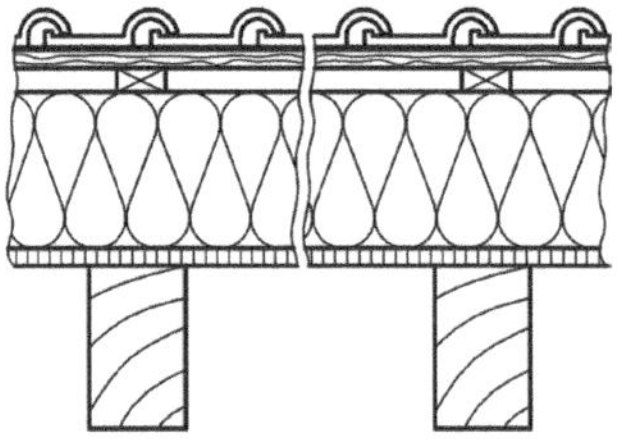		Dachdeckung	52
			Lattung, Konterlattung	
		≥ 240	Holzfaserdämmplatte WF[1)]	
		≥ 19	Nut und Feder-Schalung NFS	

Tabelle 136: Bewertete Schalldämm-Maße R_w von Dächern mit Aufsparrendämmungen aus Holzfaserdämmstoff WF mit Doppelgewindeschrauben (DIN 4109-33) (Fortsetzung)

Spalte	**1**	**2**		**3**
Zeile	**Schnitt, vertikal**	**Konstruktionsdetails**		**R_w [dB]**
		[mm]	**Bauteilbeschreibung**	
3	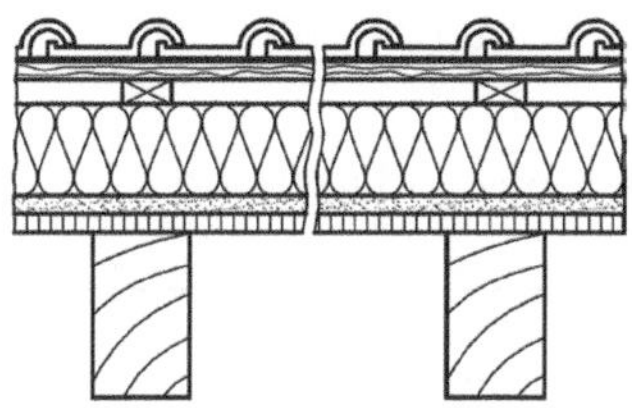		Dachdeckung	54
			Lattung, Konterlattung	
		≥ 140	Holzfaserdämmplatte WF[1]	
			Zusätzliche Beschwerungslage[2] einlagig $m' \geq 10$ kg/m²	
		≥ 19	Nut und Feder-Schalung NFS	
4	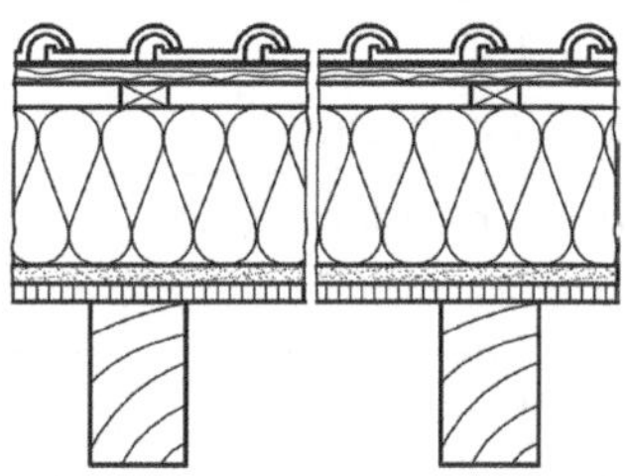		Dachdeckung	58
			Lattung, Konterlattung	
		≥ 240	Holzfaserdämmplatte WF[1]	
			Zusätzliche Beschwerungslage[2] einlagig $m' \geq 10$ kg/m²	
		≥ 19	Nut und Feder-Schalung NFS	

[1] WF Holzfaserdämmplatte mit dem Anwendungsgebiet DAD-dm.

[2] Zusätzliche Beschwerungslage, ein- oder mehrlagig bestehend aus z. B.: Bitumenbahnen ($d \geq 4$ mm, schwer), Gipsplatte GK, Gipsfaserplatte GF, zementgebundene Spanplatte ZSP.

Allgemeine Hinweise:
Die bewerteten Schalldämm-Maße der Konstruktion sind gültig bei einem Achsabstand der Sparren ≥ 600 mm.
Zu dem bewerteten Schalldämm-Maß der Konstruktion R_w kann nachfolgender Korrekturwert ΔR_w addiert werden:
Dachdeckung:
- Dachsteine (Einfachdeckung): $\Delta R_w = 0$ dB,
- Dachziegel (Einfachdeckung): $\Delta R_w = -2$ dB,
- Biberschwanzziegel (Doppel- und Kronendeckung): $R_w = +2$ dB

Wird Holzfaserdämmstoff mit $d \geq 240$ mm und hohem Anpressdruck eingebaut:
$\Delta R_w = -9$ dB

Tabelle 137: Bewertete Schalldämm-Maße R_w von Dächern mit Zwischensparrendämmungen (Teil- oder Volldämmung) aus Faserdämmstoffen (DIN 4109-33)

Spalte	1	2		3
Zeile	**Schnitt, vertikal**	**Konstruktionsdetails**		**R_w [dB]**
		[mm]	**Bauteilbeschreibung**	
1	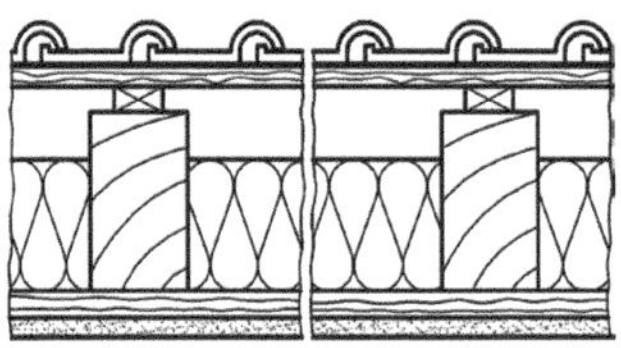	 120 bis 180 12,5	Dachdeckung Lattung, Konterlattung Zwischensparrendämmung[1] Lattung Gipsplatten GK[5]	50[2]
2		 ≥ 180 12,5	Dachdeckung Lattung, Konterlattung Zwischensparrendämmung[3] Lattung Gipsplatten GK[5]	52
3		 ≥ 200 10	Dachdeckung Lattung, Konterlattung Zwischensparrendämmung[4] Lattung Gipsplatten GK	52
4	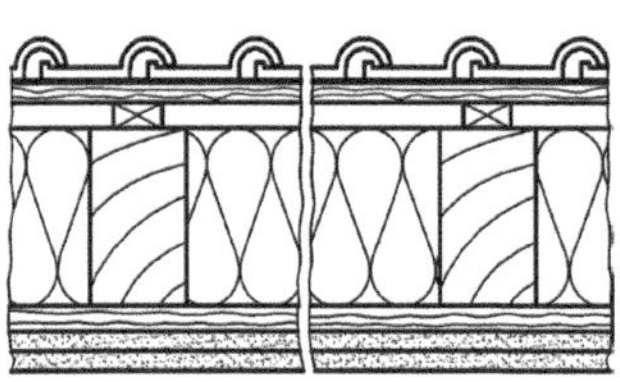	 ≥ 200 2 x 10	Dachdeckung Lattung, Konterlattung Zwischensparrendämmung[1] Lattung Gipsplatten GK	57
5	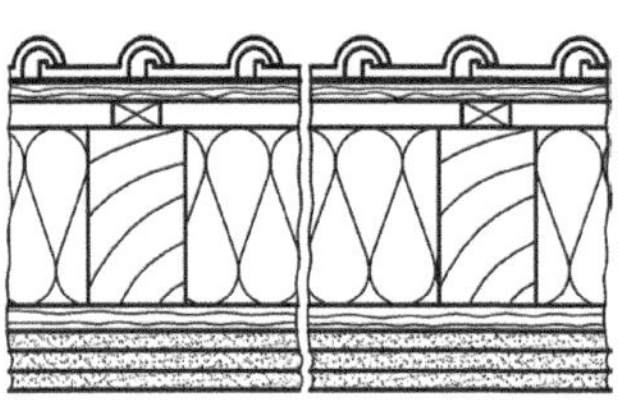	 ≥ 200 3 x 10	Dachdeckung Lattung, Konterlattung Zwischensparrendämmung[1] Lattung Gipsplatten GK	59

Tabelle 137: Bewertete Schalldämm-Maße R_w von Dächern mit Zwischensparrendämmungen (Teil- oder Volldämmung) aus Faserdämmstoffen (DIN 4109-33) (Fortsetzung)

Spalte	**1**	**2**		**3**
Zeile	**Schnitt, vertikal**	**Konstruktionsdetails**		**R_w [dB]**
		[mm]	**Bauteilbeschreibung**	

[1] Zwischensparrendämmung aus Mineralwolle MW oder Holzfaser WF, Anwendungsgebiet DZ.
[2] Zu dem bewerteten Schalldämm-Maß der Konstruktion R_w ist bei Konstruktionsänderungen nachfolgender Korrekturwert ΔR_w zu addieren, wenn:
Zu Zeile 1: Mineralwolle MW in der raumseitigen Lattungsebene: ΔR_w = +4 dB
Zu Zeile 1: Dämmstoffdicken > 400 mm mit Dachstein-Einfachdeckung: ΔR_w = +6 dB
Zu Zeile 1: Dämmstoffdicken > 400 mm mit Metalldeckung: ΔR_w = +1 dB
Zu Zeile 1: Stegträger: ΔR_w = 0 dB
[3] Holzfaser WF, Anwendungsgebiet DZ.
[4] Mineralwolle MW, Anwendungsgebiet DZ.
[5] Raumseitige Bekleidung mit Nut und Feder-Schalung NFS: ΔR_w = –5 dB.

Allgemeine Hinweise:
Die bewerteten Schalldämm-Maße der Konstruktion sind gültig bei einem Achsabstand der Sparren ≥ 600 mm.
Zu dem bewerteten Schalldämm-Maß der Konstruktion R_w kann nachfolgender Korrekturwert ΔR_w addiert werden:
Dachdeckung:
- Dachsteine (Einfachdeckung): ΔR_w = 0 dB,
- Dachziegel (Einfachdeckung): ΔR_w = –2 dB,
- Biberschwanzziegel (Doppel- und Kronendeckung): ΔR_w = +2 dB.

Installationsebene: Entkopplung durch Federschiene o. Ä.: ΔR_w = +2 dB.

Achtung:

In DIN 4109-33:2016-07 Tabelle 9 Fußnote d wird auf die Verwendung von Hartschaumplatten EPS, XPS oder PUR Anwendungsgebiet DAD hingewiesen. Der Einbau solcher Materialien entspricht nicht den gemessenen Aufbauten und bringt vermutlich auch nicht das angegebene bewertete Schalldämm-Maß. In Tabelle 115 Fußnote 9 wurden diese Materialien daher nicht aufgenommen.

Tabelle 138: Bewertete Schalldämm-Maße R_w von Dächern mit Auf- und Zwischensparrendämmungen (DIN 4109-33)

Spalte	1	2		3
Zeile	Schnitt, vertikal	Konstruktionsdetails		R_w [dB]
		[mm]	Bauteilbeschreibung	
1	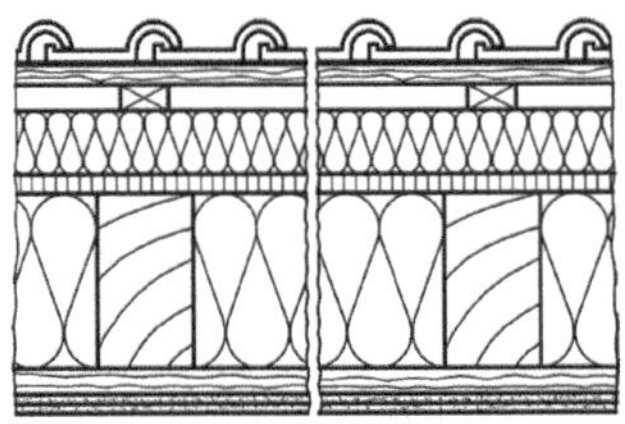		Dachdeckung	58[3)]
			Lattung, Konterlattung	
		≥ 120	Aufsparrendämmung[1) 2)]	
			Nut und Feder-Schalung NFS	
		> 140	Zwischensparrendämmung[1)]	
			Lattung	
		2 x 12,5	Gipsplatten GK	
2	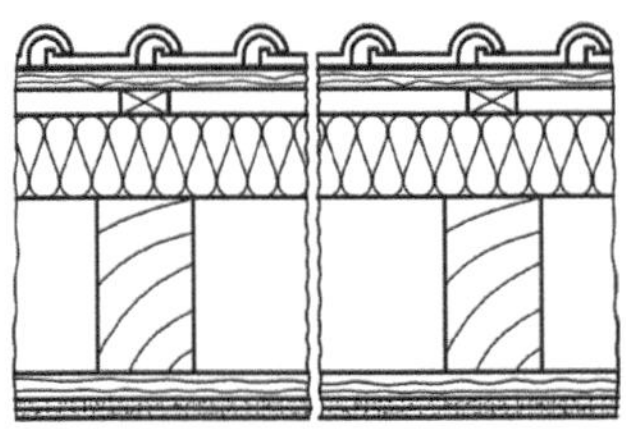		Dachdeckung	46[3)]
			Lattung, Konterlattung	
		≥ 120	Aufsparrendämmung[2)]	
			Sparren/Lufthohlraum	
			Lattung	
		2 x 12,5	Gipsplatten GK	

1) MW Mineralwolle oder WF Holzfaser
Anwendungsgebiet DZ (zwischen Sparren), Anwendungsgebiet DAD (auf den Sparren).

2) Hartschaumplatten EPS, XPS oder PU, Anwendungsgebiet DAD.

3) Zu dem bewerteten Schalldämm-Maß der Konstruktion R_w ist nachfolgender Korrekturwert ΔR_w zu addieren:
Zu Zeile 1: Eine Lage Gipsplatten GK an Stelle von zwei Lagen: $\Delta R_w = -4$ dB;
Zu Zeile 2: Sparrenflanken mit z. B. 50 mm Mineralwolle MW oder Holzfaserdämmstoff WF bedämpft: $\Delta R_w = +5$ dB;
Zu Zeile 2: eine Lage Gipsplatten GK an Stelle von zwei Lagen: $\Delta R_w = -3$ dB;
Zu Zeile 2: raumseitige Bekleidung an Federschiene: $\Delta R_w = +2$ dB.

Allgemeine Hinweise:
Die bewerteten Schalldämm-Maße der Konstruktion sind gültig bei einem Achsabstand der Sparren ≥ 600 mm.
Zu dem bewerteten Schalldämm-Maß der Konstruktion R_w kann nachfolgender Korrekturwert ΔR_w addiert werden:
Dachdeckung:
- Dachsteine (Einfachdeckung): $\Delta R_w = 0$ dB,
- Dachziegel (Einfachdeckung): $\Delta R_w = -2$ dB,
- Biberschwanzziegel (Doppel- und Kronendeckung): $\Delta R_w = +2$ dB

11.7.2 Bewertetes Schalldämm-Maß R_w von Flachdächern als Holzbauteil

Tabelle 139: Bewertete Schalldämm-Maße R_w von Flachdächern in Holztafelbauweise (DIN 4109-33)

Spalte	1	2		3
Zeile	**Schnitt, vertikal**	**Konstruktionsdetails**		**R_w [dB]**
		[mm]	**Bauteilbeschreibung**	
1	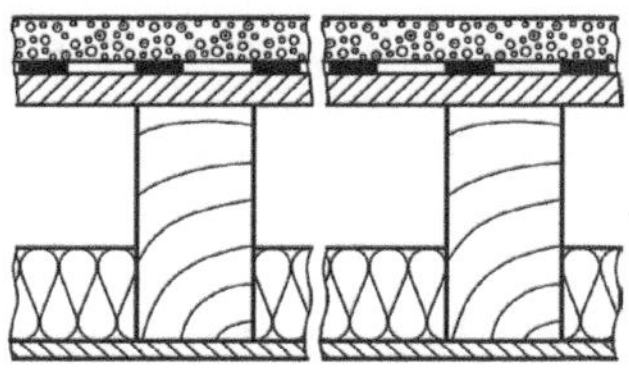	≥ 30	Kiesauflage	45[7]
			Dachabdichtung[4]	
		22	äußere Bekleidung/Flächentragwerk[1]	
		≥ 160	Schalenabstand	
		≥ 60	Dämmung	
		≥ 12	raumseitige Bekleidung[2]	
2	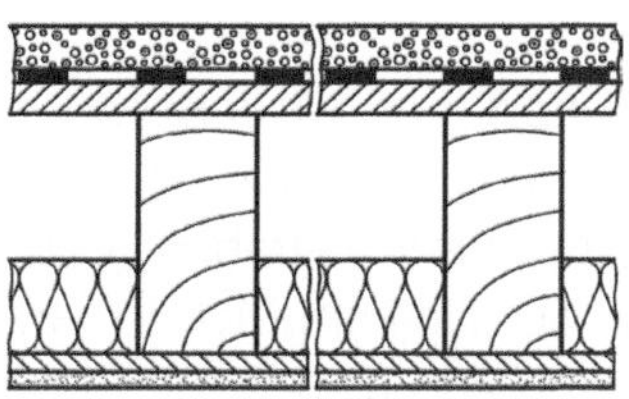	≥ 30	Kiesauflage	50
			Dachabdichtung[4]	
		22	äußere Bekleidung/Flächentragwerk[1]	
		≥ 160	Schalenabstand	
		≥ 60	Dämmung	
			Zwischenlattung zulässig	
		≥ 12	raumseitige Bekleidung[2]	
			Zusätzliche raumseitige Bekleidung[3]	
3	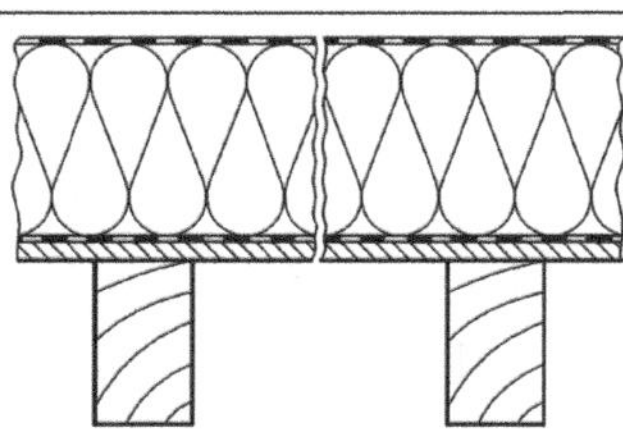		Dachabdichtung/Dachdeckung[4]	45
		≥ 180	Dämmung	
			Bitumenbahn[5] mit $m' \geq 5$ kg/m²	
		≥ 24	Bekleidung/Flächentragwerk[6]	

1) Äußere Bekleidung/Flächentragwerk aus Spanplatte SP, Sperrholz BFU oder Nut und Feder-Schalung NFS mit ≥ 24 mm Dicke.
2) Raumseitige Bekleidung aus Gipsplatte GK, Gipsfaserplatte GF, Nut und Feder-Schalung NFS oder Spanplatte SP direkt oder über Zwischenlattung an Sparren.
3) Mit zusätzlicher Bekleidungslage mit $m' > 8$ kg/m² aus Gipsplatte GK, Gipsfaserplatte GF, Nut und Feder-Schalung NFS oder Holzwerkstoffplatte HW.
4) Dachabdichtung aus ein- oder mehrlagigen Dachbahnen oder Dachdeckung aus Metalltafeln.
5) Bitumenbahnen mit $m' \geq 5$ kg/m².
6) Raumseitige Bekleidung (Flächentragwerk) mit Nut und Feder-Schalung NFS ≥ 24 mm oder Holzwerkstoffplatte HW ≥ 24 mm.
7) Ohne Kiesauflage beträgt das bewertete Schalldämm-Maß R_w = 42 dB.

Tabelle 139: Bewertete Schalldämm-Maße R_w von Flachdächern in Holztafelbauweise (DIN 4109-33) (Fortsetzung)

Spalte	**1**	**2**		**3**
Zeile	**Schnitt, vertikal**	**Konstruktionsdetails**		R_w **[dB]**
		[mm]	**Bauteilbeschreibung**	
Allgemeine Hinweise: Dämmung zwischen (Anwendungsgebiet DZ) oder über (Anwendungsgebiet DAA) den tragenden Balken aus MW oder WF. Für die Befestigung von Bekleidung und Sparren sind nur mechanische Verbindungsmittel, z. B. Schrauben und Nägel, zulässig. Die bewerteten Schalldämm-Maße der Konstruktion sind gültig bei einem Achsabstand der Sparren ≥ 600 mm.				

11.8 Berücksichtigung und Bestimmung der bewerteten Flankendämm-Maße $R_{ij,w}$

Bei Außenbauteilen in Holz-, Leicht- und Trockenbauweise sowie Metall-Glas-Fassaden wird die flankierende Übertragung nicht berücksichtigt.

Wenn jedoch biegesteife Fassadenbauteile (z. B. aus Beton oder Mauerwerk) mit anderen biegesteifen Teilen des Empfangsraumes (z. B. Decken oder Trennwänden) verbunden sind, kann die Flankenübertragung zur gesamten Schallübertragung beitragen. Das ist von Bedeutung, wenn zur Erfüllung der Anforderungen das Schalldämm-Maß $R_{j,w}$ des massiven Außenbauteils aus Gleichung (217) mehr als $R_{j,w} \geq 50$ dB und das gesamte bewertete Bau-Schalldämm-Maß $R'_{w,ges} > 40$ dB betragen soll. Für diesen Fall muss die flankierende Übertragung rechnerisch berücksichtigt werden.

Die bewerteten Flankendämm-Maße $R_{ij,w}$ in Gleichung (214) werden nach Gleichung (140) bestimmt, wobei als Fläche S_s die Gesamtfläche der von innen betrachteten Fassade benutzt wird.

Vorsatzschalen, die im Übertragungsweg liegen (z. B. außen aufgebrachte Wärmedämmverbundsysteme), müssen in der Berechnung berücksichtigt werden.

An die Außenwand anschließende Innenbauteile in Leichtbauweise sowie raumseitig mit akustisch verbessernd wirkenden Vorsatzkonstruktionen versehene Massivbauteile, beispielsweise Decken mit schwimmendem Estrich, brauchen bei der Berechnung des bewerteten Flankendämm-Maßes $R_{ij,w}$ nicht berücksichtigt zu werden.

Teil E Raumakustik

Treffen Schallwellen auf Oberflächen, werden sie zu einem Teil reflektiert und zu einem Teil absorbiert. Das Verhältnis der absorbierten (nicht reflektierten) Schallenergie zur gesamten auftreffenden Schallenergie bezeichnet man als Schallabsorptionsgrad α.

Im Sinne der Raumakustik wirkt sich die Schallabsorption in zweierlei Weise auf die Verhältnisse in einem Raum aus:

- Durch die teilweise Absorption von Schallenergie an Begrenzungsflächen, Einrichtungsgegenständen oder Personen nimmt die Gesamtschallenergie im Raum und damit der Schalldruckpegel ab.
- Schallabsorption ist erforderlich, um in Räumen – entsprechend ihrer Nutzung – ein „angenehmes akustisches Raumklima" zu erzeugen. Zur Wahrung von Sprachverständlichkeit ist es beispielsweise erforderlich, dass Reflexionen an Begrenzungsflächen weitestgehend vermieden werden. Im Gegensatz dazu ist bei Orgelmusik eine Überlagerung von Direktschall mit Reflexionen unerlässlich.

1 Symbole und Formelzeichen

Tabelle 140: Symbole und Formelzeichen

Größe	Symbol	Einheit
Äquivalente Absorptionsfläche	A	m²
Oberfläche	S	m²
Nachhallzeit	T	s
Volumen des Raums	V	m³
Schallabsorptionsgrad	α	–

2 Grundgleichungen

$$T = 0{,}160 \cdot \frac{V \cdot (1 - \Psi)}{A} \tag{226}$$

$$\Psi = \frac{\sum_{j=1}^{M} V_{obj,j} + \sum_{k=1}^{N} V_{obj,k}}{V} \tag{227}$$

$$A = \sum_{j=1}^{N} \alpha_{S,j} \Delta S_j + \sum_{k=1}^{M} A_{obj,k} + \sum_{l=1}^{O} \alpha_{S,l} \Delta S_l + A_{air} \tag{228}$$

$$A_{air} = 4 \cdot m \cdot V \cdot (1 - \Psi) \tag{229}$$

$$A_{obj} = V_{obj}^{2/3} \tag{230}$$

3 Raumakustische Ausgestaltung von Räumen

Die folgenden Ausführungen zur Ausgestaltung von Räumen nach DIN 18041 gelten für raumakustische Anforderungen, Empfehlungen und Planungsrichtlinien zur Sicherung der Hörsamkeit in „kleinen bis mittleren Räumen" mit einem Raumvolumen bis etwa 5 000 m³ sowie für Sport- und Schwimmhallen bis 30 000 m³. Es wird zwischen zwei Anwendungen unterschieden:

- Die Hörsamkeit über mittlere und größere Entfernungen (**Räume der Gruppe A**), z. B. Unterrichtsräume in Schulen, Gruppenräume in Kindertageseinrichtungen, Konferenzräume, Gerichts- und Ratssäle, Seminarräume, Hörsäle, Tagungsräume, Räume in Seniorentagesstätten, Sport- und Schwimmhallen. Bei der Raumgruppe A soll durch geeignete Maßnahmen eine für die Nutzung angepasste Nachhallzeit und Schalllenkung sichergestellt werden.
- Die Hörsamkeit über geringe Entfernungen (**Räume der Gruppe B**), wie z. B. Verkehrsflächen mit Aufenthaltsqualität, Speiseräume, Kantinen, Spielflure und Umkleiden in Schulen und Kindertageseinrichtungen, Ausstellungsräume, Eingangshallen, Schalterhallen, Büros. Dies soll bei der Raumgruppe B durch entsprechende Schallabsorptionen und Störgeräuschminderungen erreicht werden.

Nicht behandelt wird die Hörsamkeit in Wohnungen und Wohnräumen sowie in Räumen mit speziellen Anforderungen, wie z. B. Theater, Konzertsäle, Kinos, Sakralräume, und in Räumen zur hochwertigen Aufnahme von Musik und Sprache (beispielsweise Studios, Regieräume für Funk, Film, Fernsehen und Tonträgerproduktionen). Die Ausführungen können jedoch auf Räume für allgemeine Musikdarbietungen, Mehrzweckräume (z. B. Stadthallen) sowie auf Räume mit größerem Volumen bis ca. 30 000 m³ sinngemäß übertragen werden.

3.1 Raumakustische Anforderungen an Räume der Gruppe A

Die Anforderungen an die Nachhallzeit für eine gute Hörsamkeit sind vom Raumvolumen und von der Nutzungsart des Raums abhängig. Für Räume der Gruppe A wird zwischen folgenden Nutzungsarten unterschieden:

- A1: „Musik";
- A2: „Sprache/Vortrag";
- A3: „Unterricht/Kommunikation" sowie „Sprache/Vortrag inklusiv";
- A4: „Unterricht/Kommunikation inklusiv";
- A5: „Sport".

Nach DIN 18041 gelten für die Nutzungsarten A1 bis A5 die Anforderungen an die Soll-Nachhallzeiten gemäß Tabelle 141.

Tabelle 141: Soll-Nachhallzeiten in Abhängigkeit von der Nutzungsart und dem Raumvolumen (DIN 18041)

Spalte	**1**	**2**	**3**	**4**
Zeile	**Nutzungsart**		**Soll-Nachhallzeit** [s]	**Raumvolumen** [m³]
1	A1	Musik	$T_{\text{soll,A1}} = (0{,}45 \cdot \lg V + 0{,}07)$	$30\ m^3 \leq V < 1\,000\ m^3$
2	A2	Sprache/Vortrag	$T_{\text{soll,A2}} = (0{,}37 \cdot \lg V - 0{,}14)$	$50\ m^3 \leq V < 5\,000\ m^3$
3	A3	Unterricht/Kommunikation bis 1 000 m³ und Sprache/Vortrag bis 5 000 m³	$T_{\text{soll,A3}} = (0{,}32 \cdot \lg V - 0{,}17)$	$30\ m^3 \leq V < 5\,000\ m^3$
4	A4	Unterricht/Kommunikation inklusiv	$T_{\text{soll,A4}} = (0{,}26 \cdot \lg V - 0{,}14)$	$30\ m^3 \leq V < 500\ m^3$
5	A5	Sport	$T_{\text{soll,A5}} = (0{,}75 \cdot \lg V - 1{,}00)$	$200\ m^3 \leq V < 10\,000\ m^3$
6			$T_{\text{soll,A5}} = 2{,}00$	$V \geq 10\,000\ m^3$

Die Abhängigkeit der Soll-Nachhallzeit T_{Soll} vom Raumvolumen V nach Tabelle 141 ist in Bild 48 dargestellt. Für im Sinne von DIN 18041 untypische Raumvolumina ist der Sollwertbereich in Bild 48 gepunktet dargestellt.

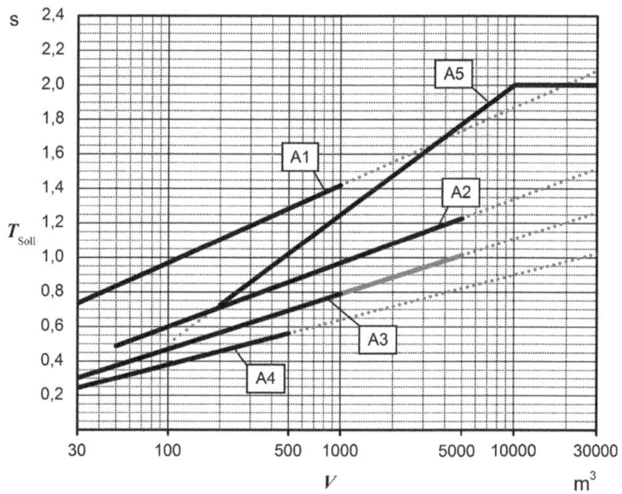

Soll-Nachhallzeit in Abhängigkeit vom Raumvolumen für im Sinne von DIN 18041 typische Raumvolumina in Sekunden

Soll-Nachhallzeit in Abhängigkeit vom Raumvolumen in Sekunden

Soll-Nachhallzeit in Abhängigkeit vom Raumvolumen für im Sinne dieser Norm untypische Raumvolumina in Sekunden

A1–A5 Nutzungsart gemäß Tabelle 141

Bild 48: Sollwert T_{Soll} der Nachhallzeit für unterschiedliche Nutzungsarten

Die Sollwerte der Nachhallzeit sind mathematisch gerundet mit zwei Nachkommastellen anzugeben.

Die Anforderungen an die Nachhallzeiten nach Tabelle 141 gelten als eingehalten, wenn die Nachhallzeiten in den Oktaven 125 Hz bis 4000 Hz auf zwei Nachkommastellen mathematisch gerundet im Toleranzbereich nach Bild 49 liegen.

Die Anforderungen an die Nachhallzeit beziehen sich auf den besetzten Zustand (Besetzungsgrad: 80 % der Regelbesetzung) des jeweiligen Raums. Bei Planungen muss die Umrechnung zwischen dem unbesetzten und dem besetzten Zustand erfolgen.

Die Nachhallzeiten gelten für die relevanten Nutzungsszenarien des Raums unter Berücksichtigung der Schallabsorption der Möblierung und von Personen. Bei den Nutzungsszenarien sind insbesondere auch geringere Besetzungsdichten zu berücksichtigen, sofern diese zu erwarten sind (z. B. Hörsäle, Gerichtsräume, Aufführungsräume etc.).

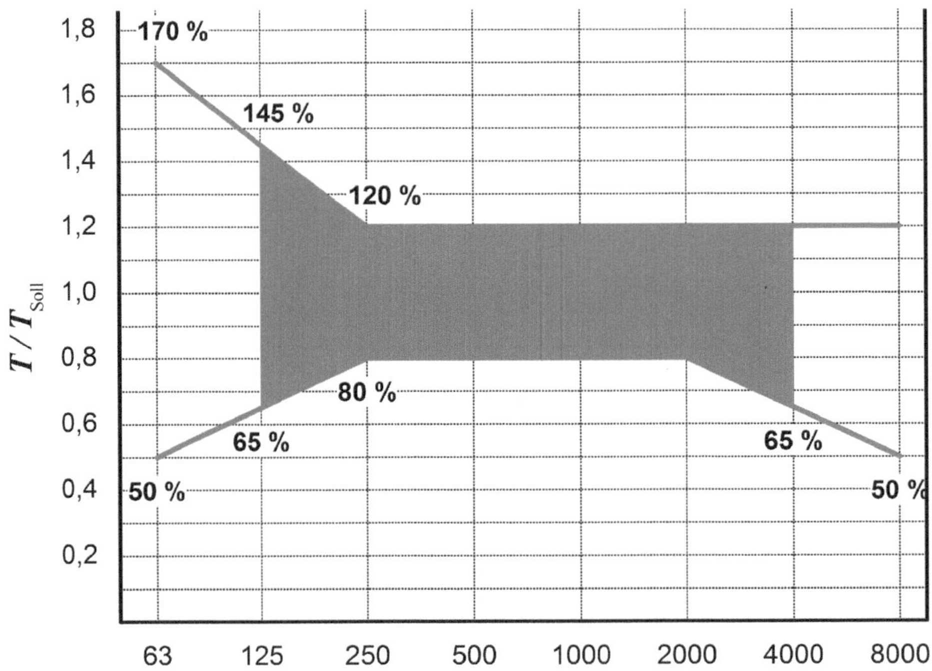

Bild 49: Toleranzbereich der Nachhallzeit T in Abhängigkeit von der Frequenz

Der Toleranzbereich der frequenzabhängigen Nachhallzeit T zwischen 125 Hz und 4000 Hz bezogen auf die Nachhallzeit T_{Soll} bei mittleren Frequenzen ist in Bild 49 für die Nutzungsarten A1 bis A4 gezeigt. Für Frequenzen außerhalb des Toleranzbereichs von 125 Hz bis 4000 Hz sind Orientierungswerte in Bild 49 mit Strichen angegeben. Für die Nutzungsart A5 ist der nach Tabelle 141 Zeilen 5 und 6 ermittelte Sollwert $T_{Soll,A5}$ zwischen 250 Hz und 2000 Hz mit einer Genauigkeit von $T_{Soll,A5}$ ± 20 % einzuhalten.

3.2 Raumakustische Empfehlungen für Räume der Gruppe B

Für Räume der Gruppe B werden Empfehlungen für das Verhältnis der äquivalenten Schallabsorptionsfläche *A* des Raums zum Raumvolumen *V*, im Folgenden *A*/*V*-Verhältnis, im Frequenzbereich von 250 Hz bis 2000 Hz angegeben.

Dabei erfolgt eine Einteilung in die Nutzungsarten B1 bis B 5. Beschreibungen und Beispiele zur Eingruppierung von Räumen sind Tabelle 142 zu entnehmen.

Tabelle 142: Nutzungsarten mit Beschreibung und Beispiele für Räume der Gruppe B (DIN 18041)

Nutzungsart	Beschreibung	Beispiele
B1	Räume ohne Aufenthaltsqualität	Eingangshallen, Flure, Treppenhäuser u. Ä. als reine Verkehrsfläche (ausgenommen Verkehrsflächen in Schulen, Kindertageseinrichtungen, Krankenhäusern und Pflegeeinrichtungen)
B2	Räume zum kurzfristigen Verweilen	Eingangshallen, Flure, Treppenhäuser u. ä. Verkehrsflächen mit Aufenthaltsqualität (Empfangsbereich mit Wartezonen etc.), Ausstellungsräume, Schalterhallen, Umkleiden in Sporthallen
B3	Räume zum längerfristigen Verweilen	Ausstellungsräume mit Interaktivität oder erhöhtem Geräuschaufkommen (Multimedia, Klang-/Videokunst etc.), Verkehrsflächen in Schulen und Kindertageseinrichtungen (Kindergarten, Kinderkrippe, Hort etc.), Verkehrsflächen mit Aufenthaltsqualität in Krankenhäusern und Pflegeeinrichtungen (z. B. offene Wartezonen), Patientenwarteräume, Pausenräume, Bettenzimmer, Ruheräume, Operationssäle, Behandlungsräume, Untersuchungsräume, Sprechzimmer, Speiseräume, Kantinen, Labore, Bibliotheken, Verkaufsräume
B4	Räume mit Bedarf an Lärmminderung und Raumkomfort	Rezeption/Schalterbereich mit ständigem Arbeitsplatz, Labore mit ständigem Arbeitsplatz, Ausleihbereiche von Bibliotheken, Ausgabebereiche in Kantinen, Bewohnerzimmer in Pflegeeinrichtungen, Bürgerbüro, Büroräume[1) 2)]
B5	Räume mit besonderem Bedarf an Lärmminderung und Raumkomfort	Speiseräume und Kantinen in Schulen, Kindertageseinrichtungen (Kindergarten, Kinderkrippe, Hort etc.), Krankenhäusern und Pflegeeinrichtungen, Arbeitsräume mit besonders hohem Geräuschaufkommen (z. B. Werkstätten, Werkräume, Großküchen, Spülküchen), Callcenter[1)], Leitstellen, Sicherheitszentralen, Intensivpflegebereiche, Wachstationen, Bewegungsräume in Kindertageseinrichtungen, Spielflure und Umkleiden in Schulen und Kindertageseinrichtungen (Kindergarten, Kinderkrippe, Hort etc.)

1) Empfehlungen für Büroräume sowie Callcenter werden ausführlich in der Richtlinie VDI 2569 behandelt.
2) Einzelbüros können unter Nutzungsart B3 eingeordnet werden.

Die in Tabelle 143 angeführten Orientierungswerte für das mindestens erforderliche *A*/*V*-Verhältnis gelten in den einzelnen Oktaven von 250 Hz bis 2000 Hz ohne die Berücksichtigung der Schallabsorption durch Personen und sind in Abhängigkeit von der lichten Raumhöhe *h* angegeben.

Tabelle 143: Orientierungswerte für das Verhältnis von äquivalenter Schallabsorptionsfläche A zum Raumvolumen V (DIN 18041)

Spalte	**1**	**2**	**3**
Zeile	**Nutzungsart**	**bei Raumhöhen $h \leq 2{,}5$ m [m²/m³]**	**bei Raumhöhen $h > 2{,}5$ m [m²/m³]**
1	B1	keine Anforderung	keine Anforderung
2	B2	$A/V \geq 0{,}15$	$A/V \geq \left[4{,}80 + 4{,}69 \cdot \lg\left(\frac{h}{1\text{m}}\right)\right]^{-1}$
3	B3	$A/V \geq 0{,}20$	$A/V \geq \left[3{,}13 + 4{,}69 \cdot \lg\left(\frac{h}{1\text{m}}\right)\right]^{-1}$
4	B4	$A/V \geq 0{,}25$	$A/V \geq \left[2{,}13 + 4{,}69 \cdot \lg\left(\frac{h}{1\text{m}}\right)\right]^{-1}$
5	B5	$A/V \geq 0{,}30$	$A/V \geq \left[1{,}47 + 4{,}69 \cdot \lg\left(\frac{h}{1\text{m}}\right)\right]^{-1}$

Dabei ist
A die äquivalente Schallabsorptionsfläche eines Raums in Quadratmetern
V das Raumvolumen in Kubikmeter
h die lichte Raumhöhe in Metern

3.3 Nachweis der raumakustischen Ausgestaltung von Räumen

Als Kennzeichnung des Schallabsorptionsvermögens bezeichnet man die Nachhallzeit *T*. Bei einer messtechnischen Überprüfung kennzeichnet die Nachhallzeit die Zeitspanne in Sekunden, die erforderlich ist, bis der Schallpegel (bei einzelnen Frequenzen in Terz- oder Oktavschritten) um 60 dB abgefallen ist.

Rechnerisch kann man die Nachhallzeit nach DIN EN 12354-6 aus der gesamten äquivalenten Schallabsorptionsfläche *A*, dem Volumen *V* des leeren Raums und dem Objektanteil Ψ wie folgt ermitteln:

$$T = 0{,}160 \cdot \frac{V \cdot (1 - \Psi)}{A} \tag{231}$$

Dabei ist:

T Nachhallzeit im Raum

V Innenraum-Volumen

A äquivalente Absorptionsfläche

Ψ Objektanteil

Neben der Ermittlung der äquivalenten Schallabsorptionsfläche A aus Messungen kann diese auch nach Gleichung (232) berechnet werden:

$$A = \sum_{j=1}^{N} \alpha_{S,j} \Delta S_j + \sum_{k=1}^{M} A_{obj,k} + \sum_{l=1}^{O} \alpha_{S,l} \Delta S_l + A_{air} \tag{232}$$

Dabei ist:

$\alpha_{s,j}$ Schallabsorptionsgrad der Teilfläche S_j

S_j schallabsorbierende Teilfläche j

$A_{obj,k}$ äquivalente Schallabsorptionsfläche nicht flächenhafter Materialien, Gegenstände (z. B. Stühle) und Personen innerhalb des Raums in m^2

$\alpha_{s,l}$ Schallabsorptionsgrad der Objektanordnung S_l

S_l schallabsorbierende Fläche der Objektanordnung l

A_{air} äquivalente Absorptionsfläche der Luft

Die äquivalente Absorptionsfläche der Luft A_{air} kann wie folgt ermittelt werden:

$$A_{air} = 4 \cdot m \cdot V \cdot (1 - \Psi) \tag{233}$$

mit:

m Leistungs-Dämpfungskoeffizient der Luft nach DIN EN 12354-6:2004-04, Tabelle 144 in m^{-1}

V das gesamte Raumvolumen in m^3

Ψ Objektanteil

Sofern keine Bedingungen festgelegt sind, wird für den Leistungs-Dämpfungskoeffizienten m die Verwendung der Werte nach Tabelle 144 empfohlen.

Tabelle 144: Schallleistungs-Dämpfungskoeffizient in Luft, m, in Oktavbändern (DIN EN 12354-6)

Spalte	**1**	**2**	**3**	**4**	**5**	**6**	**7**
Zeile	**m in 10^{-3} Neper je Meter, für Oktavbänder mit Mittenfrequenz in [Hz]**						
1	125	250	500	1k	2k	4k	8k
2	0,1	0,3	0,6	1,0	1,7	4,1	13,5

Für den Objektanteil Ψ gilt:

$$\Psi = \frac{\sum_{j=1}^{M} V_{obj,j} + \sum_{k=1}^{N} V_{obj,k}}{V} \tag{234}$$

mit:

V Volumen des leeren Raums, in m^3

$V_{obj,j}$ Volumen der Objekte, in m^3

$V_{obj,k}$ Volumen der Objektanordnungen, in m^3.

Im Rahmen von DIN 18041 kann die äquivalente Absorptionsfläche $V_{obj,j}$ von harten, unregelmäßig ausgebildeten Objekten, z. B. Maschinen, Lagerregalen oder Büromöbeln, nach Gleichung (229) aus dem Volumen $V_{obj,j}$ der harten Objekte folgendermaßen berechnet werden:

$$A_{obj} = V_{obj}^{2/3} \tag{235}$$

Bei der Anwendung von Gleichung (232) ist Folgendes zu beachten:

- Es handelt sich um modellhafte Annahmen, die nur auf regelmäßig ausgebildete Räume in Gebäuden mit einer annehmbaren Verteilung der Absorptionsmaterialien und einigen streuenden harten oder absorbierenden Objekten, wie z. B. in üblichen Wohnräumen und Büros, anwendbar sind. In diesen Räumen kann die Absorption durch Luft vernachlässigt werden und der Volumenanteil wird üblicherweise für leerstehende Räume mit $\Psi < 0,05$ und für möblierte Räume mit $0,05 \leq \Psi \leq 0,2$ angenommen.
- Sind die Berechnungen auf das 1 000-Hz-Oktavband als höchste Frequenz und auf Räume mit Volumen von weniger als 200 m^3 begrenzt, kann die Absorption durch Luft vernachlässigt werden und es gilt $A_{air} = 0$ m^2.

3.4 Planerische Grundsätze bei Räumen mit akustischen Anforderungen

Bereits bei der Planung, d. h. bei der Gestaltung von Grundrissen und Raumformen, sind die Belange der Raumakustik zu berücksichtigen. Wichtig sind die Vermeidung von Reflexionen, sogenannten Flatterechos, und die Hinführung bzw. Umlenkung von Schallenergie zu weiter entfernten Bereichen.

Gemäß DIN 18041 sollten folgende grundsätzliche Aspekte beachtet werden:

- Kreisförmige und elliptische Grundrisse des Raums sollten ohne ergänzende raumakustische Maßnahmen vermieden werden, Trapezgrundrisse mit in Bezug auf die Darbietungsrichtung konvergierender Seitenwandführung sind denen mit divergierender vorzuziehen.
- Konkav gekrümmte Wand- und Deckenflächen sind akustisch kritisch und deshalb ohne

zusätzliche raumakustische Maßnahmen zu vermeiden, wenn der Krümmungsradius zwischen dem halben und dem doppelten Abstand zwischen Darbietendem/Zuhörer und der größten Entfernung zur gekrümmter Flache liegt (z. B. Raumhöhe bei gekrümmten Decken).

- Balkone, Emporen, Galerien und Ränge sollten mindestens in einer lichten Höhe *H* über der darunter liegenden Zuschauerebene angeordnet werden, die der einfachen bis halben Tiefe des überragenden Raumbereichs *L* entspricht.
- Parallele Flächen im Raum ohne zusätzliche raumakustische Maßnahmen (schallabsorbierend, diffus streuend oder mindestens 5° geneigt) sollten vermieden werden.
- Die Begrenzungsflächen der Darbietungszone sind schallreflektierend auszubilden. Für ausschließliche Sprachnutzung auch unter Nutzung elektroakustischer Anlagen sollten diese Flächen als Tiefenabsorber ausgebildet werden.

In diesem Sinne sind die folgenden in DIN 18041 enthaltenen Vorschläge zur entsprechenden Ausgestaltung von Räumen zu verstehen.

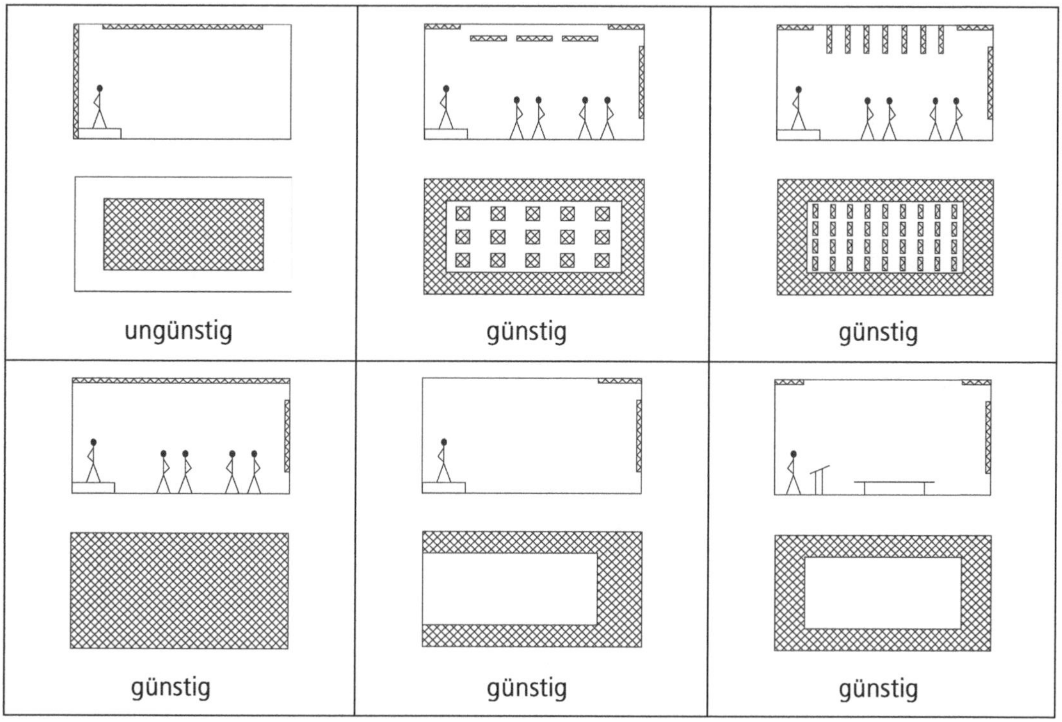

Bild 50: Verteilung von Schallabsorptionsflächen für Räume kleiner bis mittlerer Raumgröße, z. B. Unterrichts- und Sitzungsräume

In Räumen mit einer Länge von mehr als etwa 9 m können von der Rückwand direkt oder über Winkelspiegelreflexionen langverzögert Schallanteile in den vorderen Raumbereich gelenkt werden, die zu einer Minderung der Sprachverständlichkeit führen (siehe Bild 4). In diesem Fall müssen diese Schallreflexionsflächen entweder schallabsorbierend bekleidet oder so geneigt werden, dass der auftreffende Schall als nützliche Verstärkung zu den von der Schallquelle entfernteren Hörern hin reflektiert wird. Auch stark gegliederte Oberflächen sind zweckmäßig.

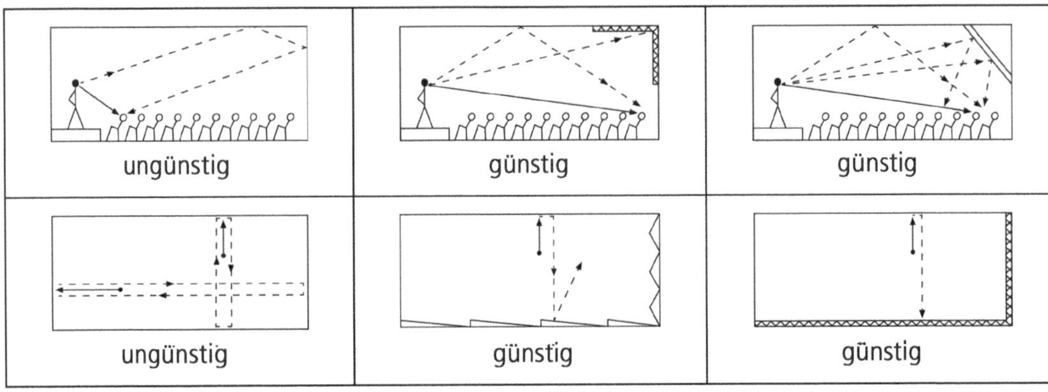

Bild 51: Rückwandreflexion (obere Reihe) und parallele Wände (untere Reihe)

Sind die Decke oder die Seitenwandflächen nicht eben, sondern großflächig gegliedert, so sind die Einzelelemente so auszurichten, dass der Schall in die mittlere und hintere Zuhörerfläche gelenkt wird.

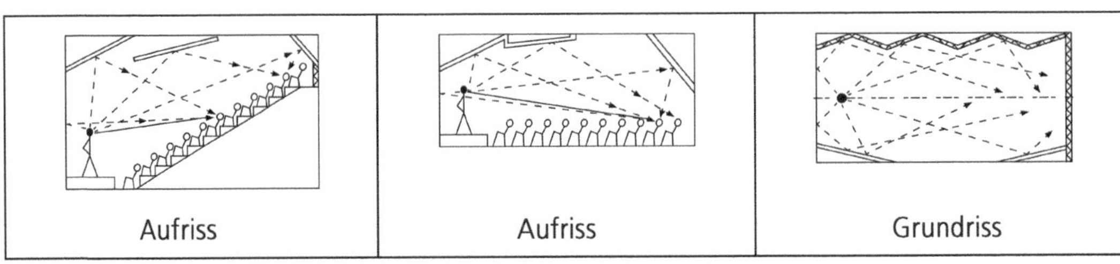

Bild 52: Sinnvolle Reflexionen für hintere Raumbereiche

3.5 Schallabsorptionsgrade und Schallabsorptionsflächen

Zur Bemessung der Nachhallzeit T in Räumen können folgende beispielhafte Schallabsorptionsgrade α_s bzw. Schallabsorptionsflächen $A_{obj,j}$ nach DIN EN 12354-6 gewählt werden.

Tabelle 145: Schallabsorptionsgrad α_s von Bauteiloberflächen (DIN EN 12354-6)

Spalte	**1**	**2**	**3**	**4**	**5**	**6**	**7**
Zeile	**Oberfläche**	**Frequenz[1)] [Hz]**					
		125	**250**	**500**	**1 000**	**2 000**	**4 000**
1	Beton, verputztes Mauerwerk	0,01	0,01	0,01	0,02	0,02	0,03
2	Mauerwerk, unverputzt	0,02	0,02	0,03	0,04	0,05	0,07

Tabelle 145: Schallabsorptionsgrad α_s von Bauteiloberflächen (DIN EN 12354-6) (Fortsetzung)

Spalte	**1**	**2**	**3**	**4**	**5**	**6**	**7**
Zeile	**Oberfläche**	**Frequenz[1] [Hz]**					
		125	**250**	**500**	**1 000**	**2 000**	**4 000**
3	harter Bodenbelag (z. B. PVC, Parkett) auf massiver Bodendecke	0,02	0,03	0,04	0,05	0,05	0,06
4	weicher Bodenbelag auf massiver Bodendecke, Dicke ≤ 5 mm	0,02	0,03	0,06	0,15	0,30	0,40
5	weicher Bodenbelag auf massiver Bodendecke, Dicke ≥ 10 mm	0,04	0,08	0,15	0,30	0,45	0,55
6	Holzboden, Parkett auf Leisten	0,12	0,10	0,06	0,05	0,05	0,06
7	Fenster, Glasfassade	0,12	0,08	0,05	0,04	0,03	0,02
8	Türen (Holz)	0,14	0,10	0,08	0,08	0,08	0,08
9	Netz-Vorhang, (0 – 200) mm Abstand vor einer harten Oberfläche[2]	0,05	0,04	0,03	0,02	0,02	0,02
10	Vorhang, $m' < 0{,}2$ kg/m², (0 – 200) mm Abstand vor einer harten Oberfläche, typischer Mindestwert[2]	0,05	0,06	0,09	0,12	0,18	0,22
11	Vorhang, Webstoff $m' \approx 0{,}4$ kg/m², in Falten oder gerüscht > 1 : 3, (0 – 200) mm Abstand vor einer harten Oberfläche, typischer Höchstwert[2]	0,10	0,40	0,70	0,90	0,95	1,00
12	große Öffnungen (kleinstes Maß > 1 m)	1,00	1,00	1,00	1,00	1,00	1,00
13	Luftgitter, 50 % offene Fläche	0,30	0,50	0,50	0,50	0,50	0,50

[1] Angaben für Mittenfrequenzen für Oktavbänder.
[2] Vor einem Fenster kann sich ein höherer Schallabsorptionsgrad ergeben als für das Fenster ohne Vorhang.

Tabelle 146: Schallabsorptionsgrade α_s von Bauteiloberflächen für eine frequenzabhängige Dimensionierung (DIN 18041)

Spalte	**1**	**2**	**3**	**4**	**5**	**6**	**7**
Zeile	**Oberfläche, Kurzbeschreibung der Schallabsorber**	**Frequenz[1] [Hz]**					
		125	**250**	**500**	**1 000**	**2 000**	**4 000**
1	Mauerziegelwand, unverputzt, Fugen ausgestrichen	0,03	0,03	0,03	0,04	0,05	0,06
2	Mauerwerk, Hohllochziegel, Löcher sichtbar, 60 mm vor Massivwand	0,11	0,22	0,34	0,35	0,51	0,43
3	Glattputz	0,02	0,02	0,03	0,03	0,04	0,06
4	Kalkzementputz	0,03	0,03	0,02	0,04	0,05	0,05

Tabelle 146: Schallabsorptionsgrade α_s von Bauteiloberflächen für eine frequenzabhängige Dimensionierung (DIN 18041) (Fortsetzung)

Spalte	**1**	**2**	**3**	**4**	**5**	**6**	**7**
Zeile	**Oberfläche, Kurzbeschreibung der Schallabsorber**	**Frequenz[1] [Hz]**					
		125	**250**	**500**	**1 000**	**2 000**	**4 000**
5	Tapete auf Kalkzementputz	0,02	0,03	0,04	0,05	0,07	0,08
6	Spiegel, vor der Wand	0,12	0,10	0,05	0,04	0,02	0,02
7	Tür, Holz, lackiert	0,10	0,08	0,06	0,05	0,05	0,05
8	Stuckgips, unverputzter Beton	0,02	0,02	0,03	0,04	0,05	0,05
9	Marmor, Fliesen, Klinker	0,01	0,01	0,02	0,02	0,03	0,03
10	Fenster (Isolierverglasung)	0,28	0,20	0,11	0,06	0,03	0,02
11	Parkettfußboden, aufgeklebt	0,04	0,04	0,05	0,06	0,06	0,06
12	Parkettfußboden, auf Blindboden	0,20	0,15	0,10	0,09	0,06	0,10
13	Parkettfußboden, hohlliegend	0,15	0,08	0,07	0,06	0,06	0,06
14	Teppichboden, bis 6 mm Florhöhe, auf massivem Untergrund	0,02	0,04	0,07	0,19	0,29	0,35
15	Teppichboden, 7 mm bis 10 mm Florhöhe, auf massivem Untergrund	0,04	0,07	0,14	0,30	0,51	0,78
16	Nadelfilz 7 mm, auf massivem Untergrund	0,02	0,04	0,12	0,20	0,36	0,57
17	5 mm Teppich mit 5 mm Filzunterlage, auf massivem Untergrund	0,07	0,21	0,57	0,68	0,81	0,72
18	PVC-Fußbodenbelag (2,5 mm) auf Betonboden	0,01	0,02	0,01	0,03	0,05	0,05
19	Linoleum auf Beton	0,02	0,02	0,03	0,03	0,04	0,04
20	Furnierte Holz- oder Spanplatte dicht vor festem Untergrund	0,04	0,04	0,05	0,06	0,06	0,06
21	4 mm Hartfaserplatte, kassettiert ohne Dämmstoff, Wandabstand 60 mm	0,22	0,19	0,13	0,07	0,05	0,05
22	4 mm Hartfaserplatte, kassettiert mit 40 mm Mineralwollplatte, Wandabstand 60 mm	0,63	0,25	0,14	0,08	0,06	0,05
23	4 mm Hartfaserplatte, kassettiert ohne Dämmstoff, Wandabstand 120 mm	0,26	0,15	0,07	0,05	0,05	0,05
24	4 mm Sperrholzplatte, 40 mm Mineralwolle, Wandabstand 120 mm	0,77	0,33	0,16	0,08	0,07	0,03
25	Gipsplatte, 9,5 mm stark, Wandabstand 25 mm	0,27	0,17	0,10	0,09	0,11	0,12
26	Gipsplatte 9,5 mm stark, Wandabstand 60 mm, Hohlraum kassettiert	0,30	0,10	0,05	0,07	0,09	0,08

Tabelle 146: Schallabsorptionsgrade α_s von Bauteiloberflächen für eine frequenzabhängige Dimensionierung (DIN 18041) (Fortsetzung)

Spalte	**1**	**2**	**3**	**4**	**5**	**6**	**7**
Zeile	**Oberfläche, Kurzbeschreibung der Schallabsorber**	**Frequenz[1)] [Hz]**					
		125	**250**	**500**	**1 000**	**2 000**	**4 000**
27	Kino-Bildwand	0,10	0,13	0,36	0,31	0,29	0,20
28	Bühnenöffnung mit Dekoration	0,40	0,43	0,57	0,70	0,80	0,80
29	Bücherregal in Bibliotheken (je m^2 Oberfläche)	0,30	0,39	0,39	0,31	0,29	0,21
30	Lochsteine (vorsichtige Annahme)	0,10	0,20	0,44	0,55	0,44	0,22
31	3,5 mm Hartfaserplatte, 40 mm Mineralwolle, 30 mm Holzleisten 750 mm × 500 mm Kasten	0,61	0,26	0,19	0,07	0,07	0,03
32	15 mm Mineralplatte mit Vlieskaschierung, 200 mm zur Rohdecke, ohne rückseitige Zusatzmaßnahmen	0,50	0,65	0,70	0,85	1,00	1,00
33	15 mm Mineralplatte fein genadelt, 200 mm zur Rohdecke, ohne rückseitige Zusatzmaßnahmen	0,35	0,55	0,65	0,70	0,65	0,60
34	15 mm Mineralplatte ungenadelt, 200 mm zur Rohdecke, ohne rückseitige Zusatzmaßnahmen	0,15	0,15	0,10	0,15	0,15	0,10
35	gelochte Metallkassette, 16 % Lochflächenanteil, 2,5 mm Lochdurchmesser, Akustikvlies, 200 mm zur Rohdecke, ohne rückseitige Zusatzmaßnahmen	0,35	0,70	0,85	0,75	0,75	0,75
36	20 mm Recycle-Glaswollplatte mit mikroporöser Farbbeschichtung, 200 mm zur Rohdecke, 100 mm rückseitiger Tieftonabsorber	0,75	0,95	0,95	1,00	1,00	1,00
37	15 mm Recycle-Glaswollplatte, Vliesbeschichtung, 200 mm zur Rohdecke, ohne rückseitige Zusatzmaßnahmen	0,40	0,85	1,00	0,90	1,00	1,00
38	Spanndecke mikroperforiert, 100 mm Abstand bzw. Luftschicht, kein Akustikvlies im Hohlraum	0,09	0,25	0,65	0,80	0,61	0,60
39	Spanndecke mikroperforiert, 100 mm Abstand bzw. Luftschicht, 40 mm Akustikvlies direkt an Rückwand	0,28	0,69	1,00	0,89	0,75	0,71
40	Gipsplatten Rasterdecke 8/18 Rundlochung, 15,5 % Lochflächenanteil, 200 mm zur Rohdecke, Akustikvlies, ohne Mineralwollauflage	0,45	0,60	0,70	0,60	0,55	0,65

Tabelle 146: Schallabsorptionsgrade α_s von Bauteiloberflächen für eine frequenzabhängige Dimensionierung (DIN 18041) (Fortsetzung)

Spalte	1	2	3	4	5	6	7
Zeile	**Oberfläche, Kurzbeschreibung der Schallabsorber**	**Frequenz[1) [Hz]**					
		125	**250**	**500**	**1 000**	**2 000**	**4 000**
41	Gipsplatten Rasterdecke 8/18 Rundlochung, 15,5 % Lochflächenanteil, 200 mm zur Rohdecke, Akustikvlies, 20 mm Mineralwollauflage	0,50	0,65	0,70	0,65	0,60	0,70
42	Gipsplatten Rasterdecke 12/25 Quadratlochung, 7,8 % Lochflächenanteil, 200 mm zur Rohdecke, Akustikvlies, 20 mm Mineralwollauflage	0,45	0,50	0,50	0,40	0,35	0,35
43	Gipsplatten Rasterdecke 12/25 Quadratlochung, 7,8 % Lochflächenanteil, 65 mm zur Rohdecke, Akustikvlies, 20 mm Mineralwollauflage	0,40	0,45	0,50	0,45	0,40	0,30
44	Holzwolle-Leichtbauplatten 35 mm, direkt auf Wand	0,08	0,17	0,70	0,71	0,64	0,64
45	Holzwolle-Leichtbauplatten 25 mm, Hohlraum leer, Wandabstand 50 mm	0,13	0,42	0,54	0,45	0,70	0,73
46	Melaminharz-Schaumstoff, Rohdichte 8 kg/m³ bis 10 kg/m³, 30 mm dick	0,12	0,31	0,66	0,86	0,87	0,92
47	Melaminharz-Schaumstoff, Rohdichte 8 kg/m³ bis 10 kg/m³, 50 mm dick	0,16	0,56	0,87	0,96	0,97	0,97
48	40 mm Mineralwollmatte (20 kg/m³), ohne Lochblechabdeckung	0,11	0,36	0,68	0,88	0,89	0,97
49	40 mm Mineralwollmatte (20 kg/m³), mit Lochblechabdeckung (18 %)	0,11	0,36	0,69	0,95	0,81	0,70
50	Gipsplatte 9,5 mm, 8/18 Rundlochung, 15 % Lochflächenanteil, mit Faservlies hinterlegt, Abstand 100 mm	0,12	0,28	0,75	0,50	0,38	0,30
51	Gipsplatte, geschlitzt, 8,8 % offene Fläche, mit Faservlies hinterlegt, Abstand 100 mm	0,11	0,28	0,66	0,38	0,28	0,30
52	gelochte Langfeld-Metallkassette, 20 % Lochflächenanteil, 3 mm Lochdurchmesser, Akustikfilz, 300 mm Abstand	0,38	0,65	0,59	0,75	0,77	0,61

1) Angaben für Mittenfrequenzen für Oktavbänder.

Tabelle 147: Typische Werte für den Schallabsorptionsgrad α_s von Objektanordnungen (DIN EN 12354-6)

Spalte	1	2	3	4	5	6	7
Zeile	**Objektanordnung**	**Frequenz[1)] [Hz]**					
		125	**250**	**500**	**1 000**	**2 000**	**4 000**
1	Stühle in einer Reihe, Holz/Kunststoff	0,06	0,08	0,10	0,12	0,14	0,16
2	Stühle in einer Reihe, gepolstert, typischer Mindestwert	0,10	0,20	0,30	0,40	0,50	0,50
3	Stühle in einer Reihe, gepolstert, typischer Höchstwert	0,50	0,70	0,80	0,90	1,0	1,0
4	Personen in einer Reihe sitzend, typischer Mindestwert	0,20	0,40	0,50	0,60	0,70	0,70
5	Personen in einer Reihe sitzend, typischer Höchstwert	0,60	0,70	0,80	0,90	0,90	0,90
6	1 Kind je m^2 Fläche in einem hart möblierten Klassenzimmer	0,10	0,20	0,25	0,35	0,40	0,40

1) Angaben für Mittenfrequenzen für Oktavbänder

Tabelle 148: Typische Werte für die äquivalente Absorptionsfläche $A_{obj,j}$ einiger Objekte (DIN EN 12354-6)

Spalte	1	2	3	4	5	6	7
Zeile	**Objekt**	**Frequenz[1)] [Hz]**					
		125	**250**	**500**	**1 000**	**2 000**	**4 000**
1	einfacher Stuhl, Holz	0,02	0,02	0,03	0,04	0,04	0,04
2	einfacher Stuhl, gepolstert	0,10	0,20	0,25	0,30	0,35	0,35
3	eine Person in einer Gruppe (1 Person je m^2 Fläche), sitzend oder stehend, typischer Mindestwert	0,05	0,10	0,20	0,35	0,50	0,65
4	eine Person in einer Gruppe (1 Person je m^2 Fläche), sitzend, typischer Höchstwert	0,12	0,45	0,80	0,90	0,95	1,00
5	eine Person in einer Gruppe (1 Person je m^2 Fläche), stehend, typischer Höchstwert	0,12	0,45	0,80	1,20	1,30	1,40

1) Angaben für Mittenfrequenzen der Oktavbänder.

Tabelle 149: Beispiele für die Schallabsorptionsfläche A_{obj} in m^2 (DIN 18041)

Spalte	**1**	**2**	**3**	**4**	**5**	**6**	**7**
Zeile	**Objekt**	**Frequenz[1)] [Hz]**					
		125	**250**	**500**	**1 000**	**2 000**	**4 000**
1	männliche Person im Anzug, sitzend	0,15	0,25	0,55	0,80	0,90	0,90
2	weibliche Person im Sommerkleid, sitzend	0,05	0,10	0,15	0,35	0,45	0,60
3	einfacher Polsterstuhl mit Kunstleder bezogen	0,05	0,15	0,20	0,10	0,03	0,03
4	einfacher Polsterstuhl mit Textilbezug	0,15	0,25	0,30	0,35	0,40	0,40
5	einzelne Person in einer Gruppe, sitzend oder stehend, 1 je 6 m² Fläche; typischer Mindestwert	0,05	0,10	0,20	0,35	0,50	0,65
6	Schrank mit schallabsorbierender Jalousie, ohne Rückwand, 1 200 mm, 5 Ordnerhöhen (1,75 m) hoch, frei im Raum stehend	1,63	1,84	1,31	1,63	1,54	1,56
7	Schrank mit glatter Jalousie, ohne Rückwand, 1200 mm breit, 5 Ordnerhöhen (1,75 m) hoch, frei im Raum stehend	0,83	0,76	0,52	0,48	0,41	0,45
8	Schrank 5 Ordnerhöhen (1,75 m) hoch, gelochte Tür und absorbierende Rückwand, 1 200 mm breit, 435 mm tief, frei im Raum stehend	1,95	2,00	2,44	2,85	2,84	2,43
9	Stellwand gering absorbierend, 1 024 mm × 1590 mm × 63 mm, frei im Raum stehend	0,51	0,78	1,22	1,72	2,43	2,83
10	Stellwand hoch absorbierend, 1 024 mm × 1590 mm × 63 mm, frei im Raum stehend	0,43	1,13	1,99	2,96	2,73	2,56
11	Schrank 4 Ordnerhöhen (1,4 m) hoch, 1 400 mm breit, 435 mm tief, akustisch wirksame Schiebetür, akustisch wirksame Rückwand, frei im Raum stehend	1,93	2,10	1,60	1,59	1,32	1,31
12	Schrank 4 Ordnerhöhen (1,4 m) hoch, 1 400 mm breit, 435 mm tief, akustisch wirksame Schiebetür, akustisch wirksame Rückwand, direkt vor Wand stehend	1,55	1,19	0,82	0,91	0,76	0,74
13	Schrank 3 Ordnerhöhen (1,05 m) hoch, 1 500 mm breit, 350 mm tief, Seitenwand, Rückwand und Frontklapptüren unperforiert, frei im Raum stehend	1,35	0,61	0,52	0,26	0,14	0,10

Tabelle 149: Beispiele für die Schallabsorptionsfläche A_{obj} in m² (DIN 18041) (Fortsetzung)

Spalte	**1**	**2**	**3**	**4**	**5**	**6**	**7**
Zeile	**Objekt**	**Frequenz[1)] [Hz]**					
		125	**250**	**500**	**1 000**	**2 000**	**4 000**
14	Schrank 3 Ordnerhöhen (1,05 m) hoch, 1 500 mm breit, 350 mm tief, Seitenwand, Rückwand und Frontklapptüren perforiert (Vlieseinlage), frei im Raum stehend	2,50	2,22	2,60	2,60	2,45	2,62
15	Schrank 3 Ordnerhöhen (1,05 m) hoch, 1 500 mm breit, 350 mm tief, Seitenwand, Rückwand perforiert (Vlieseinlage), Frontklapptüren unperforiert, frei im Raum stehend	2,50	2,40	1,80	1,73	1,59	1,58
16	Deckensegel aus recycelter Glaswolle mit mikroporöser Farbeschichtung, 2 400 mm × 1 200 mm, 40 mm dick, 200 mm zur Rohdecke abgehängt	0,90	2,40	3,40	4,00	4,10	3,80

1) Angaben für Mittenfrequenzen der Oktavbänder.

Tabelle 150: Zusätzliche Schallabsorptionsfläche je Person $\Delta A_{1\,Person}$ in m² (DIN 18041)

Spalte	**1**	**2**	**3**	**4**	**5**	**6**	**7**
Zeile	**Objekt**	**Frequenz[1)] [Hz]**					
		125	**250**	**500**	**1 000**	**2 000**	**4 000**
1	Einzelne Person in einer Gruppe, stehend, 1 Person je 6 m² Fläche; typischer Höchstwert	0,12	0,45	0,80	1,20	1,30	1,40
2	Person sitzend auf ungepolsterter Bestuhlung[2)]	0,15	0,30	0,40	0,45	0,55	0,55
3	Person sitzend auf Leichtpolsterbestuhlung[2)]	0,10	0,15	0,20	0,25	0,25	0,25
4	Person sitzend auf Hochpolsterbestuhlung[2)]	0,05	0,05	0,05	0,10	0,10	0,15
5	Kind in Vorschuleinrichtungen[3)]	0,05	0,10	0,15	0,20	0,30	0,25
6	Schüler Primarstufe (bis 11 Jahre), sitzend an Tischen[3)]	0,05	0,10	0,20	0,35	0,40	0,45
7	Schüler Sekundarstufe, sitzend an Tischen[3)]	0,10	0,15	0,35	0,50	0,50	0,55

1) Angaben für Mittenfrequenzen der Oktavbänder.
2) Die Werte nach Zeilen 2 bis 4 basieren auf Reihenbestuhlung mit etwa 0,5 m²/Person.
3) Die Werte nach Zeilen 5 bis 7 basieren auf einer in Klassenräumen typischen Sitzanordnung an Tischen und auf ungepolsterten Stühlen.

Anhang – Nachweis zum Schallschutz im Hochbau nach Beiblatt 1 zu DIN 4109:1989-11

1 Festlegungen zum Schallschutz im Hochbau gemäß MVV TB 2020/1

In der MVV TB 2020/1 ist hinsichtlich der technischen Anforderungen bei der Planung, Bemessung und Ausführung zum Schallschutz im Hochbau festgelegt:

- Abschnitt A 5.2: Als Technische Regel zu Anforderungen an Planung, Bemessung und Ausführung zum Schallschutz im Hochbau gilt DIN 4109-1:2018-01
- Anlage A 5.2/2:

  Der schalltechnische Nachweis ist nach DIN 4109-2:2018-01 in Verbindung mit DIN 4109-31:2016-07, DIN 4109-32:2016-07, DIN 4109-33:2016-07, DIN 4109-34:2016-07, DIN 4109-34/A1:2019-12, DIN 4109-35:2016-07, DIN 4109-35/A1:2019-12 und DIN 4109-36:2016-07 zu führen.

  Für Bauteile im Massivbau kann der Nachweis auch nach Beiblatt 1 zu DIN 4109:1989-11 geführt werden. Wenn Mauerwerk aus Lochsteinen zur Anwendung kommt, gilt dies nur für Mauerwerk, welches den Bedingungen in DIN 4109-32:2016-07, Abschnitt 4.1.4.2.1, entspricht. Beiblatt 1 zu DIN 4109:1989-11 darf jedoch nicht für den Nachweis von massiven Treppen herangezogen werden.

Kennzeichnende Größen des Schallschutzes nach DIN 4109:1989-11 sind:

- das Schalldämm-Maß R
- das bewertete Schalldämm-Maß R'_{w}
- der bewertete Norm-Trittschallpegel $L'_{n,w}$

2 Symbole und Formelzeichen

Tabelle 151: Symbole und Formelzeichen

Größe	Symbol	Einheit
Schallgeschwindigkeit	c	m/s
Frequenz	f	Hz, 1/s
Schalldruck	p	Pa
Dynamische Steifigkeit	s'	MN/m³
Schallpegel, Schalldruckpegel	L	dB
A-bewerteter Schallpegel	L_{A}	dB(A)

Tabelle 151: Symbole und Formelzeichen (Fortsetzung)

Bewerteter Norm-Trittschallpegel	$L'_{n,w}$	dB
Äquivalenter Norm-Trittschallpegel	$L_{n,w,eq}$	dB
Trittschallverbesserungsmaß	ΔL_w	dB
Schalldämm-Maß	R	dB
Bewertetes Schalldämm-Maß	R'_w	dB
Wellenlänge	λ	m

3 Grundgleichungen

$$m'_{L,mittel} = \frac{1}{N}\sum_{j=1}^{N} m'_{L,j} \tag{236}$$

$$m'_{L,mittel} = \left[\frac{1}{N}\sum_{j=1}^{N}\left(m'_{L,j}\right)^{-2,5}\right]^{-0,4} \tag{237}$$

$$L_{ges} = 10 \cdot \lg\left[\frac{1}{N}\sum_{j=1}^{N}\left(10^{0,1 \cdot L_j}\right)\right] \tag{238}$$

$$R'_{w,R} = R'_w + K_{L,1} + K_{L,2} \tag{239}$$

$$L'_{n,w,R} = L_{n,w,eq,R} - \Delta L_{w,R} - K_T \tag{240}$$

$$\text{erf.}\, L'_{n,w,R} = L_{n,w,eq,R} - \Delta L_{w,R} - K_T - 2\ \text{dB} \tag{241}$$

4 Nachweise der Luft- und Trittschalldämmung in Gebäuden gemäß Beiblatt 1 zu DIN 4109:1989-11

Der Nachweis des Schallschutzes gliedert sich in zwei Bereiche:

- Rechnerische Bestimmung der zu erreichenden Schalldämmung von Trennbauteilen
- messtechnische Überprüfung eines Bauteils im Labor oder eines Baumusters
- messtechnische Überprüfung des vorhandenen Schallschutzes am gebrauchsfertig eingebauten Bauteil.

Im Folgenden werden nur Möglichkeiten zur rechnerischen Bestimmung des Luftschalldämm-Maßes $R'_{w,R}$ und des Norm-Trittschallpegels $L'_{n,w,R}$ dargestellt. Zur Kennzeichnung, dass es sich bei diesen Angaben um berechnete Werte handelt, wird dem jeweiligen Formelzeichen der Index R beigefügt.

4.1 Luftschalldämmung

Bei den Berechnungen des vorhanden Schalldämm-Maßes $R'_{w,R}$ wird zunächst davon ausgegangen, dass die mittlere flächenbezogene Masse der flankierenden Bauteile $m'_{L,Mittel}$ in etwa gleich 300 kg/m² ist. Für Konstruktionen mit abweichenden Massen der Flanken oder schalltechnischer Verkleidung der flankierenden Bauteile sind die Korrekturwerte $K_{L,1}$ und $K_{L,2}$ nach Anhang Kapitel 4.16 zu berücksichtigen.

4.1.1 Einschalige biegesteife Bauteile

Als einschalig bezeichnet man Bauteile, die als Ganzes schwingen. Sie können aus einem einheitlichen Baustoff bestehen (beispielsweise Glas, Beton oder Mauerwerk) oder aus mehreren Schichten. Die verschiedenen Schichten sollten dabei jedoch hinsichtlich ihrer schalltechnischen Eigenschaften ähnlich sein (z. B. Mauerwerk und Putz).

Das Schalldämm-Maß ist sehr stark an die Masse des trennenden Bauteils gekoppelt. Die flächenbezogene Masse von Wänden setzt sich aus der Dicke der Wand, deren Rohdichte (Tabelle 152) und gegebenenfalls ein- oder beidseitig aufgebrachter Putzschichten (Tabelle 153) zusammen.

Die Rohdichte von Wänden kann Tabelle 152 entnommen werden. Da sich die Wand aus Stein plus Mörtel zusammensetzt, muss im Bestimmungsfall untersucht werden, ob wärmeschutztechnische Anforderungen an die Wand vorliegen oder nicht und ob Leichtmörtel oder Normalmörtel verwendet wird.

Bei der Bestimmung der flächenbezogenen Masse fugenloser Wände und von Wänden aus geschosshohen Platten ist **bei unbewehrtem Beton und Stahlbeton aus Normalbeton** mit einer Rohdichte ρ **= 2300 kg/m³** zu rechnen.

Werden die zu errichtenden Wände aus Leichtbeton oder Porenbeton oder Plansteinen und -platten im Dünnbettmörtel gefertigt, ist die Wandrohdichte entsprechend Tabelle 153 abzumindern.

Tabelle 152: Wandrohdichten einschaliger Wände aus Steinen und Platten (Beiblatt 1 zu DIN 4109)

Spalte	1	2	3
Zeile	Stein-/Plattenrohdichte[1]	Wandrohdichte[2) 3)] ρ_W	
	ρ_N kg/m³	Normalmörtel kg/m³	Leichtmörtel (Rohdichte ≤ 1000 kg/m³) kg/m³
1	2200	2080	1940
2	2000	1900	1770

Tabelle 152: Wandrohdichten einschaliger Wände aus Steinen und Platten (Beiblatt 1 zu DIN 4109) (Fortsetzung)

Spalte	**1**	**2**	**3**
Zeile	**Stein-/Plattenrohdichte**[1)] ρ_N **kg/m³**	**Wandrohdichte**[2) 3)] ρ_W	
		Normalmörtel **kg/m³**	**Leichtmörtel (Rohdichte ≤ 1 000 kg/m³) kg/m³**
3	1 800	1 720	1 600
4	1 600	1 540	1 420
5	1 400	1 360	1 260
6	1 200	1 180	1 090
7	1 000	1 000	950
8	900	910	860
9	800	820	770
10	700	730	680
11	600	640	590
12	500	550	500
13	400	460	410

1) Werden Hohlblocksteine nach DIN 106 Teil 1, DIN 18151 und DIN 18153 umgekehrt vermauert und die Hohlräume satt mit Sand oder mit Normalmörtel gefüllt, so sind die Werte der Wandrohdichte um 400 kg/m³ zu erhöhen.

2) Die angegebenen Werte sind für alle Formate der in DIN 1053 Teil 1 und DIN 4103 Teil 1 für die Herstellung von Wänden aufgeführten Steine bzw. Platten zu verwenden.

3) Dicke der Mörtelfugen von Wänden nach DIN 1053 Teil 1 bzw. DIN 4103 Teil 1 bei Wänden aus dünnfugig zu verlegenden Plansteinen und -platten, siehe DIN 4109:1989-11 Abschnitt 2.2.2.1.

Tabelle 153: Flächenbezogene Masse von Wandputzen (Beiblatt 1 zu DIN 4109)

Putzdicke mm	**Flächenbezogene Masse von**	
	Kalkgipsputz, Gipsputz [kg/m²]	**Kalkputz, Kalkzementputz, Zementputz [kg/m²]**
10	10	18
15	15	25
20	–	30

Tabelle 154: Abminderung der Rohdichte von Wänden aus Leichtbeton oder Porenbeton oder Plansteinen und -platten im Dünnbettmörtel (Beiblatt 1 zu DIN 4109)

Spalte	**1**	**2**	**3**
Zeile	**Rohdichteklasse**	**Rohdichte [kg/m³]**	**Abminderung [kg/m³]**
1	> 1,0	> 1 000	100
2	≤ 1,0	≤ 1 000	50

Tabelle 155: Bewertetes Schalldämm-Maß $R'_{w,R}$ [1) 2)] einschaliger biegesteifer Decken und Wände (Beiblatt 1 zu DIN 4109)

m' [kg/m²]	85[3)]	90[3)]	95[3)]	105[3)]	115[3)]	125[3)]	135	150	160	175	190
R' $R'_{w,R}$ [1)] [dB]	34	35	36	37	38	39	40	41	42	43	44
m' [kg/m²]	210	230	250	270	295	320	350	380	410	450	
$R'_{w,R}$ [1)] [dB]	45	46	47	48	49	50	51	52	53	54	
m' [kg/m²]	490	530	580	630[4)]	680[4)]	740[4)]	810[4)]	880[4)]	960[4)]	1040[4)]	
$R'_{w,R}$ [1)] [dB]	55	56	57	58	59	60	61	62	63	64	

1) Gültig für flankierende Bauteile mit einer mittleren flächenbezogenen Masse $m'_{L,Mittel}$ von etwa 300 kg/m². Weitere Bedingungen für die Gültigkeit von Tabelle 1 in Beiblatt 1 zu DIN 4109:1989-11 siehe Abschnitt 3.1 in Beiblatt 1 zu DIN 4109:1989-11

2) Messergebnisse haben gezeigt, dass bei verputzten Wänden aus dampfgehärtetem Gasbeton und Leichtbeton mit Blähtonzuschlag mit Steinrohdichte ≤ 0,8 kg/dm³ bei einer flächenbezogenen Masse bis 250 kg/m² das bewertete Schalldämm-Maß $R'_{w,R}$ um 2 dB höher angesetzt werden kann. Das gilt auch für zweischaliges Mauerwerk, sofern die flächenbezogene Masse der Einzelschale $m' \leq 250$ kg/m² beträgt.

3) Sofern Wände aus Gips-Wandbauplatten nach DIN 4103 Teil 2 ausgeführt und am Rand ringsum mit 2 mm bis 4 mm dicken Streifen aus Bitumenfilz eingebaut werden, darf das bewertete Schalldämm-Maß $R'_{w,R}$ um 2 dB höher angesetzt werden.

4) Diese Werte gelten nur für die Ermittlung des Schalldämm-Maßes zweischaliger Wände aus biegesteifen Schalen nach Abschnitt 2.3.2 in Beiblatt 1 zu DIN 4109:1989-11.

4.1.2 Wände aus zwei biegesteifen Schalen

Die flächenbezogene Masse der Einzelschalen (einschließlich eventuell vorhandenem Putz) muss mindestens 150 kg/m², die Dicke der Trennfuge mindestens 30 mm betragen. Bei einer Dicke der Trennfuge von $d \geq 50$ mm darf die flächenbezogene Masse der Einzelschalen bis auf 100 kg/m² reduziert werden.

Der Fugenhohlraum ist mit vollflächig verlegten und dichtgestoßenen Mineralfaser-Dämmplatten zu verfüllen.

Bei einer flächenbezogenen Masse der Einzelschalen von mindestens 200 kg/m² und einer Dicke der Trennfuge $d \geq 30$ mm darf auf das Einlegen weichfedernder Mineralfaser-Dämmschichten verzichtet werden.

Für Wände aus zwei biegesteifen Schalen mit durchgehender Trennfuge kann das bewertete Schalldämm-Maß $R'_{w,R}$ aus der Summe der flächenbezogenen Masse der beiden Einzelschalen unter Berücksichtigung möglicherweise vorhandener Putzschichten, analog der Vorgehensweise bei einschaligen biegesteifen Wänden, nach Tabelle 155 bestimmt werden. Zur Berücksichtigung der Zweischaligkeit dürfen auf das so ermittelte Schalldämm-Maß $R'_{w,R}$ **12 dB aufgeschlagen** werden.

4.1.3 Wände aus einer biegesteifen Schale mit biegeweicher Vorsatzschale

Wird vor einer biegesteifen Wand eine biegeweiche Vorsatzschale angeordnet und die Fuge zwischen den beiden Schalen mindestens teilweise mit einem weichfedernden Mineralfaser-Dämmstoff verfüllt, kann das Schalldämm-Maß des Bauteils verbessert werden. Entsprechend der Anordnung der biegeweichen Schale vor der biegesteifen Wand ist nach Tabelle 157, je nach akustischer Wirksamkeit, zwischen Gruppe A und Gruppe B zu unterscheiden. Bei Gruppe B stehen die Ständer der biegeweichen Vorsatzschale frei vor der Massivwand, während bei einer Ausführung nach Gruppe A die Ständer an der Wand befestigt sind.

Das zu erreichende Schalldämm-Maß $R'_{w,R}$ nachTabelle 1566 hängt von der Masse der biegesteifen Wand und gegebenenfalls von der Ausbildung der flankierenden Bauteile ab.

Tabelle 156: Bewertetes Schalldämm-Maß $R'_{w,R}$ einschaliger biegesteifer Wände mit biegeweicher Vorsatzschale entsprechend Tabelle 141 (Beiblatt 1 zu DIN 4109)

Spalte	1	2
Zeile	**Flächenbezogene Masse der Massivwand [kg/m²]**	**$R'_{w,R}$ [1) 2)] [dB]**
1	100	49
2	150	49
3	200	50
4	250	52
5	275	53
6	300	54
7	350	55
8	400	56
9	450	57
10	500	58

1) Gültig für flankierende Bauteile mit einer mittleren flächenbezogenen Masse $m'_{L,Mittel}$ von etwa 300 kg/m².
2) Bei Wandausführungen nach Tabelle 141, Zeilen 5 und 6 sind diese Werte um 1 dB abzumindern.

Tabelle 157: Eingruppierung von biegeweichen Vorsatzschalen vor einschaligen biegesteifen Wänden (Beiblatt 1 zu DIN 4109)

Spalte	**1**	**2**	**3**
Zeile	**Gruppe**[1]	**Wandausbildung**	**Beschreibung**
1	B (Ohne Verbindung bzw. mit federnder Verbindung der Schalen)	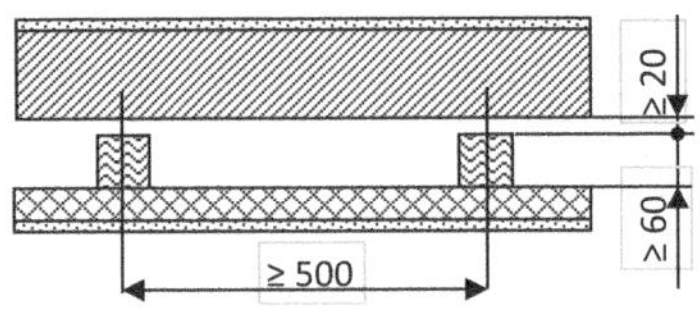	Vorsatzschale aus Holzwolle-Leichtbauplatten nach DIN 1101, Dicke ≥ 25 mm, verputzt, Holzstiele (Ständer) mit Abstand ≥ 20 mm vor schwerer Schale freistehend, Ausführung nach DIN 1102
2		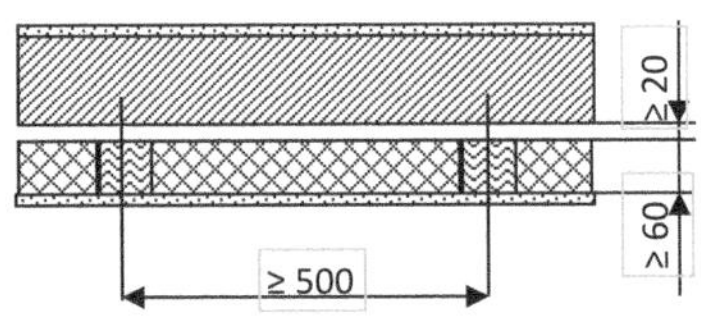	Vorsatzschale aus Gipskartonplatten nach DIN 18180, Dicke 12,5 mm oder 15 mm, Ausführung nach DIN 18181 (zzt. Entwurf), oder aus Spanplatten nach DIN 68763, Dicke 10 mm bis 16 mm, Holzstiele (Ständer) mit Abstand ≥ 20 mm vor schwerer Schale freistehend[2], mit Hohlraumfüllung[3] zwischen den Holzstielen
3		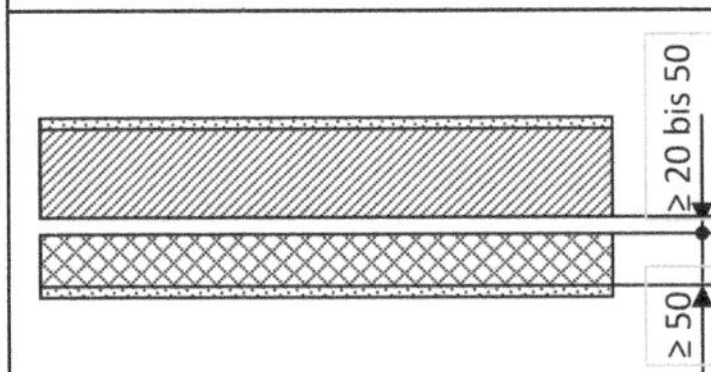	Vorsatzschale aus Holzwolle-Leichtbauplatten nach DIN 1101, Dicke ≥ 50 mm, verputzt, freistehend mit Abstand von 30 mm bis 50 mm vor schwerer Schale, Ausführung nach DIN 1102, bei Ausfüllung des Hohlraums nach Fußnote 3 ist ein Abstand von 20 mm ausreichend
4		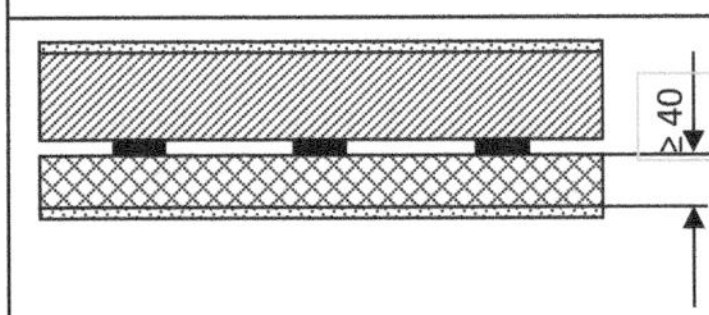	Vorsatzschale aus Gipskartonplatten nach DIN 18180, Dicke 12,5 mm oder 15 mm, und Faserdämmplatten[4], Ausführung nach DIN 18181 (zzt. Entwurf), an schwerer Schale streifen- oder punktförmig angesetzt
5	A (Mit Verbindung der Schalen)	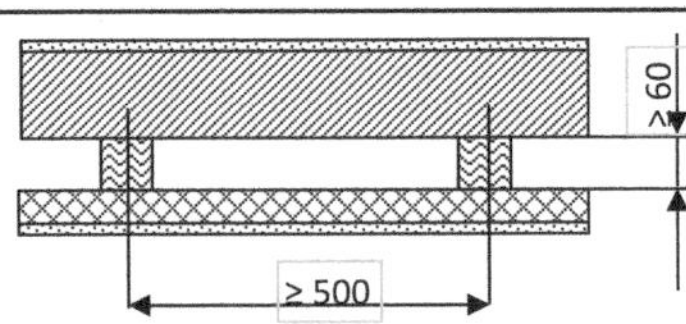	Vorsatzschalen aus Holzwolle-Leichtbauplatten nach DIN 1101, Dicke ≥ 25 mm, verputzt, Holzstiele (Ständer) an schwerer Schale befestigt, Ausführung nach DIN 1102
6		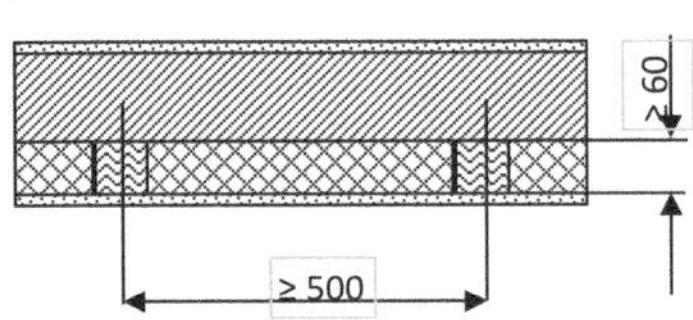	Vorsatzschale aus Gipskartonplatten nach DIN 18180, Dicke 12,5 mm oder 15 mm, Ausführung nach DIN 18181 (zzt. Entwurf), oder aus Spanplatten nach DIN 68763, Dicke 10 mm bis 16 mm, mit Hohlraumausfüllung[3], Holzstiele (Ständer) an schwerer Schale befestigt[2]

[1] In einem Wand-Prüfstand ohne Flankenübertragung (Prüfstand DIN 52210-P-W) wird das bewertete Schalldämm-Maß $R_{W,P}$ einer einschaligen, biegesteifen Wand durch Vorsatzschalen der Zeilen 1 bis 4 um mindestens 15 dB, der Zeilen 5 und 6 um mindestens 10 dB verbessert.

[2] Bei diesen Beispielen können auch Ständer aus C-Wandprofilen aus Stahlblech nach DIN 18182 Teil 1 verwendet werden.

[3] Faserdämmstoffe nach DIN 18165 Teil 1, Nenndicke 20 mm bzw. ≥ 60 mm, längenbezogener Strömungswiderstand $\Xi \geq 5$ kN · s/m⁴.

[4] Faserdämmstoffe nach DIN 18165 Teil 1, Anwendungstyp WV-s, Nenndicke ≥ 40 mm, $s' \leq 5$ MN/m³.

4.1.4 Zweischalige Wände aus zwei biegeweichen Schalen

Ausführungsbeispiele für zweischalige Wände aus zwei biegeweichen Schalen sind in Tabelle 158 abgebildet.

Neben der Frage der Ausführung mit gemeinsamem oder getrenntem Ständerwerk, der Anzahl der Beplankungen je Schale, des Schalenabstandes und der Hohlraumverfüllung ist die Ausbildung der flankierenden Bauteile von entscheidender Bedeutung. Die Werte des Schalldämm-Maßes $R'_{w,R}$ in Tabelle 158 gelten nur beim Vorhandensein flankierender Bauteile mit einer mittleren flächenbezogenen Masse von ca. $m'_{L,Mittel}$ = 300 kg/m². Bei einer Abweichung von $m'_{L,Mittel}$ um mehr als ± 25 kg/m² sind Zu- bzw. Abschläge nach Tabelle 161 vorzunehmen.

Tabelle 158: Bewertetes Schalldämm-Maß $R'_{w,R}$ von zweischaligen Wänden aus zwei biegeweichen Schalen aus Gipskarton oder Spanplatten (Beiblatt 1 zu DIN 4109)

Spalte	**1**	**2**	**3**	**4**	**5**
Zeile	**Wandausbildung mit Stielen (Ständer), Achsabstand ≥ 600 mm, ein- oder zweilagige Bekleidung[1)]**	**Anzahl der Lagen je Seite**	**Mindest-Schalen-abstand** s **[mm]**	**Mindest-Dämm-schicht-dicke[2)], Nenndicke** s_D **[mm]**	$R'_{w,R}$[3)] **[dB]**
1	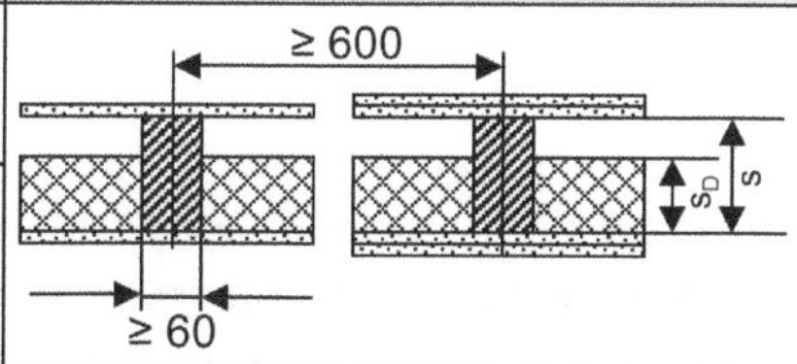	1	60	40	38
2		2			46
3	wie Zeile 1, jedoch Ständer aus Stahlblech-C-Profilen nach DIN 18182-1	1	50	40	45
4		2			49
5		2	100	80	50
6	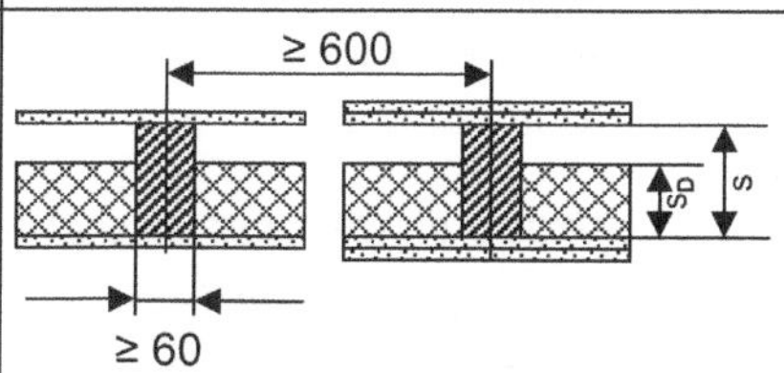	1	100	60	44
7[4)]	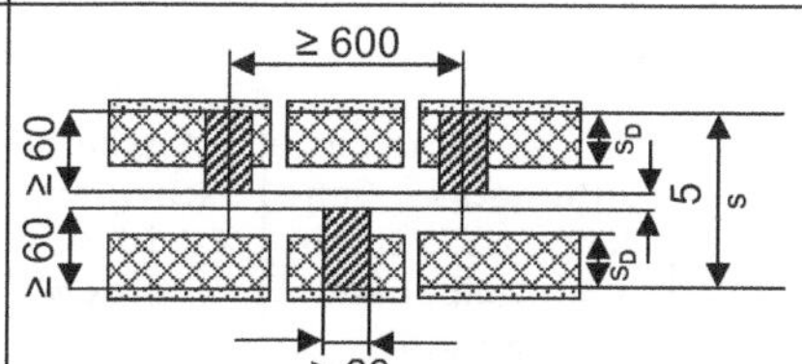	1	125	2 x 40	49

Tabelle 158: Bewertetes Schalldämm-Maß $R'_{w,R}$ von zweischaligen Wänden aus zwei biegeweichen Schalen aus Gipskarton oder Spanplatten (Beiblatt 1 zu DIN 4109) (Fortsetzung)

Spalte	1	2	3	4	5
Zeile	Wandausbildung mit Stielen (Ständer), Achsabstand ≥ 600 mm, ein- oder zweilagige Bekleidung[1)]	Anzahl der Lagen je Seite	Mindest-Schalen-abstand s [mm]	Mindest-Dämm-schicht-dicke[2)], Nenndicke s_D [mm]	$R'_{w,R}$[3)] [dB]
8[4)]	wie Zeile 7, jedoch eine Dämmstoffschicht zwischen den Stiel-(Ständer-)Reihen	1	160	40	49
9[4)]		2	200	80 oder 2 x 40	50

1) Bekleidung aus Gipskartonplatten nach DIN 18180, 12,5 mm oder 15 mm dick, oder aus Spanplatten nach DIN 68763, 13 mm bis 16 mm dick.
2) Faserdämmstoffe nach DIN 18165 Teil 1, Nenndicke 40 mm bis 80 mm, längenbezogener Strömungswiderstand $\Xi \geq 5$ kN · s/m⁴.
3) Gültig für flankierende Bauteile mit einer mittleren flächenbezogenen Masse $m'_{L,Mittel}$ von etwa 300 kg/m².
4) Doppelwand mit über gesamter Wandfläche durchgehender Trennfuge.

4.1.5 Decken

In die Bestimmung des Schalldämm-Maßes $R'_{w,R}$ von Massivdecken geht neben deren Masse auch das Vorhandensein etwaiger Unterdecken oder oberseitig aufgebrachter schwimmender Estriche ein. Durch eine Unterdecke oder einen schwimmenden Aufbau wird ein mehrschaliges Bauteil, mit einer entsprechenden Verbesserung der Schalldämmung, gebildet.

Neben der Ausbildung der Decke bestimmt auch die Masse der flankierenden Bauteile das Schalldämm-Maß des trennenden Bauteils mit. Die Werte der Schalldämm-Maße $R'_{w,R}$ in Tabelle 159 gelten nur beim Vorhandensein flankierender Bauteile mit einer mittleren flächenbezogenen Masse von ca. $m'_{L,Mittel} = 300$ kg/m². Bei einer Abweichung von $m'_{L,Mittel}$ um mehr als ± 25 kg/m² sind Zu- bzw. Abschläge nach Tabelle 160 vorzunehmen.

Tabelle 159: Bewertetes Schalldämm-Maß $R'_{w,R}$[1)] von Massivdecken (Beiblatt 1 zu DIN 4109)

Spalte	1	2	3	4	5
Zeile	Flächen-bezogene Masse der Decke[3)] [kg/m²]	$R'_{w,R}$[2)] [dB]			
		Einschalige Massivdecke, Estrich und Gehbelag unmittelbar aufgebracht	Einschalige Massivdecke mit schwimmendem Estrich[4)]	Massivdecke mit Unterdecke[5)], Gehbelag und Estrich unmittelbar aufgebracht	Massivdecke mit schwimmendem Estrich und Unterdecke[5)]
1	500	55	59	59	62
2	450	54	58	58	61
3	400	53	57	57	60

Tabelle 159: Bewertetes Schalldämm-Maß $R'_{w,R}$[1] von Massivdecken (Beiblatt 1 zu DIN 4109) (Fortsetzung)

Spalte	1	2	3	4	5
Zeile	**Flächen-bezogene Masse der Decke[3] [kg/m²]**	**$R'_{w,R}$[2] [dB]**			
		Einschalige Massivdecke, Estrich und Gehbelag unmittelbar aufgebracht	**Einschalige Massivdecke mit schwimmendem Estrich[4]**	**Massivdecke mit Unterdecke[5], Gehbelag und Estrich unmittelbar aufgebracht**	**Massivdecke mit schwimmendem Estrich und Unterdecke[5]**
4	350	51	56	56	59
5	300	49	55	55	58
6	250	47	53	53	56
7	200	44	51	51	54
8	150	41	49	49	52

[1] Zwischenwerte sind linear zu interpolieren.
[2] Gültig für flankierende Bauteile mit einer mittleren flächenbezogenen Masse $m'_{L,Mittel}$ von etwa 300 kg/m².
[3] Die Masse von aufgebrachten Verbundestrichen oder Estrichen auf Trennschicht und von unterseitigem Putz ist zu berücksichtigen.
[4] Andere schwimmend verlegte Deckenauflagen, z. B. schwimmend verlegte Holzfußböden, sofern sie ein Trittschallverbesserungsmaß $\Delta L_W \geq 24$ dB haben.
[5] Biegeweiche Unterdecken oder akustisch gleichwertige Ausführungen.

4.1.6 Einfluss flankierender Bauteile, deren mittlere flächenbezogene Masse $m'_{L,Mittel}$ von ca. 300 kg/m² abweicht

Je nach der Masse der flankierenden Bauteile können diese durch mehr oder weniger Schallenergie zum Schwingen angeregt werden und damit mehr oder weniger Schall übertragen. Da im Schalldämm-Maß $R'_{w,R}$ neben der direkten Schallübertragung über das Trennbauteil auch die Schallübertragung über flankierende Bauteile enthalten ist, fließt die Masse der flankierenden Bauteile in $R'_{w,R}$ ein. Die Rechenwerte der Schalldämm-Maße in Tabelle 155, Tabelle 156, Tabelle 158 und Tabelle 159 beziehen sich jeweils auf eine Masse der flankierenden Bauteile von ca. 300 kg/m². Weicht $m'_{L,Mittel}$ von diesem Wert ab, ist der Korrekturwerte $K_{L,1}$ zu berücksichtigen. Dabei kann $K_{L,1}$ in Abhängigkeit von der mittleren flächenbezogenen Masse $m'_{L,Mittel}$ der flankierenden Bauteile den Tabellen 160 und 161 entnommen werden.

Die Berechnung der mittleren flächenbezogenen Masse der flankierenden Bauteile $m'_{L,Mittel}$ erfolgt, je nach Art des trennenden Bauteils, unterschiedlich:

- **Ermittlung der mittleren flächenbezogenen Masse $m'_{L,Mittel}$ flankierender Bauteile bei biegesteifen Wänden und Decken als trennendes Bauteil.**
- Die mittelere flächenbezogene Masse $m'_{L,Mittel}$ wird aus dem arithmetischen Mittel der Einzelwerte $m'_{L,j}$ der massiven Bauteile berechnet:

$$m'_{L,mittel} = \frac{1}{N} \sum_{j=1}^{N} m'_{L,j} \qquad (242)$$

Dabei ist:

$m'_{L,j}$ flächenbezogene Masse des j-ten **nicht verkleideten massiven** flankierenden Bauteils

N Anzahl der nicht verkleideten, massiven flankierenden Bauteile.

Das arithmetische Mittel nach Gleichung (242) ist auf Werte nach Tabelle 160 zu runden.

Tabelle 160: Korrekturwerte $K_{L,1}$ des bewerteten Schalldämm-Maßes $R'_{w,R}$ biegesteifer Wände und Decken als trennendes Bauteil bei flankierenden Bauteilen mit einer mittleren flächenbezogenen Masse $m'_{L,Mittel}$ (Beiblatt 1 zu DIN 4109)

<table>
<tr><th>Spalte</th><th>1</th><th>2</th><th>3</th><th>4</th><th>5</th><th>6</th><th>7</th><th>8</th></tr>
<tr><th rowspan="2">Zeile</th><th rowspan="2">Art des trennenden Bauteils</th><th colspan="7">$K_{L,1}$ in dB für mittlere flächenbezogene Massen $m'_{L,Mittel}$ [1)] [kg/m²]</th></tr>
<tr><th>400</th><th>350</th><th>300</th><th>250</th><th>200</th><th>150</th><th>100</th></tr>
<tr><td>1</td><td>Einschalige, biegesteife Wände und Decken nach Tabelle 139 und 143, Spalte 2</td><td>0</td><td>0</td><td>0</td><td>0</td><td>–1</td><td>–1</td><td>–1</td></tr>
<tr><td>2</td><td>Einschalige, biegesteife Wände mit biegeweichen Vorsatzschalen nach Tabelle 140</td><td rowspan="4">+ 2</td><td rowspan="4">+ 1</td><td rowspan="4">0</td><td rowspan="4">–1</td><td rowspan="4">–2</td><td rowspan="4">–3</td><td rowspan="4">–4</td></tr>
<tr><td>3</td><td>Massivdecken mit schwimmendem Estrich oder Holzfußboden nach Tabelle 143, Spalte 3</td></tr>
<tr><td>4</td><td>Massivdecken mit Unterdecken nach Tabelle 143, Spalte 4</td></tr>
<tr><td>5</td><td>Massivdecken mit schwimmendem Estrich und Unterdecken nach Tabelle 143, Spalte 5</td></tr>
<tr><td colspan="9">1) $m'_{L,Mittel}$ ist rechnerisch nach Gleichung (236) zu ermitteln.</td></tr>
</table>

- **Ermittlung der mittleren flächenbezogenen Masse $m'_{L,Mittel}$ flankierender Bauteile von Wänden aus biegeweichen Schalen und von Holzbalkendecken.**
- Die mittlere flächenbezogene Masse $m'_{L,Mittel}$ wird aus dem arithmetischen Mittel der Einzelwerte $m'_{L,j}$ der massiven Bauteile berechnet:

$$m'_{L,mittel} = \left[\frac{1}{N} \sum_{j=1}^{N} \left(m'_{L,j} \right)^{-2,5} \right]^{-0,4} \quad (243)$$

Dabei ist:

$m'_{L,j}$ flächenbezogene Masse des j-ten **nicht verkleideten massiven** flankierenden Bauteils

N Anzahl der nicht verkleideten, massiven flankierenden Bauteile.

Das arithmetische Mittel nach Gleichung (243) ist auf Werte nach Tabelle 161 zu runden.

Tabelle 161: Korrekturwert $K_{L,1}$ des bewerteten Schalldämm-Maßes $R'_{w,R}$ von zweischaligen Wänden aus zwei biegeweichen Schalen und von Holzbalkendecken als trennendes Bauteil bei flankierenden Bauteilen mit einer mittleren flächenbezogenen Masse $m'_{L,Mittel}$ (Beiblatt 1 zu DIN 4109)

Spalte	1	2	3	4	5	6	7	8
Zeile	$R'_{w,R}$ der Trennwand bzw. -decke für $m'_{L,Mittel}$ von etwa 300 kg/m² [dB]	$K_{L,1}$ in dB für mittlere flächenbezogene Massen $m'_{L,Mittel}$[1)] [kg/m²]						
		450	400	350	300	250	200	150
1	50	+ 4	+ 3	+ 2	0	–2	–4	–7
2	49	+ 2	+ 2	+ 1	0	–2	–3	–6
3	47	+ 1	+ 1	+ 1	0	–2	–3	–6
4	45	+ 1	+ 1	+ 1	0	–1	–2	–5
5	43	0	0	0	0	–1	–2	–4
6	41	0	0	0	0	–1	–1	–3

1) $m'_{L,Mittel}$ ist rechnerisch nach Gleichung (243) zu ermitteln.

Neben der Masse der flankierenden Bauteile beeinflussen auch möglicherweise vorhandene biegeweiche Vorsatzschalen auf den flankierenden Bauteilen die Schallübertragung auf diesem Weg. D. h., neben der Masse der Flanken ist auch das Vorhandensein von Vorsatzschalen an den flankierenden Bauteilen bei der Ermittlung des Schalldämm-Maßes des trennenden Bauteils zu berücksichtigen. Voraussetzung allerdings ist, dass die Vorsatzschale auf beiden Seiten des trennenden Bauteils vorhanden ist.

Die Werte für $K_{L,2}$ können in Abhängigkeit von der Anzahl der flankierenden biegeweichen Bauteile oder der Anzahl flankierender Bauteile mit einer biegeweichen Vorsatzschale der Tabelle 162 entnommen werden.

Achtung

Sind flankierende Bauteile mit einer biegeweichen Vorsatzschale vorhanden und wird $K_{L,2}$ berücksichtigt, dann geht die Masse dieser Flanke ***nicht*** *in die Berechnung der mittleren flächenbezogenen Masse $m'_{L,Mittel}$ nach Gleichung (242) bzw. (243) ein.*

Tabelle 162: Korrekturwerte $K_{L,2}$ für das bewertete Schalldämm-Maß $R'_{w,R}$ trennender Bauteile mit biegeweicher Vorsatzschale, schwimmendem Estrich/Holzfußboden oder aus biegeweichen Schalen (Beiblatt 1 zu DIN 4109)

Spalte	**1**	**2**
Zeile	**Anzahl der flankierenden, biegeweichen Bauteile oder flankierenden Bauteile mit biegeweicher Vorsatzschale**	**$K_{L,2}$ [dB]**
1	1	+ 1
2	2	+ 3
3	3	+ 6

4.1.7 Resultierendes Schalldämm-Maß $R'_{w,R,res}$ eines aus Elementen verschiedener Schalldämmung bestehenden Bauteils

Setzt sich das zu untersuchende Bauteil aus Elementen unterschiedlicher Schalldämmung zusammen, ist die Schallenergie über die einzelnen Übertragungswege maßgebend. Wenn beispielsweise bei einer Trennwand ein Glasoberlicht oder in einer Außenwand ein Fenster eingebaut wird, setzt sich die Menge an Schallenergie, die übertragen wird, aus den einzelnen Schalldämm-Maßen und deren Flächenanteilen zusammen. Bestimmend ist jedoch, dass der Geräuschpegel im schutzbedürftigen Raum nicht überschritten wird. Daher fließen die Schalldämm-Maße $R'_{w,R,i}$ der verschiedenen Elemente in das resultierende Schalldämm-Maß $R'_{w,R,res}$ wie folgt ein:

$$R'_{w,R,res} = -10 \cdot \lg\left[\frac{1}{S_{ges}} \cdot \sum_{j=1}^{N}\left(S_j \cdot 10^{\frac{-R_{w,R,j}}{10}}\right)\right] \qquad (244)$$

Dabei sind:

$S_{ges} = \sum_{j=1}^{N} S_j$ Fläche des gesamten Bauteils

S_j Fläche des j-ten Elements des Bauteils

$R_{w,R,j}$ bewertetes Schalldämm-Maß (Rechenwert) des j-ten Elements des Bauteils

Für Bauteile, die nur aus zwei Elementen zusammengesetzt sind, kann Gleichung (238) wie folgt umgestellt werden:

$$R'_{w,R,res} = R_{w,R,1} - 10 \cdot \lg\left[1 + \frac{S_2}{S_{ges}} \cdot \left(10^{\frac{R_{w,R,1}-R_{w,R,2}}{10}} - 1\right)\right] \qquad (245)$$

Dabei ist:

$S_{ges} = S_1 + S_2$ Fläche der Wand mit Tür oder Fenster

S_1 Fläche der Wand

S_2 Fläche der Tür oder Wand (bei Türen die lichte Durchgangsfläche, bei Fenstern die Fläche des Fensters einschließlich des Rahmens)

$R_{w,R,1}$ bewertetes Schalldämm-Maß der Wand (ohne Fenster oder Tür) als Rechenwert

$R_{w,R,2}$ bewertetes Schalldämm-Maß des Fensters oder der Tür als Rechenwert

Statt der Berechnung nach Gleichung (245) besteht auch die Möglichkeit, das resultierende Schalldämm-Maß für Bauteile aus zwei Elementen mit Bild 53 abzuschätzen:

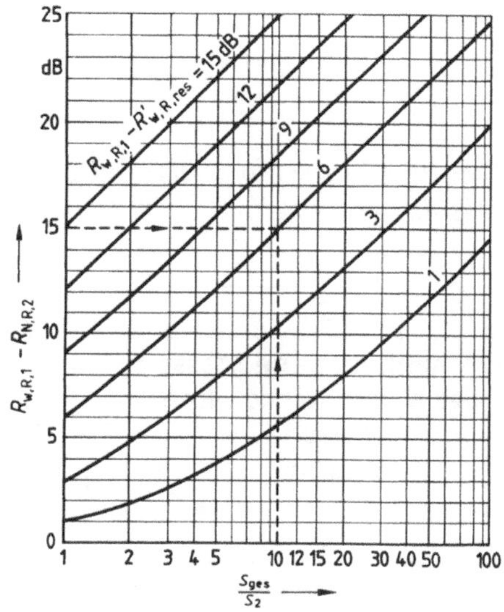

Bild 53: Resultierendes Luftschalldämm-Maß $R'_{w,R,res}$ eines aus zwei Komponenten mit unterschiedlichem Schalldämm-Maß zusammengesetzten Bauteils

4.2 Trittschallschutz

Der Norm-Trittschallpegel $L'_{n,w,R}$ setzt sich wie folgt zusammen:

$$L'_{n,w,R} = L_{n,w,eq,R} + \Delta L_{w,R} \tag{246}$$

Dabei ist:

$L_{n,w,eq,R}$ äquivalenter bewerteter Norm-Trittschallpegel der Massivdecke ohne Deckenauflage als Rechenwert

$\Delta L_{w,R}$ Trittschallverbesserungsmaß der Deckenauflage als Rechenwert.

Der äquivalente Norm-Trittschallpegel stellt den Pegel dar, der bei der Anregung einer Decke oder Treppe mit einem Norm-Trittschallhammerwerk in einem direkt unter dem angeregten Bauteil liegenden Raum zu hören wäre. Werte für $L_{n,w,eq,R}$ können Tabelle 163 in Abhängigkeit von der flächenbezogenen Masse der Massivdecke und dem möglichen Vorhandensein einer schalltechnisch entkoppelten Unterdecke entnommen werden.

Angaben der Trittschallverbesung $L_{w,R}$ von schwimmenden Estrichen sind, je nach Art des Estrichmaterials und der Nachgiebigkeit der Trittschalldämmschicht (ausgedrückt in der dynamischen Steifigkeit), Tabelle 164 zu entnehmen.

Liegt der zu schützende Raum nicht direkt unter dem lauten Raum, können die Korrekturwerte K_T nach Tabelle 165 in Ansatz gebracht werden.

Wird der rechnerisch ermittelte Norm-Trittschallpegel $L'_{n,w,R}$ mit den Anforderungen nach DIN 4109 verglichen, müssen die Rechenwerte 2 dB unter den Grenzwerten nach Norm liegen; d. h. es gilt:

$$\text{vorh. } L'_{n,w,R} = L_{n,w,eq,R} - \Delta L_{w,R} - K_T + 2dB \leq \text{erf. } L'_{n,w} \qquad (247)$$

Tabelle 163: Äquivalenter bewerteter Norm-Trittschallpegel $L_{n,w,eq,R}$ von Massivdecken in Gebäuden in Massivbauart ohne/mit schalltechnisch entkoppelter Unterdecke (Beiblatt 1 zu DIN 4109)

Spalte	1	2	3	4
Zeile	Deckenart	Flächenbezogene Masse[1)] der Massivdecke ohne Auflage [kg/m²]	$L_{n,w,eq,R}$[2)] [dB]	
			ohne Unterdecke	mit Unterdecke[3) 4)]
1	Massivdecken nach Beiblatt 1 zu DIN 4109:1989-11 Tabelle 11	135	86	75
2		160	85	74
3		190	84	74
4		225	82	73
5		270	79	73
6		320	77	72
7		380	74	71
8		450	71	69
9		530	69	67

1) Flächenbezogene Masse einschließlich eines etwaigen Verbundestrichs oder Estrichs auf Trennschicht und eines unmittelbar aufgebrachten Putzes.
2) Zwischenwerte sind linear zu interpolieren und auf ganze dB zu runden.
3) Biegeweiche Unterdecken nach Beiblatt 1 zu DIN 4109:1989-11 Tabelle 11, Zeilen 7 und 8 oder akustisch gleichwertige Ausführungen.
4) Bei Verwendung von schwimmenden Estrichen mit mineralischen Bindemitteln sind die Tabellenwerte für $L_{n,w,eq,R}$ um 2 dB zu erhöhen (z. B. Zeile 1, Spalte 4: 75 + 2 = 77 dB).

Zur Ermittlung der flächenbezogenen Masse von Massivdecken ohne Hohlräume ist bei Stahlbeton aus Normalbeton mit einer Rohdichte von ρ = 2 300 kg/m³ zu rechnen. Bei Decken aus Leicht- oder Porenbeton ist die Rohdichte nach Tabelle 154 abzumindern. Für Massivdecken mit Hohlräumen gilt: Entweder ist die flächenbezogene Masse aus den Rechenwerten nach DIN 1055-1 mit einem Abzug von 15 % oder aus dem vorhandenen Querschnitt mit der Rohdichte ρ = 2 300 kg/m³ zu ermitteln. Aufbeton und unbewehrter Beton aus Normalbeton ist mit einer Rohdichte von 2 100 kg/m³ in Ansatz zu bringen. Die flächenbezogene Masse von Putz ist in Tabelle 153 enthalten. Die flächenbezogene Masse von Verbundestrichen oder Estrichen auf Trennschicht ist aus den Rechenwerten der Lastannahmen nach DIN 1055-1 mit einem Abzug von 10 % zu ermitteln.

Tabelle 164: Trittschallverbesserungsmaß $\Delta L_{w,R}$ von schwimmenden Estrichen und schwimmend verlegten Holzfußböden auf Massivdecken (Beiblatt 1 zu DIN 4109)

Zeile	Deckenauflagen; schwimmende Böden		$\Delta L_{w,R}$ [dB]	
			mit hartem Bodenbelag	mit weichfederndem Bodenbelag[2)] $\Delta L_{w,R} \geq 20$ dB
Schwimmende Estriche				
1	Gussasphaltestrich nach DIN 18560 Teil 2 mit einer flächenbezogenen Masse $m' \geq 45$ kg/m² auf Dämmschichten aus Dämmstoffen nach DIN 18164 Teil 2 oder DIN 18165 Teil 2 mit einer dynamischen Steifigkeit s' von höchstens	50 MN/m³	20	20
		40 MN/m³	22	22
		30 MN/m³	24	24
		20 MN/m³	26	26
		15 MN/m³	27	29
		10 MN/m³	29	32
2	Estriche nach DIN 18560 Teil 2 (zzt. Entwurf) mit einer flächenbezogenen Masse $m' \geq 70$ kg/m² auf Dämmschichten aus Dämmstoffen nach DIN 18164 Teil 2 oder DIN 18165 Teil 2 mit einer dynamischen Steifigkeit s' von höchstens	50 MN/m³	22	23
		40 MN/m³	24	25
		30 MN/m³	26	27
		20 MN/m³	28	30
		15 MN/m³	29	33
		10 MN/m³	30	34
Schwimmende Holzfußböden				
3	Unterböden aus Holzspanplatten nach DIN 68771 auf Lagerhölzern mit Dämmstreifen-Unterlage aus Dämmstoffen nach DIN 18165 Teil 2 mit einer dynamischen Steifigkeit s' von höchstens 20 MN/m³; Breite der Dämmstreifen mindestens 100 mm, Dicke im eingebauten Zustand mindestens 10 mm; Dämmstoffe zwischen den Lagerhölzern nach DIN 18165 Teil 1, Nenndicke ≥ 30 mm, längenbezogener Strömungswiderstand $\Xi \geq 5$ kN · s/m⁴		24	–

Tabelle 164: Trittschallverbesserungsmaß $\Delta L_{w,R}$ von schwimmenden Estrichen und schwimmend verlegten Holzfußböden auf Massivdecken (Beiblatt 1 zu DIN 4109) (Fortsetzung)

Zeile	**Deckenauflagen; schwimmende Böden**	**$\Delta L_{w,R}$ [dB]**	
		mit hartem Bodenbelag	**mit weichfederndem Bodenbelag**[2] **$\Delta L_{w,R} \geq 20$ dB**
4	Unterböden nach DIN 68771 aus mindestens 22 mm dicken Holzspanplatten nach DIN 68763, vollflächig verlegt auf Dämmstoffen nach DIN 18165 Teil 2 mit einer dynamischen Steifigkeit s' von höchstens 10 MN/m³	25	–

[1] Wegen der Ermittlung der flächenbezogenen Masse von Estrichen siehe oben stehende Angaben.
[2] Wegen der möglichen Austauschbarkeit von weichfedernden Bodenbelägen, die sowohl dem Verschleiß als auch besonderen Wünschen der Bewohner unterliegen, dürfen diese bei dem Nachweis der Anforderungen nach DIN 4109:1989-11 nicht angerechnet werden.

Tabelle 165: Korrekturwert K_T für verschiedene räumliche Zuordnungen besonders lauter Räume zu schutzbedürftigen Räumen (Beiblatt 1 zu DIN 4109)

	Zuordnung der schutzbedürftigen Räume in Bezug zur Lage des lauten Raums (die messtechnische Überprüfung erfolgt mit einem Norm-Hammerwerk)
K_T [dB]	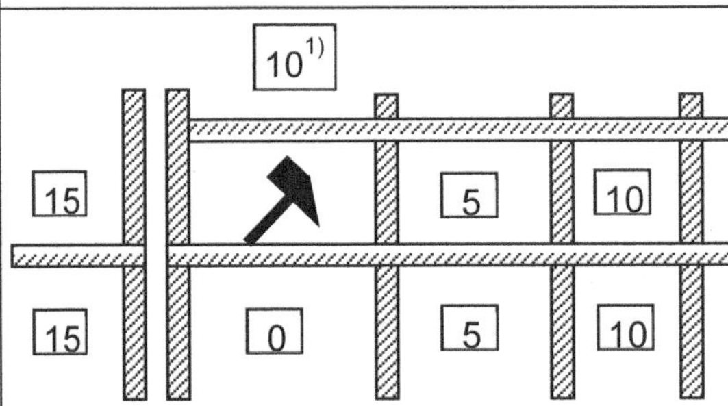

[1] Im Skelettbau mit geringer aufwärtsgerichteter Schallübertragung darf K_T = 20 dB angesetzt werden.

Achtung

Bei Trittschallübertragung, bei der eine Bodenplatte auf Erdreich angeregt wird und der zu schützende Raum sich im Geschoss darüber befindet, ist die Angabe eines K_T-Wertes nicht möglich. Stattdessen gilt: $L'_{n,w,R} = 63\text{ dB} - \Delta L_{w,R} - 15\text{ dB}$.

Achtung

Die K_T-Werte nach Tabelle 165 gelten nicht nur bei der Zuordnung besonders lauter Räume zu schutzbedürftigen Räumen, sondern bei der Trittschallübertragung generell.

Stichwortverzeichnis